SHINEI PEIXIAN YU ZHAOMING

室内配线与照明

刘震 佘伯山 编著

（第二版）

U0391225

中国电力出版社
CHINA ELECTRIC POWER PRESS

内 容 提 要

本书从室内配线与照明工程应掌握的基本知识、操作技能和作业规定出发，主要介绍了电力内线工程识图知识，施工常用工器具，配管工程，配线工程，建筑物内电气装置的接地，低压接户、进户和量电装置，电气照明，建筑电气安装工程预算等实用知识和作业技能，并备有必要的复习思考题和附录供读者使用。

本书可作为室内配线、照明工程中，从事电气安装、运行、维护和管理工作的低压电工的专业培训教材，也可作为电气管理干部、技术人员的实用参考书，同时可作为电力类中专、技校、职业学校相关专业的教材。

图书在版编目（CIP）数据

室内配线与照明/ 刘震，佘伯山编著. —2 版. —北京：中国电力出版社，2015.4
ISBN 978-7-5123-6462-2

Ⅰ.①室⋯　Ⅱ.①刘⋯ ②佘⋯　Ⅲ.①电工-安装②室内照明
Ⅳ.①TM05②TU113.6

中国版本图书馆 CIP 数据核字（2014）第 217050 号

中国电力出版社出版、发行

（北京市东城区北京站西街 19 号　100005　http://www.cepp.sgcc.com.cn）
航远印刷有限公司印刷
各地新华书店经售

*

2004 年 1 月第一版
2015 年 4 月第二版　　2015 年 4 月北京第三次印刷
787 毫米×1092 毫米　16 开本　27 印张　711 千字
印数 7001—10000 册　　定价 **78.00** 元

前　言

随着我国经济的快速发展，电力用户的配电装置和用电设备的容量不断增加，对建筑配电和用电设备的安装提出了更高的要求，为建筑电气领域大量采用新设备、新材料、新工艺创造了条件。

为了配合实现建筑电气现代化，适应室内配线技术迅速发展的需要，提高建筑安装电工的业务技术水平，确保电气安装、施工质量安全可靠，保证低压电网的安全、经济运行，我们总结了建筑电气施工及多年来培训建筑安装电工的实践经验，结合近几年来快速发展的室内配线安装技术与安装电工的技术水平、现状及发展的需要，修编了《室内配线与照明》（第二版）一书。其内容仍重在电工作业知识、作业技能和作业新技术的介绍，贯彻国家现行的规程、规范和标准，密切联系施工实际，针对性、实用性强，以便作业电工在生产实践中掌握和应用。

本书第二、五章由佘伯山同志修编，其余章节由刘震同志修编。

在本书修编过程中曾得到有关建设、设计、施工、制造单位和如皋市电机工程学会的热情支持和帮助，在此向其表示衷心的感谢。

由于编者水平有限，加之修编时间仓促，书中难免存在不妥之处，欢迎广大读者提出宝贵意见。

编　者

2014 年 7 月

目 录

第一章

电力内线工程识图知识

第一节 电气识图的基本知识

为了适应国家建设和加强对外技术交流的需要，我国相继颁布了一批电气图形符号和文字符号新标准，同时废除了 20 世纪 60 年代制定的旧标准。原国家标准局《在全国电气领域全面推行电气制图和图形符合国家标准的通知》中明确规定，自 1990 年 1 月 1 日起，所有电气技术文件和图纸一律使用新国家标准。

一、电气工程图的种类和特点

1. 电气工程图的特点

电气工程图是电气技术领域中绘制的各种图的总称，是电气工作人员进行技术交流和生产活动的"语言"。学习识图的目的就是要培养电气工作人员准确理解图纸意图的能力，提高其阅读电气工程图的水平，从而保质保量地完成各项工作任务。电气工程图的主要特点如下：

（1）电气工程图大多采用统一的图形符号并加注文字符号绘制出来，因为构成电气工程的设备、元件、线路很多，结构类型不一，安装方式各异，只有用统一的图形符号和文字符号才能正确地表达出来。绘制和阅读电气工程图时，就必须明确和熟悉这些图形符号所代表的内容和含义，以及它们之间的相互关系，还必须了解设备的基本结构、工作原理、工作程序、主要性能和用途等，才能真正读懂图纸。

（2）电路中的电气设备、元件等，彼此之间都是通过导线连接起来的，能够比较方便地跨越较远的空间距离而构成一个整体。所以电气工程图有时就不会很集中、直观，有时电气设备安装位置与控制设备的信号装置、操作开关不在同一处，这就要通过系统图、电路图找联系，通过布置图、接线图找位置，进行交叉阅读。将各种有关图纸联系起来，才能提高读图效率。

（3）任何电路都必须构成闭合回路，电流才能够流通，电气设备才能正确工作。一个电路一般由电源、用电设备、导线和开关控制设备 4 个基本要素组成，如图 1-1 所示。

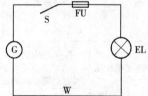

图 1-1　电路的基本组成

（4）电气工程施工往往与土建工程以及其他安装工程，如给排水管道、工艺管道、采暖通风管道、通信线路、消防系统及机械设备等的安装工程有关，在施工中应相互配合进行。因此，阅读电气工程图时应与有关的土建工程图、管道工程图等对应起来阅读。

（5）电气工程图主要是用来编制工程预算和施工方案，指导施工，指导设备的维修和管理，而一些安装、使用维修等方面的技术要求不能在图纸中完全反映出来。这些技术要求在有关的国家标准和规范、规程中都有明确的规定，有时仅在电气工程图说明栏内进行说明。因此，在读图时应熟悉有关规程、规范的要求。

2. 电气图的种类

电气图的种类有很多种，GB/T 6988《电气技术文件的编制》根据表达形式和用途的不同，将电气图进行分类，见表1-1。

表 1-1   电气图的种类和用途

名　称	定　义　和　用　途
系统图或框图	用符号或带注释的框，概略表示系统或分系统的基本组成、相互关系及其主要特性的一种简图。用方框符号绘制的系统图，称为框图
电路图	表达项目电路组成和物理连接信息的简图，是将图形符号按工作顺序排列，详细表示电路、设备或成套装置的全部基本组成和连接关系，而不考虑其实际位置的一种简图，以便详细理解作用原理，分析和计算电路特性。习惯称这种图为电气原理或原理接线图
等效电路图	表示理论或理想的元件及其连接关系的一种功能图，供分析和计算电路特性和状态之用
功能图	表示理论或理想的电路而不涉及实现方法的一种简图，为绘制电路图和其他有关简图提供依据，也可用于说明电路的工作原理
接线图或接线表	表示成套装置、设备或装置的连接关系，用以进行接线和检查的一种简图或表格。接线表可以用来补充接线图，也可用来代替接线图。 接线图或接线表可分为如下4类： (1) 单元接线图或单元接线表。表示成套装置或设备中一个结构单元内的连接关系的一种接线简图或接线表格。 (2) 互连接线图或互连接线表。表示成套装置或设备的不同单元之间连接关系的一种接线简图或接线表格。互连接线图有的也称为线缆接线图。 (3) 端子接线图或端子接线表。表示成套装置或设备的端子以及接在端子上的外部接线（必要时包括内部接线）的一种接线简图或接线表格。 (4) 电缆配置图或电缆配置表。表示提供电缆两端位置，必要时还包括电缆功能、特性和路径等信息的一种接线图或接线表
设备元件表	把成套装置、设备和装置中各组成部分和相应数据列成的表格，以便表示各组成部分的名称、型号、规格和数量等
数据单	对特定项目给出详细信息的资料，如对某种元件或器材编制数据单，列出其各种工作参数，供调试、检测和维修之用
位置图或位置简图	表示成套装置、设备或装置中各个项目的位置的一种简图或一种图。用图形符号绘制，用来表示一个区域或一个建筑物内成套电气装置中的元件和连接布线
功能表图	表示控制系统（如一个供电过程或一个生产过程的控制系统）的作用和状态的图。这种图往往采用图形符号和文字说明相结合的绘制方法，用以全面描述控制系统的控制过程、功能和特性，但不考虑具体执行过程
端子功能图	表示功能单元全部外接端子，并用功能图、表图或文字表示其内部功能的一种简图。其应示出功能单元的全部外接端子、内部功能和查找该功能单元的详细电路图的标记。其内容足以表明在查找故障时，通过对端子的测试能确定故障发生在功能单元内部还是外部
逻辑图	用二进制逻辑单元图形符号绘制的一种简图。逻辑图又分为纯逻辑图和详细逻辑图。纯逻辑图只表示功能，而不涉及实现方法。详细逻辑图不仅表示功能，而且要表示实现方法，实际上是一种用二进制逻辑单元符号绘制的电路。逻辑图是数字系统产品中一个主要的设计文件，体现了设计意图，表达了产品的逻辑功能和工作原理，而且也是编制接线图等其他文件的依据。逻辑图在数字系统产品的设计、生产、调试、使用等各个环节上起着重要作用
程序图	详细表示程序单元和程序片（模块）及其互连关系的一种简图。要素和模块的布置能清楚地表示出其相互关系，以便于对程序运行的理解

表 1-1 是按 GB 6988《电气制图》对电气全图的基本分类,并不是每一种电气装置、电气设备或电气工程,都应具备这些图纸。因表达的对象、目的、用途不同,图的数量和种类也就不同。建筑电气工程图主要包括系统图、位置图(平面图)、电路图(控制原理图)、接线图、端子接线图、设备材料表等。

二、电气图的表达形式和方法

1. 电气图的表达形式

电气图有图和表格两种表达形式,应根据电气图的使用场合和表达对象,确定采用何种形式进行表达。

(1)图。图的概念是广泛的,它是图示法的各种表达形式的总称,可分为简图和表图两种。

1)简图。简图是电气图的主要表达形式,它是用图形符号、带注释的围框或简化外形表示系统或设备中各组成部分之间相互关系及其连接关系的一种图。在不致引起混淆的情况下,简图常简称为图。简图是一种技术术语,不可理解为简单的图。电气图中的大多数图种,如系统图、电路图、逻辑图和接线图等都属于简图。

2)表图。表图是表示两个或两个以上变量、动作或状态之间关系的一种图。在不致引起混淆的情况下,表图也可简称为图。表图所表示的内容和方法都不同于简图,也不同于通行的"图表",因为这种表达形式主要是图而不是表。

(2)表格。表格是把数据等内容按纵横排列的一种表达形式,用以说明系统、成套装置或设备中各组成部分相互关系或连接关系,或者用以提供工作参数等。表格可简称为表,可作为图的补充,也可以用来代替某些图。

2. 电气图的表示方法

电气图通常有多线、单线、集中、半集中和分开 5 种表示方法。

(1)多线表示法。多线表示法是将简图上的导线都分别用一条图线表示的方法,如图 1-2(a)所示。

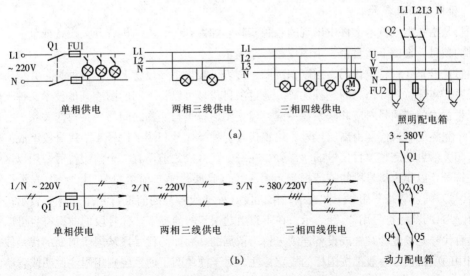

图 1-2 电路图的表示方法(动力及照明配电电路图)

(a)多线图;(b)单线图

(2) 单线表示法。单线表示法是将简图上的两根或两根以上的导线只用一条图线表示的方法，如图 1-2（b）所示。

(3) 集中表示法。集中表示法是在简图上将一个元件各组成部分的图形符号在简图上绘制在一起的方法，如图 1-3（a）所示。集中表示法一般只适用于简单的图。在集中表示法中，元件各组成部分应用机械连接线（虚线）相互连接起来。

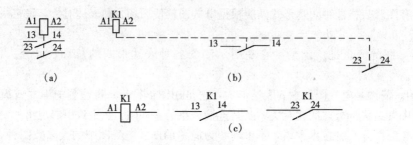

图 1-3　元件的表示方法
(a) 集中表示法；(b) 半集中表示法；(c) 分开表示法

(4) 半集中表示法。半集中表示法是把一个元件某些组成部分的图形符号在简图上分开布置，它们之间的关系用机械连接线来表示的方法，机械连接线可以是直线，也可以折弯、分支和交叉，如图 1-3（b）所示，其目的是获得清晰的电路布局。

(5) 分开表示法。分开表示法是把一个元件各组成部分的图形符号在简图中分开布置，它们之间的关系用项目代号来表示的方法，如图 1-3（c）所示。分开表示法在过去习惯被称为展开表示法，如变电所继电保护接线图中的展开图就多采用此种表示方法。其目的也是为了获得清晰的电路布局。

三、项目代号及其构成

1. 项目与项目代号

项目是指在电气技术文件中出现的各种实物，如刀开关、电动机、开关设备或某一个系统等都可称为项目，在图上通常用一个图形符号来表示。

项目代号是一种特定代码，用以识别图、图表、表格中和设备上的项目种类，并提供项目的层次关系、实际位置等信息的一种代码。通过项目代号可以将不同的图或其他技术文件上的项目与实际设备中的该项目对应并联系在一起，建立图形符号与实物之间的一一对应关系。

一个完整的项目代号由高层代号、位置代号、种类代号和端子代号 4 个代号段组成。代号段是具有相关信息的完整项目代号的一部分。在每个代号段之前还有一个前缀符号，用以区别各代号段的符号，以作为代号段的特征标记。第一段（高层代号）前缀符号用"＝"表示；第二段（位置代号）的前缀符号用"＋"表示；第三段（种类代号）的前缀符号用"－"表示；第四段（端子代号）的前缀符号用"："表示。在不致引起误解的前提下，代号段的前缀符号可以省略。

项目代号是以成套装置或设备连续分解为依据的，后面的代号段从属于前面的代号段。按规定，图中的项目代号一般都按国标的规定标注，对于简单明了的系统则用附注说明或省略。电气图上的每一个图形符号旁边都要标注项目代号。由于项目代号很长，标注工作量大，也影响图纸的布局和美观，标注项目代号时应尽量简化。当图形符号用集中表示法和半集中表示法表示时，项目代号只在符号旁标注一次，并与机械连接线对齐，如图1-4所示。当符号用分开表示法表示时，项目代号应在项目每一部分的符号旁标出。

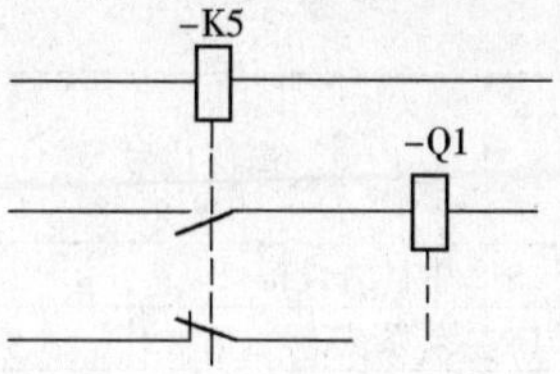

图1-4 项目代号的标注方法

2. 项目代号各代号段的构成

项目代号的4段代号都可以采用下述任何一种方法构成。

（1）种类代号。一个电气装置一般是由多种类型的电器元件所组成，如开关器件、保护器件、信号器件、端子排等。种类代号中项目的种类同项目在电路中的功能无关，如电路中电阻器都视为同一种类的项目。组件可按其在给定电路中的作用分类。为了识别这些器件（项目）所属的种类，而设置了种类代号。

种类代号段有以下三种表达方法：

1）最常用的第一种方法是由字母代码和数字组成，其表达形式为前缀符号"—"＋项目种类字母代码＋数字（以区别具有相同种类字母代码的不同项目）。项目种类的字母代码应按"项目种类的字母代码表"选取，或者按"电气设备常用基本文字符号"中的单字母选取。如某设备中有三个继电器，则其种类代号应为—K1、—K2、—K3。对分开表示法表示的继电器触点，可在数字后加"."，再用数字来区别，如继电器K1触点K1.1、K1.2，继电器K2触点K2.1、K2.2。

2）第二种方法是仅用数字顺序，即给每个项目规定一个数字序号，将这些数字序号及其代表的项目排列成表置于图中或附在图后。

3）第三种方法仅用数字组，即按不同种类的项目分组编号，如继电器为1、2、3…，电阻器为11、12、13…，并将这些编号及其代表的项目排列成表置于图中或附后。

（2）高层代号。系统或设备中任何较高层次（对给予代号的项目而言）项目的代号，称为高层代号。它用来说明一个项目在系统中属于哪一部分，即表示该项目和所属更大单元之间的相对关系。

高层代号的表达形式为前缀符号"＝"＋字母代码＋数字。如＝E1表示1号电气系统；＝E1-Q1表示1号电气系统中的开关Q1；其中"＝E1"为高层代号。

高层代号的字母代码尚无统一规定。设计者可根据实际情况自行设定，并在图纸或文件中加以说明。一般可按设计的具体情况，如工程代码、生产工艺流程代码、局部系统代码等方法注释。全国电气图形符号标准化技术委员会推荐常用的高层代号的字母代码见表1-2。

表1-2 高层代号的字母代码

序号	高层代号	文字符号		序号	高层代号	文字符号	
		单字母	多字母			单字母	多字母
1	1，2，3…单元	1，2，3…		8	直流系统	D	
2	协调系统	A		9	电气系统	E	ES
3	压缩空气系统	A		10	火灾报警系统	F	FP
4	锅炉装置	B	BS	11	液压动力系统	H	
5	控制系统	C		12	总控制系统	K	
6	联络屏（柜）		CN	13	线路	L	WL
7	通信系统		CS	14	照明系统	L	LS

序号	高层代号	文字符号		序号	高层代号	文字符号	
		单字母	多字母			单字母	多字母
15	中性线设备	N		21	热工控制系统	T	TC
16	泵系统	P	PS	22	电话站	T	TE
17	第1,2,3…部分		S1,S2,S3…	23	电话系统	T	TP
				24	电视系统	T	TV
18	有线广播	S	SW	25	水系统	W	
19	水塔（箱）部分	T		26	冷却水系统	W	WC
20	变压设备	T					

由于高层代号统辖了二、三、四代号段，因而每个低层次的代号段都要冠以高层代号，这将使每个图形符号旁的项目代号冗长繁琐。为简化标注方法，通常用点划线或虚线将其统辖的项目围起来，然后将高层代号标在围框的左上方。如果整个图面均属于同一高层代号，则可将高层代号标注在标题栏中或图纸空白处。当确定要标注项目的种类代号或高层代号时，原则上与"电气图用图形符号"相一致的图形符号应标注种类代号，高于这一层次的应标注高层代号。

(3) 位置代号。用于表示项目在组件、设备、系统或建筑物中的实际位置的代号叫位置代号。图中项目的位置代号依项目在组件、设备、系统或建筑物中的实际位置的代码给予。

位置代号主要在接线图、电缆配置图中使用。其字母代码，因国家标准尚无统一规定，所以设计者可自行决定，但应在图纸或文字中加以说明。位置代号通常由自行规定的拉丁字母或数字组成，其表达形式为前缀符号"＋"＋字母代码＋数字。如在108开关室内有对面排列的A、B二列开关柜，A、B列柜各有5个柜，编号各为1、2、3、4、5，如要表示A列开关柜中第5台柜，则位置代号可写成＋108＋A＋5。

3. 端子代号

端子代号是一个完整的项目代号的一部分，是同外电路进行电气连接的电器导电件的代号。用于现场连接、试验或查找故障的连接器件（如端子、插头插座等）的每一个连接点都应给一个端子代号。当项目的端子有标记时，端子代号必须与项目上端子的标记相一致；当项目的端子没有标记时，应在图上设定端子代号。端子代号通常采用数字或大写字母，特殊情况下也可用小写字母。其表达形式为前缀符号"："＋端子代号字母＋端子的数字编号。如-X1：16表示端子板X1的第16号端子；-K3：A1表示K3继电器的A1号端子。在设有围框的功能单元和结构单元中，端子代号必须标在围框内，以免被误解，如图1-5所示。在该图中，端子代号为-A5-X1：1、X1：2、X1：3、X1：4和X1：5；-A5-X2：1、X2：2。

种类代号、高层代号、位置代号各有其不同的作用，一般除了种类代号可单独表示一个项目外，其余必须与种类代号组合起来，才能较完整地表示一个项目。而端子代号通常不与前三段组合在一起，而只与种类代号组合便可。

四、电气工程施工图的组成及其用途

电气工程施工图划分为室外与室内两部分。从变配电装置引出线至各单项工程电源引入装置的这一段，

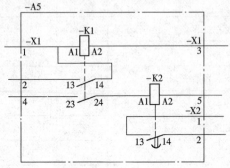

图1-5 设有围框单元的端子符号表示法

包括引出、引入装置，线路架设平面图，输电线的类型、规格及零配件等都属室外电气部分。从单项工程电源引入装置开始至各用电设备，属于室内电气部分。设备用电与照明用电由于要求不同而分设，各有各的施工图，即动力施工图和照明施工图。

电气工程施工图主要由文字说明、电气系统图、电路图和接线图、平面布置图和安装大样图（详图）组成。

1. 文字说明

包括图纸目录与标题栏、设备材料表和施工说明三部分。

（1）图纸目录及标题栏。提供工程名称、项目内容、设计日期等。

（2）设备材料表。提供了该工程所使用的设备、材料的型号、规格和数量，是编制购置主要设备、材料计划的重要依据之一。

（3）施工说明。概述本工程的特点、工程总体概况及设计依据，以及图纸中未能表达清楚的各有关事项。如供电方式、总容量，供电电源的来源、电压等级、线路敷设方式，设备安装高度及安装方式，接地方式及施工中做法说明，补充使用的非国家标准图形符号，施工时应注意的事项等。有些分项局部问题是在各分项工程的图纸上说明的，在看分项工程图纸时，也要先看设计说明，以便施工人员简要地了解工程的概貌。

2. 电气系统图

电气系统图以建筑总平面图为依据，绘出内线安装及配线的范围，标明各建筑物面积、分类负荷的数据、总设备容量、计算容量、总电费计量方式和总电压损失等。各分项工程的图纸中都包含有系统图，如电力工程的电力系统图、电气照明工程的照明系统图以及电缆电视系统图等。系统图提供了系统的基本组成，包括主要电气设备、元件等连接关系及其规格、型号、参数等，便于施工人员掌握该系统的基本概况。

3. 平面布置图

平面布置图是建筑电气工程图纸中的重要图纸之一，如电力平面图、照明平面图、接地平面图等。其都是在图中标明所需安装的用电设备、照明灯具和开关电器的种类、规格、安装位置、高度；线路敷设部位、敷设方式及所用导线型号、规格、数量，管径大小等。平面布置图通常按相应的建筑平面图绘制，如一层照明安装平面图、二层动力安装平面图等。平面布置图是安装施工、编制工程预算的主要依据。

4. 电路图和接线图

电路图多是采用功能布局法绘制的，便于人员熟悉电路中各电器的性能和特点及各系统中用电设备的电气控制原理，用来指导和帮助设备的安装和控制系统的调试工作。在进行控制系统的配线和调校工作时，还可与接线图和端子图配合进行。

5. 安装大样图（详图）

安装大样图是有特定施工要求时，为便于施工人员看清详细的做法和尺寸，在施工图中按照机械制图方法绘制的，用来详细表示设备安装方法的图纸，也是用来指导施工和编制工程材料计划的重要图纸。如果某个安装大样图国家已有标准图纸，则仅在施工说明和图纸目录中标明相应的标准图集编号和页码。

第二节 内线工程电气图形符号

一、电气图形符号的组成

图形符号通常是指用于图样或其他文件以表达一个设备或概念的图形、标记或字符。

电气图用图形符号包括符号要素、限定符号、一般符号、方框符号和组合符号，是构成电气图的基本单元。

(1) 符号要素是一种具有确定意义的简单图形，其必须与其他图形组合才能构成一个设备或概念的完整符号，例如灯丝、栅极、阳极、管壳等符号要素组成电子管的完整符号，这些符号要素一般不能单独使用。当这些符号要素与其他符号以另一种方式组合使用时，又成为另一种电子管符号。符号要素组合使用后，其布置可以同符号所表示的设备的实际结构不一致。

(2) 限定符号是用以提供附加信息的一种加在其他符号上的符号。限定符号通常不能单独使用，但由于其应用，而大大扩展了图形符号的多样性。有时一般符号也可用作限定符号，如电容器的一般符号加到传声器符号上，即构成电容式传声器符号。

(3) 一般符号是用以表示一类产品和此类产品特征的一种通常很简单的符号。

(4) 方框符号是用以表示元件、设备等的组合及其功能的一种简单图形符号，而不考虑元件、设备及其连接的细节。方框符号通常使用在单线表示法的图中，也可用在示出全部输入和输出接线的图中。方框符号在框图中使用最多，电路图中外购件、不可修理件也可用方框符号表示。

(5) 组合符号是指通过以上已规定的符号进行适当组合派生出来的、表示某些特定装置或概念的符号。新产生的图形符号宜由一般符号与一个或多个相关的补充符号组合而成。为适应不同图样或用途的要求，组合时可以改变有关符号的尺寸。

二、常用和易混淆用错的电气图形符号

1. 常用电气图形符号

GB/T 4728《电气简图用图形符号》系列标准和 GB/T 50786《建筑电气制图标准》中常用电气图形符号见表 1-3。

表 1-3　　　　　　　　　　　常用电气图形符号

名　称	图形符号	名　称	图形符号
1. 建筑常用电气设备			
中性线		架空线路	
保护线		管道线路 附加信息可标注在管道线路的上方，如管孔的数量	
保护线和中性线共用线			
示例： 带有中性线和保护线的三相配线		示例：6 孔管道的线路	
地下线路		电力电缆井/人孔	
水下（海底）线路			

续表

名　　称	图形符号	名　　称	图形符号
防电缆蠕动装置 该符号应标在入口"蠕动"侧		向下配线或布线 若箭头指向图纸的下方,为向下配线或布线	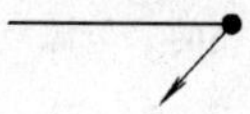
示例: 示出防蠕动装置的入孔,该符号表示向左边的蠕动装置被制止	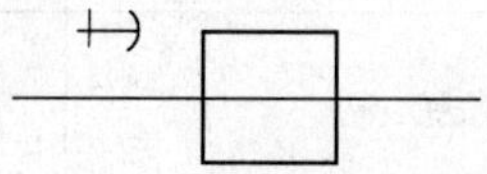	垂直通过配线或布线	
具有埋入地下连接点的线路	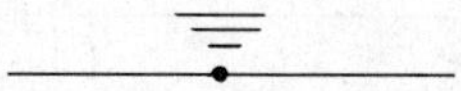	在墙上的照明引出线,示出来自左边的配线或布线	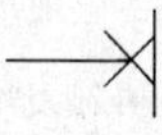
		照明引出线位置,示出配线或布线	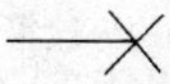
电信线路上交流供电		盒(箱)一般符号	
电信线路上直流供电		连接盒、接线盒	
断路器,一般符号		用户端 供电输入设备,示出带配线	
带隔离功能断路器			
剩余电流动作断路器	 $I_\triangle$	配电中心,示出 5 路馈线	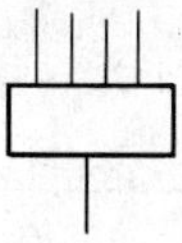
带隔离功能的剩余电流动作断路器	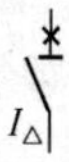 $I_\triangle$		
电缆沟线路		(电源)插座,一般符号	
电缆梯架、托盘和槽盒线路	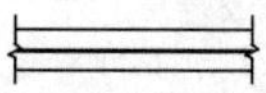	(电源)多个插座,示出 3 个	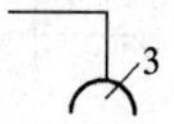 形式1 　　形式2
由下引来配线或布线	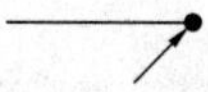		
由上引来配线或布线		带保护极的电源插座	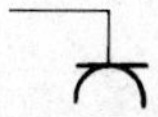
向上配线或布线 若箭头指向图纸的上方,为向上配线或布线	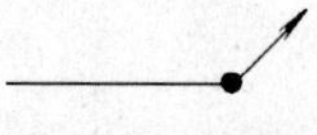	带护板的电源插座	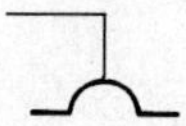

9

名　称	图形符号	名　称	图形符号
带单极开关的（电源）插座		单极拉线开关	
带联锁开关的（电源）插座		按钮	
具有隔离变压器的插座 示例：电动剃刀用插座		带有指示灯的按钮	
通信插座的一般符号 根据 GB/T 50786—2012，可用以下的文字或符号区别不同插座： TP—电话；M—传声器；TV—电视；TD—数据；TO—信息；nTO—n 孔信息		防止无意操作的按钮（例如借助玻璃罩等）	
		限时设备 定时器	t
开关，一般符号		定时开关	
带指示灯的开关		钥匙开关	
单极限时开关	t		
双极开关		具有热元件的气体放电管 荧光灯的启辉器	
多拉单极开关（如用于不同照度）		灯，一般符号 信号灯，一般符号 注:信号灯的颜色标志和光源种类标志见表 1-4	
两路单极开关			
调光器		闪光型信号灯	

续表

名　　称	图形符号	名　　称	图形符号
由内置变压器供电的指示灯		对讲电话分机	
荧光灯、发光体一般符号 示例： 三管荧光灯 五管荧光灯		电铃	
安全灯		接近传感器	
投光灯，一般符号		接近开关动合触点	
壁灯			
聚光灯		接触传感器	
泛光灯		接触敏感开关动合触点	
气体放电灯的辅助设备		设备盒（箱） 星号应以所用设备符号代替或省略	
在专用电路上的应急照明灯		末端馈线单元，示出从左边供电	
自带电源的应急照明灯		中心馈线单元，示出从顶端供电	
热水器，示出引线		带有设备盒（箱）的末端馈线单元，示出从左边供电 星号应以所用设备符号代替或省略	
风扇；风机 Fan			
时钟、时间记录器		带有设备盒（箱）的中心馈线单元，示出从顶部供电 星号应以所用设备符号代替或省略	
电控锁			

名　称	图形符号	名　称	图形符号
带有固定分支的直通段，示出分支向下		可燃气体探测器（点型）	
带有连续移动分支的直通段		手动火灾报警按钮	
外壳和导线的扩展单元，此单元可供外壳或支架和导线的机械运动和膨胀		火警电话	
导线膨胀单元　此单元可适应导线的热膨胀		火警电铃	
		火灾发声警报器	
具有内部防火层的直通段		火灾应急广播扬声器	
		火灾光警报器	
固定分支带有保护触点的插座的直通段		应急疏散指示标志灯	E
		应急疏散指示标志灯（向右）	
报警器		接地装置： (1) 无接地极 (2) 有接地极	
警卫信号探测器		安全接地	
警卫信号区域报警器		接地、地的一般符号	
警卫信号总报警器		无噪声接地、抗干扰接地	
感烟火灾探测器（点型）		接机壳、接底面	
感温火灾探测器（点型）		等电位	
感光火灾探测器（点型）		端子板	

12

续表

名　称	图形符号	名　称	图形符号
动力或动力—照明配电箱 注：需要时符号内可标示电流种类符号		照明配电箱（屏） 注：需要时允许涂红	
		应急配电箱（屏）	

2. 导体及连接件

名　称	图形符号	名　称	图形符号
连线、连接，连线组。如，电缆、导线、传输通路等 　如用单线表示一组导线时，导线的数可标以相应数量的短斜线或一个短斜线后加导线的数字 　连线符号的长度取决于简图的布局 　示例：三根导线 　可标注附加信息，如电流种类、配电系统、频率、电压、导线数，每根导线的截面积、导线材料的化学符号 　导线数后面标其截面积，并用"×"号隔开。若截面积不同时，应用"+"号分别将其隔开	形式 1 $\dfrac{3}{}$ 形式 2	单模突变型光纤	
		渐变型光纤	
		示出尺寸数据的光缆 指示光纤直径应从内向外，例如：a—纤芯直径；b—包层直径；c—第一涂层直径；d—护套直径	$a/b/c/d$
示例： 　直流电路，110V，两根 120mm^2 的铝导线 　三相电路，400/230V，50Hz，三根 120mm^2 的导线，一根 50mm^2 的中性线	$\approx 110\text{V}$ $2 \times 120\text{mm}^2\text{Al}$ $3/N \sim 400/230\text{V}50\text{Hz}$ $3 \times 120\text{mm}^2 + 1 \times 50\text{mm}^2$	示例： 　具有 20 根多模突变型光纤的光缆，每根光纤的纤芯直径为 $150\mu m$，包层直径 $300\mu m$ 　用一条线表示一组光纤时，可在单线上加与光纤数相同的短线或加一根短线，另外标出光纤数字 由铜导体和光纤组成的复合缆	$20/$ ... $150/300$ 4 ... Cu 0.75 12 ... $150/300$ 70%
光纤或光缆，一般符号		永久接头	
		柔性连接	
多模突变型光纤 　为避免与信号波形混淆，应在表示光波导的符号要素旁加上光折射率的标记符号		柔性单元	
		屏蔽导体	

13

续表

名　　称	图形符号	名　　称	图形符号
几根导线包含在同一屏蔽内，这些导体符号与其他导体符号混杂，在画出图后用箭头指出同一屏蔽内的导体		连接，连接点	●
		端子	○
		T形连接（形式2仅在形式1中增加连接符号）	形式1　形式2
绞合导线，示出两根		导线的双重连接（形式2仅在设计认为必要时使用）	形式1　形式2
电缆内示出三根导线		不切断导线的抽头（短线应与未切断导线的符号平行）	
示例：5根导线，其中箭头所指的两根在同一电缆内		需要专门工具的连接	
		阴接触件（连接器的）插座	
同轴对 若同轴结构不再保持，则切线只画在同轴的一侧 示例： 同轴对连到端子上		阳接触件（连接器的）插头	
		插头和插座	
		插头和插座式连接器如U型连接阳—阳	
屏蔽同轴对		阳—阴	
导线或电缆的终端未连接		有插座的阳—阳	
导线或电缆的终端未连接，有专门的绝缘		插头和插座	
中性点	n	多极多线表示法，表示6个阴接触件和6个阳接触件的符号	
相位转换单元		单线表示	6

续表

名　　称	图形符号	名　　称	图形符号
连接器，组件的固定部分		电缆密封终端，表示带有一根三芯电缆	
连接器、组件的可动部分		电缆密封终端，表示带三根单芯电缆	
配套连接器，本符号表示插头端固定插座端可动		直通接线盒，表示带有三根导线 多线表示 单线表示	
光连接器（插头—插座）			
光纤光路中的转换接点		电缆接线盒，表示带T形连接的三根导线 多线表示 单线表示	
电话型插塞和塞孔，示出两个极			
触头器断开的电话型插塞和塞孔，示出三个极			
电话型断开的塞孔或电话型隔离的塞孔		电缆气闭套管，表示带三根电缆	
同轴的插头和插座			
对接连接器		有天线引入的前端，示出一馈线支路（馈线支路可从圆的任何点上画出）	
接通的连接片 断开的连接片	形式1　　形式2	无本地天线引入的前端，示出一个输入和一个输出道路	

续表

名　　称	图形符号	名　　称	图形符号
桥式放大器，示出具有三个支路或激励输出： （1）圆点表示较高电平的输出 （2）支路或激励输出可从符号斜边任何方便角度引出		用户分支器，示出一路分支： （1）圆内的线可用代号替代 （2）若不产生混乱，替代用户馈线支路的线可省略	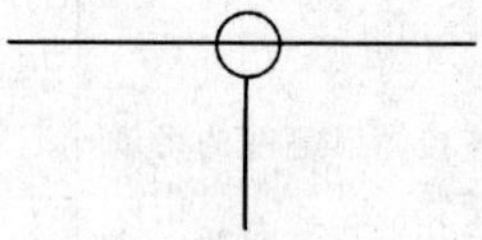
（支路或激励馈线）末端放大器，示出一个激励馈线输出	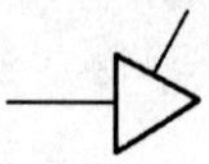	系统出线端	
交接点 输入和输出可根据需要画出		环路系统出线端，串联出线端	
方向耦合器		线路电源接入点	
分配器（两路），一般符号	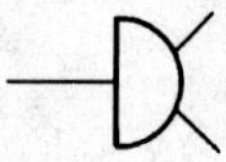		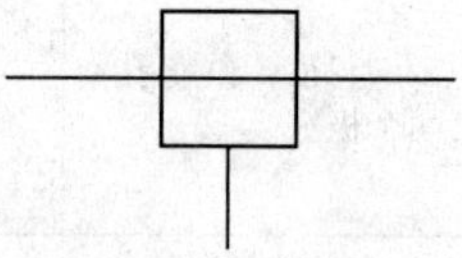
三路分配器 符号示出具有圆点一路较高电平输出	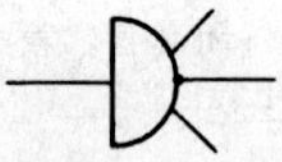	线路电源器件（示出交流型）	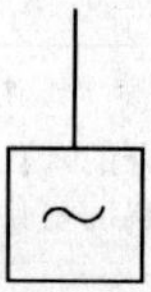

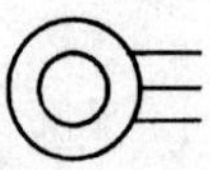

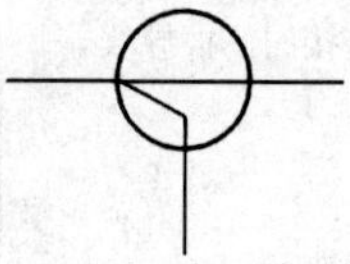

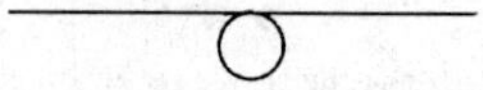

注 1. 当需要说明电气元件的类型和敷设方式时，宜在符号旁标注下列字母：EX—防爆；EN—密闭；C—暗装。

2. □可作为电气箱（柜、屏）的图形符号，当需要区分其类型时，宜在□内标注下列字母：LB—照明配电箱；ELB—应急照明配电箱；PB—动力配电箱；EPB—应急动力配电箱；WB—电能表箱；SB—信号箱；TB—电源切换箱；CB—控制箱、操作箱。

3. 当电源插座需要区分不同类型时，宜在符号旁标注下列字母：1P—单相；3P—三相；1C—单相暗敷；3C—三相暗敷；1EX—单相防爆；3EX—三相防爆；1EN—单相密闭；3EN—三相密闭。

4. 当灯具需要区分不同类型时，宜在符号旁标注下列字母：ST—备用照明；SA—安全照明；LL—局部照明灯；W—壁灯；C—吸顶灯；R—筒灯；EN—密闭灯；G—圆球灯；EX—防爆灯；E—应急灯；L—花灯；P—吊灯；BM—浴霸。

16

表 1-4　　　　　　　　　　信号灯的颜色标志和光源种类标志

信号灯	颜色标志	信号灯光源种类	
状态	颜色	名称	字母代码
危险指示	红色（RD）	钠气	Na
事故跳闸		氙	Xe
重要的服务系统停机		氖	Ne
起重机停止位置超行程		白炽灯	IN
辅助系统的压力/温度超出安全极限			
警告指示	黄色（YE）	汞	Hg
高温报警		碘	I
过负荷			
异常指示		电致发光的	EL
安全指示	绿色（GN）	弧光	ARC
正常指示			
正常分闸（停机）指示		红外线的	IR
弹簧储能完毕指示		荧光的	FL
电动机降压启运过程指示	蓝色（BU）		
开关的合（分）或运行指示	白色（WH）	紫外线的	UV
		发光二极管	LED

2. 一图多义或易混淆用错的电气图形符号

在 GB 4728 系列标准中，有些图形符号的形状相近似，甚至有的完全一样，所以在使用图形符号时要严格区分其形状与使用场合，按照规定的图形画出，否则容易出现读图误解或互相混淆。一图多义或易混淆的符号见表 1-5。

表 1-5　　　　　　　　　　一图多义或易混淆的符号

名　　称	图形符号	名　　称	图形符号
电磁分离器 灯、信号灯的一般符号	 ⊕ ⊗	柔性连接 软波导	
反向效应（单隧道效应） 延时（延迟）、荧光灯一般符号、直通段一般符号	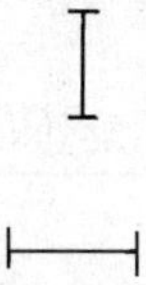	双向放大二线电路	
中性点引出的四相绕组 在专用电路上的应急照明灯 磁场效应或磁场相关性、消抹、断路器功能		具有充气或注油截止阀的线路 阀的一般符号	

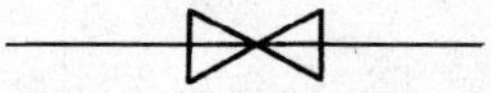

名　称	图形符号	名　称	图形符号
热敏自动开关（例如双金属片）的动断触点		光电阴极	50%
热继电器动断触点		单相插座	
负荷开关功能		n 道磁迹的磁头 注：n 应换成实际磁迹数目，如果 n＝1 时可以省略	简化形 200%
装设单担的电杆		喇叭天线或喇叭馈源	
管道线路		功率分配器，功率分配比为 6∶4	0.6 0.4
环路系统出线端，串联出线端（串接单元）		反射极	50%
双导体的带状线		横向偏转电极（示出一对电极）	其他形式
安装在吊钩上的封闭式母线		冷阴极、离子加热阴极	50%
装在支柱上的封闭式母线		作为阳极和/或冷阴极的复合电极（符号引线可水平绘出）	50%
引上杆（小黑点表示电缆）		系统出线端	
连接，连接点		开关，一般符号	
照明照度检查点、避雷针		无自动返回功能、碳粒式、端子	
球形灯		窗孔耦合器，一般符号	
三角形连接的三相绕组		电杆，一般符号	
自动返回功能		盒（箱），一般符号	
放大器、中继器的一般符号		制动器	
操作器件一般符号		限定符号，信息流从左到右的聚集功能	
选线器工作线圈（选线器电磁铁）注：本符号一般用粗轮廓线表示，以区别继电器线圈		限定符号，信息流从左到右的扩展功能	

续表

名　　称	图形符号	名　　称	图形符号
正阶跃函数、双向击穿效应 负阶跃函数 步进动作		换向绕组或补偿组，动圈式或带式	
		绝缘栅	
模拟：仅在需要将模拟信号与其他形式的信号和连接相区别时才使用 推荐形式 直热式热阴极、间热式热阴极热丝（子）、热电偶热丝（子）　50%		导线（或电缆）的弯曲、两相绕组 弯曲波导	
测试点指示符 探针耦合器		圆形波导、架空线路	─○─
热效应 正脉冲 负脉冲		屏蔽导线	─⊝─
		孔形聚焦极、聚束板极　50%	██ ██
纸带打印 方位角固定的辐射方向	──	对接连接器	◣█ █◢
平面极化，表示水平（垂直）极化时，箭头应与天线符号的主杆线垂直（平行），按箭头方向的单向力、单向直线运动，记录或播放（箭头指示换能方向）	──→	地网	
具有一处欧姆接触的半导体区（垂直线表示半导体区，水平线表示欧姆接触） 转换的一般符号、T形连接的三相绕组 接机壳或接底板 阳极、板极、收集极（微波器件）　50% 三端口连接		连续导线的抽头（短线应与未切断导线的符号平行） 原电池、蓄电池（长线代表阳极，短线代表阴极）和电池组 成对的对称波导连接器 供电阻塞，在配电馈线中表示	

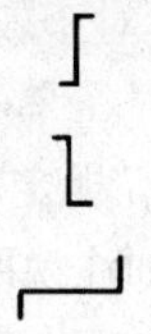

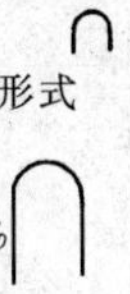

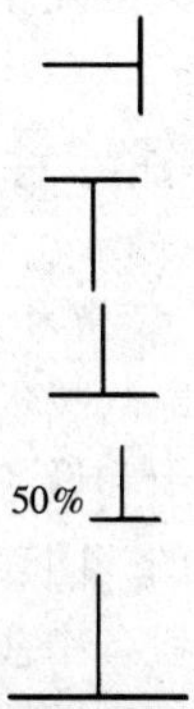

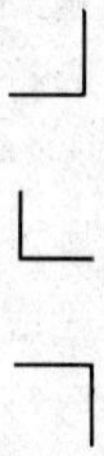

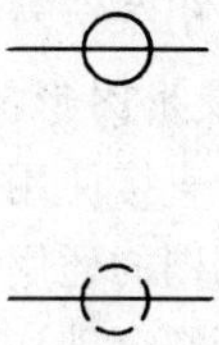

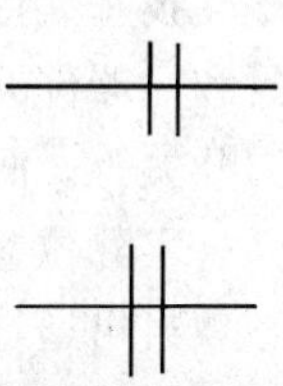

三、电气图形符号的绘制与使用

1. 图形符号的绘制要求

（1）电气图用图形符号应按功能，在未激励状态下，即无电压、无外力作用的正常状态下用

19

手工或计算机绘制，并执行 GB/T 4728 系列标准的规定。使用计算机绘图时，要求图形符号在模数 $M=2.5mm$ 的网络系统中绘制。手工绘制应按 GB 4728 中给定图形符号的大小比例绘制。通常情况下矩形边长和圆的直径应为 $2M$（5mm）的倍数。对于较小的图形符号也可选用 $1.5M$、$1M$ 或 $0.5M$，同时还应注意角度的大小。

（2）绘制电气图时应直接使用 GB/T 4728 系列标准所规定的图形符号，允许按功能派生 GB/T 4728 系列标准中未给出的各种符号，此时在图上要加注说明，以免引起误会。

（3）图形符号的大小和线条的粗细应基本一致。

（4）导线符号可以用不同宽度的线条表示，以突出或区分某些电路、连接线等。

（5）符号方位不是强制的。在不改变符号含义的前提下，符号可根据图面布置的需要按 90° 的倍数旋转或成镜像放置，但文字和指示方向不得倒置。

（6）图形符号中一般未标出端子符号，如端子符号是符号的一部分，则端子符号必须画出。

（7）图形符号一般都画有引线。在不改变其符号含义的原则下，引线可取不同方向。在某些情况下，引线符号的位置不加限制；当引线符号的位置影响符号的含义时，必须按规定绘制。

2. 使用图形符号的注意事项

（1）直接使用 GB/T 4728 系列标准所规定的图形符号，可保证在国内行业之间、国际之间电气工程图的通用性。不允许对 GB/T 4728 系列标准中已给出的各种符号进行修改或重新进行派生，否则会破坏其通用性而造成混乱。

（2）符号大小和图线的宽度一般不影响符号的含义，其含义由其形式决定。在有些情况下，有时为了强调某些方面，或者为了便于补充信息，允许采用不同大小的符号和不同宽度的图线，但同一份图纸中应保持一致。当符号缩小或放大时，改变彼此有关符号的尺寸，其各符号间及符号本身的比例应保持不变。

（3）图形符号中的文字符号、物理量符号，应视为图形符号的组成部分，当这些符号不能满足需要时，可再按有关标准加以充实。

（4）某些设备元件给出了多个图形符号，有优选形和其他形或有形式 1 和形式 2 等，应尽量采用优选形。在满足要求的前提下，应尽量采用最简单的形式，但在同一幅图中只能选用同一种形式的图形符号。

（5）GB/T 4728 系列标准中有些图形符号的形状相似，甚至有的完全一样，所以在使用图形符号时要严格区分其形状和使用场合，否则易出现读图误解或互相混淆。

第三节　电气图用文字符号

在电气技术文件中，常用文字符号标注在电气设备、装置和元器件近旁，用以表示电气设备、装置和元器件的名称、功能、状态和特征。项目是指电气技术文件中出现的各种实物，如电容器、刀开关等。而项目代号是用以识别图、图表、表格中和设备上的项目种类，并提供项目的层次关系、实际位置等信息的一种特定的代码。在不同的图、图表、表格、说明书中的项目和设备中的该项目可通过项目代号相互联系。为便于维护，在设备中往往把项目代号的全部或一部分标示在该项目上或其附近。为项目代号提供电气设备、装置和元器件种类字母代码和功能字母代码的是电气技术中的文字符号。这些文字符号除了用作项目代号外，还可以作为限定符号与一般图形符号组合使用，派生出新的图形符号。另外，这些文字符号还可以在技术文件或电气设备中表示电气设备及线路的功能、状态和特征。

文字符号的字母采用拉丁字母大写正体，可分为基本文字符号（单字母或双字母）和辅助文字符号。此外，还有接线端子与特定导线的标记符号等。

一、文字符号

参照代号是作为系统组成部分的特定项目按该系统的一方面或多方面相对于系统的标识符，其字母代码有单字母符号和多字母符号之分。参照代号采用字母代码标准时，由前缀符号、字母代码和数字组成，当采用参照代号标准不会引起混淆时，参照代号的前缀符号可省略。参照代号可以表示项目的数量、安装位置、方案等信息。

（1）单字母符号是按拉丁字母将各种电气设备、装置和元器件划分为数大类，每大类用一个专用单字母符号表示，如"R"表示电阻器类等。但由于拉丁字母"I"和"O"易同阿拉伯数字"1"和"0"混淆，因此不把它们作为单独的文字符号使用。

（2）双字母符号是由一个表示种类的单字母符号与另一字母组成的，其组成形式是以单字母符号在前、另一字母在后的次序列出。只有当单字母符号不能满足要求、需要将大类进一步划分时，才采用双字母符号，以便较详细和更具体地表述电气设备、装置和元器件，如"G"为电源类的单字母符号，而"GB"表示蓄电池。

电气设备常用的基本文字符号见表1-6。

表1-6　　　　　　　　　　电气设备常用基本文字符号

设备安装和元器件种类	名称	基本文字符号 单字母	基本文字符号 多字母	设备安装和元器件种类	名称	基本文字符号 单字母	基本文字符号 多字母
组件部件	计量柜	A	AM	非电量到电量变换器或反之	扬声器、送话器、光电池、扩音机	B	—
	无线放大器		AA		自整角机		BS
	电桥		AB		测速发电机		BR
	频道放大器		AC	电容器	电容器	C	—
	控制屏（台、箱）		AC		放电电容器		CD
	电容器屏		AC		电力电容器		CP
	载波机		AC	其他元件	本表其他未规定的器件	E	—
	应急配电箱		AE		电炉		EF
	高压开关柜		AH		发热器件		EH
	晶体管放大器		AD		电焊机		EW
	前端设备		AH		静电除尘器		EP
	刀开关箱		AK		照明灯		EL
	低压配电屏		AL		空气调节器		EV
	照明配电屏		AL	保护器件	避雷器、放电间隙	F	
	线路放大器		AL		具有瞬时动作的限流保护器件		FA
	自动重合闸装置		AR		具有延时动作的限流保护器件		FR
	支架、配线架		AR		具有延时和瞬时动作的限流保护器件		FS
	仪表柜		AS		电涌保护器		FC
	模拟信号板		AS		跌落式熔断器		FD
	信号箱		AS		避雷针		FL
	稳压器		AS		快速熔断器		FQ
	调压器		AV		熔断器		FU
	同步装置		AS		限压保护器件		FV
	接线箱、电能表箱		AW		报警熔断器		FW
	插座箱		AX				
	抽屉柜		AT				
	动力配电箱		AP				
	火灾报警控制器		AFC				
	建筑物自动化控制器		ABC				

续表

设备安装和元器件种类	名　称	基本文字符号 单字母	多字母	设备安装和元器件种类	名　称	基本文字符号 单字母	多字母
发电机及电源	发电机	G	—	感应器、电抗器	电感线圈	L	—
	蓄电池、干电池		GB		电抗器		—
	柴油发电机		GD		扼流线圈		LC
	稳压装置		GV		励磁线圈		LE
	同步发电机		GS		起动电抗器		LS
	异步发电机		GA		消弧线圈		LP
	不间断电源设备		GU	电动机	电动机	M	—
	旋转式或固定式变频机		GF		异步电动机		MA
	太阳能电池		GC		直流电动机		MD
信号器件	声响指示器	H	HA		同步电动机		MS
	蓝色指示灯		HB		伺服电动机		MV
	电铃		HE		绕线转子异步电动机		MM
	绿色指示灯		HG	测量、试验、控制设备	电流表	P	PA
	电喇叭		HH		相位表		PPA
	光指示器		HL		频率表		PF
	指示器		HL		电能表		PJ
	红色指示灯		HR		最大需量电能表		PM
	光字牌		HP		最大需量指示器		PM
	电笛		HS		无功电能表		PR
	透明灯		HT		温度计		PH
	白色指示灯		HW		电钟		PT
	黄色指示灯		HY		电压表		PV
	蜂鸣器		HZ		有功功率表		PW
继电器、接触器	继电器	K	—		同步指示器		PY
	瞬时动作继电器		KA	电力电路的开关器件	断路器	Q	QF
	电流继电器		KA		电动机保护开关		QM
	差动继电器		KD		刀开关		QK
	接地故障继电器		KE		熔断器式刀开关		QKF
	位置继电器		KQ		负荷开关		QL
	瓦斯继电器		KG		限流熔断器		QL
	热继电器		KH		剩余电流保护器		QR
	冲击继电器		KL		隔离开关		QS
	中间继电器		KM		接地开关		QG
	接触器		KM		起动器		QT
	干簧继电器		KR		转换（组合）开关		QT
	信号继电器		KS				
	时间、温度继电器		KT				
	阻抗继电器		KZ				
	电压继电器		KV				
	零序电流继电器		KZ				
	保护出口中间继电器		KOM				
	极化、压力继电器		KP				

设备安装和元器件种类	名　　称	基本文字符号 单字母	基本文字符号 多字母	设备安装和元器件种类	名　　称	基本文字符号 单字母	基本文字符号 多字母
电阻器	电阻器、变阻器	R	—	电子管、晶体管	二极管	V	—
	频敏变阻器		RF		控制电路用		
	光敏电阻（器）		RL		电源整流器		VC
	电位器		RP		发光二极管		VL
	分流器		RS		光电（控制）二极管、		VP
	热敏电阻		RT		光敏三极管		
	压敏电阻		RV		晶闸管（可控硅）		VR
控制、记忆、信号电器的开关器件、选择器	控制开关	S	SA		晶体（三极）管		VT
	选择开关		SA	传输通道、波导、天线	导线、电缆	W	—
	按钮开关		SB		天线		WA
	急停按钮		SE		辅助母线		WA
	（起动）正转按钮		SF		母线		WB
	浮子开关		SF		控制母线		WC
	火警按钮		SF		控制电缆		WC
	液体标高传感器		SL		合闸母线		WC
	主令开关		SM		电力电缆		WP
	微动开关		SN		电信电缆		WT
	压力传感器		SP		光纤		WX
	位置传感器		SQ		事故信号母线		WE
	限位（行程）开关		SQ		闪光信号母线		WF
	反转按钮		SR		灯母线		WH
	旋转（钮）开关		SR		抛物天线		WP
	停止按钮		SS		预报信号母线		WP
	烟感探测器		SS		掉牌未复归母线		WR
	温度传感器		ST		信号母线		WS
	转数传感器		SR		滑触线		WT
	温感探测器		ST		电压母线		WV
	电压表转换开关		SV	端子、插头、插座	电缆封端和接头	X	—
	试验按钮		ST		接线柱、连接插头和插座		—
变压器	变压器	T	—		焊接端子板		—
	电流互感器		TA		分支器		XC
	自耦变压器		TA		测试插孔		XJ
	控制电路电源用变压器		TC		插头		XP
	电炉变压器		TF		插座		XS
	局部照明用变压器		TL		连接片		XB
	隔离变压器		TS		端子板		XT
	电力变压器		TM		输出口		XA
	电压互感器		TV		串接单元		XU
调制变换器	整流器	U	—				
	解调器		UD				
	频率变换器		UF				
	逆变器		UV				
	调制器		UM				
	混频器		UM				

设备安装和元器件种类	名　　称	基本文字符号		设备安装和元器件种类	名　　称	基本文字符号	
		单字母	多字母			单字母	多字母
电器操作的机械器件	气阀	Y	—	终端设备滤波器均衡器限幅器	网络	Z	—
	电磁铁		YA		衰减器		ZA
	电磁制动器		YB		定向耦合器		ZD
	电磁吸盘		YH		滤波器		ZF
	电磁离合器		YC		终端负载		ZL
	合闸电磁铁（线圈）		YC		均衡器		ZQ
	防火阀		YF		分配器		ZS
	电磁锁		YL				
	电动阀		YM				
	排烟阀		YS				
	电动执行器		YS				
	跳闸电磁铁（线圈）		YT				
	电磁阀		YV				

二、辅助文字符号

辅助文字符号是用以表示电气设备、装置和元器件以及线路的功能、状态和特征的。如"STP"表示停止，"LA"表示闭锁等。辅助文字符号也可放在表示种类的单字母符号后边组成双字母符号，如"AC"表示交流。为简化文字符号，若辅助文字符号由两个以上字母组成时，允许只采用其第一位字母进行组合，如"MS"表示同步电动机等。辅助文字符号还可以单独使用，如"ON"表示闭合，"OFF"表示断开等。辅助文字符号一般不能超过三位字母。常用辅助文字符号见表1-7，电气设备辅助文字符号见表1-8。

表1-7　　　　　　　　　　　　　常用辅助文字符号

文字符号	名称	文字符号	名称	文字符号	名称
A	电流	CD	操作台（独立）	EMS	发射
A	模拟	CO	切换	EX	防爆
AC	交流	CW	顺时针	F	快速
A、AUT	自动	D	延时、延迟	FA	事故
ACC	加速	D	差动	FB	反馈
ADD	附加	D	数字	FM	调频
ADJ	可调	D	降	FW	正、向前
AUX	辅助	DC	直流	FX	固定
ASY	异步	DCD	解调	G	气体
B、BRK	制动	DEC	减	GN	绿
BC	广播	DP	调度	H	高
BK	黑	DR	方向	HH	最高（较高）
BU	蓝	DS	失步	HH	手孔
BW	向后	E	接地	HV	高压
C	控制	EC	编码	IN	输入
CCW	逆时针	EM	紧急	INC	增

续表

文字符号	名称	文字符号	名称	文字符号	名称
IND	感应	ON	闭合	S、SET	置位、定位
L	左	OUT	输出	SAT	饱和
L	限制	O/E	光电转换器	STE	步进
L	低	P	压力	STP	停止
LL	最低（较低）	P	保护	SYN	同步
LA	闭锁	PL	脉冲	SY	整步
M	主	PM	调相	SP	设定点
M	中	PO	并机	T	温度
M、MAN	手动	PR	参量	T	时间
MAX	最大	R	记录	T	力矩
MIN	最小	R	右	TM	发送
MC	微波	R	反	U	升
MD	调制	RD	红	UPS	不间断电源
MH	人孔（人井）	RES	备用	V	真空
MN	监听	R、RST	复位	V	速度
MO	瞬间（时）	RTD	热电阻	V	电压
MUX	多路复用的限定符号	RUN	运转	VR	可变
NR	正常	S	信号	WH	白
OFF	断开	ST	起动	YE	黄

表 1-8   **电气设备辅助文字符号**

文字符号	名　称	文字符号	名　称	文字符号	名　称
1. 强电设备辅助文字符号					
DB	配电屏（箱）	TB	电源切换箱	WB	电能表箱
UPS	不间断电源装置（箱）	PB	动力配电箱	IB	仪表箱
EPS	应急电源装置（箱）	EPB	应急动力配电箱	MS	电动机起动器
MEB	总等电位端子箱	CB	控制箱、操作箱	SDS	星-三角起动器
LEB	局部等电位端子箱	LB	照明配电箱	SAT	自耦降压起动器
SB	信号箱	ELB	应急照明配电箱	ST	软起动器
				HDR	烘手器

25

文字符号	名 称	文字符号	名 称	文字符号	名 称
2. 弱电设备辅助文字符号					
DDC	直接数字控制器	HD	家居配线箱	VD	视频分配器
BAS	建筑设备监控系统设备箱	HC	家居控制器	VS	视频顺序切换器
		HE	家居配电箱	VA	视频补偿器
BC	广播系统设备箱	DEC	解码器	TG	时间信号发生器
CF	会议系统设备箱	VS	视频服务器	CPU	计算机
SC	安防系统设备箱	KY	操作键盘	DVR	数字硬盘录像机
NT	网络系统设备箱	STB	机顶盒	DEM	解调器
TP	电话系统设备箱	VAD	音量调节器	MO	调整器
TV	电视系统设备箱	DC	门禁控制器	MOD	调制解调器

三、设备端子和导体的标志

设备端子和导体的标志见表 1-9。交流系统的电源不称 A 相、B 相和 C 相，而称为 1 相、2 相、3 相，并用字母数字符号 L1 、L2 、L3 表示。而当电器的接线端子直接或间接地与三相供电系统的导线相连时，其端子标志用字母 U、V、W 来表示，并与电源相序相一致。连接中性线、保护线的端子必须分别用字母 N、PE 做标志，导体应采用相应颜色标志以便区分。

表 1-9　　　　　　　　　　　　　　设备端子和导体的标志

导 体		文 字 符 号		
		设备端子标志	导体和导体终端标志	导体颜色标志
交流导体	第 1 线	U	L1	黄色（YE）
	第 2 线	V	L2	绿色（GN）
	第 3 线	W	L3	红色（RD）
	中性导线	N	N	淡蓝色（BU）
直流导体	正极	＋或 C	L＋	棕色（BN）
	负极	－或 D	L－	蓝色（BU）
	中间点导体	M	M	淡蓝色（BU）
保护导体		PE	PE	绿/黄双色（GN/YE）
PEN 导体		PEN	PEN	全长绿/黄双色（GN/YE），终端另用淡蓝色（BU）标志或全长淡蓝色（BU），终端另用绿/黄双色（GN/YE）标志

第四节　动力与照明工程图

一、概述

在一般建筑中为了方便管理，避免动力与照明互相影响，其配电通常是分开装设，为此按图纸表达的对象可分为电气照明图、动力工程图，它们是现代建筑工程中最基本的电气工程图。动力及照明工程图一般包括系统图、平面图、配电箱安装接线图等。

1. 系统图

系统图是概略表示系统或分系统的基本组成、相互关系及其主要特征的简图,供了解设备或装置的总体概况和简要的工作原理之用,也为编制更为详细的电气图或其他技术文件等提供了主要依据。

系统图贯彻了 GB/T 6988.1—2008《电气技术用文件的编制 第1部分:规则》,采用 GB/T 4728 系列标准的图形符号进行编制。系统图是按功能布局法布置的,可在不同的层次上布置。工程对象逐级分解划分层次,较高层次的图反映工程的概况,较低层次的图则将工程对象表达得较为详细,在每一层次上可独立成一份图。

动力及照明配电系统图就是表示建筑物内外的动力、照明,其中包括电风扇、插座和其他日用电器等供电与配电的基本情况的图纸。在动力及照明配电系统图上,集中反映动力及照明的安装容量、计算容量、计算电流、配电方式、电线与电缆的型号和截面积、电线与电缆的基本敷设方法和穿管管径、开关与熔断器的型号规格等。图1-6所示为照明配电系统图,从图中可知,安装容量为10.14kW,计算容量为9.1kW,计算电流为13.9A。建筑物的进线电源为380/220V三相四线制,用额定电压500V的3根25mm²、1根16mm²的铝芯橡皮绝缘电线自室外架空线引入后穿入最小管径为50mm的电线钢导管,引至配电箱。配电箱用暗配方式,箱内经HL30-63/3型隔离开关进入低压母线WB。

图1-6中出线安装了7个单极低压断路器(C45N-10～15A1P)和一个三极低压断路器(C45N-10A3P),可以引出7路220V单相和1路380V三相线路。该配电箱的内部接线由产品样本查出,当不符合本建筑物照明配电使用1路三相、6路单相、1路单相备用线路要求时,则要修改箱的内部接线图。W1、W2、W3是向三相插座供电的;W7单供一台照明变压器,其余各回路供照明与单相插座。

2. 电路图

电路图用于详细表示电路、设备或成套装置的基本组成部分、连接关系和作用原理,为调整、安装和维修提供依据,也为编制接线图和接线表等接线文件提供信息。动力及照明的各种配电电路如图1-2所示。

3. 平面图和剖面图

按系统图以一定的比例表示建筑物外部或内部的电源布置情况的图纸称为平面图。建筑物内动力及照明平面图反映动力、照明设备或配电线路平面布置的情况。平面图又可分为外电总平面图和动力及照明平面图两类。外电总平面图是表示某一建筑物外接供电

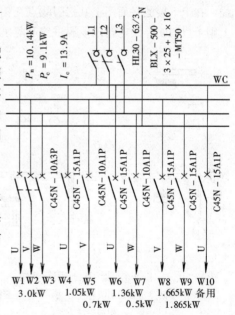

图1-6 照明配电系统图

P_n—安装容量;P_c—计算容量;

I_c—计算电流

电源布置情况的图纸,主要表明变电所与线路的平面布置情况。建筑电气平面图是在总平面图、建筑物平面图上用 GB/T 4728.11 中规定的图形符号详细表示各种电气成套装置、设备、组件和元件的实际位置的图种,用表示导线的连接线把它们连接起来,以示出它们之间的供用电关系。

动力、照明平面图是假设经过建筑物门、窗沿水平方向将建筑物切开，移去上面部分，人站在高处往下看，所看到的建筑物平面形状、大小、墙柱的位置、厚度、门窗的类型，以及建筑物内配电设备、动力、照明设备等平面布置、线路走向等情况。绘图时常用细实线绘出建筑平面的墙体、门窗、吊车梁、工艺设备等外形轮廓，用中实线绘出电气部分。

动力及照明平面图主要表示动力及照明线路的敷设位置、敷设方式、导线规格型号、导线根数、穿管管径等，同时还要标出各种用电设备（如照明灯、电动机、电风扇、插座等）及配电设备（如配电箱、开关等）的编号、数量、型号及安装方式，在连接线上标出导线的敷设方式、敷设部位以及安装方式。

动力及照明平面图的土建平面是完全按比例绘制的，电气部分的导线和设备的形状和外形尺寸则不完全按比例画出。导线和设备的垂直距离和空间位置一般也不另用立面图表示，而是采用文字标注安装标高或附加必要的施工说明的办法来说明。动力及照明平面图既是系统图和电路图上项目的实际位置的体现，以及施工安装的依据，也是电气运行、维修的依据。

平面图的表示方法：①图幅可以采用图幅分区法，也可利用建筑物或构筑物的轴线表示其位置；②工艺设备和电气设备按实际位置布局，并选用 GB 4728.11 规定的图形符号或根据组图原则派生新的图形符号，但必须加以说明。

平面图上指引线的应用：①用电设备、照明回路与配电箱的连接线，在出线回路较多时，用箭头的延长指向配电箱以示连接线，如图 1-7（a）所示；②向上（或向下）垂直通过楼层的指引线，在上下层的平面图上其指引线点互相重合，如图 1-7（b）所示。如同一处的指引线在两个以上则予以说明，配电箱的电源进线和配出的线路绘在图形符号的宽边两侧。

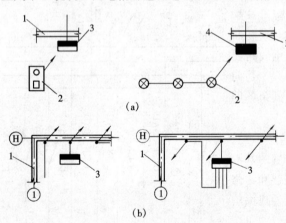

图 1-7　指引线应用示例图
（a）多回路出线指引线标注方法；（b）上下楼层指引线标注方法
1—墙体；2—用电设备；3—电力配电箱；4—照明配电箱

为了便于看懂电气照明平面图，可画出照明设备、开关、插座等的实际连接示意图，这种图称为剖面图，也称斜视图、透视图。图 1-8（a）所示为照明直接接线法平面布置图，图 1-8（b）所示为其剖面图。在平面图可以看出灯具、开关、线路的具体布置情况。其左侧房间中装有两盏灯 E1、E2，由安装在进门一侧的两只开关 S1、S2 控制；右侧房间装有一盏灯 E3，由开关 S3 控制。S1、S2 为单极明装翘板式开关，S3 为单极拉线开关。

在剖面图 1-8（b）上画出了导线的实际连接。图中由电源引来一根相线 L1 与一根中性线 N 从干线上分支，N 线直接与各灯相连。从两灯之间干线上引一根相线 L1 至开关 S1、S2，经过两个开关分别再引至 E1、E2。由此看出，E1 与 S1、S2 之间的三根线分别是一根相线、一根中性线、一根开关线（也是相线）。S1、S2 与 E2 之间也是这种情况。图 1-8（b）中所示的三根虚线各自所连三根导线与图 1-8（a）中所示的导线根数是相对应的，图 1-8（a）和图 1-8（b）所示的接法称直接接线法。如干线中间不允许出现接头，则必须把接头分别放在灯座盒内和开关盒内，应采用图 1-8（c）及图 1-8（d）所示共头接线法。图 1-8（d）为共头接线法剖面图，接至开关 S1、S2 的有 4 根导线，要将

S1 与 S2 间用导线连通，为此应在共头接线法平面布置图1-8（c）中增加相关线段。

二、动力及照明平面图的绘制

1. 动力及照明平面图的绘图标准和步骤

（1）平面图的绘图标准。

1）平面图的绘制可参照 GB/T 6988.1《电气技术用文件的编制　第1部分：规则》、GB/T 5094.1～5094.4《工业系统、装置与设备以及工业产品结构原则与参照代号》系列标准、GB/T 4728 系列标准和 GB/T 50786《建筑电气制图标准》的有关规定执行，并应结合有关行业特点进行绘制。

2）平面图的线条粗细原则。细线绘制建（构）筑物的墙体、门、窗以及尺寸线、标注线和指引线。粗线绘制电气线路及图形符号，以突出线路图形符号为主，建（构）筑物为辅，使图纸主次分明，便于识图和施工。

3）平面图上的尺寸标注。除总平面图以"m"为单位外，其他的均以"mm"为单位。

（2）动力及照明平面图的绘制步骤。动力及照明平面图是采用图形符号加文字代号标注的方法绘制出来的，步骤如下：

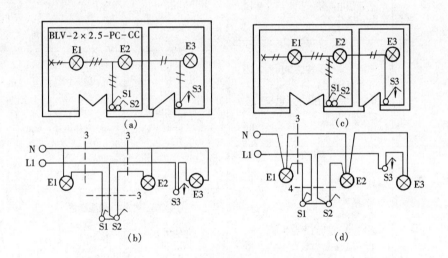

图 1-8　照明平面图与剖面图

（a）直接接线法平面布置图；（b）直接接线法剖面图；

（c）共头接线法平面布置图；（d）共头接线法剖面图

1）画房屋平面（外墙、门窗、房间、楼梯等）。

2）画配电箱、开关及电力设备。

3）画各种照明灯具、插座、吊扇等。

4）画进户线及各电气设备、开关、灯具间的连接线。

5）标出线路、设备等附加的文字符号。

6）附加必要的文字说明。

2. 动力、照明电气设备和线路在平面图上标注方法

（1）动力及照明电气设备在平面图上标注方法。

1）宜在用电设备的图形符号附近标注其额定功率、参照代号。

2）对于电气箱（柜、屏），应在其图形符号附近标注参照代号，并宜标注设备安装容量。

3）对于照明灯具，宜在其图形符号附近标注灯具的数量、光源数量、光源安装容量、安装高度、安装方式。

电气设备和线缆的标注方式见表1-10。

表 1-10　　　　　　　　　　　　　电气设备和线缆的标注方式

标注方式	说　明	标注方式	说　明
$\dfrac{a}{b}$	用电设备标注 a—参照代号； b—额定容量，kW 或 kVA	$a\ b-c\ (d\times e+f\times g)$ $i-jh***$	线缆的标注 a—参照代号； b—型号； c—电缆根数； d—相导体根数； e—相导体截面积，mm²； f—N、PE 导体根数； g—N、PE 导体截面积，mm²； i—敷设方式（见表 1-13）和管径，mm； j—敷设部位，参见表 1-14； h—安装高度，m
$-a+b/c*$	系统图电气箱（柜、屏）标注 a—参照代号； b—位置信息； c—型号		
$-a*$	平面图电气箱（柜、屏）标注 a—参照代号		
$a\ \ b/c\ \ d$	照明、安全、控制变压器标注 a—参照代号； b/c——一次电压/二次电压； d—额定容量	$a-b\ (c\times 2\times d)$ $e-f$	电话线缆的标注 a—参照代号； b—型号； c—导体对数； d—导体直径，mm； e—敷设方式（见表 1-13）和管径，mm； f—敷设部位，参见表 1-14
$a-b\dfrac{c\times d\times L}{e}f**$	灯具标注 a—数量； b—型号； c—每盏灯具的光源数量； d—光源安装容量； e—安装高度，m； "—"吸顶安装； L—光源种类，参见表 1-4； f—安装方式，参见表 1-12；	$a/b/c$	光缆标注 a—型号； b—光纤芯数； c—长度
		$\dfrac{a\times b}{c}$	电缆梯架、托盘和槽盒标注 a—宽度，mm； b—高度，mm； c—安装高度，m

　　*　前缀"—"在不会引起混淆时可省略。

　*　*　灯具的标注包括灯具数量、光源数量、光源安装容量、安装高度和安装方式。

*　*　*　当电源线缆 N 和 PE 分开标注时，应先标注 N 后标注 PE（线缆规格中的电压值在不会引起混淆时可省略）。

　　（2）电气线路在平面图上的标注方法。

　　1）电气线路应标注回路编号或参照代号、线缆型号及规格、根数、敷设方式、敷设部位等信息。

　　2）对于弱电线路，宜在线路上标注本系统的线型符号，线型符号应按表 1-11 标注。

　　3）对于封闭母线、电缆梯架、托盘和槽盒宜标注其规格及安装高度。

4）线路用途的参照代号，在建筑电气工程施工图中线路种类较多，当用途比较清楚时，一般不加标注，但当同一图纸中出现不同用途的线路时，应加以标注以示区别。其线路参照代号的字母代码见表1-11。

表1-11　　　　　　　　　　　　标注线路用途的文字符号

线路名称	常用文字符号		
	单字母	双字母	三字母
控制线路		WC	
直流线路		WD	
应急照明线路		WE	WEL
电话线路	W	WF	
照明线路		WL	
电力线路		WP	
声道（广播）线路		WS	
电视线路		WV	
插座线路		WX	

（3）照明灯具安装方式、线缆敷设方式及敷设部位，应按表1-12～表1-14所列的文字符号标注。

表1-12　　　　　　　　　　　　灯具安装方式标注的文字符号

名　称	文字符号	名　称	文字符号
线吊式	SW	吊顶内安装	CR
链吊式	CS	墙壁内安装	WR
管吊式	DS	支架上安装	S
壁装式	W	柱上安装	CL
吸顶式	C	座装	HM
嵌入式	R		

表1-13　　　　　　　　　　　　线缆敷设方式标注的文字符号

名称	文字符号	名称	文字符号
穿低压流体输送用焊接钢管（钢导管）敷设	SC	电缆梯架敷设	CL
穿普通碳素钢电线套管敷设	MT	金属槽盒敷设	MR
穿可挠金属电线保护套管敷设	CP	塑料槽盒敷设	PR
穿硬塑料导管敷设	PC	钢索敷设	M
穿阻燃半硬塑料导管敷设	FPC	直埋敷设	DB
穿塑料波纹导管敷设	KPC	电缆沟敷设	TC
电缆托盘敷设	CT	电缆排管敷设	CE

表 1-14   线缆敷设部位标注的文字符号

名　　称	文字符号	名　　称	文字符号
沿或跨梁（屋架）敷设	AB	暗敷设在顶板内	CC
沿或跨柱敷设	AC	暗敷设在梁内	BC
沿吊顶或顶板面敷设	CE	暗敷设在柱内	CLC
吊顶内敷设	SCE		
沿墙面敷设	WS	暗敷设在墙内	WC
沿屋面敷设	RS	暗敷设在地板或地面下	FC

为了减小图面的标注量，提高图面的清晰度，往往不直接把配电箱配往各用电设备的管线标注在平面图上，而是另外提供一个用电的设备导线、管径选择表。安装时根据平面图上提供的设备功率大小，在表上找出应配置的线管直径和导线截面积。另外，还可在平面图上只标注管线编号，再单独提供一个线路管线表，安装时根据管线编号在管线表上找出该管线的导线型号、截面积、长度、起点、终点、管径等。

三、动力及照明施工图的识读

1. 动力及照明施工图的一般阅读方法

电气工程施工图是表达电气工程设计人员对工程内容构思的一种文字图画。它是以统一规定的图形符号辅以简单扼要的文字说明，把电气设计人员所设计的电气设备安装位置、配管配线方式、灯具安装规格、型号以及其他一些特征和它们相互之间的联系及其实际形状表示出来的一种图样。

动力及照明平面图是动力及照明工程的主要图纸，它是施工单位进行安装的主要依据。一套建筑电气工程图所包括的内容比较多，图纸往往有很多张。因此，应了解建筑电气工程图的特点，才能比较迅速全面地读懂图纸。一般应按以下顺序依次阅读和相互对照阅读。

（1）从图纸标题栏及目录，了解工程名称、项目内容等。

（2）阅读图纸说明，了解工程总体概况、设计依据及图纸中未能表达清楚的各有关事项。如电源的走向、电压等级、线路敷设方式、设备安装高度及安装方式、补充使用的非国标图形符号、施工时应注意的事项等。从分项工程图纸上，可了解到该分项工程局部内容。

（3）电气系统图一般是以表格形式无比例地绘制出来的，是表明动力或照明的供电方式，配电回路的分布和相互联系情况的示意图。从系统图上，还可以掌握系统的基本组成，主要电气设备、元件等的连接关系及其规格、型号、参数等基本概况。

（4）熟悉电路图和接线图。电路图多采用功能布局法绘制，看图时应依据功能关系从上至下或从左至右逐个回路依次阅读。在进行控制系统的配线和调校工作时，还可配合阅读接线图和端子图进行。

由于灯具、插座等通常都是并联接于电源进线的相线与中性线之间，且相线必须经开关后再进灯座，而中性线又是直接进灯座，保护地线直接与灯具金属外壳相连接。有时导线中间又不允许有接头（如管子配线、槽板配线等），这就使得平面图上会出现灯具之间、灯具与开关之间的导线根数的变化，为此就应熟悉常用照明控制线路。

（5）熟悉设备性能特点及安装要求。熟悉电气设备、灯具等在建筑物内的布置位置及其型号、规格、性能、特点和对安装的技术要求，了解各系统中用电设备的电气自动控制原理，以便安装和调试。图纸标注往往不齐全，特别是设备的性能特点及安装要求，一般都应通过有关技术资料和施工及验收规范来了解。如在照明平面图中，开关、插座的安装高度一般是不在图纸上标出的，施工人员可依据施工及验收规范进行安装。

（6）平面布置图是建筑电气工程图纸中的重要图纸之一，是用来表示设备安装位置、线路敷设部位、敷设方法及所用导线型号、规格、数量或管径大小等，安装施工、编制工程预算的主要依据图纸，施工人员可对照相关的安装大样图一起阅读。

（7）安装大样图（详图）是按照机械制图方法绘制的，用来详细表示设备安装方法的图纸，也是用来指导施工和编制工程材料计划的重要图纸，其多数采用全国通用电气装置标准图集。在标准图集中每个详图都有编号，如电气设计人员打算将某一局部或配件采用某图集中的某个详图，应在平面图中采用索引号将其标出。详图索引号标注方法如图1-9所示。

施工图中除应用标准详图外，还有一种非标准详图，它是根据工程项目的实际情况在不能使用标准详图的条例下，由设计人员根据实际情况编制出电气安装工程某一局部或某一配件详细尺寸、构造和做法的样图，仅供本工程项目建设过程中使用。

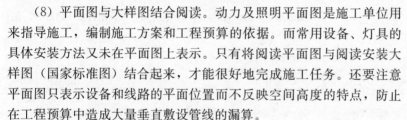

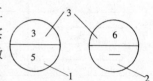

图1-9　详图索引
号标注方法
1—详图所在图集页码编号；
2—表示在本张图上；
3—详图编号

（8）平面图与大样图结合阅读。动力及照明平面图是施工单位用来指导施工，编制施工方案和工程预算的依据。而常用设备、灯具的具体安装方法又未在平面图上表示。只有将阅读平面图与阅读安装大样图（国家标准）结合起来，才能很好地完成施工任务。还要注意平面图只表示设备和线路的平面位置而不反映空间高度的特点，防止在工程预算中造成大量垂直敷设管线的漏算。

（9）阅读设备材料表。设备材料表表明了该工程所使用的设备、材料的型号、规格和数量，是编制购置主要设备、材料计划的重要依据之一。

（10）与土建及其他安装工程图同时阅读。电气安装工程与土建工程及其他安装工程（给排水管道、通风空调管道等）关系密切，在阅读动力、照明平面图时，还要同时阅读有关土建工程及其他安装工程的施工图是否符合电气线路与其他工程管道间最小距离的规定要求，目的在于了解是否有位置上的冲突或距离太近的现象，以便及早修改设计图纸，避免造成大的浪费。

（11）了解建筑物的基本概况，如房屋结构、房间功能与分布，有利于进行电气工程安装。

阅读图纸的顺序没有统一的规定，可以根据需要，自己灵活掌握，以更好地利用图纸指导施工，使安装质量符合要求。阅读图纸时，还应配合阅读有关施工及检验规范、质量检验评定标准以及全国通用电气装置标准图集，以详细了解安装技术要求及具体安装方法等。

2. 电气照明施工图的识读

电气照明施工图是土建施工图纸的一部分，它集中地表现了电气照明设计的意图，是电气设备安装的重要依据。电气施工人员在进行施工前必须认真详细阅读电气施工图，弄清电气设计的意图及施工要求，以便正确地进行施工。建筑物的土建施工与电气安装施工之间有着密切的联系，土建施工人员也应该了解和掌握电气设备安装对土建施工的要求。阅读图纸时可按电流入户方向，即按进户点→配电箱→支路→支路上的用电设备的顺序阅读。

（1）照明电气施工图的图例符号及文字标记。照明电气施工图有以下特点：

1）电气施工图只表示线路的工作原理和接线，不表示用电设备和元件的实际形状和位置。

2）为了绘图、读图的方便和图面的清晰，电气施工图采用国家标准中的图形符号及文字符号，用来表示实际的接线和各种电气设备和元件。

施工人员要读懂电气施工图，必须熟记各种设备和元件的图形符号及文字标记。对于有些设备和元件，国家还没有规定标准的图形符号，要弄清设计人员自行编制的图例符号和文字标记的意义。

建筑电气施工图用图形符号及文字符号应符合本章中的有关规定。除此以外，施工人员还应熟悉与电气施工图中有关的常用符号，见表 1-15。

表 1-15　　　　　　　　　　　　　　　电气平面施工图常用符号

符　号	名　称	用　途
 ———————	实　线	表示电气线路敷设平面图的外轮廓线以及剖面图中被安装物体的外轮廓线
 - - - - - - -	虚　线	表示看不见的轮廓线，或还在计划中的设备布置位置
 ——— · ———	点划线	表示安装物体的中心线及定位轴线
 —— ·· ——	双点划线	辅助围框线
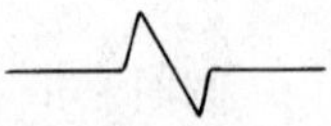 ⌇	折断线	表示不必全部画出来的物体，或者尺寸太长而被省略的部分，在省略的部位用折断线表示
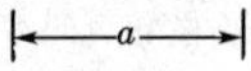 ⊢— a —⊣	尺寸线	表示尺寸 a 的大小
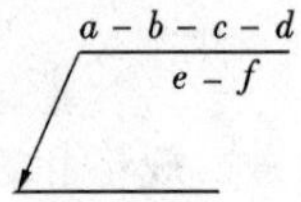 $\frac{a-b-c-d}{e-f}$	电缆与其他设施交叉点	a—导管根数；b—导管直径，mm；c—管长，m；d—地面标高，m；e—导管埋没深度，m；f—交叉点坐标
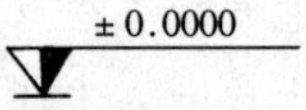 ▽ ± 0.0000	安装或敷设标高（相对标高），m	表示下横线为某处高度的界线，上面符号注明标高，用于室内平面图、剖面图。电气安装一般取建筑物的首层室内的地坪线作为标高的零点
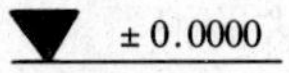 ▼ ± 0.0000		用于总平面图上室外地面标高
 (60)	照　度	在直径为 8mm 的单线圆圈内标明的最低照度，标注在房间的平面图上（图中为 60lx）
● a	照明照度检查点	a 为水平照度，lx
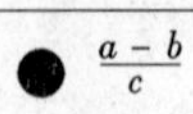 ● $\frac{a-b}{c}$		$a-b$ 为双侧垂直照度，lx；c 为水平照度，lx
 ——→	箭头	实心箭头用于指引线（细实线）；开口箭头用于信号线及连接线上
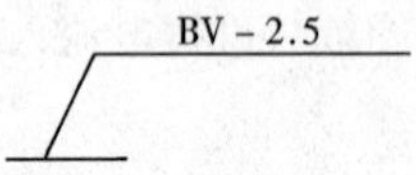 ╱ BV–2.5	引出线	表示某一被安装物体的位置或所使用的材料（图中为 2.5mm^2 铜芯聚氯乙烯绝缘导线）
1：100	比　例	图上所画物体的尺寸与实物尺寸之比，称为比例。1：100 即图上 1mm 代表实际尺寸 100mm。系统图和接线原理图均不按比例绘制

（2）电气照明施工图。电气照明施工图通常由电气照明配电系统图、电气照明平面图和施工

说明等部分组成。

阅读电气照明施工图时应将系统图和平面图对照起来读，以便弄清设计意图，正确指导施工。

1）电气照明配电系统图。照明配电系统图主要表示照明及日用电器电源供电情况、进户线、母线、各路出线所用导线及控制保护电器的规格与敷设部位、敷设方式等。图1-10（a）所示为城镇公用配电变压器供某居民住宅楼电源进户的配电系统图，从该系统图中可了解以下内容：

a. 电源系统的接地形式。该住宅楼供电电源由三相四线制380/220V、电源线BLV-3×35＋1×16架空引入住宅楼，进户后经暗埋塑料管进入二层楼电能表箱（总表与分户计量表装于同一箱内），中性线N入户前在进户杆处做重复接地。

b. 保护线（PE线）与电能表箱外壳连接后引至户外接地装置上，这样保护线PE与中性线N分开设置，形成三相四线制TT系统电源进户的配电系统图。

c. 各户开关箱（DKX）置于各户室内，图1-10（b）为该图1-10（a）配电系统图中大套住房的单相两线制TT系统开关箱配电系统图，其中照明线路为单相两线制供电，插座线路为单相两线制TT系统接线方式供电（设剩余电流末级保护）。此时开关箱、插座接地极、用电设备金属外壳等均与PE线相连。

d. 为了说明平面图与系统图的关系，画出了图1-10（b）中N1号照明线路的平面图，如图1-10（c）所示。

e. 线路敷设方式。除三相四线制进户线架空进入接户点外，其余线路均采用沿墙、楼地面内暗敷。当线路沿楼板地面敷设时，应尽量沿楼板缝隙敷设，以免在楼板上凿孔，如处理不当，会影响楼板强度。

电气照明系统图应反映以下几个方面的要求：

a. 供电电源。系统图上应标明电源是三相供电还是单相供电。其表示方法是在进户线上划短/数，如果不带短/则为单相。也可以从文字标记中看出，其表示方法为

$$m—U f$$

式中　m——电源相数；

　　　f——电源频率；

　　　U——电源电压。

如交流，三相带中性线400V，中性线与相线之间为230V、50Hz，其表示方法为3/N～400/230V50Hz。

b. 干线的接线方法。系统图上应可直接看出配线方式是树干式还是放射式或混合式，在多层建筑中一般采用混合式，还可以反映出支线的数目及每条支线供电的范围。

c. 导线的型号、截面积、穿管直径、管材以及敷设方式和敷设部位。

各户内支线根据负荷大小选用绝缘铜芯线或铝芯线。进户线和干线的规格、型号可在图中线旁用文字标记表达出来，即

$$a(b \cdot c)d—e$$

式中　a——导线型号；

　　　b——导线根数；

　　　c——导线截面积；

　　　d——导线穿管管径和管材；

　　　e——导线敷设方式和部位。

室内配线与照明(第二版)

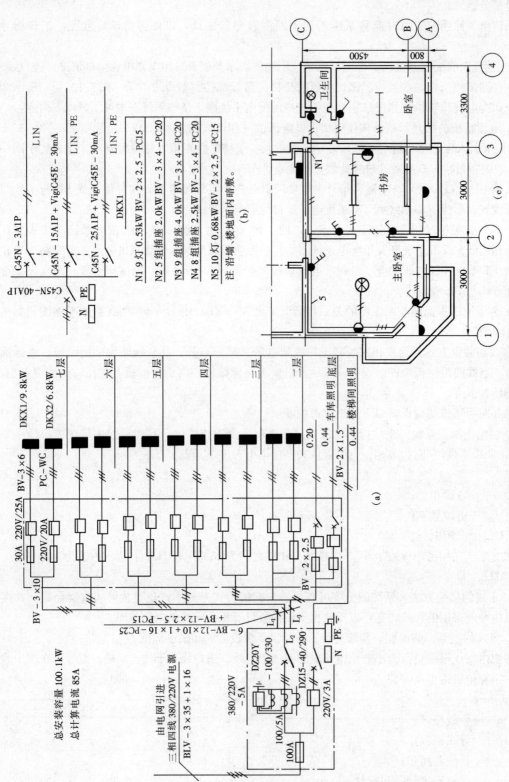

图 1-10 某住宅楼照明配电系统图(附 N1 平面图)

(a)住宅单元配电系统图；(b)开关箱配电系统图；(c)N1 号照明线路平面图

36

如 2 号照明线路，导线型号为 BV（铜芯聚氯乙烯绝缘导线），共有 3 根导线，其每根导线截面积为 4mm²，采用 15mm 直径的流体输送用焊接钢导管穿管沿墙暗敷设，其表示方法为 2WL—BV—3×4—SC15—WC。

当需要改变导线型号规格或敷设方式时，如由 3×16mm² 导线改为 3×10mm²，其标注方式为 $\frac{3\times16}{}\times\frac{3\times10}{}$；由无穿管敷设改为导线穿管 $\left(\phi2\frac{1}{2}\text{in}\right)$ 敷设，其标注方式为 $\underline{\quad\quad}\times\frac{\phi2\frac{1}{2}\text{in}}{}$。

d. 配电箱中的控制、保护、计量等电气设备应在系统图上表示出来。

一般住宅和小型公共建筑中，配电箱内开关过去通常采用 HK 系列胶盖瓷底刀开关，这种开关所配熔丝可以用作短路和过载保护。现代化建筑中常采用模数化终端电器作为配电箱中的设备，如图 1-10（b）中用户开关箱采用的 C45N 单极断路器，并加上单极电子式剩余电流附件。

为了计量电能，配电箱内还装有交流电能表。三相供电时，应采用三相四线制电能表或三只单相电能表来代替三相四线制电能表。

各种电气设备的规格、型号都应标注在表示该电气设备的图形符号旁边。

2）电气照明平面图。图 1-11 所示为某爆炸危险车间电气照明平面图。安装时应严格按照防爆规范及电气装置国家标准图集规定要求施工。

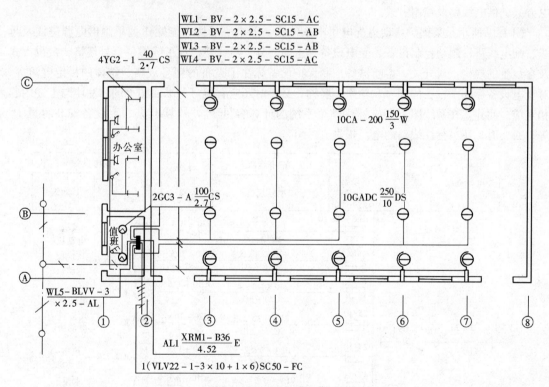

图 1-11　某爆炸危险车间照明电气照明平面图

照明线路除 WL5 采用 BLVV 型塑料护套线明敷设外，其余回路全部为 BV-0.5 型导线穿流体输送用焊接钢管明敷设，WL5 回路中单相三极插座的 PE 线从配电箱 PE 端子排引线，且箱内 PE 线端子排与配电箱外壳连接后引至室外接地装置。

从电气照明平面图中可以看出，电源采用三相四线制电缆线 VLV22—1—3×10+1×6 进户，按规定的图形符号和文字标记表示出电源进户点、配电箱、配电线路及室内灯具、开关、插座等电气设备的位置及安装要求。同一方向的线路，不论有几根导线，都可以用单线条表示，但要在线上用短/数表示导线根数。在平面图上一般不标注哪个开关控制哪盏灯具，电气安装人员在施工时可以按一般规律判断出来。多层建筑物的电气照明平面图应分层来画，相同的标准层可以用一张图纸表示各层的平面。

在电气照明平面图上应反映以下几方面的要求：

a. 进户点、总配电箱及分配电箱的位置。

b. 进户线、干线、支线的走向，导线根数，导线敷设部位、敷设方式，需要穿管敷设时所用的管材、规格等。

c. 灯具、开关、插座等设备的种类、规格、安装位置、安装方式及灯具的悬挂高度。

3）施工说明。在系统图和平面图中表达不清楚而又与施工有关系的一些技术问题，往往在施工说明中加以补充。如配电箱高度，灯具及插座高度，支线导线型号、截面积、穿管直径、敷设方式、重复接地的接地电阻要求等。因此，应阅读电气施工图上的施工说明。

3. 动力配电施工图的识读

（1）动力配电系统图。动力配电系统图一般采用图形与表格相结合的形式来表示电动机的供电方式、供电线路及控制方式。

图 1-12 所示是某锅炉房动力配电供电系统图，图中一般按电能输送关系画出电源进线及母线、配电线路、起动控制设备、受电设备等主要部分。对线路标注了线缆的型号规格、敷设方式及穿线管的规格；对开关、熔断器等控制保护设备标注了设备的型号规格、熔体的额定电流等；对受电设备标注了设备的型号、功率、名称，必要时还应有编号。平面图上的标注应与上述内容相对应。此外，在系统图上还应标注整个系统的计算容量 P_c，计算电流 I_c，设备安装容量 P_n 等；必要时，还可标注线路的电压损失。

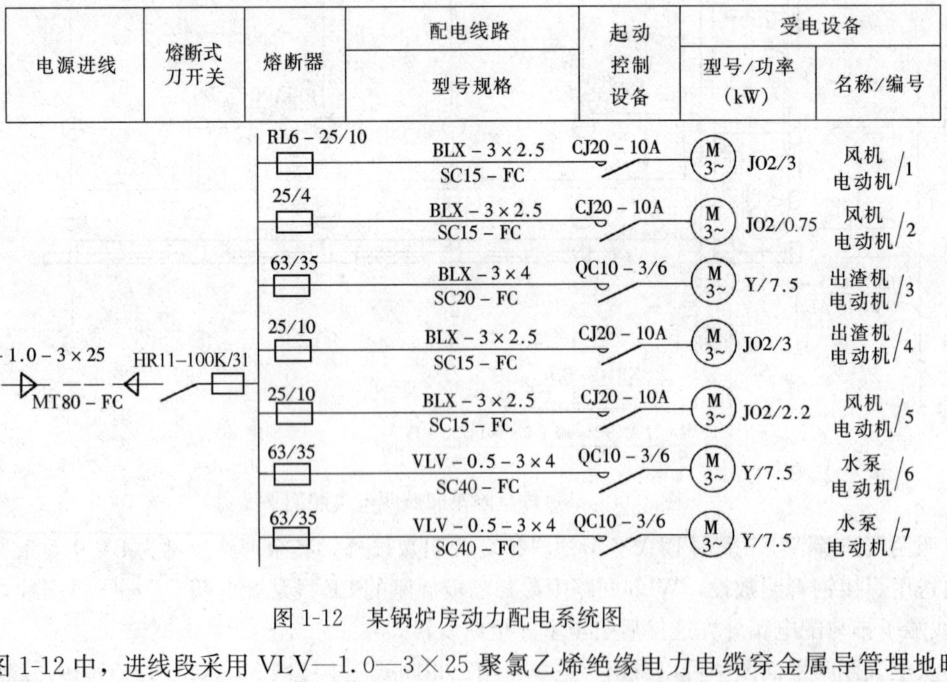

图 1-12　某锅炉房动力配电系统图

在图 1-12 中，进线段采用 VLV—1.0—3×25 聚氯乙烯绝缘电力电缆穿金属导管埋地暗敷设，各电动机进线采用 BLX 铝芯橡皮绝缘导线和 VLV 聚氯乙烯护套电力电缆等流体输送用焊接钢导管埋地暗敷。用电设备有 4 台 JO2 系列电动机和 3 台 Y 系列 7.5kW 电动机。

（2）动力配电平面图。动力配电平面图上主要表示动力设备在室内的安装位置及动力线路敷设方式。在一个电气动力工程中，由于动力设备比照明灯具数量少，且多布置在地坪或楼层地面上，一般采用三相供电，配线方式多采用穿管配线。图 1-13 所示为某车间的动力配电平面图，该车间系爆炸危险性场所，安装时应严格按照防爆规范及有关电气装置国家标准图集规定要求施工，并选用有关防爆电器，如防爆电机、防爆按钮盒等。

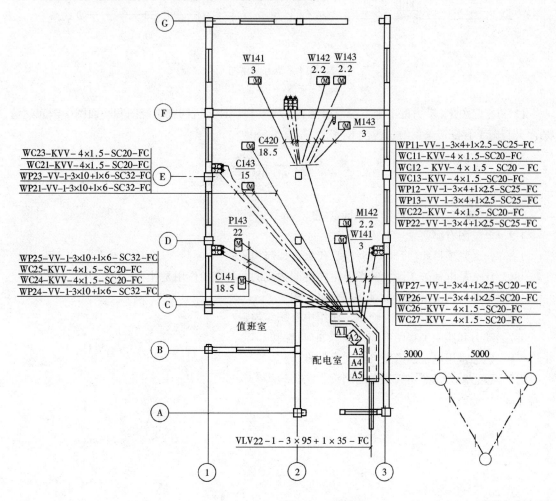

图 1-13　某车间动力配电平面图

WP—动力线路；WC—控制电路

接地型式采用 TN-S 系统，电缆中第四根芯线作为 PE 线接电动机外壳，同时穿线钢导管也作为 PE 线，两者在配电室同时接到 PE 母线端子上，引至室外与接地极相连，接地电阻不大于 4Ω。

A1～A5 为控制柜，其引至各用电设备导线（聚氯乙烯绝缘聚氯乙烯护套电力电缆 VV 和控制电缆 KVV），穿在流体输送用焊接钢导管内埋地暗敷设。电源进线电缆 VLV22—1.0—3×95＋1×35，采用埋地暗敷设。

在平面图上标注的内容要与配电系统图上的内容相一致，便于在施工安装时相互对照，如图

1-14（a）平面图应与图 1-14（b）系统图相对应。

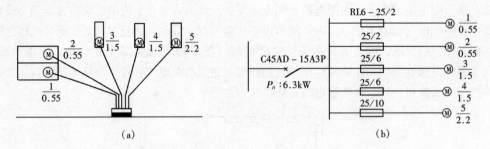

图 1-14　动力回路图
(a) 平面图；(b) 系统图

（3）施工说明。动力配电施工图与照明施工图一样，补充说明在系统图和平面图中未表达清楚而又与施工有密切关系的一些技术问题。

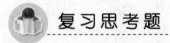

复习思考题

1-1　电气工程图有哪些种类和特点？

1-2　电气图有哪些表达形式和方法？

1-3　什么是项目和项目代号？项目代号是如何构成的？

1-4　什么是电气施工图？其主要由哪些图构成的？各自的作用是什么？

1-5　标准电气图形符号由哪几部分组成的？

1-6　标准电气图形符号在绘制、使用中有哪些规定？

1-7　动力和照明工程图有何特点？如何绘制？

1-8　熟悉常用电气图形符号和文字符号。

1-9　熟悉动力及照明施工图的阅读方法。

第二章

内线施工常用工器具

第一节 常用通用工具

一、电工刀

电工刀用于割削线缆绝缘层、棉麻绳索、木桩及软性金属，一般有一用（普通式）、两用及多用（三用）三种型式。普通式电工刀有 1 号（刀柄长 115mm）、2 号（刀柄长 105mm）、3 号（刀柄长 95mm）三种规格。两用电工刀是在普通式电工刀的基础上增加了引锥（钻子）；三用电工刀增加了锯片和引锥；四用电工刀增加了引锥、锯片、旋具。刀片作割削线缆绝缘层用，锯片可作锯削线缆槽板和圆垫木之用，引锥可作钻削木板眼孔之用，旋具作旋动螺钉或木螺钉之用。

对单芯塑料线可使用电工刀采用斜削法或单层剥切法削去绝缘层。斜削法需先用电工刀以45℃角倾斜切入绝缘层，当切近线芯时，即停止用力，接着应使刀面的倾斜角度改为15°左右，沿着线芯表面向线头端部推去，然后把残存的绝缘层剥离线芯，用刀口插入背部以 45°角削断，如图 2-1 所示。

用电工刀进行塑料线单层剥切时，一手握刀，刃口向上，另一手拿线放在刀刃上，并用握刀手将导线压在刀刃上，将线在刀刃上推转一周，把刀向线芯端部快速移动，即可剥掉绝缘层。

电工刀使用注意事项：

（1）具有引锥的电工刀，在其尾部装有弹

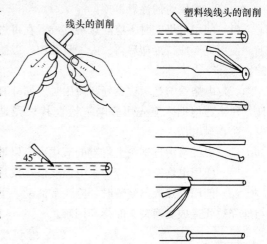

图 2-1 塑料绝缘线绝缘层剖削方法

簧，使用时拨直引锥弹簧就会自动撑住尾部，在钻孔时不致有倒回的危险，以免轧伤手指。使用完毕揿住弹簧，将引锥退回刀柄内，便于保管，不致损坏工具袋或伤人。

（2）不可用电工刀直接剥削带电导体的绝缘层，以防触电。

（3）使用电工刀时应防止削破手或伤及线芯。

二、剥线钳

剥线钳用于剥离导线头部的一段表面绝缘层，其特点是使用方便，绝缘层切口处整齐且不会损伤线芯。剥线钳是内线安装工常备的一种工具，其结构如图 2-2 所示。

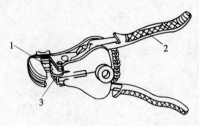

图 2-2 剥线钳
1—刃口；2—钳柄；3—压线口

剥线钳的钳头有直径 0.5～3mm 的多个切口，剥线钳长度为 140mm 的适用于直径为 0.6、1.2、1.7mm 的铜、铝线；长度为 180mm 的适用于直径为 0.6、1.2、1.7、2.2mm 的铜、铝线。

单芯塑料线可使用克丝钳（钢丝钳）或剥线钳进行剥切。绝缘软线可以直接用克丝钳将绝缘层勒掉，其剥切方法如图 2-3 所示。操作时，用克丝钳刃部轻轻剪破绝缘层，注意不能伤及线芯，然后用一手握钳子前端，用另一手捏紧导线，两手以相反方向抽拉，以此力来勒去导线端部绝缘层。

剥线钳使用时的注意事项：

（1）选用大一级线芯的刃口剥线，防止损伤线芯。

（2）使用克丝钳时应注意握钳的手用力要适当，防止用力过猛勒断线芯。

三、电烙铁

电烙铁主要用于电器或无线电线路的接点焊接、铜铁零件的锡焊以及塑料烫焊等。

电烙铁有内热式、外热式及快热式三种型式。内热式由电热元件插入铜头空腔内加热，外热式由铜头插入电热元件内腔加热，快热式由变压器感应出低电压大电流进行加热。

电烙铁使用时的注意事项：

（1）使用电烙铁时不应随意将其放置在可燃物体上。使用完毕应待冷却后再放入工具箱内，以防火灾的发生。

（2）电烙铁的绝缘应良好，使用时金属外壳应接地，每次通电时，应先用验电笔检查其外壳是否带电，防止触电伤人。

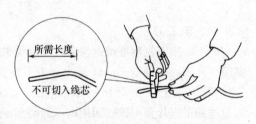

图 2-3 软线绝缘层的剖削方法

（3）要经常清理铜头上附着的氧化物，以增强导热和焊接效果。

（4）使用电烙铁时，应防止电源线搭在发热部位，以免损伤导线绝缘层，防止触电伤人。

（5）使用外热式电烙铁时，应经常活动一下铜头及其紧固螺钉，防止长期使用后铜头或螺钉与外壳锈死造成更换铜头时拆卸困难。

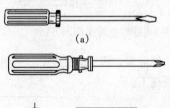

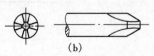

图 2-4 螺钉旋具
(a)一字形(YS型)；(b)十字形(SS型)

四、螺钉旋具

螺钉旋具又称螺丝刀、旋凿、起子等，工作头部刃口的形状有一字形和十字形两种，如图 2-4 所示。柄部用木材或塑料制成，塑料柄具有较好的绝缘性能。螺钉旋具是一种主要用来旋动头部带一字槽或十字槽的螺钉、木螺钉的手动工具。

多用螺钉旋具又称多用螺丝批、组合螺丝批。这种螺钉旋具附有一字形旋杆、十字形旋杆及钢钻一只，既可以紧固或拆卸一字形槽的机螺钉、木螺钉，附加钢钻又可作钻木螺钉孔眼之用。多用螺钉旋具还的兼作测电笔。使用时，只需选择所需用的旋杆装入夹头后便可操作。

一字形（YS 型）、十字形（SS）螺钉旋具的规格是以柄部外露的杆身长度和杆身直径表示的，习惯上是只以柄部外露杆身长度表示。

螺钉旋具使用时的注意事项：

（1）不可使用金属杆直通柄顶的螺钉旋具，应使用 YS 型及 SS 型塑料柄螺钉旋具。

（2）为了避免金属杆触及皮肤或触及邻近带电体，宜在金属杆上穿套绝缘管。

（3）使用时，螺钉旋具的刃口应与螺钉槽配合得当，不要凑合使用，以免损坏刃口或螺钉头部的槽口。

（4）一般螺钉旋具不能用于带电作业。

第二节 常用安装工具

一、电钻、冲击电钻和电锤

1. 电钻

电钻又称手枪钻、手电钻，属于手提电动钻孔工具，用于对金属、塑料或其他类似材料或工件进行钻孔。电钻分为手枪式和手提式两大类，按供电电源分单相串励电钻、三相工频电钻和直流永磁电钻等类型。单相串励电动机有大的起动转矩和软的机械特性，为此利用负载大小可改变转速的高低，实现无级调速。小电钻多采用交、直流两用的串励电动机，大电钻多采用三相工频电动机。电钻结构如图 2-5 所示。

目前，国内生产的电钻有三个系列，即 J1Z 系列交、直流两用电钻，回J1Z2 系列（回表示双重绝缘）交、直流两用电钻，J3Z 系列三相工频电钻。电钻的规格有 4、6、8、10、13、16、19、23、32、38、49mm 等，它是指在抗拉强度为 390N/mm^2 的钢材上钻孔的钻头最大直径。对有色金属、塑料等材料，最大钻孔直径可比原规格大 30％～50％。

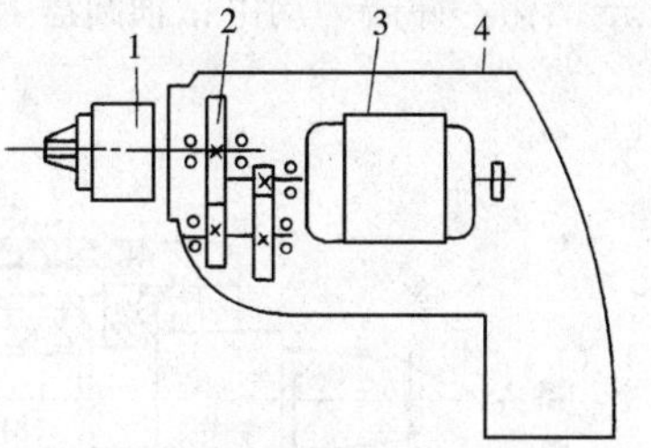

图 2-5 电钻结构
1—钻夹头；2—二级减速传动齿轮；
3—电动机；4—外壳

电钻使用时的注意事项：

（1）要根据孔的直径选用合适的钻头，并用专用钥匙将钻头紧固在夹头上。

（2）使用电钻前要用手转动电钻夹头，检查一下是否灵活。在钻孔前应先空转 1min，检查传动机构是否灵活，如有无异常声音、钻头是否偏摆等。如有异常声音应断电检修，钻头偏摆说明钻夹与钻头不同心，要重新夹直钻头或更换钻头。

（3）拆换钻头时，一定要用专用电钻换头扳手来拆换，不允许用螺钉旋具或其他工具敲打电钻钻头夹，以免损坏。

（4）如果用大规格电钻配装较小的钻头时，应在电钻夹上另加一衬套进行过渡卡接。

（5）电源线和外壳接地线应用耐气候型的铜芯橡皮软电缆，外壳应可靠接地。

（6）开始使用时，不要手握电钻去接电源，应将其放在绝缘物上再接电源，用试电笔检查外壳是否带电。按一下开关，让电钻空转一下，检查转动是否正常，并再次验电。操作人员禁止戴纱手套，应戴绝缘手套并穿绝缘鞋，站在绝缘垫上或干燥的木板、木凳上作业。施工现场作业时还应装设剩余电流动作保护器，以防触电。

（7）在电钻插接电源前应检查一下电钻开关，使其处于断开位置，在调整钻头时应先切断电源。

(8) 在接通三相电钻电源时，应检查电钻的旋向是否正确。如反向旋转，则调换三相电源线的任意两根电线即可。

(9) 用电钻钻孔时，不宜用力过大，以免使电钻电动机过载。在钻金属时，注意在即将钻通时要减轻用力，以免钻头卡死或伤手。如电钻转速异常降低时，应立即减轻压力；突然卡钻时，要立即断开电源。

(10) 空间位置受限制的场所可使用钻头与电动机轴线成90°的角向电钻和钻头与电动机轴线可调节成任意角度的万向电钻。

(11) 在加工件上钻孔时，应用样冲打出定位坑。小工件应夹在台虎钳上打孔。

(12) 凡在空气中含有易燃、易爆、腐蚀性气体以及十分潮湿的特殊环境里，不能使用电钻作业。

(13) 要经常在电钻的减速箱及轴承处添加润滑脂。电钻如长时间搁置不用，应存放在干燥无腐蚀性气体的环境中，以保持电钻清洁干燥。

2. 冲击电钻

冲击电钻在结构上和普通电钻一样，仅多了一个冲击头，调节冲击电钻的冲击机构，到"冲击"位置，可产生单一旋转或旋转带冲击的运动，所以冲击电钻是一种旋转带冲击的钻孔工具。当调节按钮调接到"冲击"位置时，装上镶有硬质合金的钻头，就可以在混凝土、砖墙及瓷砖等材料上不断冲击钻孔。当调节按钮到"旋转"位置时，装上普通麻花钻头，就可以在金属材料上钻孔。图2-6是冲击电钻齿形冲击结构，冲击运动由齿形离合器产生；图2-7是冲击电钻钢球冲击结构，冲击运动由钻轴圆盘上的动钢球，在突出调节板端面的静钢球上滚动而产生。

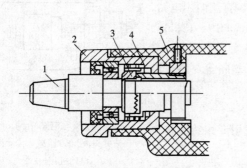

图2-6 电钻齿形冲击结构

1—钻轴；2—调节环；3—离合器运动件；
4—离合器静止件；5—机壳

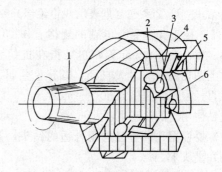

图2-7 电钻钢球冲击结构

1—钻轴；2—动钢球；3—静钢球；
4—调节环；5—调节板；6—固定板

冲击电钻多设计制造成单相串励式，规格有10、12、16、20mm等。随着膨胀螺钉的推广使用，冲击电钻已获得广泛的应用。

冲击电钻使用时的注意事项：

(1) 新冲击电钻在使用前要用500V绝缘电阻表测试绝缘电阻，其绝缘电阻值应符合要求；冲击电钻的转动应灵活，接上电源后空转，传动部分和冲击机构工作应正常。

(2) 根据需钻孔材料的不同，正确选用钻头及工作方式。当对金属、塑料、绝缘板、木板钻孔时，应选用普通麻花钻，并使冲击钻处于无冲击状态；当对砖、混凝土、瓷砖等钻孔时，应选用专用冲击钻头，并使冲击钻处于冲击状态。

(3) 选用符合要求的钻头，其钻头应锋利。冲击进给时用力不要过猛，不得使冲击电钻超负荷工作。

（4）钻头应垂直顶在工件上再开钻，不得空打和顶死，也不得在钻孔中晃动。当在钢筋混凝土中进行工作时，应避开钢筋钻孔。

（5）使用直径在 25mm 以上的冲击电钻时，作业场地周围应设护栏。在地面以上操作应有稳固的平台。

（6）在钻孔中如冲击电钻转速急剧下降，要减少用力或立即切断电源查找原因。

（7）携带时必须手握电钻，不得采用提橡皮软线等错误携带方法。

（8）电源线应用耐气候型的铜芯橡皮护套软电缆，其截面积按载流量选择，但不小于 $1.0mm^2$。对具有金属外壳者应做可靠的接地。

（9）工作时严禁戴纱手套，应戴绝缘手套或穿绝缘鞋；施工现场作业时还应装设剩余电流动作保护器，以防触电。

（10）电源处必须装设有明显断开的开关和短路保护装置，还应设置有防间接触电的保护措施，这种措施应根据电源系统型式确定。

（11）冲击电钻要存放在通风、干燥、清洁处；轴承减速箱的润滑脂要保持清洁，定期更换。

3. 电锤

电锤适用于在各种脆性建筑构件（混凝土、砖石等）上凿孔、开槽、打毛，主要用于在混凝土构件上的作业。电锤的功率较冲击电钻要大，能更快、更深地钻出 $\phi14mm$ 以上的孔，并能钻透硬质混凝土材料，在建筑安装及水、电、气管道的穿墙钻孔及安装设备钻孔方面得到更广泛的应用。

电锤按其结构型式可分为动能冲击锤、弹簧气垫锤、弹簧冲击锤、冲击旋转锤、曲柄连杆气垫锤和电磁锤等。电锤设有冲击旋转机构，它以冲击为主，能量较大，常采用活塞压气结构，如图 2-8 所示。冲击运动由电动机带动曲柄，通过连柄、活塞销带动压气活塞在冲击活塞中做往复运动。冲击活塞为冲击件，钻杆的旋转运动由锥齿轮带动气缸及钻套获得。

电锤的规格有 16、18、22、26、38、50mm 等，常用的有 □Z1C（□表示双重绝缘）系列电锤。

电锤使用时的注意事项：

（1）电源线和外壳接地线应用橡套软铜线，外壳应可靠接地。电源应装有熔断器和剩余电流动作保护器后，才能合上电源开关。

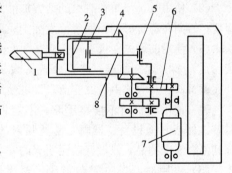

图 2-8 电锤的结构
1—钎杆；2—压气活塞；3—冲击活塞；
4—转动套；5—曲轴；6—传动齿轮；
7—电动机；8—连杆

（2）新电锤在使用前要检查各部件是否紧固，转动部分是否灵活。如果都正常，可通电空转一下，观察其运转灵活程度，有无异常声音等。检查合格后方能投入正常使用。

（3）在使用电锤钻孔时，要选择无暗配电源线处，并应避开钢筋钻孔。对钻孔深度有要求时，应装上定位杆控制钻孔深度；对于上楼板钻孔时，应装上防尘罩。

（4）工作时应先将钻头顶在工作面上，然后再按下开关。在钻孔中如发现冲击停止，可断开开关，并重新顶住电锤，再重新接通开关。

（5）使用电锤时严禁戴纱手套，应戴绝缘手套或穿绝缘鞋，站在绝缘垫上或干燥的木板、木凳上作业，以防触电。

（6）携带时必须手握电锤，不得采用提橡皮软线等错误携带方法。

4. 无线电干扰及其抑制

带换向器电动机的电动工具会对电视机、收音机等产生严重干扰。电动工具对无线电干扰不能超过允许值。抑制电动工具对无线电干扰的主要措施有：①屏蔽；②励磁绕组对称连接；③加电气滤波器。

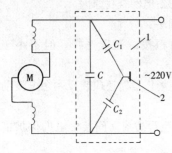

图 2-9　△干扰抑制器
电路接线

1—△干扰控制器；2—接定子铁芯

电气滤波器的作用是为干扰电动势提供一个低阻抗的通道来抑制干扰。使用三角形（△）干扰抑制器是抑制电动工具干扰最常用的方法，其电路接线如图 2-9 所示。它对直流及 50Hz 交流呈现很大的阻抗，但在保护范围内（0.15～30MHz）为低阻抗。

二、喷灯

喷灯是利用喷射火焰（温度约达 1000℃）对工件进行加热的一种工具，按燃料不同分汽油喷灯和煤油喷灯两种，其结构如图 2-10 所示。油筒中的燃油被压缩空气压入气化管气化，经喷气孔喷出与燃烧腔内的空气混合，点燃后成蓝色高温火焰。喷灯可用于加热、搪铅、搪锡、锡焊等。

喷灯使用时的注意事项：

（1）煤油喷灯和汽油喷灯的燃料不能混用。燃料自加油孔注入，但只能装至油筒的 3/4 为宜，以便向罐内充气和燃料油受热膨胀时留有适当的空隙。加油过多容易引起危险。

（2）使用时，严禁在有火的地方加油。先将燃料油罐入贮油罐内，将盖盖紧，并达到密封的程度。否则在燃烧时会因漏气而发生走火。

（3）使用前，先注入至点火碗 2/3 的汽油并点燃，加热燃烧腔，打几下气，稍开调节阀，继续加热。多次打气加压，但不要打得太足，慢慢开大调节阀，待火焰由黄红变蓝，即可使用。

（4）使用喷灯时不能戴手套，不能将喷火口对着人体或其他设备、器材，防止喷射的火焰燃烧到易燃易爆物品，并做好动用明火的安全措施。

（5）停用时，先关闭调节阀，至火焰熄灭，然后慢慢旋松加油孔盖放气，待空气放完后旋松调节阀。

（6）喷灯的火焰与带电导体应有足够的距离：电压在 1kV 以下者，不得小于 1m；电压在 1～10kV 者，不得小于 1.5m；电压在 10kV 以上者，不得小于 3m。不得在带电导线、设备、变压器、油断路器附近将喷灯点燃。

三、弯管器

弯管器的种类很多，施工现场常用的有以下两种：

1. 管柄弯管器

管柄弯管器由铁弯头和一段铁管柄组成，如

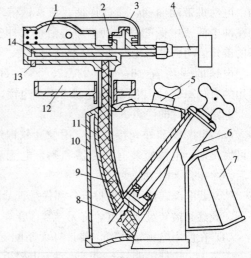

图 2-10　喷灯结构

1—燃烧腔；2—喷气孔；3—挡火罩；4—调节阀；
5—加油孔盖；6—打气筒；7—手柄；8—出气口；
9—吸油管；10—油筒；11—铜辫子；12—点火碗；
13—疏通口螺栓；14—气化管

图 2-11 所示。它适用于现场弯直径 50mm 以下小批量的导管。在弯管路中间的 90°弧形弯时，应先使用 8 号铁线或薄板做好样板，以便在弯管的同时进行对照检查。弯管时把弯管器套在导管需要弯曲部位（即起弯点），用脚踩着导管，扳动弯管器手柄，稍加一定的力，使导管略有弯曲，然后逐点向后移动弯管器，重复前次动作，直至弯曲部位的后端，使管子弯成所需的弯曲半径和弯曲角度。

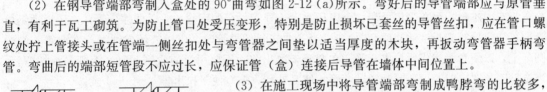

图 2-11 管柄弯管器

管柄弯管器使用时的注意事项：

（1）根据导管直径选用弯管器，弯管的过程中要注意移动弯管器的距离不能一次过大，用力也不能太猛。如果采用两人弯管时，则另一人应踩在弯管器前端的钢导管处，这样可以控制弯管的弯曲半径不至于过大。

（2）在钢导管端部弯制入盒处的 90°曲弯如图 2-12（a）所示。弯好后的导管端部应与原管垂直，有利于瓦工砌筑。为防止管口受压变形，特别是防止损坏已套丝的导管丝扣，应在管口螺纹处拧上管接头或在管端一侧丝扣处与弯管器之间垫以适当厚度的木块，再扳动弯管器手柄弯管。弯曲后的端部短管段不应过长，应保证管（盒）连接后导管在墙体中间位置上。

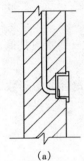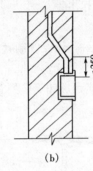

（a） （b）

图 2-12 管端弯曲方法

（a）90°曲弯；（b）鸭脖弯

（3）在施工现场中将导管端部弯制成鸭脖弯的比较多，如图 2-12（b）所示。在弯制时弯曲处前端直导管段不应过长，避免造成砌体通缝。当导管弯到适当角度时，翻转导管在反方向适当位置再进行弯制。应注意导管弯起始一端的直导管段应与导管平行，且弯曲的弧弯处不应过直。

2. 滑轮弯管器

滑轮弯管器由工作台、滑轮组等组成，如图 2-13 所示。它可用于弯制直径 100mm 以下的导管，且对导管无损伤。对外观、形状要求比较高，弯曲半径相同的成批导管，用滑轮弯管器最适宜。

弯管器可固定在工作台上，弯管时把导管放在两滑轮中间，扳动滑轮应用力均匀，速度缓慢，即可弯制出所需的管子。

对于直径大于 100mm 的导管，可采用电动或液压的弯管机进行弯管。液压弯管机可对钢导管进行冷弯。弯曲较粗的导管时，可采用电动弯管机或灌砂火弯法。弯管时应注意弯曲半径应大于导管外径的 2 倍。

3. 弹簧弯管器和手扳弯管器

弹簧或手板弯管器常用于硬质 PVC 塑料导管在常温下的弯管，将相应的弯管弹簧插入管内需弯制处，两手握住管弯曲处弯簧的部位，逐渐弯曲成需要的弯曲半径，如图 2-14（a）所示。硬质 PVC 塑料导管还可以使用手扳弯管器进行冷弯管，将已插好弯簧的管子插入配套的弯管器，着力手扳即可弯成所需的弯管，如图 2-14（b）所示。弯管时用力点要均匀，一般需弯至比所需的弯曲角度小些，待弯管回弹后，便可达到要求，然后抽出管内弯簧。

硬质 PVC 塑料导管端部冷弯 90°曲弯或鸭脖弯时，若用手

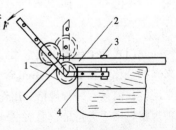

图 2-13 滑轮弯管器

1—滑轮；2—钢管；

3—卡子；4—工作台

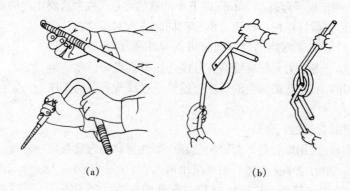

(a)   (b)

图 2-14 弹簧、手扳弯管器

(a) 弹簧弯管器弯管示意图；(b) 手扳弯管器弯管示意图

冷弯管有困难时，可在管口处套一个内径略大于导管外径的钢管，一手握住导管，一手扳动钢导管即可弯出导管端长度适当的 90°曲弯。当弯曲较长的导管时，应用铁丝或细绳拴在弯簧一端的圆环上，以便弯管完成后拉出弯簧。在弯簧未取出前，不要用力使弯簧回复，否则易损坏弯簧。当弯簧不易取出时，可逆时针转动弯管，使之外径收缩，便于拉出。

四、管子式台虎钳

管子式台虎钳是供安装在工作台上夹紧金属管或圆柱形工件，以便绞制管螺纹、切割或其他加工之用。

管子式台虎钳的类型有龙门式管子式台虎钳、三脚管子式台虎钳、C 型管子式台虎钳等数种，如图 2-15 所示。

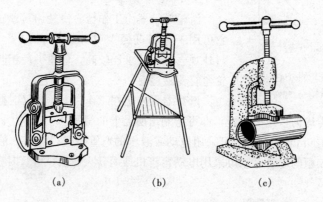

(a)   (b)   (c)

图 2-15 管子式台虎钳

(a) 龙门式；(b) 三脚管子式；(c) C 型管子式

龙门式管子台虎钳较常用，根据管子直径大小，可选用不同规格的龙门式管子式台虎钳，用来夹持公称直径 10～165mm 管子。三脚管子式台虎钳适用于流动性较大的工作场所和野外作业之用，目前只有一种规格，用作夹持公称直径为 10～90mm 的管子。C 型管子式台虎钳也只有一种规格，用于夹持公称直径为 10～65mm 的管子，它比普通台虎钳结构简单，体积小，使用方便，钳口接触面积大，不易磨损，管子夹紧较牢。

五、管螺纹绞板

管螺纹绞板又称管子绞板，是一种用手工绞制金属管子上外螺纹的手动工具。

水煤气钢导管套丝可用管子绞板，其可分为普通式和轻便式两种，如图 2-16（a）所示为普通式；金属导管和硬塑料导管套丝可用圆丝板，其由板牙架和板牙组成，如图 2-16（b）所示。

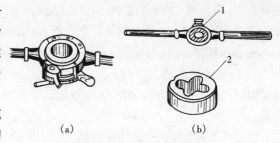

（a） （b）

图 2-16 管螺纹绞板
（a）普通式绞板；（b）圆丝板
1—板牙架；2—板牙

水煤气导管套丝时，先将其固定在管子式台虎钳上，把绞板套在管端，然后调整绞板的活动刻度盘，使板牙符合需要的距离，用固定螺栓将其固定，再调整绞板上的三个支承脚，使其紧贴管子，防止套丝时出现斜丝。绞板调整好后，手握绞板手柄，平稳向里推进，按顺时针方向转动，如图 2-17 所示。在第一次套完丝后，松开板牙，再调整其距离比第一次小一点，用同样方法再套一次，要防止乱丝。当第二次丝扣快套完时，稍松开板牙，边转边松，使其成为锥形丝扣（拔梢）。

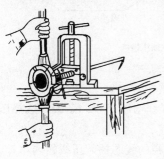

图 2-17 管子套丝示意图

金属导管的套丝操作比较简单，只要把圆丝板放平，平稳地向里推进，即可套出所需的丝扣。

管螺纹绞板的使用注意事项：

（1）钢导管绞前应检查板牙有无掉牙，并调整好绞板，套丝时要边套边加润滑油，防止套丝时发生乱丝现象。

（2）绞板开始转时要稳而慢，太快了不宜带上丝。不得骤然用力，避免偏丝、啃丝。继续套丝时，还要避免套出来的丝套与管子不同心。

（3）由于钢导管丝扣连接的部位不同，管端套丝长度也不尽相同。用在与接线盒配电箱连接处的套丝长度，不宜小于导管外径的 1.5 倍；用在管与管相连部位时的套丝长度不得小于管接头长度的 1/2 加 2～4 扣，需倒丝连接时连接管的一端套丝长度不应小于管接头长度加 2～4 扣。

在套丝过程中，要及时浇油，以便冷却板牙并保持丝扣光滑。

（4）套完丝扣后，随即清理管口端面毛刺，使管口保持光滑。

六、管子割刀

管子割刀是切割导管用的一种常用工具，如图 2-18 所示。用它割断导管切口整齐、割断速度快，在安装管路时经常用到。使用时，先将割刀卡在导管上，然后调整手柄，使滚轮压住导管，随即沿圆周转动整个刀具进行切割。边割边调整滚轮，使割痕逐渐加深，直至导管断开为止。

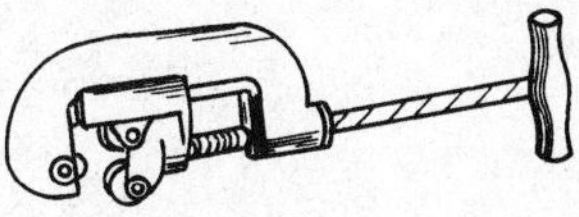

管子割刀使用时的注意事项：

（1）切割导管时，导管应夹持牢固，割刀片和滚轮与导管垂直，以防割刀片的刀刃崩裂。

图 2-18 管子割刀

（2）每次进刀不要用力过猛，进刀深度不超过螺杆半转为宜。初割时进刀量可稍大些，以便割出较深的刀槽，防止刀片的刀刃崩裂，以后每次进刀量应逐渐减小。

（3）使用时，管子割刀各活动部分和被割导管表面均需加少量润滑油以减少摩擦。

（4）根据被割管子的尺寸，选择适当规格的导管割刀。如 1 号导管割刀可切割公称直径不大于 25mm 的导管；2 号割刀可切割直径为 15～50mm 的导管；3 号割刀可切割直径为 25～80mm

的导管；4 号割刀可切割直径为 50～100mm 的导管。这样可避免割刀片与滚轮之间的最小距离小于该规格导管割刀的最小割管尺寸，防止滑块脱离主体导轨。

七、压接钳

1. 阻尼式手握型压力钳

阻尼式手握型压力钳如图 2-19 所示，是对单芯铜、铝导线用压线帽进行钳压连接的手动工具。

阻尼式手握型压力钳使用注意事项：

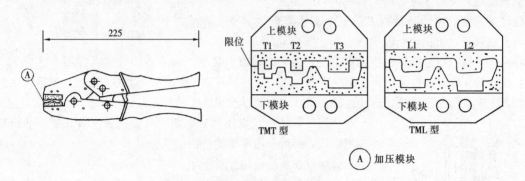

图 2-19 阻尼式手握型压力钳

（1）根据导线和压线帽规格（铜导线选用 YMT-1、2、3 或铝导线选用 YML-1、2），选择压力钳的加压模块。

（2）为了便于压实导线，压线帽内应填实，可用同材质、同线径的线芯插入压线帽内填补，也可将线芯剥出后回折插入压线帽内。

2. 手提式油压钳

导线截面积 16mm² 及以上的铝绞线压接，可采用手提式油压钳（见图 2-20）或 YT-1 型压接钳和压膜压接。根据导线截面积的大小，选择压模装到钳口内，导线连接部位长度为连接管的 1/2 加上 5mm。压接时先压两端的两个坑，再压中间两个坑，共压 4 个坑。

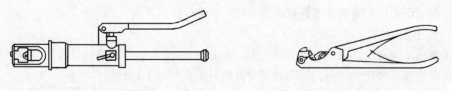

图 2-20 手提式油压钳　　　　　　　　图 2-21 手动导线压接钳

3. 手动导线压接钳（冷压接钳）

手动导线压接钳是压接单芯铜、铝导线的专用工具，如图 2-21 所示。其常用作冷压连接铜、铝导线的接头或封端，适用于截面积为 10～35mm² 的导线。

4. 液压导线压接钳

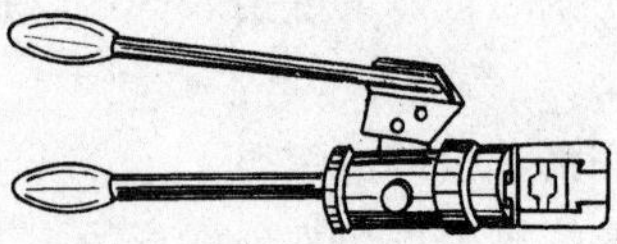

液压导线压接钳主要依靠液压传动机构产生压力达到压接导线的目的。它适用于压接多股铝、铜芯导线，制作中间连接或封端，是电气安装工程方面压接导线的专用工具，如图 2-22 所示。

图 2-22 液压导线压接钳　　　其全套压模有 10 副，导线压模规格为 16～240mm²，根据不同导

线截面积选用不同规格的压模。压接铝导线截面积为 $16\sim240\,mm^2$，压接铜导线截面积为 $16\sim150\,mm^2$，压接形式为六边形围压截面。

5. 手动电缆、导线机械压钳

手动电缆、导线机械压钳如图 2-23 所示，分别适用于中、小截面积的铜芯或铝芯电缆接头的冷压和中、小截面积各种导线的钳压连接，其主要参数见表 2-1。

图 2-23　手动电缆、导线机械压钳

八、射钉枪

1. 结构

射钉枪是一种利用火药燃烧时释放的能量，将特制钉子打入混凝土、砖等结构中的手持工具。射钉紧固系统主要由射钉枪、射钉、射钉弹以及被紧固的构件和基体等构成。

表 2-1　　　　　　　　手动电缆、导线机械压钳主要参数

型　　　号	适用线芯截面积（mm^2）		额定出力（N）	工作行程（mm）	操作力（N）
SXQ-16（L）导缆机械压钳	单峰点压：L-25～240　T-35～150		156904	20	294
	环　　压：L-10～240　T-10～150				
SXQ-16（X）导线机械压钳	钳　　压：LJ-16～185　LGJ-35～240				

射钉枪因种类不同，性能也不一样。在使用射钉枪时，必须与紧固件保持垂直位置，且紧靠基体，由操作人用力顶紧才能发射，这是使用射钉枪的共同要求。有的射钉枪装有保险装置，防止射钉打飞、落地起火；还有的射钉枪装有防护罩，未装防护罩时就不能打响，从而增强了使用射钉枪的安全性。

射钉弹根据外形尺寸有三种规格，使用时要与活塞和枪管配套使用。

2. 使用安全注意事项

（1）射钉枪必须由经培训考核合格的人员使用，按规定程序操作，不准乱射。

（2）射钉枪由专人负责，制订发放、保管、使用、维修等管理制度。

（3）在薄墙、轻质墙上射钉时，对面不得有人停留和经过，要设专人监护，防止射穿墙体伤人。

（4）发射后，钉帽不要留在被紧固件的外面。如遇此种情况，可以装上威力小一级的射钉弹，不装射钉，再进行一次补射。

（5）每次用完后，必须将枪机用煤油浸泡后，擦油存放，以防锈蚀。

（6）发现射钉枪故障时，不能随意拆修。如发生卡弹等故障时，应停止使用，采取安全措施后由专业人员进行检查修理。

（7）射钉弹属于危险爆炸物品，每次应限定领取数量，并设专人保管。

第三节　常用登高工具

凡在坠落高度基准面（通过最低坠落着落点的水平面）2m 及以上有可能坠落的高处进行的作业，均称为高处作业。电工在高处作业时，要注意人身安全。登高工具必须牢固可靠，方能保

证登高作业的安全。未经现场训练的或患有不宜登高作业的疾病者，均不得擅自使用登高工具。

一、梯子

电工常用的梯子有直梯和人字梯两种。直梯的两脚应绑扎胶皮之类的防滑材料，如图2-24（a）所示。人字梯应在中间绑扎一根绳子防止其自动滑开，如图2-24（b）所示。在直梯上作业时，工作人员必须登在距梯顶不少于1m的梯蹬上，且用脚勾住梯子的横档，确保站立稳当。直梯靠在墙上工作时，其与地面的夹角以60°左右为宜。人字梯也应注意梯子与地面的夹角，适宜的角度范围同直梯，即人字梯在地面张开的距离应等于直梯与墙间距离的两倍。人字梯放好后，要检查4个脚是否都稳定着地，应避免站在人字梯的最上面一档作业。站在人字梯的单面上工作时，也要用脚勾住梯子的横档。

图 2-24　电工用梯
(a) 直梯；(b) 人字梯
1—防滑胶皮；2—防滑拉链

梯子使用时的注意事项：

（1）使用前，检查梯子应牢固，无损坏。人字梯顶部铁件螺栓连接紧固良好，限制张开的拉链应牢固。

（2）梯子放置应牢靠、平稳，不得架在不牢靠的支撑物和墙上。

（3）梯子根部应做好防止滑倒的措施。梯子靠在管子上使用时，其上端应有挂钩或用绳索绑牢。

（4）使用梯子时，梯子与地面的夹角应符合要求。

（5）工作人员在梯子上部作业时，应设有专人扶梯和监护。同一梯子上不得有两人同时工作，不得带人移动梯子。

（6）搬动梯子时，应与电气设备保持足够的安全距离。

（7）梯子不应接长或垫高使用。如需接长使用，应绑扎牢固。

（8）在通道处使用梯子时，应有人监护或设置围栏。梯子放在门前使用时，应有防止门突然开启的措施。

（9）上下梯子严禁手持工具或器材，在梯子上工作应备工具袋。

（10）使用竹（木）梯应定期进行检查、试验。试验周期每半年一次，试验荷重1800N，试荷持续时间5min；每月应进行一次外观检查。

二、登高作业用品

1. 安全带

安全带是高处作业时防止人员高处坠落的安全用具，有不带保险绳和带保险绳两种，如图2-25所示。腰带是用来系挂保险绳、腰绳和吊物绳的，使用时应系在臀部上方，而不是系在腰间，否则操作时既不灵活又容易扭伤腰部。保险绳是用来防止人员下落坠地摔伤，一端要可靠地系在腰带上，另一端用保险钩挂在牢固的构架上。腰绳是用来固定人体下部，以扩大上身活动幅度的，使用时应系在构架的下方，以防止窜出。

保险绳、腰带、腰绳应保持良好的机械强

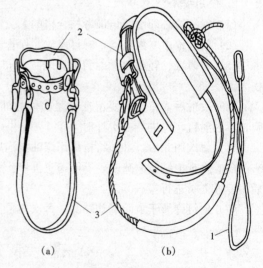

图 2-25　安全带
(a) 无保险绳；(b) 有保险绳
1—保险绳；2—腰带；3—腰绳

度，并定期进行机械性能试验，确保高处作业人员的人身安全。

2. 吊袋和吊绳

吊绳和吊袋是高处作业时用来传递零件和工具的。吊绳一端应系在工作人员的腰带上，另一端垂向地面。吊袋用来盛放小件物品或工具，使用时系在垂向地面的吊绳上。高处作业严禁上、下抛掷传送工具和物品。

第四节　常用电气安全用具

电气安全用具是保证电气工作安全不可缺少的工器具和用具，而且对保护人身安全起重要作用，如可防止触电、电弧灼伤和高空摔跌等伤害事故的发生。

一、验电笔

验电笔分为高压和低压两种，高压验电笔通常称为验电器，低压验电笔又称测电笔或简称电笔。

低压验电笔分为钢笔式和螺钉旋具式两种，用来检验低压电气设备或线路是否带电，其结构如图 2-26 所示。使用验电笔测试带电体时，手必须触及笔尾的金属体，用凿头或笔尖去接触被测试的线路或电气设备的带电体，带电体经笔杆、电阻、氖管、人体与大地构成回路，带电体与大地之间有电容电流流过时形成的电位差额超过一定值（60V）时，氖管就发光，表明被测设备或线路带电。氖灯越亮，则电压越高；氖灯越暗，则电压越低。

另一种验电笔称感应测电器，它是根据电磁感应原理用集成电路配以发光二极管组成，装在旋凿中。测试时旋凿头靠近带电体而不必接触，发光二极管就能发出红光。可利用它检查绝缘导线的断线点，只要将验电笔沿导线移动，在断线点发光二极管无可见光。还可以用验电笔区别相线和零线，区别交流电和直流电，判断电压的高低。

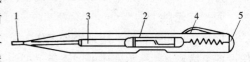

图 2-26　低压验电笔

1—工作触头；2—氖灯；3—碳精电阻；
4—握柄；5—接地螺丝钉

低压验电笔使用时的注意事项：

（1）当验电笔已接触到带电体时，不可再用手触摸笔尖或凿头，以免发生触电危险。

（2）为确保安全，验电笔应先在确实有电处检验良好后再使用。在测试时切忌用笔尖或凿头同时接触两相导体或导体与金属外壳，以防短路。

（3）在明亮光线下往往不易看清氖泡发光，故测试时应注意避光。有时设备外壳感应带电，也要注意加以区别。

（4）为防止触电，可在验电笔的金属杆套上绝缘管，只露出笔尖或凿头。

（5）使用定期试验过的低压验电笔。试验周期为每 6 个月进行一次，交流试验电压为 4kV，耐压持续时间为 1min，发光电压不高于额定电压的 25%。

二、绝缘手套和绝缘鞋

绝缘手套和绝缘鞋由绝缘性能良好的特种橡胶制成，有足够的绝缘和机械性能。在低压电气设备上工作时，绝缘手套可作为基本安全用具使用；绝缘鞋只能作为与地保持绝缘的辅助安全用具。当系统发生接地故障，出现接触电压和跨步电压时，绝缘手套对接触电压起一定的防护作用，绝缘鞋可作为防护跨步电压的基本安全用具。

绝缘手套和绝缘鞋使用时的注意事项：

(1) 每次使用前要对绝缘手套和绝缘鞋进行外观检查，如发现绝缘手套穿孔或漏气，绝缘鞋有破裂、磨损或硬伤致使橡胶层有严重损坏等缺陷时，应停止使用。

(2) 绝缘手套和绝缘鞋用后应擦净、晾干，并在手套上洒一些滑石粉，以防粘连。且应存放在干燥、阴凉、通风的地方，现场可放在特制的木架上或专用柜子里。

(3) 使用定期试验过的绝缘手套、绝缘鞋，超过试验周期者不得使用。

(4) 低压绝缘手套、绝缘鞋不允许用于操作高压设备（包括用作辅助安全用具）。

(5) 使用定期试验过的绝缘手套、绝缘鞋。其中低压橡胶绝缘手套、绝缘鞋的试验周期为每6个月进行一次；交流试验电压为 2.5kV，耐压持续时间为 1min，泄漏电流不大于 2.5mA。

三、绝缘垫

绝缘垫是用绝缘性能很高的特种橡胶制成的，其保安作用和绝缘靴相同。它是一种固定绝缘用具，放置在各种控制屏、保护屏、开关柜、高压试验设备等处，均可起到一定的保安作用。绝缘垫表面有防滑波纹，其尺寸不应小于 750mm×750mm。用于 1kV 以下的厚度应不小于 3～5mm；用于 1kV 及以上的厚度应不小于 7～8mm。

使用绝缘垫时的注意事项：

(1) 绝缘垫使用中不得与酸、碱、油类等物品接触。

(2) 绝缘垫应避免阳光直接照射或金属件的刺划。

(3) 绝缘垫应定期进行清洗，保持清洁干燥。

(4) 绝缘垫应定期进行试验，其中 1kV 以下（低压）、厚 4mm 的绝缘垫，试验周期为每一年进行一次，交流试验电压 3.5kV，耐压持续时间为 1min。

四、标示牌

标示牌又叫警告牌，用来警告工作人员不准接近有电部分或禁止操作设备，以免使停电的工作设备突然来电。标示牌还可用来指示工作人员何处可以工作及提醒工作中必须注意的其他安全事项。

在电气安装与生产同时进行的工作中，为确保安全，必须悬挂与工作性质、内容相关的标示牌。标准化的标示牌一般为携带型，低压电气安全工作标示牌式样见表 2-2。

表 2-2   低压电气安全工作标示牌式样

序号	名称	悬挂处所	式样		
			尺寸（mm×mm）	底色	字色
1	禁止合闸，有人工作！	一经合闸，即可送电到施工设备的开关和刀开关操作把手上	120×80	白底	红字
2	止步，有电危险！	施工地点临近带电设备的遮栏上；室外工作地点的围栏上；禁止通行的过道上；低压试验地点；室外构架上；工作地点临近带电设备的横梁上	250×200	白底红边	黑字，有红色电符号
3	禁止攀登，有电危险！	工作人员或其他人员上下的铁架、铁塔和台上；距离线路较近的建筑物上	250×200	白底红边	黑字

注 标示牌的两面颜色和字都为同一式样。

五、接地线

对可能送电至停电设备或停电设备可能产生感应电压的都要装设接地线，它是防止工作地点突然来电的可靠安全措施，同时还能放尽设备断电后的剩余电荷。

防止突然来电所采取的措施，一是采用三相短路接地开关，二是采用作为安全用具的携带型三相短路接地线（简称携带型接地线）。

携带型接地线一般由以下几个部分组成。

1. 夹头部分

根据夹头部分的形状不同，可分为悬挂式、平口式、螺旋式、弹力式等几种型式。夹头部分大多采用铝合金铸造抛光后制成，它是与设备导体的连接部件，要求连接紧密、接触良好，并保证具有足够的接触面积。

2. 绝缘棒或操作杆部分

绝缘棒或操作杆应由绝缘材料制成，其作用是保持一定的绝缘安全距离和起到操作手柄的作用，因此，其长度在除去握手长度（握手长度可取 200～400mm）以后，应保持有效绝缘距离。

接地线使用时的注意事项：

（1）使用接地线前，检查其各部分连接件应牢靠，无断股现象。

（2）若设备处无接地网引出线时，可采用临时接地棒接地，但埋地深度不得小于 0.6m。

（3）验明设备或线路无电压后，立即在检修设备工作地点两端导体上挂接地线。工作期间严禁工作人员或其他人员移动已挂好的接地线。

（4）装设接地线必须先装接地端，后接导体端，且应接触良好。接地线应使用专用线夹固定在导体上，严禁用缠绕的方法进行接地或短路。拆接地线顺序与此相反。

（5）装拆接地线应使用绝缘棒和戴绝缘手套，人体不得接触接地线或未接地导体。

（6）三相短路接地线应采用多股软铜绞线，其截面积应符合短路电流的要求。对高压配电系统中，每根接地线截面积不得小于 25mm²；低压配电系统中，每根接地线截面积不得小于 16mm²。严禁使用其他导线作为接地线。

（7）接地线装设点不应有油漆。

（8）接地线应统一编号，固定存放；存放处也应编号，对号入座。

六、遮栏

低压电气设备或线路部分停电检修时，为防止检修人员走错位置，误入带电间隔或过分接近带电导体，或检修时安全距离不够，可设置安全隔离装置，一般设置遮栏进行防护。装设的临时木（竹）遮栏，距低压带电部分的距离应不小于 0.2m。遮栏的高度户外应不低于 1.5m，户内应不低于 1.2m。临时遮栏装设应牢固、可靠。严禁随意移动遮栏或取下标示牌。

第五节　常用电工测量用具

一、万用表

万用表是一种多用途、多量程的综合性电工测量仪表，可测量直流电流、直流电压、交流电压和电阻等，每一种测量项目都有几个不同的量程。由于万用表外形做成便携式或袖珍式，使用较方便，已在工程和实验中获得广泛应用。

1. 万用表的结构原理

万用表由表头、测量线路和转换开关组成。不同型号万用表的面板布置不完全相同，但均布置有标度盘、转换开关、调零旋钮以及接线柱。

万用表由一只高灵敏度的磁电系测量机构（又称表头）配合线路实现各种电量测量的测量仪

表。其实质上是多量限的直流电流表、电压表、整流系交流电压表、欧姆表的组合，它们共用一个表头。磁电系测量机构主要由磁系统和测量系统两部分组成，如图2-27（a）所示。磁系统是固定部分，主要包括永久磁铁1、弧形极掌2（即磁极）和装在两极掌间的圆柱形铁芯3。极掌和圆柱形铁芯之间具有均匀的空气间隙，磁力线经空气间隙形成闭合回路。测量系统是活动部分，主要包括转动线圈4、游丝5和指针6，它们固定在以圆柱形铁芯中心为轴的转轴上，线圈可在空隙中自由转动。

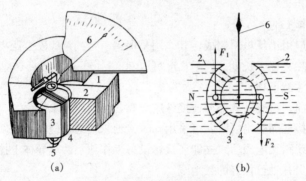

图 2-27　磁电系测量机构

（a）结构图；（b）原理图

1—永久磁铁；2—弧形极掌；3—圆柱形铁芯；4—转动线圈；5—游丝；6—指针

　　磁电系测量机构的工作原理如图2-27（b）所示，当直流电流通过转动线圈时，线圈受到磁场力 F_1 和 F_2 的作用（其方向按左手定则确定，大小与通过线圈的电流成正比）产生转动力矩 M，在其作用下，线圈和转轴的指针一起转动。当转动力矩和游丝的反方向力矩平衡时，指针停止偏转，即可在表盘上指出读数。

　　万用表的内部电路多种多样，但基本原理大致相同，万用表在测量直流电流、直流电压、交流电压和电阻时的简单测量原理如图2-28所示。

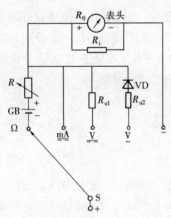

图 2-28　万用电表的
简单测量原理

　　（1）测量直流电流。直流电流的测量只涉及了表头和与之并联的分流电阻 R_i，用以扩大电流表的量程。当转换开关S切换到"mA"挡位时，再改变分流电阻的大小，使之与表头并联的电阻值发生变化，从而获得不同的量程。

　　（2）测量直流电压。测量直流电压时，分流电阻 R_i 与表头并联后，再与倍压电阻 R_{u1} 串联。当转换开关S切换到"V"挡位时，再改变倍压电阻的大小，从而改变电压的量程。

　　（3）测量交流电压。磁电系测量仪表只能测量直流量，为了使万用表可以用来测量交流电压，必须将被测的交流电压经过整流而变成直流电流。分流电阻 R_i 与表头内阻 R_0 并联后与倍压电阻 R_{u2} 和整流二极管VD串联。VD的作用是将交流电流变成脉动直流电流，这样流过表头的脉动电流的平均值与交流电压的有效值成正比，在表头上即可读出交流电压的数值。当转换开关S切换到"V"挡位时，通过改变倍压电阻的大小，就可获得不同的量程。

　　（4）测量电阻。当转换开关S切换到"Ω"挡后，就可用作欧姆表来测量电阻。此时由表头

内阻 R_0 和分流电阻 R_i 并联后与电池 GB、可调电阻 R、被测电阻 R_x 组成一个简单的欧姆表电路。该电路中唯有被测电路 R_x 是变化的，通过 R_x 的变化，引起流过表头电流的变化，使指针的偏转角发生变化，即指针偏转角的大小便可代表 R_x 阻值的大小。通过改变 R 的大小，可获得不同的量程。

2. 万用表的使用方法

（1）使用万用表时，首先将两支测试棒插入插孔或接到接线端钮上。红色表笔插入有"＋"号的插孔，黑色表笔插入有"－"号的插孔，注意不能接反。

（2）使用前，应检查指针是否指在零位上，如不在零位，可调整表盖上的机械零位调整器，使指针恢复至零位。

（3）测电压时应把万用表并联接入电路，测电流时应把万用表串联接入电路。

（4）测交流电路时，不分极性；测直流电路时，应注意"＋"、"－"极性，万用表的正负端应按测量电流或电压分别与被测电路正确连接。

（5）测交、直流电压超过 500V 时，对 500 型万用表，可选用 0～2500V 量程，应将红表笔插入专用的 2500V 插孔中，黑笔插入公共端"＊"的插孔中，然后接通电源进行测量。但应注意安全，人要站在绝缘垫上，必要时可戴绝缘手套。

（6）根据被测量值的种类和大小，将转换开关旋转到相应的挡位范围，并找出相对应的刻度标尺。有的万用表有两个旋钮，一个是种类选择旋钮，另一个是量程变换旋钮，使用时应将两个旋钮都旋到相应的挡位。

测量电阻应选择适当的倍率，使指针指示在刻度较疏的中间部分，以提高读数的准确性。

（7）在测量电阻前，应先将两测试棒短接，旋转欧姆调零旋钮，使指针正好指在欧姆刻度尺的零位上。调整时间要短，以减少电池损耗。如无法使指针调到零位，则说明万用表内的电池电压太低，应更换新电池。

3. 万用表使用时的注意事项

（1）万用表在未接入电路进行测量前，需检查转换开关是否在所测挡位上，不得放错。

（2）测量电阻时，必须将被测量电阻与电源断开。因电阻挡是由电池供电的，因此被测电路上的电阻元件不能带电，否则会烧坏表头。当电路中有电容时，必须先将电容短路放电，以免损坏仪表。

（3）用欧姆挡判别晶体二极管的极性和晶体三极管的管脚时，应记住"＋"插孔是接自表内电池的负极，且量程应选 $R×100$ 或 $R×1k$ 挡。不得使用 $R×1$ 和 $R×10k$ 挡，因用 $R×1$ 测试时电流过大，$R×10k$ 挡测试时电压太高，都会使晶体管损坏。

（4）选挡要正确，包括测量对象和量程的选择，否则可能因选择不当而烧坏仪表。如心中无数，可先将量程放到最高挡，然后再转换到合适的挡位。严禁带电转换量程，以免电弧损坏开关。

（5）不准用欧姆挡直接测量微安表头、检流计、标准电池等的电阻，以免损坏仪器。

（6）在测量时，不要接触测试棒的金属部分，以保证安全和测量的准确性。并注意表笔的插孔是否与所测量项目相符。测量低压电压、电流时，应有人监护，保持人体与带电设备的安全距离，手与带电体的安全距离应保持 100mm 以上。

（7）万用表使用后，应将转换开关旋至交流电压最高挡或空挡。若转换开关仍放置在欧姆挡，当两根测试棒短接时，会消耗电池的电能；当再次测量时，如忘记调整转换开关位置就去测电压，会烧坏表头。

（8）万用表是一种比较精密的仪表，应谨慎使用，要注意防振、防潮和防高温。不用时应存

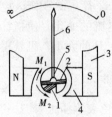

图 2-29 磁电系
仪表测量机构
基本结构

1、2—线圈；3—永久
磁铁；4—极掌；5—开
口环形铁芯；6—指针

放在干燥的地方。

二、绝缘电阻表

绝缘电阻表又叫摇表，专门用来检查和测量电气设备及线路的绝缘电阻。因其标尺刻度以"MΩ"为单位，故又称兆欧表，其额定电压有 500、1000、2500、5000V 等几种。

1. 绝缘电阻表结构原理

绝缘电阻表主要由比率型磁电系测量机构和手摇发电机两部分组成。比率型磁电系测量机构的基本结构如图 2-29 所示。固定部分由永久磁铁 3、极掌 4 及开口环形铁芯 5 组成。为使极掌和铁芯之间的空气间隙不均匀而形成不均匀磁场，极掌制成特殊形状。可动部分由两个绕向相反、互成一定角度的线圈 1 和线圈 2 组成，并套在永久磁铁上，线圈和指针 6 固定在同一转轴上。电流是利用弹性很小的细金属丝引入线圈的，转轴上未装设产生反抗力矩的"游丝"，是靠不均匀的气隙磁场使线圈 2 在不同的偏转角时产生大小不同的反抗力矩，从而能使指针停留在不同的位置上。因无游丝，所以在未摇动发电机时，指针可以停留在任何位置上。

绝缘电阻表的工作原理电路如图 2-30 所示。被测绝缘电阻 R_x 接在"线"（L）和"地"（E）两个端子上。R_x 与可动线圈 1 及附加电阻 R_1 串联构成一条支路，可动线圈 2 与附加电阻 R_2 串联构成另一条支路。当摇动手摇发电机时，发电机发出的电流分为两部分，电流 I_1 通过线圈 1 支路，电流 I_2 通过线圈 2 支路。

设发电机端电压为 U，则

$$I_1 = \frac{U}{R_x + R_1 + R_{L1}}$$

$$I_2 = \frac{U}{R_2 + R_{L2}}$$

式中 R_{L1}、R_{L2}——可动线圈 1 和可动线圈 2 的内阻。

可知，可动线圈 1 支路的电流 I_1 的大小和被测绝缘电阻 R_x 的大小成反比；可动线圈 2 支路的电流 I_2 只与手摇发电机电压 U 和附加电阻 R_2 有关，它产生的电动力相当于反作用力矩。当电动力矩平衡时，指针偏转在某一位置，仪表指针偏转角大小正比于 I_1 和 I_2 的比值。

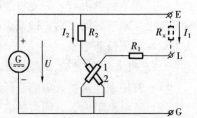

图 2-30 绝缘电阻表工作原理电路

1、2—可动线圈；R_x—被测绝缘电阻；

R_1、R_2—附加电阻

当被测绝缘电阻 R_x 短路时，I_1 电流为最大，指针偏转角最大，绝缘电阻值为零；当被测电阻 R_x 开路时，此时电流 I_1 为 0，在电流 I_2 产生的反作用力矩的作用下，指针应偏到 ∞ 位置；当未摇动发电机时，电压为 0，两个线圈中都无电流通过，都不产生电磁力矩，指针可以停在任意位置。

绝缘电阻表的直流电流除可用手摇发电机输出外，还可用 220V 工频交流电经晶体管整流得到。

2. 绝缘电阻表的使用方法

（1）按被测设备的电压等级选用绝缘电阻表规格。一般测量 100V 以下低压电气设备或回路的绝缘电阻时应选用 250V 电压等级的绝缘电阻表；测量额定电压为 500V 以下至 100V 的电气设备或回路时，应选用 500V 电压等级的绝缘电阻表；测量额定电压 3000V 以下至 500V 的电气设备或回路时，选用1000V绝缘电阻表；测量额定电压10000V以下至3000V的电气设备或回路时，选用2500V绝缘电阻表；测量额定电压为10000V及以上的电气设备或回路时，选用2500V或5000V绝缘电阻表。

（2）绝缘电阻表有"线"（L）、"地"（E）和"屏"（G）三个接线柱，进行一般测量时，只要把被测绝缘电阻接在"L"和"E"之间即可。但在被测绝缘电阻本身表面不干净或潮湿的情况下，为了避免被测电阻设备表面漏电，必须使用屏蔽"G"接线柱。如测量电缆的绝缘电阻电阻时，还需将屏蔽"G"柱接到电缆的绝缘层上；测量变压器绝缘电阻时，将屏蔽"G"柱接到绝缘套管上等。这样可使漏电流经"G"端流回发电机负极，而不流过测量机构，防止给测量带来误差。

（3）测量前，应先使被测设备脱离电源，进行充分对地放电，并清洁其表面。

（4）测量前，先对绝缘电阻表的开路和短路试验，短路时看指针是否指到"0"位；开路时看指针是否指到"∞"位。若绝缘电阻表能分别指示在"0"和"∞"位置时，说明表是良好的。如果指针指示不灵或不到位，则说明仪表有故障，不能使用。

（5）测量时，绝缘电阻表必须放平，以120r/min的恒定速度转动绝缘电阻表手柄，使指针逐渐上升，直到达到稳定值后，再读取绝缘电阻值。摇动绝缘电阻表切忌忽快忽慢，否则会影响测量值的准确度。如遇被测物短路，表针摆到"0"位，应立即停止摇动，以避免烧坏绝缘电阻表。

（6）对于电容量大的设备，在测量完毕后，必须将被测设备对地进行放电。

（7）记录被测设备的温度和气候情况。

3. 绝缘电阻表使用时的注意事项

（1）绝缘电阻表的发电机电压等级应与被测设备的耐压水平相适应，以避免被测设备绝缘击穿。

（2）禁止摇测带电设备。双回路架空线路或母线一路带电时，不得测量另一路的绝缘电阻，以防高压的感应电危害人身和仪表的安全。

（3）严禁在有人工作的线路上进行测量，以免危害人身安全。雷电时禁止用绝缘电阻表在停电的线路上测量绝缘电阻。

（4）在绝缘电阻表没有停止转动或被测设备没有放电之前，切勿用手去触及被测设备或绝缘电阻表的接线柱。

（5）使用绝缘电阻表摇测设备绝缘时，应由两人进行，一人操作，一人监护。

（6）摇测用的引线应使用绝缘线，两根引线不能绞在一起，其端部应有绝缘套。

（7）在带电设备附近测量绝缘电阻时，测量人员和绝缘电阻表的位置必须选择适当，保持与带电体的安全距离，以免绝缘电阻表引线或引线支持物触碰带电部分。移动引线时，必须注意监护，防止工作人员触电。

（8）摇测电容器、电力电缆、大容量变压器、电机等容性设备时，必须使绝缘电阻表在额定转速状态下，方可将测量笔接触或离开被测设备，以免电容放电损坏仪表。

三、钳形电流表

1. 钳形电流表结构原理

钳形电流表是在不切断电路的情况下测量电流的便携式仪表，分为交流和交直流两用两种类型。交流用钳形电流表就是把电流互感器和电流表合装成一体表，如图2-31所示。电流互感器的铁芯像钳子，测量时按下手柄使铁芯张开，套进被测电路的导线，使被测电路的导线成为电流互感器的一次绕圈（只有一匝），放松手柄，铁芯的钳口闭合，形成闭合磁路。这时接在二次线圈上的电流表直接指示出被测的电流值。这种钳形电流表一般用于测量 5~1000A 的电流，几种不同量程由旋钮 6 进行调节。

交直流两用钳形电流表是用电磁系测量机构制成的，其结构如图 2-32 所示。卡在铁芯钳口中的被测导线相当于电磁系测量机构中的线圈，导线中电流在铁芯中产生磁场。位于铁芯缺口处的可动铁片受此磁场的作用而偏转，从而带动指针示出被测电流的数值。

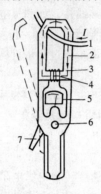

图 2-31　交流用钳形电流表
1—载流导体；2—铁芯；3—磁通；
4—二次线圈；5—电流表；
6—旋钮；7—手柄

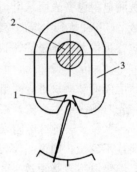

图 2-32　交直流两用钳形
电流表结构示意图
1—动铁片；2—被测电流的导线；
3—铁芯（磁路系统）

2. 钳形电流表使用时的注意事项

（1）测量前应先估计被测量电流的大小，以选择合适的量程，或先用较大的量程测一次，然后根据被测电流的大小调整合适的量程。

（2）钳口相接处应保持清洁，如有污垢应用汽油擦洗，使之平整、接触紧密、磁阻小，以保证测量准确。

（3）在测量 5A 以下电流时，为得到较准确的读数，在条件许可时，可将导线向同一方向多绕几圈放进钳口进行测量。这时所测电流实际值应等于电流表读数除以放进钳口中的导线根数。

（4）一般钳形电流表适用于低压电路的测量，被测电路的电压不能超过钳形电流表所规定的使用电压。无特殊附件的钳形电流表，严禁在高压电路中直接使用。若被测电路电压较高时，应严格按有关规程规定进行测量，以防止绝缘击穿接地或人身触电。

（5）测量时，每次只能钳入一相导线，不能同进钳入两相或三相导线。因为在三相平衡负载的线路中，每相的电流值大小相等相位相差 120°。若钳口中放入一相导线时，钳形表指示的是该相的电流值；当钳口中放入两相导线时，该表所指示的数值实际上是两相电流的矢量和；如果三相同时放入钳口，当三相负载平衡时，钳形电流表读数为零。

（6）为了提高测量的准确性，被测导线应放置在钳口中心位置。钳形铁芯不要靠近变压器和电动机的外壳以及其他带电部分，以免受到外界磁场的影响。

（7）使用钳形电流表时，应戴绝缘手套，穿绝缘鞋。观测表针时，要特别注意人体（包括头部）与带电部分保持足够的安全距离。

（8）测量回路电流时，钳形电流表的钳口必须钳在有绝缘层的导线上，同时要与其他带电部分保持安全距离，防止相间短路事故发生。测量中选择量程应张开铁芯动臂，禁止在铁芯闭合情况下变换电流挡位。

（9）测量低压母线电流时，测量前应将各相母线用绝缘材料加以保护隔离，以免引起相间短路。同时应注意不得触及其他带电部分。

（10）测量完毕后，把选择开关拨到空挡或最大电流量程挡，以防下次使用时因忘记选择量程而烧坏电流表。

四、接地电阻测量仪

接地电阻测量一般采用交流电进行，以避免用直流时引起的化学极化作用影响测量结果的准确性。通常用接地电阻测量仪（俗称接地摇表）来测量接地电阻。

1. 结构原理

接地电阻测量仪由手摇发电机、电流互感器、滑线电阻、检流计等组成。仪表的接线端钮有 3 个的，也有 4 个的。具有三个端钮的接地电阻测量仪的倍率为 1、10 和 100，只能测接地装置的接地电阻；具有 4 个端钮的接地电阻测量仪的倍率为 0.1、1.0 和 10，不但可测接地装置的散流电阻，还能测土壤电阻率。如被测接地电阻小于 1Ω 时，为消除接地电阻和接触电阻的影响，也宜采用 4 端钮测量仪。其原理接线如图 2-33（a）所示，图中 E' 为接地体，P' 为电位辅助电极，C' 为电流辅助电极。被测接地电阻 R_x 是 E' 和 P' 之间的土壤散流电阻。电极 C' 处的散流电阻为 R_c。要求 E' 和 P' 之间、P' 和 C' 之间的距离均应大于 20m。

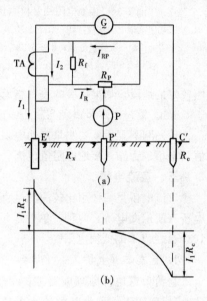

图 2-33 接地电阻测量仪的原理
(a) 原理接线；(b) 电位分布

交流手摇发电机 G 输出电流 I_1 流经过电流互感器 TA 的一次侧、接地体 E' 和辅助电极 C' 构成闭合回路。在接地电阻上造成的压降为 $I_1 R_x$，辅助电极 C' 上造成的压降为 $I_1 R_c$，地面上各点电位分布如图 2-33（b）所示。

电流互感器二次电流 I_2 经 R_f 分流后，在滑线电阻左侧产生压降为 $I_R R$，调节 R_P 使检流计的电流为零，此时应满足 $I_1 R_x = I_R R$，则接地电阻的计算公式为

$$R_x = (I_R/I_1)R = (I_2/I_1) \cdot (I_R/I_2)R = K_1 K_2 R$$

式中 K_1——电流互感器变比倒数；

  K_2——二次电流的分流比。

可知，R_x 与 R_c 无关，只与 K_1、K_2、R 有关。K_1、K_2 是已知的，只要根据 R 大小，按 K_1、K_2 得出数值刻度，就能在表计上直接读出接地电阻的大小。

该仪表在检流计电路中接入了电容器，使测量值不受土壤里电解电流的影响。手摇发电机的频率为 90Hz，可避免工频 50Hz 电流的干扰。

2. 使用注意事项

（1）测量前应将接地装置与被保护的电气设备断开，不准带电测试接地电阻。

（2）测量前仪表应放水平放置，然后调零。

（3）接地电阻测量仪不准开路摇动手把，否则将损坏仪表。

（4）如图 2-34（a）所示接线，将被测接地 E' 与端钮 E 相连，电位探棒 P' 和电流探棒 C' 分别与端钮 P、C 连接后，将探棒 P'、C' 沿直线各相距 20m 插入地中。

如采用四端钮测量仪时，应将 C2、P2 端钮的短接片打开，分别用导线接到被测接地体上，

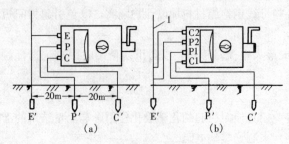

图 2-34　接地电阻测量仪测量接线

(a) 三端钮接地电阻测量接线；(b) 四端钮接地电阻测量接线

E′—被测接地极；P′—电位探测棒；

C′—电流探测棒；1—接地引下线

并使 P2 接在靠近接地极的一侧，如图 2-34 (b) 所示。

(5) 将倍率开关放在最大倍率挡，慢慢摇动发电机手柄，同时调整"测量标度盘"，当指针接近中心红线时，再加快发电机的转速使其达到稳定值（120r/min），此时继续调整"测量标准盘"，直至检流计平衡，使指针稳定地指在红线位置。此时"测量标度盘"所指示的数值乘以"倍率标度盘"指示值，即为接地装置的接地电阻值。

(6) 使用接地电阻测量仪时，应选择土壤较好的地段，如果仪表的表针指示不稳，可适当调整电位探测棒的深度，其插入深度一般不小于 0.4m。测量时尽量避免与高压线或地下管道平行，以减少环境对测量的干扰。

(7) 刚下雨后不要测量接地电阻，因为这时所测的数值不能反映正常天气环境下的接地电阻值。土壤越干燥，接地电阻值越高。

五、直流电桥

直流电桥是一种用比较法测量直流电阻的精密仪器，它分为单臂电桥（惠斯登电桥）和双臂电桥（凯尔文电桥）两种。单臂电桥一般用来测量 $1\sim10^6\Omega$ 的阻值；双臂电桥则用来测量 $1\sim10^{-5}\Omega$ 及以下的低值电阻。

1. 直流单臂电桥

直流单臂电桥原理电路如图 2-35 所示。电阻 R_x、R_2、R_3 和 R_4 接成四边形，称为电桥的 4 个桥臂，电桥对角线 c-d 上接入检流计 P 作为指示仪，在另一对角线 a-b 上接入直流电源。当接通带锁扣的按钮 S1、S2（同一组触头有两种不同操作方法：先是推动按钮，完成动合触点操作，带有自动复位功能；再转动按钮，即锁住按钮，无自动复位功能）电桥工作时，适当选择几个桥臂电阻，总可以使 c 和 d 两点的电位相等，这时电桥达到平衡，即 $U_c=U_d$，此时检流计 P 中无电流通过，其指示为零。由于 c、d 两点的电位相等，所以有 $U_{ac}=U_{ad}$、$U_{cb}=U_{db}$，即 $R_xI_1=R_4I_4$、$R_2I_2=R_3I_3$。因 $I_P=0$（电桥平衡），且两式相比有 $I_1=I_2$，$I_3=I_4$，故得 $R_xR_3=R_2R_4$。由此可求得被测电阻为

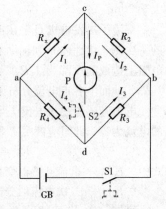

图 2-35　单臂电桥原理电路

$$R_x=\frac{R_2}{R_3}\cdot R_4$$

电阻 R_2 和 R_3 的比值通常配成固定比例，称为电桥的比率臂，R_4 的桥臂称为比较臂。通过电桥可把被测电阻 R_x 与标准电阻进行比较，从而实现电阻 R_x 的测量。

2. 直流双臂电桥

测量小阻值的电阻时，连接线电阻及接触电阻对测量的影响较大，使用直流双臂电桥可消除或减少连接电阻和接触电阻对测量结果的影响。

直流双臂电桥的原理如图 2-36 所示。被测电阻 R_x 和作为比较臂的标准电阻 R_u 都具有 4 个

端钮，Cn1、Cn2 和 Cx1、Cx2 为电流端钮，Pn1、Pn2 和 Px1、Px2 为电位端钮。接线时必须使电位端钮紧靠电阻，而电流端钮在电位端钮的外侧，否则将无法消除和减少接线电阻和接触电阻对测量结果的影响。标准电阻的电流端 Cn2 与被测电阻的电流端 Cx2 之间用电阻为 R 的粗导线连接起来。R_1、R_2、R_3 和 R_4 是桥臂电阻，其阻值均在 10Ω 以上。

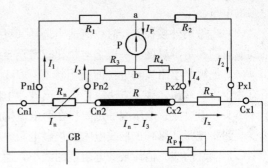

图 2-36 直流双臂电桥原理电路图

当电桥平衡时，$I_P=0$，则有 $I_1=I_2$，$I_3=I_4$，通过 R 支路的电流为 I_n-I_3，且 $I_x=I_n$，由电路可得出下列方程

$$\begin{cases} R_1 I_1 = R_n I_n + R_3 I_3 \\ R_2 I_2 = R_x I_x + R_4 I_4 \\ R(I_n - I_3) = R_3 I_3 + R_4 I_4 \end{cases}$$

解此方程组得

$$R_x = \frac{R_2}{R_1} \cdot R_n + \frac{R \cdot R_2}{R+R_3+R_4}\left(\frac{R_3}{R_1}-\frac{R_4}{R_2}\right)$$

适当选择 4 个桥臂电阻，使得 $\frac{R_3}{R_1}=\frac{R_4}{R_2}$，则有

$$R_x = \frac{R_2}{R_1} \cdot R_n$$

可知，被测电阻 R_x 只取决于比例臂电阻 R_2 与 R_1 的比值和比较臂标准电阻 R_n 的阻值，而与 R、R_3 和 R_4 无关。

由图 2-36 可知，电流端钮 Cn1 和 Cx1 串联在电源支路中，其接线电阻和接触电阻只影响电源支路电流的大小，对电桥的平衡没有影响，也就不影响测量结果。电位端 Pn1、Pn2 和 Px1、Px2 的接线电阻与接触电阻串联于 4 个桥臂中，而 4 个电位端的接线电阻和接触电阻与 4 个桥臂的电阻相比是微不足道的，对测量结果的影响很小。电流端 Cn2 和 Cx2 串接于粗导线 R 中，其接线电阻和接触电阻对 R 阻值的影响较大，由于 R 与 R_x 无关，所以消除了这部分电阻对测量结果的影响。

在实际测量中，由于受检流计灵敏度的限制，电桥不可能绝对平衡，因而也不可能使 R_3/R_1 与 R_4/R_2 的值完全相等。但由于 R 是粗导线的电阻，其阻值很小，对被测电阻 R_x 的影响很小，可以忽略不计。总之，采用双臂电桥和按电流、电位端钮的接法接入被测电阻 R_x 和标准电阻 R_n，可以有效地消除和减小接线电阻和接触电阻对测量结果的影响。

3. 直流电桥的使用注意事项

(1) 根据被测电阻的阻值范围和对测量准确度的要求正确选用电桥，其准确度等级应略高于被测电阻所允许的误差。

(2) 当需外接电源时，其正、负极应与面板上标有"+"、"−"的接线端钮分别对应连接。外接电源的电压应根据所使用电桥的说明书来选择，一般为 2~4.5V。为保护检流计，在电流支路上最好串接一个可逐渐减小的可调电阻，以提高电桥的灵敏度。对于双臂电桥，电源电压最好选用 1.5~4.5V 的大容量蓄电池。双臂电桥工作时电流较大，测量时要迅速，以避免消耗电池过多的电量。

(3) 当需用外接检流计时,应适当选择其灵敏度。灵敏度太高,则电桥难以平衡;太低则达不到应有的测量准确度。一般将电桥比较臂调至最低挡,使外附检流计指示有明显变化即可。

(4) 把被测电阻接到电桥面板上标有"R_x"的两个接线端钮上。若使用双臂电桥,被测电阻有 4 个接线端钮,接线方法应正确。当被测电阻无专用的电流、电位接头时,则可根据需要引出 4 个头,但要注意电压端一定要接在两电流端的内侧。接线时应选用粗而短的连接导线,且各接线端钮要拧紧,以减少接线电阻和接触电阻。

(5) 测量前应先估计被测电阻值的大小,适当选择比率臂的倍率挡。选择的倍率挡应尽量使比较臂可调电阻的各挡能得到充分的应用,以便使电桥易于调整平衡,提高读数的准确度。对双臂电桥要适当选择比较臂的可调标准电阻,尽量使其与被测电阻在同一数量级,然后再适当选择倍率挡。

(6) 使用前应把检流计的带锁扣按钮 S2 打开,用调零器将指针调到零位。

(7) 测量时先接通电源按钮 S1 并锁住,再接通检流计按钮 S2,观察检流计指针的偏转情况。根据指针的偏转情况,断开检流计按钮,再调节比较臂的标准电阻。一般指针向"+"方向偏转,需增大比较臂阻值,反之则减小比较臂阻值。然后再按下检流计按钮,观察指针偏转情况后断开,再调节比较臂阻值。如此反复进行,直至检流计指示为零。要注意在调节过程中应断开检流计按钮,只有当检流计指示已接近零值时,才能将检流计按钮锁住,以防止电桥在极不平衡时损坏检流计。

(8) 测量完毕后,应先松开检流计锁钮,后断开电源支路按钮。特别是当被测元件中含有电感负载时,应防止因断开电感而产生较大的感应电动势损坏检流计。最后应将检流计锁钮锁上,防止因搬动而使检流计损坏。若检流计无锁钮,应将检流计短路,使可动部分在摆动时受到强烈的阻尼作用而得到保护。

(9) 特殊情况下的注意事项:

1) 测量电容性元件时,应先使其充分放电后再进行测量。

2) 考虑温度对被测电阻的影响,应记录下测量时被测元件的温度。如测量电机或变压器绕组电阻时,由于它们工作时的温度比测量时的室温要高得多,应将测得的阻值换算成 75℃时的阻值,以便与历次所测得的数值进行比较。

3) 在精密测量中,除选用高精度电桥外,为消除热电动势和接触电动势对测量结果的影响,测量过程中应改变电源的极性进行两次测量,取其平均值作为测量结果。

新型 QJ47 直流单、双臂电桥,适用于现场精密测量 $10^{-3} \sim 10^6 \Omega$ 的电阻及各类断路器的接触电阻。

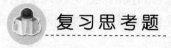

复习思考题

2-1 如何正确使用验电笔?

2-2 使用喷灯时,应注意哪些安全事项?

2-3 如何正确使用绝缘电阻表?

2-4 如何正确使用万用表?

2-5 使用直流电桥有哪些注意事项?

2-6 如何消除或减小接线电阻和接触电阻对测量小阻值电阻的影响?

2-7　如何正确使用钳形电流表？可采用什么方法测量小电流？

2-8　使用接地电阻测量仪有哪些注意事项？

2-9　冲击电钻为何能冲击？使用中应注意些什么？

2-10　使用梯子作为登高作业时，应注意些什么？

2-11　使用电烙铁有哪些注意事项？

2-12　使用接地线应注意些什么？

2-13　常用电气安全用具和登高工具的试验周期是如何规定的？

第三章

配 管 工 程

根据 GB 50054《低压配电设计规范》规定，导管就是用于绝缘导线或电缆可以从中穿入或更换的圆形断面的部件。一般情况下，导管配线有耐潮耐腐、管内导线或电缆不易遭受机械损伤等优点。但安装和维修不便，且造价较高。其适用于室内外照明和动力线路的配线。

导管配线有明配和暗配两种。明配是把导管敷设在墙上以及其他明露处，要求配管横平竖直、管路短、弯头少。暗配是把导管埋设在墙内，楼板或地坪内以及其他看不见的地方，不要求横平竖直，只要求管路短、弯头少，符合施工验收规范要求。

导管配线的操作程序，通常是先选好管子，对管子进行一系列加工后，再敷设管路，清扫管内杂物，最后把导线穿入管内，并与各种用电设备连接。

配管主要工作内容有测位、划线、打眼、埋螺栓、锯管、清扫管口、套丝、煨弯、配接地、刷漆等。

第一节 导 管 选 择

一、根据敷设场所选择导管类型

导管的使用场所应符合设计要求和施工规范的规定。

(1) 在干燥场所明配或暗配可采用壁厚不小于 1.5mm 的薄壁金属导管。

(2) 暗配于潮湿场所和直埋于地下的电线导管，会受到不同程度的锈蚀，为保证线路安全，应采用壁厚不小于 2mm 的厚壁钢导管；当利用钢导管管壁兼做接地线时，管壁厚度不应小于 2.5mm。对薄壁和厚壁钢导管敷设的场所应选取得当，否则易缩短使用年限或造成浪费。

(3) 明配于潮湿场所时，应使用厚壁钢导管，但干燥场所宜采用薄壁钢导管。

(4) 明配或暗配导管，有严重腐蚀的场所（如酸、碱和具有腐蚀性的化学气体）不宜采用钢导管配线。

(5) 硬质塑料导管适用于民用建筑及室内有酸、碱等腐蚀介质场所，不得在高温（指环境温度在 40℃以上的场所）和易受机械损伤的场所（指经常发生机械冲击、碰撞、摩擦等的场所）敷设。因塑料导管在高温下机械强度下降，老化加速，且蠕变量大，故应加以限制。埋于地下受力较大处的硬质塑料导管，宜使用厚壁的重型管，见表 3-1。

建筑物室内顶棚采用难燃材料做吊顶时，可使用难燃型硬质塑料导管在其内配线，但易燃材料吊顶内应使用钢导管配线。

(6) 半硬塑料导管适用于正常环境下一般室内场所及混凝土板孔配线（采用塑料绝缘导线穿

半硬塑料导管敷设），但潮湿场所不应采用。建筑物顶棚内及现浇混凝土内不宜采用塑料波纹导管。PVC-BY-1 型平滑半硬塑料导管为普通型（灰色），适用施工环境温度为 5～45℃；PVCBY-2 型平滑半硬塑料导管为耐寒型（黄色），适用施工环境温度为 -15～25℃。

表 3-1   硬聚氯乙烯塑料导管   mm

公称直径	外径及允许误差	轻型管壁厚	重型管壁厚
15	20±0.7	2.0±0.3	2.5±0.4
20	25±1.0	2.0±0.3	3.0±0.4
25	32±1.0	3.0±0.45	4.0±0.6
32	40±1.2	3.5±0.5	5.0±0.7
40	51±1.7	4.0±0.6	6.0±0.9
50	65±2.0	4.5±0.7	7.0±1.0
65	76±2.3	5.0±0.7	8.0±1.2
80	90±3.0	6.0±1.0	—

注　由于不同的生产厂家，及其参照标准不一，规格尺寸有所差异，表中参数仅供参考。

二、导管的选择

导管的材质应符合设计要求和施工规范的规定。

（1）硬塑料导管外观上应达到壁厚均匀，无开裂、弯曲、变形，管口应平整、光滑。

（2）在选择塑料导管及其附件时，应选用氧化指数为 27 以上的难燃型管材。塑料导管在电气线路中使用时必须有良好的阻燃性能，否则隐患极大，因阻燃性能不良易酿成电气火灾事故。故规定选用塑料导管外壁应有间距不大于 1m 的连续阻燃标记和制造厂标，以保证产品质量和明确责任。

（3）硬质塑料导管应耐热、耐燃、耐冲击并具有产品合格证，内外径应符合国家统一标准。外观检查管壁壁厚应均匀一致，无凸棱、气泡等缺陷。硬质聚氯乙烯导管要求塑性好，应能反复加热煨制。硬质 PVC 塑料管应能冷弯，不应使用再生硬质聚氯乙烯导管。

（4）难燃平滑半硬塑料导管外观上应壁厚均匀，易弯折且不断裂，回弹性好，管身无气泡及变形等现象。而塑料波纹导管也应选择韧性强、阻燃性好、耐腐蚀等较好的电气性能和抗冲击、抗压力强的塑料波纹导管，且应无断裂、孔洞和变形等现象。半硬塑料导管的附件应配套使用，应选用同材质的塑料箱、盒和接头。塑料波纹导管进入设备配线两端时，应使用专用接头。

（5）钢导管产品的技术文件应齐全，并且有合格证和符合国家现行技术标准。钢导管外观上壁厚应均匀，且不应有折扁、裂缝、砂眼、塌陷及严重腐蚀等缺陷。此外明配钢导管还要求管身不弯曲、不变形，管口平整、光滑。为方便穿线，防止穿管时损坏导线绝缘层，以至破坏线芯，管内应无铁屑及毛刺，切断口应平整，管口应光滑。钢导管的表面质量要求应符合 YB/T 5305《普通碳素钢电线套管》、GB/T 3091《低压流体输送用焊接钢管》等的规定。

（6）明配钢导管必须配用明装铁制附件，暗配钢导管必须配用暗装铁制附件，如暗装灯位盒、开关（插座）盒等，且应为镀锌制品盒，其壁厚不应小于 1.2mm。塑料和木制品盒不得用作钢导管的配管附件，而硬塑导管敷设工程中应使用同材质的塑料制品盒。

三、根据导线截面积、根数选择导管

（1）为了便于穿线，两根绝缘导线穿于同一根导管内，管内径不应小于两根电线外径之和的 1.35 倍（立管可取 1.25 倍）。当 3 根以上绝缘导线穿于同一根导管时，导线的总截面积（包括

外护层）不应超过管内截面积的40%。同类照明的几个回路的绝缘导线穿在同一根导管内时，导线根数不应多于8根。绝缘导线允许穿根数及相应最小导管管径可参考本书附录C选用。

（2）当各种不同直径的导线合穿一根钢导管时，必须根据系数C按表3-2选择管径。系数C的计算式为

$$C_1 = n_1 d_1^2 + n_2 d_2^2 + n_3 d_3^2 + \cdots \leqslant C$$

式中　n_1、n_2——各种不同直径的导线的根数；

　　　d_1、d_2——各种不同直径的导线外径（见表3-3、表3-4），mm。

表3-2　　　　　　　　　　　　　　　　　按系数C选择管径

管内导线总根数	下列管径的最大允许C值																	
	15		20		25		32		40		50		70		80		100	
	导　管　弯　数																	
	2	3	2	3	2	3	2	3	2	3	2	3	2	3	2	3	2	3
2	70	55	130	100	210	160	370	280	500	370	840	620	1360	1000	1900	1400	3300	2500
3	95	70	170	130	280	210	490	360	650	480	1080	800	1750	1300	2500	1350	4300	3200
4~6	100	75	180	140	285	220	500	390	680	510	1106	850	1850	1400	2600	1950	4500	3400
7	110	85	240	160	330	250	580	440	770	580	1300	950	2100	1500	2950	2200	5100	3850
8~10	95	70	170	130	285	210	500	370	650	500	1080	810	1750	1300	2500	1850	4300	3200
11	100	75	180	140	290	240	520	390	680	510	1100	850	1850	1400	2600	1950	4400	3400
12	109	80	200	150	320	240	560	420	750	560	1200	920	2200	1500	2850	2100	4800	3700

【例3-1】　试选择一钢导管，其中穿有$1 \times 6mm^2$（外径6.3mm）BLX-500型导线两根，$1 \times 4mm^2$（外径5.8mm）BLX-500型导线3根及$1 \times 2.5mm^2$（外径5.2mm）BLX-500型导线3根。导线外径见表3-4。

解

$$C_1 = 2 \times 6.3^2 + 3 \times 5.8^2 + 3 \times 5.5^2 = 261.4 < 285 = C$$

查表3-2，如管线有两个弯时应选25mm的钢导管，如管线有3个弯时应选32mm的钢导管。

表3-3　　　　　　　　　500V BV、BLV聚氯乙烯绝缘导线外径与线芯截面积关系

线芯截面积（mm²）	1	1.5	2.5	4	6	10	16	25	35	50	70	95	120	150
导线外径（mm）	2.6	3.3	3.7	4.2	4.8	6.6	7.8	9.6	10.9	13.2	14.9	17.3	18.1	20.2
导线根数	导线总截面积（mm²）													
1	5	9	11	14	18	34	48	72	93	137	174	235	257	320
2	10	18	22	28	36	68	96	144	186	274	348	470	514	640
3	15	27	33	42	54	102	144	216	279	411	522	705	771	960
4	20	36	44	56	72	136	192	288	372	548	696	940	1028	1280
5	25	45	55	70	90	170	240	360	465	685	870	1175	1285	1600
6	30	54	66	84	108	204	288	432	558	822	1044	1410	1542	1920

表 3-4　　　　　　500V BX、BLX 橡皮绝缘导线外径与线芯截面积关系

线芯截面积（mm²）	1	1.5	2.5	4	6	10	16	25	35	50	70	95	120	150
导线外径（mm）	4.5	4.8	5.2	5.8	6.3	8.1	9.4	11.2	12.4	14.7	16.4	19.5	20.2	22.3
导线根数	导线总截面积（mm²）													
1	16	18	21	26	31	52	69	98	121	170	211	298	320	390
2	32	36	42	52	62	104	138	196	242	340	422	596	640	780
3	48	54	63	78	93	156	207	294	363	510	633	894	960	1170
4	64	72	84	104	124	208	276	392	484	680	844	1192	1280	1560
5	80	90	105	130	155	260	345	490	605	850	1055	1490	1600	1950
6	96	108	126	156	186	312	414	588	726	1020	1266	1788	1920	2340

第二节　导　管　加　工

一、落料

落料前应检查导管质量，如有裂缝、瘪陷及管内有杂物等均不能进行落料。导管长度应按两个接线盒之间的距离为一个线段，根据线路弯曲转角情况来决定用几根导管接成一个线段和确定弯曲部位。导管的一个线段内应尽可能减少管口的连接接口。

（1）平滑半硬塑料导管可在敷设过程中，根据每段所需长度，用电工刀或钢锯条作用于管的垂直方向，将其切断或锯断。

（2）硬质聚氯乙烯塑料导管常用带锯的多用电工刀或钢锯条切断，切口应平整、光滑。

（3）硬质 PVC 塑料导管用钢锯条将管子锯到底，直到切断为止或使用配套的截管器将管子切断。在使用截管器时，应先稍转动 PVC 管，使刀口切入管壁后即停止转动，以确保切断后的管口平整。

（4）切断钢导管的方法很多，一般可用无齿轮型钢切割机装上纤维增强砂轮片、割管器或细齿钢锯等切割。利用砂轮片切割钢管时，用力要均匀、平稳，以防止切割机过载或砂轮片崩裂；用割管器切割钢导管时，管口易产生内缩，要用绞刀或锉刀清理管口；用钢锯锯割钢导管时，钢锯应与钢导管垂直，手腕不能颤动，防止管口不齐，出现马蹄现象，且用力不要过猛，以免弄断锯条。

切断后的管子，要求断口处应与管轴线垂直，管口应锉平、刮光、整齐光滑。

二、套丝

钢导管之间互相连接或管子与器具或盒（箱）连接时，均需要在钢导管端部套丝。水煤气钢导管可用管子绞板套丝，电线管可用圆丝板套丝，具体操作方法见第二章第二节。

三、弯管

根据线路敷设的需要，在导管改向时，需要对导管进行弯曲，弯曲的部分称为弯头。弯头的制作（俗称煨弯）可采用冷弯（用手动弯管器、电动弯管机或液压弯管机等机具进行弯制）或热弯（在加热状态下对管子进行弯制）。

为了便于导管穿线，其弯曲角度一定要大于 90°（$\theta > 90°$），如图 3-1 所示，且弯曲半径应符

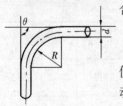

图 3-1 导管弯曲
半径和弯曲角度
d—管子外径；θ—弯曲
角度；R—弯曲半径

合要求。

1. 钢导管弯曲

钢导管敷设时需要改变方向时，应进行弯曲加工。钢导管煨弯时，应使用定型煨弯器。管径大于 25mm 的管子，应采用分离式液压弯管器、电动弯管机或灌砂火煨，防止弯曲处出现弯扁、凹穴、裂缝等现象。

钢导管弯曲有冷煨、热煨两种。冷煨钢导管的工具有手动弯管器和电动弯管器，如管柄弯管器、滑轮弯管器、电动或液压弯管机等，具体操作方法详见第二章第二节。在弯管过程中要注意弯曲处不应有折皱、凹穴和裂缝现象，弯扁程度不应大于管外径的 10%，弯曲角度一般不宜小于 90°。热煨钢管用火加热弯管，仅限于黑色钢导管。弯管前先把管内装干燥的砂子，两端塞紧后，如图 3-2（a）所示，将其放在烘炉或焦炭火上加热，移至模具上弯曲。用气焊加热煨管时，先在钢导管上划出直管段，然后划出加热长度 L，其计算公式为

$$L = \frac{\pi \alpha R}{180°} \approx 0.0175\alpha R$$

式中 α——弯曲角度，(°)；

R——弯曲半径，mm。

先在划出的管段加热长度上预热，再从起弯点开始，边加热边弯曲，弯曲半径应尽量一致，防止弯曲段表面产生折皱。弯制时要比预定弯曲角度略过 2°~3°，防止弯曲冷却后角度的回缩。

导管弯曲半径应符合要求，且弯曲有缝管时应将接缝处放在弯曲的侧边，作为中间层，以使焊缝在弯曲变形时既不延长又不缩短，焊缝处就不易开裂，如图 3-2（b）所示。为了配管的整齐、美观和便于安装，整排管子在弯曲处应弯成同心圆。

2. 硬塑料导管的弯曲

硬塑料导管有 90° 定型的弯头（俗称月弯），但大部分的各种弯曲半径的弯头，都是由施工单位自行制作的。硬塑料导管通常有冷煨和热煨两种弯曲方法，弯曲后的弯曲半径应符合要求。

（1）冷煨法用于硬质 PVC 塑料导管在常温下的弯曲，常用弹簧弯管器和手扳弯管器，将管逐渐弯曲成需要的弯曲半径，操作方法详见第二章第二节。

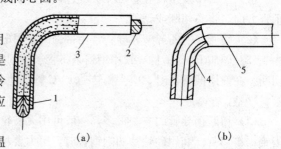

图 3-2 钢导管弯曲方法
(a) 钢导管灌砂弯曲；(b) 有缝导管的弯曲
1、2—木塞；3、4—钢导管；5—焊缝

（2）加热煨弯硬塑料导管热弯时，其加热温度应根据塑料管的材质确定，如一般热塑料聚氯乙烯材质管的加热温度为 130~140℃。加热温度及加热时间都应严格控制，因为温度过高或加热时间过长都会使塑料分解变质。加热硬塑 PVC 塑料导管时管体不应烤伤、变色。

1）煨制直径 20mm 及以下的硬质塑料导管，可直接均匀转动管身加热到适当温度至软化，为避免管子弯曲处出现裂缝和折皱，加热后立即将管放在水平板上或模型上煨弯，如图 3-3 所示。为了加速塑料导管的硬化，需浇水冷却至 50℃ 左右方可定型。

2）煨弯直径 25mm 及以上的硬塑料导管应在管内填砂煨弯。先将一端管口堵好，然后将干砂子灌入墩实，将另一端管口堵好，并使导管受热均匀，待软化后即可在模型上弯制成型，将弯曲部位插入冷水中定型。

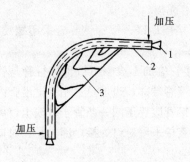

图 3-3 热煨硬塑料导管
1—木塞；2—塑料管；3—木模型

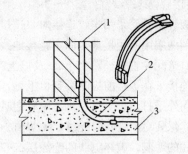

图 3-4 HW 型管护弯安装示意图
1—墙；2—管护弯；3—现浇混凝土

3）将硬塑料导管端部弯曲成 90°时，其端部应与原管垂直，有利于瓦工砌筑。管端不应过长，应保证管（盒）连接后管子在墙体中间位置上。在管端部煨鸭脖曲弯时，应一次煨成所需长度和形状，并注意两直管段间的平等距离，且端部短管段不应过长，防止造成砌成的墙体产生缝隙。加热弯管时应防止管口受热变形。

3. 半硬塑料导管弯曲

敷设半硬塑料导管（或波纹管）宜减少弯曲，当直线段长度超过 15m 或直角弯超过 3 个时，应增设接线盒。为了便于穿线，管子弯曲半径不宜小于 6 倍管外径，弯曲角度应大于 90°。平滑半硬塑料导管弯曲 90°时，可使用管护弯固定，图 3-4 所示为 HW 型管护弯安装示意图。

第三节 导 管 连 接

一、钢导管的连接

1. 钢导管之间的连接

镀锌钢导管和薄壁钢导管严禁对口熔焊连接，而应采用螺纹连接或套管紧定螺钉连接，且连接处的管内表面应平整、光滑。

（1）钢导管采用套管连接时，套管内径和连接管外径应吻合，套管长度为连接管外径的 1.5～3 倍，管与管的对口处应在套管中心，管内表面应平整、光滑。套管周边采用焊接，焊缝应牢固严密，如图 3-5（a）所示。钢导管采用套管连接时，严禁用不同管径的钢导管直接套接连接。采用套管紧固螺钉连接时，螺钉应拧紧；在振动的场所，紧固螺钉应有防松动措施。

（2）钢导管采用螺纹连接时，如图 3-5（b）所示，管端螺纹长度不应小于管接头长度的

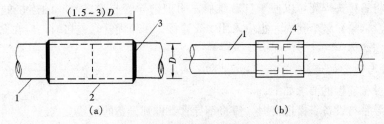

图 3-5 钢导管间连接
（a）钢导管套管焊接；（b）管接头螺纹连接
1—钢导管；2—套管；3—焊缝；4—管接头

1/2；连接后，其螺纹宜外露 2~3 扣，螺纹表面应光滑、无损。

非镀锌钢导管采用螺纹连接时，连接处两端可焊跨接接地线；镀锌钢导管采用螺纹连接时，连接处的两端用专用接地卡固定跨接接地线。

(3) 暗配导管管径在 $\phi80\text{mm}$ 及以上时，可将两连接管端加工成喇叭口再进行管与管之间对口焊接连接。在焊接前应除去管口毛刺，用气焊加热连接管端部，边加热边用手锤沿管内周边逐点均匀向外敲打出喇叭口，再把两管喇叭口对齐，两连接管置于同一条管子轴线上，周围应焊接严密，保证对口处管口光滑，无焊渣。但钢导管不应直接采用对口焊接，因为易在对口处内壁形成尖锐的毛刺，破坏电线的绝缘层。

2. 管与盒（箱）的连接

暗配的黑色钢导管与盒（箱）连接可采用焊接连接，仅适用于厚壁钢导管；明配或暗配的镀锌钢导管与盒（箱）连接应采用锁紧螺母或护圈帽固定。

(1) 暗配的黑色钢导管与盒（箱）焊接固定时，应一管一孔顺直插入与管径吻合的敲落孔内，管口宜伸入盒（箱）内壁 3~5mm。管与盒外壁焊接的累计长度不宜小于管外周长的 1/3；管与箱连接时，不宜直接焊接，而应用圆钢作为接地跨接线，在适当位置将入箱管做横向焊接并应保证入箱管长度一致，再与箱体外侧的棱边进行焊接。管与盒（箱）焊接后，应补涂防腐漆做防锈处理。

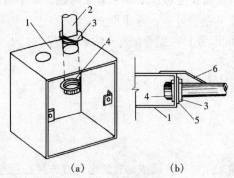

图 3-6　钢导管与盒连接做法

(a) 用金属护圈帽锁定管盒；(b) 盒内防潮做法
1—接线盒；2—钢导管；3—锁紧螺母；4—金属护圈帽；5—橡皮垫；6—地线

(2) 镀锌钢导管与盒（箱）采用锁紧螺母或护圈帽固定，当管口使用金属护圈帽（护口）保护导线时，应在套丝后的管端先拧上锁紧螺母（根母），顺直插入盒的敲落孔内，宜露出锁紧螺母 2~3 扣的管口螺纹，在盒内再拧上金属护圈帽（护口），将管与盒连接牢固，如图 3-6 (a) 所示。若接线盒内需防潮时，则应在锁紧螺母与接线盒之间加橡皮垫，如图 3-6 (b)所示。当管口使用塑料护圈（护口）保护导线时，由于其机械强度不够，应在盒内外管口处均用锁紧螺母固定，留出管口螺纹 2~3 扣，再拧紧塑料护圈帽。

导管与配电箱连接时，无论采用上述哪种护圈帽，均应在箱体内外用锁紧螺母固定管口，露出管扣螺纹 2~3 扣，再拧护圈帽，并使入箱的管口长度一致。

(3) 明配钢导管之间的连接应采用螺纹连接，使用全扣管接头，并应在管接头两端焊好跨接接地线，不应将管接头焊死，以便于日后维修。明配钢导管与盒（箱）的连接处通常煨成鸭脖弯，顺直进入盒（箱）敲落孔内，也应采用螺纹连接。吊顶内管盒连接时，应在盒的内、外侧均套锁紧螺母固定盒体。

3. 钢导管与设备的连接

钢导管与设备连接的要求如下：

(1) 当钢导管与设备直接连接时，应将钢导管敷设到设备的接线盒内。

(2) 当钢导管与设备直接连接有困难时，可采用间接连接。对室内干燥场所，钢性钢导管端部宜增设柔性导管引入设备的接线盒内，且钢导管管口应包扎紧密；对室内潮湿场所，钢导管端部应增设防水弯头，导线应加套具有防液层的复合型可挠金属导管或其他柔性导管，经弯成滴水弧状后再引入设备的接线盒。

（3）与设备连接的钢导管管口与地面的距离宜大于200mm。

二、硬塑料导管的连接

硬塑料导管之间、管与盒（箱）等器件间应采用插入法连接；连接处结合面应涂专用胶合剂，接口应牢固密封。

1. 硬塑料导管与盒（箱）的连接

硬塑料导管与盒（箱）的连接，要求连接管外径应与盒（箱）的敲落孔相一致，管口应平整、光滑，一管一孔顺直进入盒（箱），且应掌握好管入盒长度，在盒（箱）内露出长度应为3~5mm。多根管进入配电箱时长度应一致，排列间距均匀，固定牢靠。为了防止混凝土楼板内的管子脱出盒口，穿过盒子的管路尽量不断开，直接通过盒子，等待拆模后再断开。

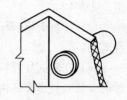

硬塑料导管与盒连接时，一般把管弯成90°，在盒的后面入盒，尤其是对于埋设在墙体内的开关、插座盒。塑料导管用的接线盒、灯头盒、开关盒等，均宜使用配套的塑料制品。塑料导管进入接线盒、灯头盒、开关盒或配电箱内时，应加以固定，以控制墙体内管入盒（箱）的长度。固定管口的方法比较多，在施工现场中常采用铁绑线绑扎管口，如图3-7所示，即在盒外管口处适当位置上开一锯口，锯口深度与绑线直径相同，截取两根适当长度的铁绑线由中间折回，拧出一个约10mm的圆圈，然后将

图3-7 用铁绑线固定
管口的连接方法
1—铁绑线；2—锯口

绑线一侧两根分开，使其一根卡在锯口内，再将绑线交叉绞拧两回，这样做既方便又经济。

2. 硬塑料导管之间的连接

（1）插入法连接。硬塑料导管连接前先将连接的两根管子的管口倒角，即按图3-8（a）中的要求加工成阴管和阳管两种形式。用汽油或酒精把管子插接段的污物擦干净，接着将阴管插接段放在电炉或喷灯上加热至145℃左右，呈柔软状态后，在阳管插入部分涂一层胶合剂（过氯乙烯胶）后迅速插入阴管，插入深度为管外径的1.1~1.8倍。待两管同心时，立即用湿布冷却，使

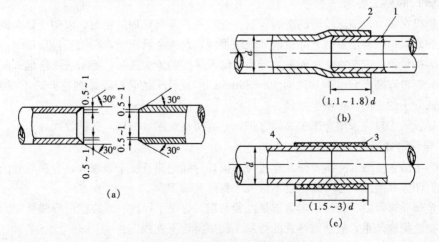

图3-8 硬塑料导管之间的连接
(a) 管口倒角；(b) 插入法；(c) 套接法
1—阳管；2—阴管；3—塑料套管；4—连接导管；d—连接管外径

管子恢复原来硬度，如图 3-8（b）所示。

（2）套接法连接。取用比连接管管径大一号的塑料导管做套管，长度为连接管外径的 1.5～3 倍，把涂好胶合剂的连接管从两端插入套管内，连接管对口处应在套管中心，且紧密牢固，管的连接如图 3-8（c）所示。套管管径选择要适当，不能过大，否则会使连接处发生不严密、不牢固等现象。若插口做得太短，又未涂黏合剂，只用胶带或塑料带包缠一下，也会使管子连接不严密、不牢固。

（3）硬质 PVC 管的连接，可采用专用成品管接头进行连接，连接管两端需涂套管专用的黏合剂粘接。

（4）在暗配导管施工中常采用不涂胶合剂直接套接的方法，但套管的长度不宜小于连接管外径的 4 倍，且套管的内径与连接导管的外径应紧密配合连接牢固。

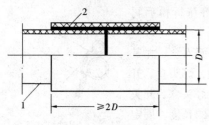

图 3-9　平滑半硬塑料导管连接
1—平滑半硬塑料导管；2—塑料导管接头；
D—塑料导管外径

明配硬质塑料导管的连接方法同其暗敷方法的连接方法相同，但吊顶内管与管或管与盒的连接应使用专用的管接头、管卡头并涂以专用的胶合剂粘接。

3. 平滑半硬塑料导管的连接

（1）平滑半硬塑料导管与盒（箱）做终端连接时，可以用砂浆加以固定。半硬塑料导管与盒做中间串接时，不必切断管子，可将管子直接穿过盒内，待穿线前将管子切断即可使用。

（2）管与管的连接。平滑半硬塑料导管之间应采用套管连接，选用大一级管径且长度不应小于连接管外径的 2 倍的管子做套管。为防两管端连接处脱落，应在两连接管端部涂以胶合剂，将连接管插入套管内粘牢，如图 3-9 所示。

第四节　配管一般规定

一、管口的施工要求

（1）敷设在多尘或潮湿场所的金属导管，管口及其连接处均应密封，以防止导电的灰尘和水汽进入管、盒（箱）和设备内，降低电气绝缘强度，加速金属腐蚀，影响工程质量。

（2）为避免积水或杂物从地面进入管内，降低导线的绝缘强度，要求进入落地式配电箱的电线导管，其管口宜高出配电箱基础面 50～80mm；多根管子的管口要排列整齐，不仅表面美观，而且易辨认管子的去向，以便于维修。

（3）导管的管口应采用金属护套帽（护口）或塑料护圈（护口）保护导线。

二、导管弯曲半径

（1）为了防止渗漏、穿线方便及穿线时不损坏导线绝缘且便于维修等，金属导管的弯曲处不应有折皱、凹陷和裂缝，且弯扁程度不应大于管外径的 10%。

（2）金属导管弯曲半径的规定数值是经验数据，弯曲半径越小，穿线时导线受拉力越大，绝缘层被管壁磨损越严重，故金属导管的弯曲半径应符合下列规定：

1）当线路明配时，导管弯曲半径不宜小于管外径的 6 倍；当两个接线盒间只有一个弯曲时，其弯曲半径不宜小于管外径的 4 倍。

2）当线路暗配时，导管弯曲半径不应小于管外径的 6 倍；当埋设于地下或混凝土内时，其弯曲半径不应小于管外径的 10 倍。

（3）当线路暗配时，金属导管宜沿最近的路线敷设，并应减少弯曲，主要是力求管线最短，节约费用，降低成本。

三、接线盒或拉线盒的设置要求

（1）为便于穿线、维修防止导线受损伤，所以管路敷设应尽量减少中间接线盒，只有在管路较长或有弯曲时（管入盒处弯曲除外），才允许加装拉线盒或放大管径。当线路导管明配或暗配时遇下列情况之一者，中间应增设接线盒或拉线盒，且接线盒或拉线盒的位置应便于穿线：①管路无弯者，管段长不超过 30m；②管路有一个弯者，管段长不超过 20m；③管路有两个弯者，管段长不超过 15m；④管路有 3 个弯者，管段长不超过 8m。管路的弯曲角度规定为 90°～105°。当弯曲角度大于此值时，每两个 120°～150°弯折算为一个弯曲角度，管进盒处的弯曲不应按弯计算。塑料导管的弯曲角度一般不宜小于 90°。

（2）半硬塑料导管的直线段长度超过 15m 或直角弯超过 3 个时，应埋设接线盒。

（3）垂直敷设线路的管内导线在盒（箱）转角处，绝缘层和线芯均因导线的自重而受到较大应力，为防止导线损伤，垂直敷设的导线导管遇下列情况之一时，应在一定的高度增设固定导线用的拉线盒，并在盒内用夹具固定导线：①管内导线截面积为 50mm² 及以下，每段管长不超过 30m；②管内导线截面积为 70～95mm²，每段管长不超过 20m；③管内导线截面积为 120～240mm²，每段管长不超过 18m。

四、导管敷设要求

（1）为防止基础下沉或设备运转时的振动影响线路的正常运行及避免检修困难，线路导管不宜穿过设备或建筑物、构筑物的基础；当必须穿过时，应采用取保护措施，同时应在隐蔽工程记录中标明位置。

（2）埋入建筑物、构筑物内的金属导管，与建筑物、构筑物表面的保护厚度不应小于 15mm，以保证暗配导管敷设后不露出抹灰层，防止因锈蚀造成抹灰面脱落。

（3）明配导管的误差要求。为保证外观质量和整个建筑物协调一致，水平或垂直敷设的明配线路导管，其水平或垂直安装的允许偏差为 1.5‰，全长偏差不应大于管内径的 1/2。

（4）管、盒（箱）的安全接地或保护接零（保护接地）。在低压配电系统中，电气设备保护线的连接方式在中性线和保护线分开的 TN-S、TN-C-S 的系统中，由于有专用的保护零线（PE线），可不必利用金属导管作保护接零的导体，因而金属导管、金属盒（箱）及塑料导管、塑料盒（箱）混合使用时，金属导管和金属盒（箱）必须与保护线（PE 线）有可靠的电气连接。

第五节 导 管 敷 设

一、金属导管敷设

1. 钢导管的防腐处理

钢导管在敷设前应进行除锈和防腐处理，以延长其使用寿命，同时防止管内锈蚀严重，影响电线更换。为了加强黑色钢导管的防腐作用，在管内壁应涂一道防腐漆，管外壁应涂两道沥青；埋入混凝土内的黑色钢导管外壁，因不易锈蚀，可不涂防腐漆；其他场所（包括埋入砖墙）内敷设的黑色钢导管均应进行防腐处理。暗敷设工程中应尽量使用镀锌钢导管，以免去防腐工艺，但镀锌层剥落处应涂防腐漆。设计有特殊要求时，应按设计规定进行防腐处理。埋入焦碴层中的钢导管，应用水泥砂浆全面保护，厚度不应小于 50mm；直接埋入土层内的钢导管，其外壁应涂两层沥青或用厚度不小于50mm混凝土作保护层,其目的是为了防止化学腐蚀。

2. 暗配钢导管

(1)钢导管暗配管路较长,既有转弯又有分支管路时,在其中间应加装暗配管用分线盒或接线盒,以便于施工、穿线和维修。为了保证安全用电,所有管路及盒(箱)不带电的金属部分应连成一个完整的、可靠的接地系统。钢导管暗配管路组成如图3-10所示。

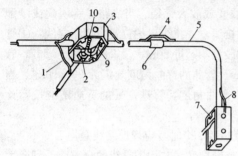

图3-10　钢导管暗配管路组成

1、4、8—跨接地线;2—锁母;3—灯头接线盒;

5—钢导管;6—管接头;7—开关接线盒;

9—电线;10—电线接头

(2)现浇混凝土结构中的电气配管多采用钢导管,在施工中既不易被损坏,也不会过大地降低混凝土梁、柱、楼板的强度。

1)现浇混凝土楼板内配钢导管时,应用模板支好并确定灯位,然后待钢筋底网绑扎垫起后敷设管、盒。管子应敷设在底筋上面,确保暗配在混凝土内的管子拆模时不外露。预埋的钢导管外径不能超过混凝土板厚度的1/3;并列敷设的管子间距不应小于25mm,使导管周围均有混凝土保护层,防止钢导管挡住混凝土,在其下面形成捣固不实或孔洞性土建质量隐患。

钢导管在现浇板内配管,当楼板层的灯位盒较多时,管与盒之间及管与管之间需要相互连接,为此,配管时可以分段进行连接。如入盒连接管数量较多时,可用跨接线将多根入盒管进行焊接后,再与盒体之间进行焊接,以防止多管与盒分别焊接时烧穿盒孔。多根管口插入盒的长度应保持一致,管与盒采用焊接连接时应用塑料内护口。

2)现浇混凝土梁内配管,不同的管位会对梁的强度产生影响。

a. 现浇混凝土梁内竖穿梁管,应与隔墙相对应,防止梁下部配管外露,管应设在梁受剪力、应力较小的轴线上,并列敷设的管间距离不应小于25mm。梁内钢导管数量较多或截面积较大时,应在混凝土梁受压区增设补强钢筋,防止减损梁的有效截面积。

混凝土梁顶部的管口,应用塑料内护口堵塞严密,防止杂物进入管内。

b. 当钢导管需要横向穿过混凝土梁时,应埋设在梁受剪力和应力较小部位,即梁的净跨度的1/3的中跨区域内通过梁的中和轴处。若中和轴难以确定时,管宜在梁中部的中和轴及以下受拉区内横向穿过,且穿梁管应距底筋上部不小于50mm。

c. 在混凝土梁内设置灯位盒时,对于顺梁水平敷设管路应沿着梁的中和轴处敷设。根据需要,管入盒处可煨鸭脖弯或90°,管进入盒侧面或盒上部敲落孔。

3)混凝土墙体内配管时,应把导管与钢筋固定好,并将已焊好跨接地线的盒与模板固定。如管与盒采用焊接连接,则不需要再焊跨接地线;当管与盒采用螺纹连接时,应先在管的适当部位焊好跨接线,安装盒体时跨接线另一端再与盒体焊接。安装的盒体应与装饰表面相平。

现浇混凝土墙体内配管,应沿最近的路径在两层钢筋网中间敷设线管,一般应把钢导管绑扎在内壁钢筋的里边一侧,这样可避免或减少管与盒连接时的弯曲。

现浇混凝土墙体内设置配电箱时,应随土建施工进行预埋,在箱体上、下侧按箱体标高,各焊接或绑扎两根附加钢筋,固定箱体,做好接地。如将影响箱体安装的钢筋弯曲绑扎或切断后再进行绑扎,则应在箱体处增绑附加钢筋,以防削弱该处墙体的强度。安装的配电箱体凸出模板的高度应按装饰面的厚度决定。配电箱的引入、引出管在钢筋网中间与配电箱箱体连接一次到位,并与钢筋一起绑扎固定。配电箱内引入管较多时,可在箱内设置一块平挡板,将入箱管口顶在挡板上，待管路用锁母固定后拆去，这样可使入箱管口保持长度一致。

4）混凝土柱内埋设管、盒时，应先将它们连接好，把导管沿主筋内侧与主筋上的箍筋绑扎在一起，将盒与模板固定在导管中间的绑扎间距不应大于1m的位置，管与盒连接处的绑扎距离不应大于0.3m。

在柱内导管需要伸出混凝土柱子与墙体连接时，为了避免钢模板开孔，可在柱内紧靠模板处的管口处先连接好套管，并堵塞好套管的管口，待模板拆除后取出套管内的堵塞物，再与墙体导管进行连接。

当导管需要横向穿过混凝土柱子时，对柱子的结构强度有一定的影响，此时应相应地增加补强钢筋面积，以抵消对柱子面积的减损影响。

5）在混凝土地面内配管应尽量埋入混凝土层中，充分利用混凝土地面层保护管路。当管路露出地面的弯曲部位不能全部埋入时，可适当增加埋入深度。

（3）在地下土层中配管时，应在铲平夯实的土层上用石块垫起管路，其垫起高度不应小于50mm，然后在管周围浇灌素混凝土，其保护层厚度应不小于50mm。如管路较多时，可先在土层上沿管路方向铺设混凝土打底，然后再敷设管路，如图3-11（a）所示。这样既保证了管路敷设在混凝土中，又可减少地下水对钢导管的腐蚀。

埋入地面内的配管应尽量减少中间接头。当采用螺纹连接时，要防止潮气和水分进入钢导管内和侵蚀管接头。管路在首层地面内跨越地沟时，应在盖板层内垂直通过；如配管管径较粗时，管子应在地沟底下穿越；遇有热力管道时，应进行隔热处理。

钢导管露出地面与设备连接的管口距离地面宜大于200mm。进入落地式配电箱的电气管路应排列整齐，管口高出基础面不应小于50mm。埋入地下的钢导管若需穿过设备或建筑物基础时，应设保护套管，其内径不宜小于配管外径的2倍。

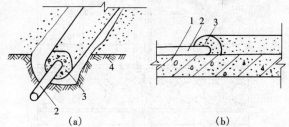

图 3-11　地面及垫层内暗配钢导管

(a) 地面内保护层；(b) 焦渣垫层内保护层

1—楼板；2—钢导管；3—混凝土保护层；4—土层

（4）潮湿房屋内配管时，在管口应装设防水弯头；干燥房屋内配管时，应在钢导管出口处加柔性导管引入设备，管口应包扎严密。

（5）在楼（屋）面垫层内配管时，混凝土保护层不应小于15mm，导管在垫层内应沿最近的路径敷设。当楼板上为焦渣垫层时，应在楼板面上先敷设导管，并沿导管铺设混凝土，如图3-11（b）所示，防止其受化学腐蚀。

楼板面上敷设导管后，若垫层不够厚实或地面的面层沿管路处过薄，在管路受压后会产生集中应力，使顺管路方向出现裂缝。为此，顺管路方向应保持一定的厚度的水泥砂浆保护层或垫层内素混凝土层。若厚度不够时，应减少交叉敷设的管路，或将交叉处顺着楼板孔煨弯。

（6）钢导管在砖墙中敷设，应在土建砌墙时配合预埋。若在施工中由于种种原因无法进行配合时，则应在墙体表面剔槽，槽宽约为管子直径的1.2倍。在配管时可在槽内的砖缝中打入木榫，再由铁丝或铁钉弯钩将管子卡紧。

在厚度120mm及以下的砖墙内敷设管路时，会造成墙体接茬不良，应改变敷设位置或者加强墙体结构。在墙体中配管需要接管时，应在连接处设置跨接接地线，以确保管子成为良好的导体。

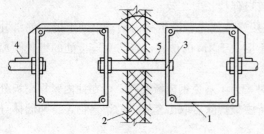

图 3-12　暗配钢导管过变形缝时补偿措施
1—接线盒(箱)；2—变形缝；
3—长孔；4—跨接地线；5—短钢导管

（7）暗配钢导管管路补偿措施。钢导管通过建（构）筑沉降缝或伸缩缝（统称变形缝）时必须断开，需在两侧各埋设接线盒（箱）做补偿装置，使电线在该处留有余量。具体做法是在接线盒（箱）相邻面穿一短钢导管，一端与盒（箱）固定，另一端应插入开有长孔的盒（箱）内，长孔不应小于管外径的 2 倍，能使短钢导管自由活动，如图 3-12 所示。当变形缝中的缝下基础没有断开时，配管应尽量在基础内水平通过，避免在墙体上设置补偿装置。线路通过建（构）筑物变形缝时，还可在同一轴线墙体上安装拐角接线箱，如图 3-13 所示；在不同轴线上时，安装直筒式接线箱，如图 3-14 所示。图 3-13、图 3-14 所示为在楼板上部做法，在楼板下部做法也是一样的。补偿装置的两端必须焊好跨接地线。

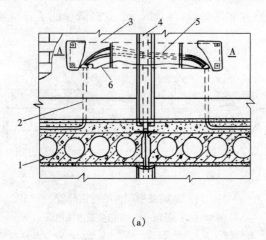

(a)

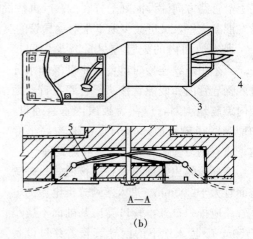

A—A

(b)

图 3-13　变形缝拐角式接线箱在楼板上部做法
(a) 组合安装剖面图；(b) 拐角式接线箱立体安装图
1—楼板；2—钢导管；3—拐角式接线箱；4—变形缝；5—绝缘导线；6—接地线；7—盖板

3. 明配钢导管

明配钢导管在敷设前应按设计图纸或标准图要求，加工各种支架、吊架、抱箍等金属支持件，并根据管路应横平竖直的原则，顺线路的垂直和水平位置进行划线定位，并应注意管路与其他管路相互间位置、最小距离以及用电设备、盒（箱）的安装位置，确定吊架、支架等固定点的具体位置和距离，并做好预埋工作。

明配管路一般沿墙、支架、吊架敷设，且应在建筑物装饰工程结束后进行。

（1）钢导管明配管路较长、多弯或有分支管路时，应在管路中间加装接线盒或分线盒，以便施工、穿线和维修。为了确保安全用电，所有金属管路及盒（箱）不带电的金属部分应连成一个完整的、可靠的接地系统。钢导管明配管路组成如图 3-15 所示。

（2）明配钢导管与热水管、蒸汽管同侧敷设时，应敷设在其下面；与水管同侧敷设时，宜敷设在其上面，相互间的净距应符合规范要求。

（3）沿建筑物表面敷设的明配导管应排列整齐、固定均匀。钢导管中间支撑管卡间距（支撑

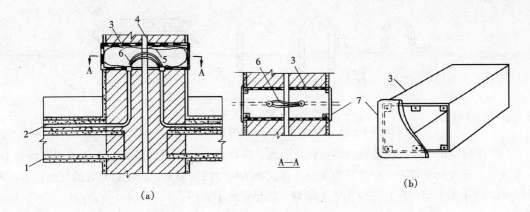

图 3-14　变形缝直筒式接线箱在楼板上部做法

（a）组合安装剖面图；（b）直筒式接线箱立体安装图

1—楼板；2—钢导管；3—直筒式接线箱；4—变形缝；5—接地线；6—绝缘导线；7—盖板

支点）允许的最大距离受两个因素的制约：一是螺纹连接或紧固螺钉套管连接的管子，管卡距离增大，会使螺纹或套管连接处受力增大，在管子受到外力作用时，易导致螺纹断裂，套管脱落，线路损坏；二是管卡距离增大，会使管子易下垂或横向摆动，不仅穿线困难，也影响外观质量。但过小的管卡间距显然不经济，也无必要。钢导管直线段管卡间的最大距离应满足表 3-5 的要求。

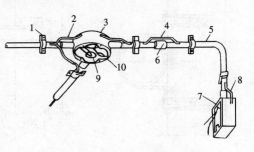

图 3-15　钢导管明配管路组成

1—管卡；2、4、8—跨接地线；
3—灯头接线盒；5—钢导管；6—管接头；
7—开关接线盒；9—电线；10—电线接头

钢导管的管端和弯头两侧需有管卡固定，否则穿线时易造成钢导管移位和穿线困难。电气设备和接线盒边缘应有管卡固定，不能用器具设备和盒（箱）来固定管端，否则维修或更换器具时会造成钢导管移位或器具设备受到附加的应力。管卡与终端、弯头中点、电气设备或柜、台、盘、盒（箱）边缘的距离宜为 150～500mm。

表 3-5　　　　　　　　　　　钢导管直线段管卡间的最大距离

敷设方式	钢导管种类	钢导管直径（mm）				
		15～20	25～32	32～40	50～65	65 以上
		管卡间最大距离（m）				
支架或沿墙明敷设	厚壁钢导管	1.5	2.0	2.5	2.5	3.5
	薄壁钢导管	1.0	1.5	2.0	—	—

管卡型式较多，要根据施工现场需要制作或购买现货，且应采用与管径相配套的管卡，使之固定牢靠。常用管卡型式如图 3-16 所示。管卡的固定可选用适当的塑料胀管或膨胀螺栓。打孔使用的钻头直径应与塑料胀管外径相同，孔深度不应小于胀管的长度。塑料胀管埋入孔洞，用管卡卡住管子后，再用木螺栓固定，如图 3-17（a）所示。如用膨胀螺栓固定钢导管，只要用其螺母压牢管卡即可。

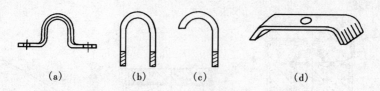

图 3-16 常用管卡型式

(a) 鞍形管卡；(b) 螺栓管卡；(c) 单边螺栓管卡；(d) 压板式管卡

(4) 多根明配管或管径较粗的明配管，沿墙、跨柱或沿楼板下敷设时，也可采用螺栓管卡、压板式管卡等将钢导管固定在建筑物表面或建筑物结构中的支架上。固定钢导管的方法较多，图 3-17 (b) 所示是沿墙、跨柱预设角铁支架敷设钢导管的示意图。

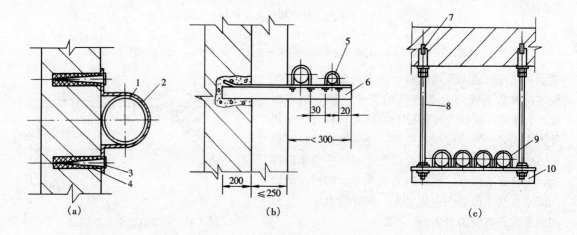

图 3-17 钢导管固定示意图

(a) 塑料胀管法固定单管沿墙敷设管卡；(b) 沿墙、柱预设角铁支架固定管卡；(c) 多管沿楼板下吊架敷设

1—钢导管；2—鞍形管卡；3—木螺钉；4—塑料胀管；5、9—螺栓管卡；6、10—角铁支架；7—膨胀螺栓；8—吊杆

多根或较粗的明配导管用吊架进行安装时应先固定两端的吊架，然后在两吊架间拉线，再固定中间吊架，确保管路在一直线上。吊架可用扁钢或角铁制作，用预埋螺栓或膨胀螺栓将其固定在吊装的现浇板或梁上。多管沿楼板下用膨胀螺栓固定钢导管吊架敷设，如图 3-17 (c) 所示。根据现场需要，明配管也可以沿预制板、梁下水平或垂直吊装敷设。明配管支架、吊架安装应牢固，且无歪斜现象。

(5) 明配钢导管在弯曲处应煨成曲弯，如图 3-18 (a) 所示，其最小允许弯曲半径应符合规

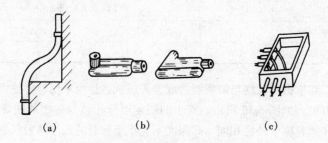

图 3-18 明配钢导管的拐弯做法

(a) 明管曲弯；(b) 拐角盒；(c) 中继盒

范要求。明配管在拐角时，应使用拐角盒或中继盒，图 3-18（b）所示适用于单管拐角，图 3-18（c）所示适用于多管拐角。多根明配管拐角敷设时应排列整齐，可按管径的大小和同心圆弧的形式进行排列。

（6）在建筑物吊顶内的电气配管，应按明配管方法施工，一般要在龙骨装配完成后敷设管子，在顶板安装前完工。吊顶内的配管应根据灯具和吊扇等器具在吊顶上的位置确定敷设部位。

敷设钢导管时，管与管或管与盒的连接应符合导管连接的有关要求。

当敷设钢导管直径为 ϕ25mm 及以下时，可利用吊装卡具在轻钢龙骨的吊杆和主龙骨上敷设，如图 3-19 所示。

在吊顶内所配钢导管的管径较大或并列钢导管数量较多时，应由楼板顶部或梁上固定支架或吊杆直接吊挂固定导管。

（7）明配钢导管在通过建筑物变形缝处应做补偿装置，如图 3-20 所示。钢导管通过变形缝后进入变形缝的另一侧过线盒内，在通过钢导管的过线盒处开有长方形孔，便于钢导管自由活动，如图 3-20（a）所示。

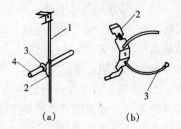

图 3-19　钢导管在
轻钢龙骨上安装

（a）吊装卡具安装示意图；

（b）吊装卡具零件组装示意图

1—吊杆；2—弹簧钢卡；

3—塑料尼龙绑扎带；4—钢导管

钢导管通过变形缝时，也可用金属柔性导管作管路补偿装置，柔性导管两端与钢导管相连，而本身应成弧形，以留有足够的余量，如图 3-20（b）所示，这种方法施工简单。

补偿装置的两端必须焊接跨接地线，确保金属管路成为完整、可靠的接地系统。但镀锌钢导

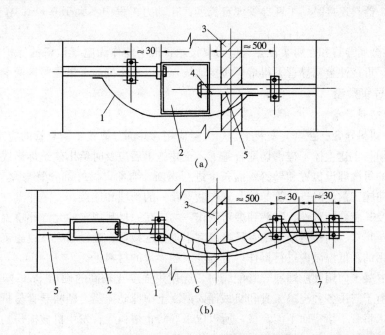

图 3-20　明配钢导管过建筑物变形缝补偿装置

（a）活口补偿盒；（b）软管补偿节

1—跨接地接；2—过线盒；3—变形缝；4—长孔；

5—钢导管；6—金属柔性导管；7—柔性导管轧头

管不得熔焊跨接地线，应以专用接地卡接通跨接两卡间的连线。

4. 柔性导管敷设

(1) 柔性导管的使用范围。

1) 在建筑电气工程中，不能将柔性导管作为线路敷设，通常用于设备本体的电气配线，在配线工程中用作刚性导管与设备、器具间连接的过渡管段；或为了检修和在特种场合下，器具、设备需小范围变动工作位置时，采用部分柔性导管作为线路导管。鉴于柔性导管不易更换导线或仅作过渡导管用，所以对其的长度应加以限制。

2) 由于金属柔性导管的构造特点，限制了其使用场所，若直埋地下或在混凝土内敷设，均有可能渗进水或水泥浆，致使无法穿线或电线穿入后绝缘性能下降。专用的防液体使用的复合型可挠金属导管或其他柔性导管的外覆护层由塑料构成，也不宜直埋地下或埋入混凝土中，原因是外覆层易被划破而失去防液功能。所以，柔性导管应敷设在不易受机械损伤的干燥场所，且不应直埋于地下或混凝土中。当在潮湿等特殊场所使用金属柔性导管时，应采用带有非金属护套作为防液覆盖层，且附配套连接器件的防液的复合型可挠金属导管，其护套应经过阻燃处理。

(2) 金属、非金属柔性导管敷设要求：

1) 金属柔性导管不应退绞、松散，中间不应有接头；与设备、器具连接时，应采用专用接头，确保连接可靠，连接处应密封良好；复合型可挠金属导管或其他柔性导管的连接处应密封可靠，防液覆盖层完好无损。

2) 弯曲半径不应小于柔性导管外径的 6 倍。

3) 固定点应设管卡，管卡与终端、弯头中点的距离宜为 300mm。

4) 与嵌入式灯具或类似器具连接的金属柔性导管，其末端应固定管卡。刚性导管经柔性导管与电气设备、器具连接时，柔性导管规定长度：在动力工程中不大于 0.8m；在照明工程中不大于 1.2m。

5) 可挠性金属导管和金属柔性导管应可靠接地，但不能作为电气设备的保护接零或安全接地的接续导体。可挠性金属导管不得熔焊跨接地线，应以专用接地卡接通跨接两卡间的连线。

二、塑料导管敷设

1. 暗配硬塑料导管

刚性 PVC 塑料导管已在电气安装工程中大量应用，并部分取代了钢导管的应用。

敷设导管须与土建主体工程密切配合施工，土建施工后应及时给出建筑标高线。硬质塑料导管应根据导管的每段埋设位置和导管所需长度进行锯断、弯曲，做好部分管与盒（箱）的连接，然后在配合土建施工敷设时进行管与管及管与盒（箱）的预埋和连接。

塑料导管及其配件的敷设、安装和煨弯制作，均应在原材料规定的允许环境温度下进行，其温度不宜低于 -15℃。因塑料制品随着环境温度下降强度减弱、脆性增大，故施工安装时应在塑料导管允许使用的最低温限内进行操作，否则会引起大量的材料损耗。

(1) 现浇混凝土内用硬质塑料导管配线时，应使用强度比较高的硬质 PVC 塑料导管。在浇捣混凝土时，由于需用各种浇捣工具和机械插入混凝土中搅动振荡，塑料导管易折断碎裂，使水泥浆流入管内，将管子堵塞而不能穿线，所以应采取防止塑料导管发生机械损伤的措施。可采取定位避让，或增加塑料导管与钢筋间的固定点的办法。

1) 在现浇混凝土墙体内配管应先连接好管盒，敷设在墙体内的盒（箱）应在钢筋的网格中，为防止浇注混凝土时盒（箱）移位，应将管盒与模板或钢筋固定牢靠。管路应沿最近的路径在两层钢筋网中间，并应把导管绑在墙内壁钢筋的里边一侧，可避免或减少管与盒连接时的弯曲，也可防止承受混凝土的冲击。一般应将管路每隔 1m 处用绑线与钢筋绑扎牢固，在管进入盒（箱）处绑扎点应适当缩短距离，一般不超过 300mm，以提高固定强度。

2) 现浇混凝土墙体内多根管子并列敷设时，管与管之间的间距不应小于 25mm，使每根管子周围都有混凝土保护层。

3) 在现浇混凝土梁内暗配管时，应特别注意不同的管位会对梁的强度产生影响。横穿梁时对混凝土梁的结构强度影响不会太大，而竖穿梁时对梁的结构强度有一定的影响。

a. 当管子在梁内垂直通过时，应选择在梁受剪力较小（宜在梁的净跨度的 1/3 中跨区域内通过，此处剪力、应力均小于边跨区域）的部位通过，一般可在现浇混凝土梁允许留置施工缝处埋设内径比配管外径粗的钢管做套管。暗配硬塑料导管需直接竖穿梁，或在梁内预埋比配管大一级管径的塑料管做套管时，应在梁的受压面积内相应地增加补强钢筋，防止减损梁的有效截面积。

b. 暗配管在梁内水平穿过时，其配管或套管应考虑在梁受剪力较小的部位和梁的中和轴及以下混凝土受拉区内通过，且穿梁管或套管距梁底筋上部不应小于 50mm。梁内并列暗配管子（或套管）时，管间距离不应小于 25mm。

c. 梁内顺向敷设导管时，管径较小的导管应与主筋平行并保持一定的间距，不应与主筋绑扎在一起。梁内顺向敷设管子应尽量沿梁的既不受压也不受拉的中和轴处，此处是梁受力最小的部位。

d. 电气导管（或套管）在梁内垂直敷设，当梁与墙不在同轴线时，穿梁导管下部应敷设至墙体的中心线处。当梁的侧面与墙体的反向侧面相接触时，导管应由楼板上引下敷设至隔墙墙体的中心处，此时，导管不再经梁竖穿入墙。

4) 在现浇混凝土柱内预埋灯位盒或开关（插座）盒时，应先将管与盒连接好，盒应设在柱的中间位置上，并将盒内堵塞严密。为防止浇注混凝土时移位，在柱子正面模板支好后，应将盒与模板紧贴后固定牢靠。在敷设管、盒的同时，应将管子与主筋保持一定间距平行布置在中间部位，且每隔 1m 处与箍筋绑扎，在管进盒处绑扎点不宜大于 300mm。

5) 在现浇混凝土柱内垂直配管，当需要与墙体内管子相连接时，为使配管不伸出模板，可在管口处先连接好套管，套管的外端应先堵塞好，并与模板紧密靠牢，如图 3-21（a）所示。拆模后取出套管内堵塞物，当墙体施工到需要接管处时，可将柱外的管子插入柱内的套管内。当混凝土柱内的两侧均设置有盒，且两盒的配管相互连接时，为方便管内穿线，由地面内引来的管子宜敷设到相反方向的盒内，如图 3-21（b）所示。

6) 在现浇混凝土柱内配管时，其管径不宜大于 20mm。如果配管管径较大，导管应沿柱中心垂直通过，防止减损柱子的有效截面积。当配管需要横向穿过现浇混凝土柱时，对柱子的结构强度有一定影响，混凝土受压面积将被减损，应用钢管做套管并相应地增加补强钢筋面积，以抵消对柱子面积的减损影响。

7) 现浇混凝土楼板内配管时，应在楼板底筋绑扎并在模板上垫起，待灯位确定后进行配管。管

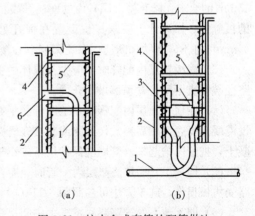

图 3-21 柱内盒或套管的配管做法
(a) 配管的套管做法；(b) 盒配管做法
1—塑料导管；2—模板；3—插座盒；
4—主筋；5—箍筋；6—套管

路应设在两层钢筋中间，而不得将管子放在正弯矩受力筋下面敷设，且配管不应平行于主筋并绑扎在主筋上，管路应沿最近的路径走向敷设，并且管子外径不能超过混凝土板厚度的1/3，否则容易产生楼板裂缝。

8) 现浇混凝土板内并列敷设的导管间距不应小于25mm，使其周围均有混凝土保护层。敷设在现浇板内的管路应尽量不交叉，以免影响钢筋网的布置及楼板的强度。因楼板的厚度较薄，容易造成管外露，所以管路距混凝土表面不应小于15mm，且管子应敷设在底筋上面，以防管子外露。此时导管端应加工成鸭脖弯，由盒的四周侧面一管一孔顺直进盒。为了防止盒、管被底筋垫起，管子入盒煨鸭脖弯处可局部敷设在底筋下面，并应防止管子被钢筋压扁。当现浇混凝土楼板厚度为120mm及以上时，多根导管可同时从灯位盒四周或顶部敲落孔入盒。由顶部敲落孔入盒的导管应煨成90°曲弯。

现浇混凝土楼板内配管时，应将盒内用泥团或浸了水的纸团堵严，盒口应与模板紧密贴合固定牢靠，防止混凝土浆渗入管、盒内。为防止盒体移位或盒口翻转，应用铁线将盒绑牢，并应将管与钢筋在入盒约300mm处，中间部位每隔1m用绑线绑扎牢固。

9) 预制空心楼板板缝内配管时，在配管与墙体内管路连接前，应检查墙体内的配管是否畅通。同时，管路转弯处应达到最小弯曲半径的要求，以便穿线。

10) 在预制楼板板缝内暗配管，当楼板层灯位盒与墙或梁上配管的垂直管口不在同一条直线上时，管子敷设时应与墙或梁内的引上管连接好。管子应先沿搁置在墙上的楼板端部横向板缝经弯曲后，至顺向板缝的灯位盒内；或者先沿顺向板缝敷设至横向板缝，敷设至中间部位的灯位盒内。

11) 配管沿预制楼板之间的横向板缝敷设时，一般只在板缝的对接处敷设一根导管。如并排敷设数根导管，且导管又塞不进板缝时，可以改变导管敷设部位，将一部分导管沿墙内暗敷设，以减少板缝内配管。

12) 在楼板缝内暗配管时，为防止混凝土浆进入导管盒内，应在板缝内暗配管的灯位盒内堵塞纸团或泥团。管子固定牢靠后，把管路用石子垫起或与板缝内钢筋绑扎在一起，并确保15mm厚的混凝土保护层。

(2) 楼(屋)面垫层内配管时，垫层厚度应能满足管路应用M10素混凝土保护层不小于15mm的要求，防止楼(屋)面的面层开裂。灯位盒应设在现浇混凝土楼板层内或预制空心楼板的板缝中。如设计上要求灯位设置在板孔处时，垫层内配管在板孔处由上至下打眼不宜大于30mm，且不应伤肋和断筋，以免影响空心楼板的结构强度。

(3) 楼板垫层内配管时，应先与墙体的引上管连接好，垫层内管路应在楼板板面上沿最近的路径敷设直至灯位盒顶部敲落孔内。

(4) 在地下土层内配管时，土层应铲平夯实。根据管路的多少，可先在土层上沿管路方向铺设混凝土打底，然后再敷设管路或直接在管路下用石块垫起不小于50mm，再在管周围浇灌素混凝土，把管保护起来。管周围保护层不应小于50mm，施工方法如图3-11 (a) 所示。

(5) 楼(层)面焦渣垫层内配管时，应在垫层施工前对管路周围水泥砂浆加以保护，防止管路受机械损伤，施工方法可参照图3-11 (b)。

(6) 埋入地下的管路要尽量减少中间接头，防止潮气和水分浸入管内。塑料管在穿过建筑物基础时，要外穿套管保护，且保护套管内径不应小于配管外径的2倍。管路宜垂直通过基础，若无法做到时，管路与基础水平交角不宜小于45°。配线管路敷设在地面内，应垂直跨越采暖地沟的管路，并与地沟内的热力管进行隔热处理。

（7）暗配硬塑料导管露出地坪或楼板的一段易受机械损伤，需加以保护，具体措施可加套重型塑料管或钢管。钢管如用在酸、碱腐蚀的场所，还需进行防腐处理，在其内外涂多层耐酸或耐碱的防腐漆，或者采取其他有效防护措施，以确保用电可靠、运行安全。

（8）地面内敷设的导管露出地面的高度一般不宜小于 200mm，且应与地面垂直。其露出地面一段用外套钢管保护时，钢管埋地端应锯成 45°斜口，增加埋入地下固定长度，斜口上方距地面一般不应小于 50mm，或在管侧面焊上圆钢加强固定，且在导管的管口处应可见塑料管管口，如图 3-22 所示。埋于地下受力较大处的硬质塑料导管宜使用厚壁的重型管，埋设深度不小于 100mm，以防损坏。

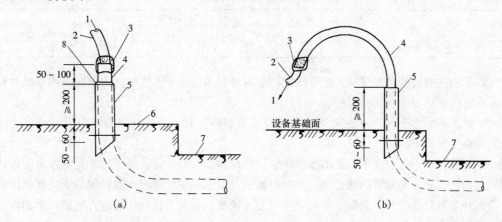

图 3-22 硬塑料导管露出地面的保护

（a）大管径（50～80mm）硬塑料导管暗敷引至用电设备；（b）小管径（15～40mm）硬塑料导管暗敷引至用电设备
1—接用电设备；2—软聚氯乙烯导管；3—软聚氯乙烯带包扎封端；4—硬聚氯乙烯导管；5—保护钢管；6—用电设备基础面；7—室外地坪面；8—填缝封口（沥青封口）

（9）砖混结构墙体内配管时由下而上进行，在砌筑的过程中将管子和各种器具埋入墙体中，埋入墙体内的管子离表面的最小净距不应小于 15mm。管与盒周围应用砌筑砂浆固定牢。

（10）塑料导管在砖砌墙体上剔槽敷设时，应采用强度等级不小于 M10 的水泥砂浆抹面保护，保护层厚度也不应小于 15mm，其目的是防止在墙面上钉入圆钉等物件时，损坏墙内配管。

（11）为减少楼板层内的配管数量，塑料导管应尽量在墙体内敷设。墙体内水平敷设的管径不宜大于 20mm，超过时一般宜现浇一段砾石混凝土加以保护。在承重墙内水平配管较多时，应相互错开标高敷设，防止影响墙体的结构强度。

（12）硬塑料管路补偿装置。管路通过建（构）筑物变形缝时，如建（构）筑不均匀沉降或伸缩变形，线路会受到变形缝的剪切和扭拉，故要在其两侧各埋设接线盒（箱）作补偿装置。在接线盒（箱）相邻面穿一般保护钢管，管内径应大于塑料导管外径的 2 倍，套在塑料导管外面保护，如图 3-23 所示。短管的一端与盒箱固定，另一端在长孔内能活动自如。

暗配管路通过建（构）筑物变形缝时，还可以在不同轴线的墙体上和在同一轴线墙体上分别

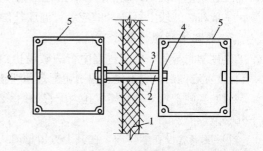

图 3-23 暗配硬塑料导管过变形缝补偿装置
1—变形缝；2—塑料导管；3—保护钢管；4—长孔；5—接线盒

安装直筒式和拐角式接线箱作补偿装置，施工方法可参见暗配钢导管部分的管路补偿装置。

2. 明配硬塑料导管

明配硬塑料导管的施工要求基本上与明配钢导管相类似，这里只介绍与明配钢导管的施工中不同之处，相同之处的施工可参照明配钢导管。

(1) 管路固定间距。硬塑料导管沿建筑物表面敷设路径上的固定应采用塑料卡箍。为了排列整齐，达到美观效果，也便于检修，又因硬塑料导管的材质强度比厚壁钢导管小，所以固定点距离要比厚壁钢导管规定的小，应满足表 3-6 要求。

表 3-6 硬塑料导管卡间的最大距离 m

敷 设 方 式	塑料导管内径（mm）		
	15～20	25～40	50 及以上
支架或沿墙明敷设	1.0	1.5	2.0

(2) 吊顶内敷设硬塑料导管。应按明配硬塑料导管方法施工。建筑物内顶棚使用难燃材料吊顶时，应选用难燃型硬质塑料导管。

3 根及以下管径为 ϕ40mm 及以下的难燃型硬质塑料导管，成排在吊顶内敷设时，可直接用管卡固定在主龙骨上。

(3) 加装保护钢管。由于目前的塑料导管仍然材质脆、强度低，为了防止受到外力而造成破碎等机械损伤，故在明配管的路径中，凡穿过楼板、墙或沿建筑物表面敷设等易受机械损伤的场所，均应外套钢管作保护。明配硬塑料导管若穿过楼板，易受机械损伤的地方所穿保护钢管的保护高度距楼板表面的距离不应小于 500mm。

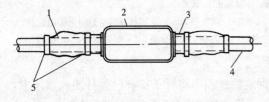

图 3-24 明配硬塑料导管路温度补偿装置
1—软聚氯乙烯导管；2—分线盒；3—套管（在分线盒上焊一段大一号的硬塑料导管）；4—硬聚氯乙烯导管（插入盒子上的套管中可以自由伸缩）；5—软聚氯乙烯带（涂以胶合剂包扎，使之不漏气）

(4) 加装温度补偿装置。由于塑料自身的线膨胀系数较大，如一般的硬聚氯乙烯塑料线膨胀系数约为 0.08mm/℃，即 1m 长的塑料管，当温度升高 1℃ 时，就要伸长 0.08mm，这是一般普通碳钢管的 5～7 倍，所以沿建筑物表面敷设管路较长时，塑料导管的热膨胀系数与建筑物的热膨胀系数或热变形量相差较大，故应在中间加装温度补偿装置（又称温度补偿盒）以适应硬塑料导管因温度变化而产生较大的变形。为防止因温度变化硬塑料导管伸缩时造成连接处脱开、管子弯曲，

影响工程质量和美观，硬塑料导管沿建（构）筑物表面敷设时，应按设计规定装设温度补偿装置。一般在直线段上每隔 30m 应装设温度补偿装置（在支架上架空敷设除外），如图 3-24 所示。

3. 明配半硬塑料导管

半硬塑料导管在施工过程中可边敷设边加工，操作方便，无需预先加工。导管敷设须在盒（箱）位置定位后，与土建工程密切配合预理施工。

(1) 半硬塑料导管在楼板孔内配管如图3-25所示。其导管应与墙体内管子相连接，一般有以下几种敷设方法。

1) 接线盒设在墙体内，在其上方留槽时，在沿槽与楼板板孔接触处由下向上打板洞，把导管沿墙槽敷设至板孔中心的灯位处露出为止。

2) 墙体或圈梁顶部有连接套管时，在与套管接近的板孔处，将板孔上下侧打出豁口，将导管一端由上部豁口处穿至中心板孔的灯位孔处，导管另一端插入连接套管内与墙体内导管相

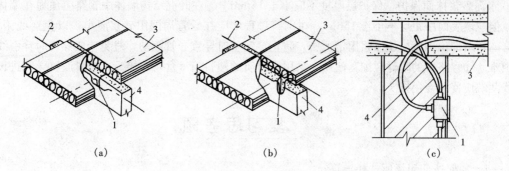

图 3-25　半硬塑料导管在楼板孔配管
(a) 进线导管经墙体（梁）；(b) 进线导管经楼板端缝；(c) 板孔配管剖面示意图
1—接线盒（KA-2 型）；2—塑料导管；3—空心楼板；4—墙（梁）

连接。

3）在墙体内已预留出墙管，楼板就位前将楼板端部适当的板孔处先打好豁口，方便出墙管由豁口处向板孔敷设至灯位，也防止楼板就位时损伤出墙管。如楼板端缝间隙能满足半硬塑料管通过时，楼板上可免打豁口，将塑料管直接穿入板孔至灯位。

在楼板板孔内配管的注意事项有：①为防止破坏楼板的结构强度，在楼板孔上打洞时不应伤筋、断肋，洞口直径不宜大于 $\phi30mm$；②对墙槽内的管子应用 M10 水泥砂浆抹面保护，管保护层不应小于 15mm；③空心楼板孔配管时，若管路需直接通过楼板的板孔接头，板孔孔洞必须对直，并穿入与孔洞内径相当的油毡纸或铁皮筒加以保护。

（2）半硬塑料导管在楼板板缝内配管，可参照硬质塑料导管在板缝内的敷设方法进行。最简单的办法是将半硬塑料导管由盒（箱）经板缝直接送到灯位，并露出楼板下平面，待后在灯位处打入塑料胀管安装圆木、吊线盒。为了便于穿线工作的进行，弯曲的管路不应超过设置拉线盒的规定。

（3）在现浇混凝土中敷设平滑半硬塑料导管时，应采用铁绑线与钢筋绑扎，绑扎间距不宜大于 30cm，防止管路呈波浪状。在管进入盒（箱）处，绑扎点间距应适当缩短，防止管口脱出盒（箱）。

平滑半硬塑料导管在墙内垂直方向敷设时，管路应放在钢筋网片的侧面，在柱内应顺主筋靠屋内侧；在墙内水平方向敷设时，管路应顺列在钢筋网片的一侧，在梁内应顺上方主筋靠下侧，以防止承受混凝土冲击。半硬塑料管在现浇混凝土楼（屋）板内敷设时，管路应敷设在钢筋网中间；单层钢筋时，管路应在底筋上侧，并应先将管路用混凝土加以保护。

（4）半硬塑料导管在砖混结构墙体中敷设时，为防止弯扁及管入盒不顺直，垂直配管应将导管与盒的上方或下方侧面敲落孔连接好；水平敷设时管应与盒侧面敲落孔连接。

（5）半硬塑料导管在砖混结构墙体中的敷设方法有：①半硬塑料导管敷设至墙（或圈梁）顶部时，留足进入板孔内灯位处的管子长度，待楼（屋）面板安装时，把管子穿入孔或板缝内。此种施工方法简单，耗用材料少，常被施工现场采用。②半硬塑料导管敷设至墙（或圈梁）的顶部时，在墙内导管上预先连接好连接套管，套管上口与墙（或圈梁）相平，待楼（屋）面板施工时连接管路。③半硬塑料导管在敷设到墙（或圈梁）顶部以下的适当位置设置接线盒，盒上方至墙体（或圈梁）平口处在墙体表面上留槽，用接线盒连接墙体与楼（屋）面板上的导管。④半硬塑料导管如在砖墙中采用开槽补埋时，会造成用电安全隐患，所以应特别限制使用范围，且应用

M10 水泥砂浆抹面保护，保护层厚度不应小于 15mm。⑤在砖混结构墙体中管路应预埋在墙体中间，但与墙表面净距应不小于 15mm，在砌筑过程中应在导管周围用砂浆灌牢，以免穿线困难。在管的弯曲部位周围应用砂浆固定严密，防止穿钢丝时导致导管颤动，避免造成穿管时穿引线钢丝困难。⑥管路中的附件应配套使用，采用同材质的塑料箱（盒）和接头。塑料波纹导管进设备配线两端应使用专用接头。

 复习思考题

3-1 如何按使用场所选择导管？

3-2 导管材质有什么要求？

3-3 如何按导线截面积、根数选用导管？

3-4 如何弯曲钢导管、硬塑料导管、半硬塑料导管？

3-5 如何连接钢导管、硬塑料导管、平滑半硬塑料导管？

3-6 导管弯曲半径有什么规定？

3-7 设备拉线盒有什么规定？

3-8 导管敷设一般有哪些要求？有哪些注意事项？

3-9 钢导管、硬塑料导管、平滑半硬塑料导管在现浇混凝土梁、柱、墙内暗配时应注意些什么？

3-10 暗配硬塑料导管如何与设备进行连接？

3-11 如何进行钢导管防腐处理？

3-12 钢导管、硬塑料导管通过建（构）筑物变形缝时如何做管路补偿措施？

3-13 明配硬塑料导管、钢导管的管卡间距有什么规定？为什么？

3-14 明配硬塑料导管为何要设置温度补偿装置？

第四章

配 线 工 程

低压配线是将额定电压为380V或220V的电能传送给用电装置的线路。按其配线地点不同,可分为室内配线和室外配线两种。室内配线专指敷设在建筑物内的明线、暗线、电缆、电气设备的连接线,与固定导线用的支持物和专用配件等总称为室内配线工程。

第一节 室内配线的组成

室内配线主要是进行电路与墙体或建筑构件的固定,电路的接续,电路的转弯及分支,电路与电气设备、开关、插座的连接,电路与其他设施的交叉跨越等。

室内是人们经常活动的场所,由于室内空间狭窄,人与线路接触机会多,电路若采用裸电线配线,则安全距离难以满足,故室内配线应采用符合国家标准规定的绝缘导线或电缆。室内配线分为照明线路和动力线路两种类型。

一、照明线路的组成

一般室内照明线路主要由电源、用电设备、导线或电缆和开关控制设备组成,如图4-1所示。线路首先进入配电箱(或配电盘),然后由分支线接到各个电灯或插座上。接线时要注意把熔体和开关接在相线上,这样开关断开后,开关以下的导线、插座和灯头等部件均不带电。

二、动力线路的组成

室内动力线路与照明线路一样,也是由电源、用电设备、导线或电缆和开关控制设备组成的,如图4-2所示。室内是人们经常活动的场所,为了保证用电安全,在配线时必须考虑到安全接地或保护接零。

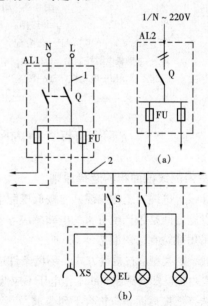

图 4-1 照明线路的组成
(a) 单线图; (b) 电路组成示意图
L、N—电源; AL—照明配电箱; Q—总开关
FU—支路熔断器; S—电灯
开关; EL—电灯; XS—插座; 1—引入
线; 2—支路线

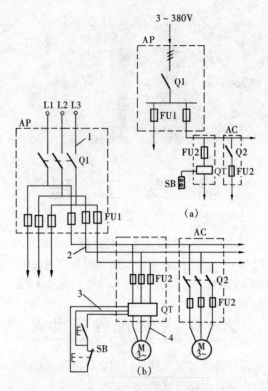

图 4-2　动力线路的组成

(a) 单线图；(b) 电路组成示意图

L1、L2、L3—电源；AP—动力配电箱；Q1—总开关；FU1—分支熔断器；

AC—电动机电源控制箱；Q2—电动机开关；FU2—电动机熔断器；QT—电动

机起动器；M—电动机；SB—按钮开关；1—引入线；2—分支线；3—控制线；

4—电动机支线

第二节　室内配线截面积的选择

一、室内配线截面积的选择原则

（1）导线、电缆（统称线缆）应按低压配电系统的额定电压、负荷、敷设环境及其与附近电气装置、设施之间是否产生有害的电磁感应等要求，选择合适的型号和截面积。导体可选用铜芯或铝芯，民用建筑宜选用铜芯。

（2）线缆的类型应按敷设方式及环境条件选择。线缆除满足上述条件外，尚应符合工作电压的要求：室内敷设塑料绝缘导线工作电压不应低于 0.45/0.75kV；电力电缆不低于 0.6/1kV。

（3）选择线缆截面积应符合下列要求：

1）线路电压损失应满足用电设备对正常工作及起动时端电压的要求。

2）按敷设方式及环境条件确定的线缆载流量，不应小于预期负荷的最大计算电流和保护条件所确定的电流。

3）线缆应满足动稳定与热稳定的要求。

4）线缆最小截面积应满足机械强度的要求。

室内配线的线缆截面积的选择一般是按允许电压损失来确定，但需按发热条件校验，同时又应满足有关规程对最小线缆截面积的要求。根据运行经验，低压动力线路因负荷电流较大，一般先按线缆的允许载流量来选择线缆截面积，再以其他条件校验，选出其中最大的一个即可，但其截面积不应低于规程、规范所规定的最小允许截面积的要求。照明线路对电压水平要求较高，一般先按允许电压损失选择线缆截面积，然后再按其他条件校验。

二、按允许温升选择线缆截面积

1. 线缆截面积的选择

电流在线缆中流通时，由于产生焦耳热而使线缆的温度升高。线缆温度升高会使绝缘加速老化或损坏。为了保证线缆绝缘的使用寿命，各种线缆根据其绝缘材料的不同规定最高允许工作温度，线缆在持续工作电流的作用下温升（或工作温度）不能超过最高允许值。线缆的温升与电流大小，线缆的材料性质、截面积，散热条件等因素有关，当其他因素一定时，温升与线缆的截面积有关，截面积越大温升越小。为使线缆在工作时的温度不超过允许值，对其截面积的大小必须有一定的要求。

配电线路应使用标准化的线缆，其载流量是指线缆在使用条件下温度不超过允许值时允许的长期持续电流，是按线缆材料、最高允许工作温度（与绝缘材料有关）、散热条件、截面积等不同情况列出的。线缆在不同的敷设方式、不同的环境温度下的允许载流量见附录 A。

为了保证线缆的实际工作温度不超过允许值，线缆允许载流量 I_y 应不小于线路计算电流 I_L，即 $I_y \geqslant I_L$。

附录 A 所列载流量是在 25～40℃的环境温度内，相应敷设条件下的长期允许工作电流，当环境温度不同于上述数据时，应对其载流量进行校正。线缆的实际载流量 I 应为表列载流量 I_y 乘以相应的校正系数 K，即 $I = KI_y$。

选用线缆截面积应按线缆的实际载流量不小于线路计算电流来确定，即 $I = KI_y \geqslant I_L$，或 $I_y \geqslant I_L/K$。按校正后的线缆载流量选用线缆截面积。

2. 线缆载流量的校正系数

各种线缆的载流量是在一定的环境温度和敷设条件下给出的，当环境温度和敷设条件不同时，载流量需要乘以校正系数，使用附录 A 时应进行线缆载流量的校正。

(1) 环境温度变化时，因散热条件不同，线缆的温升也将不同。在规定的相同的温升条件下，线缆的允许持续电流也不同。线缆的允许载流量应根据敷设处的环境温度进行校正，温度校正系数计算公式为

$$K_t = \sqrt{\frac{t_1 - t_0}{t_1 - t_2}}$$

式中　K_t——温度校正系数；

　　　t_1——线缆长期允许最高工作温度（见表 4-1），℃；

　　　t_2——线缆载流量标准中所采用的环境温度，℃；

　　　t_0——线缆敷设处的实际环境温度，℃。

t_0 应采用下列温度值：①直接敷设土壤中的电缆，采用敷设处历年最热月的平均地温；②敷设在室外电缆沟中或空气中时，应采用敷设地点最热月的日最高温度平均值；③敷设在室内电缆沟中时，应采用敷设地点最热月的日最高温度平均值加 5℃；④敷设在室内空气中时，应采用敷设地点最热月的日最高温度平均值，有机械通风的应按通风设计温度。

各种类型的线缆敷设于空气中、地下管道中或土壤中时的连续载流量仅从发热特性方面考

虑，是在给定的基准条件下确定的。

1）当实际敷设条件不同于基准条件时，应对表列载流量数据进行校正，表 4-2 和表 4-3 分别给出了敷设在空气和地下管道中的电缆载流量的校正系数值。

表 4-1 　　　　　　　　　　　**线缆芯长期允许最高工作温度和短路时允许最高温度**

类　　别	额 定 电 压 （kV）	长期允许最高工作温度 （℃）	短路时允许最高温度 （℃）
PVC 电缆	0.1/6～6/10	70	160、140
XLPE 电缆	0.1/6～8.7/10	90	250
橡皮电缆	0.45/0.75	65	200（天然橡胶）
塑料导线	0.45/0.75	70	（同 PVC 电缆）
橡皮导线	0.45/0.75	65	（同橡皮电缆）

表 4-2 　　　　　　　　　**环境空气温度不等于 30℃ 时电缆载流量的校正系数**

环境温度 （℃）	绝　　　缘			
	PVC	XLPE 或 EPR	矿物绝缘 *	
			PVC 外护层和易于 接触的裸护套 70℃	不允许接触的 裸护套 105℃
10	1.22	1.15	1.26	1.14
15	1.17	1.12	1.20	1.11
20	1.12	1.08	1.14	1.07
25	1.06	1.04	1.07	1.04
35	0.94	0.96	0.93	0.96
40	0.87	0.91	0.85	0.92
45	0.79	0.87	0.77	0.88
50	0.71	0.82	0.67	0.84
55	0.61	0.76	0.57	0.80
60	0.50	0.71	0.45	0.75
65	—	0.65	—	0.70
70	—	0.58	—	0.65
75	—	0.50	—	0.60
80	—	0.41	—	0.54
85	—	—	—	0.47
90	—	—	—	0.40
95	—	—	—	0.32

注　1. 用于敷设在空气中的电缆载流量校正。

　　2. PVC—聚氯乙烯；XLPE—交联聚乙烯；EPR—乙丙橡胶。

＊更高的环境温度时与制造厂协商解决。

表 4-3 　　　　　　　　　**地下温度不等于 20℃ 的电缆载流量的校正系数**

埋地环境温度（℃）	绝　　　缘	
	PVC	XLPE 和 EPR
10	1.10	1.07
15	1.05	1.04
25	0.95	0.96
30	0.89	0.93

埋地环境温度(℃)	绝　　缘	
	PVC	XLPE 和 EPR
35	0.84	0.89
40	0.77	0.85
45	0.71	0.80
50	0.63	0.76
55	0.55	0.71
60	0.45	0.65
65	—	0.60
70	—	0.53
75	—	0.46
80	—	0.38

注　用于敷设于地下管道中的电缆载流量校正。

2）当土壤热阻系数与载流量对应的热阻系数不同时，应对敷设在土壤中的电缆载流量应进行校正，其校正系数应符合表 4-4 的规定。

表 4-4　　　　　　　　土壤热阻系数不同于 2.5K·m/W

时电缆的载流量校正系数

热阻系数（K·m/W）	1	1.5	2	2.5	3
校正系数	1.18	1.10	1.05	1.00	0.96

注　1. 此校正系数适用于埋地管道中的电缆，管道埋设深度不大于 0.8m。

　　2. 对于直埋电缆，当土壤热阻系数小于 2.5K·m/W 时，此校正系数可提高。

（2）线缆在不同敷设方式时，其载流量的校正系数应符合以下规定：

1）多回路或多根多芯电缆成束敷设的载流量校正系数应符合表 4-5 的规定。

表 4-5　　　　　　　　多回路或多根多芯电缆成束敷设的校正系数

电缆排列（相互接触）	回路数或多芯电缆数											
	1	2	3	4	5	6	7	8	9	12	16	20
嵌入式或封闭式成束敷设在空气中的一个表面上	1.00	0.80	0.70	0.65	0.60	0.57	0.54	0.52	0.50	0.45	0.41	0.38
单层敷设在墙、地板或无孔托盘上	1.00	0.85	0.79	0.75	0.73	0.72	0.72	0.71	0.70	多于 9 个回路或 9 根多芯电缆不再减小校正系数		
单层直接固定在木质顶棚下	0.95	0.81	0.72	0.68	0.66	0.64	0.63	0.62	0.61			
单层敷设在水平或垂直的有孔托盘上	1.00	0.88	0.82	0.77	0.75	0.73	0.73	0.72	0.72			
单层敷设在梯架或夹板上	1.00	0.87	0.82	0.80	0.80	0.79	0.79	0.78	0.78			

注　1. 适用于尺寸和负荷相同的电缆束。

　　2. 相邻电缆水平间距超过了 2 倍电缆外径时，可不校正。

　　3. 下列情况可使用同一系数：由 2 根或 3 根单芯电缆组成的电缆束；多芯电缆。

　　4. 当系统中同时有 2 芯和 3 芯电缆时，应以电缆总数作为回路数，2 芯电缆应作为 2 根带负荷导线，3 芯电缆应作为 3 根带负荷导线，查取表中相应系数。

　　5. 当电缆束中含有 n 根单芯电缆时，可作为 $n/2$ 回路（2 根负荷导线回路）或 $n/3$ 回路（3 根负荷导线回路）。

2）多回路直埋电缆的载流量校正系数应符合表 4-6 的规定。

表 4-6 多回路直埋电缆的校正系数

回路数	电缆间的间距 a				
	无间距（电缆相互接触）	一根电缆外径	0.125m	0.25m	0.5m
2	0.75	0.80	0.85	0.90	0.90
3	0.65	0.70	0.75	0.80	0.85
4	0.60	0.60	0.70	0.75	0.80
5	0.55	0.55	0.65	0.70	0.80
6	0.50	0.55	0.60	0.70	0.80

多芯电缆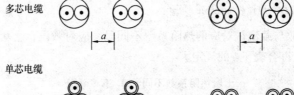

单芯电缆

注 适于埋地深度 0.7m、土壤热阻系数为 2.5K·m/W 的情况。

3）当线路中存在高次谐波时，在选择导体截面积时应对载流量加以校正，校正系数应符合表 4-7 的规定。当预计中性导体电流高于相线电流时，电缆截面积应按中性线电流来选择。当中性线电流大于相电流 135% 且按中性线电流选择电缆截面积时，电缆的载流量可不校正。当按中性线电流选择电缆截面积，而中性线电流不高于相电流时，应按表 4-7 选用校正系数。

表 4-7 4 芯和 5 芯电缆存在高次谐波的校正系数

相电流中三次谐波分量（%）	降 低 系 数	
	按相电流选择截面积	按中性线电流选择截面积
0~15	1.00	—
15~33	0.86	—
33~45	—	0.86
>45	—	1.00

注 此表所给的校正系数仅适用于 4 芯或 5 芯电缆内中性线与相线有相同的绝缘和相等的截面积。当预计有显著（大于 10%）的 9 次、12 次等高次谐波存在时，可使用一个较小的校正系数。当相与相之间存在大于 50% 的不平衡电流时，可使用一个更小的校正系数。

（3）按用电设备工作制确定表列载流量的校正系数。

1）0.6/1kV 及以下线路在空气中敷设，短时工作制运行时，连续负荷额定载流量应给予校正。线缆的短时负荷是指加负荷时间较短（小于或等于线缆发热时间常数的 3 倍）而间隙时间较长（至少短时负荷使线缆引起的温升等于零）。当然有时线缆在施加短时间负荷之前有一个稳定的电流（电流值小于额定电流），短时间再叠加一个负荷，又称短时负荷。

a. 考虑了线缆施加短时负荷之前有一个稳定电流 $I_0 \neq 0$ 的存在，故短时工作制负荷电流的

计算公式为

$$I_m = K_m I_N$$

$$K_m = \sqrt{\frac{1 - \beta^2 e^{-\frac{t}{\tau}}}{1 - e^{-\frac{t}{\tau}}}}$$

$$\beta = \frac{I_0}{I_N}$$

式中　I_m——短时工作制负荷电流，A；

　　　I_N——连续负荷额定载流量，A；

　　　K_m——短时工作制时载流量校正系数；

　　　β——预加负荷系数；

　　　I_0——短时工作制时施加于线芯的恒定电流，A；

　　　t——短时工作制时的短时负荷工作时间，min；

　　　τ——线缆发热时间常数，min。

当工作时间 $t > 4\tau$ 时或两次工作之间的停止时间小于 3τ 时，校正系数取 1，也可按断续负载规定的条件下采用断续负载下的校正系数。

b. 短时过负荷运行电流计算公式为

$$I_S = K_S I_N$$

$$K_S = \sqrt{\frac{R_C}{R_S}\left(1 + \frac{\theta_S - \theta_0}{\theta_C - \theta_0}\frac{1}{1 - e^{-\frac{t}{\tau}}}\right)}$$

式中　I_S——短时过负荷运行电流，A；

　　　I_N——连续负荷额定载流量，A；

　　　K_S——过负荷校正系数；

　　　R_C——线芯在 θ_C 时电阻，Ω/m；

　　　R_S——线芯在 θ_S 时电阻，Ω/m；

　　　θ_C——连续负荷时线芯允许工作温度，℃；

　　　θ_S——过负荷运行时线芯允许工作温度，℃；

　　　θ_0——环境温度，℃；

　　　t——短时工作制的负荷工作时间，min；

　　　τ——线缆的发热时间常数，min。

2）用于断续工作制、电压等级不超过 0.6/1kV 的线缆敷设于空气中时，应于连续负荷额定载流量进行校正。

考虑在施加变化周期负荷之前，有一个恒定的稳态电流 I_0 的存在，故断续工作制时的载流量计算公式为

$$I_P = K_P I_N$$

$$K_P = \sqrt{\frac{(1 - \beta^2)(1 - e^{-\frac{\ell}{\tau}})}{1 - e^{-\frac{\varepsilon\ell}{\tau}}}}$$

式中　I_P——断续工作制时的负荷电流，A；

I_N——连续负荷额定载流量，A；

K_P——断续工作制时载流量的校正系数；

ρ——断续负荷周期，min；

ε——负荷持续率（或称接通率），$\varepsilon = t/p$（工作时间 t 与全周期时间 p 之比）；

其他符号同前。

当工作周期时间大于 10min 或负荷持续率大于 0.65 时，校正系数取 1。线缆的发热时间常数 τ 要在线缆截面积选定后才能确定，而校正系数是随发热时间常数而变化的。因此，采用校正系数试算法选择线缆截面积是很不方便的。为此，有关手册中，根据常用线缆的数据直接给出了校正后的载积流量。这样，只要把用电设备的额定电流与表列载流量相比，即可很方便地选取线缆截面积。

当线缆表列载流量存在几种需要校正的情况时，线缆实际载流量为表列载流量乘以各个有关校正系数。例如，同时需要进行环境温度校正和不同敷设方式校正时，线缆实际载流量应为表列载流量乘以上述两种校正系数。

三、按允许电压损失选择线缆截面积

一切用电设备只有在额定电压下使用时才具有最好的使用效果，电压偏移将使用电设备的运行效果变坏。线路中有电流通过时，电流在线缆的电阻、电抗上产生电压降，该电压降必须限制在一定的数值内，以确保用户的电压保持在合格的水平上。为此，应按允许电压损失率来选择线缆截面积。

按允许电压损失选择线缆截面积应满足以下条件

$$\Delta U\% \leqslant \Delta U_y\%$$

式中　$\Delta U\%$——线路的电压损失百分数；

$\Delta U_y\%$——线路的允许电压损失百分数。

1. 线路允许电压损失

线路允许电压损失 $\Delta U_y\%$ 是以百分数表示的电压损失，即 $\Delta U_y\% = \dfrac{\Delta U_y}{U_N} \times 100$（$\Delta U_y$ 为允许电压损失值，V；U_N 为线路额定电压，V）。$\Delta U_y\%$ 按用电设备性质不同有不同的规定，正常运行情况下用电设备端子处电压偏差值（以额定电压的百分数表示）如下：

（1）一般电动机为 ±5%。

（2）电梯电动机为 ±7%。

（3）照明。在一般工作场所为 ±5%；在视觉要求较高的屋内场所为 +5%、−2.5%；对远离变电所的小面积一般工作场所，难以满足上述要求时，可为 +5%、−10%；应急照明和警卫照明为 +5%、−10%。

（4）其他用电设备，无特殊规定时为 ±5%。

2. 线路电压损失计算

低压线路中有电流通过时，电流在线路中的电阻、电抗上产生电压降，使末端电压低于首端电压。线路首端与末端线电压（有效值）的差，叫做电压损失，以 ΔU 表示，即

$$\Delta U = U_1 - U_2$$

式中　U_1——线路首端的线电压；

U_2——线路末端的线电压。

(1) 用负荷矩法计算三相线路电压损失。三相无分支线路根据其额定电压、阻抗、长度及通过的有功、无功负荷，线路最大电压损失为

$$\Delta U = \frac{PR + QX}{U_N} = R_0 \frac{PL}{U_N} + X_0 \frac{QL}{U_N} = \Delta U_R + \Delta U_X$$

或

$$\Delta U = \frac{PR + QX}{U_N} = \frac{PR + P\tan\varphi X}{U_N} = PL \frac{R_0 + X_0 \tan\varphi}{U_N} = PL\Delta U_p$$

$$\Delta U_p = \frac{R_0 + X_0 \tan\varphi}{U_N}$$

式中　φ——功率因数角；

R_0——三相线路每千米的每相电阻，Ω/km；

R——全线路每相的电阻（$R = R_0 L$），Ω；

L——线路长度，km；

X_0——三相线路每千米的每相电抗，Ω/km；

X——全线路每相的电抗（$X = X_0 L$），Ω；

P——三相均配有功负荷，kW；

Q——三相均配无功负荷，kvar；

U_N——线路额定电压，kV；

PL——负荷功率 P 与传送距离 L 的乘积，称为负荷距；

ΔU_X——线路在电抗上的电压损失，V；

ΔU_R——线路在电阻上的电压损失，V；

ΔU_p——单位电压损失（1kW 功率通过 1km 三相线路造成的电压损失）；

ΔU——线路电压损失，V。

电压损失与线路额定电压的比值叫电压损失百分数，以 $\Delta U\%$ 表示，用它更容易反映电压损失的大小，其计算公式为

$$\Delta U\% = \frac{\Delta U}{1000 U_N} \times 100\% = \frac{PLR_0}{10U_N^2}\% + \frac{PLX_0 \tan\varphi}{10U_N^2}\% = \frac{PR}{10U_N^2}\% + \frac{QX}{10U_N^2}\% = \Delta U_R\% + \Delta U_X\%$$

或

$$\Delta U\% = \frac{\Delta U}{1000 U_N} \times 100\% = PL \frac{R_0 + X_0 \tan\varphi}{10U_N^2}(\%) = PL\Delta U_p\%$$

$$\Delta U_p\% = \frac{R_0 + X_0 \tan\varphi}{10U_N^2}\%$$

式中　$\Delta U_p\%$——单位电压损失百分数（1kW 功率通过 1km 三相线路造成的电压损失的百分数），可由附录 B 查取，$\%/(\text{kW} \cdot \text{km})$；

$\Delta U_R\%$——允许电压损失的电阻分量百分数；

$\Delta U_X\%$——允许电压损失的电抗分量百分数。

可知，当功率通过线路时，在线路中产生的电压损失百分数等于负荷矩（PL）与单位电压损失百分数的乘积。单位电压损失百分数的值在有关设计手册中按一定的条件已计算出来了，使工程设计计算得到简化。

低压电网中，由于网络结构不同，计算电压损失需引入电压损失修正系数 K_U，故低压线路

的电压损失计算公式为

$$\Delta U\% = K_U PL \Delta U_p \%$$

式中 K_U——电压修正系数，可由表4-8中查取。

如对三相三线（380V）或三相四线制线路（380/220V 三相及中性线），$K_U=1.0$；单相线路（220V），$K_U=6.0$。

（2）用电流矩法计算三相线路电压损失。用电流矩法计算线路电压损失的公式为

$$\Delta U\% = K_U IL \Delta U_a \%$$

式中 IL——电流矩（线路输送负荷电流 I 与其流经距离 L 的乘积），A·km；

$\Delta U_a\%$——单位电压损失百分数（三相线路每1A·km 的电压损失的百分数），可由附录B查取，%/（A·km）；

K_U——电压修正系数，可由表4-8查取，如单相线路（220V）K_U 取2。

在三相负荷平衡和各相导线截面积相同的情况下，各相电流对相电压的相位移和各相电压损失均相等，可以只计算一相的电压损失。对三相线路中的单相，负荷集中在线路的末端，如图4-3（a）所示，其负荷的功率因数为 $\cos\varphi_2$，线路感抗为 X，电阻为 R。

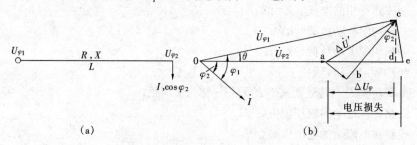

图 4-3 三相线路的单相电路图

(a) 三相线路的单相终端负荷图；(b) 三相线路的单相电压矢量图

负荷电流 I 流过线路将产生电压降，使线路末端的电压对始端产生了电压偏移和相位偏移。图 4-3（b）所示为单相的电压矢量图，它表示在感性负荷下（如放电光源负荷多为感性负荷），电流 I 滞后于末端电压 U_2 一个角度 φ_2，负荷电流在电阻上产生的有效电压降 $U_{ab}=IR$ 与电流同相，而在电感上产生的有效电压降 $U_{bc}=IX$ 超前于电流 90°。线路的电压降 $\Delta U'$ 为电阻电压降与电感电压降的矢量和，即 $\Delta\dot{U}'=\dot{I}R+\dot{I}X$。线路始端电压与末端电压的矢量差为 $\Delta\dot{U}'=\dot{U}_{\varphi1}-\dot{U}_{\varphi2}$，电压降的产生使线路末端的电压小于始端的电压，并且相位偏移了 θ 角。

照明负荷对相位没有什么要求，主要是保证其电压值，所以只需计算线路的电压偏移，即线路始端电压 $U_{\varphi1}$ 与末端电压的 $U_{\varphi2}$ 代数差，即

$$\Delta U'=U_{\varphi1}-U_{\varphi2}$$

$\Delta U'$ 这个电压偏移为电压损失，其计算比较繁杂，一般均用电压降的水平分量 $U_{ad}=\Delta U_\varphi$ 来代替电压损失真实值（$U_{ae}=U_{ac}=\Delta U'$），这对实际的电压损失所引起的误差为 3%～5%。这种代替所造成的误差还是可以接受的，故把电压降水平分量视为电压损失。根据这一简化，从图4-3（b）可见，电压损失 ΔU_φ 为

$$\Delta U_\varphi = IR\cos\varphi_2 + IX\sin\varphi_2 = IL(R_0\cos\varphi_2 + X_0\sin\varphi_2)$$

对于三相终端负荷平衡线路，因 $\Delta U=\sqrt{3}\Delta U_\varphi$，所以 $\Delta U=\sqrt{3}\,IL(R_0\cos\varphi_2 + X_0\sin\varphi_2)$。

电压损失的百分数为

$$\Delta U\% = \frac{\sqrt{3}IL(R_0\cos\varphi_2 + x_0\sin\varphi_2)}{1000U_N} \times 100\% = \frac{\sqrt{3}}{10U_N}(R_0\cos\varphi_2 + X_0\sin\varphi_2)\%IL$$

$$= \Delta U_a\%IL$$

现将各种线路系统的电压损失计算公式归列于表 4-8。

表 4-8　　　　　　　　　　　　　线路电压损失计算公式

线路种类	负荷情况	计　算　公　式
三相平衡负荷线路	电流矩法： (1) 终端负荷用电流矩（A·km）表示	$\Delta U\% = \frac{\sqrt{3}}{10U_N}(R_0\cos\varphi + X_0\sin\varphi)IL = \Delta U_a\%IL$
	(2) 几个负荷用电流矩（A·km）表示	$\Delta U\% = \frac{\sqrt{3}}{10U_N}\Sigma[(R_0\cos\varphi + X_0\sin\varphi)IL] = \Sigma(\Delta U_a\%IL)$
	负荷矩法： (1) 终端负荷用负荷矩（kW·km）表示	$\Delta U\% = \frac{1}{10U_N^2}(R_0 + X_0\tan\varphi)PL = \Delta U_P\%PL$
	(2) 几个负荷用负荷矩（kW·km）表示	$\Delta U\% = \frac{1}{10U_N^2}\Sigma[(R_0 + X_0\tan\varphi)PL] = \Sigma(\Delta U_P\%PL)$
	(3) 整条线路的线芯截面积、材料及敷设方式均相同且 $\cos\varphi = 1$，几个负荷用负荷矩（kW·km）表示	$\Delta U\% = \frac{R_0}{10U_N^2}\Sigma PL = \frac{1}{10U_N^2\gamma S}\Sigma PL = \frac{\Sigma PL}{CS}$
接于线电压的单相负荷线路	电流矩法： (1) 终端负荷用电流矩（A·km）表示	$\Delta U\% = \frac{2}{10U_N}(R_0\cos\varphi + X'_0\sin\varphi)IL \approx 1.15\Delta U_a\%IL$
	(2) 几个负荷用电流矩（A·km）表示	$\Delta U\% = \frac{2}{10U_N}\Sigma[(R_0\cos\varphi + X'_0\sin\varphi)IL] \approx 1.15\Sigma(\Delta U_a\%IL)$
	负荷矩法： (1) 端负荷用负荷矩（kW·km）表示	$\Delta U\% = \frac{2}{10U_N^2}(R_0 + X'_0\tan\varphi)PL \approx 2\Delta U_P\%PL$
	(2) 几个负荷用负荷矩（kW·km）表示	$\Delta U\% = \frac{2}{10U_N^2}\Sigma[(R_0 + X'_0\tan\varphi)PL] \approx 2\Sigma(\Delta U_P\%PL)$
	(3) 整条线路的线芯截面积、材料及敷设方式均相同且 $\cos\varphi = 1$，几个负荷用负荷矩（kW·km）表示	$\Delta U\% = \frac{2R_0}{10U_N^2}\Sigma PL$
接于相电压的两相线、中性线的平衡负荷线路	电流矩法：终端负荷用电流矩（A·km）表示 负荷矩法： (1) 终端负荷用负荷矩（kW·km）表示	$\Delta U\% = \frac{1.5\sqrt{3}}{10U_N}(R_0\cos\varphi + X_0\sin\varphi)IL \approx 1.5\Delta U_a\%IL$ $\Delta U\% = \frac{2.25}{10U_N^2}(R_0 + X_0\tan\varphi)PL \approx 2.25\Delta U_P\%PL$
	(2) 终端负荷用负荷矩（kW·km）表示且 $\cos\varphi = 1$	$\Delta U\% = \frac{2.25R_0}{10U_N^2}PL = \frac{2.25}{10U_N^2\gamma S}PL = \frac{PL}{CS}$

续表

线路种类	负荷情况	计 算 公 式
接相电压的单相负荷线路	电流矩法：终端负荷用电流矩（A·km）表示 负荷矩法： （1）终端负荷用负荷矩（kW·km）表示 （2）终端负荷或直流线路用负荷矩（kW·km）表示且 $\cos\varphi=1$	$\Delta U\% = \dfrac{2}{10U_{Nph}}(R_0\cos\varphi + X'_0\sin\varphi)IL \approx 2\Delta U_a\%IL$ $\Delta U\% = \dfrac{2}{10U_{Nph}^2}(R_0 + X'_0\tan\varphi)PL \approx 6\Delta U_P\%PL$ $\Delta U\% = \dfrac{2R_0}{10U_{Nph}^2}PL = \dfrac{2}{10U_{Nph}^2\gamma S}PL = \dfrac{PL}{CS}$

注 表 4-8 中公式符号说明如下：

$\Delta U\%$——线路电压损失百分数，%；

$\Delta U_a\%$——三相线路每 1A·km 的电压损失百分数，%/（A·km）；

$\Delta U_P\%$——三相线路每 1kW·km 的电压损失百分数，%/（kW·km）；

U_N——额定线电压，kV；

U_{Nph}——额定相电压，kV；

X'_0——单相线路单位长度的感抗（其值可取 X_0 值；实际上单相线路的感抗值与三相线路的感抗值不同，但在工程计算中可以忽略其误差，对于 380/220V 线路的电压损失，线芯截面积为 50mm² 及以下时误差约 1%，50mm² 以上时最大误差约 5%），Ω/km；

R_0、X_0——三相线路单位长度的电阻和感抗，Ω/km；

I——负荷计算电流，A；

L——线路长度，km；

P——有功负荷，kW；

γ——电导率，$\gamma = \dfrac{1}{\rho}$（ρ 为电阻率，Ω·mm²/m），m/（Ω·mm²）；

S——线芯标称截面积，mm²；

$\cos\varphi$——功率因数；

C——功率因数为 1 时的计算系数，见表 4-9。

表 4-9 　　　　　　　　　线路电压损失的计算系数 C 值（$\cos\varphi=1$）

线路额定电压（V）	线路系统	C 值计算公式	线芯 C 值（$\theta=50℃$）	
			铝	铜
380/220	三相四线	$10\gamma U_N^2$	44.5	72.0
380/220	两相及零线	$\dfrac{10\gamma U_N^2}{2.25}$	19.8	32.0
220	单相及直流	$5\gamma U_{N\varphi}^2$	7.45	12.1
110			1.86	3.02

注 1. U_N 为额定电压，kV；U_{Nph} 为额定相电压，kV。

2. 计算 C 值时，线芯工作温度为 50℃ 的电导率 γ：铝线的为 30.79 [m/（Ω·mm²）]；铜线的为 49.88 [m/（Ω·mm²）]。

3. 20℃时电阻率 ρ：铝线为 0.031Ω·mm²/m；铜线为 0.0184Ω·mm²/m。

照明线路可应用表 4-8 分为以下两种情况来计算电压损失：

1）全部白炽灯线路（$\cos\varphi=1$），用表 4-8 中负荷矩法进行计算。

2）白炽灯与气体放电灯混合照明线路或者单纯气体放电灯照明线路（$\cos\varphi\neq1$），可根据表 4-10 求得总计算电流及功率因数，用表 4-8 中电流矩法进行计算。

气体放电灯线路因谐波电流的影响，线路电流增加，工程上为简化计算，相线可忽略其影响，但中性线截面积应按最大一相的相电流进行选择。

表 4-10　　　　不同容量比例混光的三相四线平衡负荷的计算电流及功率因数

混光光源的名称	计算项目	白炽灯容量（kW）/气体放电灯容量（kW）												
		$\frac{1}{0}$	$\frac{1}{0.25}$	$\frac{1}{0.5}$	$\frac{1}{0.75}$	$\frac{1}{1}$	$\frac{1}{1.25}$	$\frac{1}{1.5}$	$\frac{1}{1.75}$	$\frac{1}{2}$	$\frac{1}{2.25}$	$\frac{1}{2.5}$	$\frac{1}{2.75}$	$\frac{1}{3}$	$\frac{0}{1}$
白炽灯与荧光灯	I_C(A/kW)	1.52	1.70	1.93	2.13	2.30	2.44	2.50	2.64	2.72	2.79	2.84	2.90	2.95	3.34
	$\cos\varphi$	1.0	0.93	0.84	0.77	0.73	0.69	0.67	0.65	0.63	0.62	0.61	0.60	0.59	0.50
白炽灯与高压汞荧光灯	I_C(A/kW)	1.52	1.61	1.74	1.85	1.94	2.03	2.10	2.16	2.20	2.25	2.28	2.31	2.34	2.78
	$\cos\varphi$	1.0	0.96	0.90	0.86	0.82	0.79	0.77	0.75	0.74	0.73	0.72	0.71	0.70	0.60

注　1. 计算公式

$$I_C = \sqrt{(I_{C1}+I_{C2})^2+I_{CQ}^2}$$

式中　I_C——混光照明计算电流，A；

I_{C1}——白炽灯计算电流，A；

I_{C2}——气体放电灯计算电流有功分量，A；

I_{CQ}——气体放电灯计算电流无功分量，A；

$\cos\varphi$——混光照明负荷的功率因数。

2. 镇流器损耗已计入，不必另加，其中：荧光灯镇流器损耗按 20% 计，功率因数按 0.5 计；高压汞荧光灯镇流器损耗按 10%，功率因数按 0.6 计。

3. 若混光照明为单相负荷，表中计算电流 I_C 应再乘以 3，功率因数不变。

3. 根据允许电压损失选择线缆截面积的步骤

（1）确定配电线路的电抗。配电架空线各相线一般不换位，为简化计算，假设各相电抗相等。另外，线路容抗常可忽略不计，因此，线路各相电抗值实际上是感抗值。

线缆的感抗为

$$X_0 = 2\pi f L_0$$

$$L_0 = \left(2\ln\frac{D_j}{r}+0.5\right)\times10^{-4} = 2\left(\ln\frac{D_j}{r}+\ln e^{0.25}\right)\times10^{-4} = 2\times10^{-4}\ln\frac{D_j}{re^{-0.25}}$$

$$= 4.6\times10^{-4}\lg\frac{D_j}{0.778r} = 4.6\times10^{-4}\lg\frac{D_j}{D_Z}$$

式中　X_0——线路每相单位长度的感抗，Ω/km；

f——频率，Hz；

L_0——线缆每相单位长度的电感量，H/km；

D_j——几何均距，对于架空线为 $\sqrt[3]{D_{12}D_{23}D_{13}}$（见图 4-4），穿管导线及圆形线芯的电缆为

$d+2\delta$，扇形线芯的电缆为 $h+2\delta$（见图 4-5），cm；

r——导线或圆形线芯电缆主线芯的半径，cm；

d——导线或圆形线芯电缆主线芯的直径，cm；

D_Z——线芯自几何均距或等效半径，cm，数值见表 4-11；

δ——穿管导线或电缆主线芯的绝缘厚度，cm；

h——扇形线芯电缆主线芯的压紧高度，cm。

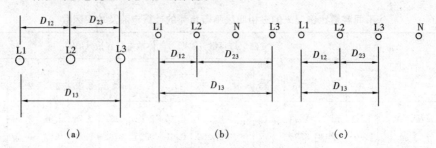

图 4-4　架空线路导线排列

（a）三线制导线水平排列；（b）四线制导线水平排列之一；（c）四线制导线水平排列之二

表 4-11　　　　　　　　　　　　　　线芯自几何均距 D_Z 值

线 芯 结 构	线芯截面范围（mm²）	D_Z
实心圆导体	10kV 及以下三芯电缆≤16，绝缘导线≤6	$0.389d$
7 股	绝缘导线 10～35	$0.363d$
19 股	绝缘导线 50～95	$0.379d$
37 股	绝缘导线 120～185	$0.384d$
≤10kV 线芯为 120°压紧扇形的三芯电缆	≥25	$0.439\sqrt{S}$

注　d—线芯外径，cm；S—电缆标称截面积，cm²。

当 $f=50\mathrm{Hz}$ 时，$X_0=2\pi fL_0=0.1445\lg\dfrac{D_j}{D_Z}$。

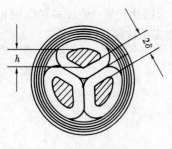

图 4-5　电缆扇形线芯排列图

铠装电缆和导线穿钢导管，由于钢带（丝）或钢导管的影响，相当于导体间距增加 15%～30%，使感抗约增大 1%，因数值差异不大，故忽略不计。

1kV 及以下的四芯电缆感抗略大于三芯电缆，但对计算电压损失影响很小，故其电压损失计算用三芯电缆数据。

为了方便计算，室内线路的感抗值也可直接由表 4-12 查取。

（2）计算线路电抗上的电压损失。线路电抗上的电压损失可用表 4-8 的负荷矩或电流矩法公式计算电压损失中电抗分量 $\Delta U_X\%$。

1）对三相平衡终端负荷线路。

a. 负荷矩法

$$\Delta U_X\% = \frac{1}{10U_N^2}X_0LP\tan\varphi = \frac{XQ}{10U_N^2}\%$$

表 4-12   **室内明线及穿管线的电阻和感抗值**

截面积 (mm²)		电 阻 （Ω/km）		感 抗 （Ω/km）	
		$\theta = 50℃$	$\theta = 60℃$	明线间距 150mm	穿管线
铝	2.5	13.330	13.800	0.353	0.127
	4	8.254	8.549	0.338	0.119
	6	5.533	5.730	0.325	0.112
	10	3.326	3.445	0.306	0.108
	16	2.083	2.158	0.290	0.102
	25	1.310	1.357	0.277	0.009
	35	0.941	0.974	0.266	0.095
	50	0.647	0.671	0.251	0.091
	70	0.473	0.490	0.242	0.088
	95	0.347	0.360	0.231	0.089
	120	0.278	0.288	0.223	0.083
	150	0.224	0.232	0.216	0.082
	185	0.182	0.188	0.209	0.082
	240	0.139	0.144	0.200	0.080
铜	1.5	14.000	14.500	0.368	0.138
	2.5	8.400	8.700	0.353	0.127
	4	5.197	5.382	0.338	0.119
	6	3.483	3.608	0.325	0.112
	10	2.050	2.123	0.306	0.108
	16	1.254	1.299	0.290	0.102
	25	0.809	0.838	0.277	0.099
	35	0.581	0.602	0.266	0.095
	50	0.400	0.414	0.251	0.091
	70	0.292	0.303	0.242	0.088
	95	0.218	0.226	0.231	0.089
	120	0.171	0.178	0.223	0.083
	150	0.138	0.143	0.216	0.082
	185	0.112	0.116	0.209	0.082
	240	0.086	0.089	0.200	0.080

b. 电流矩法

$$\Delta U_X\% = \frac{\sqrt{3}}{10U_N}X_0 \sin\varphi IL = \frac{\sqrt{3}}{10U_N}XI \sin\varphi\%$$

2）对三相平衡几个负荷线路。

a. 负荷矩法

$$\Delta U_X\% = \frac{1}{10U_N^2}\Sigma X_0 LP \tan\varphi = \frac{X_0 \Sigma QL}{10U_N^2}\%$$

b. 电流矩法

$$\Delta U_X\% = \frac{\sqrt{3}}{10U_N}\Sigma X_0 \sin\varphi IL = \frac{\sqrt{3}X_0}{10U_N}\Sigma IL \sin\varphi\%$$

（3）计算线路电阻上的电压损失 $\Delta U_R\%$，用允许电压损失 $\Delta U_y\%$ 代替该线路中最大电压损失 $\Delta U\%$

$$\Delta U_R\% = \Delta U_y\% - \Delta U_X\%$$

103

（4）线缆的计算截面积 S_{com}。对于三相平衡几个负荷的线路

$$S_{com} = \frac{\Sigma PL}{\gamma \Delta U_R \% U_N^2} \times 100$$

式中　γ——电导率（在 20℃时铝为 32m/Ωmm^2，铜为 53m/Ωmm^2），m/Ωmm^2；

L——线路长度，km；

P——通过线路的有功功率，kW；

$\Delta U_R \%$——允许电压损失中电阻分量；

U_N——线路额定电压，kV。

（5）根据计算所得截面积 S_{com}，选出线缆标称截面积。

（6）校验实际的电压损失。

四、按机械强度选择线缆最小截面积

线缆在敷设时及敷设后将受到线缆自重及外力的影响，影响与敷设方式及支持点距离有关。为了不发生断线，线缆必须有足够的机械强度以保证安全运行。

根据机械强度要求，线缆的允许最小截面积见表 4-13。选择线缆时，配电线路每一相线缆截面积都应满足机械强度要求的最小允许截面积。

表 4-13　　　　　　　　　　　　　线缆最小允许截面积

布线系统形式	线路用途	线缆最小截面积（mm²）	
		铜	铝
固定敷设的电缆和绝缘导线	电力和照明线路	1.5	2.5
	信号和控制线路	0.5	—
固定敷设的裸导线	电力（供电）线路	10	16
	信号和控制线路	4	—
用绝缘导线和电缆的柔性连接	任何用途	0.75	—
	特殊用途的特低压电路	0.75	—

五、低压配电系统 N 线、PEN 线和 PE 线截面积的选择

1. 低压电网的中性线（N 线）和保护中性线（PEN 线）的截面积选择

（1）在单相三线制线路中，流过相线的电流即为流过中性线的电流，故中性线截面积应与相线截面积相同。

（2）在两相带中性线（二相三线制）的线路中，中性线电流等于两相电流的矢量和，当两相负荷相等时可以近似地认为中性线的电流等于相线的电流，因此中性线和保护中性线截面积应与相线相同。

（3）在三相四线制的线路中，当负荷平衡而且没有多次谐波（如白炽灯、卤钨灯负荷）时，中性线上是没有电流的；当电流不平衡时中性线出现电流，它等于三相电流的矢量和。在一般的三相四线制的系统中，为防止中性线或保护中性线断线，按机械强度要求中性线及保护中性线与相线的截面积配合应符合表 4-15 规定。

（4）可能存在逐相切断的三相线路中，中性线截面积应与相线截面积相等。如果几条这样的线路共用一条中性线，则中性线截面积按最大负荷相的总电流选择。

(5) 采用荧光灯及其他气体放电光源、负荷平衡的三相四线制电路中，中性线仍可能有较大的电流通过。这是因为各相负荷电流存在三次及以三为倍数的谐波电流，中性线流过各相三次谐波电流的总和，其数值可达到与相电流相等或大于的数值。因此在这些线路中中性线的截面积应较大，通常应选择得与相线截面积相等；当中性线电流大于相线电流时，电缆相线截面积应按中性线电流选择。采用可控调光的三相四线或二相三线配电线路中，其中性线或保护中性线的截面积不应小于相线截面积的 2 倍。

(6) 三相四线和单相三线电路中，相线截面积不大于 16mm² （铜）或 25mm² （铝），中性线应和相线具有相同截面积。任何截面积的单相二线制电路，中性线与相线截面积也应相同。

(7) 三相四线制电路中，相线截面积大于 16mm² （铜）或 25mm² （铝）且满足以下全部条件时，中性线截面积可小于相线截面积：

1) 在正常工作中，中性线预期最大电流小于或等于中性线截面允许载流量。

2) 对 TT 或 TN 系统，在中性线截面积小于相线截面积的地方，中性线上需装设相应于该导线截面积的过电流保护，该保护应使相线断电但不必断开中性线。当满足两个条件：①回路相线的保护装置已能保护中性线；②在正常工作时可能通过中性线上的最大电流明显小于其载流量，则中性线上不需要装设过电流保护。

3) 中性线截面积不小于 16mm² （铜）或 25mm² （铝）。

2. 保护线截面积确定

(1) 当切断时间在 0.1～5s 时，保护线的截面积为

$$S \geqslant \frac{I_k \sqrt{t}}{K}$$

式中　S——截面积，mm²；

　　　I_k——发生了阻抗可以忽略的故障时的故障电流（交流方均根值），A；

　　　t——保护电器自动切断供电的时间，s；

　　　K——取决于保护线、绝缘和其他部分的材料以及初始温度和最终温度的系数，可按现行国家标准 GB 16895.3《电气设备的选择和安装接地配置、保护导体和保护联结导体》计算和选取。

对常用的不同线芯材料和绝缘的保护线的 K 值可按表 4-14 选取。

表 4-14　　　　　　　　　　不同线芯材料和绝缘的 K 值

材料	绝缘	导线绝缘					
		70℃PVC	90℃PVC	85℃橡胶	60℃橡胶	矿物质	
						带 PVC	裸的
初始温度（℃）		70	90	85	60	70	105
最终温度（℃）		160/140	160/140	220	200	160	250
线芯材料	铜	115/103	100/86	134	141	115	135
	铝	76/68	66/57	89	93	—	—

注　斜线下的分母数值适用于截面积大于 300mm² 的聚氯乙烯绝缘导线。

当计算所得截面积是非标准尺寸时，应采用较大标准截面积的线芯。

（2）当保护线与相线使用相同材料时，保护线截面积不应小于表 4-15 的规定。

表 4-15 保护线的最小截面积 mm²

相线的截面积 S	相应保护线的最小截面积 S	相线的截面积 S	相应保护线的最小截面积 S
S≤16	S	35＜S≤400	S/2
16＜S≤35	16	400＜S≤800	200

在任何情况下，配电电缆外护物或电缆组成部分以外的每根保护线的截面积均应符合：①有防机械损伤保护时，铜导线不得小于 2.5mm²，铝导线不得小于 16mm²；②无防机械损伤保护时，铜导线不得小于 4mm²，铝导线不得小于 16mm²。

六、通用设备线缆截面积的选择

1. 电动机线缆截面积的选择

（1）电动机主回路线缆的载流量不应小于电动机的额定电流。当电动机经常接近满载运行时，线缆载流量宜有适当的裕量。

当电动机为短时工作或断续工作时，应使线缆在短时负荷下或断续负荷下的载流量不小于电动机的短时工作电流或额定负荷持续率下的额定电流。

（2）电动机主回路的线缆应按机械强度和电压损失进行校验。对于必须确保的可靠线路，尚应检验线缆在短路条件下的热稳定。

短路保护电器应在短路电流使导体及其连接件产生的热效应及机械应力造成危害之前切断短路电流。短路持续时间小于 0.1s 时，应考虑短路电流非周期分量的影响；大于 5s 时应计入散热的影响。对持续时间不超过 5s 的短路，绝缘导体热稳定应按式 $S \geqslant I_k \sqrt{t}/K$ 进行校验。

（3）绕线转子电动机转子回路线缆的截面积的选择。

1）起动后电刷不短接时，线缆载流量不应小于转子额定电流。当电动机为断续工作时，应采用线缆在断续负载下的载流量。

2）起动后电刷短接，当机械的起动静阻转矩不超过电动机额定转矩的 35% 时，线缆载流量不宜小于转子额定电流的 35%；当机械的起动静阻转矩超过电动机额定转矩的 35% 时，线缆载流量不宜小于转子额定电流的 50%；当机械的起动静阻转矩超过电动机额定转矩的 65% 时，线缆载流量不宜小于转子额定电流的 65%；当线缆截面小于 16mm² 时，宜选大一级。

（4）防爆电动机线缆截面积的选择。

1）在爆炸性气体环境 1 区、2 区或爆炸性粉尘环境 10 区内，引向电压为 1000V 以下笼型感应电动机支线的长期允许载流量，不应小于电动机额定电流的 1.25 倍。

2）爆炸危险环境中除本质安全型电路外，从机械强度的角度考虑，在 1 区、10 区场所采用铜芯绝缘导线或电缆的最小截面积为 2.5mm²；2、11 区场所的铜芯绝缘导线或电缆的最小截面为 1.5mm²。

3）采用铝芯绝缘导线或电缆场所的最小截面积为：①在 2 区场所内固定的电力设备的线路，可采用截面不小于 4mm² 的多股铝芯绝缘导线或电缆；②在 11 区场所内的电力线路，可采用截面不小于 2.5mm² 的单股铝芯绝缘导线或电缆。

2. 起重设备线缆截面积的选择

（1）滑触线或软电缆截面积的选择：

1）线缆载流量不应小于计算电流。

2）线缆应满足机械强度要求。

3）自配电变压器的低压母线至起重机电动机端子的电压损失，在尖峰电流时不宜超过额定电压的15％。起重机内部的电压损失占2％～3％，电源线的电压损失占3％～5％，滑触线的电压损失按不大于10％考虑。

电动桥式或梁式起重机和电动葫芦宜采用绝缘式安全滑触线配电，也可采用固定式裸钢材滑触线配电。在对金属有强烈腐蚀作用的环境中或小型电动葫芦，宜采用软电缆配电。在起重机上的配线除弱电系统外，应采用铜芯多股导线或电缆。多股电线截面积积不得小于1.5mm²；多股电缆截面积不得小于1.0mm²。

（2）固定式滑触线的规格应符合表4-16的要求，但滑触线用的角钢规格不宜大于75mm×8mm，如需更大截面积时，宜采用轻便钢轨或工字钢。

表 4-16 固定式滑触线规格

起 重 机 类 型	固定点间距（m）	角钢规格（mm×mm）
3t 及以下的梁式起重机和电动葫芦	≤1.5	≥25×4
10t 及以下的电动桥式起重机	≤3	≥40×4
10～50t 的电动桥式起重机	≤3	≥50×5
50t 以上电动桥式起重机	≤3	≥63×6

（3）交流滑触线电压损失 $\Delta U\%$ 的计算

$$\Delta U\% = \frac{\sqrt{3}\times 100}{U_\mathrm{N}}I_\mathrm{P}L(R_\mathrm{ac}\cos\varphi + X\sin\varphi)$$

$$I_\mathrm{P} = I_\mathrm{c} + (K_\mathrm{st} - K_\mathrm{Z})I_\mathrm{NM}$$

$$P_\mathrm{c} = K_\mathrm{Z}P_\mathrm{N}$$

$$I_\mathrm{c} = \frac{P_\mathrm{c}\times 1000}{\sqrt{3}U_\mathrm{N}\cos\varphi} = K'_\mathrm{Z}P_\mathrm{N}$$

式中　U_N——额定线电压，V；

　　　L——滑触线的计算长度（对单台起重机系指供电点到最远点的距离，两台起重机时该距离乘以0.8，三台起重机时乘以0.7），km；

　$\cos\varphi$——功率因数，一般取0.5；

　　R_ac——滑触线的交流电阻，见表4-17，Ω/km；

　　　X——滑触线的内外电抗之和（即 $X=X_\mathrm{i}+X_\mathrm{f}$），见表4-17和表4-18，$\Omega$/km；

　　I_P——尖峰电流，A；

　I_NM——最大一台电动机的额定电流，A；

　　K_Z——综合系数，见表4-19；

　K_st——最大一台电动机的起动电流倍数：绕线转子电动机取2，笼型电动机由产品样本查取；

　　I_c——计算电流，A；

　　P_N——连接在滑触线上的电动机在额定负载率下的总功率（不包括双钩起重机的副钩电动机功率），kW；

　K'_Z——与综合系数相对应的电流系数（$U_\mathrm{N}=380$V，$\cos\varphi=0.5$时，见表4-19）；

　　P_c——计算功率，kW。

表 4-17　圆钢、扁钢、角钢滑触线的交流电阻 R_{ac} 和内感抗 X_i　　Ω/km

电流密度 (A/mm²)	圆钢 φ8 (mm)		圆钢 φ10 (mm)		扁钢 30×4 (mm×mm)		扁钢 40×4		扁钢 50×4		角钢 25×25×3 (mm×mm×mm)		角钢 30×30×4		角钢 40×40×4		角钢 50×50×5		角钢 63×63×6		角钢 75×75×8	
	R_{ac}	X_i	R_{ac}	X_i	R_{ac}	X_i	R_{ac}	X_i	R_{ac}	X_i	R_{ac}	X_i	R_{ac}	X_i	R_{ac}	X_i	R_{ac}	X_i	R_{ac}	X_i	R_{ac}	X_i
0.10	13.2	7.45	9.9	5.6	3.71	2.10	3.56	2.01	2.84	1.60												
0.15	12.7	7.15	9.6	5.4	4.10	2.32	3.53	2.00	2.72	1.54												
0.20	12.25	6.9	9.2	5.2	4.10	2.32	3.50	1.98	2.64	1.49												
0.25	11.75	6.65	8.8	5.0	4.04	2.28	3.44	1.94	2.56	1.45			2.67	1.51	2.00	1.13	1.57	0.87	1.26	0.72		
0.30	11.35	6.4	8.5	4.8	3.91	2.21	3.35	1.90	2.47	1.40	3.35	1.90	2.60	1.47	1.92	1.08	1.50	0.83	1.19	0.67	0.98	0.55
0.35	11.1	6.25	8.25	4.65	3.78	2.14	3.29	1.86	2.40	1.36	3.28	1.86	2.50	1.41	1.85	1.05	1.43	0.79	1.13	0.64	0.91	0.51
0.40	10.4	5.9	7.8	4.4	3.64	2.06	3.16	1.77	2.30	1.30	3.15	1.78	2.35	1.33	1.74	0.97	1.36	0.75	1.09	0.61	0.84	0.47
0.50	10.0	5.65	7.5	4.25	3.53	1.99	3.03	1.71	2.16	1.22	3.00	1.70	2.20	1.24	1.64	0.91	1.26	0.70	1.03	0.58	0.79	0.45
0.60	9.5	5.4	7.15	4.05	3.26	1.84	2.88	1.63	2.12	1.20	2.28	1.63	2.08	1.18	1.55	0.86	1.17	0.65	0.94	0.53	0.74	0.42
0.80	9.2	5.2	7.0	3.95	3.09	1.75	2.78	1.57			2.65	1.50	1.90	1.07	1.43	0.79	1.11	0.62	0.87	0.49	0.67	0.38
1.00	9.0										2.48	1.40	1.77	1.00	1.32	0.73	1.00	0.57	0.82	0.46	0.62	0.35
1.20											2.35	1.33	1.66	0.92	1.24	0.69	0.92	0.52	0.73	0.41	0.58	0.33
1.40											2.25	1.27	1.58	0.88	1.19	0.66	0.86	0.49	0.67	0.38	0.53	0.30
1.60											2.15	1.22	1.53	0.86	1.15	0.65	0.84	0.47	0.63	0.36	0.49	0.28

表 4-18　圆钢、扁钢、角钢滑触线外感抗 X_f　　Ω/km

滑触线规格 (mm)	圆钢 φ8	圆钢 φ10	扁钢 30×4	扁钢 40×4	扁钢 50×4	角钢 25×25×3	角钢 30×30×4	角钢 40×40×4	角钢 50×50×5	角钢 63×63×6	角钢 75×75×8
相线中心间距 (mm) 150	0.242	0.228	0.140	0.138	0.123	0.213	0.202	0.184	0.170	0.158	0.145
250	0.274	0.260	0.186	0.170	0.155	0.239	0.227	0.210	0.201	0.184	0.171
380											

表 4-19 综 合 系 数

起重机额定 负载持续率 ε	起重机台数	综 合 系 数 K_Z	电 流 系 数 K'_Z ($\cos\varphi=0.5$，$U_N=380V$)
0.25	1	0.4	1.2
	2	0.3	0.9
	3	0.25	0.75
0.4	1	0.5	1.5
	2	0.38	1.14
	3	0.32	0.96

3. 电梯、自动扶梯和自动人行道配电线缆截面积的选择

选择电梯、自动扶梯和自动人行道配电线缆截面积时，应由电动机铭牌额定电流及其相应的工作制确定，线缆的连续工作载流量不应小于计算电流，并应对线缆电压损失进行校验，且应符合下列要求：

(1) 单台交流电梯配电线缆的连续工作载流量不应小于计算电流，应取铭牌连续工作制额定电流的 140% 及附属电器的负荷电流或铭牌 0.5h（或 1h）工作制额定电流的 90% 及附属电器的负荷电流。

(2) 单台直流电梯配电线缆的连续工作载流量不应小于计算电流，应取整流器或变流机组的连续工作制交流额定输入电流的 140%。

电梯的设备容量应为电梯电动机额定功率加上其他附属电器用电负荷之和。如附属设备为单相负荷，必须将其换算成等效的三相负荷后，才能按照负荷计算的方法进行计算。对由电动发电机组向直流曳引机供电的直流电梯，其电动机功率是指拖动发电机的电动机或其他直流电源装置的功率。

单台电梯拖动电动机所需的电源容量为

$$S \geqslant \sqrt{3}UI \times 10^{-3}$$

式中　S——电源容量，kVA；

　　　U——电源电压，V；

　　　I——直流电梯为满载上行时的电流或交流电梯为满载电流（当额定电流为 50A 及以下时为额定电流的 1.25 倍，额定电流大于 50A 时为额定电流的 1.1 倍），A。

(3) 当电梯为两台及以上时，电源容量的计算电流应考虑同时使用系数，见表 4-20。

表 4-20 不同电梯台数的同时系数

台　　数	1	2	3	4	5	6	7	8
直流电梯	1	0.91	0.85	0.8	0.76	0.72	0.69	0.67
交流电梯	1	0.85	0.78	0.72	0.67	0.63	0.59	0.56

(4) 交流自动扶梯计算电流应取每级拖动电机的连续工作制额定电流及每级的照明负荷电流。

(5) 自动人行道取连续工作制额定电流及照明负荷电流。

(6) 选择线缆截面积的注意事项：

1) 交流电梯在非调频调压系统中频繁起动、停止工作时，使其处于反复工作制运行状态。

起动冲击电流相当大，冲击电流在温升等效电流中占有相当的比例。停层时间甚短（有的小于10s），即发热休止时间远小于线缆的发热时间常数（一般在8min以上）。电梯配电线路最小截面积应满足温升和允许电压降两个条件，从中选择较大者作为选择依据。

2）随着负载持续率的减小，其电梯曳引机功率和工作电流将会增加，故应使配电线缆与电梯的工作制相对应。

3）自动扶梯应按连续工作制考虑。

4）电梯配电电源导线或电缆的允许载流量，随着电梯工作制的不同而有差异。

5）从配电电源到电梯机房的距离一般都较远，使电梯专用配电回路的线路较长，除按允许载流量选择线缆外，还应满足运行电梯配电线路的允许电压降要求，电压损失限制在±7%以内。

4. 电焊机电源线截面积的选择

电焊机有手动及自动弧焊机（包括弧焊变压器、弧焊整流器、直流焊接变流机组）、电阻焊机（即接触焊机包括点焊、缝焊和对焊机）。其电源线截面积选择要求如下：

(1) 电焊机电源线的载流量不应小于电焊机的额定电流；断续周期工作制的电焊机的额定电流，应为其额定负载持续率下的额定电流，其线缆载流量应为断续负载下的载流量。

1）对小容量电焊机，当其输入电流 I_{Nh}（额定负载持续率 ε_N 时）不大于 $10mm^2$ 铝芯线或 $6mm^2$ 铜芯线的长期允许载流量时，线缆截面积按额定输入电流选择。

2）对容量较大的电焊机，线缆截面积按计算电流 I_c 选择，即

$$I_c = \sqrt{\varepsilon_N} I_{Nh}/0.875$$

式中　I_{Nh}——电焊机一次侧额定电流，A；

ε_N——电焊机铭牌上的额定负载持续率。

(2) 直流电弧焊机用的电动发电机组电源线的长期允许载流量，应不小于其电动机的额定电流。

(3) 按电焊机受电端的电压偏移和电压波动不大于焊接工艺和焊接设备要求的允许值电流校验。

(4) 焊接时电压水平过低会使焊接热量不够而造成虚焊。电焊机在正常尖峰电流下持续工作时，电压波动时电压水平允许值为90%；对自动弧焊变压器和无稳压装置的电阻焊机，电压水平允许值宜为92%；对于有些焊接有色金属的电阻焊机要求略高。

5. X射线机配电线路线缆截面积的选择

X射线机（变压器式）配电线路线缆截面积选择应根据以下条件确定：

(1) 单台X射线机的配电线缆截面积，应满足X射线机电源内阻要求选用，并对选用的线缆截面积进行电压损失校验。按电源内阻要求选用，主要是针对电源电压波动这个技术参数。在进行电源内阻计算时，应充分考虑在施工中可能加大的敷设距离和为施工须留足够的距离余量。

X射线机线缆截面积的选择计算公式为

$$S = \frac{\rho N L}{R_D - R_B}$$

式中　S——线缆截面积，mm^2；

ρ——线缆电阻率（20℃），铝线取0.031，铜线取0.0184，Ω；

N——线缆根数；

L——变压器至X射线机的距离，m；

R_D——X射线机对电源要求的电阻值（见表4-21），Ω；

R_B——变压器每相内阻值（见表 4-22），Ω。

表 4-21　　　　　　　　　　**X 射线机对电源电阻 R_D 要求值**　　　　　　　　　　Ω

电源电压 （V）	X 射线机额定电流（mA）						
	200	300	400	500	700	1000	1250
220	0.3	0.2	0.2	0.2	0.1	0.1	0.1
380	0.9	0.6	0.5	0.4	0.3	0.4	0.2

表 4-22　　　　　　　　　　　　**变压器每相内阻 R_B**

变压器容量（kVA）	10	20	30	40	50	75	100	135	180	240
每相内阻（Ω）	0.57	0.25	0.15	0.11	0.09	0.05	0.04	0.03	0.02	0.014

（2）多台 X 射线机共用同一条配电线路时，其共用部分的线缆截面积应按下述两个条件确定并取其大者。

1）按供电条件要求电源内阻最小的 X 射线机确定的线缆截面积至少再加大一级。

2）多台 X 射线机的瞬时计算负荷参与公用部分供电线路电压损失计算，以满足每台 X 射线机均能正常工作而确定的线缆截面积。

多台 X 射线机的相瞬时计算负荷为

$$S_{c \cdot ph} = S_{c \cdot m1} + S_{c \cdot m2} + 0.2 \times \sum_{i=1}^{n} S_{c \cdot i}$$

式中　　　$S_{c \cdot ph}$——多台放射线机最大相的相瞬时计算负荷，kVA；

　$S_{c \cdot m1}$、$S_{c \cdot m2}$——该相最大两台放射线机的相计算负荷，kVA；

　$\sum_{i=1}^{n} S_{c \cdot i}$——该相其余射线机相计算负荷的总和，kVA。

第三节　配线方式及工序

一、室内常用配线方式

1. 配线方式

室内配电线路敷设方式可分为以下几种：

（1）绝缘导线配线：①直敷线配线；②瓷夹、塑料线夹配线；③瓷柱（鼓形绝缘子）、针式、蝶式绝缘子配线；④槽板（木或塑料）配线；⑤金属导管（厚壁钢导管、薄壁钢导管、金属柔性导管与可挠金属导管）和金属槽盒配线；⑥塑料导管（硬塑料导管、半硬塑料导管、非金属柔性导管）和塑料槽盒。

（2）裸导体配线。

（3）封闭式母线配线。

（4）电缆配线。

（5）钢索配线。

（6）电气竖井配线。

2. 配线方式适用范围

1kV 及以下常用配线方式适用范围见表 4-23。

表 4-23   1kV 及以下常用配线方式适用范围

配 线 方 式	适 用 范 围
直敷、瓷及塑料夹板配线	适用于负荷较小的正常环境的室内场所和房屋挑檐下的室外场所
瓷柱（鼓形绝缘子）配线	适用于负荷较大的干燥或潮湿环境的场所，但不宜在雨、雪能落到导线上的室外场所使用
针式、蝶式绝缘子配线	适用于负荷较大、线路较长而且受机械拉力较大的干燥或潮湿场所
木、塑料槽板配线	适用于负荷较小的照明工程的室内环境干燥、整洁美观的场所，塑料槽板适用于要求防化学腐蚀和绝缘性能好的场所
金属导管配线	适用于室内、外导线易受机械损伤、易发生火灾及易爆炸的环境，有明管和暗管两种配线，但不宜用于严重腐蚀的场所
塑料导管配线	适用于潮湿或有腐蚀性环境的室内场所做明管或暗管配线，但易受机械损伤和高温的场所不宜采用明敷
槽盒配线	适用于干燥和不易受机械损伤的环境内明敷或暗敷，具有槽盖的封闭式金属槽盒可在建筑顶棚内敷设，但对有严重腐蚀场所不宜采用金属槽盒配线；对高温、易受机械损伤的场所内不宜采用塑料槽盒明敷，而宜在室内场所和有腐蚀介质场所使用塑料槽盒
封闭式母线配线	适用于干燥、无腐蚀性气体、负荷大的室内场所
电缆配线	适用于干燥、潮湿及室内、外配线（应根据不同的使用环境选用不同型号的电缆）
电气竖井配线	适用于多层和高层建筑物内强电及弱电线路（电力及非电力线路）垂直配电干线的场所
钢索配线	适用于屋架较高、跨度较大而需要降低电气设备安装高度的大型厂房，多数应用在照明线上，用于固定导线和灯具
裸导体配线	适用于工业企业厂房，不得用于低压配电室

3. 线路敷设方式的选择

线路敷设方式可分为明敷和暗敷两种。明敷是用线缆直接或者在导管、槽盒等保护体内敷设于墙壁、顶棚的表面及桁架、支架等处；暗敷是用绕缆在导管、槽盒等保护体内敷设于墙壁、顶棚、地坪及楼板等内部，或者在混凝土板孔内敷线等。

线路敷设方式应根据建筑物的性质、要求，用电设备的分布及环境特征等因素确定，并应避免因外部热源、灰尘聚集及腐蚀或污染物存在对配线系统带来的影响，并应防止在敷设及使用过程中因受冲击、振动和建筑物的伸缩、沉降等各种外界应力作用给线路带来损害。

根据环境条件选择线路敷设方式，见表 4-24。

表 4-24   线路敷设方式选择

线缆类型	敷设方式	常用线缆型号	干燥 生活	干燥 生产	潮湿	特别潮湿	高温	多尘	化学腐蚀	火灾危险区 21	火灾危险区 22	火灾危险区 23	爆炸危险区 1	爆炸危险区 2	爆炸危险区 10	爆炸危险区 11	户外	高层建筑	一般民用	进户线
塑料护套线	直敷配线	BLVV、BVV	✓	✓	×	×	×	×	×	×	×	×	×	×	×	×	×	+	✓	×

续表

线缆类型	敷设方式	常用线缆型号	干燥·生活	干燥·生产	潮湿	特别潮湿	高温	多尘	化学腐蚀	火灾危险区 21	火灾危险区 22	火灾危险区 23	爆炸危险区 1	爆炸危险区 2	爆炸危险区 10	爆炸危险区 11	户外	高层建筑	一般民用	进户线
绝缘线	瓷夹、塑料卡	BLV、BV、BLX、BX	✓	✓	×	×	×	×	×	×	×	×	×	×	×	×	×		+	×
	鼓形绝缘子		+	✓	✓		✓	✓	×	+①	+①	+	×	×	×	×	✓			×
	蝶式、针式绝缘子		✓	✓	✓	✓	✓	✓	+	+①	+①		×	×	×	×	✓⑤			✓
	钢导管明敷			+	+	+	✓	+	+②	✓	✓	✓	×	×	×	×	+			✓
	钢导管埋地		✓	✓	✓	✓	✓	✓	✓	✓	✓	✓	✓	✓	✓	✓	+②			✓
	金属导管明敷		+	✓	✓	+	✓	+	+	✓	✓	✓	×	×	×	×	✓			✓
	硬塑料导管明敷		+	✓	✓	+		✓	✓	✓	✓	✓	×	×	×	×				+
	硬塑料导管埋地		+	✓	✓	✓		✓	✓	✓	✓	✓	✓	✓	✓	✓	+			+
	波纹导管敷设		✓		+	+														
	槽盒配线		✓	✓																
裸导线	绝缘子明敷	LJ、TJ、LMY、TMY	×	✓	+		✓	+		+⑥	+⑥	+⑥	×	×	×	×	✓⑤			×
母线槽	支架明敷	各型号	✓			+	+	+									+	+	+	+
电缆	地沟内敷设	VLV、VV、ZLQ、ZQ、XLV、XV	✓	+	✓	+			+	+	+	+	+④	+④			+		✓	✓	✓
	支架明敷	VLV、VV、YJLV、YJV	✓	✓	✓	+	✓	✓	+		+		+③	+③	+	+				+
	直埋地	VLV₂₂、V₂₂、YJLV₂₂、YJV₂₂、ZLQ₂₂、ZQ₂₂															✓			✓
	桥架敷设	各型号	✓	+		+	✓	+	+	+	+	+	+③	+③	+③	+	+	✓		+
架空电缆	支架明敷																✓			

注 表中"✓"表示推荐使用;"+"表示可以采用;无记号表示建议不用;"×"表示不允许使用。

① 应远离可燃物,且不应敷设在木质吊顶、墙壁上及可燃液体管道栈桥上。

② 应采用镀锌钢导管并做好防腐处理。

③ 应采用铠装电缆。

④ 地沟内应埋砂并设排水措施。

⑤ 屋外架空用裸导线,沿墙用绝缘线。

⑥ 可用硬裸母线,但应连接可靠,尽量采用焊接;在 21 区和 23 区内,母线宜装防护罩,孔径不大于 12mm;在 22 区内应有防护尘罩。

二、室内配线工序

为了使室内配线工作有条不紊地进行，应按下列工序进行配线：

(1) 首先熟悉设计图纸，确定灯具、插座、开关、配电箱等设备的预留孔、预埋件位置，应符合设计要求。预留、预埋工作主要包括电源引入方式的预留、预埋，电源引入配电箱、盘的路径预留，垂直引上、引下以及水平穿越梁、柱、墙、楼板预埋保护导管等。凡是埋入建（构）筑物内的保护管、支架、螺栓等预埋件，应在建筑工程施工时预埋，预埋件应埋设牢固。

(2) 确定线缆沿建筑物敷设的路径。

(3) 在土建抹灰前，将配线所有的固定点打好孔眼，将预埋件埋齐并检查有无遗漏和错位。如未做预埋件，也可直接埋设膨胀螺栓以固定配线。

(4) 装设绝缘支持物、线夹或管子。

(5) 敷设线缆。

(6) 线缆连接、分支和封端，并将线缆的出线端与灯具、开关、配电箱等设备或电气元件连接。

(7) 配线工程施工结束后，应将施工中造成的建（构）筑物的孔、洞、沟、槽等修补完整。

第四节 室内配线一般规定

一、一般配线要求

室内配线无论采用哪种方式，都必须保证其敷设后达到安全可靠、经济合理、整齐美观、使用方便和便于维修，质量应符合 GB 50303《建筑电气工程施工质量验收规范》的要求。

(1) 配线的布置及其导线型号、规格应符合设计规定。配线工程施工中，当无设计规定时，不同敷设方式导线线芯的最小截面积应满足机械强度的要求。

(2) 配线工程施工中，室内、外绝缘导线之间和对地的最小距离应符合表 4-25 的规定。

表 4-25　　　　　　　　　　室内、外绝缘导线之间和对地的最小距离

固定点间距 L（m）	导线最小间距（mm）		敷设方式		导线对地最小距离（m）
	室内配线	室外配线			
L≤1.5	50	100	水平敷设	室　内	2.5
1.5<L≤3	75	100		室　外	2.7
3<L≤6	100	150	垂直敷设	室　内	1.8
6<L≤10	150	200		室　外	2.7

(3) 金属导管、塑料导管及金属槽盒、塑料槽盒等配线，应采用绝缘导线和电缆。在同一根管或线槽内有几个回路时，所有绝缘导线和电缆都应具有与最高标称电压回路绝缘相同的绝缘等级。

塑料绝缘导线和塑料槽板敷设处的环境温度不应低于−15℃，以防止由于温度过低，使塑料发脆造成断裂，影响工程质量。

(4) 配线用塑料导管（硬质塑料导管、半硬塑料导管）、塑料槽盒及附件应采用氧指数为 27 以上的难燃型制品。

(5) 为防止雨水沿电线进入室内，导致配电箱、盘受潮，入户线在进墙的一段应采用额定电压不低于 0.45/0.75kV 的绝缘导线。穿墙保护管的外侧应有防水弯头，且导线应弯成滴水弧状

后方可引入室内。

（6）照明和动力线路、不同电压、不同电价的线路应十分明显地分开敷设，以方便维修和检查。

（7）三相照明线路各相负荷宜均衡分配，在每个分配电盘中最大相与最小相的负荷电流差不宜超过 30%。

（8）除花灯及壁灯等线路外，一般照明线路每一支路的最大负荷电流、光源数、插座数应符合有关规定，但住宅照明可不受限制。

（9）导线不得直接贴在木头、墙壁或其他建筑物上敷设，且不得裸露。

管内、木槽板内的导线不得有接头和分支处，以免使用日久会接触不良，引起过热以致起火。必要时，可把接头做在接线盒或灯头盒内。管内导线的总截面积（包括外绝缘层）不应超过管子内空总截面积的 40%。

所有明配线的接头应放在便于检查和检修的位置上。导线与电器端子的连接应压实、牢固可靠。

（10）导线的允许载流量或额定载流量是按气温为 65℃规定的，导线绝缘层的破坏和老化时间长短受环境温度影响较大。锅炉、冶金工业窑炉及其烟道等发热表面，其温度一般均在 65℃以上，故不要直接沿其表面敷设导线，其与发热体表面的距离应符合设计要求。为确保配线工程安全运行和长期使用，应避开外部热源产生热效应的影响。金属导管与热水管、蒸汽管同侧敷设时，应敷设在热水管、蒸汽管的下面。当上述施工有困难和施工维修时其他管道对金属导管的影响，所以室内金属导管与其他管道间的最小距离，应符合表 4-26 要求。施工时，如不能满足表内所列距离，则应采取以下措施：

1）金属导管与蒸汽管线不能保持规定距离时，可在蒸汽管外包以隔热层。对有保温措施的蒸汽管，上下净距可减至 200mm；交叉距离应考虑施工维护方便。

2）金属导管与暖气管、热水管不能保持规定的距离时，可在管外包隔热层。

3）裸导线与其他管道交叉不能保持规定距离时，可在交叉处的裸导线外加装保护网或罩。

4）金属导管与水管同侧敷设时，宜敷设在水管的上方。

表 4-26　　　　　　　　　　　电气线路与管道间最小距离　　　　　　　　　　　mm

管道名称	配线方式		穿管配线	绝缘导线明配线	裸导线配线
蒸汽管	平　行	管道上	1000	1000	1500
		管道下	500	500	1500
	交　　叉		300	300	1500
暖气管、热水管	平　行	管道上	300	300	1500
		管道下	200	200	1500
	交　　叉		100	100	1500
其他管道	平　　行		100	200	1500
	交　　叉		50	100	1500

注　其他管道不包括可燃气体及易燃、可燃液体管道。

（11）为使明配线路在易受意外机械损伤的场所，具有良好的保护，不致发生中断运行的现象。因此，瓷夹、绝缘子、塑料护套线和槽板配线在穿过墙壁或隔墙时，应采用经过阻燃处理的保护管保护；当穿过楼板时应采用钢管保护，其保护高度与楼面的距离不应小于 1.8m，但在装设开关的位置，可与开关高度相同。

(12) 电气线路穿过建筑物、构筑物的沉降缝和伸缩缝时，当建筑物、构筑物不均匀沉降或伸缩变形时，线路会受到剪切和扭拉，应装设补偿装置，导线应留有余量。

(13) 为防止触电和火灾等事故发生，在顶棚内由接线盒引向器具的绝缘导线，应采用可挠金属导管或金属柔性导管作保护，导线不应有裸露部分。

(14) 当导线互相交叉时，为避免碰线，在每根导线上应套以塑料管或其他绝缘管，并将套管固定，以免移动。

(15) 当配线采用多相导线时，其相线的颜色应易于区分，一般 L1、L2、L3 的相色分别用黄、绿、红色线，相线与中性线的颜色应不同，同一建筑物、构筑物内的导线，其颜色选择应统一：保护线（PE 线）应采用黄绿颜色相间的绝缘导线；中性线（N 线）宜采用淡蓝色绝缘导线；保护中性线（PEN 线）用竖条间隔淡蓝色；接地线明敷部分为深黑色。

(16) 配线工程采用的管卡、支架、吊钩、拉环和盒（箱）等黑色金属附件，均应镀锌或涂防腐漆。

(17) 为了满足外观装饰的需要和便于敷设及维修的要求，明配线的水平和垂直允许偏差应符合表 4-27 的规定。

表 4-27　　　　　　　　　　　　　明配线的水平和垂直允许偏差

配　线　种　类	允　许　偏　差（mm）	
	水　平	垂　直
瓷夹配线	5	5
鼓形、针式、蝶式绝缘子配线	10	5
直敷配线	5	5
槽板配线	5	5

(18) 配线工程施工后，应进行各回路的绝缘检查，绝缘电阻值应符合现行国家标准 GB 50150《电气装置安装工程电气设备交接试验标准》的有关规定，并应做好记录。

(19) 配线工程中所有外露可接近导体的安全接地或保护接零应可靠，且应符合 GB 50169《电气装置安装工程接地装置施工及验收规范》的有关要求。

(20) 配线工程施工后，为保证安全，其保护线连接应可靠。对带有剩余电流动作保护器的线路应做模拟动做试验，并应做好记录，作为交工验收通电运行的依据。

二、导线的连接和封端

配线过程中，因导线太短以及线路分支，需将一根导线和另一根导线连接，然后将终端出线与用电设备的端子连接，这些连接处通常称为接头。此时，应对导线的端头进行处理（俗称"封端"）。

导线的连接方法很多，有绞接、焊接、压接和螺栓连接等，各种连接方法适用于不同导线及不同的工作地点。导线连接的各种方法一般都包括绝缘层剥切、导线的线芯连接、接头焊接或压接以及包缠绝缘等 4 个步骤。

1. 导线连接的基本要求

在配线工程中，导线连接是一道非常重要的工序，线路能否安全可靠地运行，在很大程度上取决于导线接头的质量。对导线连接的基本要求有以下几点：

(1) 当设计无特殊规定时，导线的线芯应采用焊接、压板压接或套管连接。铜、铝线间的连接应用铜铝过渡接头或铜线上搪锡，以防电化学腐蚀。否则，在长期运行中，接头易发生故障。

（2）导线与设备、器具的连接应符合下列要求：

1）截面后为 10mm² 及以下的单股铜芯线和单股铝芯线可直接与设备、器具的端子连接。

2）截面后为 2.5mm² 及以下的多股铜芯线的线芯应先拧紧搪锡或压接端子后再与设备、器具的端子连接。

3）多股铝芯线和截面积大于 2.5mm² 的多股铜芯线的终端，除设备自带插接式端子外，应焊接或压接端子后再与设备、器具的端子连接。

（3）熔焊连接的焊缝不应有凹陷、夹渣、断股、裂缝及根部未焊合的缺陷；焊缝的外形尺寸应符合焊接工艺评定文件的规定，焊接后应清除残余焊药和焊渣。

（4）锡焊连接的焊缝应饱满，表面光滑；焊剂应无腐蚀性，焊接后应清除残余焊剂。

（5）压板或其他专用夹具应与导线线芯规格相匹配；紧固件应拧紧到位，防松装置应齐全。

（6）导线线芯连接金具（连接管和端子）规格和压模等应与导线线芯规格相匹配，不得采用开口端子；压接时的压接深度、压口数量和压接长度均应符合产品技术文件的有关规定。

（7）剖开导线绝缘层时，不应损伤线芯；线芯连接后，绝缘带应包缠均匀紧密，绝缘强度不应低于导线原绝缘层的绝缘强度；在接线端子的根部与导线绝缘层间的空隙处应采用绝缘带包缠严密。

（8）在配线的分支线接头连接处，干线不应受到支线的横向拉力；接头处也不应受到大的拉力。

（9）接头的电阻值不应大于相同长度导线的电阻值。

（10）接头连接后的机械强度不小于原导线机械强度的 80%。

总之，导线连接要牢固，以达到导电性能良好的要求。

2. 导线连接的方法

（1）导线在接线盒内的连接。

1）单股绝缘导线在接线盒内的连接。

a. 两根铜导线连接时，将连接线端相并合，在距绝缘层 15mm 处将线芯捻绞 2 圈，留适当长度余线剪断折回压紧，防止线端部插破所包扎的绝缘层，如图 4-6（a）所示。3 根及以上单芯铜导线可采用单芯线并接方法进行连接，将连接线端相并合，在距绝缘层 15mm 处用其中一根线芯在连接线端缠绕 5 圈剪断，把余线头折回压在缠绕线上，如图 4-6（b）所示，并应包扎绝缘层。

b. 对不同直径铜导线接头，如软导线与单股相线连接，应先进行挂锡处理，并将软线端部在单股粗线上距离绝缘层 15mm 处交叉，向粗线端缠 7～8 圈，再将粗线端头折回，压在软线上，如图 4-6（c）所示。

c. 两根铝导线剥削绝缘层一般为 30mm，将导线表面清理干净，根据导线截面积和连接根数选用合适的端头压接管，把线芯插入适合线径的铝管内，用端头压接钳将铝管线芯压实两处，如图 4-6（d）所示。单股铝导线端头除用压接管并头连接外，还可采用电阻焊的方法将导线并头连接。单股铝导线端头熔焊时，其连接长度应根据该导线截面积大小确定。

2）多股绝缘绞线在接线盒内的连接。

a. 铜绞线并接时，将绞线破开顺直并合拢，用多芯导线分支连接缠卷法弯制绑线，在合拢线上缠卷。缠卷长度 A 应为双根导线直径的 5 倍，如图 4-7（a）所示。

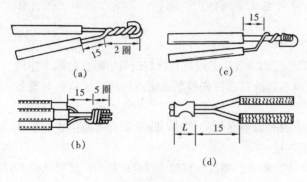

图 4-6 单芯线并接头

(a) 单芯两根铜导线并接头；(b) 单芯 3 根及以上铜
导线并接头；(c) 单芯不同线径铜导线并接头；
(d) 单股铝导线并头管压接

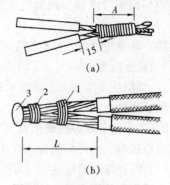

图 4-7 多股绞线的并接头

(a) 多股铜绞线并接头；
(b) 多股铝绞线气焊接头
1—石棉绳；2—绑线；3—气焊；
L—长度（由导线截面积确定）

b. 气焊是多股铝导线在接线盒内并头连接时采用的方法，如图 4-7 (b) 所示。焊接前，应在靠近导线绝缘层部分缠以浸过水的石棉绳，以避免焊接时烧坏绝缘层。焊接时加热焊点，待熔化时加入铝焊粉（焊药），借助焊粉的填充和搅动，使端面的金属线芯熔合并连接起来。接头焊好后，要趁热用棉纱沾水清除残渣和焊粉，防止残留的焊粉对铝本身产生腐蚀。

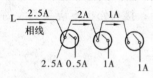

图 4-8 导线桩头分支

3）盒内分支导线的连接。在接线过程中，导线需要分支时，应在器具中、盒内连接，可利用盒内导线分支或开关和吊线盒及其他电气器具中的接线桩头分支，如图 4-8 所示。导线利用接线桩头分支不宜过多，导线直径也不宜太大，且分支电流应与总电流相匹配（导体载流量）。

（2）单芯导线用塑料绝缘压线帽压接或用塑料绝缘螺旋接线钮连接。

1）6mm² 及以下的单芯铝线采用塑料螺旋接线钮连接较为方便。剥去导线绝缘后，将连接线芯并齐捻绞，保留线芯约 15mm 剪去前端。然后根据导线截面积选用相应型号（1、2、3 号）的接线钮，顺时针方向旋紧，要把导线绝缘部分拧入接线钮的导线空腔内，如图 4-9 (a) 所示。

2）塑料绝缘压线帽是将导线连接套管（铜芯线用镀银紫铜管，铝芯线用铝合金套管）和绝缘包缠复合为一体的接线器件，外壳用尼龙注塑成型，如图 4-9 (b) 所示。1～4.0mm² 铜导线的连接可根据导线截面积和根数选用 YMT1～3（套管材质为镀银紫铜管）型的塑料绝缘压线帽。根据 3 种规格来剥削导线的端部绝缘，分别露出线芯长度 13、15、18mm，插入压线帽内，使用专用阻尼式手握压力钳压实。2.5mm² 和 4.0mm² 铝导线的连接可根据导线的截面积和根数

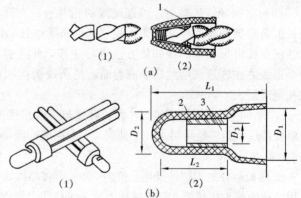

图 4-9 塑料绝缘螺旋接线钮和压线帽

(a) 塑料绝缘螺旋接线钮安装示意图 〔(1) 捻绞、剪断；(2) 旋紧〕；(b) 塑料压线帽安装示意图 〔(1) 接线示意图；(2) 结构剖面图〕
1—塑料绝缘螺旋接线钮；2—塑料绝缘压线帽；
3—导线连接管

选用 YML-1 型和 YML-2 型（套管材质为铝合金套管）的塑料压线帽，导线的端部剥削绝缘后露出长 18mm 线芯，插入压线帽内，使用专用阻尼式手握压力钳压实。塑料绝缘压线帽是一种新型导线连接器，施工中应选用难燃性产品，确保氧指数在 30 以上。

（3）多股导线与接线端子连接。

1）多股铝芯线与接线端子连接可根据其导线截面积选用相应规格的 DL 系列铝接线端子，如图 4-10（a）所示，采用压接方法进行连接。剥削导线端头绝缘长度为接线端子内孔的深度加上 5mm，除去接线端子内壁和导线表面的氧化膜，涂以中性凡士林油膏，将线芯插入接线端子内进行压接。开始在 L_1 处靠近导线绝缘压接一个坑，然后压另一个坑，压接深度以上、下模接触为宜，如图 4-10（c）所示。

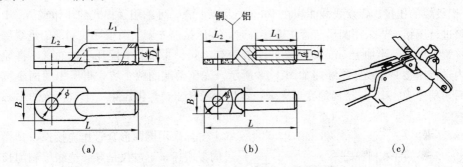

图 4-10 铝线与接线端子压接

(a) DL 系列铝接线端子；(b) DTL 系列铜铝接线端子；(c) 用压接钳压坑

多股铝导线与铜导体连接常采用 DTL 系列铜铝接线端子，如图 4-10（b）所示，铝芯导线采用冷压连接方法压接。

2）2.5mm² 以上的多股铜芯线与端子连接，可根据导线截面积选用相应规格的 DT 系列铜接线端子，外形结构同图 4-10（a）所示。将铜导线端头和铜接线端子内表面涂上焊锡膏，放入熔化好的焊锡锅内挂满焊锡，将导线插入端子孔内，冷却即可。截面积较大的多股铜芯线与接线端子相连可采用压接的方法。对一般用电场所，可在 L_1 处压一个坑；对电流较大、承受拉力要求高的场所，可在 L_1 处压两个坑，其压接顺序为先在端子的导线侧压一个坑，再在端子侧压一个坑。

（4）铝导线用压接套管连接。铝导线可用压接方法进行连接，应根据导线型号选择圆形（YL 系列）或椭圆形（QL 系列）铝压接管和相应的压模及压坑数，压模选定后，压坑深度也确定下来了。由于铝导线在空气中极易氧化，表面生成既不利导电又难以熔化的氧化膜，且其密度大，在铝熔化后容易沉积在铝液下面，使接头质量下降。因此，连接时常用加焊剂的化学方法或机械摩擦加以清除。

单芯或多芯铝绞线常采用钳压方法进行连接，即将要连接的两根导线的端头剥去绝缘层，清除导线的表面氧化铝膜，并立即涂上中性凡士林油膏，把导线插入连接管内，利用压钳的压力使钳压管变形，将导线挤住。

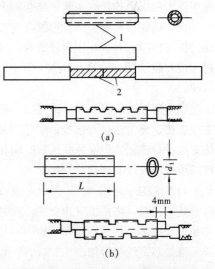

图 4-11 单芯铝导线用压接管连接

(a) 单线圆管压接；(b) 单线椭圆管压接

1—套管；2—连接线芯

1）单芯铝线的压接。单芯铝导线截面积在 10mm² 及以下者，可采用手提压钳进行压接连接。

单芯铝导线采用圆形套管时，将铝线芯分别在铝套管两端插入，各插到套管一半处，用压接钳压接，如图 4-11（a）所示；当采用椭圆形套管时，应使两线对插后，线头分别露出套管两端 4mm，然后用压接钳压接，如图 4-11（b）所示。单股铝线需要分线或并线连接时，可采用椭圆形铝套管压接。导线压接时，应将压钳压到必要的极限位置，并使所有压坑的中心线在同一直线上。

单股导线和二次电缆线芯取短了需要接长时，西欧国家一般使用有外绝缘层先预制好的连接套管连接后，用专用手钳压牢。这需要做到二次电缆线芯规格的规范与统一，并制造出与导线规格配套的连接套管和专用压接手钳。

2）铝绞线的压接。铝绞线截面积在 16mm² 及以上者，可采用手提式油压钳或 YT-1 型压接钳和压膜进行压接。当采用圆形套管作连接件时，在压接前先剥去两根导线端部的绝缘层，其长度为连接管长度的一半加上 5mm，清除导线表面氧化膜，并涂上中性凡士林油膏，将导线插入连接管内进行压接。导线压接顺序如图 4-12 所示，先压两端的两个坑，再压中间两个坑。压完一个坑后，稍停 10～15s，待局部变形完全稳定后，松开压口，再压第二个口，坑的中心线应在同一条直线上。

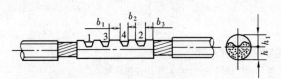

图 4-12　铝绞线圆形套管压接
1、2、3、4—压接顺序；
b_1、b_2、b_3—压坑间距；h_1—压坑深度；h—剩余厚度

如采用椭圆形套管作连接件，其操作方法同上所述，不过仅是导线绝缘层剥削长度应超过套管的全长。

导线在压接中，当上下压模相碰时，压坑深度恰好能满足要求，压坑不能过浅，否则压接管握着力不够，导线会抽出来。每压完一个坑后要持续压 10～15s 后再松开，以保证压坑深度准确。铜导线与铝导线连接时，可采用铜铝过渡连接管。使用时，将铜、铝端各自插入铜、铝线局部压接即可。这种连接管的铜、铝接合处用强大的压力连接在一起，结合面上不会产生电化腐蚀。

导线压完后应修去压坑边缘及连接管端部因被迫而翘起的棱角，并用砂布打光，再用浸过汽油的抹布擦净，并应在压接管两端涂红丹粉油。压后如压接管变形，可用木锤调直；压接管弯曲过大或有裂纹的，要重新压接，压接后尺寸的允许误差为±1.0mm（铝钳压管），最后恢复绝缘层。

（5）铜导线的直线和分线连接。铜导线的连接可采用绞接、焊接或压接等方法。单芯铜芯线常用绞接、缠卷法进行连接；多芯铜芯线常用单卷、缠卷及复卷法进行连接。铜芯线也有采用压接方法进行连接，但铜导线压接时应在铜连接管内壁搪锡，以加大导线接触面积。此外铜线的连接还可采用绞接和绑接。

1）绞接法。小截面积（4mm² 及以下）单芯直线连接和分支连接，常采用绞接法连接。单芯线直线绞接时，将两线互相交叉，同时把两线芯互绞 2 回后，再扳直与连接线成 90°，将每个线芯在另一线芯上各缠绕 5 圈，如图 4-13（a）所示。

双线芯直线绞接如图 4-13（b）所示，不过接头处要错开绞接。一是防止接头处绝缘包扎不好或在外力作用下容易形成短路；二是防止重叠处局部突出，外观质量太差，也不便敷设。

单芯 T 字分线绞连时，将导线的芯线与干线交叉，先粗卷 1～2 圈或先打结以防松脱，然后再密绕 5 圈，如图 4-13（c）、图 4-13（d）所示。单芯线十字分线绞接方法如图 4-13（e）、图 4-13（f）

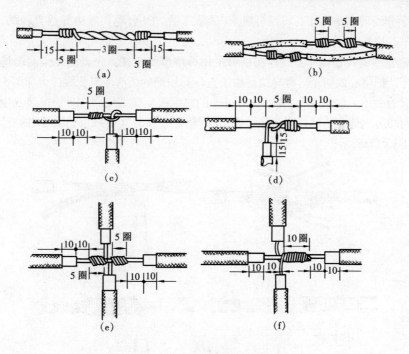

图 4-13 单、双芯铜导线绞接连接

(a)直线中间连接；(b)双线芯直线连接；(c)T 字打结分线连接；(d)T 字不

打结分线连接；(e)二式十字分线连接；(f)一式十字分线连接

所示。

2）缠绕绑接。

a. 较大截面积（6mm² 及以上）的单芯直线连接和分线连接。单芯直线缠绕是将两线相互并合，加辅助线，如图 4-14(a)所示。用绑线在并合部位中间向两端缠卷（即公卷），长度为导线直径的 10 倍，然后将两线芯端头折回，在此向外再单卷 5 圈与辅助线捻绞 2 圈，如图 4-14(b)所示。

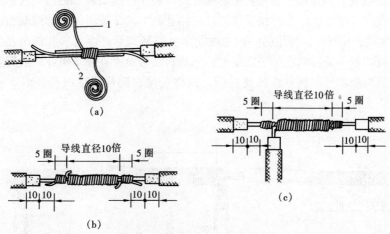

图 4-14 单芯导线缠绕绑接法

（a）加辅助线示意图；（b）大截面积直线连接；（c）大截面积分线连接

1—绑线（裸铜线）；2—辅助线（填一根同径线）

单线 T 字分线缠绕是将分支导线折成 90°紧靠干线，其公卷长度为导线直径的 10 倍，再单卷 5 圈，如图 4-14（c)所示。

b. 对多芯铜线直线连接和分线连接也可采用缠绕绑绞连接。先剥去导线两端绝缘层，然后把多芯线打开，把中心线切短，将导线逐根拉直，并用细砂纸清除氧化膜。再把两头多线芯顺序交叉插进去成为一体，加辅助线一根（1.5mm² 的裸铜线）做绑线。在导线连接线中部用绑线从中间开始向两端分别缠卷，其长度为导线直径 10 倍，余线与其中一根连接线芯捻绞 2 圈，余线剪断，如图 4-15（a)所示。

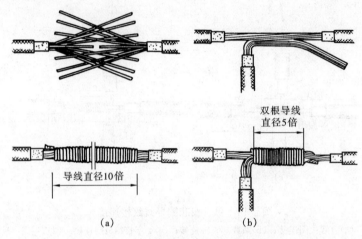

图 4-15　多芯铜导线缠绑接法
(a) 直线连接；(b) 分线连接

多芯铜导线分线缠绕是将分线折成 90°靠紧干线，在绑线端部相应长度处弯成半圆形，将绑线短端弯成与半圆形成 90°，与分接线靠紧，用长端缠卷，长度达到导线结合处直径 5 倍时，将绑线两端部捻绞 2 圈，剪掉余线，如图 4-15（b）所示。

3）单卷或复卷连接。

a. 多芯铜导线的直线连接。首先把多芯线拧开，将中心线切断，把两头线芯插成一体，利用导线本身卷直线连接。取任意两相邻线芯，在接合处中央交叉用一侧芯线端做绑扎线，在另一侧导线上缠卷 5~6 圈后，再用另一根芯线与绑扎线相绞后把原有绑扎线压在下面继续按上述方法缠卷。线芯相绞处排列在一条直线上，缠绕长度为导线直径 5 倍，最后缠卷的线端与一余线捻绞 2 圈后剪断。另一侧导线依此进行，缠绕长度也同样为导线直径的 5 倍，如图 4-16（a)所示。

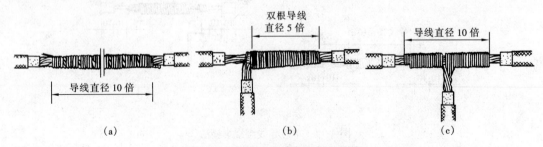

图 4-16　多芯导线单卷和复卷连接
(a) 单卷直线连接；(b) 单卷分线连接；(c) 复卷分线连接

b. 多芯铜导线分线连接。

a）单卷分线连接是将分线破开，根部折成90°紧靠干线，用分支线其中一根在干线上缠卷，缠卷3～5圈后剪断，再用另一根线，继续缠卷3～5圈后剪断。依此方法直至连接到双根导线直径5倍时为止，如图4-16（b）所示，应使剪断线处在一条直线上。

b）复卷分线连接是将分线端破开劈成两半后与干线连接处中央相交叉，把分线向干线两侧分别紧卷后，余线依阶梯形剪断，连接长度为导线直径的10倍，如图4-16（c）所示。

多芯铜导线还可以采用机械冷压接方法进行连接，但要在铜连接管内进行搪锡处理，以保证接触良好。

（6）导线用螺钉连接。施工现场有时将导线端头绝缘层剥去后，单股导线的线头按顺时针方向弯成比连接螺钉直径略大的圆圈，然后套在螺钉上，将螺钉拧紧。二次电缆线芯与屏上端子的连接不应采用线头弯圈套在螺钉上的连接方法，而采用导线端头插入端子插孔，螺钉压紧导线端子的连片。剥线钳上安装有标尺，可以做到每次剥出的导线端头长度相同。

多股铜芯软线与螺钉连接时应将软线芯做成羊眼圈状，挂锡后再与螺钉固定连接，确保经螺钉压后不散股并接触良好。

3. 导线接头包缠绝缘

（1）在导线连接（包括分支）处，为了恢复绝缘，应包缠绝缘带，需要恢复的绝缘强度不应低于原有绝缘层。常用的绝缘带有黑胶布带、黄蜡布带、橡胶带和聚氯乙烯带。它们具有不同的特性，如橡胶带有黏性但不吸潮，适用于包缠橡胶绝缘的电线接头；黄蜡布带绝缘性能好，表面光洁，但没有黏性；黑胶布带有黏性，能耐风雨；聚氯乙烯带的绝缘性能、耐潮性及耐腐蚀性都好，因有黄、绿、红等多种颜色，亦可作为相色带用。

（2）用绝缘带包缠恢复导线接头绝缘层时，绝缘带与导线保持约55°的倾斜角，每周包缠压叠带宽的1/2。绝缘带应从完好的绝缘层上包起，先裹入1～2个绝缘带的带幅宽度，再开始包扎。在包扎过程中应尽可能地收紧绝缘带。直线路接头时，最后在绝缘层上缠包1～2圈，再进行回缠。绝缘带的起始端不能露在外部，终了端应再反向包扎2～3圈，防止松散。连接线中部应多包扎1～2层，使包扎完的形状呈枣核形。

采用黏性塑料绝缘包布时，应半叠半包缠不少于2层。当用黑胶布包扎时，要衔接好，应利用黑胶布的黏性紧密地封住两端口，防止连接处线芯氧化。为增加接头处防水防潮性能，应使用自黏性塑料带包缠。

并接头绝缘包扎时，包缠到端部时应再缠1～2圈，然后将此处折回，反缠压在里面，应紧密封住端部。包缠完毕要绑扎牢固，平整美观。

（3）连接用电设备上的导线端头和铜接头的导线端，应以黄蜡布或橡胶带先缠绕2层，然后用黑胶布缠绕2层。

4. 导线连接的其他注意事项

为了确保导线连接的质量，还应注意以下几点：

（1）使用焊锡锅时，不能将冷勺或水浸入锅内，防止爆炸、飞溅伤人、伤及导线绝缘层。

（2）盒内铜导线并接头连接方法应正确，端部导线应折回压在缠绕线上。铜导线连接后焊接时，焊料应饱满，接头应牢固。铜导线连接时，应在剥削绝缘、清除线芯氧化膜后立即连接并进行锡焊，加热温度应适当，焊锡膏不可过多，焊锡要均匀。如导线连接后搁置一段时间再进行焊接，就会因产生氧化膜而沾锡困难，影响焊接质量；且不应使用酸性焊剂，防止腐蚀铜质导线。

(3) 铝导线应根据导线不同的截面积而选用熔焊、机械连接或压接等方法进行连接。铜、铝导线连接时应做铜铝过渡处理；多股导线与设备、器具连接时应用接线端子；压头时应满圈，使用弹簧垫圈，避免接点松动。

铝导线使用气焊连接时，为使接头焊好，在多股导线并头焊接前需分别进行封头焊，并在两根导线靠近绝缘层部分缠以浸过水的石棉绳，以避免焊接时烧坏绝缘层，然后用铁线把所要连接的导线绑扎在一起进行焊接。

(4) 使用喷灯加热上锡时，既不能脏污加热处导线，以免造成无法沾锡，也不能伤及导线的绝缘层。

(5) 用高压绝缘胶布包缠时，应拉长 2 倍，半叠半包扎；包扎黑胶布时，应把起端压在里边，把终了端回缠 2~3 圈压在上边，防止出现绝缘带松散、端部不牢等现象。

第五节 导 管 配 线

将绝缘导线穿在管内配导称为导管配线，管内穿线应在建筑物的抹灰及地面工程结束后进行。

一、扫管穿线

(1) 在穿线前应将管内的积水及杂物清理干净。对于弯头较多或管路较长的钢导管，为减少导线与管壁摩擦，可向管内吹入滑石粉，以便穿线。这样有利于管内清洁、干燥，且便于维修和更换导线。

(2) 为避免钢导管的锋利管口磨损导线绝缘层及防止杂物进入管内，穿线前管口处应装设护圈保护导线；在不进入接线盒(箱)的垂直管口，穿入导线后应将管口密封。导线穿入硬塑料导管前，应先清理管口毛刺刃口，防止穿线时损坏导线绝缘层。

(3) 导线穿入导管前，如导线数量较多或截面积较大，为了防止导线端头在管内被卡住，要把导线端部剥出线芯，并斜错排好，采用 $\phi1.2$~$\phi2.0\text{mm}$ 的钢丝做引线，然后按图 4-17(a)所示方法与电线缠绕，将钢丝的一端逐渐送入管中，直到在管的另一端露出为止，将导线拉出，如图 4-17(b)所示。当从一端穿钢丝受阻而滞留在管路途中时，可转动钢丝，使钢丝头部在管内转动，让其前进；或者在另一端再穿入一根头部弯成勾状的引线钢丝，并转动使其与原有头部带勾状的钢丝绞在一起，以便拉出，如图 4-17(c)所示。

当导线根数较少时，可将绝缘导线端头直接与引线钢丝缠绕后，用钢丝穿管拉线。

(4) 当管路较长、弯头较多时，可一人在一端将所有的导线紧捏成一束送入管内，另一人在另一端拉引线钢丝，将导线拉出管外，注意勿使导线与管口处摩擦损坏绝缘层。当管路较短、而弯头较少时，可把绝缘导线直接穿入管内。当导线穿至中途需要增加根数时，可把导线端头剥去绝缘层或直接缠绕在其他电线上，随其继续向管内拉线即可，前提是管径应满足导线增加的要求。

二、管内线路敷设要求

(1) 根据设计图纸中导管敷设场所和管内径截面积，选择所穿导线的型号、规格。但穿管敷设的电力和照明线路用绝缘导线最小截面积，铜芯线不小于 1.5mm^2、铝芯线不小于 2.5mm^2。为方便穿线，核算导线允许截流量而考虑 3 根及以上绝缘导线穿于同一根管时，其总截面积(包括外护层)不应超过管内截面积的 40%。两根绝缘导线穿于同一根管时，管内径不应小于两根导线外径之和的 1.35 倍(立管可取 1.25 倍)。

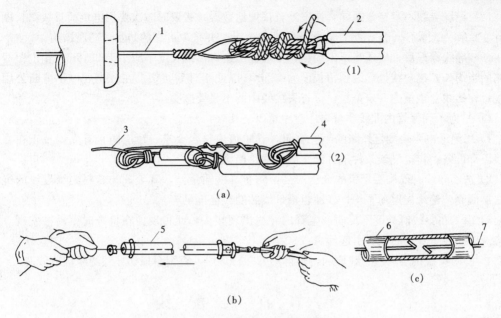

图 4-17　用钢丝穿引导线的方法
(a) 拉线头子的缠绕绑法 [(1) 双根导线平齐绑法；(2) 多根导线错开绑法]；
(b) 导线入管方法；(c) 管两端钢丝穿引方法
1、3、7—钢丝；2、4—导线；5、6—线管

(2) 为提高管内配线的可靠性，防止因穿线而磨损绝缘，低压线路穿管均应使用额定电压不低于 0.45/0.75kV 的绝缘导线。

(3) 配管内所穿导线作用各不相同，应尽量使用各种颜色的塑料绝缘线，以便于识别，方便与电气器具接线。

(4) 导线在管内不应有接头和扭结，接头应设在接线盒（箱）内，防止造成穿线难度大、线路发生故障时，不利于检查和修理。为此，放线时为使导线不扭结、不出背扣，最好使用放线架。无放线架时，应把线盘平放在地上，从内圈抽出线头，并把导线放得长一些。

(5) 为防止发生故障时扩大影响面和相互干扰，不同回路、不同电压等级和交流与直流的导线不得穿在同一根管内，但下列几种情况或设计有特殊规定的除外：

1) 标称电压为 50V 及以下的回路。

2) 同一设备或同一联动系统的主回路和无电磁兼容要求的控制回路。

3) 同一类照明灯具的几个回路可穿入同一根管内，但管内导线总数不应多于 8 根。

(6) 为保持三相线路阻抗平衡，防止产生涡流效应，在同一交流回路的导线应穿于同一钢导管内。回路是指同一控制开关及保护装置引出的线路，包括相线和中性线或直流正、负两根线，且线路自始端至用电设备、器具之间或至下级配电箱之间不再设保护装置。

(7) 为保证安全，便于检修，敷设于垂直线路中的导线，当导线的截面积、长度和管路弯曲超过规定时，应采用拉线盒加以固定，如图 4-18 所示。

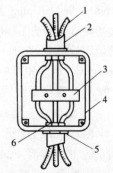

图 4-18　垂直配线用拉线盒的固定方法
1—导线；2—导线保护管；3—线夹；4—拉线盒；5—锁紧螺母；6—护口

(8) 绝缘导线不宜穿金属导管在室外直接埋地敷设，必要时对次要用电负荷且线路长度小于 15m，可穿入壁厚不小于 2mm 的金属导管埋地敷设，并采取可靠的防水、防腐措施。

(9) 导线穿好后，应适当留出余量，一般在出盒口留线长度不应小于 0.15m，箱内留线长度为箱的半周长；出户线处导线预留长度为 1.5m，以便于日后接线。在分支处可不剪断公用直通导线，在接线盒内留出一定余量，可省去接线中的不必要接头。

(10) 为了确保管内配线质量，还应注意以下几点：

1) 用绝缘电阻表测定线路的绝缘电阻，其阻值应符合要求，还应防止有人触及正在测定中的线路和设备。雷电气候条件下，禁止测定线路绝缘。

2) 选购导线时要购买厂家的合格产品，防止导线质量差，其表现为塑料绝缘导线的绝缘层与线芯脱壳，绝缘层厚薄不均，表面粗糙，线芯的线径不足等。

3) 由于在穿线时长度不足而产生管内导线出现接头，此种现象在检查时不易被发现，操作者应及时换线重穿，否则将引起后患。

4) 管内穿线困难时应查找原因，不得用力强行穿线，否则会损伤导线绝缘层或线芯。

第六节 直 敷 配 线

一、直敷配线的用途及选择

直敷配线应选用护套绝缘导线，工程设计中多采用铜芯塑料护套导线。塑料护套线具有双层塑料保护层，即线芯绝缘为内层，外面再统包一层塑料绝缘护套，是一种具有塑料保护层的双芯或多芯绝缘导线，具有防潮、耐酸和耐腐蚀、线路造价较低和安装方便等优点。工程中常用 BVV 型铜芯塑料护套线和 BLVV 型铝芯塑料护套线。塑料护套线主要用于居住及办公建筑室内电气照明、日用电器插座线路的明敷设和挑檐下照明工程的明敷设，有时也在民用建筑的照明工程中做空心楼板板孔穿线的暗敷设或加套塑料护层的绝缘导线在暗敷板孔内暗敷设；但使用应加以限制，必须具备方便更换电线的条件，且塑料护套线的线芯截面积较小，大容量电路不能采用。

选择塑料护套线时，其规格、型号必须是符合设计要求的合格产品，其截面积不宜大于 6mm²。因为 10mm² 及以上护套绝缘导线的线芯由多股构成，其柔性大，施工时难以保证线路的横平竖直，影响工程质量和美观。而且作为照明和日用电器插座线路，6mm² 铜芯护套绝缘导线的载流量已足够用。塑料护套线的最小线芯截面积，铜线不应小于 1.5mm²，铝线不应小于 2.5mm²。施工中可根据实际需要选择双芯或三芯护套线。

二、直敷明配线

1. 配线位置的确定

塑料护套线配线应避开烟道、热源和各种管道，线路对地和与其他管道间的最小距离应分别满足表 4-25 和表 4-26 的要求。

根据设计图纸要求，按线路的走向，确定线路中心线，并标明照明器具及穿墙套管的导线分支点的位置，以及接近电气器具旁的支持点和线路转角处导线支持点的位置。

2. 敷设支持物和保护管

(1) 敷设塑料护套线的保护管。为了保护导线不受意外损伤，护套绝缘导线与接地导体及不发热的管道紧贴交叉时应加绝缘管保护，敷设在易受机械损伤的场所应用钢管保护。当塑料护套线穿过墙壁、楼板时，可用钢导管、硬质塑料导管或瓷导管保护，其保护管突出墙面的长度为 3

～10mm。当塑料护套线水平敷设室内，距地面距离不应小于 2.5m；垂直敷设室内，距地面低于 1.8m 段导线，应用导管保护，如在装设开关的地方，可保护到开关的高度。

(2) 敷设塑料护套线的支持物。塑料护套线可固定在已预埋好木砖或木订的建筑物表面上，或在木结构上用钉子直接将铝线卡订牢作为护套线的支持物，还可以采用水泥钉将铝线卡直接钉入建筑物混凝土结构或砖墙上。必要时，也可采用冲击钻打孔，埋设木钉或塑料胀管到预定位置，作为护套线的固定点。护套线的支持点位置应根据电气器具的位置及导线截面积大小来确定。在线路终端、转弯中点以及电气器具、设备或盒（箱）的边缘应用线卡固定，固定点的距离宜为 50～100mm。直线部位导线的线卡固定点间距应均匀分布，距离为 150～100mm。两根护套线敷设遇有十字交叉时，交叉口处的四方都应有固定点。塑料护套线配线固定点的位置如图 4-19 所示。

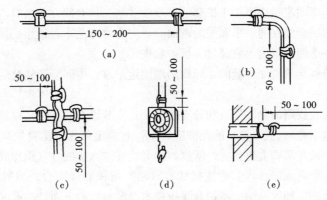

图 4-19 塑料护套线配线固定点位置

(a) 直线部分；(b) 转角部分；(c) 十字交叉；(d) 进入木台；(e) 进入管子

铝线卡有钉装式和粘接式两种型式，如图 4-20 所示。常用铝线卡号有 0、1、2、3、4、5 号等规格。粘接式适用于干燥的房间内，且施工较为麻烦，使用不普遍。用铝线卡固定护套线，应在线卡固定牢靠后敷设护套线，而用塑料钢钉电线卡，则可边敷设护套线边进行固定。塑料钢钉电线卡是固定护套线的极好支持件，且施工方法简便，适用于混凝土及砖墙上的护套线固定。此时应将护套线两端预先固定收紧后，在线路上按已确定好的位置直接钉牢塑料电线卡上的钢钉即可。

电气器具固定可采用塑料胀管，其埋设可选用相应冲击电钻打孔，而后埋入塑料胀管，且应与建筑装饰面平齐。

3. 线路敷设

(1) 如塑料护套线在放线时被弄乱或出现扭弯，应在敷设前设法校直，但不得损伤护套线。由于护套线不可能完全平直无曲，在敷设线路时可采取勒直、勒平和收紧的方法校直。

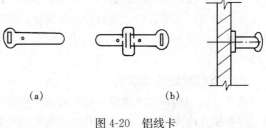

图 4-20 铝线卡

(a) 钉装式；(b) 粘接式

为了固定牢靠、连接可靠、装饰美观，护套线经过勒直和勒平处理后，在敷设时还要把护套线尽可能地收紧，把收紧后的导线夹入另一端的临时瓷夹中，再按顺序逐一用铝线卡夹持。

(2) 夹持铝线卡时，应注意护套线必须置于线夹钉位或粘贴位的中心，在扳起两侧线夹片的头尾同时，应用手指顶住支持点附近的护套线。铝线卡夹持的步骤如图 4-21 所示。在夹持铝线

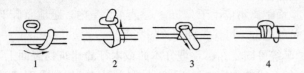

图 4-21　铝线卡夹持步骤

卡的过程中应进行检查，如有偏斜，用小锤轻敲线夹，予以纠正。

（3）护套线在转角部位及进入电气器具、木（塑料）台或接线盒前及穿墙处等部位时，如出现弯曲和扭曲时，应顺弯按压，待导线平直后，夹上铝线夹。

（4）多根护套线成排平行或垂直敷设时，应上下或左右排列紧密，间距一致，不能有明显空隙。要求所敷设的线路应横平竖直，不应松弛、扭绞和曲折，且平直度和垂直度不应大于 5mm。

（5）塑料护套线需要改变方向而转弯时，弯曲后导线必须保持垂直。为了防止护套层开裂，并使敷设时导线平直，故护套线在同一平面上转弯时，弯曲半径应不小于护套线宽度的 3 倍；在不同平面上转弯时，弯曲半径应不小于护套线厚度的 3 倍。护套线在弯曲时，不应损伤线芯的绝缘层和护套层。多根护套线在同一平面同时弯曲时，应先将弯曲半径最小的护套线弯好，弯曲部位应贴紧无缝隙，一个铝线卡内不宜超过 4 根护套线。

（6）护套线在跨越建筑物变形缝时，导线两端固定牢靠，中间变形缝处应留有适当余量，以防损伤导线。

（7）塑料护套线在线路的中间接头和分支接头处，应装设在盒（箱）或器具内。在多尘和潮湿场所应采用密封盒（箱）；盒（箱）的配件应齐全，并固定可靠。塑料护套层引入盒内不仅可在入口处保护线芯，而且装饰上更美观。所以，护套线在进入接线盒（箱）或与电气器具内连接时，护套层也应引入盒内或器具内，应使接线盒（箱）与护套线吻合。塑料护套线进入木（塑料）台时，按护套线的粗细度挖槽，将护套线压在木（塑料）台下面，在木（塑料）台内不得剥去护套线绝缘层。

三、直敷暗配线

为确保工程质量，塑料护套线或加套塑料层的绝缘导线穿过空心楼板孔内做暗配敷设，可使建筑物更美观，但在穿入时不能损伤护套层。

塑料护套线暗敷设的板孔穿线施工如图 4-22 所示，应与在墙体上敷设管子和接线盒相配合。塑料护套线暗敷设应在墙体上对着需穿线的空心楼板板孔处的垂直下方，在适当高度处设置过路盒；在盒的上方配合土建施工时在砖墙上留槽或在圈梁内预埋短管，以留出洞口；楼板安装后，由盒上方至板孔内敷设一段塑料短管。从过路盒到楼板中心灯位处一段穿塑料护套线，在盒内留出适当余量，与墙体内暗配管的普通塑料线在盒内相连接，如图4-22（a）所示。

空心楼板板孔穿线时，塑料护套线需要直接通过两板孔端部接头处，板孔孔洞必须对直，并穿入与孔洞内径一致、长度不宜小于 200mm 的圆筒（用油毡纸或铁皮制作）加以保护，如图 4-22（b）所示。

四、直敷配线注意事项

为了确保塑料护套线敷设质量，在施工中还应注意以下几点：

（1）板孔内穿线前，应将板孔内的积水和杂物清除干净。板孔内穿入塑料护套线时不得损伤护套层，并应为便于更换导线创造条件，导线接头应设在接线盒内。

（2）在环境温度低于 −15℃ 时，不得敷设塑料护套线，防止塑料发脆造成导线断裂，影响工程质量。

（3）塑料护套线在室外明敷时受阳光直射，易老化而降低使用寿命，且易诱发漏电事故，故不得在室外露天场所明设。塑料护套线不得直接埋入墙体抹灰层内，由于用户可能向墙上钉钉子

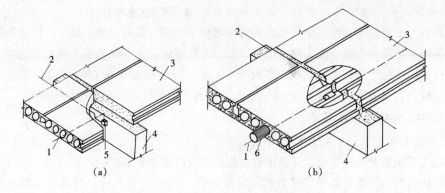

图 4-22　板孔穿线施工示意图

(a) 穿线示意图；(b) 板孔接头做法

1—板孔穿线；2—塑料导管；3—空心板；4—墙（梁）；

5—接线盒；6—圆筒（油毡纸或铁皮制作）

等，容易形成导线短路或造成触电事故，也不应直接敷设在保温层、装饰面板内、顶棚及其抹灰层内。

（4）塑料护套线明敷设弹线时，应采用浅颜色，以免脏污墙面；安装木砖时不得损坏墙体，并应保护墙面整洁。

（5）配线完成后，不得喷浆和刷油漆，以防污染塑料护套线及电气器具。搬运物件或修补墙面，不要碰松明敷护套线。

（6）塑料护套线间和对地间的绝缘电阻值必须大于 $0.5M\Omega$。

第七节　瓷夹和绝缘子配线

一、概述

1. 低压配线用瓷夹、绝缘子

鼓形绝缘子（瓷柱，俗称爆仗白料）和针式或蝶式绝缘子作绝缘和固定导线用。瓷夹板及鼓形、针式、蝶式绝缘子等低压线路用绝缘子的结构如图 4-23 所示。

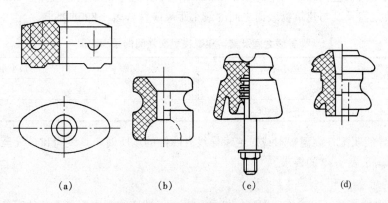

图 4-23　低压线路绝缘子结构

(a) 瓷夹板；(b) 鼓形绝缘子；(c) 针式绝缘子；(d) 蝶式绝缘子

2. 配线用瓷夹、绝缘子（鼓形、针式和蝶式绝缘子）的适用范围

瓷（塑料）夹宜用于正常环境的屋内场所和挑檐下的屋外场所布线。鼓形、针式和蝶式绝缘子宜用于屋内、外场所布线。为了便于维修，工作人员不能进入的顶棚也不得使用绝缘子配线。

使用瓷夹配线的绝缘导线截面积不宜大于 $10mm^2$；导线截面积在 $16mm^2$ 及以下者，可采用鼓形绝缘子配线；多股导线截面积在 $16mm^2$ 及以上者，应用针式、蝶式绝缘子配线。

二、瓷夹、绝缘子配线要求

1. 导线截面积、敷设间距和对地距离

（1）配线用绝缘导线应根据设计要求选用相应的导线截面积和瓷夹、绝缘子，但在无设计要求时，导线的线间及导线对地面的最小间距应符合表 4-25 中有关规定；导线最小截面积还应满足机械强度的要求，不能满足时，应用钢导管或硬塑料导管保护。

（2）绝缘导线沿室内墙面或顶棚敷设时，固定点之间的最大距离应符合表 4-28 的要求。

表 4-28　　　　　　　　　　　　　固定点之间的最大间距　　　　　　　　　　　　　mm

配线方式	线 芯 截 面 （mm²）				
	1～4	6～10	16～25	35～70	95～120
瓷夹配线	600	800			
鼓形绝缘子配线	1500	2000	3000		
针式、蝶式绝缘子配线	2000	2500	3000	6000	6000

（3）室内绝缘导线与建筑物表面的最小距离应满足：瓷夹板配线不小于 5mm；鼓形、针式和蝶式绝缘子配线不小于 10mm。

（4）因裸导线易危及人身安全，现已较少采用，但由于其成本低，现仍有采用的情况。为确保安全运行，在工业厂房内采用裸导线时，配线工程应符合下列要求：

1）裸导线距地面高度不应小于 3.5m；当装有网状遮栏时，不应小于 2.5m。

2）在屋架上敷设时，导线至起重机铺面板间的净距不应小于 2.2m；当不能满足要求时，应在起重机与导线之间装设遮栏保护。

3）在搬运和装配物件时能触及导线的场所不得敷设裸导线。

4）裸导线不得与起重机的滑触线同支架敷设。

5）裸导线与网状遮栏的距离不应小于 10mm；与板状遮栏的距离不应小于 50mm。

6）裸导线之间及其与建筑物表面之间的最小距离应符合表 4-29 的要求。

表 4-29　　　　　　　　　裸导线之间及其与建筑物表面之间的最小距离

固定点间距 l（m）	最小距离（mm）	固定点间距 l（m）	最小距离（mm）
$l \leq 2$	50	$4 < l \leq 6$	150
$2 < l \leq 4$	100	$l > 6$	200

（5）绝缘导线明配在高温辐射或对绝缘导线有腐蚀的场所时，其线间和导线至建筑物表面的最小距离也应满足表 4-29 的要求。

2. 配线的准备工作

（1）在土建抹灰前，先按施工图确定灯具、开关、插座和配电箱等设备的安装地点，然后再确定导线的敷设路线、穿墙壁和楼板的位置以及起始、转角、终端夹板和绝缘子的固定位置，最

后再确定中间夹板或绝缘子的固定位置。

（2）线路走向应根据设计要求确定，并应考虑配线的整洁、美观及配线应尽可能沿房屋线脚、墙角等处，并应与电气设备的进线口对正，画出夹板、绝缘子、开关、灯具、插座等固定点的中心线，标出安装位置。

（3）预埋支架或紧固件的具体方法：一是直接将支架或固定件埋入预先确定的线路路径上；二是凿孔打洞；三是预留孔洞，然后在孔洞中洒水淋湿，埋设木砖或角钢支架，再用水泥砂浆填充。

（4）埋设保护导管。穿墙瓷导管或经阻燃处理的塑料导管、过楼板钢导管，在混凝土结构预留管孔时应与铺模板工作同时进行，以免日后增加施工难度。若使用瓷导管时，应避免施工中碰坏瓷导管，穿墙管两端伸出墙壁面不小于10mm；在潮湿处的过墙导管管头应留防水弯；穿过楼板的钢导管，其与楼面的距离不应小于1.8m，如在装设开关的地方时高度可到开关的位置。

3. 线路敷设

（1）室内绝缘导线与建筑物表面应满足最小距离的要求，当不能满足时，在线路的交叉处因导线间振动易发生摩擦，使绝缘层破损。为此，应将靠近建（构）筑物的导线穿入绝缘导管内。其导管的长度不应小于100mm，并应加以固定；导管两端与其他导线外侧边缘的距离均不应小于50mm，如图4-24(a)～图4-24(c)所示。

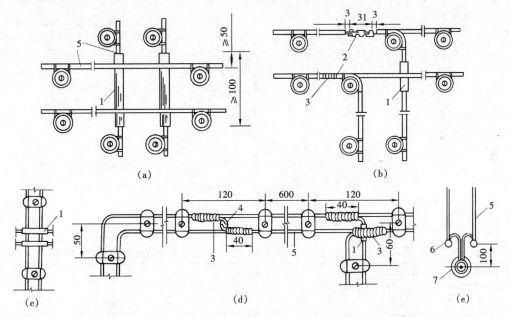

图4-24 线夹、绝缘子配线的交叉、分支、转弯和进入插座做法

(a) 绝缘子配线交叉；(b) 绝缘子配线分支；(c) 线夹配线交叉；
(d) 线夹配线转弯、接头和分支；(e) 导线进入插座

1—绝缘套管；2—接头处；3—接头处包扎绝缘层；4—穿墙瓷导管；5—导线；6—瓷柱；7—插座

为了固定导线，且保证线路敷设平整、分支接头处不受拉力，导线在转弯、分支和进入设备、器具处，应装设瓷夹、绝缘子等支持件固定。瓷（塑料）夹板配线安装木（塑料）台时，不得压线装设，导线应在其表面引进吊线盒、插座、平灯座等内，如图4-24(d)和图4-24(e)所示。其与导线转弯的中心点、分支点、设备和器具边缘的距离宜为：瓷夹配线40～60mm；鼓形绝缘

子配线 60～100mm。

(2) 绝缘子配线绑扎，要求绝缘导线的绑扎线应有保护层，其目的是保护导线绝缘层不受损伤；绑扎线的规格应与导线规格相匹配，否则不易扎紧绑牢。过细的扎线在绑紧时易损伤导线的绝缘层，绑扎线直径按表 4-30 选择。导线截面积在 6mm² 以下时，可用单绑法；截面积在 10mm² 以上时，可采用双绑扎法；导线的终端和始端应采用回头绑扎法，如图 4-25 所示。导线的绑扎线选用应适当：当导线为橡皮绝缘线时，应使用一般纱包线绑扎；塑料线应用相同颜色的聚氯乙烯铜线绑扎。绝缘子配线终端回头绑扎圈数见表 4-31。

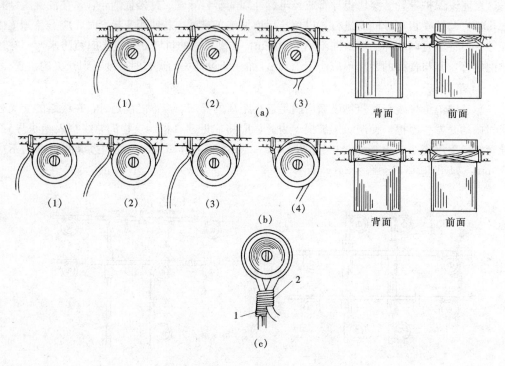

图 4-25　导线的绑扎方法

(a) 单绑法；(b) 双绑法；(c) 回头绑扎法

1—公卷；2—单卷

表 4-30	绑扎线直径选择	
导线截面积 （mm²）	绑扎线直径（mm）	
	铜绑扎线	铝绑扎线
＜10	1.0	2.0
10～35	1.4	2.0
50～70	2.0	2.5
95～120	2.6	3.0

表 4-31	绝缘子配线终端回头绑扎圈数			
导线截面积 （mm²）	1.5～2.5	4～25	35～70	95～120
公 圈 数	8	12	16	20
单 圈 数	5	5	5	5

导线在绝缘子上的固定位置，要求在针式绝缘子或蝶式绝缘子的外侧或同一侧；转角时，导线应绑扎在转角的外侧；在建筑物的侧面或斜面配线时，必须将导线绑在绝缘子的上侧，如图 4-26所示为导线在绝缘子上的固定位置。

(3) 图 4-27 所示为线路与管道交叉做法，线路与水管、蒸汽管和其他金属件交叉时，应将靠近建筑物的线路上的每根导线穿入绝缘导管内，绝缘管两端应绑扎固定。绝缘导管与蒸汽管保温层的距离 A 应不小于 20mm，以确保导线绝缘层不会在局部加速老化而缩短使用寿命。

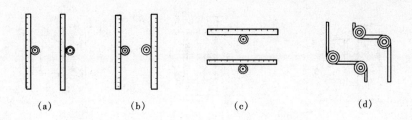

图 4-26　导线在绝缘子上的固定位置

(a) 同侧；(b) 外侧；(c) 上侧；(d) 转角的外侧

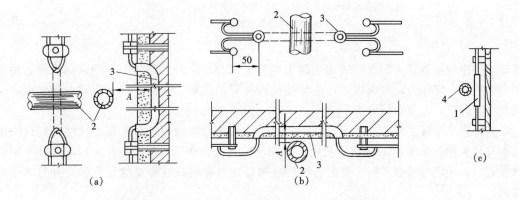

图 4-27　线路与管道交叉做法

(a) 瓷夹板配线与蒸汽管道交叉；(b) 绝缘子配线与蒸汽管道交叉；(c) 导线与水管交叉

1—绝缘导管；2—热力管；3—硬塑料导管；4—水管；$A \geqslant 20\text{mm}$

（4）线夹和鼓形绝缘子在木结构上可用木螺钉直接固定。木螺钉的长度为线夹高度的两倍，固定鼓形绝缘子的木螺钉的选用见表 4-32。

表 4-32　　　　　　　　　　　　　固定鼓形绝缘子的木螺钉的选用

导线截面积 （mm²）	鼓形绝缘子型号	木螺钉的规格		
		代号	直径（mm）	长度（mm）
10 及以下	G-30	12	5.59	70
16～50	G-35	13	5.59	80
70 及以上	G-38 或 G-50	14	6.30	90

在砖墙上可利用预埋的木砖和木螺栓固定鼓形绝缘子；或用预埋的支架和螺栓来固定鼓形绝缘子或针式、蝶式绝缘子。此外，在砖墙上还可以用膨胀螺栓或塑料胀管和螺钉来固定鼓形绝缘子、线夹。

在混凝土结构上，线夹、绝缘子通常有 4 种固定方法：一是采用缠有铁丝的木螺栓，此方法只能固定线夹和鼓形绝缘子；二是采用支架，此法常用于固定鼓形绝缘子和针式、蝶式绝缘子；三是采用膨胀螺栓，此法适用于固定线夹和瓷柱；四是用环氧树脂粘接线夹和鼓形绝缘子，适用于混凝土或钢、木结构。

图 4-28 所示为在墙体上粘接线夹、鼓形绝缘子的做法。常用的环氧树脂黏接剂有环氧树脂滑石粉、石棉粉、水泥黏接剂。线夹和鼓形绝缘子用环氧树脂粘接固定时，室内气温应在 +5℃以上，先用钢丝刷把粘接面刷干净，再用湿布擦净并待干燥，否则会影响粘接强度。粘

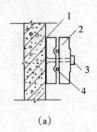　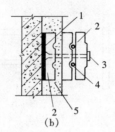　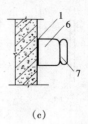

图 4-28　环氧树脂粘接绝缘子的各种做法

(a) 瓷夹板在混凝土墙上粘接；(b) 瓷夹板在抹灰的混凝土墙上粘接；

(c) 瓷柱在混凝土墙上粘接

1—黏接剂；2—瓷夹板；3—沉头螺栓；4—导线；5—灰墙；6—鼓形绝缘子；7—绑扎线

接面处理干净后，将黏接剂涂在线夹或鼓形绝缘子底部。涂料要均匀，不能涂得太厚。粘接时可用手稍加一定压力，边压边转，使粘接面有良好的接触。粘接后待一定的养护时间，使黏接剂充分硬化，方可布线施工。

安装膨胀螺栓最主要的工序是钻孔，必须保证钻孔的质量，应根据膨胀螺栓的规格决定钻孔的直径和埋设深度，如表 4-33 所示。在固定位置上钻孔后，洞内清扫干净，用锤子轻轻敲打胀管口，使之与墙面平齐，最后将螺栓或螺钉穿过夹板或鼓形绝缘子孔眼，并打入压紧螺母内。

表 4-33　　　　　　　　　　　　　　膨胀螺栓及钻孔规格　　　　　　　　　　　　　　　mm

螺栓规格	M6	M8	M10	M12	M16
钻孔直径	10.5	12.5	14.5	19	23
钻孔深度	50	60	70	80	105

(5) 在瓷夹板和鼓形绝缘子上固定导线应从一端开始，如导线有弯曲，应事先调直，再将导线向另一端拉直固定，最后把中间导线固定。导线敷设应平直，无明显松弛；导线在转弯处不应有急弯。

当导线穿过墙壁时，应将导线穿入预先埋设的瓷管内，并在墙壁的两边用鼓形绝缘子或瓷夹板固定。当导线自潮湿房屋进入干燥房屋时，瓷管两端应用沥青胶封堵，以防潮气侵入。

当导线穿过楼板时，应将导线穿在预先埋设的钢管内。穿线时，先将钢管两端装好护线套(护口)，再进行穿线，这样就可避免管口割破导线的绝缘层。

(6) 为了外观装饰的需要和便于敷设及维修的要求，瓷夹配线和鼓形绝缘子或针式、蝶式绝缘子配线的偏差应不超过允许偏差的范围。

4. 瓷夹、绝缘子配线注意事项

为了确保瓷夹、绝缘子配线质量，还应注意以下几点：

(1) 为了确保用电安全，在雨、雪能落到导线上的室外场所，不宜采用鼓形绝缘子、瓷夹配线；室外配线的针式或蝶式绝缘子不宜倒装。因雨雪堆积在瓷夹、鼓形绝缘子表面，会使导线绝缘降低而产生漏电现象；针式或蝶式绝缘子倒装会积水，影响导线的绝缘。

(2) 紧固件埋设应得当，选用螺钉规格适宜。线夹和绝缘子的固定方法应依支持面的形状和结构而定。当瓷(塑料)夹板因粘接不牢而掉落时，应凿毛板的粘接表面，用环氧树脂黏接剂重新粘合。

（3）为了保证导线横平竖直和正对圆木，可先做圆木的固定螺栓。

（4）在圆孔预制楼板上做好灯位专用螺栓，如图 4-29 所示。以灯位固定螺栓为中心点，弹出粉线，定出两端第一对瓷夹板的位置，再量整个线段长度，将其分成 60cm 以内的等份档距。当瓷夹板档距不均超过允许限度时，应重新分均档距，凿注支持点。

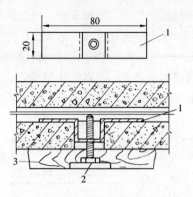

图 4-29　圆孔空心板灯位专用螺栓
1—吊卡板；2—螺栓；3—圆木

（5）为了避免松放导线时产生急弯（打结），应先把整盘导线顺圈边转边放开。在瓷夹或绝缘子上固定导线时应从一端开始，先将导线夹在瓷夹板的槽内或绑扎在绝缘子的颈部，以防止导线扭弯、松弛。如果导线弯曲，应事先调直，调直后再将导线向另一端拉直固定，最后把中间导线固定，这样做可以使线路平直。

（6）瓷夹、绝缘子安装后应完好无损、表面清洁、固定可靠。

第八节　槽　板　配　线

一、概述

槽板配线就是将绝缘导线放到槽板的线槽内，外加盖板。槽板有木制和塑料两种型式，图 4-30 所示为木槽板结构示意图。聚氯乙烯塑料槽板具有耐酸、耐碱、耐油及电气绝缘性能好（击穿电压为 14kV/mm）等特点。

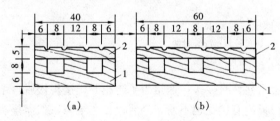

图 4-30　木槽板结构示意图
（a）二线式；（b）三线式
1—底板；2—盖板

槽板配线适用于室内用电负荷小、导线较细和干燥的场所的明配敷设，但槽板不应设在顶棚和墙壁内。目前大型公共建筑已基本不用槽板配线，但在一般民用建筑或有些古建筑的修复以及个别地区仍有较多的使用。

二、槽板与导线敷设

（1）敷设槽板时，要求槽板内、外应平整光滑、无扭曲变形。木槽板应干燥、无劈裂，槽内应涂绝缘漆和防火涂料，槽底涂防腐漆；塑料槽板应经阻燃处理，并有阻燃标识。

（2）槽板尺寸按导线的粗细选择，木槽板厚度应为 6mm，槽内导线间距应不小于 10mm。敷设于木槽内的导线应绝缘可靠，为减少故障或不使故障扩大，其额定电压不应低于 0.45/0.75kV。一条槽板内应敷设同一回路的导线；在宽槽内应敷设同一相导线；不同回路或不同相位导线，不应敷设在同一槽内。

（3）槽板线全长明显可见，底板应紧贴建（构）筑物的表面敷设，底板与盖板要整齐密合；多条槽板并列敷设时，应无明显缝隙。槽板敷设应与建筑物棱线协调，使之具有整齐美观的效果。槽板穿过梁、墙和楼板处应有保护套管，跨越建筑物变形缝处应有补偿装置，且与槽板结合严密。槽板严禁用木楔固定，且不得靠近暖气管、烟囱及其他高温场所。

（4）槽板敷设如图 4-31 所示，底板接口与盖板接口应错开，其错开距离不应小于 20mm。为保证连接严密、装饰美观，槽板的盖板在直线段上和 90°转角处，应成 45°斜口相连，终端应封闭；T 形分支处应成三角叉接；盖板应无翘角，接口应严密整齐。槽板底板固定点间距离应小于 500mm；底板应用平面铁钉或螺钉在中间位置固定，三线槽底应使用双钉固定；盖板用圆钉钉在底板的筋上，不得扎伤导线，盖板也不应挤伤电线的绝缘层。盖板钉间距离应小于 300mm。底板离终端点 50mm 及盖板离终端 30mm 处均应固定。

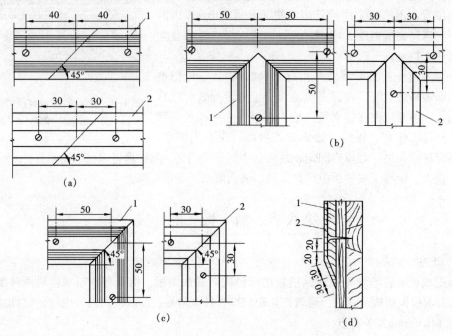

图 4-31　木槽板敷设要求

(a) 对接；(b) 分支；(c) 转角；(d) 封端

1—底板；2—盖板

(5) 槽板的每个槽内只允许装一根导线，且不允许有接头，这是为了防止导线接头松脱，增大接触导阻，使接头处发热，引起火灾事故。槽板内有接头也不便于今后检查和维修，如需接头则应置于接线盒（见图 4-32）或器具内，但接头的接触应良好。槽板配线应使用专用接线盒，分为木槽板用接线盒和塑料槽板用接线盒，两种接线盒的不同点主要是几何尺寸不同，均以槽板的断面尺寸来决定（一般塑料槽板要比木槽板断面小）。接线盒用于槽板的 T 形接头处，只需将接线盒的一侧开一个与槽板横断面相符的缺口即可。这种接线盒一般用自熄性塑料制成，颜色为白色。

(6) 为装饰、固定和检修槽板的需要，槽板与各种器具的底座连接时，导线应留有余量，且槽板不直接与各种电器相连，而是通过底座（如圆木或方木）再与电器相连，底座应压住槽板端部。图 4-33 所示为槽板配线木台做法。槽板配线时，应使用厚 32mm 的高桩木台，并应按槽板的宽度和厚度在木（塑料）台边挖槽，底板应伸进木（塑料）台，盖板头内应压入木（塑料）台不小于 10mm。

在木（塑料）台安装之前应检查暗配灯位盒周围的抹灰情况，灯位盒周围不应有孔洞。

(7) 槽板配线和绝缘子配线接续处，由槽板端部起 300mm 以内的部位，须设绝缘子固定导线。

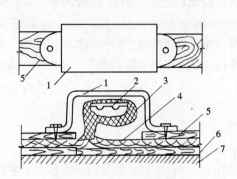

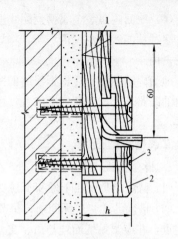

图 4-32 槽板接线盒安装图

1—接线盒；2—压接管；3—包缠绝缘层；

4—绝缘导线；5—槽板的盖板；

6—槽板的底板；7—墙壁

图 4-33 槽板配线木台做法

1—槽板；2—木台；3—木螺钉；

h—木台厚度

（8）为了外观装饰的需要和便于敷设，槽板配线后，其水平和垂直允许偏差应不超过 5mm。

第九节 槽 盒 配 线

在建筑工程中，特别是现代化大型建筑物内，槽盒配线已获得广泛应用。槽盒按材质可分为塑料槽盒和金属槽盒两大类；按敷设方式可分为明配或暗配（包括地面内暗装金属槽盒配线）两种。槽盒的规格应根据设施图纸的规定选取定型产品或加工制作。

一、槽盒选择

1. 塑料槽盒的选择

（1）正常环境的室内场所和有酸碱腐蚀介质的场所一般选择塑料槽盒配线，但高温和易受机械损伤的场所不宜采用明敷设。

（2）必须选用经阻燃处理的塑料槽盒，外壁应有间距不大于 1m 的连续阻燃标识和制造厂标，其氧指数应在 27 以上。用高压聚乙烯及聚丙烯制成的塑料槽盒，其氧指数在 26 以下系可燃型材料，在工程中禁止使用。

（3）弱电线路可采用难燃型带盖塑料槽盒在建筑顶棚内敷设。

（4）选用塑料槽盒型号时应考虑到槽内导线填充率及允许载流导线数量。

2. 金属槽盒的选择

（1）正常环境的室内场所明敷一般选用金属槽盒配线，具有槽盖的封闭式金属槽盒可在建筑物顶棚内敷设。由于金属槽盒多由 0.4～1.5mm 薄钢板制成，所以有严重腐蚀的场所不应采用金属槽盒配线。

（2）同一路径有电磁兼容要求的线路，敷设于同一槽盒内时，应选用带金属隔板的槽盒。

（3）选择金属槽盒时，应考虑到导线的填充率及允许敷设载流导线根数等。

（4）选用的金属槽盒及其附件的表面应经过镀锌或静电喷漆等防腐处理过，其规格、型号应符合设计要求并有产品合格证。

（5）槽盒外观应达到内外光滑、平整，无毛刺、扭曲和变形等现象。

(6) 地面内暗装金属槽盒配线适用于正常环境下大空间且隔断变化多、用电设备移动性大或敷有多种功能线路的屋内场所,将导线或电缆穿入经特制的壁厚不小于 2mm 的封闭式的矩形金属槽盒内。

地面内暗装槽盒应根据线路的配线情况选择单槽型或双槽分离型两种结构型式。同一金属槽盒内的线路若无电磁兼容要求者,可选用单槽型槽盒;若有电磁兼容要求者,可选用双槽分离型槽盒。

二、槽盒敷设

1. 槽盒敷设一般要求

(1) 槽盒应敷设在干燥和不易受机械损伤的场所。

(2) 槽盒的连接应无间断;每节槽盒的固定点不应少于两个;在转角、分支处和端部均应有固定点,并应紧贴墙面或与吊、支架牢靠固定。

(3) 槽盒接口应平直、严密,槽盖应齐全、平整、无翘角。

(4) 固定或连接槽盒的螺钉或其他紧固件,紧固后其端部应与槽盒内表面光滑相接。为此,紧固件的螺母应设置在槽盒外侧。

(5) 槽盒的出线口应位置正确、光滑、无毛刺。

(6) 槽盒敷设应横平竖直,水平或垂直允许偏差为其长度的 2‰,且全长允许偏差为 20mm;并列安装时,槽盖应便于开启。

(7) 建筑物的表面如有坡度时,槽盒应随坡度变化。

(8) 明配金属槽盒及其金属构架、铁件均应做防腐处理。其防腐处理方法,除设计另有说明外,一般均刷樟丹油一道、灰油漆两道;深入底层地面混凝土内的金属槽盒应刷沥青油一道;埋入对金属槽盒有腐蚀性的垫层(焦渣层)时,应用水泥砂浆做全面保护。

(9) 明配金属槽盒应使用明装式金属附件;暗配金属槽盒应用暗装式附件;塑料槽盒应采用专用附件。

(10) 槽盒全部敷设完毕后,应进行调整检查。

2. 金属槽盒敷设

(1) 暗配金属槽盒。地面内暗装金属槽盒,将其暗敷于现浇混凝土地面、楼板或楼板垫层内,在施工中应根据不同的结构型式和建筑布局,合理确定槽盒走向。

1) 现浇混凝土楼板内暗配金属槽盒时,楼板厚度不应小于 200mm;楼板垫层内暗配金属槽盒时,垫层的厚度不应小于 70mm,并避免与其他管路相互交叉。

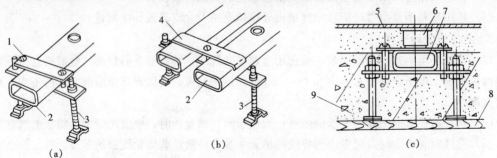

图 4-34 地面内暗配金属槽盒

(a) 单槽盒;(b) 双槽盒;(c) 槽盒出线口安装示意图

1—单压板;2、7—槽盒;3—卧脚螺栓;4—双压板;5—地面;6—出线口;8—模板;9—钢筋混凝土

2）地面内暗配金属槽盒时，应根据单槽盒或双槽盒结构型式不同，选择单压板或双压板与槽盒组装并配装卧脚螺栓，如图4-34(a)和图4-34(b)所示。地面内槽盒的支架安装距离，一般情况下应设置于直线段不大于3m处或槽盒接头处、槽盒进入分线盒200mm处。槽盒出线口和分线盒不得突出地面，且应做好防水密封处理，图4-34(c)所示为槽盒出线口的安装示意图。自槽盒出线口沿线路走向放置槽盒，然后进行槽盒连接。

3）地面内槽盒端部与配管连接时，应使用管过渡接头，如图4-35(a)所示；槽盒间连接时，应采用槽盒连接头，如图4-35(b)所示，槽盒的对口处应在槽盒连接头中间位置上；当金属槽盒的末端无连接时，就用封端堵头堵严，如图4-35(c)所示。

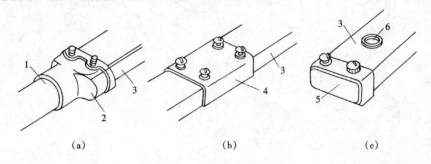

图4-35　槽盒连接安装
(a) 槽盒与导管过渡接头安装；(b) 槽盒连接头安装；(c) 封端堵头安装
1—钢管；2—导管过渡接头；3—槽盒；4—连接头；5—封接堵头；6—出线孔

4）分线盒与槽盒、导管连接。

a. 地面内暗装金属槽盒不能进行弯曲加工，当遇有线路交叉、分支或弯曲转向时，应安装分线盒，图4-36所示为分线盒与单槽盒连接。当槽盒的直线长度超过6m时，为方便施工穿线与维护，也宜加装分线盒。双槽盒分线盒安装时，应在盒内安装便于分开的交叉隔板。

b. 由配电箱、电话分线箱及接线端子箱等设备引至槽盒的线路，宜采用金属导管暗敷设方式引入分线导管，图4-36中钢导管从分线盒的窄面引出，或以终端连接器直接引入槽盒。

（2）明配金属槽盒。

1）明配金属槽盒敷设时，应根据设计图确定电源及盒（箱）等电气设备、器具的安装位置，从始端至终端找好槽盒中心的水平或垂直线，并根据槽盒固定点的要求标出匀分档距槽盒支、吊架的固定位置。槽盒的吊点及支持点的距离应根据工程具体条件确定，一般下列部位应设置吊架或支架：①一般在直线固定间距不大于2～3m或槽盒接头处；②在距槽盒的首端、终端及进出接线盒处不大于0.5m处；③槽盒转角处。

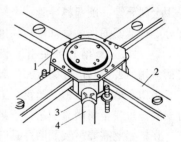

图4-36　分线盒与槽盒、导管连接
1—分线盒；2—槽盒；
3—引出导管接头；4—钢导管

2）金属槽盒在通过墙体或楼板处应配合土建预留孔洞。金属槽盒不得在穿过墙壁或楼板处进行连接，也不应将此处的槽盒与墙或楼板上的孔洞加以固定。

3）吊装槽盒进行连接转角、分支及终端处，应使用相应的专用附件。槽盒分支连接应采用转角、三通、四通等接线盒进行变通连接，如图4-37(a)～图4-37(c)所示；转角部分应采用立上转角、立下转角或水平转角，如图4-37(d)～图4-37(f)所示；槽盒末端应装上封堵进行封闭，如图4-37(g)所示；金属槽盒间的连接应采用连接头，如图4-37(h)所示。

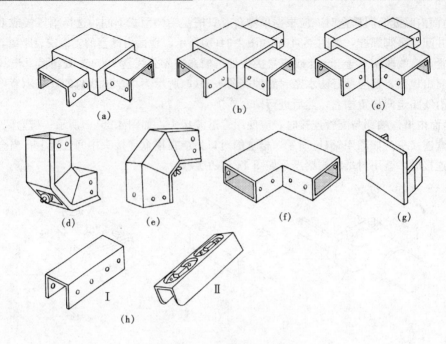

图 4-37　金属槽盒本体组装附件

(a) 转角接线盒；(b) 三通接线盒；(c) 四通接线盒；

(d) 立上转角；(e) 立下转角；(f) 水平转角；(g) 封堵；(h) 连接头；

Ⅰ—外连接头；Ⅱ—内连接头

　　金属槽盒组装的直线段连接应采用连接板，连接处间隙应严密平齐，在槽盒中的两个固定点之间，只允许有一个直线段连接点。

　　4) 金属槽盒出线口应利用出线口盒进行连接，如图 4-38 (a) 所示，引出金属槽盒的线路可采用金属导管、硬塑料导管、半硬塑料导管、金属软导管或电缆等配线方式。电线、电缆在引出部分不得遭受损伤。盒（箱）的进出线处应采用抱脚进行连接，如图 4-38 (b) 所示。

　　5) 吊装金属槽盒可使用吊装器，如图 4-39 (a) 所示。先组装干线槽盒，后组装支线槽盒，将槽盒用吊装器与吊杆固定在一起，把槽盒组装成型。

　　当槽盒吊杆与角钢、槽钢、工字钢等钢结构进行固定时，可用万能吊具［见图 4-39 (b)］进行安装；吊装金属槽盒在吊顶下吊装时，吊杆应固定在吊顶的主龙骨上。

　　在槽盒上需要吊装照明灯具时，可用蝶形夹卡［见图 4-39 (c)］将灯具卡装在槽盒上。

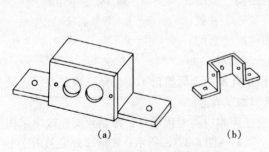

图 4-38　金属槽盒与盒、管连接附件

（a）出线口盒；（b）抱脚

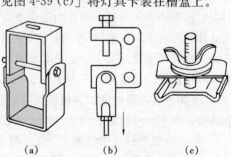

图 4-39　金属槽盒吊装器件

（a）吊装器；（b）万能吊具；（c）蝶形夹卡

　　槽盒在预制混凝土板或梁下吊装时，可采用吊杆和吊架卡箍固定。吊杆与建筑物楼板或梁的固定可采用膨胀螺栓进行连接，如采用圆钢做吊杆，圆钢上部焊接┐形扁钢或扁钢做吊杆，将其用膨胀螺栓与建筑物直接固定，如图4-40(a)所示；如采用膨胀螺栓及螺栓套筒，将吊杆与建筑物进行固定，如图4-40(b)所示；当与钢结构固定时，可将吊架直接焊在钢结构的固定位置处。

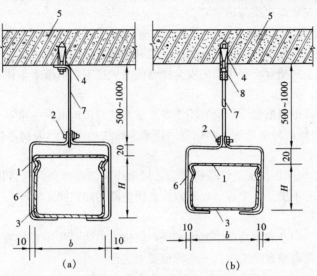

图 4-40　金属槽盒在吊架上安装

(a) 扁钢吊架；(b) 圆钢吊架

1—盖板；2—螺栓；3—槽盒；4—膨胀螺栓；5—预制混凝土板或梁；

6—吊架卡箍；7—吊杆；8—螺栓套筒

　　6) 金属槽盒紧贴墙面安装，当槽盒的宽度较窄时，可采用一个塑料胀管将槽盒固定；当槽盒宽度较宽时，可采用两个塑料胀管固定槽盒。用一个塑料胀管一般固定在槽盒宽度的中间位置；用两个塑料胀管，其固定间距一般为槽宽的1/2，螺柱距槽边为槽宽的1/4。图4-41所示为金属槽盒贴墙安装（图中虚线为双螺钉固定位置）。金属槽盒贴墙安装时，需将槽盒侧向安装，槽盖板设置在侧面。固定槽盒用半圆头木螺钉，其端部应与槽盒内表面光滑相接，以确保不损伤导线或电缆绝缘。

　　7) 明配金属槽盒不宜敷设在腐蚀性气体管道和热力管道的上方及腐蚀性液体管道的下方，当有困难时，应采取防腐、隔热等措施。金属槽盒与各种管道平行或交叉时，其最小净距应符合表4-34的要求。

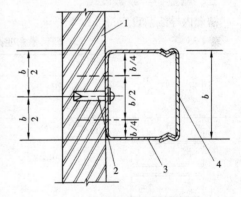

图 4-41　金属槽盒贴墙安装

1—墙；2—半圆头木螺钉；3—槽盒；4—盖板

表 4-34　　　　　　　　　　金属槽盒和电缆桥架与各种管道的最小净距　　　　　　　　　　　　　　m

管道类别		平行净距	交叉净距
一般工艺管道		0.4	0.3
具有腐蚀性气体管道		0.5	0.5
热力管道	有保温层	0.5	0.3
	无保温层	1.0	0.5

8）金属槽盒的直线段长度超过 30m 时，宜设置伸缩节，确保在环境温度变化时槽盒不发生变形或损坏。

9）金属槽盒在穿过建筑物变形缝处应有补偿装置，可将槽盒本身断开，在槽盒内用内连接板搭接，但不应固定死，以便金属槽盒能自由活动。

（3）金属槽盒的安全接地或保护接零。

1）为了保证用电安全，防止发生事故，金属槽盒的所有非导电部分的铁件均应相互连接，使槽盒本身有良好的电气连续性。槽盒在变形缝的补偿装置处应用导线搭接，使之成为一连续导体，做好整体接地。金属槽盒应有可靠的安全接地或保护接零，但槽盒本体不应作为设备接地的接续导体。

当无设计要求时，金属槽盒全长应有不少于 2 处与安全接地或保护接零干线相连接。

2）金属槽盒不得熔焊跨接接线，应以专用接地卡跨接的两卡间为铜芯软导线，截面积不小于 4mm^2。

3）非镀锌金属槽盒间连接板的两端跨接铜芯接地线，镀锌槽盒间连接板的两端不跨接接地线，但连接板两端应有不少于 2 个有防松螺帽或防松垫圈的连接固定螺栓。

3. 塑料槽盒敷设

塑料槽盒配线施工与金属槽盒施工基本相同，而施工中的一些注意事项又与硬塑料导管敷设完全一致，所以仅对塑料槽盒施工中，一些特定要求进行说明。

（1）塑料槽盒敷设时，槽底固定点间距应根据槽盒规格而定，一般不应大于表 4-35 所列数值。

（2）塑料槽盒布线时，在线路连接、转角、分支及终端处应采用相应的塑料附件。

（3）沿建筑的表面或在支架上敷设的刚性塑料槽盒，宜在直线段部分每隔 30m 加装伸缩节头或其他温度补偿装置，穿过建筑物变形缝时应装设补偿装置。

三、槽盒内导线敷设

槽盒内导线敷设应符合以下要求：

表 4-35　　　　　　　　　　　塑料槽盒明敷时固定点间最大距离

固定点型式	槽盒宽度（cm）		
	20～40	60	80～120
	固定点间最大距离 L（m）		
	0.8	—	—
	—	1.0	—
	—	—	0.8

（1）导线敷入槽盒前，应清扫槽盒内残余的杂物，使槽盒保持清洁。

（2）导线敷设前应检查所选择的导线是否符合设计要求，绝缘是否良好，导线按用途分色是否正确。放线时应边放边整理，理顺平直，不得混乱，并将导线按回路（或系统）编号用尼龙绑扎带或用线绳分段绑扎成捆，绑扎点间距不应大于 2m，分层排放在槽盒内并做好永久性编号标志。

（3）导线的规格和数量应符合设计规定。导线在槽盒内不得有接头，当槽盒内有分支时，其分支接头应设在便于安装、检查的部位。导线和分支接头的总截面积（包括外护层）不应超过该点槽盒内截面积的75%。

（4）槽盒内同一交流配电回路中所有相线和中性线（如有中性线时）应敷设在同一槽盒内，以消除交流回路的涡流效应。

（5）同一路径的不同回路无电磁兼容要求的配线。由于金属槽盒内导线填充率小、散热条件好、施工与维护方便、线间相互影响小等原因，所以多个回路可共槽敷设。槽盒内导线的总截面积（包括外护层）不应超过槽盒内截面积的20%，载流导体不超过30根。当3根以上载流导线的载流量经载流量校正系数调整后，在槽内可不限导线根数，但其总截面积在槽内仍不应超过槽盒内截面积的20%。

控制和信号线路的导线可视为非载流导体，不会因散热不良而损坏导体绝缘，所以其总截面积不应超过槽盒内截面积的50%。

（6）有电磁兼容要求的线路配线。

1）有电磁兼容要求的线路与其他线路敷设于同一金属槽盒内，应采取措施：①槽盒内用金属隔板隔开，线路交叉处应设置具有屏蔽分线板的分线盒；②采用屏蔽导线，且应将屏蔽护套一端接地。

2）采用双槽分离型金属槽盒，将有电磁兼容要求线路与其他线路分槽敷设，且在线路交叉处设置有屏蔽分线板的分线盒。

（7）金属槽盒垂直或大于45°倾斜敷设时，应采用防止在槽盒内移动的措施，确保导线绝缘不受损坏，避免拉断导线或拉脱拉线盒（箱）内导线。

（8）引出金属槽盒的配管管口处应有护口，防止导线在引出部分遭受损伤。

第十节 钢 索 配 线

钢索配线就是借助钢索的支持，在悬挂的钢索上进行导管配线、鼓形绝缘子配线、塑料护套线配线或电缆配线。钢索配线适用于建筑物架高、跨度大而又需降低电气设备安装高度的场所。

一、钢索的选用

（1）为防止钢索锈蚀影响安全运行，在潮湿、有腐蚀性介质及易积贮纤维灰尘的场所，应采用带塑料护套的钢索。

（2）含油芯的钢索易积贮灰尘而锈蚀，不应采用，而宜采用镀锌钢索，其目的是为了防止锈蚀。

（3）为了保证钢索的强度，确保安全，钢索配线所采用的钢绞线（GJ型）的截面积应根据跨距、荷重和机械强度选择，见表4-36，其最小截面积不宜小于10mm^2。钢索的单根钢丝直径应小于0.5mm，且不应有扭曲和断股现象。

表 4-36 钢索用钢绞线的选择表

型 号	直径（mm）	拉力（kN）	固定点间距（m）	吊挂设备的总质量（kg）
GJ-10	4.2	4	≤20	20
GJ-20	6.0	6	≤20	45
GJ-25	6.6	10	≤20	60

(4) 为防止终端拉环被拉脱，造成重大事故，钢索的终端拉环应牢固可靠，并能承受钢索在全部负载下的拉力。

二、钢索配线要求

1. 钢索配线的一般要求

(1) 屋内的钢索配线采用绝缘导线明敷时，应采用瓷夹、塑料夹、鼓形绝缘子或针式绝缘子固定；用护套绝缘导线、电缆、金属管或硬塑料管配线时，可直接固定于钢索上。

(2) 屋外的钢索配线采用绝缘导线明敷时，应选用耐气候型绝缘导线，防止绝缘层过快老化，且应采用鼓形绝缘子或针式绝缘子固定；采用电缆、金属管或硬塑料管配线时，可直接固定于钢索上。

(3) 为确保钢索连接可靠，钢索与终端拉环应采用心形环连接；钢索固定件应镀锌或涂防腐漆；固定用的线卡不应少于2个；钢索端头应采用镀锌铁线绑扎紧密。

(4) 为保证钢索张力不大于钢索允许应力，钢索中间吊架点间距不应大于12m，跨距大的应在中间增加支持点；中间固定点吊架与钢索连接处的吊钩深度不应小于20mm，并应设置防止钢索跳出的锁定装置（既可打开放入钢索，又可闭合防止钢索跳出），这是为防止钢索受外界干扰的影响发生跳脱现象，造成钢索张力加大，导致钢索拉断。

(5) 钢索的弧垂大小影响钢索所受的张力，钢索的弧垂是靠花篮螺栓来调整的。为确保钢索在允许安全的强度下正常工作，并使钢索终端固定牢固，当钢索长度为50m及以下时，可在其一端装花篮螺栓；当钢索长度大于50m时，两端均应装设花篮螺栓。图4-42所示为钢索在墙上安装，用花篮螺栓收紧钢索。

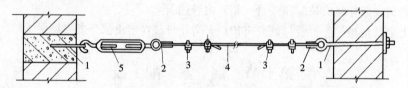

图 4-42　钢索在墙上安装

1—终端拉环；2—索具套环；3—钢丝绳轧头；4—钢索；5—花篮螺栓

(6) 由于钢索的弧垂影响到配线的质量，所以弧垂大小应按设计要求进行调整。当无设计规定时，在钢索上敷设导线及安装灯具后，钢索的弧垂不宜大于100mm。若弧垂太小，会使钢索超过允许受力值，可能会拉断钢索；弧垂太大会使钢索摆动幅度大，不利于固定其上的线路和设备运行，为此，可在中间增加吊钩。弧垂调整还应考虑避免其自由振荡频率与同一场所的其他建筑设备的运转频率产生共振现象。

(7) 钢索上绝缘导线至地面的距离，在屋内时不小于2.5m；屋外不小于2.7m。

(8) 为防止由于配线而造成钢索带电，影响安全用电，故钢索应可靠接地。

(9) 为确保钢索配线固定牢靠，其支持件间和线间距离应符合表4-37的规定。

2. 钢索吊管配线

钢索吊管配线可采用扁钢吊卡将金属导管或塑料导管以及灯具吊装在钢索上，如图4-43所示。

(1) 钢索配线的支件件间距离应符合表4-37的规定，且用管卡均匀固定牢靠。

(2) 吊装灯头盒和管道的扁钢卡子宽度不应小于20mm，吊装灯头盒的卡子不应少于2个。

表 4-37	钢索配线的支持件间距离		mm
配线类别	支持件间最大间距	支持件与灯头盒间最大距离	线间最小距离
钢 导 管	1500	200	—
硬塑料导管	1000	150	—

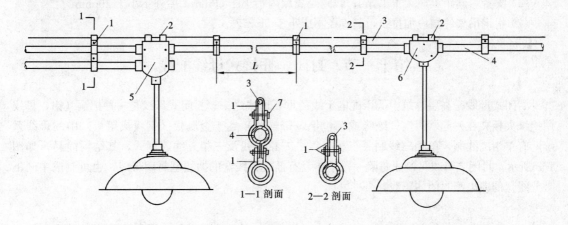

图 4-43　钢索吊管配线安装

1—扁钢吊卡；2—吊灯头盒卡子；3—钢索；

4—钢导管或塑料导管；5—五通灯头盒；6—三通灯头盒；7—螺栓

（3）配管逐段固定在扁钢卡上，并做好整体接地（在灯头盒两端若是金属导管，应用跨接地线焊接，保证配管连续性）。如用硬塑料导管配线则无需焊跨接地线，且灯头盒改用塑料灯头盒。

3. 钢索吊护套线配线

钢索吊护套线配线可用铝线卡将塑料护套线和用灯头盒固定钢板（兼做吊卡）将灯具吊装在钢索上，如图 4-44 所示。

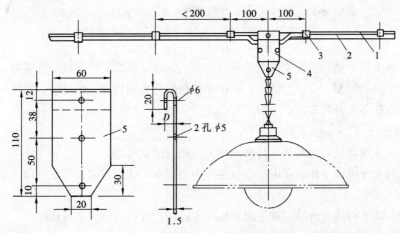

图 4-44　钢索吊塑料护套线配线

1—钢索；2—塑料护套线；3—铝片卡；4—塑料接线盒；5—灯头盒固定钢板

（1）采用铝卡子直敷在钢索上，支持点间距不应大于 500mm，且间距应均匀；卡子距接线盒不应大于 100mm。

（2）采用橡胶和塑料护套绝缘线时，接线盒应采用塑料制品，将灯头盒及灯头盒固定钢板吊装在钢索上。

4. 钢索上采用绝缘子吊装绝缘导线配线

钢索上采用绝缘子吊装绝缘导线配线时，应符合以下要求：

（1）支持点间距不应大于 1.5m；线间距离屋内不小于 50mm，屋外不小于 100mm。

（2）扁钢吊架终端应加拉线，其直径不应小于 3mm。

第十一节　封闭、插接式母线配线

封闭式母线是高层建筑中低压配电干线的重要形式之一。封闭式母线是一种把铜（铝）母线用绝缘夹板夹在一起（用空气绝缘或缠包绝缘带绝缘）置于金属板（钢板或铝板）中的母线系统，有单相二线制、单相三线制、三相三线、三相四线及三相五线等制式，其结构简易，如图4-45所示。封闭式母线可制成每隔一段距离设有插接分线盒的插接型封闭母线，也可制成中间不带分线盒的馈电型封闭式母线。

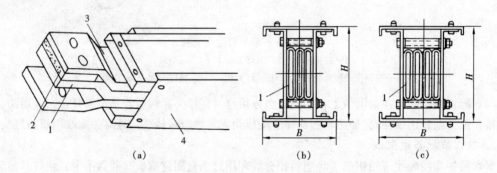

图 4-45　封闭式母线简易结构

（a）绝缘母线结构；（b）三线式母线断面；（c）四线式母线断面

1—导电排；2—绝缘衬垫；3—绝缘涂覆；4—母线槽涂漆

封闭式母线类型分类：①按工作电压分为高压、低压；②按工作环境分为室内、室外；③按绝缘方式分为空气绝缘型、密集绝缘型；④按导体材料分为铜母线、铝母线；⑤按用途分为插接型、馈电型；⑥按芯数分为二、三、四、五芯。

一、母线选择

（1）根据施工现场设计的需要，可选用相关类型封闭式母线。

（2）在干燥和无腐蚀气体的室内和电气竖井内等场所可选用封闭式母线，作大电流配电干线使用。

（3）由于封闭式母线造价高，选用时应做技术经济比较，合理时方可选用。

二、母线系统配件用途

封闭式母线都由制造厂成套供应，出厂时各段外壳上都标有分段单元和相别编号。应了解母线系统各部位配件用途，有利于正确组织配件进行安装、调整。

1. 始端母线槽

母线槽与变压器、配电柜或电缆应采用始端母线槽连接。

2. 始端进线箱

始端母线槽与变压器、配电柜之间应采用始端进线箱进行连接。

3. 普通型母线槽（直线式母线槽）

直线式母线槽通过绝缘螺栓连接成母线干线系统。

4. 插接分线箱

插接分线箱应与带插口母线槽匹配使用，引出电源，向用电设备供电，且插接分线箱均配有接地线，以保证母线槽可靠接地。插接分线箱内部可安装低压断路器、闸刀开关或熔断器、按钮或其他电器元件；也可以不设置其他电器元件，仅作母线支持与电缆连接之用，可根据需要进行选择。

5. 分岔式母线槽

分岔式母线槽与分岔螺栓连接箱配合使用，较之插接分线箱更为安全可靠。分岔螺栓连接箱装有低压断路器或熔断器，且能与分岔母线槽连接引出电源装置，箱内设备可通过非固定铜排与分岔式母线槽通过螺栓直接连接，每个分岔的最大电流容量可达800A。

6. 母线接续器

高能母线接续器作母线延伸连接用，具有压强高、接续可靠、安装快捷、省时省力等特点。各型母线出厂时均配带一只相应规格的接续器和高能特型扭矩螺栓，可使母线压板压力达到2万N以上，超限量扭力时，保险颈自行折断。

7. 变容量接头

封闭插接母线槽随线路长度的增加和负荷的减少，可使用变容量接头顺利地对母线槽减容，以节省材料。母线槽减容可沿母线长度逐段减小截面积，但不能超过两次，末端母线的最小截面积不能小于首端的1/2，且应符合导体与开关的配合要求。

8. 膨胀节

当封闭母线运行时，母线导体会随着温度的上升而沿长度方向膨胀伸长，伸长的多少与电气负荷的大小、持续时间、分支线的截面积大小以及环境温度的高低等因素有关。为适应其膨胀变形，保证封闭母线正常运行，在母线的直线敷设长度超过一定数值时，应设置伸缩节即膨胀节，进行温度补偿。

9. 弯头

（1）L型弯头有水平和垂直之分：L型水平弯头用于母线干线在水平位置变向或直角拐弯；L型垂直弯头用于母线干线垂直变向处，能方便地解决母线干线的方向及标高的变换。

（2）十字型弯头有水平和垂直之分，在母线干线需要水平分支或垂直分支时使用。

（3）Z型弯头有水平和垂直之分，在干线单元向一个方向敷设，但需绕道时采用。

（4）T型弯头有垂直和水平之分，在封闭插接母线干线需要分支时采用。

三、封闭、插接式母线施工

（1）母线安装前的检查。

1）检查母线出厂产品的合格证及安装技术文件是否齐全，产品的规格、型号是否符合设计要求。

2）母线本身应封闭良好，配件齐全。

3）成套封闭母线的各段标志及相别编号应清晰，各种型钢、卡具螺栓、垫圈等附件齐全，外壳不变形，内部无损伤。

4) 母线螺栓固定搭接面应平整、镀锡，其镀锡层无麻面、起皮等现象。

5) 母线本体外表面及外壳内表面应涂有无光泽黑漆，外壳外表面应涂浅色漆。

6) 母线组装前应逐段进行绝缘检查，其绝缘电阻值不得低于 $0.5M\Omega$。

(2) 母线应按设计和产品技术规定组装，正确地按分段图、相序、编号、方向和标志予以正确放置，如图 4-46 所示，不得随意互换。在组装时起吊母线，不应用裸钢丝绳起吊和绑扎；不得在地面上拖拉，任意堆物；也不得在外壳上进行其他任何作业，以防损坏外壳的防腐层。组装母线时外壳内不得有遗留物，外壳内及绝缘子必须擦拭干净，以防壳内绝缘降低或破坏绝缘。组装后的母线与外壳应同心，允许偏差为 ±5mm。外壳不允许损坏或变形，每相外壳的纵向间隙应分配均匀。

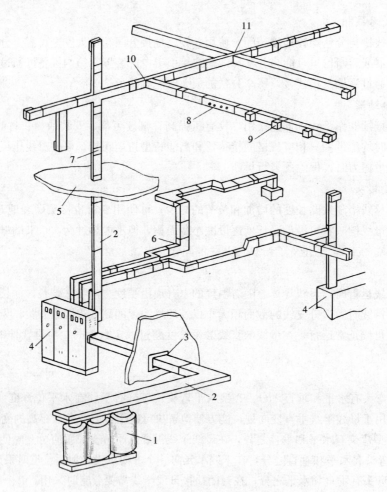

图 4-46　封闭插接式母线安装

1—变压器；2—配电型母线；3—穿墙；4—配电柜；5—楼板；6—L 型弯头；
7—支持金具；8—插接型母线；9—出线盒；10—T 型弯头；11—十字型弯头

(3) 封闭、插接式母线不应敷设在腐蚀性气体管道和热力管道的上方或腐蚀性液体管道的下方。当不能满足上述要求时，应采取防腐、隔热措施。母线敷设与各种管道平行、交叉时的最小净距应符合表 4-34 的要求。

(4) 母线水平敷设时，至地面的距离不应小于 2.2m；垂直敷设时，距地面 1.8m 以下部分应采取防止机械损伤的措施，但敷设在电气专用房间内（如配电室、电机室、电气竖井等）时，至地面的最小距离可不受限制。

（5）母线水平敷设时，应使用支架固定。支架刷漆应均匀，安装位置应正确，达到横平竖直、固定牢靠，成排安装的应排列整齐、间距均匀，其支持点间距不宜大于2m。垂直敷设时，进线盒及末端悬空时应采用支架固定；通过楼板处则应采用专用附件支撑，并以支架沿墙支持，支撑点间距不宜大于2m。支撑附件可采用如图4-47（a）所示用弹簧支架作支撑，也可采用如图4-47（b）所示的防振橡胶垫支撑。其目的是防止自重或沿长度方向膨胀时母线发生变形，以及带来良好的防振效果。如母线容量在400A及以下时，可以隔层在楼板上支撑；400A以上者应每层支撑。母线拐弯处及与箱（盘）连接处必须增加固定支架。

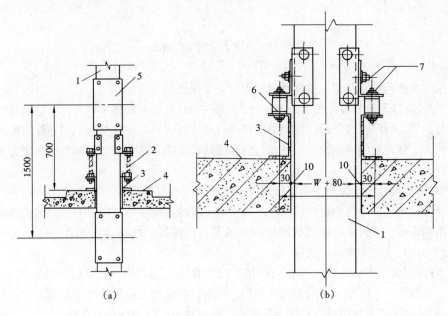

图4-47　母线槽垂直安装支撑架

（a）弹簧支撑架；（b）橡胶垫支撑架

1—母线槽；2—弹簧；3—槽钢；4—楼板；5—母线接头；

6—防振橡胶垫；7—螺栓；W—母线槽宽度

（6）母线的连接不应在穿过楼板或墙壁处进行。当母线穿过楼板垂直安装时，为便于安装维修，母线的接头中心一般应高于楼板面0.7m，如图4-47（a）所示。母线的插接分支点也应设在安全和安装维修方便的地方，因此安装插接分线箱（盒）时应注意到这一点。配电箱或分线箱的底边距地面以1.5m为宜。多根封闭式母线并列水平或垂直敷设时，各相邻母线间应预留维护、检修距离。

（7）母线在穿过防火墙及防火楼板时应采用防火隔离措施，一般在母线周围填充防火堵料，如图4-48所示。

（8）母线的终端无引出线时，端头应使用终端进行封闭。

（9）母线连接方法应符合技术文件要求。当段与段连接时，两相邻段母线及外壳对准，连接后不使母线及外壳受额外应力。母线的连接是采用高绝缘、耐电弧、高强度的绝缘板隔开各导电排以完成母线的插接，然后用覆盖环氧树脂的绝缘螺栓紧固，以确保母线连接处的可靠绝缘。母

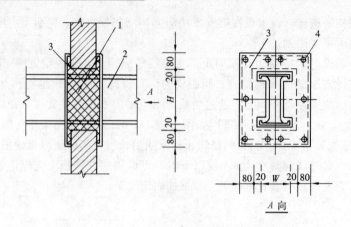

图 4-48　母线槽穿墙防火做法
1—防火堵料；2—母线槽；3—防火隔板；4—膨胀螺栓；*H*—母线槽高度；*W*—母线槽宽度

线连接可采用高能母线接续器，这样既省时省力，又保证接续可靠。

（10）母线直线敷设长度超过 80m 时，每隔 50～60m 宜设置膨胀节，其也可由制造厂提供温度补偿型母线槽。当母线水平跨越建筑物的伸缩缝或沉降缝时，也应采取适当补偿措施。橡胶伸缩套的连接头、穿墙处的连接法兰、外壳与底座之间、外壳各连接部位的螺栓应采用力矩扳手紧固，各接合面应密封良好。

（11）封闭插接母线外壳和支架等外露可接近导体应有可靠的安全接地或保护接零，且全长不少于 2 处与接地保护导体相连，但不能作为接地干线的接续导体。也可采用附加接地装置，即在外壳上附加 3×25 裸铜带，使母线槽间的接地带通过连接组成整体接地带。接地线应连接牢固，防止松动，且应与专用保护线连接。

（12）母线安装完毕后，首先检查允许偏差应在允许范围之内，必要时应进行调整。此外，还应整理、清理干净，用绝缘电阻表测试相间、相对地的绝缘电阻值并做好记录。

（13）对呈微正压的封闭母线，在安装结束后还应检查其密封性是否良好。

第十二节　室内电缆配线

一、概述

1. 电缆的结构特点

电力电缆的基本结构由导体、绝缘层、护套和外护层 4 部分组成：①导体采用铜或铝作电缆线芯，用作导电体；②绝缘层包在导体外面起绝缘作用，分为纸绝缘、橡皮绝缘和塑料绝缘 3 种；③护套起保护绝缘层的作用，可分为铅包、铝包、铜包、不锈钢包和综合护套等；④外护层一般利用钢带或钢丝，起承受机械外力或拉力的作用，以免电缆受损。

为了改善电场的分布情况，减少切向应力，有的电缆加有屏蔽层。多芯电缆绝缘线芯间还增加了填芯及填料，以便将电缆绞制成圆形。

常用的聚氯乙烯绝缘及护套电力电缆的绝缘层由聚氯乙烯挤包制成。多芯电缆的绝缘线芯绞合成圆形后绕包塑料带或者挤包聚氯乙烯作为内护层，其外护层为铠装层和聚氯乙烯外护套，用来保护绝缘层在运输、贮存、敷设和运行中不受外力的损伤和防止水分的浸入。

橡皮绝缘电力电缆的绝缘层为丁苯橡皮或丁基橡皮。护套一般为聚氯乙烯护套或氯丁橡皮护套。这种电缆柔软性好，易弯曲，敷设安装简便，适用于落差较大和弯曲半径较小的场合。但是耐热、耐油的性能较差，一般只能作低压电缆使用。

2. 电缆型号

电力电缆的型号用来说明电缆的结构特征，同时也表明电缆的使用场合。我国电力电缆产品型号及表示方法如下：

（1）用汉语拼音大写字母表示绝缘种类、线芯材料、内护层材料和结构特点。如 Z 表示纸；L 代表铝；Q 代表铅；F 代表分相；ZR 代表阻燃；NH 代表耐火型。电力电缆结构字母代号的含义见表 4-38。

表 4-38　　　　　　　　　　　　　　　电力电缆结构字母代号含义

用途、类别	导　体	绝　缘	内护层	特　征	铠装层	外　护
X—橡皮绝缘电缆 V—聚氯乙烯塑料绝缘电缆 YJ—交联聚乙烯绝缘电缆 Y—移动式软电缆 YH—电焊机用电缆	L—铝芯 T—铜芯（一般省略）	V—聚氯乙烯 X—橡皮 Y—聚乙烯	H—橡套 F—氯丁橡皮护套 L—铝套 Q—铅套 V—聚氯乙烯 Y—聚乙烯	D—不滴流 F—分相护套 P—屏蔽 Z—直流	0—无 2—双钢带 3—细圆钢丝 4—粗圆钢丝	0—无 1—纤维 2—聚氯乙烯套 3—聚乙烯套

（2）电缆型号由电缆结构各部分的代号组成，其排列次序一般以表 4-38 中所列内容为序。

（3）以下角形式用数字表示护套、外护层结构见表 4-39。

（4）电缆产品型号和规格的表示方法是在型号后再加上说明芯数和截面积、额定电压、长度的数字。

表 4-39　　　　　　　　　　　　　各种电缆外护层及铠装的适用敷设场合

护套或外护层	铠　装	代号	敷设方式							环境条件				备注
			室内	电缆沟	隧道	管道	竖井	埋地	电缆桥架	火灾危险	移动	一般腐蚀	严重腐蚀	
裸铝护套（铝包）	无	L	△	△	△	△	×	△	△	×	×	△	×	
裸铅护套（铅包）	无	Q	△	△	△	△	×	△	△	×	×	△	×	
一般橡套	无		△	△	△	×	×	△	△	×	△	△	×	
不延燃橡套	无	F	△	△	△	×	×	△	△	×	△	△	×	耐油
聚氯乙烯护套	无	V	△	△	△	△	×	△	△	×	△	△	△	
聚乙烯护套	无	Y	△	△	△	△	×	△	△	×	△	△	△	
普通外护层 （仅用于铅护套）	裸钢带	20	△	△	△	×	×	△	△	△	×	△	×	
	钢带	2	△	△	○	×	△	△	△	△	×	△	×	
	裸细钢丝	30	×	×	△	×	△	△	△	△	×	△	×	
	细钢丝	3	×	×	△	×	○	△	△	△	×	△	×	
	裸粗钢丝	50	×	×	△	×	△	△	△	△	×	△	×	
	粗钢丝	5	×	×	△	×	○	△	△	○	×	△	×	

续表

护套或外护层	铠装	代号	敷设方式							环境条件				备注
			室内	电缆沟	隧道	管道	竖井	埋地	电缆桥架	火灾危险	移动	一般腐蚀	严重腐蚀	
一级防腐外护层	裸钢带	120	△	△	△	×	×	×	△	△	×	△	×	
	钢带	12	△	△	○	×	×	×	△	×	×	△	×	
	裸细钢丝	130	×	×	×	×	△	△	△	△	×	△	×	
	细钢丝	13	×	×	×	×	○	△	○	△	×	△	×	
	裸粗钢丝	150	×	×	×	×	○	△	△	△	×	△	×	
	粗钢丝	15	×	×	×	×	○	△	△	△	×	△	×	
二级防腐外护套	钢带	22	△	△	△	×	△	△	△	△	×	△	△	
	细钢丝	23	×	×	×	×	△	△	△	△	×	△	△	
	粗钢丝	25	×	×	×	×	△	△	△	△	○	△	△	
内铠装塑料外护层(全塑电缆)	钢带	29	△	△	△	×	△	△	△	△	×	△	△	
	细钢丝	39	×	×	×	×	△	△	△	△	×	△	△	
	粗钢丝	59	×	×	×	×	△	△	×	△	×	△	△	

注 1. "△"表示适用,"○"表示外被层为玻璃纤维时适用,"×"表示不推荐采用。

2. 裸金属护套一级防腐外护层由沥青复合物加聚氯乙烯护套组成。

3. 铠装一级防腐外护层由衬垫层、铠装层和外被层组成。衬垫层由两个沥青复合物、聚氯乙烯带和浸渍皱纸带的防水组合层组成。外被层由沥青复合物、浸渍电缆麻(或浸渍玻璃)和防止粘合的涂料组成。

4. 裸铠装一级防腐外护层的衬垫层与铠装一级外护层的衬垫层相同,但没有外被层。

5. 铠装二级防腐外护层的衬垫层与铠装一级外护层的衬垫层相同,钢带及细钢丝铠装的外被层由沥青复合物和聚氯乙烯护套组成。粗钢丝铠装的镀锌钢丝外面挤包一层聚氯乙烯护套或其他同等效能的防腐涂层,以保护钢丝免受外界腐蚀。

6. 如需要用于湿热带地区的防霉特种外护层可在型号规格后加代号"TH"。

7. 单芯钢带铠有装电缆不适用于交流线路。

8. 表中代号中有旧代号,可与表 4-40 中新代号对照使用。

目前有的生产厂生产的电缆的外护层代号仍用旧代号。为了使用方便,特将外护层新旧代号对照列于表 4-40 中。

表 4-40 电缆外护层代号新旧对照表

新代号	旧代号	新代号	旧代号
02, 03	1, 11	(31)	3, 13
20	20, 120	32, 33	23, 39
(21)	2, 12	(40)	50, 150
22, 23	22, 29	41	5, 15
30	30, 130	(42, 43)	59, 25

注 1. 电缆外护层的代号按铠装和外被层的结构顺序用阿拉伯数字表示,一般由两位数字组成,首位数字表示铠装材料,第二位数字表示外被材料。

2. 原双层细圆钢丝铠装(代号 14、24)在电缆产品中实际不采用,故在新代号中不再列入。

3. 裸粗圆钢丝铠装(新代号 40)、粗钢丝铠装聚氯乙烯套(42 型)或聚乙烯套(43 型)一般不推荐使用。

4. 钢带铠装和细钢丝铠装一级外护层(代号 12 和 13)的沥青油麻外被层对钢带和细钢丝的防蚀保护效果差,理应由塑料护套所代替,但考虑到一时取代有诸多困难,故仍暂时保留,按标准型号编制方法改用型 21 和 31。

3. 电缆选择

（1）电力电缆型号的选择应根据环境条件、敷设方式、用电设备的要求和产品技术数据等因素来确定，一般按下列原则考虑：

1）在一般环境和场所内宜采用铝芯电缆；在振动剧烈和有特殊要求的场所，应采用铜芯电缆；规模较大的重要公共建筑宜采用铜芯电缆。

2）埋地敷设的电缆宜采用有外护层的铠装电缆。在无机械损伤可能的场所，也可采用塑料护套电缆或带外护层的铅（铝）包电缆。

3）在可能发生位移的土壤中（如大型建筑物附近）埋地敷设电缆时，应采用钢丝铠装电缆，或采取措施（如预留电缆长度，用板桩或排桩加固土壤等）消除因电缆位移作用在电缆上的应力。

4）在有化学腐蚀或杂散电流腐蚀的土壤中，不宜采用埋地敷设电缆。如果必须埋地时，应采用防腐型电缆或采取防止杂散电流腐蚀电缆的措施。

5）敷设在管内或排管内的电缆宜采用塑料护套电缆，也可采用裸铠装电缆。

6）沿高层或大型民用建筑的电缆沟道、隧道、夹层、竖井、室内桥架或吊顶敷设时，不应采用有易燃和延燃外护层的电缆，宜采用裸铠装电缆、裸铅（铝）包电缆或阻燃塑料护套电缆。

7）在有腐蚀性介质的室内明敷电缆，应视介质的性质采用塑料外护层电缆或其他防腐型电缆。

8）沿建筑物外面和敞露的天棚下等非延燃结构明敷电缆时，应采用具有防水及防老化外护层的电缆。

9）室内明敷的电缆宜采用裸铠装电缆；当敷设于无机械损伤及无鼠害的场所时，允许采用非铠装电缆。

10）靠近有抗电磁干扰要求的设备及设施的线路或自身有防外界电磁干扰要求的线路，应采用绝缘导线穿金属管或金属屏蔽线槽敷设，或采用具有金属屏蔽结构的电缆。

11）为减少相、零回路阻抗，提高保护装置灵敏度及抑制高电位引入等，可采用零线屏蔽式电缆。

12）架空电缆宜采用有外被层的电缆或全塑电缆。

13）当电缆敷设在较大高差的场所时，宜采用塑料绝缘电缆、不滴流电缆或干绝缘电缆。

14）三相四线制线路中使用的电力电缆，应选用四芯电缆。

15）由于预制分支电缆具有载流量大，耐腐性、防水性好，安装方便等优点，在高层、多层及大型公共建筑物室内低压树干式配电系统中广泛选用。应根据使用场所的环境特征及功能要求，选用具有聚氯乙烯绝缘聚氯乙烯护套、交联聚乙烯绝缘聚氯乙烯护套或聚烯烃护套的普通、阻燃或耐火型的单芯或多芯预制分支电缆。在敷设环境和安装条件允许时，宜选用单芯预制分支电缆。

16）由于矿物绝缘电缆采用无机物氧化镁作为线芯绝缘材料，采用无缝铜管外套和铜质线芯，宜用于民用建筑中高温或有耐火要求的场所。

选用带塑料护套的矿物绝缘（MI）电缆的场所：①电缆明敷在有美观要求的场所；②穿金属导管敷设的多芯电缆；③对铜有强腐蚀作用的化学环境；④电缆最高温度超过70℃，但低于90℃，同其他塑料护套电缆敷设在同一桥架、电缆沟、电缆隧道时，或人可能触及的场所。

根据敷设环境，确定矿物绝缘电缆使用的最高温度，合理选择相应的电缆载流量，确定电缆规格。

（2）电缆截面积的选择一般按电缆长期允许载流量和允许电压损失确定，并考虑环境温度的变化、多根电缆的并列敷设以及土壤热阻率等影响，分别根据敷设的条件进行校正。若选出的截面积为非标准截面积时，应按上限选择。电缆截面积的选择在本章第二节中已有详细叙述，这里不再重复。

4. 电缆敷设方式

电力电缆的敷设方式很多,一般敷设于沟道、隧道内、支架上、竖井中,穿入管道内,直接埋设于地下等。在实际使用时,有可能一条电缆线路需要采用几种敷设方式。室内电缆的配线方式一般采用沿墙及建筑构件明敷设、沿电缆桥架敷设、采用钢索配线、穿金属导管理地暗敷设及在电缆沟内敷设等。

二、室内电缆敷设

1. 电缆敷设的一般要求

(1) 电缆敷设前必须检查其表面有无损伤,绝缘是否良好。用 500V 绝缘电阻表测量橡塑电缆外护套、内衬层绝缘电阻,阻值不低于 0.5MΩ/km。

(2) 在三相四线制低压网络中应采用四芯电缆,不应采用三芯电缆加一根单芯电缆或以导线、电缆金属护套作中性线。否则,当三相系统不平衡时,相当于单芯电缆的运行状态,在金属护套和铠装中由于电磁感应将产生感应电压和感应电流而发热,造成电能损失。对于裸铠装电缆,还会加速金属护套和铠装层的腐蚀。当然,交流单芯电缆也不得单独穿入钢管内,单芯带金属护套和铠装层的电缆也不适用交流线路。

(3) 电缆在室内电缆沟及竖井内明敷设时,不应采用黄麻或其他易延燃的外保护层。如有外层麻包应去掉,并刷防腐油。在有腐蚀性介质的房屋内明敷设的电缆,宜采用塑料护套电缆。

(4) 电缆敷设时,任何弯曲部位都应满足允许弯曲半径的要求,最小允许弯曲半径不应小于表 4-41 的规定,以防止破坏电缆的绝缘层和外护层,保证缆投运后的安全运行。

表 4-41　　　　　　　　　　　　　　电缆最小允许弯曲半径

电缆种类	最小允许弯曲半径	电缆种类	电缆外径	电缆内侧最小允许弯曲半径
无铅包和钢铠护套的橡皮绝缘电力电缆	10D	矿物绝缘(MI)电缆	$D<7$	2D
有钢铠护套的橡皮绝缘电力电缆	20D		$7 \leqslant D<12$	3D
聚氯乙烯绝缘电力电缆	10D		$12 \leqslant D<15$	4D
交联聚乙烯绝缘电力电缆	15D		$D \geqslant 15$	6D
多芯控制电缆	10D			

注　D—电缆外径,mm。

(5) 电缆在电缆沟、隧道内敷设或采用明敷设,电缆支架间或固定点间的距离,在无设计要求时不应大于表 4-42 中数值。

表 4-42　　　　　　　　　　　　电缆支架间或固定点间最大间距　　　　　　　　　　　　m

序号 电缆种类 敷设方式	1 未含金属套、铠装的全塑小截面积电缆	2 除序号1情况外的10kV及以下电缆	3 控制电缆	4 矿物绝缘电缆** 电缆外径 D（mm）			
				$D<9$	$9 \leqslant D<15$	$15 \leqslant D<20$	$D>20$
水平敷设	0.4*	0.8	0.8	0.6	0.9	1.5	2.0
垂直敷设	1.0	1.5	1.0	0.8	1.2	2.0	2.5

*　能维持电缆平直时,该值可增加1倍。

**　当矿物绝缘电缆倾斜敷设时,电缆与垂直方向夹角不大于 30° 时,应按垂直敷设间距固定;大于 30° 时,应按水平敷设间距固定。

（6）并联使用的电力电缆，其长度、型号、规格宜相同，使负荷按比例分配。如采用不同型号电缆代替，可能会造成一根电缆过载而另一根电缆负荷不足的现象，使负荷不按比例分配而影响安全运行。

（7）塑料绝缘电力电缆应有可靠的防潮封端。当塑料绝缘电缆线芯进水后，一般运行6～10年才会显现出由此而造成的危害。塑料护套电缆护套进水后，会引起铠装锈蚀。为了保证电缆的施工质量和使用寿命，塑料电缆两端应做好防潮密封，宜采用自黏带、黏胶带、胶黏剂（热熔胶）等方式密封。

（8）电缆敷设前24h内平均温度及敷设时现场温度应高于电缆允许敷设的最低温度，电缆允许敷设时最低温度见表4-43。如施工现场的温度不能满足时，应采取适当的措施，避免损伤电缆，如采取加热法或躲开寒冷期敷设等。

表 4-43　　　　　　　　　　　　　　　电缆允许敷设时最低温度　　　　　　　　　　　　　　　℃

电缆种类	电缆结构	最低温度	电缆种类	电缆结构	最低温度
橡皮绝缘电力电缆	橡皮或聚氯乙烯护套	−15	控制电缆	橡皮绝缘聚氯乙烯炉套	−15
	铅护套钢带铠装	−7		耐寒护套	−20
塑料绝缘电力电缆		0		聚氯乙烯绝缘聚氯乙烯炉套	−10

（9）电缆敷设有人工和机械牵引敷设两种方法。当使用机械牵引时的最大牵引强度应符合表4-44的要求。牵引时，当拉力达到预定值时可自行脱扣，且牵引头或钢丝网套与牵引钢缆之间应装设防捻器，防止电缆绞拧。

表 4-44　　　　　　　　　　　　　　　　　电缆最大牵引强度　　　　　　　　　　　　　　　　N/mm²

牵引方式	牵引头		钢丝网套		
受力部位	铜芯	铝芯	铅套	铝套	塑料护套
允许牵引强度	70	40	10	40	7

（10）电缆终端头、接头、拐弯处、夹层内、竖井的两端，人井内、进出建筑物等地段，应装设标志牌，在标志牌上应注明线路编号。当无编号时，应写明电缆型号、规格及起讫点，并联使用的电缆应有顺序号。

（11）并列敷设电缆接头应相互错开布置，明敷电缆接头应用托板托置固定。直埋电缆接头应有防止机械损伤的保护结构或外设保护盒。

（12）电缆排列应整齐，不宜交叉，并应加以固定。电缆固定应符合下列要求：

1）电缆在下列部位应加以固定：垂直敷设电缆的首端和尾端或超过45°倾斜敷设电缆的每一个支架上；水平敷设的电缆在电缆首末两端及转弯，电缆接头的两端处及当对电缆间距有要求时，每隔5～10m处加以固定。

2）统一电缆夹具的型式。

3）单芯电缆固定应符合设计要求，使用于交流的单芯电缆或分相铅套电缆在分相后的固定，其夹具不应构成闭合磁路。

4）裸铅（铝）套电缆的固定处应加软衬垫保护，防止损伤裸铅（铝）套或单芯电缆的外护层绝缘；护层有绝缘要求的电缆，在固定处也应加绝缘衬垫。其衬垫可采用带弧形的瓷衬垫、橡皮和聚氯乙烯等。

(13) 电缆进出电缆沟、竖井、建筑物、盘（柜）以及穿入管子时，其出入口应封闭，管口也应密封。其主要目的：一是防止小动物进入而损坏电缆和电气设备；二是起到堵烟堵火，防止火灾蔓延的作用。

(14) 支撑电缆的构架采用钢制材料时，应采取热镀锌等防腐措施；在有较严重腐蚀的环境中，应采取相适应的防腐措施。

(15) 电缆的长度宜在进户外、接头、电缆头处或地沟及隧道中留有一定余量。电缆敷设时不可能笔直，各处均会有大小不同的蛇形或波浪形，完全能够补偿在各种运行环境温度下因热胀冷缩引起的长度变化。因此，只要求在可能的情况下，终端头和接头附近留有备用长度，为故障时的检修提供方便。

(16) 电缆线芯的连接均应采用圆形套管连接，其连接金具内径截面积宜为线芯截面积的1.2～1.5倍。铜芯用铜套管连接或焊接；铝芯用铝套管压接；铜铝电缆相连接应用铜铝过渡连接管。

电缆线芯在压接前必须清除氧化膜及连接管内壁油污、氧化层，套管压接后的整体不应有变形、弯曲等现象。

(17) 电缆的保护钢导管、金属电缆头、金属屏蔽层（或金属套）、铠装层应按规定接地。

利用电缆保护钢导管作接地线时，应先焊好接地线；有螺纹的管接头处应焊接好跳线，其截面积应不小于 $30mm^2$，然后再敷设电缆。

电力电缆接地线应采用铜绞线或镀锡铜编织线与电缆屏蔽层连接。三芯电力电缆接头两侧电缆的金属屏蔽层（或金属套）、铠装层应分别连接良好，不得中断，跨接线（包括电缆终端头接地线）的截面积不应小于下列接地线截面积：①电缆线芯截面积在 $16mm^2$ 及以下者，接地线截面积与电缆线芯截面积相同；②电缆截面积 $16～120mm^2$ 的，接地线为 $16mm^2$；③电缆截面积 $150mm^2$ 及以上的，接地线为 $25mm^2$。三芯电力电缆终端处金属保护层必须接地良好；塑料电缆每相铜屏蔽和钢铠应锡焊接地线。否则，当三相电流不平衡时，铠装层因感应电动势可能产生放电现象，严重时可能烧毁护层。因此钢铠也必须接地良好；铜屏蔽和钢铠可分别接地，便于试验检查护层，亦可同时接地。电缆通过零序电流互感器时，电缆金属护层和接地线应对地绝缘；电缆接地点在互感器以下时，接地线应直接接地；接地点在互感器以上时，接地线应穿过互感器后接地。单芯电力电缆金属护层接地应符合设计要求。

2. 室内明配电缆

(1) 无铠装的电缆在屋内明敷，水平敷设时其至地面的距离不应小于2.5m；垂直敷设时其至地面的距离不应小于1.8m。当不能满足上述要求时，应有防止电缆机械损伤的措施，但明敷在配电室、电机室、设备层等专用房间内时，不受此限制。

(2) 相同电压的电缆并列明敷时，电缆之间应保持一定的距离，这是为了保证电缆安全运行和维护、检修的需要；避免电缆在发生故障时，烧毁相邻电缆；电缆靠近会影响散热，降低载流量，影响检修且易造成机械损伤。为此电缆的净距不应小于35mm，且不应小于电缆外径；当在桥架、托盘和线槽内敷设时，不受此限制。

1kV 及以下电力电缆及控制电缆与 1kV 以上电力电缆宜分开敷设。当并列明敷时，其净距不应小于 150mm。

(3) 为防止热力管道对电缆的热效应及管道在施工、检修对电缆的损坏，明敷的电缆与热力设备、热力管道的净距平行时，不应小于 1m，交叉时不小于 0.5m；当不能满足上述要求时，应采取隔热措施。电缆不宜平行敷设于热力设备和热力管道的上部。电缆与非热力管道的净距不应小于 0.5m，当其净距小于 0.5m 时应在与管道接近的电缆段上以及由该段两端向外延伸不小于 0.5m 以内的电缆段上，采用防止电缆遭受机械损伤的措施。

（4）电缆明敷设时，电缆支架间或固定点间的最大间距不应超过表 4-42 的规定。电缆垂直或水平明敷时，应在电缆的首端、尾端及电缆与每个支架接触处的部位都应加以固定。

（5）电缆在楼板下吊装时如使用扁钢吊钩，如图 4-49（a）所示；如使用角钢吊架，如图 4-49（b）所示。角铁吊架安装电缆时，吊装横档的层数由工程需要决定，但最多不超过 4 层。支（吊）架层间允许最小距离（H）：当无设计规定时，控制电缆为 120mm；10kV 及以下（6～10kV 交联聚乙烯绝缘电缆为 200～250mm）为 150～200mm（支架最上层至楼板最小距离也为此数值）；电缆敷设于槽盒内为（$h+80$）mm（h 表示槽盒外壳高度）。但层间净距 10kV 及以下电缆不应小于两倍电缆外径加 10mm；35kV 及以上高压电缆不应小于 2 倍电缆外径加 50mm。支（吊）架长度 L 应根据并列敷设电缆相互间的净距要求确定。电缆在楼板下吊装，电缆作水平敷设时，吊架间距应符合表 4-42 所列数值。

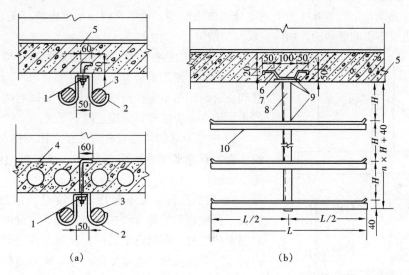

（a）　　　　　　　　　　　　（b）

图 4-49　电缆在楼板下水平吊装

（a）扁钢吊钩安装；（b）角铁吊架安装

1—地脚螺栓；2—吊钩；3—电缆；4—预制板；5—现浇板；6—固定条；

7—连接板；8—吊架；9—焊接点；10—角铁

（6）电缆（除裸铅包、裸铝包装外）在墙上垂直敷设时，可使用镀锌扁钢卡子与预埋的地脚螺栓固定，如图 4-50（a）所示，也可用卡子与预埋的Ⅱ形扁钢支架固定安装电缆，如图 4-50（b）所示。Ⅱ形扁钢支架或地脚螺栓预埋深度不应小于 120mm。施工现场预埋件要做到无偏差埋设到预定位置往往是比较困难的，因此可以用膨胀螺栓代替预埋的地脚螺栓固定卡子。

电缆沿墙垂直敷设时，电力电缆支架最大间距应符合表 4-42 的规定。

（7）电缆在屋内通过墙、楼板等处应穿管保护，管内径不应小于电缆外径的 1.5 倍。

（8）明敷设电缆通过建筑物变形缝时，应做补偿装置。在变形缝处将电缆弯曲，弯曲半径应满足规定值；在变形缝的两侧电缆固定支架应随其直线段的电缆支架一并考虑，如图 4-51所示。

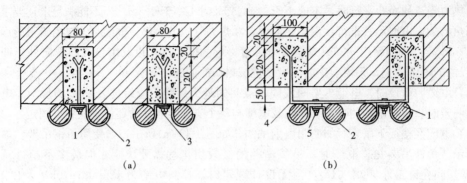

图 4-50　电缆沿墙垂直敷设
(a) 用地脚螺栓卡装；(b) 用Ⅱ形支架卡装
1—电缆；2—卡子；3—地脚螺栓；4—Ⅱ形支架；5—螺栓

(9) 电缆明敷时的接头应用托板固定。

3. 室内电缆穿管敷设

在电缆线路路径上，若有可能使电缆受到机械损伤、化学作用、地下电流、振动、热影响、腐蚀物质、虫鼠等影响的地段，均应采取保护措施。

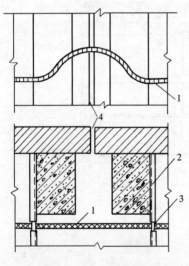

图 4-51　电缆过建筑物
变形缝处敷设
1—电缆；2—固定架；3—卡子；
4—变形缝

(1) 导管的选择。常用的电缆导管有石棉水泥管、水泥管、钢管、硬质塑料等。其质量上要求不应有穿孔、裂缝和显著的凹凸不平，内壁应光滑；金属电缆导管不应有严重锈蚀。导管的选择应满足以下要求：

1) 电缆导管的内径与电缆外径之比不得小于 1.5，混凝土管、石棉水泥管除应满足上述规定外，内径不应小于 100mm。

2) 硬质塑料导管不得用在温度过高或过低的场所。在易受机械损伤的地方和在受力较大处敷设时，应采用足够强度的管材。因电缆金属护套和钢导管之间有电位差存在时，容易腐蚀导致电缆发生故障，故非塑料护套电缆尽可能少用钢导管。

(2) 电缆导管的弯曲。在敷设电缆时应尽量减少弯头，其导管的弯曲半径一般取管径的 10 倍，但不应小于所穿入电缆的最小允许弯曲半径。一根电缆导管的弯曲不应超过 3 个，直角弯不应超过 2 个。在实际施工中不能满足时，可采用内径较大的管子或在适当部位设置拉线盒，以利电缆的穿设。导管弯曲处不应有裂缝和凹痕现象，管弯曲处的弯扁程度不宜大于管外径的 10%。如弯扁程度过大，将减少电缆管的有效管径，造成穿设电缆困难。

(3) 电缆导管的连接应满足以下要求：

1) 电缆钢导管连接时，不宜直接对焊，因对焊可能在接缝口内部出现疤瘤，会损伤电缆，应采用管套或螺纹连接。为了保证金属电缆管连接后的强度，套的短套管或带螺纹的管接头的长度，不应小于电缆导管外径的 2.2 倍。连接应牢固，密封应良好，两连接管管口应对齐。利用钢导管作接地线时，为防止焊接地线时烧坏电缆，在穿电缆前应在管接头两侧焊好跨接地线，有螺纹的管接头也应跳线焊接，管接头采用套管焊接时可以除外。

2）硬质塑料电缆导管采用套接或插接连接时，插入深度不应小于管外径的 1.1～1.8 倍，在插接面上应涂胶合剂粘牢密封；如采用套管连接时，套管长度宜为管外径的 1.5～3 倍，套管两端应密封。

（4）为了增加钢导管的使用寿命，应进行防腐处理。当采用镀锌管时，如有镀锌脱落处也应涂防腐漆；直埋于土层内的钢导管外壁应涂两道沥青；埋入混凝土内的管外壁可不涂防腐剂。

（5）并列敷设的电缆导管管口应排列整齐，且敷设好后应将两端管口堵严，防止进入异物影响电缆敷设。引至设备的电缆管管口位置，应便于与设备连接且不妨碍设备拆装和进出。

（6）室内电缆通过下列各地段应有一定机械强度的保护管或保护罩，管的内径不应小于电缆外径的 1.5 倍。

1）电缆通过建（构）筑物的基础、散水坡、楼板和穿过墙体等处以及电缆引出地面 2m 至地下 200mm 处一段和人容易接触使电缆可能受到机械损伤的地方，均应设置电缆保护管。具体做法如下：

a. 图 4-52（a）所示为电缆经建（构）筑物基础、散水坡的穿管保护示意图，电缆穿入导管后，管口应进行密封处理。导管伸出建（构）筑物散水坡的长度不应小于 200mm，管子和电缆弯曲半径 R 应同时满足要求。为了使电缆穿导管时不受损伤，管口应打去毛刺、棱角，有时有必要将管口做成喇叭形，如图 4-52（b）所示。

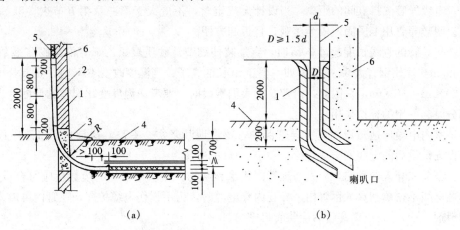

图 4-52　电缆进入建（构）筑物导管敷设

（a）电缆导管做法；（b）导管喇叭做法

1—导管；2—U 形管卡；3—散水坡；4—室外地坪；5—电缆；6—墙

b. 图 4-53（a）所示为电缆穿过楼板时，应穿钢导管保护；图 4-53（b）所示为电缆用穿墙套管过墙时的密封处理，在电缆上缠油浸黄麻绳，用两法兰盘（其中一个法兰盘 I 与套管焊接）夹紧加以密封，其防水性能较好；图 4-53（c）所示为电缆用钢导管穿墙时，需做防水处理，用钢板与导管焊接后在墙中预埋，并在导管与电缆间应用油浸黄麻填实；图 4-53（d）所示为电缆仅用导管穿墙，无防水要求。

2）电缆通过道路和可能受到机械损伤的地方，应设置电缆导管，导管两端应伸出路基两边 0.5m；伸出排水沟 0.5m。

（7）电缆穿管明敷时，电缆导管应安装牢固。当使用钢导管时，不应将电缆导管直接焊接在

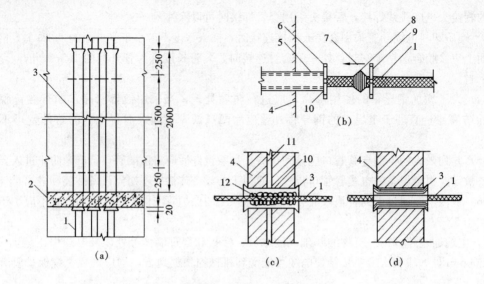

图 4-53　电缆穿楼板、墙的导管做法

(a) 电缆穿楼板做法；(b) 电缆穿墙套管密封；(c) 电缆穿墙防水做法；(d) 电缆穿墙无防水做法

1—电缆；2—楼板；3—导管；4—墙；5—穿墙套管；6—法兰盘Ⅰ；7—法兰盘与电缆推向；

8—油浸黄麻绳；9—法兰盘Ⅱ；10—焊接；11—钢板（5mm）；12—油浸黄麻

支架上。电缆导管支持点间的距离，当设计无规定时，不应大于第三章第五节表 3-5、表 3-6 所列数值。明敷导管用卡子固定较为美观，且拆卸方便。

当塑料导管的直线长度超过 30m 时，宜加装伸缩节。硬质聚氯乙烯管的热膨胀系数约为 80×10^{-6} m/m℃，比钢管大 5～7 倍。如一根 30m 长的管子，当温度改变 40℃时，则其长度变化为 $0.08 \times 30 \times 40 = 96$（mm）。因此，沿建筑物表面敷设时，要考虑温度变化引起的伸缩（当管路有弯曲部分时起一定的补偿作用）。

(8) 室内电缆埋地敷设，应穿导管保护，要求地基坚实、平整，这是为了管路敷设后不沉陷，以保证敷设后的电缆安全运行。

(9) 电缆在穿入导管前，应先清理管内积水和杂物。穿入管中的电缆数量应符合设计要求。交流单芯电缆不得单独穿入钢管内。导管内穿电缆时，为不损伤电缆护层，在管内可放入无腐蚀性的润滑剂（粉），且电缆穿管后应将管口密封。

(10) 穿金属导管敷设的电力电缆的两端金属外皮均应接地，变电站内电力电缆金属外皮可利用主接地网接地。

4. 电缆在电缆沟内敷设

当电缆与地下管网交叉不多，地下水位较低或道路开挖不便，且电缆需分期敷设同一路径的电缆根数为 18 根及以下时，宜采用电缆沟敷设。多于 18 根电缆时，宜采用电缆隧道敷设。

(1) 电缆沟进入建筑物处应设防火墙。室内电缆沟的盖板应与地面相平，盖板质量不宜超过 50kg，以便搬运。当地面易积灰、积水时，可用水泥砂浆将其缝隙封死。电缆沟也应采取防水措施，其底部排水沟的坡度不应小于 0.5%，必要时应设集水坑，积水可经逆止阀直接接入排水或经集水坑用水泵排出。当有条件时，积水可直接排入下水道。

(2) 电缆在电缆沟、隧道中敷设时，应考虑人能进入电缆沟、隧道中工作，这时通道宽度和支架层间垂直距离的最小净距应符合表 4-45 中所规定的数值。

表 4-45 电缆沟、隧道中通道宽度和支架层间垂直距离的最小净距 m

电缆支架配置及其通道特征		电缆沟深 H（m）			电缆隧道	电缆电压等级、类型			普通支架、吊架	桥架
		$H<0.6$	$0.6 \leqslant H \leqslant 1.0$	$H>1.0$						
通道宽度	两侧支架间净通道	0.3	0.5	0.7	1.0	电缆支架层间垂直距离		控制电缆	0.12	0.2
							电力电缆	10kV 及以下电缆	0.15～0.2	0.25
	单列支架与壁间通道	0.3	0.45	0.6	0.9			6～10kV 交联聚乙烯电缆	0.2～0.25	0.30
								电缆敷设在槽盒中	$h+0.08$	$h+100$

注 1. h 表示槽盒外壳高度。

2. 10kV 及以下电力电缆不包括 6～10kV 交联聚乙烯电缆。

（3）电缆支架的长度，在电缆沟内不宜大于 350mm；在隧道内不宜大于 500mm。支架间或固定点间的最大间距同电缆明敷设支架间或固定点的最大间距，应符合表 4-42 规定。

电缆支架的固定方式应由设计确定，一般有以下几种固定方法：

1）沿电缆沟和土建结构预埋扁钢，将电缆支架焊在扁钢上。

2）在电缆构筑物内或土建结构上预埋钢筋或螺栓以固定电缆支架。

3）在混凝土结构的电缆沟内用膨胀螺栓固定电缆支架。

电缆支架安装应牢固，且达到横平竖直的要求。

室内电缆沟的结构分为单侧支架、双侧支架和无支架三种型式，如图 4-54 所示。图中 B、H、a、a_1、c、e 尺寸由设计确定，括号内数字用于 H 为 500mm 的电缆沟。

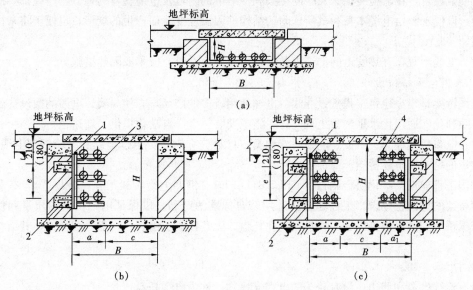

图 4-54 室内电缆沟

(a) 无支架电缆沟；(b) 单侧支架电缆沟；(c) 双侧支架电缆沟

B—沟宽；a、a_1—支架长度；c—通道净宽度；e—底脚预埋铁件间距；H—沟深；

1—接地线；2—底脚预埋铁件；3—电缆支架；4—电缆

（4）电缆支架最上层及最下层至沟顶、楼板或沟底、地面的距离应符合设计要求。当设计无规定时，电缆支架最上层至沟顶或楼板的距离为 150～200mm（电缆隧道及夹层为 300～

350mm)，最下层至沟底或地面的距离为 50～100mm（电缆隧道及夹层为 100～150mm）。

（5）电缆支架均应有良好的接地，接地线应在电缆敷设前与支架进行焊接。当电缆支架利用沟的护边角钢或用沟内预埋的通长扁铁（固定支架用）作为接地线时，不需再敷设专用的接地线。当采用全塑料电缆时，宜沿电缆沟敷设 1～2 根两端接地的接地导体。

（6）电缆沟敷设电缆数量在 6 条以下时，可敷设于无支架电缆沟的沟底。如有可能浸水和油污时，应将电缆敷设在支架上。电缆在沟底敷设时应互相分开，沟底敷设 1kV 以上的电力电缆与控制电缆间净距不应小于 100mm。

电缆在电缆沟内多层支架上敷设时，电力电缆应放在强电或弱电控制电缆的上层，防止电缆击穿时损伤邻近电缆，同时也便于维护和检修；同一支架上电缆可并列敷设。电力电缆和控制电缆不应敷设在同一层支架上，但 1kV 及以下的电力电缆和控制电缆可并列敷设在同一层支架上；当两侧均有支架时，1kV 及以下的电力电缆和控制电缆宜与 1kV 以上的电力电缆分别敷设在不同侧的支架上。

控制电缆在普通支架上敷设不宜超过一层。交流三芯电力电缆在支、吊架上敷设也不宜超过一层。交流单芯电力电缆应敷设在同侧支架上加以固定，防止发生短路故障，产生相互推斥的电动力，导致支架上电缆位移，以致引起电缆损伤。当其按紧贴的正三角形排列时，应每隔 1m 用绑带扎牢。

电力电缆在电缆沟内并列敷设时，水平净距为 35mm，但不应小于电缆的外径。控制电缆间不做规定。这主要是考虑到多根并列敷设的电力电缆间距对电缆载流量有较大的影响，对于不同的间距设计中对载流量的修正有所考虑。因此在敷设施工时，电缆间的间距应符合设计要求。

电缆敷设时，在电缆终端头及中间接头和伸缩节的附近及电缆转弯的地方，电缆都要适当留些余量，以便于补偿电缆本身和其所依附的结构件因温度变化而产生的变形，也便于将来检修接头之用。

（7）电缆不宜在有热管道的沟道内敷设，当需要敷设时，应采取隔热措施。

5. 采用电缆桥架敷设

电缆桥架是当今建筑工程敷设导线、电缆使用较多的产品，它使导线、电缆的敷设达到了标准化、系列化、通用化水平，为工程设计、施工安装、生产自动化提供了新途径。

（1）电缆桥架种类、组成。电缆桥架种类按材料分有钢制、铝合金制和玻璃钢制电缆桥架，而最常用的是钢制电缆桥架。

中国工程建设标准化协会制订了 CECS 31—1991《钢制电缆桥架工程设计规范》，有利于目前电缆桥架的标准化建设。工程建设应选用符合标准的产品，以保证电缆桥架的质量和使用寿命。根据桥架的结构类型可分为托盘（有孔托盘、无孔托盘、组装式托盘）和梯架，其结构特点如下：

1）托盘。

带有连续底盘和侧边，没有盖子的电缆支撑物，称为电缆托盘。

a. 有孔托盘。由带孔眼的底板和侧边所构成的槽形部件，或由整块钢板冲孔后弯制成的部件，其散热条件好，凝结水可以从网孔流出。

b. 无孔托盘。由底板与侧边构成的或由整块钢板制成的槽形部件。

c. 组装式托盘。适用于任意组合的有孔部件，用螺栓或插接方式连接成托盘的部件。施工现场可任意转向、变宽、变高、分支、引上、引下，在任何部位都不要打孔，不需要焊接，可以用管引出，工程设计、生产运输和施工安装都很方便。

2）梯架。带有牢固地固定在纵向主支撑组件上的一系列横向支撑构件的电缆支持物。

（2）桥架的组成及其作用。桥架一般由托盘（托槽）或梯架的直线段、非直线段、附件及支吊架等组成，图 4-55 所示为电缆桥架结构组装。直线段是一段不能改变方向或尺寸的用于直接承托电缆的刚性直线部件；弯通是一段能改变方向或尺寸的用于直接承托电缆的刚性非直线部件；附件是直线段之间、直线段与弯通之间应采用桥架附件进行连接，以构成连续性刚性的桥架系统所必需的连接固定或补充直线段、弯通功能的部件。

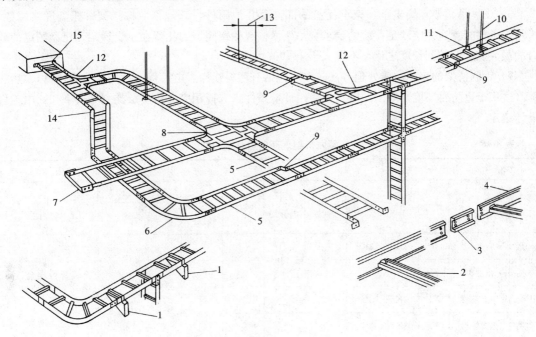

图 4-55　电缆桥架结构组装

1—平装支架；2—缆架横梁；3—直连连接金具；4—缆架连梁；5—直线架；6—转角架；7—端部封堵；
8—四通架；9—宽度变接头；10—φ10 圆钢吊杆；11—吊杆卡具；12—三通架；
13—吊杆中距；14—连接金具；15—缆架承座

电缆桥架直线段和弯通的侧边均有螺栓连接孔。当桥架的直线段之间、直线段与弯通之间需要连接时，可用直线连接板（直线板）进行连接，有的桥架直线段之间连接时在侧边内侧使用内衬板。梯架、托盘连接板的螺栓应紧固，螺母应位于梯架、托盘的外侧。

（3）电缆桥架选用。

1）电缆数量较多或较集中的室内外及电气竖井内等场所，可选用电缆桥架配线。

2）需屏蔽电气干扰的电缆回路，或有防护外部影响（如油、腐蚀性物质、特别潮湿、易燃粉尘等环境）的要求时，应选用有盖无孔型托盘，并宜选用塑料护套电缆；需要因地制宜组装的场所，宜选用组装式托盘，除此之外可用有孔梯架、托盘。在容易积灰和其他需遮盖的环境，宜选用带有盖板的桥架。在公共通道使用梯架时，底层梯架上宜加垫板，或在该段使用托盘。

3）低压电力电缆与控制电缆共用一梯架、托盘时，应选用中间设置隔板的梯架、托盘。在梯架、托盘的分支、引上、引下处宜有适当的弯通；因受空间条件限制不便装设弯通或有特殊要求时，可选用软接板、铰接板；伸缩缝应设置伸缩板；连接两段不同宽度或高度的梯架、托盘可配置变宽或变高板。

4) 梯架、托盘的高度和宽度应由以下条件选定:

a. 梯架、托盘荷载等级的额定均布荷载应大于工作均布荷载,以满足梯架、托盘的承载能力。在工作均布荷载下,梯架、托盘相对挠度不宜大于 1/200。

b. 在电缆托盘上无间距敷设电缆时,电缆总截面积与托盘横断面积之比,电力电缆不应大于 40%,控制电缆不应大于 50%,并留有一定的备用空位。

5) 各类弯通及附件规格应适应工程布置条件,并与梯架、托盘配套使用。

6) 支(吊)架直接支承梯架、托盘的部件及其他附件,其规格应按梯架、托盘规格层数、跨距等条件配置,并应满足荷载的要求。吊架横档或侧壁固定的托臂在承受梯架、托盘额定荷载时的最大挠度值与其长度之比,不应大于 1/100。

7) 钢制桥架的表面防腐处理方法较多,包括有塑料喷涂、电镀锌(适用轻防腐环境)、热浸锌(适用于重防腐环境)等。一般宜按使用环境条件来选择相应的防腐层类别见表 4-46,由工程设计选定。

表 4-46　　　　　　　　　　　　屋内桥架表面防腐处理方式

| 环 境 条 件 | | | Q 涂漆 | D 电镀锌 | P 喷涂粉末 | R 热浸镀锌 | DP | RQ | T 其 他 |
类 型	代号	等 级					复合层		
一般 普通型	J	3K5L、3K6	○	○	○				镀锌镍合金、高纯化等其他防腐处理
0 类 湿热型	TH	3K5L	○	○	○	○			
1 类 中腐蚀性	F1	3K5L、3C3	○	○	○		○	○	
2 类 强腐蚀性	F2	3K5L、3C4			○	○	○	○	

注　1. 符号"○"为推荐防腐类型。

2. 复合层:DP(电镀锌后喷涂粉末),RQ(热镀锌后涂漆)。

8) 含有酸、碱强腐蚀及易燃易爆场所选用玻璃钢桥架;钢质桥架也属于阻燃桥架,但不适合使用在有腐蚀性的环境中。

(4) 桥架敷设。电缆桥架可随工艺管道架空敷设,可在楼板、梁下吊装,可在室内、外墙壁、柱、隧道、电缆沟壁上侧装,也可在露天立柱或支墩上安装。

1) 桥架敷设前的检查。电缆梯架、托盘的支(吊)架、连接件和附件的质量应符合有关的现行技术标准。

a. 桥架产品拆箱后应检查装箱清单、产品合格证、出厂检验报告及规格符合设计要求。

b. 梯架、托盘板材厚度及表面防腐层材料应符合设计要求。热浸镀锌的梯架、托盘镀层表面应均匀,无毛刺、过烧、挂灰、伤痕、局部未镀锌(直径 2mm 以上)及影响安装的锌瘤等缺陷;电镀锌的锌层表面应光滑均匀,无起皮、气泡、花斑、局部未镀锌、划伤等缺陷;喷涂应平整、光滑、均匀,无起皮、气泡、水泡等缺陷。

c. 桥架焊缝表面均匀,无漏焊、裂纹、夹渣、烧穿、弧坑等缺陷。

d. 桥架螺栓孔径与螺杆直径配合得当;螺栓连接孔的孔距在允许偏差范围之内,螺纹的镀层应光滑,螺栓连接件应能拧入。

2) 电缆桥架应尽可能在建(构)筑物上安装,应做到距离最短,便于施工、维修和安全运行的要求。

梯架、托盘水平敷设时的距地高度一般不宜低于 2.5m；垂直敷设时距地 1.8m 以下易触及部位，为防止人直接接触或避免电缆遭受机械损伤，应加金属盖保护，但敷设在电气专用房间（如配电室、电气竖井等）内时不受此限制。

3）几组（两组或两组以上）电缆桥架在同一高度平行敷设或上下平行敷设时，各相邻电缆桥架间应考虑维护和检修距离，制造厂家推荐数值为 600mm。

4）电缆桥架多层敷设时，为了散热和维护及防止干扰的需要，层间应留下一定的距离：①电力电缆桥架间不应小于 0.3m；②电信电缆与电力电缆桥架间不宜小于 0.5m，当有屏蔽盖板时可减少到 0.3m；③控制电缆桥架间不应小于 0.2m；④桥架上部距顶棚、楼板或梁等障碍物不宜小于 0.3m。

5）电缆桥架与各种管道平行或交叉敷设时，其最小净距应符合表 4-34 的要求。

电缆桥架不宜敷设在腐蚀性气体管道和热力管道的上方及腐蚀性液体管道的下方，否则应采取防腐、隔热措施。桥架隔热可用隔热板（如石棉板）；防腐可用防腐盖板将其保护起来。隔热板或防腐盖板的长度一般不小于热力管保温层或腐蚀性液体管道外径加 2m。

6）桥架的支（吊）架位置确定。电缆桥架水平敷设时，宜按桥架荷载曲线选取最佳跨距进行支撑，支（吊）架跨距应符合设计要求，支撑跨距一般为 1.5～3m；垂直敷设时，其固定点间距不宜大于 2m。电缆桥架转弯处的转弯半径不应小于该桥架上的电缆最小允许弯曲半径中的最大者。桥梁非直线段的支（吊）架位置如图 4-56 所示，桥架弯通弯曲半径不大于 300mm 时，应在距弯曲段与直线段接合处 300～600mm 的直线段侧设置一个支（吊）架。当弯曲半径大于 300mm 时，还应在弯通中部增设一个支（吊）架。

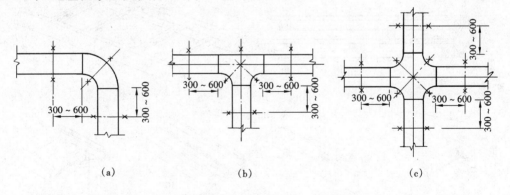

图 4-56　桥架非直线段的支（吊）架位置

(a) 直角二通；(b) 直角三通；(c) 直角四通

7）桥架的支（吊）架敷设。电缆桥架中支（吊）架的常用固定方式有：①直接焊接在预埋铁件上；②先将底座固定在预埋件上或用膨胀螺栓固定，再将支（吊）架固定底座上。施工中桥架固定应符合设计要求，以保证安全可靠。

桥架的支（吊）架的同层横档应在同一水平面上，其高低偏差不应大于 5mm，如偏差过大可能会使安装后的梯架、托盘在支点悬空而不能与支（吊）架直接接触。沿桥架走向左右的偏差不应大于 10mm，如偏差过大可能会使相邻梯架、托盘错位而无法连接或安装后的桥架不直而影响美观。对桥架支（吊）架的位置误差应严格控制。

桥架组装后的钢结构竖井，其垂直偏差不应大于其长度的 2/1000；支架横撑的水平误差不应大于其宽度的 2/1000；竖井对角线的偏差不应大于其对角线长度的 5/1000。

梯架、托盘在每个支（吊）架上应固定牢靠，若是铝合金梯架在钢制支（吊）架上固定时，若直接接触，会在铝合金托架上产生电化学腐蚀，因而应在铝合金托架和钢制支（吊）架间加绝缘衬垫，可利用电缆上剥下来的塑料护套切割而成。

8）当直线段钢制电缆桥架超过 30m，铝合金或玻璃钢电缆桥架超过 15m 时，应设有伸缩节，其连接宜采用伸缩连接板（伸缩板）。钢的线膨胀系数为 0.000012m/(m·℃)，铝合金的线膨胀系数约为 0.000024m/(m·℃)。当钢制电缆桥架的长度为 30m 时，如安装时与运行后的最大温差按 50℃计，则电缆桥架的长度变化为 0.000012m/(m·℃)×50℃×30m＝18mm。因此，施工时桥架应按规定设置伸缩节，采用厂家定型的伸缩板连接后的伸缩距离均能补偿桥架由于温度变化而引起的热胀冷缩，防止桥架变形损坏。跨越建筑物变形缝处也应设置补偿装置，防止桥架发生变形、断裂等故障。

9）电缆桥架组装时，由于直线段和弯通的侧面均有螺栓连接孔，所以电缆桥架的末端应使用终端板，如图 4-57（a）所示；直线段与弯通应用直线连接板进行连接，如图 4-57（b）所示；两段不同宽度或高度梯架、托盘应用变宽连接板（变宽板）或变高连接板（变高板）进行连接，如图 4-57（c）所示；低压电力电缆与控制电缆共用同一梯架、托盘时，互相间宜设置隔板，如图 4-57（d）所示；由梯架、托盘引出的配管宜使用钢导管，当托盘需要开孔时切口应整齐、管孔径相吻合，钢导管与桥架连接时应使用管接头固定，如图 4-57（e）所示。

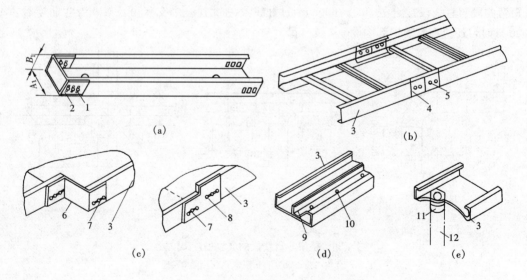

图 4-57 桥架组装附件连接示意图

(a) 终端板组装；(b) 直线段连接组装；(c) 变宽、变高板组装；(d) 隔板组装；(e) 桥架与配管连接

1、7、10—连接螺栓；2—终端板；3—直线型梯架；4—直线连接板；5—紧固螺栓；6—调宽板；

8—调高片；9—隔板；11—导管接头；12—引线管（钢导管）

10）电缆桥架在竖井内和穿越不同防火区时，应采取防火隔堵措施，防止火灾沿线路蔓延。电气竖井内电缆桥架在穿过楼板或墙壁处，也应以防火隔板、防火堵料等材料做好密封隔离。桥架穿越的防火墙或楼板应预留洞口，并在洞口处预埋好护边角钢，并根据电缆的根数和层数选用角钢制作固定框，同时将其焊在护边角钢上。电缆穿过固定框时，放一层电缆就垫一层厚 60mm 的泡沫石棉毡，同时用泡沫石棉毡把洞堵严，如再有小洞就用电缆防火堵料堵塞。墙洞两侧用隔板将泡沫石棉毡保护起来，如图 4-58 所示。在防火墙两侧 2～3m 区段以内，对塑料、橡胶电缆直接刷防火涂料，或用防火包带包扎，必要时用高强度防爆耐火盒进行封闭，或选用耐火或阻燃型电缆也可起到电缆的防火阻燃作用，以加强对电缆本身的防火。

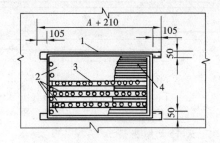

图 4-58　电缆过防火墙敷设示意图
1—固定框；2—隔板；3—电缆；4—泡沫石棉毡

在易燃易爆场所使用防火型电缆桥架（又称阻燃桥架），其具有电缆过热及电缆槽内、外部火灾时发出声光报警的特性。当电缆温度超过 70℃，达到允许值 70℃＋2℃时，将在 5min 内发出声光信号。

11）电缆桥架不得在穿过楼板或墙壁处进行连接。

12）金属电缆桥架及其支架和引入或引出电缆的金属导管应做可靠的安全接地或保护接零，且必须符合以下要求：

a. 沿电缆桥架敷设铜绞线、镀锌扁钢及利用沿桥架构成电气通路的金属构件，如安装托架用的金属构件作接地干线时，电缆桥架接地应满足：①电缆桥架全长不大于 30m 时，不应少于 2 处与接地干线相连；②全长大于 30m 时，应每隔 20～30m 增加与接地干线的连接点；③电缆桥架的起始端和终点端应与接地网可靠连接。

b. 金属电缆桥架的接地应满足：①电缆桥架连接部位宜采用两端压接镀锡铜鼻子的铜绞线跨接，跨接线最小允许截面积不小于 4mm^2；②镀锌电缆桥架间连接板的两端不跨接接地线时，连接板每端应有不少于 2 个有防松螺帽或防松垫圈的螺栓固定。

（5）桥架电缆敷设。

1）电缆敷设前应检查电缆的规格型号、电压等级是否符合设计要求。外观上应无扭曲、损坏现象。低压电缆敷设前应经试验合格后方可施工。对低压电缆用 1000V 绝缘电阻表摇测绝缘，绝缘电阻一般不低于 10MΩ。

2）室内电缆桥架配线时，为了防止发生火灾时沿线蔓延，电缆应剥除黄麻或其他易燃材料的外护层，并采用防腐措施。

3）电缆沿桥架敷设时，应先划出排列图表，并逐根整理、固定，做到排列整齐、无交叉。垂直敷设的电缆上端及每隔 1.5～2m 处应加以固定；水平敷设的电缆在电缆的首、尾两端，转弯及每隔 5～10m 处进行固定。

4）控制电缆的桥架上敷设不宜超过 3 层；交流三芯电力电缆在桥上敷设不宜超过 2 层。电力电缆和强电、弱电控制电缆应按顺序分层配置，一般宜由上而下地配置。电缆在桥架上可以无间距敷设，拐弯处电缆的弯曲半径应满足最大截面积电缆允许弯曲半径要求。

5）电缆桥架内的电缆应在首端、尾端、转弯及每隔 50m 处，应有编号、型号及起点等标记，且要求标记清晰齐全、整齐。

6）为了保障电缆运行安全和避免相互间的干扰，不同电压、不同用途的电缆不宜敷设在同一层桥架上：①1kV 以上和 1kV 及以下的电缆；②同一路径向同一负荷供电的双路电源电缆；③应急照明和其他照明的电缆；④电力和电信电缆。如受条件限制需安装在同一层桥架上时，应用隔板将其隔开。

7）电缆敷设完毕后，应及时清除杂物，并进行最后调整，有盖板的应将盖板盖上。

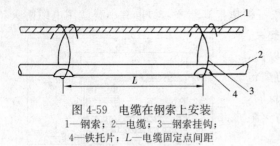

图 4-59 电缆在钢索上安装
1—钢索；2—电缆；3—钢索挂钩；
4—铁托片；L—电缆固定点间距

6. 电缆采用钢索配线

电缆在室内采用钢索配线时，应达到本章第十节中的有关要求。

钢索上电缆布线吊装时，电力电缆固定点间的间距不应大于 0.75m；控制电缆固定点的间距不应大于 0.6m。电缆在钢索上安装如图 4-59 所示。

7. 特种电缆敷设

(1) 预制分支电缆布线注意事项。预制分支电缆是在聚氯乙烯绝缘或交联聚乙烯绝缘聚氯乙烯护套的非阻燃、阻燃或耐火型聚氯乙烯护套或钢带铠装单芯或多芯电力电缆上，制造厂按设计要求的截面积及分支距离制作的分支接头。

1) 电缆宜在室内和电气竖井内沿建筑物表面以及支架或电缆桥架（梯架）等构件明敷设。电缆垂直敷设时，应根据主干电缆最大直径预留穿越楼板的洞口，同时尚应在主干电缆最顶端的楼板上预留吊钩。

2) 由于单芯预制分支电缆在运行时，周围产生强大的交变磁场，为防止其产生的涡流效应给布线系统造成不良影响，对电缆支撑桥架、卡具等应采取分隔磁路的措施，严禁使用封闭导磁金属夹具，电缆的固定用夹具应采用专用附件。

3) 电缆布线应防止在敷设和使用过程中，因电缆自重和敷设过程中的附加外力等机械应力作用而带来的损伤。

4) 预制分支电缆是在单芯或多芯电缆基础上，仅由制造厂按设计要求的截面积及分支距离，采用全程机械化制作分支接头，提高了供电可靠性。但预制分支电缆敷设除应满足上述有关要求外，还应根据其不同敷设方法，仍应符合本节对室内电缆敷设的相关要求。

(2) 矿物绝缘（MI）电缆布线注意事项。在同一金属护套内，由经压缩的矿物粉绝缘的一根或数根导体组成的电缆，称为矿物绝缘电缆。

1) 电缆敷设的最小允许弯曲半径不应小于表 4-41 的有关要求。电缆在温度变化大的场所、有振动源场所、建筑物变形缝处等敷设时，应将电缆敷设成"S"或"Ω"形弯，作为电缆线路的变形补偿，但弯曲半径不应小于电缆外径的 6 倍。当遇有大小截面积不同的电缆相同走向时，应按最大截面积的弯曲半径进行弯曲，以达到美观整齐的效果。

2) 电缆敷设时，电缆固定点或支架间距离不应大于表 4-42 的有关要求。

3) 防止矿物绝缘电缆线路运行时产生涡流效应的措施：①多根单芯电缆敷设时，应选择减少涡流影响的排列方式；②单芯矿物绝缘电缆在进出配电柜（箱）处及支撑电缆的桥架、支架及固定卡具处，均应采取分隔磁路的措施；③电缆穿过墙、楼板时，应防止电缆遭受机械损伤，对其单芯电缆的钢质导管、槽采取分隔磁路的措施。

4) 电缆敷设时，其终端、中间联结器（接头）、敷设配件应采用配套产品。由于矿物绝缘电缆中间接头是线路运行和耐火性能的薄弱环节，为此应根据制造厂规定的电缆成品交货长度和线路实际长度，合理选择电缆规格，以避免中间接头。

5) 矿物绝缘电缆的铜外套及金属配件应可靠地安全接地或保护接零。

6) 矿物绝缘电缆应根据使用要求和敷设条件，选择电缆沿电缆桥架、电缆沟、支架或电缆穿管等敷设等方式，敷设时除满足上述要求外，还应符合本节对室内电缆敷设的相关要求。

三、低压电缆头的制作安装

1. 电缆终端和接头制作一般规定

（1）在电缆终端和接头的制作前，应检查电缆型号、规格与设计一致；附件规格与电缆一致；零部件齐全无损伤；绝缘状况良好，不受潮；密封材料不失效；塑料电缆内不得进水。

（2）制作现场的环境条件应满足施工要求，严禁在雾或雨中施工，以免影响电缆终端及接头的绝缘处理效果。制作塑料绝缘电力电缆终端及接头时，应防止尘埃、杂物落入绝缘内。

（3）电缆终端及接头的型式、规格与电缆的电压等级、线芯、截面积、护层结构和环境要求一致，且应结构简单、紧凑，便于安装，材料、零部件应符合技术要求，主要性能应符合现行国家标准。

（4）采用的附加绝缘材料除电气性能应满足要求外，尚应与电缆本体绝缘具有相容性。橡塑绝缘电缆应采用弹性大、黏接性能好的材料作为附加绝缘。

（5）电缆线芯连接金具应用符合标准的连接管和接线端子，其内径应与电缆线芯紧密匹配，截面积宜为线芯截面积的 1.2～1.5 倍。

（6）电力电缆应采用铜绞线或镀锡铜编织线作为接地线。

（7）电缆线芯沿绝缘表面至最近接地点（屏蔽或金属护套端部）的最小距离为 50mm（1kV 电压等级）。

（8）电缆终端和接头制作完成后，质量一定要达到以下基本要求：①绝缘强度不应低于电缆本身的绝缘强度；②密封性能好，不得进水、受潮；③满足电气距离要求，避免短路或击穿；④导体接触良好，接触电阻小而稳定，连接点的电阻与同长度、同截面积的导体电阻的比值对新安装电缆头应不大于 1，运行中电缆头应不大于 1.2 倍；⑤有一定的机械强度，对于固定敷设的电缆，其连接点的抗拉强度不低于电缆线芯本身抗拉强度的 60%。

2. 低压电缆终端头的制作安装

室内低压电力电缆端头的型式有漏斗式、干包式和环氧树脂等。下面介绍聚氯乙烯绝缘及聚氯乙烯护套电力电缆干包式终端电缆头制作。

（1）用电缆头套制作电缆头。

1）制作电缆头前，要检查电缆是否受潮。如发现受潮，应逐步将受潮部分的电缆割掉，并应用 1000V 绝缘电阻表测量电缆绝缘，绝缘电阻应在 10MΩ 以上。

2）电缆头加工和头套选用。

a. 根据电缆与设备连接的具体尺寸，锯掉多余电缆，剥落外护套，并选用适合电缆使用的电缆头套的规格、型号，如表 4-47 所列和图 4-60 所示。

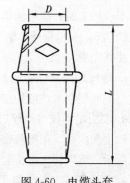

表 4-47	电缆头套规格、型号		
型　号	规格尺寸（mm）		适 用 范 围
	L （长度）	D （内径）	VV、VV20、VLV、VLV23 四芯电缆（mm²）
VDT-1	86	20	10～16
VDT-2	101	25	25～35
VDT-3	122	32	50～70
VDT-4	138	40	95～120
VDT-5	150	44	150
VDT-6	158	48	185

图 4-60　电缆头套
外形尺寸

b. 电缆卡子应使用其本身或同规格电缆的钢带，卡子宽度以钢带宽度或钢带宽度的 1/2 为宜。先将钢带清理干净，按所用电缆铠装外径长度加 24mm 下料，余量作咬口之用（咬口深度为 8mm），如图 4-61（a）中（1）所示。将弯好的卡子套入电缆，再将地线（软铜线）卡入，其位置敷设在钢带除过锈的地方。套入后，将钢带调到所需位置，然后用钳子夹住咬口，逐步地将咬口夹为一体，如图 4-61（a）中（3）、（4）所示。用钳子轻击咬口顶端，将咬口扳平，如图 4-61（a）中（5）实线所示，但不要敲击咬口根部［图 4-61（a）中（5）虚箭头所示处］，以免造成卡子松劲。打两道卡子的目的是防止钢带松开，应将地线牢固地压在两道卡子之内，卡子的间距为 15mm，如图 4-61（a）中（6）所示。接地线应采用铜绞线或镀锡铜编织线，其截面积大小应根据电缆线芯截面积大小选择。

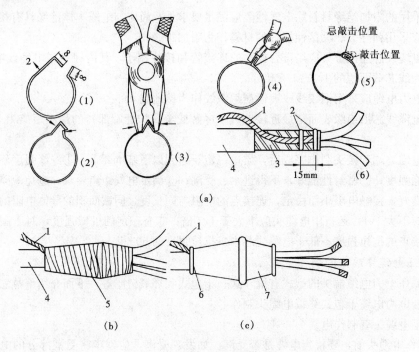

图 4-61　电缆终端头制作安装
（a）打卡子、压地线；（b）包缠塑料带；（c）套电缆头套
1—多股铜线；2—钢带卡子；3—电缆铠甲；4—电缆外护套；
5—塑料带；6—电缆头套下部；7—电缆头套上部

卡位加工时，应用钢锯在第一道卡子向电缆末端一侧 3～5mm 处锯一环形深痕，深度为钢带厚度的 2/3，不得锯透，防止伤及内护层；然后在此将钢带挑起并撕掉；随后清理钢带锯口处毛刺，使其光滑。

c. 地线焊接部位清理干净后，将地线采用焊锡焊接于电缆钢带上，焊点应选在两道卡子之间。上下两层钢带均应焊接牢固，还应注意不要将电缆烫伤。

d. 剥去电缆统包绝缘层，将电缆头套下部先套入电缆。根据电缆头的型号尺寸，按照电缆头套长度和内径，用塑料带采用半叠法包缠电缆。塑料带包缠应紧密，形状呈枣核状，如图 4-61（b）所示；然后将电缆头套上部套上，与下部对接套严，如图 4-61（c）所示。

e. 压电缆线芯接线鼻子。

（a）剥去电缆线芯绝缘，长度为线鼻子的深度加 5mm，并在线芯上涂上凡士林。将线芯插入接线鼻子内，用压线钳子在接线鼻子上压两道以上压坑。压接钳的具体操作详见第二章第二节中有关内容。

（b）使用不同颜色的塑料带表示不同的相色和中性线，并分别包缠电缆各线芯至接线鼻子的压接部位。

（c）将制作好的电缆终端头固定在预先做好的电缆头支架上，并将线芯分开，然后将电缆接线端子接到设备上。

（2）用塑料手套（又称分支手套）制作电缆终端头。分支手套用黑色软质聚氯乙烯塑料注射成形，适用于低压塑料、橡皮等电缆终端头上使用。其绝缘可靠、密封性好，有一定的防紫外线能力。手套有三芯和四芯之分，其外形尺寸如图4-62和表4-48所示。根据电缆截面积，选择相应的分支手套。

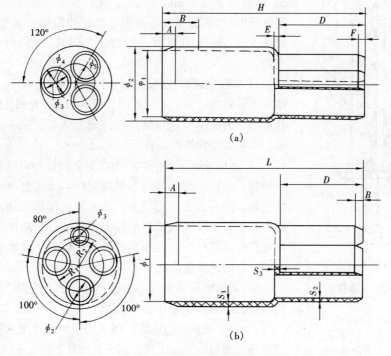

图4-62 分支手套外形尺寸

（a）三芯分支手套；（b）四芯分支手套

表 4-48 分支手套尺寸及适用范围

| 三芯分支手套型号 | 尺 寸 （mm） | | | | | | | | | | | 适用500V电缆截面积（mm²） |
	ϕ_1	ϕ_2	ϕ_3	ϕ_4	ϕ_5	A	B	D	E	F	H	500V
ST-31	29	32.6	8	11.6	21	5	15	30	2.2	2.5	70	16 及以下
ST-32	35	38.6	11	14.6	24	5	15	40	2.2	2.5	90	25
ST-33	40	44	14	18	26	8	20	50	2.5	5	110	35～50
ST-34	49	53	18	22	31	8	20	60	2.5	5	135	70～95
ST-35	59	63	22	26	37	10	20	75	2.5	5	160	120～150
ST-36	70	75	27	32	43	10	25	90	3	7	195	185～240

四芯分支手套型号	尺　寸（mm）												适用500V电缆截面积（mm²）
	L	D	A	B	S_1	S_2	S_3	ϕ_1	ϕ_2	ϕ_3	R_1	R_2	
ST-41	95	40	5	3	1.5	1.5	2	41	12	7	11.5	14	3×25+1×16～3×35+1×16
ST-42	140	60	10	5	2	1.8	3	54	18	11	16.2	20.2	3×50+1×25～3×95+1×35
ST-43	190	85	15	7	2.5	2	3	75	26	15	22.5	28	3×120+1×50～3×185+1×50

1kV塑料手套电缆终端头的结构如图4-63所示。其制作程序大致如下：

1）根据设计图纸规定的位置，将电缆终端按实际需要切取有一定余量的长度。

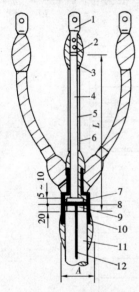

图4-63　1kV塑料手套
电缆终端头结构

1—接线端子；2—线芯；3—防潮锥（中部壁厚为4mm）；4—线芯绝缘；5—塑料胶黏带2层；6—相色胶黏塑料带1层；7—塑料内护层；8—铜绑扎线；9—铠装；10—塑料手套；11—电缆护套；12—接地软铜线；A—手套根部防潮锥外径，A=手套外径+8mm；L—长度，根据实际长度而定，但应大于200mm

2）剥削电缆护套，在距护套切口20mm的铠装上，用ϕ2.1mm的铜线作临时绑扎线。然后在靠电缆末端一侧的钢带铠装处环锯1/2铠装厚度，将钢带挑起并撕掉。在铠装切口以上，留出5～10mm的塑料内护层，并切除其余内护套及黄麻填充物。

3）拆除临时绑扎线，在钢带铠装焊接处除锈、挂锡后，将接地线平贴在钢带上，然后用直径ϕ2.1mm的铜扎线将接地线箍扎5道，再在绑扎处用锡焊固。施工结束后，应将该接地线妥善、可靠地接到接地装置上。

4）使用分支手套前，应先在手套筒体与电缆套接的外护层部位和手套指端部位的线芯绝缘层外，分别包缠塑料胶黏带作填充物，然后套上分支手套。在筒体根部和指端外部，分别用塑料胶黏带缠包成橄榄形的防潮锥体。在防潮锥体的最外层再用塑料胶黏带自下而上地半叠统包，以使手套密封，最后清理干净线芯的绝缘表面。

5）剥削电缆端头线芯绝缘，进行压（或焊）接线端子，再用塑料胶黏带缠包端部防潮锥体。

6）为了保护线芯绝缘，可采用塑料胶黏带从接线端子至手套指部以叠包的方式先自上而下、再自下而上来回缠包两层。

7）用黄、绿、红及淡蓝4色塑料胶黏带在手指部防潮锥上端缠包一层，分别表示三相的相色标志（L1、L2、L3）及中性线（N），再在外层缠包一层透明的聚氯乙烯带加以保护。

8）将缠包好的三相线芯固定到接线位置上，要求各相间、相与地之间的户内终端头应不小于75mm。

9）电缆头制作完毕后，应进行绝缘测定及必要的核相。

3. 低压电缆中间接头的制作安装

将一段电缆与另一段电缆连接起来的部件称为电缆中间接头，它起连接导体、绝缘、密封和保护作用。

电缆中间接头应根据每盘的电缆长度确定好其位置，不要把电缆接头放在建筑物的大门口以及其他管道交叉的地方和爆炸危险区域之内。同一电缆沟并列敷设时，其接头应相互错开。电缆中间接头的结构主要包括导体的连接、绝缘的加强、防水密封和机械保护4个基本部分。

1kV 塑料电缆中间接头常用的有热缩管接头、硬塑料管接头和成型塑料管接头 3 种，以上 3 种接头内部都不加绝缘胶。电缆头的制作从开始剥切到制作完毕，必须连续进行，中间不得停顿，以免受潮。其制作过程如下：

（1）根据接头盒管的规格，按图 4-64 所示的尺寸，锯钢甲，剖铅。

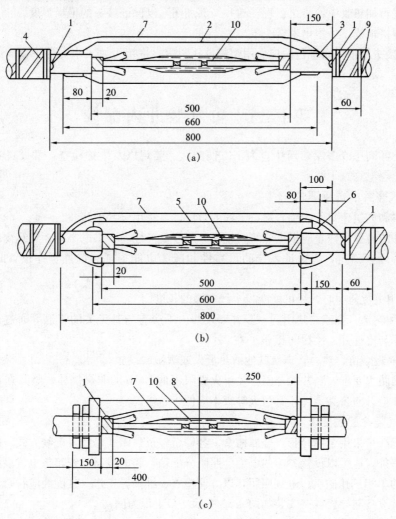

图 4-64 1kV 塑料电缆中间接头制作安装

（a）热缩管接头；（b）硬塑料管接头；（c）成型塑料管接头

1—封焊接地线；2—热缩管；3—铅包；4—钢甲；5—硬塑料管；6—包塑料带球；

7—地线；8—成型塑料管接头；9—钢带卡子；10—套管

（2）电缆一侧用塑料布包封，穿上接头套管。

（3）留 20mm，统包布带，扎牢三芯根部。

（4）根据接管长度，切去线芯绝缘。

（5）擦净线芯后，将线芯夹圆后套上接管，进行压接。

（6）按图 4-64（b）和图 4-64（c）所示长度在线芯上包塑料带 2 层，接管上包 4 层，包长 200mm。

（7）四芯中间加塑料带卷，使相间距离保持 10mm 后扎紧四芯。

（8）按图 4-64（b）所示两端包塑料球后套入塑料导管，再用塑料带封好，并涂胶合剂；或按图 4-64（c）所示套入塑料接头盒，用扳手上紧橡胶垫；或按图 4-64（a）所示穿上大于电缆直径一倍的热缩管，管内涂热溶胶后加温密封。加热时应特别注意加热时间和距离，要按一定方向转圈，不停进行加热收缩，防止出现气泡和局部烧伤，以保证接头的绝缘强度。

（9）封焊接地线，且用钢带卡子压牢。

（10）将接头用塑料布统包两层后用塑料带扎紧后，将接头放入水泥保护盒内或砌砖沟内加盖保护。

第十三节　电气竖井内配线

在现代化的高层或多层建筑中，为了方便配线、美观以及维护检查，常设置专用的电气竖井，供强电、弱电垂直干线敷设用。

一、电气竖井的选用要求

（1）多层和高层建筑物内垂直配电干线的敷设，宜选用竖井配线。

（2）竖井的位置和数量应根据建筑物规模、用电负荷性质、供电半径、建筑物的变形缝设置和防火分区等因素确定，应保证系统的可靠性和减少电能损耗。选择竖井位置时应符合以下要求：

1）靠近用电负荷中心，尽可能减少干线电缆的长度。

2）不应和电梯、管道井共用同一竖井，且井内不应有与其无关的管道等通过；在条件允许时，也宜避免与电梯井、楼梯间相邻。

3）避开邻近烟道、热力管道及其他散热量大或潮湿的设施。

（3）根据防火要求，竖井的井壁应是耐火极限不低于 1h 的非燃烧体。竖井在每层楼应设维护检修门，并应开向公共走廊，其耐火等级不应低于丙级。

二、电气竖井配线要求

竖井内配线可采用金属导管、金属槽盒、各种桥架及封闭式母线等配线方式。电气竖井内除敷设干线回路外，还可以设置各层的电力、照明分配箱，弱电线路分线箱等电气设备及为竖井本身提供用电的单相三孔插座、电气照明，以方便检查、维护等工作。其配线应符合本章的相关要求。电气竖井设备与导管线路安装如图 4-65 所示（某工程为例）。

（1）竖井垂直配线时应考虑如下因素：

1）高层建筑物的顶部最大变位和层间变位对干线的影响，在线路的固定、连接及分支上应采取相应防变位措施。

2）导线、电缆及金属保护导管、罩等的自重所带来的荷重影响及其固定方式。

3）垂直干线与分支干线的连接方法。

（2）竖井内垂直配线采用大容量单芯电缆、大容量母线作干线时，应满足以下条件：

1）载流量要留有一定的裕度。

2）分支容易、安全可靠、安装及维修方便且造价经济。

（3）管路垂直敷设时，为保证管内导线、电缆不因自重而拉断，应按规定设置导线、电缆的拉线盒，在盒内用线夹将导线、电缆固定。为了减少电动力效应，垂直干线除在始端和终端进行固定外，在中间也应隔一定距离进行固定。

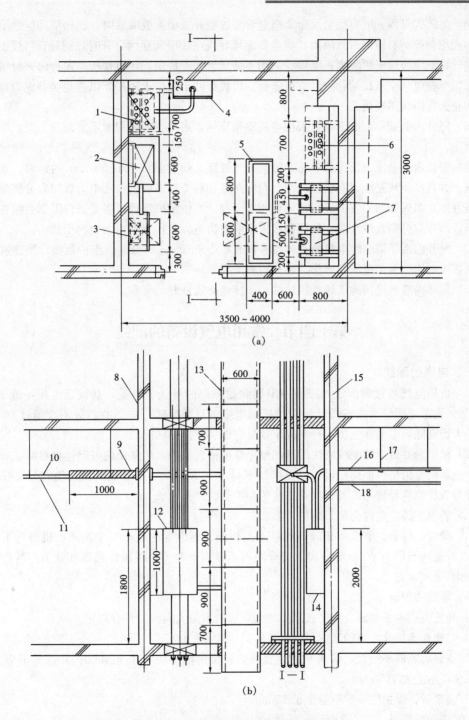

图 4-65 电气竖井设备与导管线路安装

(a) 电气竖井(电缆小室)平面图; (b) 电气竖井设备与管线安装(Ⅰ-Ⅰ剖面图)

1、6—金属导管排架; 2、13—电缆架或托盘; 3、12—端子盘(箱); 4、14—照明分电盘;

5—动力分电盘; 7—封闭型母线; 8、15—防火墙; 9—防火阻燃段电缆; 10—电缆;

11—电缆桥架; 16—电缆导管或护套电缆; 17—吊杆; 18—吊顶

(4) 封闭式母线、电缆桥架及金属槽盒等穿过竖井、楼板或墙壁时，在楼层间应采用防火隔板及防火堵料等材料做好密封隔离；电缆和绝缘导线在楼层间穿钢导管时，钢导管与楼板接触处及两端管口空隙应做密封隔离；电缆应采用不易延燃的外护层，穿过楼板应进行防火封堵。防火隔堵措施要在电气交接试验合格后方可进行。设置竖井干线防火隔层，以避免竖井成为自然抽风井，防止火灾沿线路蔓延。

(5) 竖井内的同一配电干线宜采用等截面积导体，当需变截面积时不宜超过二级，并应符合保护规定。

(6) 竖井内的高压、低压和应急电源的电气线路之间应保持不小于 0.3m 的距离，或采取隔离措施，并且高压线路应设有明显标志。对回路数和种类较多的电信和电力线路宜分别设置在不同的竖井内，以保线路的安全运行，避免相互干扰，方便维护管理。当受条件限制必须在同一竖井内敷设时，应分别敷设在竖井的两侧或采用隔离措施以防止强电对弱电的干扰。

(7) 竖井内端子箱、配电箱等箱体前应留有不小于 0.8m 的操作、维护距离，当建筑平面受限制时，可利用公共走道满足操作、维护距离的要求。

(8) 竖井内应敷设接地干线和接地端子，接地必须良好、可靠。

第十四节　常用电气设备的配线

一、电梯的配线

(1) 电梯电气装置的配线，应使用阻燃和耐潮湿的导线、电缆，其额定电压不低于 0.45/0.75kV 的铜芯绝缘导线或不低于 0.6/1kV 的电缆，且圆型随行电缆的芯数不宜超过 40 芯，这主要是考虑到随行电缆在电梯运行中处于反复弯曲、拉伸的状况。

(2) 机房和井道内的配线应使用难燃型导管或槽盒保护，严禁使用可燃性材料制成的导管或槽盒。金属槽盒沿机房地面敷设时，其壁厚不得小于 1.5mm。不易受机械损伤的分支线路可使用柔性导管作刚性导管与设备、器具连接的保护管。

(3) 轿顶配线应走向合理、防护可靠。

(4) 导管、槽盒、电缆桥架等与可移动的轿厢、钢绳等的最小安全距离：机房内不应小于 50mm；井道内不应小于 20mm。但此安全距离不适用于井道、轿厢传感器和开关门装置的运行配合间隙。

(5) 导管的敷设。

1) 导管应用卡子固定，固定点间距均匀，且管卡最大间距应符合规定。

2) 与槽盒连接处应用锁紧螺母锁紧，管口应装设护口。

3) 安装后应横平竖直，其水平和垂直偏差：机房内不应大于 2/1000；井道内不应大于 5/1000，全长不应大于 50mm。

4) 暗敷时，保护层厚度不应小于 15mm。

(6) 槽盒的敷设。

1) 安装牢固，每根槽盒固定点不应少于两点。并列安装时，应使槽盖便于开启。

2) 安装后应横平竖直，接口严密，槽盖齐全、平整、无翘角。其水平和垂直偏差：机房内不应大于 2/1000；井道内不应大于 5/1000，全长不应大于 50mm。

3) 出线口应无毛刺，位置正确。

(7) 金属柔性导管的敷设。

1）无机械损伤和松散，与箱、盒、设备或刚性导管连接处应使用专用接头。

2）安装应平直，固定点均匀，间距不应大于 1m，端头固定间距不应大于 0.1m，使其真正起到保护作用。

（8）导管、槽盒均应敷设整齐、固定牢靠；接线箱、盒的安装应平正、牢固、不变形，位置应符合设计要求；当无设计规定时，中线箱应安装在电梯正常提升高度的 1/2 加 1.7m 处的井道壁上。

（9）导线（电缆）的敷设。

1）动力线和控制线应隔离敷设，有抗干扰要求的线路应符合产品要求。

2）配线应绑扎整齐，并有清晰的接线编号。保护线端子和电压为 220V 及以上的端子应有明显的标记，以方便施工及维修。

3）槽盒弯曲部分的电线、电缆受力处，应加绝缘衬垫，垂直部分应固定可靠。

4）敷设于导管内的导线总截面积不应超过导管内截面积的 40%，敷设于槽盒内的导线总截面积不应超过槽盒内截面积的 60%。

5）槽盒配线时，应减少中间接头。中间接头宜采用冷压端子，端子的规格应与电线匹配，压接可靠，绝缘处理良好。

6）配线应留有备用线，其长度应与箱、盒内最长的电线相同。

7）随行电缆的敷设应符合下列要求：

a. 当设中线箱时，随行电缆架应安装在电梯正常提升高度的 1/2 加 1.5m 处的井道壁上。

b. 随行电缆严禁有打结和波浪扭曲现象，为此在安装前必须预先自由悬吊，消除扭曲。

c. 随行电缆的敷设长度应使轿厢缓冲器完全压缩后略有余量，其不得与底坑地面接触。多根并列时，长度应一致。

d. 随行电缆两端以及不运动部分应固定可靠。

e. 圆型随行电缆应绑扎固定在轿底和井道电缆架上，绑扎长度应为 30～70mm。绑扎处应离开电缆架钢导管 100～150mm。井道内随行电缆绑扎如图 4-66 所示；轿底随行电缆绑扎如图 4-67 所示。

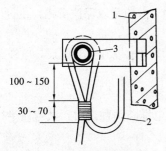

图 4-66　井道内随行电缆绑扎
1—井道壁；2—随行电缆；
3—电缆架钢管

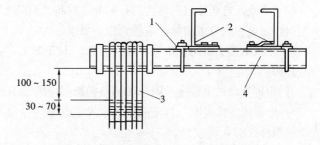

图 4-67　轿底随行电缆绑扎
1—轿底电缆架；2—电梯底梁；3—随行电缆；4—电缆架钢管

f. 扁平型随行电缆可重叠安装，重叠根数不宜超过 3 根，每两根间应保持 30～50mm 的活动间距。扁平型电缆的固定应使用楔形插座或卡子，如图 4-68 所示。

g. 随行电缆在运动中有可能与井道内其他部件挂碰时，必须采取防护措施。

（10）配线安装后应测量不同回路导线（电缆）的对地绝缘电阻，测量时须将电子元件断开。

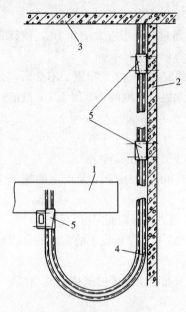

图 4-68 扁平随行电缆安装

1—轿厢底梁；2—井道壁；3—机房地板；4—扁平电缆；5—楔形插座

导体间和导体对地之间的绝缘电阻必须大于 $1000\Omega/\text{V}$，且其不得小于以下数值：

1）动力电路和电气安全装置电路：$0.5\text{M}\Omega$。

2）其他电路（控制、照明、信号等）：$0.25\text{M}\Omega$。

（11）电梯机房、井道和轿厢中电气装置的间接接触保护应符合以下要求：

1）与建筑物的用电设备采用同一接地型式保护时，可不另设接地网，与建筑物的用电设备共用接地网。

2）与电梯相关的所有电气设备及导管、槽盒的外露可接近导体均应作可靠的安全接地或保护接零；电梯的金属构件应采取等电位联结。

3）当轿厢接地线利用电缆线芯时，电缆线芯不得少于两根，并应采用铜芯导体，且每根线芯截面积不得小于 2.5mm^2。

4）接地支线应分别直接接至接地干线上，不得互相连接后再接地，接地支线应采用黄绿相间的绝缘导线。为保证可靠接地，槽盒、柔性导管不得作保护线的接续导体使用。

5）接地线应与电源零线分开敷设，机房内的接地电阻不应大于 4Ω。

二、起重机的电气配线

1. 起重机上的线路敷设

（1）起重机上的配线除弱电系统外，均应采取额定电压不低于 $0.45/0.75\text{kV}$ 的铜芯多股导线或 $0.6/1\text{kV}$ 电缆。多股导线截面积不得小于 1.5mm^2；多股电缆截面积不得小于 1.0mm^2。

（2）在易受机械损伤、热辐射或有润滑油滴落部位，导线或电缆应装于钢导管、槽盒、保护罩内或采取隔热保护措施。

（3）导线或电缆穿过钢结构的孔洞处，应将孔洞的毛刺去掉，并应采取保护措施。

（4）起重机上电缆的敷设应符合以下要求：

1）应按电缆引出的先后顺序排列整齐，不宜交叉；强电与弱电电缆宜分开敷设，电缆两端应有标牌。

2）固定敷设的电缆应卡固，支持点距离不应大于 1m。

3）电缆固定敷设时，其弯曲半径应大于电缆外径的 5 倍；电缆移动敷设时，其弯曲半径应大于电缆外径的 8 倍。

（5）起重机上的配线应排列整齐，导线两端应牢固地压接相应的接线端子且接触良好，有明显的接线编号及标牌。

2. 起重机上的线管、槽盒敷设

（1）钢管、槽盒应固定牢靠，防止运行时的振动造成移位损坏。

（2）露天起重机的钢导管敷设，应使管口向下或有其他防水措施。

（3）起重机所有的管口应加装护口套。

（4）槽盒的安装应符合导线或电缆敷设的要求，导线或电缆的进出口处应采取保护措施，防止导线或电缆绝缘层的损坏。

三、盘、柜的二次回路配线

（1）二次回路配线要求。二次回路配线应按图施工，接线正确，确保设备的正常运行，具体要求如下：

1）导线与电器元件间可采用螺栓连接、插接、焊接或压接等进行连接，均应达到牢固可靠。二次回路连接件应使用铜质制品；绝缘件应采用自熄性阻燃材料。

2）盘、柜内的导线不应有接头，线芯无损伤，绝缘应良好；排列应整齐、清晰、美观；端部应有正确的回路编号，字迹清晰不脱色。

3）端子排安装牢固，端子有序号，强电、弱电端子隔离布置。每个接线端子的每侧接线宜为 1 根，不得超过 2 根。对于插接式端子，不同截面积的两根导线不得接在同一端子上；螺栓连接端子接 2 根导线时，中间应加平垫片。接线端子应与导线截面积匹配，不得使用小端子配大截面积导线。导线与螺钉连接处圆环质量好，顺时针绕向，压接端子压接紧固。

4）二次回路应设专用接地螺栓，以使接地明显、可靠。

（2）盘、柜间配线的电流回路应采用电压不低于 750V 的铜芯绝缘导线或电缆，其截面积不应小于 $2.5mm^2$；除电子元件回路或类似回路外，其他回路应采用额定电压不低于 750V、线芯截面积不应小于 $1.5mm^2$ 的铜芯绝缘导线或电缆；电子元件回路、弱电回路采用锡焊连接时，在满足载流量和电压降要求及有足够机械强度的情况下，可采用不小于截面积 $0.5mm^2$ 的绝缘导线。

（3）用于连接盘、柜门上的电器、控制台板等可动部位的导线尚应符合以下要求：①应采用多股软导线，敷设长度应有适当裕度；②线束应有外套塑料导管等加强绝缘保护层；③与电器连接时，端部应绞紧，并应加终端附件或搪锡，不得松散、断股；④可动部位两端应用卡子固定；⑤装有电器的可开启的门，应以裸铜软线与接地的金属构架做可靠地连接。

（4）引入盘、柜内的电缆及其线芯应符合下列要求：

1）引入盘、柜的电缆应排列整齐，编号清晰，避免交叉，亦应固定牢靠，不得使所接端子排受到机械应力。

2）铠装电缆在进入盘、柜后，应将钢带切断，切断处的端部应扎紧，亦应将钢带接地。

3）使用于静态保护、控制等逻辑回路的控制电缆应采用屏蔽电缆，其屏蔽层应按设计要求的接地方式接地。

4）橡胶绝缘的线芯应外套绝缘保护导管。但采用塑料电缆时，其线芯本身为彩色塑料绝缘，目前多数工程已取消对塑料线芯套塑料管的工艺要求。

5）盘、柜内的电缆线芯应按垂直或水平有规律地配置，不得任意歪斜交叉连接。备用线芯长度应留有适当余量。

6）强、弱电回路不应使用同一根电缆，并应分别成束分开排列。二次回路连线应成束绑扎，不同电压等级、交流、直流线路及计算机控制线路应分别绑扎，且有标识；固定后不应妨碍设备的操作。

（5）直流回路中具有汞触点的电器，电源正极应接到汞触点的一端，这样有利于灭弧，防止触点烧损。

（6）在油污环境中，宜采用耐油的塑料绝缘导线。在日光直射环境，常采用电缆穿蛇皮管或其他金属导管作为保护措施。两个发热元件之间的连线应采用耐热导线或裸铜线套瓷管作为保护措施。

（7）二次回路的电气间隙和爬距应符合以下要求：

1）盘、柜内两导体间，导电体与裸露的不带电的导体间的允许最小电气间隙及爬电距离，应符合表 4-49 所列。

表 4-49 允许最小电气间隙及爬电距离 mm

额定电压 U（V）	电气间隙		爬电距离	
	额定工作电流		额定工作电流	
	≤63A	>63A	≤63A	>63A
$U \leqslant 60$	3.0	5.0	3.0	5.0
$60 < U \leqslant 300$	5.0	6.0	6.0	8.0
$300 < U \leqslant 500$	8.0	10.0	10.0	12.0

2）屏顶上小母线不同相或不同极的裸露载流部分之间，裸露载流部分与未经绝缘的金属体之间，电气间隙不得小于 12mm，爬电距离不得小于 20mm。

（8）二次回路配线施工完毕后测试绝缘时，回路中的电子元件不应参加交流工频耐压试验；48V 及以下回路可不做交流工频耐压试验。因此应有防止弱电设备损坏的安全技术措施，如将强、弱电回路分开，电容器短接，拔下插件等，在测完绝缘后应逐个进行恢复。

第十五节　临时和特殊场所内配线

一、火灾和爆炸危险环境的分区

火灾和爆炸危险环境的分区见表 4-50。

表 4-50 火灾和爆炸危险环境的分区

类　别	分区	环 境 特 征
气体或蒸气爆炸性混合物的爆炸危险环境	0 区	连续出现或长期出现爆炸性气体混合物环境的区域
	1 区	在正常运行时可能出现爆炸性气体混合物环境的区域
	2 区	在正常运行时不可能出现爆炸性气体混合物环境，或即使出现也仅是短时存在的爆炸性气体混合物环境的区域
粉尘爆炸性混合物的爆炸危险环境	10 区	连续出现或长期出现爆炸性粉尘环境的区域
	11 区	有时会将积累下的粉尘扬起而偶然出现爆炸性粉尘混合物环境的区域
火灾危险环境	21 区	具有闪点高于环境温度的可燃性液体，在数量和配置上能引起火灾危险环境的区域
	22 区	具有悬浮状、堆积状的可燃粉尘或可燃纤维，虽不可能形成爆炸性混合物，但在数量和配置上能引起火灾危险环境的区域
	23 区	具有固体状可燃物质，在数量和配置上能引起火灾危险环境的区域

注　1. 正常运行是指正常的开车、运转、停车，作为产品的危险性物料的取出，密闭容器盖的开闭，安全阀、排放阀的开闭等工作状态。正常运行时所有工厂设备都在其设计参数范围内工作。

　　2. 在生产中 0 区域是极个别的，大多数情况属于 2 区，在设计时应采取合理措施尽量减少 1 区域。

二、爆炸危险环境内配线

1. 爆炸危险环境内配线一般规定

对于爆炸危险环境的电气线路敷设方式和敷设路径，现行国家标准 GB 50058《爆炸和火灾危险环境电力装置设计规范》中有明确的规定，施工应按设计规定进行。若设计无明确规定时，应符合以下要求：

（1）线路应敷设在爆炸危险性较小的环境或远离释放源的地方。

（2）当易燃物质比空气重时，电气线路应敷设在较高处或直埋地敷设，架空敷设宜采用电缆桥架，电缆沟内敷设应在沟内充砂（室内宜设防水措施）；当易燃物质比空气轻时，电气线路宜敷设在较低处或电缆沟内。

（3）电气线路沿输送易燃气体或液体的管道栈桥敷设时，当管道内易燃物质比空气重时，应敷设在管道上方；比空气轻时，应敷设在管道正下方的两侧。

（4）敷设电气线路时宜避开可能受到机械损伤、振动、腐蚀以及可能受热的地方，不能避开时应采取预防措施。

（5）在爆炸性气体环境内，低压电力、照明线路用的绝缘导线和电缆的额定电压必须不低于工作电压，且不应低于 750V，绝缘导线必须敷设在钢导管内。

电气线路中性线的绝缘额定电压应与相线电压相等，中性线与相线应在同一护套或导管内敷设。

（6）电气线路使用的接线盒、分线盒、活接头、隔离密封件等连接件的选型，应符合现行国家标准的有关规定。除本质安全系统的电路外，在爆炸性气体环境内的电缆配线用接线盒，使用在 1 区内应选用隔爆型，2 区内应选用隔爆、增安型（过去称为防爆安全型）；钢导管配线的接线盒、分支盒、挠性连接管，使用在 1 区内的应选用隔爆型，2 区内应选用隔爆、增安型；对爆炸性粉尘环境内钢导管配线用接线盒、分支盒，使用在 10 区内应选用尘密型，11 区内应选用尘密型，也可采用防尘型。

（7）导线或电缆的连接应采用有防松措施的螺栓固定，或压接、钎焊、熔焊，但不得绕接，这主要是防止因外界的影响而松动，使连接处的接触不良，增大接触电阻引起接头发热。铝芯线与电气设备的连接应有可靠的铜铝过渡接头等措施，以防止在接头处发生氧化。

（8）爆炸危险环境除本质安全电路外，从机械强度的角度考虑，采用的电缆或绝缘导线，其铜、铝线芯最小截面积应符合表 4-51 的规定。

表 4-51　　　　　　　爆炸危险环境电缆和绝缘导线线芯最小截面积

爆炸危险环境	线芯最小截面积（mm²）					
	铜芯			铝芯		
	电力	控制	照明	电力	控制	照明
1 区	2.5	2.5	2.5	×	×	×
2 区	1.5	1.5	1.5	4	×	2.5
10 区	2.5	2.5	2.5	×	×	×
11 区	1.5	1.5	1.5	2.5	2.5	2.5

注　表中符号"×"表示不适用。

（9）爆炸危险环境内非带电的裸露金属部分，应按规定做好安全接地或保护接零，保护线应可靠连通。

2. 爆炸危险环境内的钢导管配线

（1）采用黑铁导管进行刷漆处理的施工方法时，由于在施工现场受条件限制，处理很难达到完善，致使管壁锈蚀而影响管壁强度。为了提高钢导管防腐能力和使用寿命，在爆炸危险环境的钢导管配线应采用镀锌焊接钢导管。镀锌层锈蚀或剥落处应做好防腐处理。

（2）为了确保钢管与钢导管、钢管与电气设备、钢导管与钢导管附件之间的连接牢固，密封性能及电气性能可靠，施工中钢导管应采用螺纹连接，不得采用套管焊接，还应符合以下要求：

1）螺纹加工应光滑、完整、无锈蚀，在螺纹上应涂以电力复合脂或导电性防锈脂，不得在螺纹上缠麻或绝缘胶带及涂其他油漆。

2）在爆炸性气体环境1区和2区内，螺纹有效啮合扣数：管径为25mm及以下的钢导管不应少于5扣；管径为32mm及以上的钢管不应少于6扣。

3）在爆炸性气体环境1区或2区内，钢导管与隔爆型设备连接时，螺纹连接处应有锁紧螺母。

4）在爆炸性粉尘环境10区和11区内，螺纹有效啮合扣数不应少于5扣。

5）螺纹外露丝扣不应过长。

6）除设计有特殊规定外，连接处不焊接金属跨接线，因为钢管都采用镀锌钢导管，焊跨接线难免要损坏钢导管的镀锌层，破坏钢导管的防腐性能。

（3）电气管路之间不得采用倒扣连接，因电气管路采用倒扣连接时，其外露的丝扣必然过长，不但破坏了管壁的防腐性能，而且降低了管壁的强度；当连接有困难时，应采用防爆活接头，其接合面应紧贴。

（4）隔离密封的目的是将爆炸性混合物或火焰隔离切断，以防止通过管路扩散到其他部分，提高管路的防爆效果。在爆炸性气体环境1区、2区和爆炸性粉尘环境10区内钢管配线时，在下列各处应装设不同型式的隔离密封件：

1）电气设备无密封装置的进线口。

2）管路通过与其他任何场所相邻的隔墙时，应在隔墙的任一侧装设横向式隔离密封件。

3）管路通过楼板或地面引入其他场所时，均应在楼板或地面的上方装设纵向式密封件。

4）管径为50mm及以上的管路在距引入的接线箱450mm以内及每距15m处，应装设一隔离密封件。

5）易积结冷凝水的管路，应在其垂直段的下方装设排水式隔离密封件，排水口应置于下方。

（5）因隔离密封装置不能在施工现场做不传爆性能试验，只有按照制造厂产品技术规定的要求进行施工，才能达到隔离密封的效果。隔离密封的制作应符合下列要求：

1）隔离密封件的内壁应无锈蚀、灰尘、油渍。

2）导线在密封件内不得有接头，且导线之间及与密封件壁之间的距离应均匀。

3）管路通过墙、楼板或地面时，密封件与墙面、楼板或地面的距离不应超过300mm，且此段管路中不得有接头，并应将孔洞堵塞严密。

4）密封件内必须填充水凝性粉剂密封填料。

5）粉剂密封填料的包装必须密封。密封填料的配制应符合产品的技术规定，浇灌时间严禁超过其初凝时间，并应一次灌足，凝固后其表面应无龟裂。排水式隔离密封件填充后的表面应光滑，并可自行排水。

（6）为了避免在有些地方钢管直接连接时可能承受过大的额外应力和连接困难，应采用挠性管连接。爆炸危险环境内的钢管配线需采用挠性连接导管的地方，为满足防爆要求，下列各处应采用防爆型挠性连接导管：电机的进线口，钢导管与电气设备直接连接有困难处；管路通过建筑物的伸缩缝、沉降缝处。

（7）挠性连接导管的类型应与危险环境区域相适应，材质应与使用的环境条件（防腐、防潮、高温）相适应。为实现其防爆作用，防爆挠性连接导管应无裂纹、孔洞、机械损伤、变形等缺陷，安装时应符合要求：①在不同的使用环境条件下，应采用相应材质的挠性连接导管；②弯曲半径不应小于管外径的 5 倍。

（8）电气设备、接线盒和端子箱上多余的孔应采用丝堵堵塞严密。当孔内垫有弹性密封圈时，弹性密封圈的外侧应设钢质堵板，其厚度不应小于 2mm 且应经压盘或螺母压紧。这是为了防止电气设备或接线盒内在事故情况下产生的电气火花或高温在其内部发生爆炸时，由多余的线孔引起钢导管内部爆炸。

（9）为了防止线路的绝缘不良产生电火花而引起爆炸事故，绝缘导线的额定电压必须高于工作电压，且不得低于 750V，并应敷设于钢导管内。电气工作中性线绝缘层的额定电压应与相线电压相同，并应在同一护套或钢导管内敷设。

3. 爆炸危险环境内的电缆敷设

（1）电缆不应在有易燃、易爆及可燃的气体管道或液体管道的隧道或沟道内敷设。当受条件限制需要在这类隧道内敷设电缆时，必须采取防爆、防火的措施。

（2）在爆炸危险环境内设置电缆中间接头是安全隐患。现行国家标准 GB 50058《爆炸和火灾危险环境电力装置设计规范》规定："在 1 区内电缆线路严禁有中间接头，在 2 区内不应有中间接头"。因此在爆炸危险环境内电缆间不应直接连接。在非正常情况下，必须使用符合相应区域等级要求的防爆接线盒或分线盒内进行连接或分路。

为此，施工现场人员必须做周密的安排，按电缆的长度把电缆的中间接头安排在爆炸危险区域之外，并应对敷设好的电缆切实加以保护，杜绝产生中间接头的可能性。

（3）电缆线路穿过不同危险区域或界壁时，为了防止爆炸性混合物沿管路及其与建筑物的空隙流动和火花的传播而引起爆炸事故的发生，必须采取隔离密封措施：

1）在两级区域交界处的电缆沟内，应采取充砂、填阻火堵料或加设防火隔墙等措施。

2）电缆通过与相邻区域共用的隔墙、楼板、地面及易受机械损伤处，均应加以保护，留下的孔洞应堵塞严密。

3）保护管两端的管口处应将电缆周围用非燃性纤维堵塞严密，再填塞密封胶泥。密封胶泥填塞深度不得小于导管内径，且不得小于 40mm。

（4）为了防止电气设备及接线盒内部产生爆炸时，由引入口的空隙而引起外部爆炸，防爆电气设备、接线盒的进线口引入电缆后的密封应符合下列要求：

1）当电缆外护套必须穿过弹性密封圈或密封填料时，必须被弹性密封圈挤紧或被密封填料封固。

2）外径不小于 20mm 的电缆在隔离密封处组装防止电缆拔脱的组件时，应在电缆被挤紧或封固后，再拧紧固定电缆的螺栓。

3）电缆引入装置或设备进线口的密封应符合下列要求：

a. 装置内的弹性密封圈的一个孔应密封一根电缆。弹簧密封圈压紧后，应能将电缆沿圆周均匀地挤紧。

b. 被密封的电缆断面应近似圆形。

c. 弹性密封圈及金属垫应与电缆的外径匹配；其密封圈内径与电缆外径允许差值为 ±1mm。

4）对于有电缆头腔或密封盒的电气设备进线口，电缆引入后应浇灌固化的密封填料，填塞深度不应小于引入口径的 1.5 倍，且不得小于 40mm。

5）电缆的连接应采用有防松措施的螺栓固定，或压接、扦焊、熔焊，但不得绕接。电缆与电气设备连接时，应选用与电缆外径相适应的引入装置，当选用的电气设备的引入装置与电缆的外径不相适应时，应采用过渡接线方式，电缆与过渡线必须在相应的防爆接线盒内连接。铝芯电缆与电气设备的连接应有可靠的铜铝过渡接头等措施。

(5) 电缆配线引入防爆电动机需挠性连接时可采用挠性连接导管。根据引入装置的现状及工矿企业运行经验，使用具有一定机械强度的挠性连接导管及其附件即可满足要求，只要进线电缆、挠性软导管和防爆电动机接线盒之间的配合符合防爆要求即可。所采用的挠性连接导管类型应采用不同材质而适合所使用的环境特征，如满足防腐蚀、防潮湿和环境温度对挠性导管的特殊要求。

(6) 为了使电缆与金属密封环之间的密封可靠，不致因电缆表面有脏物而影响密封效果。电缆采用金属密封环式引入时，贯通引入装置的电缆表面应清洁干燥，对涂有防腐层的电缆应清除干净后再敷设。

(7) 为了防止管内积水成冰或将水压入引入装置而损坏电缆和引入装置的绝缘，故在室外和易进水的地方，与设备引入装置相连接的电缆导管的管口应严密封堵。

(8) 低压电缆的额定电压必须高于线路工作电压，且不得低于 750V。

(9) 移动电缆在爆炸性危险环境的 1、10 区内应选用重型电缆；2、11 区内应选用中型电缆。

4. 本质安全型及其关联电气设备的配线

(1) 对于本质安全型电气设备（过去称为安全火花型电气设备）配线工程中的导线、钢导管、电缆的型号、规格以及配线方式、线路走向和标高、与关联电气设备的连接线等，因设计时对防止与其他电路发生混触、防止静电感应和电磁感应等都已做考虑，故必须按设计要求施工。此外，当本质安全型电气设备对其外部连接线的长度有规定时，施工尚应符合产品技术文件的有关规定。

(2) 本质安全电路及其关联电路的施工应符合下列要求：

1) 本质安全电路与关联电路不得共用同一电缆或钢导管；本质安全电路或关联电路严禁与其他电路共用同一电缆或钢导管。

2) 两个及以上的本质安全电路，除电缆线芯分别屏蔽或采用屏蔽电线者外，不应共用同一电缆或钢管。

3) 配电盘内本质安全电路与关联电路或其他电路的端子之间的间距不应小于 50mm；当间距不能满足要求时，应采用高于端子的绝缘隔板或接地的金属隔板隔离；本质安全电路、关联电路的端子排应采用绝缘的防护罩；本质安全电路、关联电路、其他电路的盘内配线应分开束扎、固定。

4) 所有需要隔离密封的地方应按规定进行隔离密封，防止爆炸性混合物流动或火花传递而引起爆炸事故的发生。

5) 本质安全电路及关联电路配线中的电缆、钢导管、端子板均应有蓝色的标志，以区别于其他电路，防止施工及生产维修人员任意改变电路或将线路接错。

6) 本质安全电路本身除设计有特殊规定外，不应接地。电缆屏蔽层应在非爆炸危险环境进行一点接地，以避免屏蔽中出现电流而影响本质安全电路的安全。

7) 本质安全电路与关联电路采用非铠装和无屏蔽层的电缆时，应采用镀锌钢导管加以保护，这主要是从防腐要求考虑。

(3) 在非爆炸危险环境中与爆炸危险环境有直接连接的本质安全电路及关联电路的施工，应按危险环境的规定进行施工。

三、火灾危险环境内配线

(1) 在火灾危险环境内的电力、照明线路的绝缘导线和电缆的额定电压，不应低于线路的额定电压，且不得低于 750V。

(2) 1kV 及以下的电气线路，可采用非铠装电缆或钢管配线；在火灾危险环境 21 区或 23 区内，可采用硬塑料管配线；在火灾危险环境 23 区内远离可燃物质时，可采用绝缘电线在针式或鼓形瓷绝缘子上敷设，但沿未抹灰的木质吊顶和木质墙壁等处及木质闷顶内的电气线路，应穿钢管明敷。

(3) 在火灾危险环境内，当采用铝芯绝缘导线和电缆时，应有可靠的连接和封端。

(4) 在火灾危险环境 21 区或 22 区内，电动起重机不应采用滑触线供电；在火灾危险环境 23 区内，电动起重机可用滑触线供电，但在滑触线下方不应堆置可燃物质。

(5) 移动式和携带式电气设备的线路应采用移动电缆或橡套软线。

(6) 在火灾危险环境内安装裸铜、裸铝母线应符合下列要求：

1) 无需拆卸检修的母线连接处，宜采用熔焊。

2) 螺栓连接应可靠，并应有防松装置。

3) 在火灾危险环境 21 区和 23 区内的母线宜装设金属网保护罩，其网孔直径不应大于 12mm。在火灾危险环境 22 区内的母线应用 IP5X 型结构的外罩，并应符合现行国家标准 GB 4208《外壳防护等级的分类》中的有关规定。

(7) 为了防止可燃物质或灰尘等其他有害物质侵入电气设备和接线盒内，所以电缆引入电气设备或接线盒内的进线口处应密封。钢导管与电气设备或接线盒的连接应符合以下要求：

1) 螺纹连接的进线口应啮合紧密；非螺纹连接的进线口，钢导管引入后应装设锁紧螺母。

2) 与电动机及有振动的电气设备连接时，应装设金属柔性导管。

(8) 火灾危险场所内电气设备、金属导管应按规定做好安全接地或保护接零。

四、室内临时用电场所配线

为在建设工程施工现场或生产急需布设临时线路时贯彻执行"安全第一，预防为主"的方针，确保在使用中的人身和设备的安全，临时配线应达到以下要求：

(1) 临时线路应由专业电工安装，选用合格的设备与器材，严格质量要求。

(2) 临时线应选用绝缘导线或电缆。

(3) 临时线不得任意拖拉、马虎架设，可沿建筑物、构架等架空敷设。室内配线采用穿管、钢索、嵌绝缘槽、绝缘子或瓷（塑料）夹等敷设，距地面高度不得小于 2.5m；低压电缆（不含油浸电缆）需架空敷设时，应沿建（构）筑物架设，架设高度不低于 2m，接头处应绝缘良好，并采取防水措施。

(4) 潮湿场所或埋地非电缆配线必须穿管敷设，管口应密封。采用金属导管或钢索等敷设时，根据配电系统的接地型式选用相应的接地方式，在 TN-S 系统中应选定专用保护接零（PE 线），并在设备负荷线的首端处设置剩余电流动作保护装置，以保设备及人身安全。

(5) 钢索配线的吊架间距不宜大于 12m。采用硬塑料导管配线时，支持件间距应不大于 1m；采用鼓形绝缘子配线时，导线间距不小于 100mm，鼓形绝缘子间距应不大于 1.5m；采用护套绝缘导线或电缆配线时，允许直接敷设于钢索上，支持件间距不大于 200mm。

(6) 进户线过墙应穿管保护，室内距地面不得小于 2.5m；进户线的室外端应采用绝缘子固定，并应采取防雨措施。

(7) 室内配线所用导线截面积应根据用电设备或线路的计算负荷确定，但铝线截面积应不小于 2.5mm²，铜线截面积应不小于 1.5mm²。

(8) 临时线路应尽可能短，避免迂回曲折。

(9) 临时线路应有开关控制，不得从线路上直接引出，其开关的保护整定值应满足要求。临时线路应设置短路保护和过载保护，其与绝缘导线、电缆的选配应符合以下要求：

1）采用熔断器或断路器做短路保护时，其熔体额定电流不应大于明敷绝缘导线或电缆长期连续负荷允许载流量的 1.5 倍；采用断路器做短路保护时，其瞬动过流脱扣器脱扣电流整定值应小于线路末端单相短路电流。

穿管敷设的绝缘导线线路，其短路保护熔断器的熔体额定电流不应大于穿管绝缘导线长期连续负荷允许载流量的 2.5 倍。

2）采用熔断器或断路器做过载保护时，绝缘导线或电缆长期连续负荷允许载流量不应小于熔断器熔体额定电流或断路器长延时过流脱扣器脱扣电流整定值的 1.25 倍。

(10) 临时线路经批准使用后，应限期拆除。

第十六节 弱电工程的室内配线

一、室内通信线路的配线

1. 通信电缆的型号

我国通信电缆的型号采用汉语拼音字母和阿拉伯数字组成，其排列次序和含义见表4-52，其中派生项的数字是区别具体型号中的不同品种，如不同的频率等。

表 4-52   通信电缆型号代号排列次序和含义

分类用途	导体	绝缘层	内护层	特征	外护层	派生
H 市内电话电缆	G 铁线芯	B 聚苯乙烯	A 铝—聚乙烯	C 自承式	0 相应的裸外护层	
HD 铁道电气化电话电缆	L 铝线芯		B 棉纱编织	D 带形	1 一级防腐	—1（第一种）
HJ 局用电话电缆	T 铜线芯	F 复合物聚四氟乙烯	F 复合物	E 话务员耳机用	1 麻护层	
HP 配线电话电缆	GL 铝包钢	M 棉纱	H 橡套	G 工业用	2 二级防腐	—2（第二种）
HU 矿用电话电缆	GT 铜包钢	N 尼龙	HF 非燃性橡套	J 交换机用	2 钢带铠装麻被	
NH 农用电话电缆	HL 铝合金	S 丝	L 铝包	L 防雷	20 裸钢带铠装	—18（18 芯）
	HT 铜合金	SB 玻璃丝（纤维）	LW 皱纹铝包	K 空心	3 单层细钢丝铠装麻被	
K 控制电缆		V 聚氯乙烯	Q 铅包	P 屏蔽	30 裸细钢丝铠装麻被	—252（252kHz）
P 信号电缆		X 橡皮	S 钢-铝-聚乙烯	R 柔软	4 双层细钢丝铠装麻被	
HB 通信线		Y 聚乙烯	V 聚氯乙烯	S 水下	5 单层粗钢丝铠装麻被	
HR 电话软线		YF 泡沫聚乙烯	X 纤维	T 弹簧型	6 双层粗钢丝铠装麻被	
HE 长途通信电缆		Z 纸	Y 聚乙烯	Z 综合型		
				YF 泡沫聚乙烯		
HO 同轴电缆			VV 双层塑料	Z 彩色		
				F 防腐		

例如，HPVV 配线电话电缆中 HP 表示配线电话电缆，V 表示铜芯、聚氯乙烯绝缘，V 表示聚氯乙烯护层，故称为铜芯聚氯乙烯绝缘聚氯乙烯护层配线电缆，简称铜芯全聚氯乙烯配线电缆。它用于市内电话线路的始端和终端，供连接市话电缆至分线设备或配线架之用，也可作为室内外短距离线路用。

2. 通信线缆的选用

（1）建筑物内通信配线电缆宜选用全塑、阻燃等市话电缆，其常采用 HYA 型 0.4mm 或 0.5mm 铜芯线径的铝塑综合护层绝缘市话通信电缆。当通信距离远或有特殊要求时，可采用 0.6mm 或 0.8mm 铜芯线径的通信电缆。楼内配线也可采用 HYV 型市话电缆。

（2）建筑物内通信光缆的规格、型号应符合产品标准，并满足设计要求。光缆宜选用非色散位移单模光纤，通常称为 G.652 光纤。G.652 光纤的 A、B、C 3 个子类有不同的用途，其价格高低也不相同，其中 A 类较低、B 类较高、C 类高。

（3）用户总配线架、配线箱（分线箱）设备容量宜按远期用户需求量一次考虑，其配线端子和配线电缆可分期实施。配线电缆的容量配置可按用户数的 1.2～1.5 倍，并结合配线电缆对数系列选用。

（4）光缆总配线架（箱）、楼层光缆分线箱设备容量宜按远期用户需求量一次配置到位。光缆可根据需求分期实施，同时结合光缆芯数系列选用。

（5）建筑物内用户电话线宜选用铜芯 0.5mm 或 0.6mm 线径的室内一对或多对电话线。当用户内电话线采用综合布线 4 对（8 芯）对绞电缆时，其通信线缆配置方式应符合综合布线的有关要求。

通信电缆选用见表 4-53。

表 4-53　　　　　　　　　　　　　　通信电缆的选用

电缆类别 敷设方式 结构型式		主干电缆 中继电缆		配线电缆				成端电缆	
		管道	直埋	管道	直埋	架空、沿墙	室内、暗管	MDF（总配线架）	交接箱
电缆结构	铜芯线线径（mm）	0.32、0.4、0.5、0.6、0.8	0.32、0.4、0.5、0.6、0.8	0.4、0.5、0.6	0.4、0.5、0.6	0.4、0.5、0.6	0.4、0.5	0.4、0.5、0.6	0.4、0.5、0.6
	线芯绝缘	实心聚烯烃泡沫聚烯烃泡沫/实心皮聚烯烃	实心聚烯烃泡沫聚烯烃泡沫/实心皮聚烯烃	实心聚烯烃泡沫/实心皮聚烯烃	实心聚烯烃泡沫/实心皮聚烯烃	实心聚烯烃泡沫/实心皮聚烯烃	宜聚氯乙烯	阻燃聚烯烃	实心聚烯烃泡沫/实心皮聚烯烃聚乙烯
	电缆护套	涂塑铝带黏接屏蔽聚乙烯	涂塑铝带黏接屏蔽聚乙烯	涂塑铝带黏接屏蔽聚乙烯	涂塑铝带黏接屏蔽聚乙烯	涂塑铝带黏接屏蔽聚乙烯	宜铝箔层聚氯乙烯	宜铝箔层聚乙烯	涂塑铝带黏接屏蔽聚乙烯
	电缆型号	HYA HYFA HYPA 或 HYAT HYFAT HYPAT	HYAT 铠装 HYFAT 铠装 HYPT 铠装 或 HYA 铠装 HYFA 铠装 HYPA 铠装	HYAT HYPAT 或 HYA HYPA	HYAT 铠装 HYPAT 铠装 或 HYA 铠装 HYPA 铠装	HYA HYAT HYAC	宜 HPVV	HPVVZ	HYA
	PCM 电缆	HYAG 或 HYAGT	HYAGY 铠装或 HYAG 铠装	—	—	—	—	—	—

(6) 电话站直流馈电线截面积 S（mm^2）可按下式选择：

对于铜线

$$S=\frac{IL}{54.4\Delta U}$$

对于铝线

$$S=\frac{IL}{34\Delta U}$$

式中 I——馈电线的忙时最大电流，A；

L——正负极馈电线的总长度，m；

ΔU——分配给计算段的允许电压降，V。

直流电流小于 50A 的电话站，馈电线各段的电压降可采用固定的分配方式。各种直流配电设备及线路电压降分配如下：①直流配电盘（屏）0.3V；②电源架（或总熔丝盘）0.2V；③列架熔断器及馈电线 0.2V。在总电压降中减去上述有关电压降后，剩余的电压降即可分配在蓄电池至列架（或机台）间的各段馈电线上。

直流馈电线总电压降指繁忙小时内直流馈电线全程最大的电压降：对 60V 的电源一般可取 1.6V；对 24V 电源一般取 0.8～1.2V；对 48V 电源一般取为 1.4V。

3. 通信线路配管的选用

在建筑物内暗配通信线时，可用钢管、塑料管等作导管。

(1) 通信配线电缆保护导管，在地下层、首层和潮湿场所敷设时，宜采用壁厚不小于 2mm 的金属导管；在其他楼层、墙内和干燥场所敷设时，宜采用壁厚不小于 1.5mm 的金属导管。用户电话线的保护导管，在地下室、底层和潮湿场所敷设时，宜采用壁厚大于 2mm 的金属导管；在其他楼层、墙内和干燥场所敷设时，宜采用壁厚不小于 1.5mm 的薄壁钢导管或中型难燃刚性聚乙烯导管。但在严重腐蚀场所不宜采用金属导管或金属槽盒配线。在有电磁干扰或有抗外界电磁干扰需求的场所，其通信配管必须全程采用金属导管或封闭式金属槽盒，并将线路中各金属配线箱、过路箱、槽盒、导管及插座出线盒的金属外壳全程连续导通及接地。

薄壁管的耐蚀性较差，所以埋设在底层或焦碴内的钢导管均应采用厚壁导管，并做好防腐蚀处理。电缆管、用户线管应采用镀锌钢导管或难燃硬质 PVC 导管。

(2) 屋内暗管的管径大小应考虑终期穿放电缆的最大容量或导线的最多对数，以及管道的段长、弯曲角度的大小和弯曲次数等。

(3) 穿放用户电话线的管路管径不应过大，一般不超过 25mm。通信电缆竖井的各层楼板上应预留孔洞或预埋外径不小于 76mm 的金属导管群或套管。

(4) 管径的选用除考虑上述因素外，还应考虑管径利用率，可用其计算出导管的内径。

1) 穿放电缆的暗配导管管径利用率

$$\eta_1=\frac{d}{D}\times100\%$$

式中 d——电缆外径；

D——导管内径。

一般规定直线管路的 $\eta_1=50\%\sim60\%$，弯曲管路的 $\eta_1=40\%\sim50\%$。

2) 截面积利用率计算

$$\eta_2=\frac{A_1}{A}$$

式中 A_1——穿在管内的线缆总截面积；

A——导管内截面积。

一般规定管内穿放对绞用户电话线导管截面积利用率 $\eta_2 = 20\% \sim 25\%$；穿放平型多对用户电话线或 4 对对绞电缆的导管截面积利用率 $\eta_2 = 25\% \sim 30\%$。

3）根据 JGJ/T 16《民用建筑电气设计规范》的规定，电缆、导线导管的选择与导管利用率的确定可参照表 4-54。

表 4-54　　　　　　　　　　　　　　　导管的选择

电缆、导线敷设地段	最大管径限制（mm）	管径利用率 电缆
暗设于底层地坪	不作限制	$50\% \sim 60\%$
暗设于楼层地坪	一般≤25，特殊≤32	$50\% \sim 60\%$
暗设于墙内	一般≤50	$50\% \sim 60\%$
暗设于吊顶内或明设	不做限制	$50\% \sim 60\%$
穿放用户线	≤25	

由进户管至电话交接箱至分线箱的电缆暗管的直线电缆导管管径利用率应为管内径的 $50\% \sim 60\%$，弯曲处电缆导管管径利用率应为 $40\% \sim 50\%$。

由分线箱至用户电话出线盒应敷设电话线暗管。电话线暗配导管内径应在 $15 \sim 20mm$ 间选用。穿放绝缘平型用户线（RVB-2×0.3mm²）的导管截面积利用率为 $25\% \sim 30\%$；穿放绝缘绞型用户线（RVS-2×0.3mm²）的导管截面积利用率为 $20\% \sim 25\%$。

4）室内通信线路宜采用槽盒配线，其布放用户电话线或配线电缆的截面积利用率宜为 $30\% \sim 50\%$。通信电缆、导线的暗配管径，可参阅本书附录 D 选择。

4. 建筑物室内通信线路配线

（1）建筑物室内配线方式可分为：①明配线；②暗配线；③主干电缆或分支电缆为暗配线，用户线为明配线的混合配线；④室内桥架和封闭线槽配线。

（2）建筑物进户导管敷设。

1）电缆进户导管由电缆敷设方式决定，小区配线电缆是挂墙或架空均采用穿墙进入楼内，要求穿电缆导管伸出墙外且管口向外倾斜。住宅小区配线电缆采用地下通信管道敷设时，上管应暗敷引至壁龛分线箱内。施工时，往往采取从室内引出且向外倾斜、伸出墙外 2m、埋深 0.8m 的暗管，然后与室外地下通信管道相连接。

2）直埋电缆不得直接引入室内，如需引入建筑物内分线设备时，应换接或采取非铠装方法穿管引入。如引至分线设备的距离在 10m 以内时，则可将铠装层脱去后再穿管引入。

3）引出建筑物的用户线在 2 对以下、距离不超过 25m 时，可采用金属导管埋地引至电话出线盒。如超过上述规定时则应采用直埋电缆，但应采取一定防腐措施。

（3）室内管路敷设。

1）暗配导管网组成。对于多层住宅楼（指 7 层楼及以下），电话暗配导管网是以每幢楼房单独进出的门为单元组成一个暗配导管系统，即由进户导管、壁龛分线箱、竖向电缆导管、用户导管、电话插座组成。

每层安装壁龛分线箱以竖向电缆导管连通。每层楼的壁龛分线箱至每个用户室布放用户导管，用户室内安装用户出线盒，在用户出线盒上安装话机插拨式接线板。住宅楼电话管网系统如图 4-69 所示。

为了使暗配导管网具有充分的灵活性和通融性，有时还考虑设置联络导管和备用导管。如上

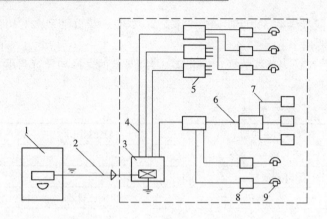

图 4-69　住宅楼电话管网系统

1—电话局；2—地下通信管路；3—电话交接间；

4—竖向电缆管路；5—分线箱；6—横向电缆管路；

7—用户线管路；8—出线盒；9—电话机

升管路不止一个，为建立不同上升管路之间的联系，可视需要情况把它们在每隔一定的楼层用楼层间的联络管道沟通，以便为它们之间的线对调度创造条件，从而扩大整个房屋建筑暗配线系统的灵活性。不同楼层的电缆接头箱以及分线设备间，也可采用联络管道连通。

2）住宅建筑内的暗管应敷设到每套住宅，并应满足下列要求：

a. 建筑施工时，应在布放电缆的暗管内放一根直径为 1.6mm 的镀锌铁线。

b. 建筑施工时，应在布放电话线的暗管内布放好电话线，中间不得做电话接线。住户内出线口处应安装室内电话机出线盒。

c. 分线箱至用户的暗配导管不宜穿越非本户的其他房间。如必须穿越时，暗管不得在其房内开口。

d. 住宅应每户设置一根电话线引入暗管，户内各室之间宜设置电话线联络暗配导管，便于调节电话机安装位置。为此，应在每套住宅的起居室或主要卧室内设置话机出线盒。

暗配导管的出入口必须在墙内镶嵌暗线箱（盒），管内的出入口必须光滑、整齐。

3）直线（水平或垂直）敷设电缆导管和用户导管长度超过 30m 时应加装过路箱（盒）；管路拐弯不宜超过两个弯头，弯头角度不得小于 90°；有弯头的管段长如超过 20m 时，应加管线过路箱（盒），以便穿线施工。

4）导管弯曲和连接。

a. 为便于施工和维修，暗配导管如弯曲时，其弯曲的夹角不应小于 90°。电缆暗配导管的弯曲半径在敷设电缆时不得小于钢导管外径的 10 倍，而用户导管暗管弯曲半径不应小于该管径的 6 倍，在可能的情况下应尽量加大弯曲半径。如有两次弯曲，应把弯曲处设在暗管的两侧，这时暗管长度应缩短到 15m 以下，且不得有 S 弯。

b. 各类管材的管子接头应以螺栓接头连接或以套管连接，不宜采用焊接方法，因为焊接容易使管内接缝处产生毛刺或不平，严重影响穿放电缆或导线的质量，有时会直接破坏电缆或导线的绝缘层，影响通信。

5）建筑物内暗配管路应随土建施工预埋，并应避免在高温、高压、潮湿、易燃、易爆及有较强烈振动的地段或房间敷设。暗配管与其他管线的最小净距应符合表 4-55 的规定。

表 4-55　　　　　　　　　　暗配导管与其他管线最小净距　　　　　　　　　　　　mm

其他管线 相互关系	电力线路	压缩空气管	给水管	热力管 （不包封）	热力管 （包封）	煤气管	备　　注
平行净距	150	150	150	500	300	300	间距不足时应加绝缘层，应尽量避免交叉
交叉净距	50	20	20	500	300	20	

注　采用钢导管时，与电力线路允许交叉接近，钢导管应接地。

6）暗管敷设不应穿越非通信类设备的基础；导管穿越伸缩缝（沉降缝）时应做补偿装置。楼层管道线路应尽量避免穿越房屋建筑的伸缩缝（沉降缝），必须穿越时，电缆导管、用户导管必须做补偿装置。图 4-70 所示是一种导管穿越建筑物伸缩缝（沉降缝）的做法，可供施工中参考。伸缩缝（沉降缝）两侧的过路箱（盒）之间用软导管做成通道方式直接相通，缝两侧的暗管各成体系。过路箱（盒）的内外均需刷防腐油漆，箱盖安装要求平整，表面油漆颜色与墙面颜色相同。箱内一般避免放接头，如有接头时只允许放在一侧的箱内。

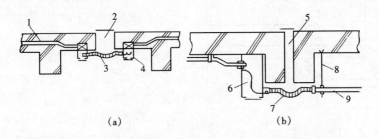

图 4-70　导管穿越建筑物伸缩缝（沉降缝）的做法
(a) 两侧设过路箱（盒）；(b) 一侧设过路箱（盒）
1—管线；2、5—伸缩缝（沉降缝）；3、7—软导管；4、6—过路箱（盒）；8—吊杆；9—钢导管

（4）室内分线设备安装。暗装电缆交接箱、分线箱（盒）及过路箱称为壁龛，供电话线路在上升管路及楼层管路内分支、接续或转换、安装分线端子板用。

室内分线设备的设置应满足如下规定：

1）分线箱（盒）是连接配线电缆和用户线的设备。分线箱（盒）暗设时，一般应预留墙洞。墙洞大小应按分线箱尺寸留有一定的余量，即墙洞上、下尺寸增加 20~30mm，左、右边尺寸增加 10~20mm，以克服土建预留孔洞可能出现的误差。暗配分线盒安装高度，箱底边距地为 0.5~1.3m 或距顶 0.3m，如图 4-71 所示；明配分线箱箱底距地宜为 1.3~2.0m。

2）电话出线盒宜暗设，电话出线盒应是专用出线盒或插座，不得用其他插座代用。话机出线盒的底边安装距地 0.3m，卫生间内安装高度宜距地面 1.0~1.3m。

3）引进建筑物的电缆如多于 200 对时，可设置交接箱或电缆进线箱，装设地点应使进出线方便。

4）与高压线路接近或在雷击危险地区，明线或架空电缆从室外引入室内时，电缆交接箱或分线盒等应设保安装置，其接地电阻值应符合要求。

5）过路箱（盒）一般作暗配线时电缆管线的转接或接续用，箱内不应有其他管线穿过。

暗配通信过路箱宜设置在底边距地 0.3~0.5m 或距顶 0.3m 的位置。住户内过路箱安装在门后如图 4-72 (a) 所示位置。难燃塑料过路箱外形尺寸如图 4-72 (b) 所示。

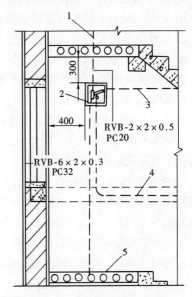

图 4-71　分线盒安装示意图
1—管线（上升至圈梁到上层室内）；
2—分线盒；3—管线（经墙至本层室内）；4—管线（经圈梁至下层室内）；5—楼梯间缓步台

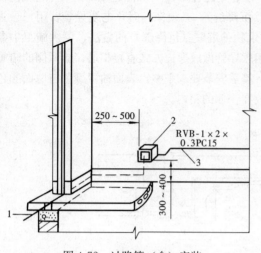

250～500

2
RVB-1×2×
0.3PC15
3

300～400

1

图 4-72　过路箱（盒）安装
1—管线（来自分线箱）；2—过路箱（盒）；
3—管线（至出线盒）

6）分线箱、通信线缆竖井宜设在建筑物内通信业务相对集中，且通信配管便于敷设、维修的地方；分线箱不宜设置在楼梯踏步边的侧墙上。

7）用户终端设备应装设避雷器，其接地电阻应符合要求。

（5）室内线路敷设。

1）建筑物室内配线一般原则。

a. 配线区域按楼层划分，一般由所设分线箱负担一个楼层，不能跨越其他楼层。但当其他楼层电话很少时，为节省投资可跨越两个楼层。

b. 配线区域内分线箱（盒）应位于负荷中心，以缩短配线距离和节省电话线路。容量不应大于 50 对，以减少墙内开孔尺寸和便于暗管配线。

c. 配线区域内通信配线电缆宜采用直接配线为主；建筑物单层面积较大或为高层建筑时，楼内宜采用交接配线方式，不宜采用复接配线方式。这主要是考虑到建筑工程中用户线路变化不大，采用复接配线时线路可靠性差。通信光缆配线宜采用星形结构配线方式。

2）线缆穿管敷设。

a. 穿放电缆时，应先清理管内污水杂物，以便电缆顺利通过管道。

b. 管口应光滑，并应在管口采取防止电缆损伤的措施。

c. 用户电话线不应与配线电缆同穿在一个管子内；电缆配线导管内不得穿其他非通信线缆。

d. 由于各种楼层横向埋设管道困难，所以室内配线电缆不宜在楼板内做横向敷设。特殊情况下需要做横向敷设时，电缆容量以不超过 50 对为宜。

e. 配线电缆和用户电话线在暗装线箱内均应留置一定的余线长度，其长度以绕箱一周为宜。

f. 在暗装分线箱内分线时，干燥的地方可设端子板，潮湿的地方应设分线盒。

g. 有特殊屏蔽要求的电缆或电话线应采用暗配钢管并将其接地。全塑电缆接头处要在对号前将接头两端的屏蔽线或铜软线做良好的连接，防止影响对号效果。

h. 全塑电缆的芯线若是全色谱的，其芯线顺序由中心层起向外层顺序编号。在电缆盘上的电缆也是有方向性的，一般规定由电缆的 A 端线号是面向电缆按顺时针方向进行编号，而电缆 B 端线号则按逆时针方向进行编号。

i. 全塑电缆芯线的接续方法，在民用建筑电话通信中，应采用接线模块或接线子进行连接，不得使用扭绞接续；电缆外护套接续宜采用热可缩套管进行接头封闭。

j. 为防止产生电磁干扰，通信电缆与电力电缆及其他干扰源之间，应保持必要的距离，要求与综合布线电缆防干扰源间距是一样的，具体要求如下：

（a）综合布线电缆应与附近可能产生高电平电磁干扰的电动机、电力变压器、射频应用设备等电气设备之间保持必要的间距。

（b）综合布线电缆与电力电缆的间距应符合表 4-56 的要求。

（c）光缆布线具有最佳的防电磁干扰性能，在电磁干扰较严重的情况下，是比较理想的防电磁干扰布线系统。

表 4-56   综合布线电缆与电力电缆间距

类别	与综合布线接近状况	最小净距（mm）
380V 电力 电缆＜2kVA	与缆线平行敷设	130
	有一方在接地的金属槽盒或钢导管中	70
	双方都在接地的金属槽盒或钢导管中	10
380V 电力电缆 2～5kVA	与缆线平行敷设	300
	有一方在接地的金属槽盒或钢导管中	150
	双方都在接地的金属槽盒或钢导管中	80
380V 电力电缆 ＞5kVA	与缆线平行敷设	600
	有一方在接地的金属槽盒或钢导管中	300
	双方都在接地的金属槽盒或钢导管中	150

注 1. 当 380V 电力电缆＜2kVA，双方都在接地的槽盒中，且平行长度≤10m 时，最小间距可以是 10mm。

    2. 电话用户存在振铃电流时，不能与计算机网络在同一根对绞电缆中一起使用。

    3. 双方都在接地的槽盒中是指两根不同的槽盒，也可在同一槽盒中用金属板隔开。

3）电缆在竖井内敷设。

a. 引至各楼层上升电缆较多时宜设置电缆竖井。此时，竖井内壁应设固定电缆的铁支架，支架上下间隔宜为 0.5～1.0m。竖井内电缆要与支持架间使用 4 号钢丝绑扎，也可用管卡固定，要牢固可靠，电缆间距应均匀整齐，如图 4-73（b）所示。如与其他管线（电力线等）合用竖井时，为了便于维护和加大安全距离，应各占一侧敷设。如在竖井内采用钢导管敷线时，应预留 1～2 条备用导管。

b. 通信电缆在竖井内宜采用封闭型电缆桥架或封闭线槽等架设方式，通信电缆应绑扎于电缆桥架梯铁或线槽内横铁上，以减少电缆自身承受的重力，以防止机械损伤电缆护套和防止鼠害等。

c. 配线电缆在竖井内做纵向敷设时，以不大于 100 对为宜，特殊情况不超过 150 对。这主要是为提高配线的灵活性和可靠性，也是为了减少电缆接续，便于施工和维护。

d. 当采用竖井敷设方式时，电话、数据及光缆等通信线缆不应与水管、燃气管、热力管等管道共用同一竖井。

e. 竖井的各层楼板上孔洞或金属导管群，在通信线缆敷设完毕后，应采用相当于楼板耐火极限的不燃烧材料做防火封堵。

f. 安装在电缆竖井内的分线设备，宜采用室内电缆分线箱。电缆竖井分线箱可以明装在竖井内，也可以暗装于井外墙上，如图 4-73 所示。

4）电话用户交换机室内配线。程控交换机的电气施工都采用电缆配线。电缆的敷设分为架上敷设与架下敷设两种形式。

室内配线与照明(第二版)

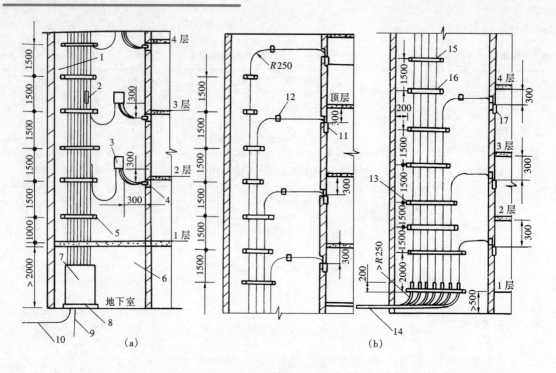

图 4-73　电缆竖井分线箱的安装

（a）明装分线箱；（b）暗装分线箱

1—电缆（明敷上升电缆）；2—电缆接头；3—明装分线箱；4—圈梁；5、15—电缆支架；

6—电缆交接间；7—交接箱；8—底座；9—接地引下线（40×4 扁铁引至接地极）；

10—电缆（来自外管网）；11、17—暗装分线箱；12—电缆卡子；13—膨胀螺栓（M8）；

14—电缆（至交接箱）；16—绑扎线（4 号钢丝）

架上敷设是利用柜顶上的托架与线槽进行敷设，施工中应注意电缆的线孔洞要与机柜的位置一致。

架下敷设是将电缆敷设在具有防静电并阻燃的活动地板下面，由于施工较方便，所以机房内的配线大多采用这种敷设方式。

5. 室内通信线路的接地

室内通信用线路、设备等应按规定进行接地。

二、计算机网络系统的室内配线

公用建筑物以计算机（包括网络）技术为手段，在有条件的地方应用计算机经营管理、办公自动化等系统，对提高工作效率和质量将具有重大的意义。

1. 电（光）缆选择

（1）连到计算机用配电盘的电力电缆宜采用难燃铜芯屏蔽电缆，其截面积应适当放宽，通常按比实际需要的容量富裕 50% 考虑。

（2）计算机通信传输介质主要有非屏蔽双绞线（UTP）、屏蔽双绞线（FTP）、粗/细同轴电缆、光缆等。对数据安全性和抗干扰性要求不高时，可采用非屏蔽对绞电缆；对数据安全性和抗干扰性要求较高时，宜采用屏蔽对绞电缆或光缆；长距离传输的网络中应采用光缆。

（3）宽带通信电缆的特性阻抗应为 75Ω；基带通信用电缆的特性阻抗应为 50Ω。宽带通信中的电缆一般宜采用温度补偿型的电缆，以防温度变化对通信产生影响。

2. 线路敷设

(1) 敷设信号电缆的注意事项。

1) 信号电缆在敷设中应采取防干扰措施，且不得与其他类电缆相邻平行敷设或共管（槽）敷设。隔离距离不宜小于0.5m。

信号电缆与电力（动力）电缆的工作间距可参考表4-56综合布线电缆与电力电缆最小距离要求。

2) 干线信号电缆一般不宜明敷。

3) 不同规格的信息电缆互连时，宜采用电缆匹配器转接，电缆接头应为防水型专用接头。信息电缆在非终端处不应有接头。

4) 高层建筑中宜在竖井内敷设干线信号电缆，且不得与电力电缆相邻敷设。

5) 由室外进户的信号电缆应有防雷措施（安装避雷装置或进户电缆埋入地下不少于50m），电缆宜集中引入，室内不宜与其他电缆共管（槽）敷设。

(2) 计算机设备的布置应与同类设备相邻；与非同类设备或墙壁的间距不可小于1m，防止信号受雷电流感应而被破坏。

(3) 终端设备用接线盒宜设置于距离顶棚或地面0.3m处，不宜与其他用途的接线盒相邻或共用，并应有明显标志。

(4) 计算机网络系统中的干线与连接设备的接口之间的距离应符合网络的设计规定。

(5) 计算机设备之间电缆的连接应符合所选系统的技术规定。

(6) 与计算机无关的管线不应穿越主机室；主机室室内地面宜设应急排水阀。

(7) 机房内不同电压的供电系统应安装互不兼容的插座，且接线架或插座上应有明确标注或标牌，以防误操作。

计算机系统线路、设备等应按规定进行接地。

三、建筑设备监控系统室内配线

建筑设备监控系统（简称BAS或BA系统）对建筑物（或建筑群）内的电力、照明、空调、防灾、保安、运输、给水与排水等设备进行集中监视、控制和管理，其一般是一个分布式控制系统，即分散控制与集中监视、管理的计算机控制网络。

1. 线缆选择

BAS线路通常有电源线、网络通信电缆和信号线三类。

电源线一般采用额定电压为450/750V、截面积为2.5mm^{2}的铜芯聚氯乙烯绝缘线，但应满足系统用电负荷总容量（现有设备总容量和预计扩展总容量）要求。若扩展容量无明确规划依据，可按现有容量的20%估算。

网络通信电缆有的采用同轴电缆（有50、75、93Ω等几种，不同厂家产品的特性阻抗不同），也有的系统采用屏蔽双绞线或非屏蔽双绞线（分3、4、5三个级别），具体需由采用何种计算机局域网以及BAS的数据传输率、未来可兼容性、硬件成本等多方面因素综合考虑而定。在满足一定距离的条件下，无屏蔽导线也是允许的，因为在很多情况下，双绞线是可以明敷或者不得不明敷的。

线路敷设信号线一般选用线芯截面积为1.0mm^{2}或1.5mm^{2}的普通铜芯导线或控制电缆。

2. 线路敷设

(1) BAS的传输线路为双绞线时，应采用金属导管、金属槽盒或带盖板的金属桥架等配线方式。当传输介质为同轴电缆时可采用难燃塑料导管敷设。所有信号线路不得与其他线路共管敷设，电源线与信号线在无屏蔽平行敷设时，间距不小于 0.3m；如敷于同一金属槽盒，需设置金属隔离件。

信号线包括通信传输介质在内，即包括 BAS 从现场监控中心，除电源线、地线、保护线外的所有传递信息的线路。对信号线，应防止其受到外界电磁干扰，这是保证系统正常工作的最重要的条件之一。当信号线没有采用屏蔽措施而又和电源线平行布置时，最易受到因电源线通过强电流而产生的电磁辐射的干扰，实验表明只要两者平行布置的间距在 30cm 以上，便基本上可以不影响正常的信号传递。在线槽布线方式中，平行布置也是必须的，间距小于 30cm 也是必然的，为此金属线槽的生产厂家均提供屏蔽用金属板附件（或称金属隔离件）。

采用金属导管、槽盒、电缆桥架等布线方式时，应符合本章的有关规定。当系统分期建设时，金属配管应留有备用导管。

（2）高层建筑内，通信干道在竖井内与其他线路平行敷设时，应按（1）的规定进行处理。条件允许时应单设弱电信号配线竖井，这是一种更为有效的抗干扰布线方法。

每层建筑面积超过 1000m² 或延长距离超过 100m 时，宜设两个竖井，以利分站布置和数据通信。

（3）水平方向布线宜采用：天棚内的槽盒、线架配线方式；地板上的搁空活动地板下或地毯下配线方式（采用特制的扁型馈线和专用连接元件）以及沟槽配线方式（沟槽配线方式是在建筑物的地面结构内浇筑一定数量、不同规格的热镀锌矩形钢导管，可为单槽或多槽，而各种线路的出线口位置及间距都应根据出线口的布局和容量来决定）；楼板内的配线导管、配线槽盒方式；室内的沿墙配线方式。

BAS 线路、设备等应按规定进行接地。

四、火灾自动报警系统室内配线

1. 线缆选择

（1）火灾自动报警系统的传输线路和采用 50V 以下供电的控制线路，应采用电压等级不低于交流 300/500V 的铜芯绝缘多股导线或电缆。采用交流 220/380V 供电或控制的交流用电设备线路应采用电压等级不低于交流 450/750V 的铜芯导线或电缆。在这里只做一般的电压等级规定而不做耐热或耐火的规定，这是因为火灾报警探测器传输线路主要是作早期报警使用，在火灾初期阴燃阶段以烟雾为主，不会出现火焰，探测器一旦早期进行报警就完成了使命。火灾发展到燃烧阶段时，火灾自动报警系统传输线路也就失去作用。此时若有线路损坏，因火灾报警控制器有火灾记忆功能，不会影响其火警部位显示。

（2）消防设备配电及控制线路应根据建筑物火灾自动报警保护分级情况及消防用电设备分级情况选择线路。

1）火灾自动报警系统保护对象为特级建筑物时，其消防设备配电干线及分支干线应选用矿物绝缘电缆。因其不含有机材料，具有不燃、无烟、无毒和耐火的特性，使用在铜的熔点以下的火灾区域是安全的。

2）火灾自动报警保护对象为一级建筑物时，其消防设备配电干线及分支干线宜选用矿物绝缘电缆；当线路的敷设保护措施符合防火要求时，可选用耐火电缆（又称有机绝缘耐火电缆）。其耐火温度为 750℃、时间为 90min，故使用场合相对矿物绝缘电缆要少一些。

3）火灾自动报警保护对象为二级建筑物时，其消防设备配电干线及分支干线应选用有机绝缘耐火类电缆。

4）消防设备的分支线及控制线路宜选用与消防配电干线或分支干线耐火等级降一类的导

线或电缆。分支线及控制线指末端双电源自动投切箱后引至相应设备的线路，这些线路同在一防火区域内且线路路径较短，当采用一定的防火措施（如穿管敷设等）时则可降低一级选用。

（3）消防联动控制系统的电力线路的导线、电缆线芯截面积的选择应适当放宽，一般可加大一级。

（4）火灾自动报警系统传输线路线芯截面积选择，除满足自动报警装置技术条件的要求外，尚应满足机械强度的要求，铜芯绝缘导线、铜芯电缆线芯的最小截面积不应小于表 4-57 的规定。

表 4-57　　　　　　　　　　火灾自动报警系统铜芯线缆最小截面积

类　别	线芯最小截面积（mm²）	备　注
穿管敷设的绝缘导线	1.00	
线槽内敷设的绝缘导线	0.75	
多芯电缆	0.50	
由探测器到区域报警器	0.75	多股铜芯线
由区域报警器到集中报警器	1.00	单股铜芯线
水流指示器控制线	1.00	
湿式报警阀及信号阀	1.00	
排烟防火电源线	1.50	控制线＞1.00mm²
电动卷帘门电缆线	2.50	控制线＞1.50mm²
消火栓控制按钮线	1.50	

2. 配管选择与敷设

（1）火灾自动报警系统应采用金属导管、不燃或难燃型硬质塑料导管或封闭式槽盒等保护方式布线。

当采用阻燃型硬质塑料导管时，其氧指数应不小于 30；采用槽盒配线时，应选用封闭式防火槽盒；采用普通槽盒且槽内电缆为干线系统时，电缆宜选耐火类电缆。导管及槽盒的附件也应采用不燃或非延燃材料制成。

（2）建筑物内横向布放的暗埋管路管径不宜大于 SC25，这是为了布线和维修方便，也是为了避免在建筑物内穿大口径钢导管而使混凝土楼板加厚和给暗埋管线施工造成困难。在天棚内或墙内水平或垂直敷设的管路，管径不宜大于 SC40。

（3）明敷各类管路或槽盒时，应采用单独的卡具吊装或支撑物固定，吊装槽盒或管路的吊杆直径不应小于 6mm。

（4）敷设槽盒时应设置吊点或支点的位置：①槽盒始端、终端及接头处；②距离接线盒 0.2m 处；③槽盒转角或分支处；④直线段不大于 3m 处。

（5）槽盒接口应平直、严密，槽盖应齐全、平整、无翘角。并列安装时，槽盖应便于开启。

（6）敷设在多尘或潮湿场所的管口和管子连接处时，均应做密封处理。

（7）金属导管入盒，盒外侧应套锁母，内侧应有防口；在吊顶内敷设时，盒的内、外侧应套锁母。塑料导管入盒应采取相应的固定措施。

（8）管路超过以下长度时，应在便于接线处装设接线盒：①导管长度每超过 30m，无弯曲时；②导管长度每超过 20m，有一个弯曲时；③导管长度每超过 10m，有两个弯曲时；④导管长度每超过 8m，有 3 个弯曲时。

3. 系统布线

(1) 火灾自动报警传输线路应穿金属导管、难燃型刚性塑料导管或封闭式槽盒保护方式布线。

(2) 消防联动控制、自动灭火控制、通信、应急照明及应急广播等线路，应采取穿导管保护，并宜暗敷在非燃烧体结构内，其保护层厚度不应小于3cm。当必须明敷设，应穿金属导管或封闭式金属槽盒保护，并应在其上采取防火保护措施。采用绝缘和护套为难燃性材料的电缆时，可不穿金属导管保护，但应敷设在电缆竖井内。

(3) 线路使用矿物绝缘电缆时，应采用明敷设或在吊顶内敷设；线路使用难燃型电缆或有机绝缘耐火电缆，在电气竖井内或电缆沟内敷设时可不穿导管保护，但应采取与非消防用电电缆的隔离措施。

(4) 消防设备的供电线路采用有机绝缘耐火电缆且做明敷设、吊顶内敷设或架空地板内敷设时，应穿金属导管或封闭式金属槽盒保护，并应在其上采取涂防火涂料等防火保护措施。当线路采取暗敷设时，应穿金属导管或难燃型刚性塑料导管保护，并应敷设在不燃烧结构内，保护层厚度不应小于30mm。

(5) 导线或电缆穿管敷设，其总截面积不应超过管内截面积的40%；敷设于封闭式槽盒内的导线、电缆总截面积，不应大于槽盒内净截面积的50%。

(6) 导线、电缆在导管或槽盒内敷设时，不应有接头或扭结，如有接头应在接线盒内焊接或用端子连接。

(7) 管线经过建筑物的变形缝(包括沉降缝、伸缩缝、抗震缝等)处，应采取补偿措施。导线跨越变形缝的两侧应固定，并留有适当余量。

(8) 消防专用电话网络应为独立的通信系统，不能利用一般电话线路或综合布线网络代替专用电话线路，应独立布线，且不应与其他线路同管或同束布线。

(9) 火灾自动报警系统应单独布线，对不同系统、不同电压、不同电流类别的线路不应穿于同一根管内或槽盒内的同一槽孔内，但电压为50V及以下回路、同一台设备的电力线路和无防干扰要求的控制回路可除外。此时，电压不同回路的导线、电缆可以包含在一根多芯电缆内或其他的组合导线内，但安全超低压回路的导线、电缆必须单独地或集中地按其中存在的最高电压绝缘起来。

同一条配导管内若布放不同系统导线、电缆可能会引起维护和管理不便。当检修不同系统线路时，有可能影响火警系统的线路安全，会降低系统的可靠性。将不同电压、不同电流类别的导线、电缆布放在同一管内也是不安全的。若电压和电流类别不同，则有可能不是同一个电源或设备供电，会给配线引出、引入的隔离处理带来困难，更主要的是若配线管内导线、电缆绝缘老化或受机械损伤，就会使线路绝缘电阻下降。此时，低电压或直流电压线路可能直接引入交流高压，就会使火警用弱电压、弱电流线路所连接的弱电子设备受高压击穿损坏或工作不正常，从而直接影响火警系统和消防电子设备的安全。故不宜在同一管内布放两种不同电压、不同电流类别的导线、电缆。但考虑到如都分别穿管，则管路将会过分增加，因此提出了电压为50V及以下的回路，同一台设备的电力线路和无防干扰要求的控制回路可除外。但此时所用导线、电缆的绝缘水平应按最高一级来选择，并应符合安全超低压和功能超低压的有关规定。

(10) 横向敷设的报警系统传输线路如采用穿导管布线时，不同防火分区的线路不宜穿入同一根管内，但探测器报警线路若采用总线制布线时可不受此限。

(11) 火灾自动报警系统线路的电缆竖井宜与电力、照明用线路的电缆竖井分别设置；如受条件限制必须合用时，两类电缆线路应分别布置在竖井两侧。

（12）建筑物内宜按楼层分别设置配线箱做线路汇接。当同一系统不同电流类别或不同电压的线路在同一配线箱内汇接时，应将不同电流类别和不同电压等级的线芯分别接于不同的端子板上，且各种端子板应做明确的标志和隔离。

为此，在建筑物各楼层布线时，要求各楼层宜分别设置火警专用配线箱或接线箱。箱体用不同颜色标志（红色为宜），箱内采用端子板汇接各种线路的线芯并按不同用途、不同电压、电流类别等需要分别设置不同端子板，并将交、直流不同电压的端子板用保护罩进行隔离，以保证人身和设备安全。这样对施工、维护以及加强消防电气设备管理和提高火警线路可靠性等方面，都是很必要的。

设在消防控制室内的火灾报警、消防联动控制、显示等设备，若采用交、直流两种电压供电并同时在同一个设备内的同一接线端子箱（盘）内连接线时，应该将交、直流端子板（最好将端子装于不同端子箱）分开设置。若无法分开必须在同一屏（台）端子箱内接线时，应将两种不同电流（或不同电压）的端子加以安全隔离，把端子板分开设置，并应有明显标志。安全保护隔离措施就是用有机玻璃等绝缘板隔断分开，以保安全。

（13）从接线盒、槽盒等处引至探测器底座盒、控制设备盒、扬声器箱等的线路应加金属软导管保护，就是将火警消防电气设备专用的引入线在天棚内、外都应加装金属软导管保护，其长度不应大于2m。接线盒、槽盒的引出线以及金属槽盒和接线盒都应采取封闭处理。为了线路安全，不能在隐蔽处或明设处有导线或电缆裸露部分。特别是南方地区的鼠害严重，塑料导线经常被损坏，其次是怕受人为机械损伤或导线裸露部分加速老化，引起绝缘损坏等。因此应采取保护导线的措施，以提高火警传输系统的可靠性。

（14）火灾探测器的传输线路宜选择不同颜色的绝缘导线或电缆线芯。同一工程中相同线路的绝缘线芯颜色应一致，接线端子应有标号。因为火灾探测器的底座接线有的产品布放线芯根数太多，且用途也各异，为了施工和维修方便，线芯宜选用不同颜色加以区别。一般红色为"正极"，"负极"应为蓝色或黑色，其他种类线芯的颜色应根据需要而定。

（15）各端子箱内宜选择压接或带锡焊接点（焊接时不应使用带腐蚀性的助焊剂）的端子板，其接线端子上应有标号，以便于施工维修。因为弱电线路的线芯截面积一般较小且根数多，为了避免线芯在端子板上压接带来接触不牢的故障，故采用一端带锡焊接点的端子是合适的。

（16）手动火灾报警按钮系统的布线宜独立设置，连接导线应留有不小于150mm的余量，且其端部应有明显标志。

（17）火灾应急广播分路配线：

1）应按疏散楼层或报警区域划分分路配线。各输出分路应设有输出显示信号和保护控制装置等。

2）当任一分路有故障时，不应影响其他分路的正常广播。

3）火灾应急广播线路不应和其他线路（包括火警信号、联动控制等线路）同导管或同槽盒敷设。

4）火灾应急广播用扬声器不宜加开关，如加开关或设有音量调节器时，则应采用三线式配线强制火灾应急广播开放。

（18）火灾自动报警系统的导线或电缆敷设后，应用500V绝缘电阻表测量每个回路线芯对地绝缘，其阻值不宜小于20MΩ。

4. 火灾自动监控系统设备的设置要求

一般火灾自动监控系统包括火灾自动检测（即火灾自动报警）和灭火自动控制两个系统。火灾自动报警系统由触发元件、火灾报警装置以及具有其他辅助功能的装置组成。火灾自动监控方框图如图4-74所示。

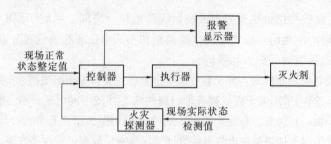

图 4-74　火灾自动监控方框图

当建筑物内某一被监控现场（房间、走廊、楼梯等）着火时，火灾探测器便把从现场实际状态检测到的信息（烟气、温度、火光等）以电气信号或开关信号形式立即送到控制器。控制器将此信号与现场正常状态整定信号比较后，若确认着火，则输出两回路信号：一路指令声光显示装置动作，发出音响报警及显示火灾现场地址并记录时间；另一路则指令设于现场的执行器（继电器或电磁阀等）开启喷洒阀，喷洒灭火剂进行灭火。为了防止系统失控或执行器中的元件、阀门失灵贻误救火，现场附近还设有手动开关，用以手动报警及使执行器（灭火器）动作，以便及时扑灭火灾。另外，在现今的自动消防产品中，一般都把控制器和集中报警声光装置成套设计和组装在一起，称为自动报警装置。

（1）点型火灾探测器的设置要求。火灾探测器的设置应由设计要求确定，一般应满足以下要求：

1）探测区域内的每个房间至少应设置一只火灾探测器。一个探测区域所需设置的探测器数量不应小于下式的计算值

$$N \geqslant \frac{S}{KA}$$

式中　N——一个探测区域内所设置的探测器数量（取整数），只；

　S——一个探测区的面积，m^2；

　A——单只火灾探测器的保护面积，m^2/只；

　K——修正系数，特级保护对象宜取 0.7～0.8，一级保护对象宜取 0.8～0.9，二级保护对象宜取 0.9～1.0。

值得注意的是，单只探测器所能保护的面积是对空间无遮挡时而言，当房间顶部有过梁时，需视过梁的温度考虑划分为几个探测区。探测区是指有热气流和烟充满的区域，就天棚表面和天棚内部而言，是被墙壁及高为 0.4m（对于定温、差温点式感烟探测器）或 0.6m（对于差温分布式感温探测或感烟探测器）以上的梁分割的区域，如图 4-75 所示。

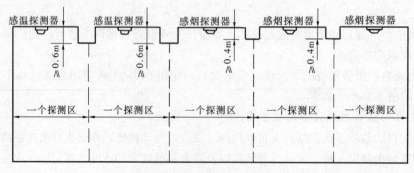

图 4-75　探测区的划分示意

探测器安装间距与探测器的实际保护面积、安装高度、火灾的危险性等因素有关，感温探测器、感烟探测器的保护面积和保护半径按表4-58确定。

表 4-58   感温探测器、感烟探测器的保护面积和保护半径

火灾探测器的种类	地面面积 S (m²)	房间高度 h (m)	一只探测器的保护面积 A 和保护半径 R					
			屋顶坡度 θ					
			θ≤15°		15°<θ≤30°		θ>30°	
			A (m²)	R (m)	A (m²)	R (m)	A (m²)	R (m)
感烟探测器	S≤80	h≤12	80	6.7	80	7.2	80	8.0
	S>80	6<h≤12	80	6.7	100	8.0	120	9.9
		h≤6	60	5.8	80	7.2	100	9.0
感温探测器	S≤30	h≤8	30	4.4	30	4.9	30	5.5
	S>30	h≤8	20	3.6	30	4.9	40	6.3

实际安装时除了校验保护面积外，还要根据保护物结构校验其保护范围应不留空白点。探测区域内每个房间内至少设置一只火灾探测器。

2）火灾探测器的安装位置。

a. 在宽度小于3m的走道顶棚上设置探测器时，宜居中布置。感温探测器的安装间距不超过10m，感烟探测器的安装间距不应超过15m，探测器至端墙的距离不应大于探测器安装间距的一半。

b. 在电梯井、升降机井设置探测器时，其位置宜在井道上方的机房顶棚上。

c. 探测器安装时，探测器至墙壁、梁边的水平距离不应小于0.5m；至空调送风口边的水平距离不应小于1.5m，并宜接近回风口安装；探测器周围0.5m内，不应有遮挡物。

d. 探测器宜水平安装，当需要倾斜安装时，倾斜角不应大于45°。

e. 安装在天棚上的探测器边缘与下列设施的边缘水平间距宜保持下列距离：

（a）与照明灯具的水平净距不应小于0.2m，条件允许时尽可能拉开距离。

（b）感温探测器距高温电光源（如容量大于100W的白炽灯、碘钨灯等）的净距不应小于0.5m，以防灯具发热影响而误报警（特别是差温式火灾探测器）。感烟式火灾探测器因其电子元件或集成电路器件组成，也怕受高温影响，故离高温光源一般也不宜小于0.3m的水平距离。

（c）距多孔送风顶棚孔口的净距不应小于0.5m。

（d）与防火门、防火卷帘的间距一般为1～2m。

（e）距电风扇的净距不应小于1.5m，防止烟温气流受电风扇的影响而不能被探测器探测到。

（f）距不凸出的扬声器净距不应小于0.1m；凸出的扬声器有可能阻止烟雾扩散，影响感烟探测器的探测范围，因此净距以不小于0.5m为宜。

（g）与各种自动喷淋灭火的喷头净距不应小于0.3m。

f. 天棚较低（小于2.2m）且狭小（面积不大于10m²）的房间安装感烟探测器时，宜设置在入口附近。

g. 在楼梯间、走廊等处安装感烟探测器时，应选用不直接受外部风吹的位置。采用光电感烟探测器时，应避开日光或强光直射探测器的位置。

h. 在与厨房、开水房、浴室等房间连接的走廊安装探测器时，应避开其入口边缘1.5m

安装。

3) 手动火灾报警按钮的安装位置。手动火灾报警按钮主要用来在火灾自动报警系统失灵时，提供人工手动报警方式向消防控制室报送火警。因此火灾自动报警系统中应同时设置手动火灾报警按钮。

a. 报警区域内每个防火分区应至少设置一个手动火灾报警按钮。从一个防火分区内的任何位置到最邻近的一个手动火灾报警按钮的步行距离，不宜大于30m。

b. 手动火灾报警按钮宜设置在公共活动场所的出入口处，一般装设在下列部位：①各楼层的楼梯间、电梯前室；②大厅、过厅、主要公共活动场所的出入口；③餐厅、多功能厅等处的主要入口；④主要通道等经常有人通过的地方。

c. 火灾手动报警按钮应在火灾报警控制器或消防控制（值班）室的控制、报警屏上有专用独立的报警显示部位号，不应与火灾自动报警显示部位号混合布置或排列，并有明显的标志。

d. 手动火灾报警按钮安装在墙上时，其底边距地（楼）面的高度可为1.3～1.5m。按钮盒应具有明显的标志和防误动作的保护措施。

值得注意的是，手动火灾报警按钮不能直接起动消防水泵和发送各楼层火警警报音响，其原因是：①消防水泵的是否起动应与消灭栓和消防控制室的控制有关，与手动火警报警按钮无关。若用它起动消防水泵而又不使用消灭栓，则会造成水压突然加大，使消防水管网过压损坏。②若用手动火灾报警按钮直接发送火警警报音响，一旦操作失误就会引起人为混乱。因此起动消防水泵和发送火警警报音响应通过消防控制室来完成。

（2）灭火自动控制设备的设置要求。采用消防联动控制以达到自动灭火的目的，一般分为集中控制和分散与集中控制相结合两种方式。无论采用何种控制方式，都应将执行机构的动作信号送至消防控制室。这个系统基本上只是一些控制、检测、监视、信号等二次线路及一些设备的电源线路。

消防联动控制对象包括以下内容：

1) 灭火设施。设有消火栓按钮的消火栓灭火系统、自动喷水灭火系统、二氧化碳气体自动灭火系统、灭火控制室控制的泡沫和干粉灭火系统。

a. 消火栓灭火系统主要包括消火栓箱、消防水泵控制器、消防水泵、消防水池等，其控制系统可以通过消火栓按钮直接起动消防水泵，控制回路应采用50V以下的安全电压，确保现场人身安全。同时将火灾信息传送给消防控制室，也可以通过火灾探测器将火灾信息传送到消防控制室，再由消防控制室接通消防水泵进行灭火工作。

b. 自动喷水灭火系统主要通过报警阀压力开关、水位控制开关和气压罐压力开关等控制消防水泵的自动起动。需要早期火灾自动报警的场所（不易检修的天棚、闷顶内或厨房等处除外）宜同时设置感烟探测器。这主要是因为发送报警后离火灾的燃烧阶段和蔓延期阶段还有一个相当长的时间，设置火灾自动报警系统以达到预防为主的目的。湿式自动喷水灭火喷头的定温玻璃泡的设置不能替代火灾探测器，自动喷水不是报警而是消防。在自动喷水灭火系统中设置的水流指示器，用以显示喷水管网中有无水流通过。

c. 设有二氧化碳气体自动灭火装置的场所（或部位），应设置感烟定温探测器与灭火控制装置组成的火灾报警控制系统，主要是用以控制自动灭火系统。在控制电路中用感温、感烟火灾探测器组合成与门控制电路，以提高灭火控制的可靠性。

在被保护场所主要出入口的门外墙上，应装设手动紧急起动和停喷按钮，其底边距地高度一般为1.3～1.5m。按钮应加装保护外罩，用玻璃面板遮挡按钮操作部位，以防误操作或受人为机械损坏而动作。按钮宜暗设安装，且正面应注明"火警"字样标志。在被保护场所门外的门框过梁上方正中位置安装放气灯箱，在其正面玻璃面板上应标注"放气灯"字样。声警报器的安装高度一般为底边距地 2.2～2.5m。该装置宜暗装于被保护场所内，使工作人员在喷气前 30s 内能听到警报声并紧急离开灭火现场。

有喷气管网的气体灭火系统即组合分配系统，其灭火控制方式宜采用现场分散控制。无管网灭火装置一般在被保护现场设置控制箱（盘），置于被保护场所（房间）室内或室外墙上。设备安装时底边距地 1.6～1.8m（有操作要求时为 1.5m 左右）。控制箱（盘）安装时应注意采取保护措施，以防止机械损伤和人为引起的误操作。安装在室内的控制箱（盘）应便于检修和操作，且应在被保护现场主要出入口门外墙上装设便于操作的手动紧急控制按钮，并加保护外罩和明显标志。

d. 火灾危险性较大，且经常没有人停留场所应采用自动控制的起动方式，还应设置手动起动控制环节；火灾危险性较小，有人值班或停留场所，设置火灾自动报警装置，灭火系统可采用手动控制的起动方式。在灭火控制室应能控制起、停和显示系统的工作状态。

2）电动防火卷帘和电动防火门。

a. 在防火卷帘两侧应设感烟、感温两种火灾探测器组成与门电路，两侧设置手动控制按钮控制防火卷帘下降；疏散通道的电动防火卷帘，应采用两次控制下落方式。在火灾初期用感烟探测器控制防火卷帘首次下降至距地 1.8m 处，防止烟雾扩散至另一防火分区；感温探测器控制防火卷帘第二次降落至地，以防止火灾蔓延。仅作防火分隔的电动防火卷帘在相应的感烟探测器报警后，应采取一次下落到底的控制方式。

防火卷帘宜在消防控制室进行集中管理和设有应急控制手段。集中管理是指在防火卷帘安装现场设置的手动控制按钮应有自锁装置或保护罩和防误操作措施，现场不能随意控制。防火卷帘的控制和就地联动控制的动作信号显示等，都宜由消防控制室统一管理。应急控制手段是指在消防控制室宜设有手动紧急下降防火卷帘控制按钮。

b. 防火门的控制宜在现场就地控制关闭，不宜在消防控制室集中控制关闭防火门（包括手动或自动控制）。防火门在建筑物中的设置数量是较多的，安装位置很分散。因此防火门有自动控制功能时，宜由门两侧专用感烟探测器组成控制电路，采用与门控制方法，现场当任一侧的探测器报警时，防火门应能自动关闭。

防火门宜选用平时不耗电的释放器，由电磁挂钩拉着防火门开启。火灾时释放器瞬时通电，使电磁挂钩脱落而控制关闭防火门。当防火门关闭后，通过限位开头将防火门已完成关闭的信息传递给消防控制室。

3）防烟、排烟设施。

a. 排烟阀宜由排烟分担区内设置的感烟探测器组成的控制电路在现场控制开启。同一排烟区的排烟阀不宜多于 5 个。若需同时打开时，为防止动作电流过大，应采用接力控制的方法，即将排烟阀的动作机构输出触头加上控制电压后，采用串行连接控制，以接力方式使其相互串动打开相邻排烟阀，并利用最末一个动作的排烟阀输出信号触头向消防控制室发送反馈信号，这样做具有连接线少和动作电流小的特点。

b. 排烟风机入口处的防火阀，即安装在排烟主管道总出口处的防火阀，一般在 280℃时动作。设在空调通风管道出口的防火阀，是指在各个防火分区之间通过的风管内装设的防火阀（一般 70℃时关闭）。这些防火阀是为了防止火焰经风管串通而设置的。防火阀应向消防控制室发送动作反馈信号。

c. 在消防控制室应设置防烟、排烟风机（包括正压送风机）的手动起动应急按钮。

4）电梯应急控制和非消防电源断电。

a. 电梯应急控制系统。当消防控制室接到火灾报警信号后，立即向各个电梯机房发出指令，令电梯全部行驶到底层，并且同时指令消防电梯运行，以进行救灾和人员疏散。当消防电梯平时兼作普通客梯使用时，应具有火灾时工作程序的转换装置，切断客梯电源。对于超高层建筑和级别高的宾馆、大厦等大型公共建筑，在防灾控制中心宜设置显示各部电梯运行状态的模拟盘及电梯自身故障或出现异常状态时的操纵盘。

b. 非消防电源断电。火灾确认后，应能在消防控制室或配电所（室）手动切除相关区域的非消防电源，而不主张自动断电。断开非消防电源，以确保避免救灾人员发生触电事故。

5. 火灾应急广播系统与火灾报警的设置要求

（1）凡设有集中报警系统和控制中心报警系统的建筑物内，均应设置火灾应急广播系统。当发生火灾事故时，将通过应急广播系统，指挥人员疏散和财产抢救行动。

1）火灾应急广播系统的馈线电压不宜大于 110V，且各楼层宜设置馈线隔离变压器。

2）火灾应急广播系统的扬声器应安装在走道、大厅、餐厅等公共场所。扬声器的数量应保证从一个防火分区内的任何部位到最近一个扬声器的距离不超过 25m。在走道交叉处、拐弯处均应设置扬声器。走道内最后一个扬声器至末端距离不大于 12.5m。

3）火灾应急广播系统输出分路应按疏散顺序控制，疏散指令的楼层控制程序如下：

a. 2 层及其以上楼层发生火灾时，应先接通火灾层及其相邻的上、下层。

b. 首层发生火灾，应先接通本层、2 层及地下各层。

c. 地下室发生火灾，应先接通地下各层及首层。若首层与 2 层有大的共享空间时，应包括 2 层。

4）公共场所每个扬声器的功率不应小于 3W；客房设置专用扬声器功率不宜小于 1W。

（2）火灾报警装置。

1）在设置火灾应急广播的建筑物内，应同时设置火灾报警装置，并应采用分时播放控制。

2）每个防火分区内至少应设一个火灾报警装置（手动或自动控制），其位置宜设在各楼层走道靠近楼梯出口处。

3）火灾光报警装置应安装在安全出口附近明显处，距地面 1.8m 以上。光报警器与消防应急疏散指示标志不宜设在同一面墙上；当安装在同一墙面上时，距离应大于 1m。

6. 火灾应急照明的设置要求

火灾应急照明包括：①正常照明失效时，为继续工作（或暂时继续工作）而设的备用照明；②为了使人员在火灾情况下，能从室内安全撤离至室外（或某一安全地区）而设置的疏散照明。

（1）公共建筑在下列部位须设置火灾应急照明中的备用照明：

1）消防控制室、自备电源室、配电室、消防水泵房、防烟及排烟机房、电话总机房以及火灾时仍需坚持工作的其他场所。

2）建筑高度超过 100m 的高层民用建筑的避难层及屋顶直升机停机坪。

3）通信机房、大中型电子计算机房、BAS 中央控制室、安全防范控制中心等重要技术用房。

（2）公共、居住建筑应在以下部位设置疏散照明：

1）公共建筑的疏散楼梯间、防烟楼梯间前室、疏散通道、消防电梯间及其前室、合用前室。

2）高层公共建筑中的观众厅、展览厅、多功能厅、餐厅、宴会厅、会议厅、候车（机）厅、营业厅、办公大厅和避难层（间）等场所。

3）建筑面积超过1500m² 的展厅、营业厅及歌舞娱乐厅、放映游艺厅等场所；人员密集且面积超过300m² 的地下建筑和面积超过200m² 的演播厅等场所。

4）高层居住建筑疏散楼梯间、长度超过20m 的内走道、消防电梯间及其前室、合用前室。

5）对上述场所，除应设置疏散走道照明外，并应在各安全出口处和疏散走道分别设置安全出口标志和疏散走道指示标志，但二类高层居住建筑的疏散楼梯间可不设疏散指示标志。

（3）火灾应急照明场所的最少持续供电时间：①一般平面疏散区域、竖向疏散区域、人员密集流动疏散区域及地下疏散区域的疏散照明供电时间应不少于30min；②航空疏散场所、避难疏散区域的备用照明供电时间不少于60min；③消防工作区域的备用照明供电时间不少于180min。

（4）火灾应急照明中的备用照明和疏散照明安装要求，详见第七章第二节。

7. 消防专用电话的设置要求

（1）消防专用电话应为独立的通信系统，不得与其他系统合用，确保可靠通话。

（2）消防专用电话应设置相关的总机、分机、外线电话或电话插孔、带电话插孔的手动报警按钮。在设有手动火灾报警按钮、消火栓按钮等处宜布置电话插孔。当在墙上安装时，其底边距地在（楼）面高度宜为1.3～1.5m。消防电话和电话插孔应有明显的永久性标志。

（3）特级建筑保护对象的各避难层，应每隔20m 设置一个消防专用电话分机或电话插孔。特级保护对象还应设置火灾报警录音受警电话。

为保证火灾自动报警系统和消防设备正常工作，应按规定进行接地。

五、电视系统的室内配线

共用天线电视系统（CATV 系统）指共用一组天线接收电视台电视信号，并通过同轴电缆传输、分配给许多电视机用户的系统。传输电缆的含义也不再局限于同轴电缆，而是扩展到了光缆等。通过同轴电缆、光缆或其组合来传输、分配和交换声音和图像信号的电视系统称为电缆电视系统（CATV），习惯上又常称为有线电视系统，因为它是以有线闭路形式传送电视信号，不向外界辐射电磁波，区别于电视台的开路无线电视广播。

由于共用天线电视与电缆电视或有线电视都用缩写CATV，为了更好地区分大型电缆电视（或有线电视）与共用天线电视系统，将共用天线电视系统缩写为MATV。

（一）有线电视系统的室内配线

1. 电（光）缆选择

在新建或扩建小区的组网设计中，宜以自设前端或子分前端、光纤同轴电缆混合网（HFC）方式组网，或光纤直接入户。

（1）根据有线电视的发展和我国目前有线电视系统的构成形式，HFC 是我国目前较为理想的有线电视传输网络。主干线及部分支干线应选用光纤，分配网络可选用同轴电缆。

（2）当有线电视系统规模小（C、D 类用户：C 类用户终端数为301～2000 户；D 类用户终端数300 户以下）、传输距离不超过1.5km 时，宜选用同轴电缆；当系统规模较大、传输距离较远时，宜选用光纤同轴电缆混合网传输方式，也可根据需要采用光纤到最后一台放大器或光纤到户方式。

（3）同轴电缆应选用高屏蔽系数的产品，室外敷设应选用铝管外导体电缆，室内敷设应选用四屏蔽外导体电缆。

（4）当不具备有线电视网，采用自设接收天线及前端设备系统时，线路电（光）缆选用：

1）自设前端的上、下行信号均应采用四屏蔽电缆和冷压连接器连接。当采用插入损耗小的分配式多路混合器时,其空闲端必须终接 75Ω 负载电阻。

2)天线至前端的馈线应采用聚乙烯外护套、铝管或四屏蔽外导体的同轴电缆,其长度不宜大于 30m。

(5)光纤有线电视网络应选用具有频带宽、传输特性好的 G-652 单模光纤。

(6)选用的设备和部件的输入、输出标称阻抗,电缆的标称特性阻抗均应为 75Ω。用户分配设备的空闲端口和分支器的主输出口,必须终接 75Ω 负载。

2. 前端机房内电缆敷设

演播控制室、前端机房内的电缆敷设宜采用地槽。对改建工程或不宜设置地槽的机房,也可采用电缆槽或电缆架,并置于机架上方。采用电缆架敷设时,应按分出线顺序排列线位,并绘出电缆排列端面图。

(1)机房室内电缆敷设应符合以下要求:

1)采用地槽敷设电缆时,电缆应由机架底部引入。敷设地槽的电缆应将电缆顺着所盘方向理直,按电缆的排列顺序放入槽内,应达到顺直无扭绞,不得绑扎。电缆进出槽口时,拐弯处应成捆绑扎,亦应符合最小弯曲半径要求。

2)采用槽架敷设电缆时,电缆在槽架内可不绑扎,并宜留有出线口。电缆应由出线口从机架上方引入;引入机架时,应成捆空绑。

3)采用电缆走道敷设电缆时,电缆也应由机架上方引入。走道上敷设的电缆应在每个梯铁上进行绑扎。上下走道间的电缆或电缆离开走道进入机架内时,应在距起弯点 10mm 处开始,每隔 100~200mm 空绑一次。

4)采用活动地板敷设电缆时,电缆应顺直无扭绞,不得使电缆盘结,在引入机架处应成捆绑扎。

5)在敷设电缆的两端应留有余量,且应标示明显永久性标记。

(2)电缆从房屋引入、引出时,在入口处要加装防水罩。电缆向上引时应在入口处做成滴水弯,其弯度不得小于电缆的最小弯曲半径。电缆沿墙上下引时应设支撑物,将电缆固定(绑扎)在支撑物上;支撑物的间距可根据电缆的数量确定,但不得大于 1m(垂直敷设)。

(3)在有光端机(发送机、接收机)的机房中,光端机上的光缆应留 10m 余量。

3. 室内传输电缆敷设

电缆(光缆)线路路由设计应使线路短直、安全、稳定、可靠,便于维修、检测,并应使线路避开易受损场所,减少与其他管线等障碍物的交叉跨越。

电缆在室内敷设应符合以下要求:

(1)在新建或有内装修要求的已建建筑物内,用户线进入房屋内可采用暗管敷设方式。对无内装修要求的已建建筑物可采用线卡明敷在墙壁上或布放在吊顶上,但均应做到牢固、安全、美观。

在强场内,应穿钢导管并宜沿背对电视发射台方向的墙面敷设。

(2)不得将电视用电缆与电力线同线槽、同出线盒、同连接箱安装。安装的系统输出口用户盒应做到牢固、美观、接线牢靠;接收机至用户盒的连接线应采用阻抗为 75Ω、屏蔽系数高的同轴电缆,其长度不宜超过 3m。

(3)明敷的电视电缆与明敷的电力线路的间距不应小于 0.3m。

(4)电缆弯曲半径应大于电缆直径的 10~15 倍;如采用的是光缆,敷设过程中弯曲半径不得小于光缆外径的 20 倍,敷设固定后不应小于光缆外径的 10 倍。

4. 室内设备、部件安装

(1) 部件安装应符合如下要求：

1) 传输分配设备的部件及其附件的安装应牢固、安全且便于测试、检修和更换。有线电视系统中所用部件宜具备防止电磁波辐射和电磁波侵入的屏蔽性能。

2) 设备、部件应避免安装在厨房、厕所、浴室、锅炉房等高温、潮湿或易受损伤的场所。

3) 在室内安装系统输出口宜选用双向传输用户终端盒，其下沿距离地（楼）面的高度应为 0.3m 或 1.5m。终端盒与电源插座尽量靠近，间距一般为 0.25m。用户分配系统不得将分配线路的终端直接作为用户终端。

(2) 分配放大器，分支、分配器可安装在楼内的墙壁和吊顶上。当需要安装在室外时，应采取防雨措施，距地面不应小于 2m。

(3) 前端设备应组装在结构坚固、防尘、散热良好的标准箱、柜或立架中，其部件和设备在立架中应便于组装、更换。立架中应留有不少于两个频道部件的空余位置。

固定的立柜、立架背面与侧面离墙的净距不应小于 0.8m。

(4) 前端机房和演播控制室宜设置控制台。控制台正面与墙的净距不应小于 1.2m；侧面与墙或其他设备的净距，在主要通道不应小于 1.5m，在次要通道不应小于 0.8m。

5. 有线电视系统的线路、设备等应按规定进行接地

(二) 视频监控系统室内配线

视频监控系统的制式宜与通用的电视制式一致，系统宜由前端摄像设备、传输部件、控制设备、显示记录设备等 4 个主要部分组成，主要用于建筑物的安防监控及生产管理、生产过程及医疗手术等监控。

1. 电（光）缆选择

(1) 系统采用设备和部件的视频输入和输出阻抗以及电缆的特性阻抗均应为 75Ω；音频设备的输入、输出阻抗应为高阻抗。

(2) 距离较近的视频有线传输方式，可选用同轴电缆；长距离或需避免强电磁场干扰的传输，宜选用光缆传输方式。电梯轿厢的视频电缆应选用电梯专用视频电缆。

(3) 控制信号电缆应选用铜芯，其线芯截面积在满足技术要求的前提下不应小于 $0.50mm^2$。导管敷设的电缆线芯截面积不应小于 $0.75mm^2$。

(4) 电源线选用铜芯绝缘导线、电缆，其线芯截面积不应小于 $1.0mm^2$，额定电压不应低于 300/500V。

(5) 摄像机距控制端较远（一般指距离在 200m 以上），此时可根据供电电压、所带设备容量、供电距离等选择导体截面积不宜超过 $4mm^2$。

(6) 当采用全数字视频安防监控系统时，宜选用综合布线对绞电缆。

(7) 光缆在管道或架空敷设，宜采用铝—聚乙稀黏接护层。

(8) 光缆在室内敷设，宜采用聚氯乙烯或阻燃聚乙烯外护套。

2. 监控室内的电缆敷设

监控室内布线宜以地槽敷设为主，当属改建工程或监控室不宜设置地槽时，也可采用电缆槽架、电缆走道、墙上槽板内敷设，特大系统宜人采用活动地板敷设。

(1) 根据机柜、控制台等相应位置设置电缆槽和进线孔，槽的高度和宽度应满足敷设电缆的容量要求。电缆采用地槽或墙槽敷设时，应从机架、控制台底部引入，将电缆顺着所盘方向理直，按次序放入槽内；拐弯处应符合电缆弯曲半径要求。

电缆离开机架和控制台时,应在距起弯点 10mm 处成捆空绑,根据电缆的数量应每隔 100～200mm 空绑一次。

(2) 电缆采用槽架敷设时,宜每隔一定距离留出线口,在重要场所的布线槽架还应有防火及槽盖开启的限制措施。电缆由出线口从机架上方引入,在引入机架时应成捆绑扎。当电缆线路与其他弱电系统共用槽盒时,宜分类加隔板敷设。

(3) 电缆采用电缆走道敷设时,应从机架上方引入,并应在每个梯铁上绑扎。

(4) 电缆采用活动地板敷设时,在地板下可灵活布线,并应顺直无扭绞,在引入机架和控制台处还应成捆绑扎。

(5) 在电缆敷设的两端应留有适当余量,并标示明显的永久性标记。

(6) 各种电缆和控制线插头的装设应符合产品生产厂家的要求。

(7) 引入、引出房屋的电(光)缆,在出入口处应加装防水罩。向上引入、引出的电(光)缆,在出入口处还应做成滴水弯,其弯度不得小于电(光)缆的最小弯曲半径。电(光)缆沿墙上下引入、引出时应设支持物。电(光)缆应固定(绑扎)在支持物上,支持物的间距不宜大于 1m。

(8) 监控室内光缆在走道上敷设时,光端机上的光缆宜预留 10m,余缆盘成圈后应妥善放置。光缆至光端机的光纤连接器的耦合工艺,应严格按有关要求施工。

3. 室内传输线路敷设

室内信号传输线路敷设应符合以下要求:

(1) 摄像机、监控点不多的小系统宜采用暗管或槽盒敷设方式。

(2) 摄像机、监控点较多的大系统宜采用电缆桥架敷设方式,并应按出线顺序排列线位,绘制电缆排列断面图。

(3) 无机械损伤的建筑物内的电(光)缆线路或扩建、改建工程可采用电缆卡子沿墙明敷。电缆卡子的间距在水平路径上宜为 0.6m;在垂直路径上宜为 1m。

在下列情况可采用导管配线:①易受外界损伤;②受电磁干扰或易燃易爆等危险场所;③在线路路由上,其他管线和障碍物较多,不宜直敷布线的线路。

(4) 在要求管线隐蔽或在新建的建筑物内可用暗管敷设。

(5) 同轴电缆宜采用穿管暗敷或槽盒的敷设方式。当线路附近有强电磁场干扰视频传输时,电缆宜穿金属导管或金属槽盒敷设,并埋入地下。当必须采取明敷(架空)时,应采取防干扰措施。

(6) 电缆与电力线平行或交叉敷设时,其间距不得小于 0.3m;与通信线平行或交叉敷设时,其间距不得小于 0.1m。

(7) 交流电源线应单独穿导管敷设,且宜与信号线、控制线分开敷设,以避免干扰。

(8) 有爆炸危险的区域内,视频电缆线路必须采取防爆措施。

(9) 在环境温度超过视频电缆允许温度的区域内,管线必须采取隔热措施。其应穿金属导管保护,并应暗敷在非燃烧体结构内;当必须明敷时,应采取防火、防破坏等安全保护措施。

(10) 摄像机应安装在监视目标附近不易受外界损伤、不影响设备运行和人员活动的地方,室内宜距地 2.5～5m。从摄像机引出的电缆宜留 1m 的余量,以不影响摄像机的转动。对高温电视摄像机的引出电缆,必须采用高温电视电缆。摄像机的电缆和电源线均应固定,且不得用插头承受电缆的自重。

（11）电缆的弯曲半径应大于电缆外径的 10～15 倍；敷设过程中光缆弯曲半径不应小于光缆外径的 20 倍，敷设固定后不应小于光缆外径的 10 倍。

（12）穿导管线缆的总截面积，直段时不应超过导管内截面积的 40%，弯段时不应超过导管内截面积的 30%。敷设在槽盒内的线缆总截面积不应超过槽盒净截面积的 50%。

（13）光缆接续时应采用光功率计或其他仪器进行监视，使接续损耗达到最小；接续后应做好接续保护，并安装光缆接头护套。并应在光缆的接续点和终端做永久性标志。

此外，系统的线路敷设还应符合国家现行有关规范的规定。视频监控系统的线路、设备等应按规定进行接地。

第十七节 室内配线竣工后的检查和试验

一、室内配线竣工后的检查

配线工程施工结束后，施工质量应符合有关设计、施工和验收规范及交接试验标准等的规定，应认真检查工程施工与设计是否相符，以确保工程质量。

1. 配线工程交接验收时的检查项目

（1）各种规定的距离。

（2）各种支持件的固定。

（3）配管的弯曲半径，盒（箱）设置的位置。

（4）明配线路的允许偏差值。

（5）导线或电缆的连接和绝缘电阻。

（6）非带电金属部分的安全接地或保护接零。

（7）黑色金属附件防腐情况。

（8）施工中造成的孔、洞、沟、槽的修补情况。

（9）工程材料是否良好，导线载流量是否满足要求。

（10）检查可能发生危险的处所。

（11）施工方法是否恰当，质量标准是否符合各项规定。

2. 爆炸和火灾危险场所配线工程竣工验收注意事项

爆炸和火灾危险场所电气工程竣工验收时除按有关规程中规定的检验项目进行检查外，还应检验以下项目：

（1）防爆电气设备的接线盒盖应紧固，且固定螺栓及防松装置应齐全。隔离密封盒的安装记录也应齐全（包括密封胶泥或粉剂密封填料的型号、包装严密情况、粉剂密封填料与水的配比及其浇灌时间）。

（2）电气设备多余的进线口应按规定做好密封。

（3）电气线路密封装置的安装应符合规定。

（4）本质安全型电气设备的配线工程中线路走向、标高应符合设计要求，线路应有天蓝色的标志。

（5）电气装置的安全接地或保护接零应符合规定；防静电接地应符合设计要求；接地电阻值应有测量记录。

3. 工程交接时应提交的资料和文件

施工单位在工程竣工进行交接时应提交的技术资料和文件包括：①竣工图；②设计变更的证

明文件；③安装技术记录（包括隐蔽工程记录）；④各种试验记录；⑤主要器材、设备的合格证、产品使用说明书。

根据提交的资料和文件，检查核对已竣工的工程是否符合现行规范的要求，同时作为交接验收时能否送电的重要依据，交工后存档备查。

二、室内配线竣工后的试验

1. 1kV 及以下配电线路的绝缘电阻测试

测试线路绝缘电阻时需切断电源，所测的线路上应无人工作，并需断开电路里的所有用电器（包括断路器、用电设备、电器和仪表等），然后用绝缘电阻表两根测试棒（线）接触分回路或总回路开关负荷侧接线桩头。若测试棒接触在两相线接线桩头上，测出的是相线与相线间的绝缘电阻；如接触在某相线与中性线的接线桩头上，测出的是相线与中性线间的绝缘电阻；若接触在某相线桩头上与接地体（线）或与接地体连接的用电器的金属外壳上，测出的是相线对地的绝缘电阻。需要指出的是中性线重复接地和专用保护零线共用一组接地体时，还应测试工作零线和保护线间的绝缘电阻。对电缆配线应测量电缆线芯对地或对金属屏蔽层间和各线芯间的绝缘电阻。

测试绝缘电阻时，测试棒（线）与测试点要保持良好的接触，否则测出的是接触电阻和绝缘电阻之和，不能反映线路绝缘的真实情况。测试的线路绝缘电阻值不应低于 $0.5M\Omega$，否则应寻找原因。

2. 1kV 及以下配电装置（指配电盘、配电台、配电柜、操作盘等载流部分）试验

(1) 配电装置的绝缘电阻不应小于 $0.5M\Omega$。

(2) 动力配电装置各相对地的交流耐压试验电压为 1000V，48V 及以下的配电装置不做交流耐压试验。当回路绝缘电阻值在 $10M\Omega$ 以上时，交流耐压试验可用 2500V 绝缘电阻表试验代替，持续时间为 1min，应无闪络击穿现象。

(3) 检查配电装置内不同电源的馈线间或馈线两侧的相位应一致。

3. 电缆试验

橡塑绝缘电力电缆是指聚乙烯绝缘、交联聚乙烯绝缘和乙丙橡皮绝缘电力电缆。纸绝缘电力电缆试验项目适用于黏性油纸绝缘电力电缆和不滴流油纸绝缘电力电缆。纸绝缘、橡塑绝缘的电缆交接试验一般只做绝缘电阻、直流耐压试验及泄漏电流测量。

(1) 电缆绝缘电阻试验注意事项。

1) 测量绝缘电阻的方法适用于不太长的电缆。测量时一般用绝缘电阻表测量并算出吸收比。在同样测试条件下，电缆绝缘越好，吸收比值越大。

2) 电缆的绝缘电阻值一般不做具体规定，判断电缆绝缘情况应与原始记录进行比较。耐压试验前后，绝缘电阻应无明显变化。由于温度对电缆绝缘电阻值有所影响，所以在做电缆绝缘测试时应将气温、湿度等天气情况做好记录，以备比较时参考。

各类电力电缆的绝缘电阻应符合基本要求，根据《电机工程手册》中电线电缆篇介绍的有关数据，换算到20℃时1km的最低绝缘电阻值：①额定电压为 6kV 及以下的橡皮绝缘电缆，截面积 $50mm^2$ 及以下、$70\sim185$、$240mm^2$ 的绝缘电阻应分别为 50、35、20MΩ；②额定电压为 1、6kV 的聚氯乙烯绝缘电缆的绝缘电阻分别为 40、60MΩ；③额定电压为 $0.1\sim1kV$ 的黏性油浸纸和不滴流油浸纸的绝缘电阻为 100MΩ，6kV 及以上者为 200MΩ；④额定电压为 6、10、35kV 的聚乙烯电缆和交联聚乙烯电缆的绝缘电阻应分别为 1000、1200、3000MΩ。GB 50150—2006《电气装置安装工程电气设备交接试验标准》中规定：橡塑电缆外护套、内衬层的绝缘电阻应不低于

$0.5M\Omega/km$。

3）绝缘电阻表的选用。0.6/1kV电压等级的电缆用1000V绝缘电阻表；0.6/1kV以上至6/6kV以下电压等级的电缆用2500V绝缘电阻表；橡塑电缆外护套、内衬层的测量用500V绝缘电阻表。

4）对于三芯电缆，当测量一根缆芯绝缘电阻时，应将其余两根缆芯、金属屏蔽层或金属套和铠装一起接地。

5）测试前应将电缆终端头套管表面擦净，以减小表面泄漏电流。为测量结果准确，应在缆芯端部绝缘上或套管端部装设屏蔽环并接于绝缘电阻表的屏蔽端子，以消除表面泄漏的影响。

6）由于电力电缆的电容很大，操作绝缘电阻表时的摇动速度要均匀。测量完毕，应先断开绝缘电阻表测试棒再停止摇动，以免电容电流对绝缘电阻表反充电；每次测量后都要使用绝缘工具将电缆经限流电阻对地进行充分放电操作，以防止电击。电缆线路越长绝缘状态越好，则电缆放电接地时间也要长些，一般不少于1min。

（2）直流耐压试验和泄漏电流测量。

1）直流耐压试验是电缆工程交接试验的最基本试验，也是判断电缆线路能否投入运行的最基本依据。进行电缆直流耐压试验时，同时要测量泄漏电流。试验电压分阶段均匀升至规定值后维持15min，要求在加压时间内电缆不击穿。其间读取1min和15min的泄漏电流，测量时应消除杂散电流的影响。

2）不滴流油浸纸绝缘电缆泄漏电流的三相不平衡系数不应大于2，当6/10kV及以上电缆的泄漏电流小于$20\mu A$和6kV及以下的电缆泄漏电流小于$10\mu A$时，不平衡系数不做规定。泄漏电流值和不平衡系数只作为判断绝缘状况的参考，不作为投入运行的依据。其他电缆的泄漏电流值不做规定。电缆泄漏电流具有以下情况之一者，电缆绝缘可能有缺陷，应找出缺陷位，并予以处理：①泄漏电流很不稳定；②泄漏电流随试验电压升高而急剧上升；③泄漏电流随试验时间延长有上升现象。

3）对额定电压为0.6/1kV的电缆线路，应采用2500V绝缘电阻表测量导体对地绝缘电阻代替耐压试验，试验时间1min。

第十八节　室内配线运行检查及故障处理

一、室内配线运行检查

1. 巡视周期

（1）1kV以下的室内配线，每月应进行一次巡视检查。对重要负荷的配线应增加夜间巡视。

（2）1kV以下车间配线的裸导线（母线）以及分配电盘（箱），每季度进行一次停电检查和清扫。500V以下可进入吊顶内的配线，每年应停电检查一次。

2. 室内配线的巡视检查内容

（1）检查绝缘线路与建筑物等是否有摩擦、相蹭，线路绝缘、支持物是否有损坏和脱落。

（2）检查车间裸导线各相的弧垂和线间距离是否保持一致。

（3）检查车间裸导线的防护网（板）与裸导线的距离有无变动。

（4）检查敷设在车间地下的塑料导管线路上方有无重物堆压。

（5）检查明敷金属导管或塑料槽盒等是否有被碰裂、砸伤等处；钢导管的接地是否完好。

（6）检查钢导管或塑料导管的防水弯头有无脱落或出现线路绝缘蹭管口现象。

(7) 检查对三相四线制照明线路，检查零线回路各连接点的接触情况是否良好，是否有腐蚀或脱开现象。

(8) 检查在正规安装的线路上有否乱拉线路，乱接电气设备现象。

3. 车间配线的停电清扫和检查

(1) 清扫裸导线、瓷绝缘子上的污垢。

(2) 检查绝缘线路是否残旧和老化，对于老化严重或绝缘破裂的线路应有计划地进行更换。

(3) 检查线路的接头，并紧固线路的所有连接点。

(4) 补充或修复导线上所有损坏或缺少的支持物及绝缘子。

(5) 配线用钢导管如有脱漆锈蚀现象，应进行除锈刷漆防腐处理。

(6) 检查建筑物伸缩、沉降缝处的接线箱（盒）有无异常。

(7) 检查多股进户导线在进户处有无滴水弯，雨后有无进水现象。

二、室内配线的常见故障及处理

室内配线常见故障大体可分为短路、断路、漏电三大类型。

1. 配线的短路及其处理

线路发生短路时，由于短路电流很大，若熔丝不能及时熔断或保护用开关不能跳闸，就可烧坏电线或其他用电设备，甚至引起火灾。造成短路的原因大致有以下几种：

(1) 接线错误而引起相线与中性线直接相碰。

(2) 因线芯接头处绝缘不良而导致线路接头之间直接短路，或接头处接线松动而引起碰线。

(3) 未按规定正确使用插座，与电器的连接不使用插头，而直接将线芯端头插入插座孔内以致造成混线短路。

(4) 电器内部绝缘损坏，线芯碰触金属外壳而引起电源线短接。

(5) 线路在外力作用下绝缘遭到破坏，造成电源碰接短路或同时接地短接。

(6) 因房屋漏水或水的飞溅引起用电设备受潮甚至进水而造成内部相间短路。

线路发生短路故障后，应迅速拉开总开关，逐段检查，找出故障点，根据故障原因采取相应措施。

2. 配线的断路及其处理

线路发生断路时使电源送不进去，用电设备不能工作。造成断路的原因主要是导线断落、线头松脱、开关损坏、熔丝熔断以及导线受损伤导致折断，或铝线接头受严重腐蚀导致断开等。

线路发生断路故障后应首先检查熔断器内熔体是否熔断。如属熔体的熔断，则应查电路中有无短路或过负荷等情况，如熔体没有熔断且电源相线也无电，则应查上一级的熔体是否熔断。如上一级熔体也没有断，就进一步检查配电箱（板）上的开关和线路。这样逐段检查，缩小故障点范围，根据故障原因采取相应措施。

3. 配线的漏电及其处理

线路发生漏电故障时，人接触到漏电的地方就可能会危害人身安全或引起火灾。同时电路中的漏电现象还会浪费电能，增加用户经济负担。漏电的主要原因是线路或用电设备的绝缘受外力损伤或长期使用后发生老化，又受到潮湿或污染造成绝缘不良。严重的漏电还会造成短路。有时也常将漏电视为短路的先兆，所以要定期测试线路的绝缘状况，发现绝缘不良应及时找出绝缘的薄弱点，分析原因并及早处理。

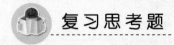 复习思考题

4-1 动力、照明配电线路各由哪些部分组成？

4-2 选择线缆截面积时应符合哪些要求？

4-3 按允许温升选择线缆截面积时，在各种不同的敷设条件下，其线缆表列载流量通常有哪几种校正系数？

4-4 什么是线路的电压损失和电压损失百分数？

4-5 什么是线路的电流矩和负荷矩？

4-6 用电流矩和负荷矩法计算线路电压损失时，在各种不同的线路种类条件下，其电压校正系数是如何规定的？

4-7 低压配电系统中 N 线、PEN 线和 PE 线的截面积是如何选择的？

4-8 电动机回路线缆截面积如何选择？

4-9 室内线路常用哪些配线方式？各自适用于什么范围？

4-10 室内配线程序如何？

4-11 管内配线应达到哪些要求？有哪些配线注意事项？

4-12 线路为什么不应沿发热体表面敷设？其与蒸汽管、热水管应保持多少距离？当距离达不到要求时如何处理？

4-13 导线或电缆连接一般应符合哪些要求？导线或电缆连接应注意些什么？

4-14 用塑料护套线配线应注意些什么？

4-15 瓷夹、绝缘子适用于哪些场合配线？

4-16 线夹、绝缘子配线的分支、交叉和转弯处如何固定？绝缘导线与建筑物应保持多大距离？

4-17 槽板敷设应达到哪些要求？

4-18 槽盒敷设一般有哪些要求？

4-19 槽盒内导线、电缆敷设应达到什么要求？

4-20 什么是钢索配线？一般应达到什么要求？

4-21 什么是封闭式母线？其垂直和水平敷设有哪些要求？

4-22 封闭式母线如何进行连接？

4-23 室内电缆常采用哪几种敷设方式？一般有哪些敷设要求？有哪些注意事项？

4-24 室内明配电缆有哪些要求？

4-25 室内电缆穿管敷设有哪些要求？

4-26 室内电缆在电缆沟内敷设有哪些要求？

4-27 电缆桥架有哪些种类？桥架各组成部件有什么作用？

4-28 电缆桥架跨越建筑物伸缩缝时为何要设置伸缩板？

4-29 电缆桥架穿过防火墙、楼板时，如何采取防火隔离措施？

4-30 桥架内电缆敷设应符合哪些要求？

4-31 预制分支电缆、矿物绝缘电缆布线有哪些注意事项？

4-32 室内电缆干包式终端头和电缆中间接头如何制作安装？

4-33 电缆竖井内配线有哪些要求？

第五章

建筑物内电气装置的接地

第一节　低压配电系统接地型式

一、接地型式和基本要求

低压配电系统有 TN、TT 及 IT 三种接地型式，其文字代号的意义如下：

TN、TT、IT 三种型式表示三相电力系统和电气装置外露可接近导体的对地关系。

第一个字母表示电力系统的对地关系：

T——一点直接接地；

I——所有带电部分与地绝缘或一点经阻抗接地。

第二个字母表示电气装置的外露可接近导体的对地关系：

T——外露可接近导体对地直接做电气连接，此接地点与电力系统的接地点无直接连接；

N——外露可接近导体通过保护线与电力系统的接地点直接做电气连接（在交流系统中，接地点通常就是中性点）。

如果后面还有字母时，则表示中性线与保护线的组合：

S——中性线和保护线是分开的；

C——中性线和保护线是合一的。

根据 GB 50169《电气装置安装工程接地装置施工及验收规范》，将"安全接地"定义为由于电气装置的金属外壳、配电装置的构架和线路杆塔的绝缘损坏，使其有可能带电，为防止其危及人身和设备的安全而设的接地，称为安全接地，与旧标准的"保护接地"定义一致。新标准中将"保护接地"与"保护接零"列为同一概念，其定义为中性点直接接地的低压电力网中，电气设备外壳与保护零线的连接。

1. TT 系统

电力系统有一点与地直接连接，负荷侧电气装置外露可接近导体接到电气上与电力系统接地点无关的独立接地装置上，如图5-1所示。

在 TT 系统中，除变压器低压侧中性点直接接地外，中性线不再接地，且应保持与相线同等的绝缘水平，中性线不得装设熔断器或单独的开关装置。当设备发生接地故障

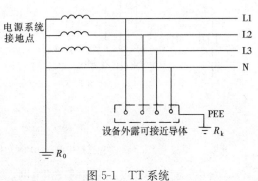

图 5-1　TT 系统

时，接地电流通过设备的接地电阻 R_k 和系统的接地电阻 R_0 形成回路，在两电阻上产生压降。因此设备的对地电压远比相电压小，当人触及外壳时，受到的接触电压变小，从而起到保护作用。但此接触电压仍然较高，因为通常低压配电系统的相电压为220V，而 R_0 和 R_k 一般均不超过 4Ω，可以得到设备发生单相接地时对地电压 $U_k \approx \dfrac{220}{4+4} \times 4 = 110$（V）。在此系统中，安全接地仅仅降低了接触电压，但这个电压对人身还存在着很大的危险，为此必须限制接触电压值。一般在 TT 系统中可用剩余电流动作保护器或过电流保护器作保护，但接地故障动作特性应满足

$$R_A I_{OP} \leqslant 50 \text{（V）}$$

式中　R_A——外露可接近导体的接地电阻和保护线电阻之和，Ω；

　　　I_{OP}——保证保护电器切断故障回路的动作电流，A；当采用熔断器作过电流保护器时，反时限特性过电流保护器的 I_{OP} 为保证在5s内切断故障电流；采用断路器作瞬时动作保护器的 I_{OP} 为保证瞬时动作的最小电流；当采用剩余电流动作保护器时，I_{OP} 为其额定动作电流 $I_{\Delta N}$。

由上式可知，保护动作的条件是当外露可接近导体对地电压达到或超过50V时保护电器应动作，这时的故障电流 I_k 应大于保护电器的动作电流 I_{OP}，即

$$I_k = \frac{50}{R_A} \geqslant I_{OP} \text{ 或 } R_A I_{OP} \leqslant 50 \text{（V）}$$

在切断接地故障前，TT 系统外露可接近导体呈现的对地电压仍然超过50V，因此仍需按规定时间切断故障，当采用反时限特性过电流保护器时，应在不超过5s的时间内切断故障，但对于手握式和移动式设备应按接触电压来确定切断故障的时间，这实际上是难以做到的，所以 TT 系统通常采用剩余电流动作保护器。

TT 系统内由同一保护电器保护范围内的各设施外露可接近导体应用接地线（PEE 线）接至共用的接地极上，即通过 PEE 线将设备外露可接近的导电体分片连通，这样可限制故障电压经 PEE 线蔓延的范围。但当有多级保护时，各级宜有各自的接地极。

2. IT 系统

电力系统的可接地点不接地或通过阻抗（电阻器或电抗器）接地，不引出中性线的系统称为不接地系统，即三相三线制系统。电气装置外露可接近导体单独直接接地或通过保护线接到电力系统的接地极上，采用这种安全接地方式的系统如图5-2所示，是常用于不准停电的场所，如井下、精密检测装置和熔炼炉等，或纯排灌的动力系统。

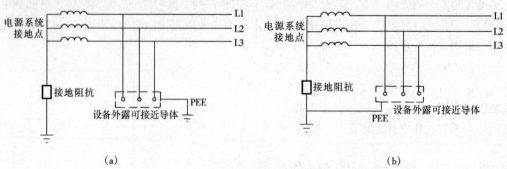

图 5-2　IT 系统

(a) 单独直接接地；(b) 通过保护线接到电力系统接地极上

IT 系统中，对于中性点不接地的三相电网，当发生相间触电时，情况和中性点接地的三相电

网完全相同，但如果人体只触及一相，结果则有很大差别。在中性点接地系统中，触电电流与电网绝缘的好坏及规模的大小等无关，而中性点不接地的三相电网则不然，它和电网的绝缘电阻以及对地电容等有着密切的关系。如果电网绝缘良好（即指线路无接地故障），对地电容电流很小，则此时人体触及漏电设备外壳时的危险性要比中性点直接接地系统在相同情况下的危险性要小得多。如果线路的分支线既多又长，相线与大地之间的电容电流很大，则此时单相触电的危险性也很大。

在 IT 系统中，当发生单相金属性接地时，另两相的对地电压将升高到线电压，为此应安装绝缘监视器以及在发生两相接地时能自动切断电源的保护电器。

正常工作的 IT 系统如果发生单相接地故障（又称第一次接地故障），中性点经接地阻抗接地的 IT 系统的故障电流则受接地阻抗的限制。因此这种接地故障电压不超过 50V，无需切断故障电路，只作用于信号，以确保供电的连续性。这时运行人员应及时排除第一次接地故障，否则当另一相再发生接地故障（又称异相接地故障或第二次接地故障）时将发展成相间短路，导致供电中断。

接地故障是配电线路最常见的故障，IT 系统第一次接地故障时不切断故障线路，是此系统最大的优点。为保证人身安全，要求发生接地故障时发出信号，装置内的接触电压不大于 50V，即

$$R_A I_k \leqslant 50 \ (\text{V})$$

式中　R_A——外露可接近导体的接地电阻和保护线电阻之和，Ω；

　　　I_k——相线和外露可接近导体间第一次短路故障时的故障电流，其应计及电气装置的泄漏电流和总接地阻抗值的影响，A。

3. TN 系统

电力系统有一点直接接地（通常是中性点直接接地），电气装置的外露可接近导体通过保护线与该点连接，按保护线（PE 线）和中性线的组合情况，TN 系统可以分为三种接地型式。

（1）TN-S 系统。PE 线和中性线在整个系统中是分开的，即保护零线（专用保护零线）（PE 线）和工作零线（中性线）分开设置的接零保护系统，如图 5-3（a）所示。所有电气设备的金属外壳均与公共 PE 线相连。这种系统就是三相五线制系统，其安全可靠性较高，所以它广泛应用

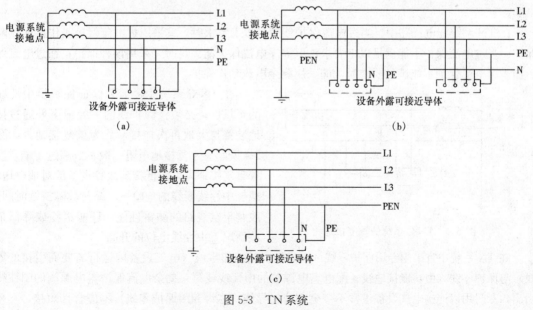

图 5-3　TN 系统

(a) TN-S 系统；(b) TN-C-S 系统；(c) TN-C 系统

于宾馆、医院、多层厂房等具有较多移动式或携带式的单相用电设备的场所。

（2）TN-C-S系统。PE线和中性线在系统中一部分分开，实质上是TN-S系统；一部分合一，实质上是TN-C系统，如图5-3（b）所示。它兼顾TN-S和TN-C系统的特点，即保护零线（PE线）与工作零线前一部分合一，后一部分分开设置的接零保护系统，这种系统应用于配电变压器的低压电网中及配电系统末端环境条件较差或有精密电子设备的场所。

（3）TN-C系统。PE线和中性线在整个系统中是合一的，即工作零线（中性线）与PE线合一设置的接零保护系统，又称保护中性线（PEN线），如图5-3（c）所示的PEN线，广泛应用于配电变压器的低压电网中。

在TN系统中，当电气设备发生接地故障时，接地电流经PE线和中性线构成回路，形成金属性单相短路，产生足够大的短路电流，使保护装置能可靠动作，切断电源。

为了保证TN系统配电线路接地故障保护器能在规定时间内切断故障电流，保护的动作特性应满足

$$Z_s I_{OP} \leqslant U_0$$

式中　Z_s——接地故障回路的阻抗（包括电源内阻抗、电源至接地故障点之间带电导体的阻抗以及故障点至电源之间的保护导体的阻抗），Ω；

I_{OP}——保护电器在规定的标称电压相对应的时间内自动切断故障回路的动作电流，A；

U_0——相线对地标称电压，V。

在相线对地标称电压为220V的TN系统中，对供电给固定式设备的末端线路切断故障的时间规定为不大于5s，因为使用它时设备外露可接近导体不是被手抓握住，发生接地故障时不论接触电压高与低都易于挣脱，但不易出现在发生接地故障时人手正好与之接触的情况。5s时间值的规定考虑了防电气火灾以及电气设备和线路绝缘热稳定的要求，同时也考虑了躲开大电动机起动时起动电流以及当线路长、故障电流小时保护电器动作时间长等因素。供电给手握式和移动式电气设备的末端配电线路，对220/380V的电气装置，切断故障的最大允许时间为0.4s，此值已考虑到总等电位联结的作用、PE线与相线截面积自1/3～1变化的影响以及线路电压偏移的影响。

在TN系统配电线路中，当电流保护能满足以上要求时，宜采用过电流保护兼作接地故障保护；当过电流保护不能满足以上要求，但零序电流保护能满足时，采用该种保护；在过电流保护和零序电流保护不能满足要求时，应采用剩余电流动作保护。

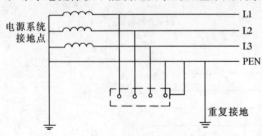

图5-4　TN-C系统的重复接地

在TN-C系统中，为了保证保护接中性线的可靠性，必须将保护线的一处或多处通过接地装置与大地再次连接，称为重复接地，如图5-4所示。重复接地电阻一般不应超过10Ω，设置重复接地可以降低接地故障设备的对地电压，减轻中性线断线的危险性，缩短故障持续时间，改善架空线路的防雷性能，还能消除或降低某些情况下中性线电位的升高。

在TN系统中宜采用专用保护零线（PE线），其工作零线（电气设备因运行需要而引接的零线）与保护零线（由功能接地线、配电室电源侧的中性线或第一剩余电流保护器电源侧的中性线引出，专门用以连接电气设备正常不带电部分的导线，称为专用保护零线）不应直接短接，不得装设开关或熔断器。同一系统中，不应一部分设备采用保护接零线，另一部分设备采用安全接地。

二、接地型式的选用

根据电网的结构特点、运行方式、工作条件、安全要求等方面的情况，从安全、经济、可靠出发，合理选择接地型式。

低压电网的中性点可直接接地或不接地。当安全要求较高，对称三相负载且装有能迅速而可靠地自动切除地故障的装置时，电力网宜采用中性点不接地的方式。从经济方面考虑，低压配电系统通常采用中性点直接接地方式，以三相四线或三相五线制供电，可供动力负荷与照明负荷，以节约投资。

电气装置的金属外壳、配电装置的构架和线路杆塔，由于绝缘损坏，有可能带电，为防止危及人身和设备安全而设的接地，称为安全接地，如 TT 系统、IT 系统中对电气设备的外露可接近导体所作的接地。在中性点直接接地系统中，如将电气设备外露可接近导体与专用保护零线进行连接，称为保护接零，如 TN-S 系统接地型式。在中性点直接接地系统中，宜采用保护接零，且应装设能迅速自动切除接地短路电流的保护装置；如果用电设备较少、分散，采用保护接零确有困难，且土壤电阻率较低，可采用安全接地，并装设剩余电流保护器来切除故障。

三、电气装置接地保护范围

凡是在正常情况下不带电，而当绝缘损坏、碰壳短路或发生其他故障时，有可能带电的电气设备的外露可接近导体都应实行安全接地或保护接零。其接地范围主要包括以下几个方面：

（1）电机、变压器、携带式或移动式用电器等的金属外壳和底座以及电气设备的传动装置。

（2）配电、控制、保护用的屏（柜、箱）及操作台的框架和底座以及室内、外配电装置的金属构架及靠近带电部分的金属遮栏和金属门，钢筋混凝土构架的钢筋等。

（3）导线、电缆的金属导管、金属软导管、各种金属接线盒（如开关、插座等金属接线盒）、敷设的钢索等。

（4）建筑电气设备的金属基础构架及金属电缆桥架、支架和井架。

（5）电缆的金属护层（包括铠装控制电缆的金属保护层）和电力电缆的接头盒、终端盒、膨胀器的金属外壳等。

（6）照明灯具、电扇及电热设备的金属底座和外壳及电除尘器的构架等。

（7）封闭母线的外壳及其裸露的可接近导体。

（8）对于在使用过程中，产生静电并对正常工作造成影响的场所，宜采取防静电接地措施。

（9）电流互感器和电压互感器的二次绕组。

第二节　保护线、保护中性线和等电位联结

一、保护线

低压配电系统中，为防止发生电击危险而与下列部件进行电气连接的一种导体，称为保护线（导体）：①线路或设备金属外壳；②线路或设备以外的金属部件；③总接地线或总等电位联结端子板；④接地极；⑤电源接地点或人工中性点。

保护线可采用多芯电缆的线芯，与带电导体一起在共用外护物内的绝缘线或裸导线，固定的裸导线或绝缘导线，金属外皮（例如，某些电缆符合截面积及连接要求的护套、屏蔽层及铠装），绝缘导线、电缆的金属导管或其他金属外护物，某些装置的外露可接近导体等。

1. 保护线的最小截面积选择

保护线的最小截面积可按以下两种情况选择：

（1）最小截面积可按第四章第二节相关公式计算（只适用于断开时间为 0.1～5s），但应采用最接近的标准截面积。

计算最小截面积时应注意以下几点：

1）应考虑回路阻抗的限流作用及保护装置的极限容量。

2）需使按此计算得出的截面与故障回路阻抗值相适应。

3）应计及连接点的最高允许温度。

4）当计算所得的截面积是非标准尺寸时，应采用较大标准截面积的导体。

（2）保护线应满足热稳定要求，当保护线与相线使用相同材料时，保护线的最小截面积应符合表 4-15 的规定。按该表选择的保护线截面积，不必再进行热稳定校核。

根据上述两种情况选用的保护线，当保护线采用供电电缆外护物或电缆组成部分以外的每根保护线时，在任何情况下，其铜导体截面积均不应小于 2.5mm^2（有机械保护时）或 4mm^2（无机械保护时）；铝导体截面积在有或无机械防护的情况下，均不得小于 16mm^2。

2. 保护线的安装注意事项

（1）保护线应采取保护措施，免受机械和化学的损蚀，并能耐受电动力。

（2）保护线的接头应便于检查和测试。

（3）严禁将开关电器接入保护线，但可设置供测试用的只有用工具才能断开的接点。

（4）严禁将监测对地导通的动作线圈接入保护线，如 PE 线不准穿过剩余电流动作保护器中剩余电流互感器的磁回路。

（5）当布线的护套或金属外皮的电气持续性不受机械、化学或电化学的损蚀，以及导电性符合保护线最小截面积要求时，方可用作相应回路的保护线。严禁将电气用的其他导管用作保护线。

（6）当用装置外可接近导体作保护线时，应符合以下要求：①不受机械、化学或电化学的损蚀；②导电性应符合保护线最小截面积的要求；③有防止移动的装置或措施等。

（7）严禁将金属水管、可燃气体或液体的金属管道、柔性金属导管或金属部件等用作保护线。

（8）利用装置中具有电气持续性的金属外护物或框架作保护线时，应在每个预定的分接点上与其他保护线相连接。

（9）当过电流保护装置用于电击保护时，应将保护线与带电导线紧密布置。

二、保护中性线

具有保护线（PE 线）和中性线两种功能的接地线，称为保护中性线（PEN 线）。

在低压配电系统的接地型式中，TN-C 系统的中性线与 PE 线是合一的，TN-C-S 系统中的部分中性线与 PE 线是合一的，其 PEN 线应满足以下要求：

（1）PEN 线的截面积应满足第四章第二节相关要求。

（2）只允许在中性线和 PE 线分开的 TN-C-S 系统中使用剩余电流动作保护器，PEN 线不得接在其负荷侧，PEN 线应接在剩余电流动作保护器的电源侧，从此处 PEN 线分成 PE 线和中性线。严禁 PEN 线穿过剩余电流动作保护器的电流互感器的磁回路，但穿过剩余电流互感器的中性线，必须与相线具有相同的绝缘水平。

（3）在 TN-C 系统中，当所供电的那部分装置不由剩余电流动作保护器保护时，其中的单根线芯可兼作 PE 线和中性线。

（4）PEN 线应按耐受最高电压的绝缘水平考虑，防止杂散电流的影响。成套开关设备和控制设备内部的 PEN 线无需绝缘。

（5）在 TN-C-S 系统中，当中性线及 PE 线从装置的任一点起分开设置时，从该点起两导线不应连接，且中性线不应再接地。在分开点，应分别设置 PE 线及中性线用端子或母线。PEN 线应接至供 PE 线用的端子或母线。

（6）在 TN-C 系统中，严禁断开 PEN 线，不得装设断开 PEN 线的任何电器。当需要在 PEN 线装设电器时，只能相应断开相线回路。

（7）严禁将装置外可接近导体作 PEN 线（包括配线用的钢导管及金属槽盒）用。

三、等电位联结

各外露可接近导体（正常情况下不带电，故障情况下能带电的电气装置的易触及的外露可接近导体）和装置外可接近导体（非电气装置的组成部分，且易于引入电位的可接近导体，该电位通常为局部地电位，但正常情况下为不带电位的可接近导体）的多个可接近导体间为达到等电位而进行的联结，称为等电位联结。为确保等电位联结而使用的联结线，称为等电位联结线。某一局部范围内，将可接近导体间用导线直接连通，使其电位相等或接近，而实施的保护的等电位联结，称为辅助等电位联结。

1. 等电位联结作用

低压配电系统接地故障保护主要靠自动切断电源的保护设备来实现，而在降低接触电压上，各种接地类型的效果均不明显。所以建筑物内电气装置采用接地故障保护时，建筑物内的电气装置还应采用总等电位联结。等电位联结的作用是防止带电体发生故障时，接触外露可接近导体而发生触电危险（即间接接触防护）的重要手段。对下列可接近导体应采用总等电位联结线作互相可靠连接，并在进入建筑物处接向总等电位联结端子板，如图 5-5 所示。

（1）保护线（保护中性线）干线。

（2）电气装置的接地装置中的接地干线。

（3）建筑物内的水管、燃气管、采暖和空调管道等金属管道。

（4）可以利用的建筑物金属构件等的可接近导体。

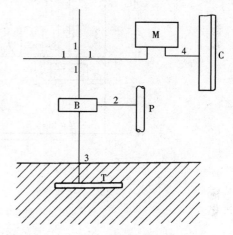

图 5-5　建筑物内总等电位联结图

1—保护线；2—总等电位联结线；3—接地线；4—辅助等电位联结线；B—总等电位联结（接地）端子板；M—外露可接近导体；C—装置外可接近导体；P—金属水管干线；T—接地极

采用总等电位联结以后，可以大大降低接触电压。如图 5-6 所示的建筑物作了等电位联结和重复接地，由图可见人体承受的接触电压 U_c 仅为故障电流 I_k 在 a-b 段 PE 线上产生的电压降压，与 R_s 分压；b 点至电源的线路电压降都不形成接触电压，所以用总等电位联结降低接触电压的效果是很明显的。

总等电位联结是通过提高地电位和均衡电位来降低接触电压的，它是一项必要的电气安全措施，是接地故障保护的基本条件。

总电位联结虽然能大大降低接触电压，但是如果建筑物远离电源，建筑物内线路过长，则电流保护动作时间和接触电压都可能超过规定的限值，这时应在局部范围内作辅助等电位联结，如图 5-7 所示。其中图 5-7（a）中双手承受的接触电压 U_c 为电气设备 M 与暖气片 R_a 之间的电位差，其值为 a-b-c 段 PE 线上的故障电流 I_k 产生的电压降，由于此段线路较长，电压降超过 50V，

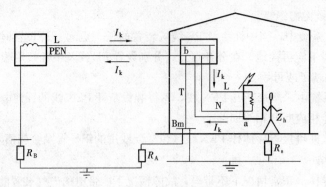

图 5-6　总等电位联结

T—金属管道、建筑物钢筋等组成的等电位联结；Bm—总等电位联结端子板或接地端子板；
Z_h、R_s—人体阻抗及地板、鞋袜电阻；R_A—重复接地电阻

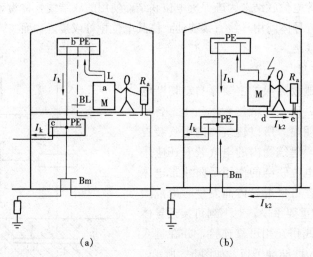

(a)　　　　　　　　　　(b)

图 5-7　辅助等电位联结

(a) 作用分析之一；(b) 作用分析之二

Bm—总等电位联结端子板；BL—辅助等电位联结端子板

但因离电源较远，故障电流不能使过电流保护电器在 5s 内切断故障。为保证人身安全应如图虚线所示作辅助等电位联结。这时接触电压降低为 a-b 段 PE 线的电压降，其值小于安全电压限值 50V。实际上，由于辅助等电位联结后故障电流的分流使 R_a 电位升高，接触电压将更降低。

降低接触电压也可将图中的 R_a 与 M 直接连接，如图 5-7 (b) 虚线所示，这时人体承受的接触电压仅为故障电流的分流在 R_a 与 M 间等电位联结线 d-e 上产生的电压降，显然此值将小于 50V。

以上说明辅助等电位联结的目的在于使接触电压降低至安全电压限值 50V 以下，而不是缩短保护电器动作时间。

为使接触电压不超过 50V，即 $I_k R \leqslant 50V$，R 为图 5-7 (a) 和 (b) 中的 a-b 和 d-e 线段电阻，故障电流 I_k 应大于或等于下式中的 I_{op}，应满足下式要求，以确定辅助等电位联结的有效性。

$$I_{op}R \leqslant 50V \text{ 或 } R \leqslant 50/I_{op} \text{ （}\Omega\text{）}$$

式中　R——可同时触及的外露可接近导体和装置外可接近导体之间，故障电流产生的电压降引起接触电压变化的一段线段的电阻，Ω；

I_{op}——切断故障回路电流时间不超过 5s 的保护电器动作电流（当保护电器为瞬时或短延时动作的低压断路器时，I_{op} 值应为低压断路器瞬时或短延时过流脱扣器整定电流的 1.3 倍），A。

2. 等电位联结线选用

（1）等电位联结主母线的最小截面积不应小于装置最大保护线截面的一半，且铜线最小截面积不应小于 $6mm^2$，最大截面积不应大于 $25mm^2$。当采用其他金属线时，其最小截面积：铝线不小于 $16mm^2$，钢线不小于 $50mm^2$；最大截面积按载流量与 $25mm^2$ 的铜线载流量相同确定。

（2）连接两个外露可接近导体的辅助等电位联结线，其截面积不应小于接至该两个外露中可接近导体的较小保护线的截面积。连接外露可接近导体与装置外可接近导体的辅助等电位联结线，其截面积不应小于相应保护线截面积的一半。单独敷设的保护连接线截面积应满足：①有机械损伤时，铜线不小于 $2.5mm^2$，铝线不小于 $16mm^2$；②无机械损伤时，铜线不小于 $4mm^2$，铝线不小于 $16mm^2$。

3. 等电位联结线安装

（1）建筑物等电位联结干线应从与接地装置有不少于两处直接连接的接地干线或总等电位箱引出，等电位联结干线或局部等电位箱间连接线形成环形网络，环形网络应就近与等电位联结干线或局部等电位箱连接。支线间不应串联连接。

（2）电缆井道内的接地干线可兼作等电位联结线；高层建筑竖向电缆井道内的接地干线应不大于 20m，且应与相近楼板钢筋作等电位联结。

（3）等电位联结的可接近裸露导体或其他金属部件、构件应与支线牢固连接，熔焊、钎焊或机械应紧固且导通正常。

（4）需等电位联结的高级装修金属部件或零件应在内侧设置专用接线螺栓，与暗敷的等电位联结支线连接，连接处应美观，且有标识，连接处的螺帽应紧固、防松零件应齐全。

（5）不得用作保护等电位联结导体的金属部分：①金属水管；②含有可燃气体或液体的金属管道；③正常使用的承受机械应力的金属结构；④支撑线。

（6）辅助等电位联结，应包括固定式设备的所有能同时触及的外露可接近导体和装置外可接近导体。等电位系统必须与所有设备的保护线（包括插座的保护线）连接。

第三节　接地装置和接地电阻

一、接地装置的一般要求

建筑物电气装置的接地装置，应充分利用直接埋入地中或水中，有可靠接触的金属导体均可作为自然接地体，当自然接地体的接地电阻符合要求时，一般不敷设人工接地体，但变电所、发电厂除外。

（1）接地装置的接地体应根据设计要求和现场施工条件确定接地体形式，采用人工接地体或自然接地体。自然接地体就是利用直接与大地接触的各种金属构件、金属井管、钢筋混凝土建筑的基础、金属管道等。但有可燃或有爆炸物质的金属管道、供暖及自来水金属管道不得用作接地体。

当自然接地体不能满足要求时，需装设人工接地体。垂直敷设时一般采用角钢、钢管等，水平敷设时一般采用圆钢、扁钢等。利用自然接地体和外引式接地装置时应在不同地点用不少于两根与接地网连接。

当交流电力设备的接地线不要求敷设专用接地引下线时，应尽量利用自然接地体的金属构件、普通钢筋混凝土构件的钢筋、穿线的钢管等，应保证其全长为完好的电气通路。但不得利用可挠金属导管、保温管的金属外皮或金属网、低压照明网络的导线铅皮以及电缆金属护层等作为接地线。当这些设施不能满足安全要求时，应另设接地线，一般采用钢质材料。

(2) 电气装置应设置总接地端子或母线，并应与接地线、保护线、等电位联结干线和安全、功能共用接地装置的功能性接地线等相连。

(3) 任何一种接地体的功效的取决于当地的各种土壤条件，应选定适合于当地土壤条件的一种或几种接地体以及所要求的接地电阻值，且应满足保护上和功能上长期有效的要求。

(4) 根据系统安全保护所具有的条件而确保的保护性接地和功能性接地，应符合系统接地型式的要求，功能接地的设置应能保证设备的正常运行。

(5) 保护接地（保护接零）、安全接地或功能接地的接地装置可采用共用的或分开的接地装置，当建筑物的低压配电系统接地点、电气装置外露可接近导体的保护接地（含与功能接地、保护接地共用的安全接地）、总等电位联结的接地极等与建筑物的雷电保护接地共用同一接地装置时，接地装置的接地电阻应符合其中最小值的要求，接地体截面积应满足其中最大值的要求。

(6) 接地装置导体截面积应满足机械强度和热稳定要求，应能承受热的机械应力和电的机械应力。因此，选择接地体和接地线时应考虑在短路电流作用下的热稳定性。其接地线截面积应满足热稳定的要求：

1) 中性点不接地（IT 系统）的低压电网，接地线应能满足两相在不同地点产生接地故障时，在短路电流作用下的热稳定要求。接地线的截面积应按相线允许载流量来确定，即接地干线的允许载流量不应小于该供电网中容量最大线路相线允许载流量的 1/2；单台用电设备接地线的允许载流量不应小于供电分支相线允许载流量的 1/3。

2) 在 TT 系统中，安全接地线截面积应能满足短路电流作用下的热稳定要求，接地保护线截面积按表 4-15 选择时，一般均能满足热稳定要求。在 TN-C 系统中，保护中性线的重复接地线也应满足该项要求。

中性点直接接地的低压电网，接地线和中性线应保证在发生接地故障时，电力网中任意一点的短路电流能使最近处的保护装置可靠地切除故障，即保证在切断接地故障电流之前，接地线不被烧坏。为了保证自动切断故障段，接地导体（接零导体）应满足以下要求：当相线和接地导体间短路时，无论发生在网络的哪一点，产生的最小短路电流需大于熔体额定电流的 4 倍；如果采用低压断路器时，短路电流应大于瞬时或短延时脱扣器整定电流的 1.5 倍。

3) 携带式接地线应采用裸铜软绞线，其截面积应符合短路时热稳定的要求，高压配电系统接地线的截面积不应小于 25mm²；低压配电系统接地线截面积应不小于 16mm²。

(7) 自被保护电器的外露可接近导体接至接地体地上端子的一段导线称为接地线，低压电气设备地面上外露的铜接地线，应当满足表 5-1 的要求，不得采用铝导体做接地体或接地线。

表 5-1　　　　　　　　低压电气设备地面上外露的铜接地线的最小截面积　　　　mm²

名　称	铜
明设裸导线	4
绝缘导线	1.5
电缆的接地线芯与相线包在同一保护外壳内的多芯线的接地芯	1

(8) 电气装置、设施的接地端与接地体（垂直接地体或水平接地体）连接的接地线，其最小

截面积应符合保护线最小截面积的选择规定，而埋入土壤内的接地线，其截面积应符合表 5-2 的要求，其与接地体的连接应牢固且导电良好。

表 5-2 埋入土壤接地线的最小截面积

类　别	有防机械损伤保护	无防机械损伤保护
有防腐蚀保护	铜 2.5mm²、钢 10mm²	铜、钢 16mm²
无防腐蚀保护	铜 25mm²、钢 50mm²	

（9）利用钢质材料作人工接地体时，其最小规格尺寸应不小于表 5-3 所列的数值。

表 5-3 钢质接地体的最小规格尺寸

材　质　类　别		地上（室内/室外）	地下（交流电流回路/直流电流回路）
圆钢直径（mm）		6/8	10/12
扁钢	截面积（mm²）	60/100	100/100
	厚度（mm）	3/4	4/6
角钢厚度（mm）		2/2.5	4/6
钢管壁厚（mm）		2.5/2.5	3.5/4.5

（10）钢质接地线与铜导线的等效导电截面积应按表 5-4 进行换算。

表 5-4 钢、铜的等效截面积

扁　钢	铜（mm²）	扁　钢	铜（mm²）
15mm×2mm	1.3～2.0	40mm×4mm	12.5
15mm×3mm	3	60mm×5mm	17.5～25
20mm×4mm	5	80mm×8mm	35
30mm×4mm 或 40mm×3mm	8	100mm×8mm	47.5～50

（11）接地装置应保证长期的电气连续性。电气设备、接地线、接地体之间的连接应良好，接地装置的地下部分应采用焊接方法连接，接地线上不得装设开关或熔断器。

（12）电气距离。电气设备的接地体与建筑物之间的距离不应小于 3m。

为了防止雷电电流经接地网产生高电位对附近的金属物体、电气线路、电气设备和电子信息设备的反击，在有条件情况下，当防雷引下线计算点到地面长度 $l<5R_i$ 时，对于二、三类民用防雷建筑物的地下各种金属管道及其他各种接地网距防雷接地网的距离 S_{ed}（m）应符合

$$S_{ed}\geqslant 0.3K_cR_i$$

式中　R_i——防雷接地网的冲击接地电阻，Ω；

　　　K_c——分流系数：单根引下线为 1，两根引下线及接闪器不成闭合环的多根引下线为 0.66，接闪器成闭合环的多根引下线为 0.44。

满足上式要求，且不应小于 2m 时，达不到要求时应相互连接。防直击雷的人工接地装置距建筑物出入口或人行道不宜小于 3m，当接地装置的埋设地点距建筑物出入口或人行道小于 3m 时，应采取降低跨步电压的措施，如水平接地体局部深埋应不小于 1m；水平接地体的局部应包绝缘物；在接地装置上面敷设 50～80mm 厚的沥青层，其宽度应宽出接地网两侧至少 2m。

二、接地装置的安装

接地装置制作安装，应配合土建工程施工，在基础土方开挖的同时，挖好埋设接地体的沟道。钢制接地装置最好采用镀锌材料，焊接处涂沥青防腐；接地装置不应埋在有强烈腐蚀作用的土壤中或垃圾堆、灰渣堆中；接地线应尽量安装在不易受到机械损伤的地方，必要时应加钢管等保护，但接地线又必须安装在明显处，以便检查。明敷接地线可以涂漆防腐。

1. 人工接地体安装

(1) 垂直接地体应按设计要求取材，一般用圆钢、钢管或角铁制作。垂直接地体每根长度一般为 2.5m，但不宜小于 2.0m。角铁、圆钢或钢管，其端部应锯成斜口、锻造成锥形或加工成尖头形状，端部加工部分长度宜为 120mm。为了防止将接地钢管或角钢顶端打劈，应在垂直接地体的顶部加装保护帽套。

垂直接地体应在地沟内中心线上垂直打入地下，顶部距地面不宜小于 0.6m，接地体应与地面保持垂直，敲打接地体要平稳，不可摇摆，以防接地体与土壤间产生缝隙，增加接触电阻影响散流效果。垂直接地体不宜少于 2 根，间距不小于两根接地体长度之和，如图 5-8 所示。当受地方限制时，可适当减少一些距离，但一般不应小于接地体的长度。

(2) 水平接地体应按设计要求取材，如用扁铁应侧向敷设在地沟内，埋设深度距地面不小于 0.6m，如图 5-9 所示。多根水平接地体平行敷设时水平间距应符合设计要求，当无设计规定时不宜小于 5m。如利用建筑物基础施工埋设水平接地体时，应埋设在建筑物散水及灰土基础以外的基础槽边，但不宜直接敷设在基础底坑与土壤接触处，避免受土壤腐蚀损坏后，压在建筑物基础下的接地体无法维修。

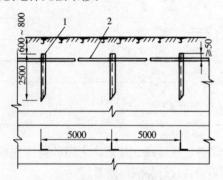

图 5-8　垂直接地体敷设
1—垂直接地体；2—水平接地体

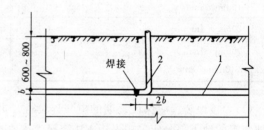

图 5-9　水平接地体敷设
1—水平接地体（扁铁）；2—接地线；
b—扁铁宽度（由设计确定）

2. 接地体（线）的连接应包括垂直接地体与水平接地体的连接以及接地体与接地线的连接

(1) 接地装置地下部分的焊接应采用搭焊，其搭接长度应符合以下规定：

1) 扁钢为其宽度的 2 倍，且至少 3 个是棱边焊接。

2) 圆钢为其直径的 6 倍，双面施焊。

3) 圆钢与扁钢连接时，其长度为圆钢直径的 6 倍，双面施焊。

4) 扁钢与钢管、扁钢与角钢焊接时，为了连接可靠，除应在其接触部位两侧进行焊接外，并应焊以由钢带弯成的弧形（或直角形）卡子，或直接焊接由钢带本身弯成弧形（或直角形）与钢管（或角铁）。

接地体（线）的焊接处的焊缝应平整饱满并有足够的机械强度，不得有夹渣、咬肉、裂纹、虚焊、气孔等缺陷，焊好后应清除药皮、刷沥青进行防腐处理。

（2）接地体之间的连接。接地体之间的连接应采用焊接。当采用扁铁作为水平接地体时，敷设前应将其调直，并垂直置于地沟内，依次将扁钢在距垂直接地体顶端大于50mm处与其焊接。扁钢与钢管或角钢垂直接地体连接时，应采用搭接焊方法，如图5-10所示。当水平接地体的长度不足时，也需要进行搭接焊，并需要留有足够的连接长度，留作需要时使用。

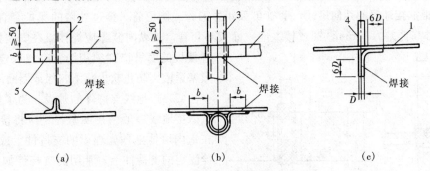

图5-10　垂直接地体与水平接地体的连接

（a）垂直角钢与水平扁铁；（b）垂直钢管与水平扁铁；（c）垂直圆钢与水平扁铁

1—扁钢；2—角钢；3—钢管；4—圆钢；5—短料角铁（长度取扁钢宽度）

接地体（线）为铜与铜或铜与钢的连接工艺，采用热剂焊（放热焊接）时，其搭接接头必须符合以下要求：①被连接的导体必须完全包在接头里；②保证连接部位的金属完全熔化，连接牢固；③热剂焊接头的表面应平滑；④热剂焊的接头应无贯穿性的气孔。

（3）接地线的连接。接地线的地下部分应有从接地体引出地面的接线端子，地下部分应采用焊接，接地线的搭接焊如图5-11所示。其搭接焊部位应进行防腐处理。地上线端与保护接地线的连接，为了便于测试电阻和检查，应采用可拆卸的螺栓进行连接。

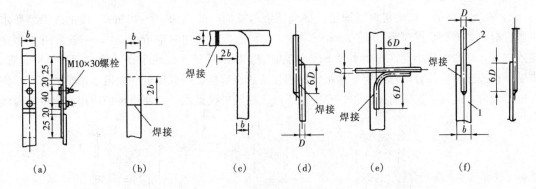

图5-11　接地线的连接

（a）螺栓连接；（b）扁钢连接；（c）扁钢支接；

（d）圆钢连接；（e）扁钢与圆钢十字接；（f）扁钢与圆钢连接

接地线用螺栓与电气设备连接时，必须紧密可靠，在有振动的地方应采取防松措施（如用弹簧垫圈等）。每个需要接地的设备必须用单独接地线与接地体或接地干线直接连接。接地干线至少应在不同的两点与接地网相连接。自然接地体至少应在不同的两点与接地干线相连接。禁止用一根接地线串接几个需要接地的电气装置。

采用钢绞线、铜绞线等作接地引下线时，宜用压接端子与接地体连接；采用符合要求的自然接地体的各种金属构件、金属管道、穿线钢导管等作接地线时，连接处应保证有可靠的电气连接。

3. 室内接地干线敷设

（1）接地线保护套管敷设。接地干线在室内沿墙壁敷设时，有时要穿过墙体或楼板，为了便于检查和保护接地线，应预埋保护套管或预留接地干线保护套管孔。设置预留孔，可将比套管尺寸略大的木砖预埋在墙壁或楼板内，然后抽出木砖后设置保护套管。敷设保护套管的方法如图5-12所示，根据接地线的几何尺寸，套管可采用方形管或圆形管。穿过外墙的保护套管，应向外倾斜，内外高低差为10mm。穿过楼（地）面板的套管，其纵向缝隙应焊接。在安装好接线后，

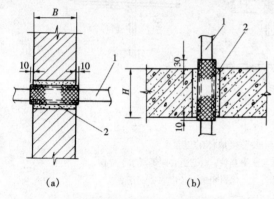

图 5-12 接地线保护套管敷设

(a) 穿墙；(b) 穿楼板

1—接地线；2—套管；

H—楼板厚度；B—墙体厚度

过楼板的套管口部须用沥青麻丝或建筑密封膏填塞紧密，防止灰尘落下，保证墙面清洁美观。

（2）接地线支持件的敷设。为了便于检查，室内接地线一般采用明敷设，应将接地线固定在室内墙体上预先埋设的支持件上或用膨胀螺栓固定的支持件上。常用的支持件如图5-13所示，固定钩、S型卡子常用扁铁为25mm×4mm；卡板常用扁铁为30mm×3mm。

支持件的固定钩应随墙体土建施工预埋木砖，待后挖除木砖，用水泥砂浆埋设固定钩，如图5-13Ⅲ所示。土建室内装饰工程完成后，用射钉或膨胀螺栓固定的支持件（卡板、S形卡子），如图5-13Ⅰ、Ⅱ所示。支持件应布置均匀，支持件间在水平直线部分距离宜为0.5～

1.5m，垂直部分距离宜为1.5～3m，转弯部分距离宜为0.3～0.5m。

（3）接地线敷设。

1）在支持件的一端将接地线固定，接地干线与墙面间隙应为10～15mm；接地线沿墙壁水平敷设时，离地面高度应为250～300mm，在室内转角处需弯曲时应弯曲90°，一般采用T型搭接或立弯，立弯的最小允许弯曲半径不应小于扁钢宽度的2倍。接地干线过墙时穿过保护套管，末端预留或连接应符合设计规定。接干线的连接应进行焊接，当利用电梯轨道（吊车轨道等）作接地干线时，应将其连成封闭回路。在接地干线上应设置接地端子，便于现场使用。室内接地线

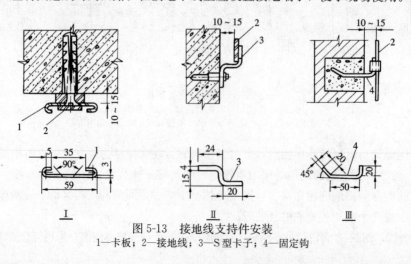

图 5-13 接地线支持件安装

1—卡板；2—接地线；3—S型卡子；4—固定钩

应水平或垂直敷设，接地干线不应有高低起伏及弯曲现象，当建筑物表面为倾斜形状时，也应沿倾斜结构表面平行敷设。

2）室内接地线可暗敷在混凝土地坪或建筑物内，如图 5-14（a）所示是接地支线埋地坪暗敷。为了便于检查，室内接地线一般采用明敷，如图 5-14（b）所示是接地干线过门明敷。

3）接地干线经过建筑物的伸缩（或沉降）缝时，应设置补偿器，可将通过伸缩或沉降缝的一段接地干线做成弧形，也可用圆钢或扁钢弯成弧形与扁钢搭焊，如图 5-15 所示。

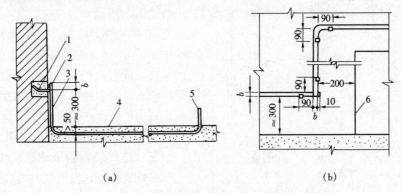

（a）　　　　　　　　　　　　　　（b）

图 5-14　接地线明、暗敷设示意图
（a）接地支线埋地坪暗敷；（b）接地干线过门明敷
1—固定钩；2—接地干线；3—接地支线；
4—室内地面；5—引至设备；6—门框

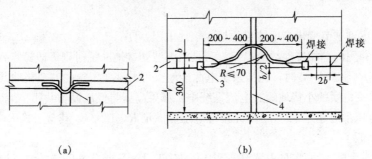

（a）　　　　　　　　　　　　　　（b）

图 5-15　接地线经过建筑物伸缩缝补偿装置
（a）圆钢与扁钢搭焊；（b）扁铁与扁铁搭焊
1—圆钢；2—接地干线；3—支板；4—沉降缝

4）变压器中性点或柴油发电机的中性点直接接地与接地体或接地干线连接时，应采用单独接地线。

5）避雷引下线与暗管敷设的电缆、光缆的最小平行距离为 1.0m，最小垂直交叉距离为 0.3m；保护地线与暗管敷设的电缆、光缆的最小平行距离为 0.05m，最小垂直交叉距离为 0.02m。

6）在工厂企业的车间或厂房内，一般不允许埋设接地体，原因是：

a. 厂房内各种地下设施较多，不便对接地装置进行检修和测量接地电阻，而且检修、测量有时需要挖开地面。这样会影响生产，甚至发生各种事故。

b. 如果接地体埋于厂房内，在发生接地短路时，接地附近会出现较高的分布电压，厂房内人员较多，容易发生跨步电压触电事故。

因此，企业厂房内的设备接地装置应埋敷在室外，且与建筑物保持一定的安全距离，用接地

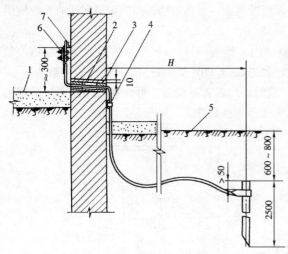

图 5-16　接地平线与室外接地网连接
1—室内地面；2—套管；3—沥青丝麻；
4—卡子；5—室外地面；6—断接卡子；
7—室内接地线；H—室外
垂直接地体与墙距离（由工程设计确定尺寸）

干线引入室内。

接地干线由室内引向室外接地网时，接地干线应在不同的地方以不少于两点与接地网相连接。室内接地干线与室外接地线应使用螺栓进行连接，方便检测，并加弹簧垫圈，确保接触良好。接地干线与室外接地网连接做法如图 5-16 所示。

7）接地线的涂色。明敷接地线的表面应涂以 15～100mm 宽度相等的绿色和黄色相间的条纹，或用双色胶带。在接地线引向建筑物内的入口处和检修用的临时接地点处，一般应刷白色底漆并标以黑色记号"≑"，同一接地体不应出现两种不同的标识。

三、电气装置的接地要求和接地电阻

（1）当向建筑物电气装置供电的配电变压器安装在该建筑物外时，宜在地下敷设围绕变压器台的闭合环形接地体，低压系统电源接地点的接地电阻应符合下列要求：

1）配电变压器高压侧工作于不接地、消弧线圈接地或高电阻接地系统中时，变压器安全接地装置的接地电阻应满足

$$R \leqslant 50/I$$

式中　R——考虑到季节变化接地装置的最大接地电阻，Ω；

　　　I——计算用的单相接地故障电流，若是消弧线圈接地系统时则为故障点残余电流，A。

当 R 不超过 4Ω 时，低压系统电源接地点可与该变压器的安全接地共用接地装置。

在发电厂、变电所的小接地短路电流系统中，如果高压与低压设备共用接地装置，则接地故障时设备对地电压不应超过 120V，因此接地电阻应满足 $R \leqslant 120/I$，其与上式 $R \leqslant 50/I$ 的标准相比较要求已经降低了。

2）低压电缆和架空线路在引入建筑物时，对于 TN-S 或 TN-C-S 系统，应分别将保护线（PE 线）或保护中性线（PEN 线）应重复接地，接地电阻不宜超过 10Ω；对于 TT 系统，保护导体单独接地，其接地电阻不宜超过 4Ω。

3）向低压系统供电的配电变压器的高压侧工作于小电阻接地系统时，低压系统不得与电源配电变压器的安全接地共用接地装置，为了防止高压发生的接地时，故障电流在接地网上产生危险的电压进入低压系统。故低压系统电源接地点应在距该配电变压器适当的地点设置专用接地装置，其接地电阻不宜超过 4Ω。

（2）向建筑物电气装置供电的配电变压器安装在该建筑物内时，其接地装置应与建筑物基础钢筋等相连，低压系统电源接地点的接地电阻应符合下列要求：

1）配电变压器高压侧工作于不接地、消弧线圈接地或高电阻接地系统中，当该变压器安全接地的接地装置的接地电阻不大于 4Ω 时，低压系统电源接地点可与该变压器安全接地共用接地装置。当配电变压器高压侧工作于不接地系统时，仅用于高压电气装置的接地电阻应满足

$$R \leqslant 250/I$$

式中　R——考虑季节变化的最大接地电阻，Ω；

I——计算用的接地故障电流，A。

但该接地电阻不宜大于 10Ω。

在发电厂、变电所的小接地短路电流系统中，如果高压设备有独立的接地装置，则接地故障时设备对地电压不应超过 250V，因此接地电阻也应满足 $R \leqslant 250/I$。

2）配电变压器高压侧工作于小电阻接地系统中，该变压器的安全接地装置的接地电阻应满足下式

$$R \leqslant 2000/I$$

式中　R——考虑季节变化的最大接地电阻，Ω；

I——计算用的流经接地装置的入地短路电流，A。

当建筑物内采用（含建筑物钢筋的）总等电位联结时，低压系统电源接地点可与该变压器安全接地共用接地装置。

（3）低压系统由单独的低压电源供电时，其电源接地点接地装置的接地电阻不宜超过 4Ω。

（4）TT 系统中，当系统接地点和电气装置外露可接近导体已进行总等电位联结时，电气装置外露可接近导体不另设接地装置；当未进行等电位联结时，电气装置外露可接近导体应设安全接地的接地装置，其接地电阻应满足

$$R \leqslant 50/I_{op}$$

式中　R——考虑到季节变化时接地装置的最大接地电阻，Ω；

I_{op}——保证保护电器切断故障回路的动作电流，A。

当采用剩余电流动作保护器时，接地电阻应满足下式

$$R \leqslant 25/I_{\Delta N}$$

式中　$I_{\Delta N}$——剩余动作电流，mA。

（5）IT 系统中各电气装置外露可接近导体安全接地的接地装置可共用同一接地装置，也可单个地或成组地用单独的接地装置接地。每个接地装置的接地电阻应满足

$$R \leqslant 50/I_k$$

式中　R——考虑到季节变化外露可接近导体接地装置的最大接地电阻，Ω；

I_k——相线和外露可接近导体间发生第一次短路故障的故障电流，A。

（6）建筑物各电气系统的接地宜用同一接地网，其接地电阻应满足其中最小值的要求。

（7）在低压 TN 系统中，线路干线和支线的终端 PEN 线或 PE 线应重复接地。PEN 线或 PE 线与配电变压器中性点相连，且应在靠近配电变压器处接地，在建筑物进线处设置重复接地。但在装了剩余电流动作保护器后，中性线进入保护器后不得再作保护线，不得重复接地或接设备外露可接近导体；PE 线不得接入剩余电流动作保护器。每处重复接地电阻应不大于 10Ω，而电气设备的接地电阻允许达到 10Ω 的电网中，每处重复接地的接地电阻不得超过 30Ω，且重复接地不得少于 3 处。

（8）非沥青地面的居民区内，对于电源中性点直接接地系统的低压架空线路和高低压共杆线路除出线端装有剩余电流动作保护器外，其钢筋混凝土电杆的钢筋、铁横担或铁杆应与 PEN 线或 PE 线相连。

（9）对于高层建筑等大型建筑物，为了发生故障时保护线的电位接近地电位，需均匀地设置附加接地点，因此可采用有等电位效能的人工或自然接地体等可导电体。

（10）保护配电柱上的断路器、负荷开关和电容组等的避雷器接地线应与设备外壳相连，接地电阻应不大于 10Ω。保护配电变压器的避雷器，其接地线应接在变压器安全接地共用接地装置上。

第四节　金属导管系统接地

一、金属导管接地线连接

为了保证安全用电,防止可能损伤线路绝缘而使钢导管带电造成事故,则必须将所有的金属管路及盒(箱)的不带电金属部分连成一个可靠、良好的整体接地系统,如图 5-17 所示。

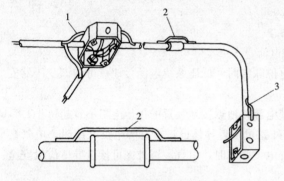

图 5-17　接地跨接线位置示意图

1—灯头接线盒与导管间焊接地跨接线;2—导管间的管头处焊接地跨接线;3—开关或插座接线盒与导管焊接地跨接线

（1）非镀锌钢导管之间或管与盒（箱）之间采用螺纹连接时,为了使管路系统可靠接地,应在连接处的两端或管与盒（箱）连接处焊接好跨接接地线,使整个管路连成一个导电体。钢导管之间螺纹连接时跨接接地线的做法如图 5-18 所示,其中图 5-18（b）为铜跨接接地线,在导管接头两端应用铜绑线锡焊或者将镀锌螺栓焊在导管接头两端,用以连接多股铜芯线。跨接地线在导管接头两端焊接长度应不小于跨接线直径的 6 倍,焊接点距管接头两端应不小于 50mm。

导管与盒（箱）连接时跨接接地线的做法,如图 5-19 所示。盒（箱）棱边上的焊接面积应不小于跨接线截面积。有的盒（箱）内设有专用接地连接点,接地线应从此引出。

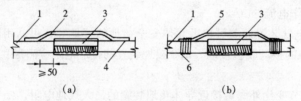

(a)　　　　　　　　(b)

图 5-18　钢导管之间螺纹连接时跨接接地线做法

(a) 用圆钢做跨接线；(b) 用铜线做跨接线

1—钢导管；2—圆钢跨接接地线；3—全扣管接头；4—焊缝；5—铜线跨接接地线；6—铜绑线锡焊

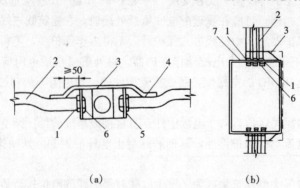

(a)　　　　　　　　(b)

图 5-19　钢导管与盒（箱）跨接接地线做法

(a) 导管与盒跨接接地线；(b) 导管与箱跨接接地线

1—锁紧螺母；2—钢导管；3—跨接接地线；4—焊缝；5—接线盒；6—护圈帽；7—配电箱

（2）镀锌钢导管或可挠金属导管（外层为镀锌钢带，中间层为冷轧钢带，内层为耐水电工纸，重叠卷拧成螺旋状，外壁自成丝扣）的跨接接地线应采用专用接地卡跨接，不应采用熔焊连接，以免损坏管内外壁的镀锌防腐层。当镀锌钢导管采用螺纹连接时，连接处的两端也应用专用接地卡固定跨接接地线。接地卡跨接的两卡间的连线应为铜芯软导线，截面积不小于 $4mm^2$。

由于金属柔性导管的材质和构造，检修时需要拆卸等原因，故不得作为电气设备的安全接地或保护接零的接续导体。

（3）跨接接地线的规格应根据钢导管直径进行选择，见表 5-5。

表 5-5   跨接地线规格的选择表

公 称 直 径（mm）		跨 接 线（mm）		
薄壁钢导管	厚壁钢导管	圆　　钢	扁　　钢	焊 接 长 度
≤32	≤25	φ6		36
38	32	φ8		48
51	40～50	φ10		60
—	65～80	φ12 以上	25×4	60

二、接地线敷设

（1）保护线可用绝缘导线（铜芯或铝芯）或裸导体（扁钢或圆钢），所用的保护线不能有折断或破损现象，接头处应采用焊接或压接等可靠方法焊接。保护线用螺栓与电气设备连接时必须紧密可靠，不得在地下用裸铝导体（线）做接地线。每个电气设备的接地应采用单独的接地线与接地体（或接地干线）连接，禁止用一根接地线串联几个需要接地的设备。保护线的截面积应满足最小截面积的选择要求。

（2）采用瓷夹配线、绝缘子配线、槽盒配线时，可沿线路增设一根铜芯线作为保护线。采用塑料导管配线时，可加一根铜芯导线作为保护线，其应采用与相线不同的颜色，以便识别。

（3）金属导管在 TN-S、TN-C-S 系统中，如设有专用的保护接零线（PE 线），可不必利用金属导管做安全接地或接零的导体，所以当金属导管、金属盒（箱），塑料导管、塑料盒（箱）混合使用时，只要金属导管、金属盒（箱）与 PE 线有可靠的电气连接即可。

第五节　临时和特殊环境中电气装置的接地

一、爆炸危险环境电气装置的接地

（1）在爆炸危险环境的电气设备的金属外壳、金属构架、金属导管及其配件、电缆的金属护层等非带电的裸露金属部分，均应做保护接零或安全接地。

（2）爆炸性气体环境 1 区域或爆炸性粉尘环境 10 区内所有的电气设备以及爆炸性气体环境 2 区内除照明灯具以外的其他电气设备，应采用专用的接地线。该专用接地线若与相线敷设在同一导管内时，应具有与相线相同的绝缘等级。金属导管、电缆的金属护层等只能作为辅助接地线。

（3）在爆炸性气体环境 2 区的照明灯具及爆炸性粉尘环境 11 区内的所有电气设备，可利用有可靠电气连接的金属导管系统作为接地线；在爆炸性粉尘环境 11 区内可采用金属结构作为接地线，但不得利用输送爆炸危险物质的管道。

（4）在爆炸危险环境中接地干线宜在不同方向与接地体相连，相连处不得少于两处。

（5）爆炸危险环境中的接地干线通过与其他环境共用的隔墙或楼板时，应采用钢导管保护，并应做好隔离密封处理。

(6) 电气设备及灯具的专用安全接地线或保护接零线，应单独与接地干线（网）相连，电气线路中的工作中性线不得作为保护线用。

(7) 爆炸危险环境内的电气设备与接地线的连接，宜采用多股软绞线，其铜线的最小截面积不得小于 $4mm^2$，易受机械损伤的部位应装设保护导管。

(8) 铠装电缆引入电气设备时，其安全接地或接零线芯应与设备内接地螺栓连接，金属护层应与设备外接地螺栓连接。

(9) 防爆线路应用低压流体镀锌钢管做导管，管子间连接、管子与电气设备、器具间连接均应采用螺纹连接。为了使导管具有导电连续性，需在丝扣上涂电力复合酯，所以除设计要求外，连接处可不跨接接地线。有些防爆接线盒是铝合金的，也不宜焊接，因此在工程施工中通常用专用保护线与设备、器具及零部件螺栓进行连接，使接地可靠连通。为了防止因紧固不良产生火花或高温引起爆炸事故，所以爆炸危险环境内安全接地或接零用的螺栓应有防松装置，接地线紧固前，其接线端子及上述紧固件，也均应涂电力复合酯。

二、静电场所的防静电接地

建筑物内有火灾和爆炸危险的场所，其防静电接地应达到以下要求：

(1) 生产、贮存和装卸液化石油气、可燃气体、易燃液体的设备、贮罐、管道、机组和利用空气干燥、掺合、输送易产生静电的粉状、粒状的可燃固体物料的设备、管道以及可燃粉尘的袋式集尘设备，在爆炸危险环境内，设备及管道易产生和集聚静电，当设计中有防静电接地要求时，必须按设计规定就地可靠接地，以防止产生静电火花而引起爆炸事故。如无设计要求时，其防静电接地的安装，除应符合国家现行有关规定外，还应符合下列要求：

1) 防静电接地装置可与防感应雷和电气设备的接地装置共同设置，其接地电阻应符合防感应雷和电气设备接地的规定；只作防静电接地装置时，每处接地体的接地电阻应符合设计规定。

2) 设备、机组、管道等的防静电接地线，应单独与接地体或接地干线相连，除并列管道外不得串联接地。

3) 防静电接地的安装，应与设备、机组等固定接地端子或螺栓联结，联结螺栓应不小于M10mm，并应有防松装置还应涂电力复合酯。当采用焊接端子联结时，不得降低和损伤管道强度。

4) 当金属法兰采用金属螺栓或卡子紧固时，可不另装跨接地线。在腐蚀条件下安装前，应对两个及以上螺栓和卡子之间的接触面去锈和除油污，并应加装防松螺母。

5) 当爆炸危险区内的非金属构架上平行安装的金属管道之间的净距离小于100mm时，宜每隔20m用金属线跨接；金属管道相互交叉的净距离小于100mm时，也应采用金属线跨接。

6) 容量为 $50m^3$ 及以上的贮罐，其接地点应不少于两处，且接地点的间距应不大于30m，并应在罐体底部周围对称与接地体连接，接地体应连接成环形的闭合回路。

7) 易燃或可燃液体的浮动式贮罐，在无防雷接地时，其罐顶与罐体之间应采用铜软线做不少于两处的跨接，其截面积应不小于 $25mm^2$，且其浮动式电气测量装置的铠装电缆埋入地中的长度不宜小于50m，且应在引入贮罐处将金属护层可靠与罐体连接。

8) 钢筋混凝土的贮罐或贮槽，沿其内壁敷设的防静电接地导体，应与引入的金属管道、电缆铠装、金属外壳连接，并应引至槽、罐的外壁与接地体连接。

9) 非金属管道（非导电的）、设备等，其外壁上缠绕的金属丝网、金属带等，应紧贴其表面，并应均匀地缠绕，可靠地接地。

10）可燃粉尘的袋式集尘设备，织入袋体的金属丝接地端子应接地。

11）皮带传动的机组及其皮带的防静电接地刷、防护罩，均应接地。

（2）为了防止高电位在爆炸危险环境产生的电火花引起爆炸事故，因此在引入爆炸危险环境的金属管道、配线钢导管、电缆金属护层的，均应在危险区域的进口处接地。

三、临时用电施工场所的接地

1．接地型式的选用

（1）当施工现场设有专用的低压侧为 380/220V 中性点直接接地的变压器时，其低压侧应采用保护线和中性线分离接地的系统（TN-S 系统）或电源系统接地，而电气装置的保护线就地接地的系统（TT 系统）。TN-S 接地系统的 PE 线正常情况下不通过负荷电流，所以 PE 线和设备外壳正常时不带电，只在发生接地故障时才有电位，施工现场采用该系统较为安全。但有些施工现场供电范围较大，较分散，电源引出 5 根线有一定困难，且线路长，阻抗大，采用 TN-S 系统问题较多，因而也有采用 TT 系统的，即将电气设备外壳直接接至与系统接地点无关的接地体上。但由同一电源供电的低压系统，不应同时采用上述两种接地系统。

（2）结合我国施工现场用电水平，在现场专用变压器配电的 TN-S 系统中，电气设备的金属外壳及与该设备相连接的金属构架，应与保护线，即专设的保护零线（PE）可靠连接，以防电气设备绝缘损坏时外壳带电，威胁人身安全。在 TN 系统中，保护零线应单独敷设；重复接地必须与 PE 线相连，严禁与中性线相连接。

2．接地的要求

（1）保护接零应符合下列规定：

1）架空线路终端、总配电盘及区域配电箱与电源变压器的距离超过 50m 以上时，其保护零线（PE 线）应做重复接地，其接地电阻值不应大于 10Ω，以减少设备外壳带电时的对地电压。

2）为了提高保护零线的可靠性，防止保护零线接错、断线，故接引至电气设备的工作零线与保护零线必须分开。保护零线上严禁装设开关或熔断器。

3）保护零线和相线的材质相同时，保护零线的最小截面积应符合规定。配电装置和电动机械连接的 PE 线应为截面积不小于 2.5mm² 的绝缘多股铜芯线。

（2）为了防止某一设备安全接地线或保护零线接触不良或断线使设备失去保护，因此用电设备的安全接地线或保护零线应并联接地，并严禁串联接地或接零。

（3）当施工现场不单独装设低压侧为 380/220V 中性点直接接地的变压器而利用原有供电系统时，电气设备应根据原系统要求做保护接零或安全接地，不得出现一部分设备做安全接地，而另一部分设备做保护接零的现象。

（4）安全接地线或保护零线应采用焊接、压接、螺栓连接或其他可靠方法联结，严禁缠绕或钩挂。

（5）低压用电设备的安全接地线可用金属构件、钢筋混凝土构件的钢筋等自然接地体，但严禁利用输送可燃液体、可燃气体或爆炸性气体的金属管道作为安全接地线。

（6）利用自然接地体作安全接地线时应符合以下要求：

1）保证其全长为完好的电气通路。

2）利用串联的金属构件作保护地线时，应在金属构件之间的串接部位焊接金属连接线，其截面积不得小于 100mm²。利用自然接地体施工方便、接地可靠、节约材料，运行经验证明，在土壤电阻率较低的地区，利用自然接地体后，可不另做人工接地。

（7）手持式电气设备接地。

1) 对于手持式电气设备应进行保护接零或安全接地，与这些设备相连的软电缆或橡套软线应有专用接零或接地线芯，线芯截面积应不小于 1.5mm² 的绝缘多股铜芯线，具体截面积应根据相线的大小进行选择，以保证单相碰壳时能及时切断电源。此线芯严禁用来通过工作电流，也严禁利用其他用电设备的工作零线接地，工作零线和接地线应分别与接地装置相连。

2) 手持式电气设备应装设接地故障保护，防止移动电缆和软线因磨、碾等机械作用而破损或设备本身绝缘损坏导致接地故障。此外还可以采用防护用具，将人与大地或单相设备的外壳隔绝。一般场所使用Ⅰ类或Ⅱ类（塑料外壳除外）手持式电动工具的金属外壳与 PE 线的连接点应牢固可靠。当发生接地故障时，除塑料外壳Ⅱ类工具外，相应开关箱内的剩余电流动作保护器的额定剩余动作电流不应大于 15mA，动作时间不应大于 0.1s。

3) 手持式电气设备的插座上应备有专用的接地插孔，而且所用插头和插座的结构应保持一致，避免将导电触头和保护触头混用。插座和插头的接地触头应在导电触头接通之前连通并在导电触头脱离后才断开。金属外壳的插座，其接地触头和金属外壳应有可靠的电气连接。

4) 在特别危险的场所，应采用安全电压，且应由安全隔离变压器（二次侧不得接地）供电，不可以用自耦变压器作电源。在安全电压下使用的插头及插座，在构造上必须满足下列要求：

a. 安全电压插头不能插入其他电压系统的插座，同时也不能被其他电压系统的插头插入。

b. 安全电压插座不应设置保护线触头。

(8) 移动式电气设备接地。

1) 在 TN 系统中由固定的电源或移动式发电设备在 TN 系统中供电的移动式机械的金属外壳或底座，应与供电电源的接地装置有金属连接；在中性点不接地的 IT 系统中，可在移动式机械附近装设接地装置，以代替接地线，并应首先利用附近的自然接地体，其接地电阻应符合规定。

2) 移动式用电设备的电源线应采用耐油、耐气候型的铜芯橡皮护套软电缆，作为接地线或保护线的线芯截面积应符合最小截面积的要求。

3) 移动式用电设备的接地应符合固定式电力设备的接地要求，但在下列情况下可不接地（爆炸危险场所的电力设备除外）：

a. 移动式用电设备机械自用的发电设备直接放在机械的同一金属框架上，且不供其他设备用电。

b. 由专用移动发电机配电的用电设备不超过两台，用电设备距移动式发电机的距离不超过 50m，且发电机和用电设备的外露可接近导体之间有可靠的金属连接。

c. 如根据移动式用电设备的特殊情况按上述要求接地实际上不可能或不合理时，移动式电气设备应有防间接触电的保护措施，该措施应根据电源系统型式确定，一般可采用自动切断电源装置（包括采用剩余电流动作保护器）来代替接地。

四、高层建筑物内电气装置的防雷接地

按国家标准规定，对民用建筑物进行防雷分类可分为第二类和第三类防雷建筑物，无第一类防雷建筑物。下面介绍建筑物防雷电波侵入、高电位对电气装置的反击接地措施。

通常建筑物的防雷装置须与建筑物内外电气装置及其他接地导体保持一定的距离，但在工程实际中，往往达不到距离要求。利用钢筋混凝土建筑物的结构钢筋作暗装防雷网和引下线时，电气管道和电气装置的外壳实际上是无法与防雷系统分开到足够的绝缘距离，电气装置的接地与防雷接地也是很难分开的。高层建筑物的电气装置和高架照线路（包括彩灯线路）与防雷装置的隔离问题尤其突出。当为混合结构建筑时，最好使防雷系统走出室外，躲开电气线路，使之有一墙

之隔。

1. 建筑物防雷电波侵入的措施

(1) 第二类防雷建筑物的防雷电波侵入的接地措施。

1) 一般高层建筑都有自用变压器，要求在建筑物内、外的配电变压器的高、低压侧各相装设避雷器，防止雷电波侵入损坏变压器的绝缘。将变压器中性点的功能接地（工作接地）及外壳的安全接地和高、低压侧避雷器的防雷接地相连接，如图5-20所示。当高压侧雷电波侵入，高压避雷器动作时，变压器高压绕组对外壳（地）绝缘承受的电压仅为避雷器的残压。低压侧加装避雷器，防止反变换波和低压侧雷电侵入波击穿高压侧绝缘。

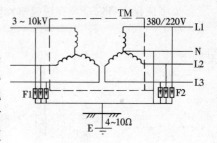

图 5-20　Yyn0 变压器反变换防雷接地方法

a. 配电变压器高压侧由架空线路供电时，应在变压器高、低压侧装设避雷器，其引下线、变压器外壳、低压侧中性点应接到同一接地装置上。接线为 Yyn0 的配电变压器，如果低压侧未装避雷器保护，当高压侧配电线路遭雷击时变压器高压侧避雷器首先动作，雷电波在接地电阻上产生压降，由于避雷器引下线和低压绕组中性点共同接地，所以压降作用在低压中性线上，压降的大部分则加在低压绕组上。由于雷电波是冲击高频波，低压绕组上有电流流过，通过变压器绕组的电磁感应使高压绕组上出现危险高电位。又由于高压绕组出线端的电位受避雷器固定，因此这个电压沿高压绕组分布，且在中性点达最大值，致使中性点附近绝缘击穿，这种过电压称为反变换过电压。此时，如在配电变压器低压侧加装避雷器，当低压绕组电位升高时，低压避雷器动作放电，大部分雷电流经避雷器泄入大地，从而保护高压绕组。

为了避免雷电流在接地电阻上的压降与避雷器残压叠加在一起后作用在变压器主绝缘上，应将避雷器接地端的接地线与变压器外壳连在一起，且越短越好，以降低雷电流通过接地线产生的电感压降，这样作用在变压器主绝缘上的电压基本上只有残压。但雷电流在电阻上的压降，使变压器外壳电位升高，可能产生外壳对低压绕组的反击危险。因此，必须把低压绕组的中性点也连到变压器外壳上。这样变压器外壳电位提高时，低压绕组电位也随之提高，使外壳与低压绕组电位不变，避免了反击危险。将电气设备的功能接地（工作接地）与安全接地、防雷接地相连，称为共用接地方式。

b. 变压器高压侧由电缆供电时，电缆外导体与变压器外壳相连，雷电流通过电缆外导体，产生电磁屏蔽作用，使缆芯电位相应提高，变压器高压绕组也不会产生反击危险。

由此可见，利用钢筋混凝土建筑物的结构钢筋做防雷网时，应将电气设备的功能接地（工作接地）与安全接地、防雷接地相连。这里关键是要使建筑物的钢筋网构成一个闭合系统，即构成一个法拉第笼。防雷接地装置还宜与进出建筑物的地下金属管道及不共用的电气设备的接地装置相连，以防反击危害。

如果法拉第笼未通过主电源变压器对外供电，而是通过低压配电柜，那么就有一个进线保护问题。为了限制低压电力系统中的高电位，应在进线端装设避雷器或在靠近建筑物的一、二或三根电杆上做绝缘子铁脚进线的接线保护。

如图5-21所示为暗装防雷网用电缆进线的防雷接地，建筑物为钢筋混凝土结构，建筑物钢筋构成笼式避雷网，基础构成接地网，电缆或电缆段构成进线和出线，建筑物内用钢导管配线，配线采用自用变压器或低压配电柜。

如图5-21所示为暗装防雷网用架空进线的防雷接地，建筑物情况同上，仅进线和出线采用架空线，建筑物内用钢导管配线，并加避雷器保护。

为了确保人身安全，高层建筑物防雷接地装置应为均压网，如图 5-21、图 5-22 所示。

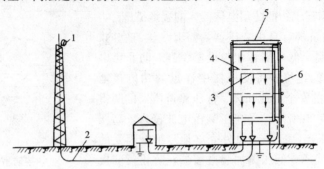

图 5-21　暗装防雷网用电缆进线的防雷接地
1—照明灯；2—电缆；3—钢导管配线；4—均压网；5—避雷带；6—彩灯

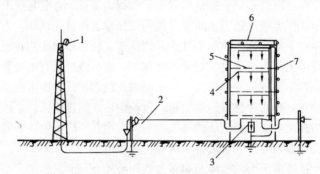

图 5-22　暗装防雷网用架空线进线的防雷接地
1—照明灯；2—架空线；3—避雷器；4—钢导管配线；5—均压网；6—避雷带；7—彩灯

2) 进入建筑物的各种低压线路及金属管道采用全线埋地引入，并在入户端将电线的金属外皮、钢导管及金属管道及接地网连接。当采用全线埋地电缆无法实现时，可采用一段长度不小于 $2\sqrt{\rho}$ [ρ 为埋地电缆处的土壤电阻率（$\Omega\cdot m$）的铠装电缆或穿钢导管的全塑电缆直接埋地引入，电缆埋地长度不应小于 15m]。

3) 低压架空线改用电缆引入的连接处，应装设避雷器，并应与电缆的金属外皮或钢导管及绝缘子铁脚、金具连在一起，其冲击接地电阻不应大于 10Ω。

4) 年平均雷暴日在 30d/a 及以下地区的建筑物，可采用低压架空线直接引入建筑物，并应符合：①入户端装设避雷器，并应与绝缘子铁脚、金具连在一起接到防雷接地网上，冲击接地电阻不大于 5Ω；②入户端的三基电杆绝缘子铁脚、金具应接地，靠近建筑物的冲击接地电阻不应大于 10Ω，其余两基杆不应大于 20Ω。

5) 进出建筑物的架空线和直接埋地的各种金属管道，应在进出建筑物处与防雷接地网连接。

6) 当低压电源采用全长电缆或架空线换电缆引入时，应在电源引入处的总配电箱内通过浪涌保护器接地。

(2) 第三类防雷建筑物的防雷电波侵入的接地措施。

1) 对于电缆进出线，应在进出端将电缆的金属外皮、金属导管等与电气设备接地相连。架空线转换为电缆时，电缆长度不宜小于 15m，并应在转换处装设避雷器。避雷器、电缆金属外皮和绝缘子铁脚、金具均应连在一起接地，其冲击接地电阻不宜大于 30Ω。

2）对于低压架空进出线，应在进出处装设避雷器，并应与绝缘子铁脚、金具连在一起接到电气设备的接地网上。当多回路进出线时，可仅在母线或总配电箱处装设避雷器或其他型式的浪涌保护器，但绝缘子铁脚、金具仍应接到接地网上。

3）进出建筑物的架空金属管道，在进出处应就近接到防雷或电气设备的接地网上或独自接地，其冲击接到电阻不宜大于 30Ω。

2. 防止雷电流反击而采取的措施

防止二、三类防雷建筑物遭雷击后，雷电流流经引下线和接地网时产生的高电位对附近金属物体、电气线路、电气设备和电子信息设备的反击而采取的防雷接地措施如下：

（1）有条件时，宜将防雷装置的接闪器和引下线与建筑物内的金属物隔开。金属物体至引下线的空气距离应符合规定要求，地下各金属管道及其他各种接地网与防雷接地网的距离不应小于 2m，否则应相互连接。

（2）对于设有大量电子信息设备的二类防雷建筑物和三类防雷建筑物，其电气、电信竖井内的接地干线应与每层楼板钢筋作等电位联结。一般建筑物的电气、电信竖井内的接地干线应每三层与楼板钢筋作等电位联结。

（3）利用建筑物的钢筋或钢结构作引下线，同时建筑物的大部分钢筋、钢结构等金属物与被利用部分连成整体时，其距离不受限制；引下线与金属物或线路之间有自然地或人工地的钢筋混凝土构件、金属板、金属网等静电屏蔽物隔开时，其距离不受限制。

（4）对二类防雷建筑物，当引下线与金属物或线路之间有混凝土墙、砖墙隔开时，混凝土墙的击穿强度与空气击穿强度相同，砖墙的击穿强度为空气击穿强度的 1/2。当引下线与金属物或线路之间距离不能满足规定要求时，金属物或线路与引下线直接相连或通过过电压保护器相连。

对三类防雷建筑物，在共用接地网与埋地金属管道相连的情况下，其引下线与金属物之间的空气中距离（S_{a2}）应符合 $S_{a2} \geqslant 0.075 K_c L_x$（$K_c$ 为分流系数，单根引下线为 1，两根引下线及接闪器不成闭合环的多根引下线为 0.66，接闪器或闭合环或网状的多根引下线为 0.44；L_x 为引下线计算点到地面长度，m）的要求。

3. 接地装置的共用问题

（1）防止直击雷的独立避雷针的接地装置应单独设置，建筑物上避雷针、避雷带的接地装置应尽可能单独设置。独立设置的接地装置与其他用途的接地装置应按规定保持一定的距离。

（2）按照电气装置的要求，安全接地、保护接地（保护接零）或功能接地的接地装置可以采用共用的或分开的接地装置。

（3）不设置独立避雷针的建筑物，防雷接地与工作接地（功能接地）、安全接地、总等电位联结的接地极可采用共同接地装置，接地电阻应符合其中最小值的要求。

（4）框架结构或大板结构建筑（包括高层建筑），由于其配筋笼网是通过基础与大地相连的，所以实际上已形成绕建筑物的闭合接地（均衡电位接地），这时将各接地装置分离设置是不必要的，而且对接地电阻可不作要求。

（5）对一般建筑物，因为只有防雷接地和功能接地（低压电网中性线重复接地），所以两个接地一般采用分离设置，以便将防雷接地装置设置到行人较少的地段。

（6）利用自然建筑物基础做防雷接地装置时，为了防止反击，防雷接地装置宜和电气装置等接地装置共用。防雷接地装置宜与进出建筑物的埋地金属管道及不共用电气设备的接地装置相连。

第六节 弱电系统接地

一、室内通信系统工程接地

机房内的通信接地包括直流电源接地、电信设备机壳或架和屏蔽接地、入站通信电缆的金属护套或屏蔽层接地、明线或电缆入站避雷器接地。各种接地均应与机房内公共的通信接地装置相连。

(1) 电信设备机壳或机架和机房内通信设备接地。

1) 直流屏(盘)的外露可接近导体与交流配电屏(盘)、整流器屏的外露可接近导体互相连通时,应采用 PE 线与之相连;当不连通时,应进行接地并接到通信接地装置上。

2) 交、直流两用通信设备机架(柜)的供电整流器盘的外露可接近导体,当与机架(柜)不绝缘时,应采用接地并接到通信接地装置上。

3) 交流配电屏(盘)、整流屏(盘)等供电设备的可接近导体,当与通信设备不在同一机架(柜)内时,应采用专用保护线(PE 线)与之相连。

4) 机房内通信设备的接地电阻应符合:①直流供电通信设备的接地电阻不大于 15Ω;②交流供电或交、直流两用通信设备的接地电阻:当设备的交流单相负荷小于等于 0.5kVA 时,接地电阻不应大于 10Ω;当交流单相负荷大于 0.5kVA 时,接地电阻不应大于 4Ω。

在接地系统施工中,机房内的接地系统应尽量远离避雷针的接地系统,防止雷击时对机房接地系统的影响,以及交换机设备中电子器件的损坏。引入机房内的接地干线应采用铜芯线从接地体上焊有的引线端子引出。

(2) 机房的通信接地系统不宜与工频交流接地系统互通。但具备专用供电变压器时,其通信用接地装置可与变压器中性点的接地装置合用。此时,各种需要接地的通信设备应设置专用保护干线(PE 线),并将其引至合用接地体或总接地排。施工时应注意不可将它与有三相不平衡电流流过的工作零线相连通。

机房的通信接地系统应与建筑物的防雷接地系统分开设置,若因条件限制而无法分开设置时,则应将其与建筑物的防雷接地装置、工频交流供电系统的接地装置互相连接在一起,其接地电阻不得大于 1Ω,再用专用接地干线从接地体引入机房内,接地干线采用截面积不小于 25mm² 的二根绝缘铜芯线,并将其穿管敷设至接地极。铜芯线与引入扁钢连接处应做铜铁过渡接点连接或焊接。

(3) 机房内各通信设备间的接地连接线应采用绝缘铜芯线,不得采用铝芯绝缘线。总配线架至接地排(又称为接地母线接地板,是机房内各种接地线的汇集点,也是机房内接地线与接地引入线的连接点)的接地线,应采用截面积不小于 35mm² 的铜芯线(当总配线架避雷器的接地端不是通过接地排与入机房电缆金属护套或屏蔽层相连,而是直接连接时,则总配线架至接地排的机房内接地线的截面积不小于 10mm²);对于要求接地电阻小于 10Ω 的通信设备,应采用截面积不小于 16mm² 的铜芯线;对于要求接地电阻不小于 10Ω 的通信设备,应采用截面积不小于 10mm² 的铜芯线。

(4) 接地引入机房内时,应采用外加绝缘的扁钢(厚度应不小于 4mm,截面积应不小于 100mm²)或绝缘电线(对要求接地电阻小于 10Ω 的接地装置,应采用截面积不小于 16mm² 的铜芯线;要求接地电阻不小于 10Ω 的接地装置,则应采用截面积不小于 10mm² 的铜芯线;用户终端设备避雷器,应采用不小于 2.5mm² 的铜芯线)。

（5）数字程控交换机系统接地。

1）当数字程控交换机系统必须采用功能接地、安全接地等单独接地方式时，应将密封蓄电池正极、设备机壳和熔断器告警等三种接地导体分别用截面积不小于 $6mm^2$ 铜芯绝缘导线连接到机房内的局部等电位联结板上，其单独接地的电阻不宜大于 4Ω。

2）当数字程控交换机采用共用接地方式时，应将密封蓄电池正极、机壳和熔断器告警等三种接地导体分别用截面积不小于 $6mm^2$ 的铜芯绝缘导线连接到机房内的局部等电位联结板上，各局部等电位联结板宜采用截面积不小于 $35mm^2$ 的铜芯绝缘导线与建筑物弱电总等电位联结板连接，其接地电阻不应大于 1Ω。

3）通信接地总汇集线（接地主干线）应从建筑物弱电总等电位联结板上引出，其截面积应是不小于 $100mm^2$ 的铜排或绝缘（屏蔽）铜缆。

（6）通信线路接地。

1）地下敷设通信电缆的金属外护层或屏蔽层应接地时，其接地电阻值应满足

$$\rho \leqslant 100 \text{ 时}, R \leqslant 20/S$$
$$\rho > 100 \text{ 时}, R \leqslant 40/S$$

式中　ρ——土壤电阻率，$\Omega \cdot m$；

　　　R——接地电阻值，Ω；

　　　S——接地间隔，km。

2）接至空旷地区的电缆或明敷线路的用户终端设备应装设保护装置，设置在用户终端设备处的避雷器，其接地电阻应符合表 5-6 的规定。

表 5-6　　　　　　　　　　用户终端设备避雷器的接地电阻

共用一个接地装置的避雷器数	1	2	4	5 及以上
接地电阻（Ω）	≤50	≤35	≤25	≤20

二、计算机系统工程接地

（1）计算机系统的接地，应同时具有交流电源功能接地、安全接地、信号电路接地三种接地系统。通常情况下，电子计算机的信号系统，不宜采用悬浮接地。以上三种接地的接地电阻一般均不大于 4Ω。计算机的三种接地系统宜共用接地网，其接地系统的接地电阻应以接地装置中最小一种接地电阻值为依据。若与防雷接地系统共用，则接地电阻应不大于 1Ω。不论采用公共接地系统还是分开接地系统（两接地网间距不宜小于 10m），均应满足防雷要求。

（2）信号电路接地的引下线一般宜采用截面积不小于 $35mm^2$ 的多芯铜线。计算机的工作频率为几兆赫兹到几十兆赫兹时，易受到外界电磁干扰或干扰外界，使用多股线芯作为引下线时可减少趋肤效应和通道阻抗，有效改善信号的工作环境。

为了使计算机系统稳定可靠地工作，防止其受干扰，对接地线的处理还应满足以下要求：①计算机信号电路接地线不可以与交流电源的功能接地线短接或混接；②交流线路配线不可以与信号电路接地线紧贴或近距离地平行敷设。

（3）保密的计算机系统，其主机房内非计算机系统的导管、暖气片等金属实体应做接地处理，接地电阻不应大于 4Ω。

当主机房内要求防无线电辐射或泄漏信息时，应将室内的金属实体做接地处理，以等电位达到屏蔽或减少传导泄漏。

(4) 网络系统中不宜将同轴电缆从室外引入的"公共地"直接与每个工作站的局部接地相连。电缆的屏蔽层宜采取一个接地点的接地,即一点接地方式,防止由两个或多个接地点产生环流而对传输信号产生干扰。

(5) 除使用专用接地装置外,各设备接地线不得联结在非计算机的接地系统上。特殊的接地要求应符合产品标准规定。

(6) 电子计算机房可根据需要采取防静电接地措施。

1) 机房内不采用活动地板时,可铺设导静电地面,其地面可采用导电胶与建筑地面粘牢,地面电阻率应为 $1.0 \times 10^7 \sim 1.0 \times 10^{10} \Omega \cdot cm$,其导电性能应长期稳定且不易起尘。

2) 机房内采用活动地板时,可由钢、铝或其他有足够机械强度的难燃材料制成,地板表面应是导静电的,严禁暴露金属部分。

3) 单元活动地板的系统电阻、机房地面及工作面的静电泄漏电阻均应符合国家相关标准的规定。

4) 机房内绝缘体的静电电位不应大于 1kV。

三、建筑设备监控系统工程接地

(1) 建筑设备监控系统 BAS(或称 BA 系统)的接地应按计算机系统接地的规定执行。

(2) 某些产品可能有规定的接地要求,如果执行确有困难时,应要求厂家对其原定的接地要求,结合工程实际情况加以适当修改。

四、火灾报警和消防联动系统工程接地

(1) 火灾自动报警系统接地装置的接地电阻应符合以下要求:

1) 当采用专用接地装置时,接地电阻不应大于 4Ω。

2) 当与电气、防雷接地系统共用接地装置时,宜将各系统分别采用接地导体与接地装置相连接,接地电阻不应大于 1Ω。

(2) 火灾报警系统应设专用接地干线,并在消防室设置专用接地板,由此引至接地体。专用接地干线应采用铜芯绝缘导线,其线芯截面积不应小于 $25mm^2$,专用接地干线宜穿过硬质型塑料导管后再埋设至接地体。

(3) 由消防控制室接地板引至各消防电子设备的专用接地线应选用铜芯塑料绝缘导线,其线芯截面积应不小于 $4mm^2$。

(4) 交流供电和 36V 以上直流供电的消防用电设备的金属外壳和金属支架等应有接地,其接地线应与电气保护接地干线相连。

五、电视系统工程接地

1. 室内有线电视系统工程接地

(1) 机房内接地母线路由、规格应符合设计规定,施工时应满足以下要求:

1) 接地母线表面应完整,并应无明显锤痕以及残余焊剂渣,铜带母线应光滑无毛刺,绝缘线的绝缘层不得有老化龟裂现象。

2) 接地母线应铺放在地槽和电缆走道中央,或固定在架槽的外侧。母线应平整,不歪斜,不弯曲。母线与机架或机顶的联结应牢固端正。

3) 铜带母线在电缆走道上应采用螺钉固定。在电缆走道上,铜绞线的母线应绑扎在梯铁上。

(2) 有线电视系统采用单相 220V、50Hz 交流电源供电,自室外引入建筑物内时应有防雷电波侵入的措施,在电源配电箱内宜根据需要,装设浪涌保护器。

(3) 电缆、金属管道进入建筑物时,应符合以下要求:

1) 架空电缆直接引入时，在入户处应增设避雷器，并应将电缆外护层及自承钢索接到电气设备的接地装置上。

2) 进入建筑物的架空金属管道，在入户处应与接地装置相连。

3) 光缆或同轴电缆直接埋地引入时，应在入户端将光缆的加强钢芯或同轴电缆金属外皮与接地装置相连。

（4）系统内的电气设备接地装置和埋地金属管道应与防雷接地装置相连；当不相连时，两者间的距离不应小于3m。

（5）重雷区架空引入线在建筑物外墙上终结后，应通过接地盒［如图5-23（a）所示］在户外将电缆的外屏蔽层接地。用户引入线户外连接经接地盒连至建筑物内分配器、分支器直至用户输出口［如图5-23（b）所示］。这样可使接地措施得到更可靠的保证。

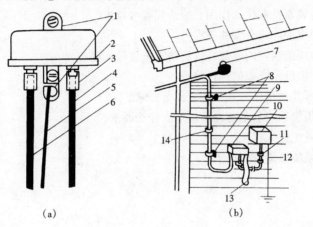

图5-23 接地盒户外连接

（a）接地盒；（b）接地盒户外连接

1—固定螺钉；2、9—接地盒；3—F型接头；4—至墙上插口；5—到地线；6—从配线电缆来；7—下线钩；8—E型夹板；10—保安器；11—地线卡钉；12—地线；13—室内同轴线；14—钉入式线环

2. 视频监控系统工程接地

（1）视频监控系统采用视频信号低电平工作时，易受电磁干扰；采用一点接地方式工作时，可使所有设备均处于同一零电位，避免由于接地电位差而窜入交流杂波干扰。接地线不得形成封闭回路，不得与强电的电网零线短接或混接。

（2）系统采用专用接地装置时，接地母线应采用铜芯导线，其接地电阻不得大于4Ω；采用公用接地网时，其接地电阻不得大于1Ω。因整个建筑的电气接地、防雷接地以及各种系统设备接地都接在建筑物基础的钢筋网接地体上，其接地电阻都很小，往往小于0.5Ω。

（3）光缆传输系统中，为了加强屏蔽性以防干扰，应将各监控点的光端机外壳接地，且宜与分监控点统一连接接地。光缆加强芯、架空光缆接续护套都应可靠接地，以防雷电灾害的影响。

对于进入监控室的架空电缆、系统电源线、信号传输线等的入室端，室外前端摄像设备的电缆端，均应采取防雷电波侵入及过电压保护措施，其防雷保护装置都必须可靠接地。

（4）架空电缆吊线的两端与架空电缆线路中的金属管道应接地。

（5）防雷接地装置宜与电气设备接地装置和埋地金属管道相连；当不相连时，两者间的距离不宜小于20m。

（6）监控室内接地母线的路由、规格应符合设计要求，施工时可按有线电视系统的机房接地要求进行。

 复习思考题

5-1　低压配电系统有哪几种接地型式？各有什么特点？如何选用？

5-2　什么是等电位联结？其有什么作用？在安装时应注意什么？

5-3　什么是等电位联结线？其有什么作用？在安装时应注意什么？

5-4　安装保护线有哪些注意事项？

5-5　建筑物电气装置的接地是否可以共用？其接地电阻各有什么要求？

5-6　什么是接地装置？有什么作用？应达到哪些要求？

5-7　施工现场的接地应符合哪些要求？

5-8　如何做好高层建筑物内电气装置的防雷电波侵入措施？

5-9　数字程控交换机系统如何进行接地？

5-10　计算机有哪几种接地方式？各有什么要求？

5-11　火灾自动报警系统和消防设备接地有什么要求？

5-12　有线电视系统进入建筑物时如何接地？

5-13　视频监控系统接地有何要求？

第六章

低压接户、进户和量电装置

第一节　低压接户和进户装置

用户计量装置在室内时，从低压电力线路到用户室外第一个支持物之间的一段线路或用户计量装置在室外时，从低压电力线路到用户室外计量装置的一段线路，均称为接户线。

用户计量装置在室内时，从用户室外第一支持物至用户室内计量装置的一段线路或用户计量装置在室外时，从用户室外计量箱出线端至用户室室内第一支持物或配电装置的一段线路，均称为进户线。如图 6-1 所示为低压接户和进户装置示意图，图中尺寸 A：照明配电箱对地距离为 1.5m；照明配电板对地距离为 1.8m。

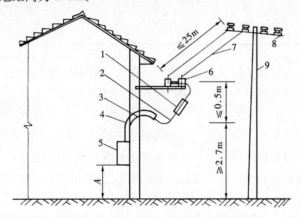

图 6-1　低压接户、进户装置示意图

1—熔断器；2—进户线；3—进户点；4—进户管；5—计量配电装置；6—用户室外第一支持点；
7—接户线；8—横担；9—电杆

为了美化环境、保证安全，大型建筑物和繁华街道两侧的接户线，可采用架空电缆、电缆沿墙敷设或电缆埋地接户方式，如图 6-2 所示。

一、接户装置

1. 接户线交叉跨越的最小距离

低压接户线常会遇到必须跨越街道、胡同（里、巷、弄）建筑物，或与其他线路发生交叉等情况。为了保证安全可靠地供电，必须符合表 6-1 的有关规定。如果不能满足，应采取隔离措施。

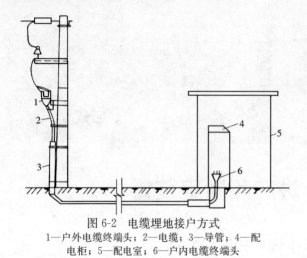

图 6-2　电缆埋地接户方式
1—户外电缆终端头；2—电缆；3—导管；4—配
电柜；5—配电室；6—户内电缆终端头

表 6-1　低压接户线跨越交叉的最小距离

接户线跨越交叉的对象		最小距离（m）
跨越通车的街道		6
跨越通车困难的街道、人行道		3.5
跨越胡同（里、弄、巷）		3
跨越阳台、平台、工业建筑屋顶		2.5
与弱电线路的交叉距离	接户线在上方时	0.6
	接户线在下方时	0.3
与下方窗户的垂直距离		0.3
与上方窗户或阳台的垂直距离		0.8
与窗户或阳台的水平距离		0.75
与墙壁或构架的水平距离		0.05

2. 低压接户线线间距离与导线截面积

低压接户线在规定档距内，其线间距离、最小截面积应同时符合表 6-2 的有关规定。

表 6-2　　　　　　　　　低压绝缘接户线最小截面积和线间距离

敷设方式	档距（m）	铜芯线（mm²）	铝芯线（mm²）	线间距离（mm）
自电杆引下	10 以下	4	6	150
	10～25	6	10	
沿墙敷设	6 及以下	4	6	100

接户线的截面积，应根据实际负荷进行选择，同时还应满足最小截面积的要求。当计算负荷电流小于 30A，且无三相用电设备时，应采用单相接户线，大于 30A 时，宜采用三相接户线。

3. 低压接户装置安装

(1) 低压接户线应采用耐气候型绝缘的铜芯或铝芯导线，不得使用软导线或裸导线。不同规格不同金属的接户线不应在档距内联结，跨越通车道的接户线不应有接头。

(2) 绝缘导线的接头必须用绝缘布包扎，如遇铜铝连接时，应有可靠的过渡措施，接头处不应承受拉力。

(3) 两个不同电源引入的接户线不宜同杆架设。接户线与同一杆上的另一接户线交叉接近时，最小净空距离不应小于 100mm，否则应套上绝缘管。接户线与低压架空线的弧垂最低处的净空距离也不得小于 0.1m，与铁拉板、电杆、拉线等接地部分的净空距离不得小于 0.05m。中性线与相线交叉时，应保持一定的距离或采取绝缘措施。

(4) 接户线零线在进户处应有重复接地。配电系统如果采用 TN-C 或 TN-C-S 的接地型式时，在屋外接户线的 PEN 线上，应进行重复接地，接地电阻不得大于 10Ω。当采用 TN-C-S 接地型式时，建筑物内进入配电箱前 PE 线与中性线应合一成 PEN 线，进入建筑物配电箱后，将 PE 线和中性线分开敷设，此后不得再相互连接。

在施工现场应采用 TN-S 接地型式，应采用专用的保护零线（PE 线）和工作零线。

如施工现场电源与外电线路共用同一供电系统时，电气设备应根据该配电系统要求，将用电设备采用安全接地或保护接零，但不得一部分设备接地，另一部分设备接零。

（5）低压接户线不应从高压引下线间穿过，严禁跨越铁路，并应尽量避免跨越房屋。

（6）自电杆引下的导线截面积为 16mm² 及以上的低压接户线，应使用低压蝶式绝缘子。架设接户线时，应先将蝶式绝缘子及铁拉板安装在横担上，放开导线进行架设、绑扎。应先绑扎杆上的一端，后绑扎进户端。

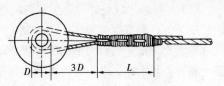

图 6-3 蝶式绝缘子绑扎法

L—导线绑扎长度；D—蝶式绝缘子颈部直径

接户线两端均固定在绝缘子上，安装绝缘子时应防止瓷裙积水。固定端采用绑扎固定时，其绑扎导线环大小应适当，使蝶式绝缘子可自由更换，如图 6-3 所示，其绑扎长度 L 应不小于表 6-3 的规定。

（7）接户线档距不宜大于 25m，超过 25m 时应设接户电杆；沿墙敷设的接户线档距不宜大于 6m。

表 6-3 蝶式绝缘子导线绑扎长度

导线截面积（mm²）	绑扎长度（mm）	导线截面积（mm²）	绑扎长度（mm）
10 及以下	≥50	25～50	≥120
16 及以下	≥80	70～120	≥200

（8）接户线受电端对地距离不应低于 2.7m；接户点低于 2.7m 时，应加装接户杆（落地杆或短杆），以绝缘线穿导管接户。

（9）接户线的固定要求。

1）在杆上时应固定在绝缘子或线夹上，固定接户线不得本身缠绕，应采用单股塑料铜芯线绑扎。

2）在用户墙上时应使用挂线钩、悬挂线夹、耐张线夹和绝缘子固定。

3）挂线钩应固定牢靠，可采用穿透墙的螺栓固定，内端应有垫块，混凝土结构的墙壁可使用膨胀螺栓，禁止用木塞固定。

4）横担及金具镀锌层良好、无缺陷；横担、绝缘子及金具安装应平整、牢固、位置正确；当横担紧贴建筑物表面固定时，其接触应紧密，连接螺栓露出螺纹 2～4 扣。

5）导线布置应合理、整齐，线间联结的走向应清楚，辨认应方便。导线与绝缘子应固定可靠，导线无扭绞和死弯。接户线与配电线路的夹角在 45°及以上时，应在配电线路分支接户线的杆上装设横担。

（10）根据二、三类防雷建筑物的要求，接户线应采取相应的防雷电波侵入户内的措施。

二、进户装置

1. 进户点的选择

（1）进户点位置一般由设计单位初步确定，并经供电企业审批，施工时应核查进户点是否正确。

（2）进户点应尽量靠近供电线路和用电负荷中心，与邻近房屋进户点应尽可能一致。

（3）同一个单位的同一栋建筑物内相互连通的房屋、多层住宅的每个单元、同一围墙内同一用户的所有相邻独立的建筑物，只应有一个进户点。

（4）进户点的房屋应牢固，不得漏水，以确保设备安全。

（5）进户点的位置应明显易见，便于施工操作和维修。

2. 进户管的埋设

进户线应采用绝缘线穿瓷导管、钢导管或硬塑料导管入户。

(1) 低压进户线应穿导管至室内配电设备。进户线保护管采用钢导管时，应在接户线支持横担的正下方，垂直距离为250mm。进户管应内高外低，伸出建筑物外墙的部分应不小于10mm，且进户管户外端必须有向下的防雨弯头，另一端进户内伸入计量箱内的长度应不超过3~5mm，整个装置必须牢固。进户管的周围应堵塞严密，以防雨水进入室内。

(2) 进户导管的管径应根据进户线的根数和截面积来确定，管内导线（包括绝缘层）的总截面积应不大于导管内有效截面积的40%，最小管径应不小于管内径15mm。管材可用瓷管、硬塑料管（壁厚不小于2mm）或钢管（壁厚不小于2.5mm）等。

进户钢导管或硬塑料导管不应有裂缝或扎伤现象，钢管应作防锈处理，管口应无毛刺。为了防止进户线在穿导管处磨破，可在管口两端加护圈。

(3) 进户线支持物应使用镀锌铁件，并应安装牢固可靠。进户横担及预埋螺栓的埋深长度应根据受力情况确定，但不应小于120mm，预埋件的尾部应煨成直角弯或做成燕尾形。如使用预埋螺栓的，则外露长度应保证安装横担拧上螺母后，外露螺纹长度不少于2~4扣。在角铁横担上安装的绝缘子应便于进户线的连接，绝缘子工作电压不应低于500V，瓷釉表面应光滑、无裂纹，无掉渣现象。

(4) 进户导管或横担设在建筑物挑檐或雨棚处，若接户线与建筑物距离过小，应变更设计或在土建结构施工中采取相应措施。

(5) 进户线应根据用电负荷选择绝缘导线，以满足允许载流量的要求。进户线如有部分在室外时，应选用耐气候型绝缘的铜芯或铝芯导线，不得使用软导线，中间不应有接头。

(6) 进户线与接户线的连接，根据导线材质及截面积的不同，其连接方法也不相同。可以采用单卷法和缠卷法进行连接，也可以采用压接管压接及使用端子或并钩线夹进行连接。进户线与接户线连接端是铜、铝不同材质的导体连接时，应有过渡措施。

(7) 进户线穿墙时，应套上瓷导管、钢导管或塑料导管，如图6-4（a）、（b）所示。进户线采用钢导管保护时，必须将同一回路的各相线和中性线全部穿入同一根导管内，以免产生涡流而发热。

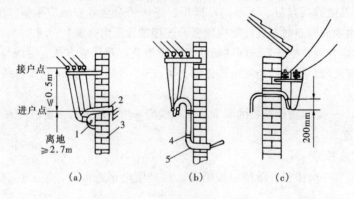

图6-4 进户线穿管敷设

（a）进户瓷导管安装；（b）进户钢导管安装；（c）户外一端线弛度

1—进户线；2—进户瓷导管；3—墙体；4—固定卡子；5—进户钢导管

(8) 进户线户外一端与接户线搭接要留有一定的裕度，如图6-4（c）所示，户外一端与接户线连接后保持200mm的弛度，便于进屋前做滴水弯，滴水弯最低点距地面小于2m时，进户线应加绝缘护套；户内一端应能接到电能表计接线盒内，或经熔断器再接到电能计量表接线盒内，进户中性线应有明显标志。

（9）进户线与弱电线路必须分开进户。

第二节　量电装置及其配电

量电装置通常由各类型电能表，计量用电流、电压互感器及其二次回路，电能计量柜（箱）等部分组成，其配电装置一般由控制电器和保护电器等组成，容量较大的还装有隔离开关。

一、安装场所的选择

（1）装置在定型产品开关柜（箱）内，或电能表板、电能表箱或配电盘内的量电装置及其配电装置，应避免装设在易燃、高温、潮湿、受振或多尘的场所，否则会影响电气设备的绝缘、连接、散热及计量的正确性，甚至引发火灾。

（2）电力用户要有专门的配电间或配电箱，且室内要保持整洁，同时室内应具有适当的通风条件和足够的照明条件。

（3）若附设安装在生产车间内时，周围要加装围栅。围栅距总配电装置最凸出部分距离至少为0.8m，以免人员误碰发生事故。

二、多层住宅计量表计的配置

（1）多层住宅的计量方式，应与当地供电企业协商，可采用以下几种方式：

1）单元总配电箱设于首层，内设总计量表，层配电箱内设分户表，由总配电箱至层配电箱配电，再由层配电箱至各户配电。

2）单元不设总计量表，只在分层配电箱内设分户表。

3）分户计量表全部集中于首层（或中间某层）电能表箱内，配电支线以放射式配电至各（层）户。

（2）多层住宅照明计量应一户一表。公用走道、楼梯间照明计量，当供电企业收费到户时可设公用电能表，如收费到楼（幢）总电能表时，一般不另设电能表。

（3）多层住宅中的电力计量表应单独装设，其他多层民用建筑的照明和电力负荷亦应分别设表计量。

（4）对于普通高层住宅的照明配电，如每一单相回路装设总电能表计量，其额定电流不宜超过30A。

三、量电装置

1. **仪用互感器**

（1）互感器用途。在电力系统中，由于安全要求和仪表制造等方面的原因，把电工测量仪表和保护装置直接接在一次回路中去测量大电流和高电压是不可能的。当测量大电流和高电压时，常常把大电流按一定比值变成小电流（用电流互感器），把高电压按一定比值变成低电压（用电压互感器），然后再用相应的仪表去测量。这种与测量仪表和保护装置配套使用的变换电流大小及电压高低的设备，称为仪用互感器。

由于采用了互感器，测量仪表和保护装置均接在互感器的二次侧，互感器的一、二次绕组之间有足够的绝缘强度，而且通常二次绕组都有一点接地，这就使得二次设备和工作人员与一次高电压之间隔离，从而保证人身和设备安全。

此外，由于电流互感器二次额定电流一般为5A，电压互感器二次额定电压通常为100V，这使得仪表和继电器的制造标准化。互感器二次回路接线不受一次系统的限制，可以满足不同测量方式和继电保护装置的需要。

(2) 互感器结构原理。

1) 电流互感器结构原理。电流互感器由一次绕组、二次绕组、铁芯、接线端子以及绝缘支持物等组成，其工作原理如图6-5所示。一次绕组具有较少的匝数 N_1 与被测电路串联，流过较大的被测电流 $\dot{I}_1$，绕组的绝缘等级和导线截面积应符合系统实际电压和电流的条件，绕组对地必须采用与一次系统相应的绝缘支持物。二次绕组具有较多的匝数 N_2，二次额定电流为 $\dot{I}_2$（通常为5A），二次绕组和测量仪表或继电器线圈相连，由于它们的阻抗很小，电流互感器的正常工作方式接近于短路状态。一次绕组和二次绕组都绕在铁芯上，铁芯由硅钢片叠制而成，由其构成磁路，使一、二绕组形成电磁耦合。电流互感器的工作原理与变压器大致相同，当一次绕组通过

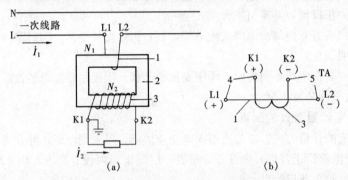

图 6-5 双绕组电流互感器工作原理图

(a) 原理图；(b) 图形符号

1—一次绕组；2—铁芯；3—二次绕组；4—进线桩头；5—出线桩头

交流电流 $\dot{I}_1$ 时，在铁芯中产生交变主磁通，于是在二次绕组中就会产生感应电动势，在闭合的二次回路中产生二次电流 $\dot{I}_2$。

根据磁动势平衡关系，可表示为下式关系，即

$$\dot{I}_1 N_1 + \dot{I}_2 N_2 = \dot{\Phi}_0 Z_0$$

式中　$\dot{\Phi}_0$——铁芯中的主磁通；

　　　Z_0——铁芯磁阻。

在理想状态下，铁芯磁阻很小，即 Z_0 近似为0，则有

$$\dot{I}_1 N_1 + \dot{I}_2 N_2 = 0$$

故

$$\dot{I}_1 = -\dot{I}_2 \frac{N_2}{N_1}$$

取绝对值表示为　$K_1 = \dfrac{I_1}{I_2} = \dfrac{N_2}{N_1}$

式中　K_1——电流互感器的变比。

由上式可见，电流互感器的变比和其一、二次绕组匝数成反比。

2) 电压互感器结构原理。电压互感器的结构和电流互感器类似，主要由一次绕组、二次绕组、铁芯、接线端子和绝缘支持物等组成，其工作原理

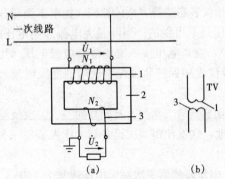

图 6-6 双绕组电压互感器工作原理图

(a) 原理图；(b) 图形符号

1——次绕组；2—铁芯；3—二次绕组

如图 6-6 所示。电压互感器一次绕组具有较多的匝数 N_1，与被测电路并联，其绝缘等级与一次系统的电压相对应。二次绕组具有较少的匝数 N_2，可接通仪表或继电器的电压线圈，二次额定电压通常为 100V。由于二次负荷阻抗很大，电流很小，故电压互感器正常工作时二次回路近似开路运行。一次绕组和二次绕组都绕在铁芯上，铁芯由硅钢片叠制而成，由其构成磁路，使一、二次绕组形成电磁耦合。

电压互感器正常工作时可以看作是一台空载运行的降压变压器，其工作原理和变压器相同。当一次绕组接于电源电压 $\dot{U}_1$ 时，在一次绕组中流过空载电流 $\dot{I}_0$，在铁芯中产生磁通 $\dot{\Phi}_1$，这个磁通在二次绕组中产生感应电动势 $\dot{E}_2$，约等于二次端电压 $\dot{U}_2$。如果忽略相对很小的漏阻抗压降，则有

$$\frac{U_1}{U_2}=\frac{N_1}{N_2}=K_U$$

式中　U_1——一次绕组电压；

　　　U_2——二次绕组电压；

　　　K_U——电压互感器的变比。

由上式可知，电压互感器的变比与其一、二次绕组匝数成正比。

（3）互感器接线。电流互感器的接线应遵守串联原则，即电流互感器一次侧与被测电路串联，其二次侧与所有仪表及其他负荷串联，在接线时应注意互感器的极性。如果电能表经电流互感器接线，则电流互感器二次绕组标有"K1"或"＋"的接线桩头要与电能表电流线圈的进线桩头连接；标有"K2"或"－"的接线桩要与电能表的出线桩头联结，不可接反。电流互感器的一次绕组标有"L1"或"＋"的接线桩头，应接电源进线，标有"L2"或"－"的接线桩头应接出线。电流互感器二次的"K2"（或"－"）接线桩头、外壳和铁芯必须可靠接地。

电压互感器的一次绕组应与被测电路并联，其二次绕组也应与仪表及其他负荷并联，在接线时应注意其极性。

互感器二次回路的连接导线应采用单股铜芯绝缘线。二次电流回路的连接导线截面积应按电流互感器的额定二次负荷计算确定，但至少应不小于 4mm²；二次电压回路的连接导线截面积应按允许的电压降计算确定，但至少应不小于 2.5mm²。

电压互感器二次回路的电压降应达到以下要求：

1）Ⅰ、Ⅱ类电能计量装置中电压互感器二次回路的电压降，不应大于电压互感器额定二次电压的 2%。

2）Ⅲ、Ⅳ、Ⅴ类电能计量装置中电压互感器二次回路的电压降，不应大于电压互感器额定二次电压的 0.5%。

（4）互感器极性试验：

1）互感器极性。交流电流的方向是随时间变化的，线圈中电流没有固定的方向。但是互感器的一、二次绕组是由同一个主磁通耦合的，两绕组中的电流方向有相对固定的关系，这种关系称为极性。如果互感器一次绕组的某一端头电流是流进的，在同一瞬时二次绕组也必有一个端头电流是流出的，把一次绕组电流流进的一端和二次绕组电流流出的一端称为同极性端。同极性端的判断还可以按下述原则进行：当电流同时由一、二次绕组的同极性端流入时，它们在铁芯中产生的磁通方向相同。

互感器极性非常重要，如果极性接错，则在仪表测量回路中会影响电能表和其他表计的正确

测量。用在继电保护回路中，极性接错将会引起继电保护的误动或拒动。

按照规定，电流互感器一次绕组的首端标为 L1，尾端标为 L2，二次绕组首端标为 K1，尾端标为 K2，如图 6-7（a）所示，则 L1 和 K1（或 L2 和 K2）称为同名端。电压互感器一次绕组首端标为 1U1，尾端标为 1U2，二次绕组首端标为 2U1，尾端标为 2U2，如图 6-7（b）所示，则 1U1 和 2U1（或 1U2 和 2U2）称为同名端。

如果一次绕组的首端和二次绕组的首端为同名端，则这种互感器极性标志称为减极性，反之称为加极性。一般互感器的极性标志，除特殊情况外均采用减极性标志。

2）互感器极性试验。电流互感器和电压互感器测定极性的方法基本相同，下面以电流互感器为例介绍两种常用的试验方法。

a. 仪器法。一般的互感器校验仪都带有极性指示器，在测量互感器误差之前，用仪器预先检查互感器的极性。若极性指示器没有指示，则说明被试互感器极性正确（减极性）。

b. 直流法。直流法测定互感器极性的接线如图 6-8 所示。电流互感器一次绕组通过按钮开关接入 1.5～3V 干电池，电池正极接 L1，负极接 L2；在每个级次的二次绕组两端分别接入低量程的直流电压表或电流表，仪表的正极接 K1，负极接 K2。按下按钮开关 SB，接通电流瞬时，若表计指针正起，或当按钮断开瞬时，指针反起，则互感器的极性正确，为减极性，反之则为加极性。这种方法试验简便，结果准确，在工作现场常被采用。

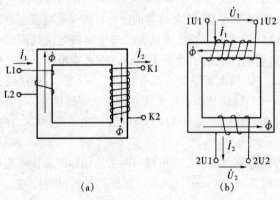
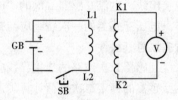

图 6-7　互感器的极性标志（减极性）　　　　　图 6-8　直流法测定
（a）电流互感器；（b）电压互感器　　　　　　　互感器极性的接线

（5）互感器安装使用注意事项。

1）电流互感器使用注意事项：

a. 选择电流互感器时，其额定电压应等于被测电路的电压，其一次额定电流应大于且应接近被测电路的持续工作电流。同时电流互感器的结构、型式和容量应满足测量准确度的要求。为了测量准确，二次侧的负荷阻抗不能大于电流互感器的额定负荷阻抗。

b. 电流互感器额定一次电流的确定，应保证其在正常运行中的实际负荷电流达到额定电流值的 60% 左右，至少应不小于 30%。否则应选用高动热稳定电流互感器，以减小变比。

c. 接线时，应将一次绕组的端子 L1、L2 串入被测回路，二次绕组的端子 K1、K2 与测量仪表串联，并应注意电流互感器的极性。

d. 电流互感器的铁芯、外壳及每个级次二次绕组必须有可靠的接地。但每个级次不可以有两个及两个以上的多点接地。单相电能表电压线圈的连片在接通位置，且通过 K1 与 L1 借用电压通道时，互感器二次侧 K2 或"－"不得接地。

e. 在运行的电流互感器二次回路上工作时，不允许电流互感器二次侧开路。工作时应先将电流互感器二次侧短接，二次侧开路时会产生很高的感应电压，对二次绝缘构成威胁，对设备和人员造成危险。

f. 电流互感器不使用时，二次绕组应在接线板处短路，并接地。

2）电压互感器使用注意事项：

a. 根据被测电压选择电压互感器的额定电压比，且应与测量仪表配用，还应注意一次系统中性点的接地方式和对准确度等级的要求。

b. 电压互感器二次侧所接仪表的总容量不得超过电压互感器的额定容量，否则会造成较大的测量误差。

c. 接线时，一次绕组与被测电压回路并联，二次绕组与测量仪表及其他负荷并联，且应注意电压互感器的极性。

d. 电压互感器的铁芯、外壳和每一级次都必须可靠接地，以确保设备和人身的安全。

e. 在运行中的电压互感器上工作时，严禁电压互感器的二次侧短路或接地。

f. 电压互感器一、二次侧应装设熔断器保护，但 35kV 及以下电能计量装置中电压互感器的二次回路不应装设开关辅助触点和熔断器；35kV 以上电压互感器的二次回路不应装设隔离开关辅助触点，但可装设熔断器作保护。

3）电能计量用互感器准确度等级的选择要求：

选用电能计量用互感器时，其二次回路负荷不应超过其额定值，Ⅲ、Ⅳ、Ⅴ类电能计量装置的电流互感器的准确度等级不应低于 0.5S 级；Ⅲ、Ⅳ类电能计量装置的电压互感器的准确度等级不应低于 0.5 级。

2. 电能测量仪表

电能表是专门测量交流电能的仪表。

电能表分为单相和三相两种，三相电能表又分为有功电能表和无功电能表；三相有功电能表又分为三相三线有功电能表和三相四线有功电能表。经电流互感器接入的电能表，其标定电流不宜超过电流互感器额定二次电流的 30%，其额定最大电流应为电流互感器额定二次电流的 120% 左右。直接接入式电能表的标定电流，应根据正常运行负荷电流的 30% 左右进行选择。

（1）电能表准确度等级的选用。

1）为了提高低负荷计量的准确性，应选用可过载 4 倍及以上的电能表，如 1.5（6）A 电能表，即基本电流为 1.5A，额定最大电流为 6A。

2）月平均用电量在 1×10^5 kWh 及以上，变压器容量在 315kVA 及以上的Ⅲ类电能计量装置的用户计费电能表，应选用准确度等级不低于 1.0 级的有功电能表和 2.0 级的无功电能表。

3）315kVA 以下变压器的Ⅳ类电能计量装置的用户计费电能表，应选用准确度等级不低于 2.0 级的有功电能表和 3.0 级无功电能表。

4）单相供电的Ⅴ类电能计量装置的用户电能计量电能表，应选用准确度等级不低于 2.0 级的有功电能表。

（2）电能表的测量接线。电能表的接线方式分为直接式和间接式两种。直接式电能表，一般用于电流较小的电路中；间接式电能表常用经电流互感器接入或用电压互感器和电流互感器接入后，用于电流较大的电路上扩大量程。对于低压供电，负荷电流在 50A 及以下时，宜采用直接接入式电能表；负荷电流在 50A 以上时，宜采用经电流互感器间接接入式的接线方式。按接入相的不同，又可分为单相、三相三线制、三相四线制接线方式。

1）单相电能表的下方有接线端子，利用这些接线端子进行接线，把电能表的电流线圈串接在电路中，电压线圈并联在电路中，具体接线方式一般有3种。

a. 跳入式接线，如图6-9（a）所示，其共有四个接线端子，从左到右，按1、2、3、4编号。接线方式一般将编号1、3接电源进线，2、4接出线（负载）。

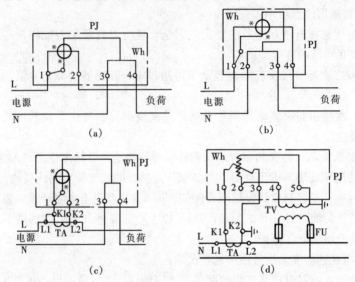

图6-9　单相有功电能表接线方式
(a) 跳入式接线；(b) 顺入式接线；(c) 带电流互感器的接线；(d) 带电流、电压互感器的接线

b. 顺入式接线，如图6-9（b）所示，其接线方法是将端子编号1、2接电源进线，3、4接出线（负载）。

c. 电能表带电流互感器接线或带电流、电压互感器接线。如图6-9（c）所示将电能表端子编号1与TA的K1（或"＋"）相连，编号2与TA的K2（或"－"）相连，使电能表的电流线圈联结于电流互感器的二次绕组。电能表的电压线圈一端接互感器一次绕组的进线端L1，接通电源L，端子3、4接中性线。

为了扩大电能表的量程，将其电流、电压线圈分别经电流、电压互感器接入，原理接线如图6-9（d）所示。其中电流互感器和电能表的电流线圈接线与上述相同，电能表电压线圈的首端编号2与电压互感器二次绕组一端编号4相连接，但此时应注意互感器绕组的极性。

2）三相电能表的接线。

a. 直接式三相四线电能表的接线。这种电能表共有11个接线端子，从左至右按1、2、3、4、5、6、7、8、9、10、11编号；其中1、4、7是电源相线的进线端子，用来连接从总熔线盒FU下桩头引来的三根相线；3、6、9是相线的出线端子，分别去接总断路器QF三个进线桩头；10、11是电源中性线的进线端子和出线端子；2、5、8是三个电压连片端子，如图6-10（a）所示。

b. 直接式三相三线电能表的接线。这种电能表共有八个接线端子，其中1、4、6是电源相线进线端子，分别引自总熔丝盒FU下桩头的三根相线；3、5、8是相线出线端子，分别去接总断路器QF的三个进线桩头；2、7是两个电压连片端子，如图6-10（b）所示。

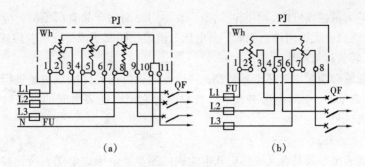

图 6-10　直接式有功电能表电气接线原理
(a) 三相四线制有功电能表；(b) 三相三线二元件有功电能表

c. 间接式三相三线电能表的接线。这种三相电能表需配用两只同规格的电流互感器。接线时把从总熔丝盒 FU 下桩头引出来的三根相线中的两根相线，分别与两只电流互感器 TA 一次侧的 L1（或"＋"）接线桩头连接。同时从这两个 L1（或"＋"）接线桩头，用铜芯塑料硬线引出，并穿过钢管分别接到电能表 2、7 接线端子上；接着从这两只电流表互感器二次侧的 K1（或"＋"）接线桩头用两根铜芯塑料硬线引出，并穿过另一根钢管分别接到电能表 1、6 接线端子上；然后用一根导线从两只电流互感器二次侧的 K2（或"－"）接线桩头引出，穿过后一根钢管接到电能表的 3、8 接线端子上，并应把这根导线接地；最后将总熔丝盒下桩头余下的一根相线和从两只电流互感器一次侧的 L2（或"－"）接线桩头引出的两根绝缘导线，接到总断路器 QF 的三个进线桩头上，同时从总开关的一个进线桩头的中相（总熔丝盒 FU 引入的相线桩头）引出一根绝缘导线，穿入前一根钢管，接到电能表 4 接线端子上，如图 6-11 所示。同时注意，应将三相电能表接线盒内的两块连片都拆下。

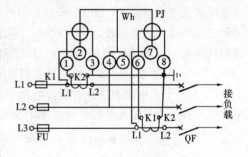

图 6-11　间接式三相三线二元件
有功电能表接线原理

d. 间接式三相四线电能表的接线。这种三相电能表需配用三只同规格的电流互感器。接线时把从总熔丝盒下接线桩头引出的三根相线，分别与三只电流互感器一次侧的 L1（或"＋"）接线桩头连接，同时用三根绝缘导线从这三个 L1（或"＋"）接线桩引出，穿过钢管后分别与电能表 2、5、8 三个接线端连接；接着用三根绝缘导线，从三只电流互感器二次侧的 K1（或"＋"）接线桩头引出，穿过另一根钢管与电能表 1、4、7 三个进线端连接；然后用一根绝缘导线穿过后一根保护钢管，一端连接三只电流互感器二次侧的 K2（或"－"）接线桩头，另一端连接电能表的 3、6、9 出线端子，并把这根导线接地；最后用三根绝缘导线，把三只电流互感器一次侧的 L2（或"－"）接线桩头分别与总开关三个进线桩头连接起来，并把电源中性线穿过前一根钢管与电能表 10 进线端连接，接线端 11 是用来连接中性线的出线，如图 6-12 所示。接线时，应先将电能表接线盒内的三块连片都拆下。

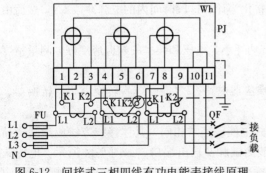

图 6-12　间接式三相四线有功电能表接线原理

3) 电能表的测量接线方法，不同的制造厂及不同时期的产品有所不同，应按出厂说明书的测量接线图进行连接。无论何种电能表，其电压、电流线圈都明确标注了首尾端，不可接反，否则会造成铝盘反转或计量不准。

4) 电能表总线必须采用铜芯塑料硬线，导线截面积应按允许的载流量进行选择，其最小截面积不得小于 1.5mm^2，中间不准有接头，自总熔丝盒至电能表之间的沿线敷设长度，不宜超过 10m。

(3) 电子式电能表。

1) 常用电能表型号及其含义。感应式电能表已逐步被电子式电能表所代替，常用电子式电能表型号是用字母和数字的排列来表示的，一般为类别代号＋组别代号＋设计序号＋派生号。

a. 类别代号。D 表示电能表。

b. 组别代号。相线：D 表示单相；S 表示三相三线；T 表示三相四线。用途：B 表示标准；D 表示多功能；S 表示全电子式；X 表示无功；Z 表示最大需量；Y 表示预付费；F 表示复费率。

c. 设计序号。用阿拉伯数字表示设计序号。

d. 派生号。T 表示湿热、干燥两用；TH 表示湿热带；TA 表示干热带用；G 表示高原用；H 表示船用；F 表示化工防腐用。

常用电子式电能表有：DDS 系列表示单相全电子式电能表，如 DDS71；DDSF 系列表示单相全电子式复费率电能表，如 DDSF151；DS 系列表示三相三线有功电能表，如 DS864；DT 系列表示三相四线有功电能表，如 DT864；DX 系列表示无功电能表，如 DX862；DTSD 系列表示三相四线全电子式多功能电能表，如 DTSD71；DDSY 系列表示单相全电子式预付费电能表，如 DDSY75；DTZY 系列表示三相四线费控智能电能表，如 DTZY188。

2) 用电子式电能表计量电能。电路中的瞬时功率 $p=ui$。如果将 u 和 i 输入到乘法器中相乘，就可得一个与输入量的平均功率 P 成正比的平均电压 U。再将此电压经 $U\text{-}f$ 转换器转换成频率 f，由频率计计数，如图 6-13 所示，即 $ui \rightarrow \infty P \rightarrow f \rightarrow N/I$，所以 $P=k\dfrac{N}{T}$，那么在 T 段时间内的电能

$$W=PT=k\frac{N}{T}T=kN$$

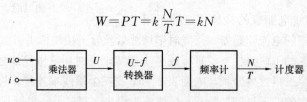

图 6-13　模拟乘法器的功率电能表方框图

$W=kN$ 表示对某一段时间内电能的测量，转化为计算这段时间内的电脉冲数 kN，然后由数码管或计度器直接显示电能量。

电子电能表有较好的线性度和稳定度，具有功耗小，电压和频率的响应速度好，测量精度高等优点。

电子电能表一般包含输入变换电路、模拟乘法器电路、U/f（I/f）转换电路、转换器、显示器件及其驱动电路等。

3) 电子式电能表的接线方法原则上与感应式电能表基本相同，具体接线方法应参阅产品的使用说明书。电子式电能表具有光耦隔离的电能测试脉冲输出端口，如图 6-14 所示。电子式电能表比感应式电能表多两个测试端子，即测试输出端、测试输出地（直接式接线电能表为 11、

12，间接式接线电能表为 16、17），严禁在此脉冲输出端通入 220V 交流电源，此端仅供计算机使用。

四、配电装置

（一）计量配电箱（板）

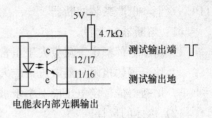

图 6-14　电能测试脉冲输出示意图

为了防止从电能表上窃电，同时便于抄表及维修工作，通常采取分片集中装箱、一户一表的安装方法。住宅楼用户，电表箱置于某层楼过道墙壁上。由于电能表较多，为了避免中性线断线或接触不良故障，中性线分支点应专设"零排母线"，如图 6-15 所示，零排母线也要做好绝缘防护。

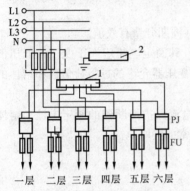

图 6-15　集表箱接线系统
1—零排母线；2—PE 母线

集中装表时，在确保安全、正确的前提下，尽量减少迂回走线，一般采用相线分开、中性线共用的走线方案，即电源相线并联接入各表，而各表中性线串联后引出箱外直至各户分支点，串联部分的导线双绞后接入表孔，切不可剪断。住宅用户应一户配置一块电能表，一个配电箱（分户箱）。每户电能表应集中安装在电表箱内（预付费、远传计量的电能表除外），电能表出线端应设保护电器。保护电器可采用熔断器、低压断路器或剩余电流动作保护器等作短路、过负荷和接地故障保护。

根据 DL/T 448《电能计量装置技术管理规程》要求，10kV 及以下电压供电的用户，应配置全国统一标准的电能计量柜或电能计量箱。所以电能表箱应统一制作，若以木板代替钢板，则其厚度不小于 20mm。表箱应具有防尘、防潮、防雨雪、防火功能，门能上锁。照明配电板底边距离地面高度不宜小于 1.8m，暗式表箱底边距离地面 1.5m 为宜。

装表方式：配电变压器低压侧出口装总电能表；不同电价的用电分别装电能表；单相用电装一只单相电能表；三相四线用电装一只三相四线电能表或三只单相电能表，若仅为三相动力用电，则装一只三相电能表。不同收费类型的用户，应装设不同功能的电能表，对于执行功率因数调整电费的用户，应装设有功电能表和无功电能表；对于按最大需量计收基本电费的用户，应装设具有最大需量计量功能的电能表；对于实行分时电价的用户，应装设复费率电能表或多功能电能表。

电能表在安装前应经指定单位检验合格，在运输及安装中，尽量使电能表处于垂直状态。电流表互感器二次回路的接线应采用良好的绝缘单股铜线，其最小截面积应符合规程要求。各线头的导电体不能裸露于表孔外，导线穿越铁板时应加护圈。一次回路出现铜铝联结时，应采用铜铝接头、铜铝压接管和铜线上镀锡等方法，防止电化腐蚀。

（二）电能表出线保护电器

1. 熔断器保护

进户线进户后应加装熔断器，其作用是作室内配线和用电设备的短路保护和过负荷保护，防止下级电力线路的故障蔓延到前级配电干线上造成更大区域的停电。

电能表保护熔断器一般不单独设置，而是安装在专用的成套计量箱或柜内。熔断器及熔体的容量应符合设计要求，被保护电气设备的容量与熔体容量应匹配。熔断器应装在各相线上，单相线路的中性线也应装熔断器。但在三相四线回路中的中性线上不可以装熔断器，在保护中性线

(PEN) 上，也严禁装熔断器。

(1) 熔断器的选择。

1) 熔断器的额定电流应大于正常负荷电流。

2) 熔断器的极限分断电流，应大于被保护线段内可能发生的最大短路电流。

3) 熔断器的额定电压应不小于被保护线路的额定电压。

(2) 熔体的选择。

1) 熔体的额定电流，应尽量接近并大于正常负荷电流，但应小于熔断器的额定电流。

2) 熔体在尖峰负荷（设备起动时最大电流）时不应被熔断。

3) 当被保护线路内发生单相短路（TT 系统、TN-C 系统）或两相短路（IT 系统）故障时熔体应熔断。

4) 熔断器的极限分断能力不小于安装处的三相短路电流（周期分量有效值）。

5) 配电变压器低压侧总熔断器做进户电能表出线保护时，其额定电流应大于变压器低压侧额定电流，一般取额定电流的 1.5 倍；熔体的额定电流应根据变压器允许的过负荷倍数和熔体的特性确定。

6) 各分路电能表的出线熔断器的额定电流不应大于总过电流保护熔断器的额定电流；熔体的额定电流根据分路正常最大负荷电流进行选择，并应躲过正常的尖峰电流。

对于综合性负荷回路，可按下式进行选择

$$I_{RN} \geqslant I_{m,st} + (\sum I_m - I_{mN})$$

对于照明回路，可按下式进行选择

$$I_{RN} \geqslant K_m \sum I_m$$

式中　I_{RN}——熔体额定电流，A；

　$I_{m,st}$——回路中最大一台电动机的起动电流，A；

　$\sum I_m$——回路中正常最大的总负荷电流之和，A；

　I_{mN}——回路中最大一台电动机的额定电流，A；

　K_m——熔体选择系数：白炽灯、荧光灯取 1；高压汞灯、钠灯取 1.5。

对于动力回路应考虑起动电流的影响，起动电流的大小与起动时电动机的负载、起动方式（直接起动或降压起动）有关。

单台鼠笼型电动机全压起动时，熔体的额定电流 I_{RN} 按下式确定

$$I_{RN} = K I_{st}$$

式中　I_{st}——电动机起动电流，A；

　K——熔体计算系数：起动时间在 3s 以下时，$K \approx 0.25 \sim 0.4$；起动时间在 $3 \sim 8s$ 时，$K \approx 0.35 \sim 0.5$；起动时间在 8s 以上时，$K \approx 0.5 \sim 0.6$。

当多台电动机共用一套短路保护装置时，多台电动机的总熔体额定电流按下式确定

$$I_{RN} \approx (1.5 \sim 2.5) I_{mN} + \sum I_N$$

式中　I_{RN}——总熔体额定电流，A；

　I_{mN}——功率最大的一台电动机的额定电流，A；

　$\sum I_N$——其余电动机额定电流之和，A。

(3) 熔断器的灵敏度。

熔断器的灵敏度应满足

$$I_{kmin} \geqslant K_{OP} I_{RN}$$

式中　　K_{OP}——熔体动作系数，一般取 4；

　　　　I_{RN}——熔体额定电流，A；

　　　　I_{kmin}——被保护线段的最小短路电流（TT、TN-C 系统为单相短路电流；IT 系统为两相短路电流），A。

2. 低压断路器保护

（1）低压断路器的选用。一般情况下，保护和控制容量较大的变压器的低压侧总开关、大容量配电馈线开关时，可选用 DW 系列低压断路器；保护和控制小型配电变压器低压侧出线总开关、配电馈线开关、民用建筑总开关时，可选用 DZ 系列低压断路器，其均可作为线路或设备的过负荷、短路、欠压（低电压或缺相）保护。低压断路器的选择包括额定电压、壳架等级额定电流（指最大的脱扣器额定电流）的选择，脱扣器额定电流（指脱扣器允许长期通过的电流）的选择以及脱扣器整定电流（指脱扣器不动作时的最大电流）的确定。

1）低压断路器的一般选用原则。

a. 断路器额定电压应不小于线路额定电压。

b. 断路器欠压脱扣器额定电压应等于线路额定电压。

c. 断路器分励脱扣器额定电压应等于控制电源电压。

d. 断路器壳架等级的额定电流应不小于线路计算负载电流。

e. 断路器额定电流应不小于线路计算电流。

f. 断路器的额定短路通断能力应不小于线路中最大短路电流。

g. 线路末端单相对地短路电流应不小于 1.5 倍的断路器瞬时（或短延时）脱扣器整定电流。

h. 断路器的选用应符合使用场所、使用类别、防护等级以及上下级保护匹配等方面的要求。

2）配电用低压断路器的选用。

a. 配电变压器总低压侧低压断路器作进线总保护和控制时，应具有长延时和瞬时动作的特性，其脱扣器的动作电流应按以下原则确定：

a）瞬时脱扣器的动作电流，一般为控制电器额定电流的 5 或 10 倍。

b）长延时脱扣器的动作电流可根据变压器低压侧允许的过负荷电流确定。

b. 各出线回路低压断路器脱扣器的动作电流应比上一级脱扣器的动作电流至少低一个级差。

a）瞬时脱扣器，应躲过回路中短时出现的尖峰负荷。

对于综合性负荷回路，应满足

$$I_{OP} \geqslant K_{rel}\ (I_{mst} + \textstyle\sum I_m - I_{mN})$$

对于照明回路，应满足

$$I_{OP} \geqslant K_c \textstyle\sum I_m$$

式中　　I_{OP}——瞬时脱扣器的动作电流，A；

　　　　K_{rel}——可靠系数，取 1.2；

　　　　I_{mst}——回路中最大一台电动机的起动电流，A；

　　　　$\sum I_m$——回路正常最大负荷电流之和，A；

　　　　I_{mN}——回路中最大一台电动机的额定电流，A；

　　　　K_c——照明计算系数，取 6。

b）长延时脱扣器的动作电流，可按回路最大负荷电流的 1.1 倍确定。

3）专门用来保护动力设备的断路器选用。电动机保护用断路器可分为两类，一类是断路器只作保护而不担负正常操作，另一类是断路器兼作保护和不频繁操作。电动机保护用断路器的选择原则如下：

a. 断路器长延时电流脱扣器的整定电流应等于电动机的额定电流。

b. 断路器瞬时（或短延时）脱扣器的整定电流：瞬时（或短延时）动作的过电流脱扣器的整定电流应大于峰值电流。

对于单台电动机

$$I_{OP} \geqslant K_{rel} I_{st}$$

式中　I_{OP}——过电流脱扣器瞬时（或短延时）动作整定电流值，A；

　　　I_{st}——电动机的起动电流，A；

　　　K_{rel}——考虑整定误差和起动电流允许变化的可靠系数，对于动作时间在一个周波以内的低压断路器，还需要考虑非周期分量的影响。

对于高返回系数的低压断路器（动作时间大于 0.02s 的，如 DW 型），K_{rel} 一般取 1.35～1.4；对于低返回系数的低压断路器（动作时间小于 0.02s 的，如 DZ 型），K_{rel} 一般取 2～2.5。由于瞬时动作过电流脱扣器的动作与断路器的固有分断时间无关，故其整定电流应躲过电动机起动电流第一个半波的有效值。原规定瞬时动作过电流脱扣器整定电流应取电动机起动电流的 1.7～2 倍，这个数据偏小，已发生过误动作。基于上述理由，并考虑动作电流误差，故 GB 50055《通用用电设备配电设计规范》规定，将可靠系数从 1.7～2 倍增大到 2～2.5 倍。

对于多台电动机

$$I_{OP} = 1.3 I_{mst} + \sum I_{W}$$

式中　I_{OP}——总脱扣器动作电流，A；

　　　I_{mst}——回路中最大一台电动机的起动电流，A；

　　　$\sum I_{W}$——其余电动机工作电流之和，A。

c. 断路器 6 倍长延时电流整定值的可返回时间应不小于电动机实际起动时间。按起动时负荷的轻重，选用可返回时间为 1、3、5、8、15s 中的某一挡。

4）低压断路器的校验。

a. 低压断路器分断能力应大于安装处的三相短路电流（周期分量有效值）。

b. 低压断路器灵敏度应满足下式

$$\frac{I_{min}}{I_{OP}} \geqslant K_{OP}$$

式中　I_{min}——被保护线段的最小短路电流，A；TT、TN-C 系统为单相短路电流（一般单相短路电流小，若不能满足要求，可用长延时脱扣器作为后备保护）；IT 系统为两相短路电流，A；

　　　I_{OP}——瞬时脱扣器的动作电流，A；

　　　K_{OP}——低压断路器动作系数，取 1.5。

c. 长延时脱扣器在 3 倍动作电流时，其可返回时间应大于回路中出现的尖峰负荷持续的时间。

（2）微型断路器的选用。小容量负荷用户可选用微型断路器，其主要用来保护导线、电缆和作为控制照明的低压断路器，一般均带有复式脱扣器，具有过载和短路保护功能。

1）不同环境温度下断路器额定电流应作必要的修正。装在封闭外壳内的断路器应降容使用，金属防护外壳的降容系数取 0.8；全塑防护外壳的降容系数取 0.7。

2）断路器额定电流应大于或等于线路计算负荷电流。

3）断路器必须提供过载和短路保护功能的脱扣器。

4）断路器过载区和短路区的保护应有选择性地动作。

3. 用户末级剩余电流保护

剩余电流动作保护器是指当电路中发生导电体对地故障产生的剩余电流超过规定值时，能自动切断电源或报警的保护装置，其是防止人身触电、电气火灾或电气设备损坏的一种有效防护措施。剩余电流末级保护可装在配电箱（分户箱）内电能表的出线端或用户室内的进线上。当剩余电流动作保护器同时具备短路、过载、剩余电流保护功能时，可不装设断路器或熔断器。末级保护额定剩余动作电流应不大于 30mA，最大分断时间应不大于 0.1s。

 复习思考题

6-1　什么叫接户线？低压接户装置安装有哪些注意事项？

6-2　如何选择低压进户点？

6-3　什么叫进户线？低压进户装置安装有哪些注意事项？

6-4　如何选择量电装置的安装场所？

6-5　仪用互感器有什么用途？

6-6　电压互感器二次回路电压降有什么规定？

6-7　什么是互感器的极性？如何测试互感器的极性？

6-8　安装互感器有哪些注意事项？

6-9　如何选用电能表的准确度等级？

6-10　单相电能表有哪几种接线方式？带电流互感器的感应式单相电能表安装应注意些什么？

6-11　安装计量配电箱（板）有哪些注意事项？

6-12　总熔断器和熔体如何选择？

6-13　如何选用低压断路器？

6-14　用户末级剩余电流动作保护器应具备哪些功能？

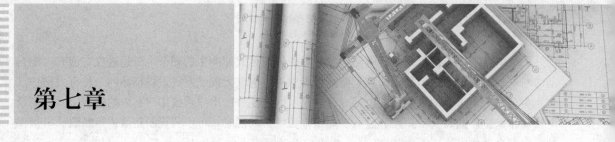

第七章

电 气 照 明

第一节 照明的基本概念

照明器是一种能够提供照明的设备或装置，由光源（灯泡）、灯座和灯罩构成。灯座和灯罩的联合结构，通常称为照明灯具（简称为灯具）。现代照明器主要是指以电作为能源的电照明器，不仅能够使光源发出的光线得到充分合理的利用，而且能够为光源的正常工作提供条件，还能保护光源免受外界影响，保证所需的照明要求。

照明器一般由光源、光学器件（反射、折射器件等）、电器配件、外壳以及装饰、调整、安装用的部件等组成。

一、照明方式与照明种类

1. 照明方式

照明方式系指照明设备按其安装部位或使用功能而构成基本制式，可分为：一般照明、分区一般照明、局部照明和混合照明。

（1）同一场所内的不同区域有不同的照度要求时，宜采用分区一般照明。

（2）特定视觉工作用的、为照亮某个局部而设置的照明，称为局部照明，局部照明宜在下列情况中采用：

1）局部需要有较高的照度。

2）由于遮挡而使一般照明照射不到的某些范围。

3）视觉功能降低的人需要有较高的照度。

4）需要减少工作区的反射眩光。

5）为加强某方向光照以增强质感时。

（3）为照亮整个场所而设置的均匀照明，称为一般照明。

（4）由一般照明与局部照明组成的照明，称为混合照明。对于视觉工作要求较高的场所，也宜采用混合照明。

2. 照明种类

照明种类可分为正常照明、应急照明、值班照明、警卫照明、景观照明和障碍照明。

（1）因正常照明的电源失效而起动的照明，称为应急照明（也称事故照明）。应急照明可包括备用照明、疏散照明和安全照明。

1）备用照明是用于确保正常工作或活动继续进行的照明。

2）疏散照明是用于确保安全疏散的出口和通道能被有效辨认和使用的照明。

3）安全照明是用于确保处于潜在危险之中人员安全的照明。

（2）值班照明是非工作时间，为值班场所设的照明。

（3）在可能危及航行安全的建筑物或构筑物上安装的标志（信号）照明，称为障碍照明。

（4）有警戒任务的场所，根据警戒范围的需要而安装的照明，称为警卫照明。

（5）景观照明系指能表现建筑物或构筑物造型、艺术特点、功能特征和周围环境布置的灯光设置。景观照明通常采用泛光灯。

（6）正常照明系指为工作场所设置的照明。

二、照明光源的应用特性

1. 照明光源的主要性能要求

照明光源的基本性能是评判其质量与确定其合理使用范围的依据。从照明应用的角度，对照明器的性能有以下要求：

（1）高光效，要求用电少而发光多。

（2）长寿命，要求经久耐用，光通量衰减小。

（3）光色好，要求有适宜的色温和优良的显色性能。

（4）能直接在标准电源上使用。

（5）接通电源后立即点亮。

（6）形状精巧，结构紧凑，便于控光。

2. 照明光源的光电参数

照明光源的光电参数是选择和使用光源的依据，其光电参数如下：

（1）光通量。根据辐射对标准光度观察者的作用导出的光度亮。它是表征照明光源发光能力的，光在单位时间里通过某一面积光能的多少，单位为 lm（流明）。照明光源能否达到额定光通量是考核其质量的首要评定标准。

（2）照度。照度是受光表面上光通量的面密度，即射入单位面积的光通量，单位为 lx（勒克司）。

（3）光效。照明光源每消耗 1W 功率所发出的光通量，单位为 lm/W。光效越高，照明光源的电能利用率就越高，它是评价各种光源的重要参数。

（4）亮度。通常把光源表面沿线方向上单位投影面积上的发光强度，称为光源的亮度，单位为 cd/m^2（坎德拉每平方米）。

（5）色温和相关色温。当某种光源（热辐射光源）的色品与某温度下完全辐射体（黑色）的色品完全相同时，完全辐射体（黑体）的温度称为色温；当某种光源（气体放电光源）的色品与某温度下完全辐射体（黑体）的色品最接近时，完全辐射体（黑体）的温度称为相关色温。色温和相关色温均以绝对温度 K 表示（摄氏温度℃，加上 273℃），光源中含有短波蓝紫光多，色温就高；含有长波红橙光多，色温就低。

（6）色表。指光源颜色给人的直观感觉，照明光源的颜色质量取决于光源的表观颜色及其显色性能。室内照明光源的颜色，可根据相关色温分为三类，即冷（相关色温>5300K）、暖（相关色温<3300K）与中间（相关色温 3300～5300K），以色温或相关色温为数量指标。

（7）发光强度。用来反映光通量的空间密度，即单位立体角内的光通量，单位为 cd（坎德拉）。

（8）显色性和显色指数（R_a）。显色指数是显色性能的定量指标。同一颜色的物体在具有不同光谱功率分布的光源照射下，会显出不同的颜色，光源显现被照物体颜色的性能称为显色性。

显色性是照明光源对物体色表的影响，该影响是由于观察者有意识或无意识地将被照物体颜色与光源下的色表相比较产生的。物体在某光源照射下显现颜色与日光照射下显现颜色相符的程度称为某光源的显色指数，其是在具有合理允差的色适应状态下，被测光源照明物体的心理物理色与参比光源照明同一色样心理物理色符合程度的度量。显色指数高，则颜色失真就少，日光显色指数定为 100。白炽灯、卤钨灯、稀土节能荧光灯、三基色荧光灯、高显色高压钠灯、金属卤化物灯中的镝灯，$R_a \geqslant 80$；荧光灯、金属卤化物灯，$60 \leqslant R_a < 80$；荧光高压汞灯，$40 \leqslant R_a < 60$；高压钠灯，$R_a < 40$。

（9）光源的点燃与再燃时间。从使用角度，要求点燃与再燃时间越短越好。

（10）电特性。电源电压波动会对灯参数产生影响，灯泡只有在额定电压时，才能获得规定的各种特性。如灯的电功率为其电流值与使用的额定电压值的乘积，电压越低，则功率越低。

（11）寿命。电灯的寿命以小时计，通常有两种指标：

1）有效寿命。电灯从开始使用至光通量衰减到初始额定光通量的某一百分比（通常是 70%～80%）所经过的点燃时数，称为有效寿命。超过有效寿命的灯继续使用就不经济了。白炽灯、荧光灯多采用有效寿命指标。

2）平均寿命。一组试验样灯从点燃到有 50%的灯失效（50%的保持完好）所经历的时间，称为这批灯的平均寿命。高强放电灯常用平均寿命指标。

（12）频闪效应。在一定频率变化的光照射下，观察物体运动所显现出的不同于其实际运动的现象。

常用照明电光源主要技术性能指标，见表 7-1。

表 7-1 常用照明光源主要技术性能指标

类型	光源名称	光效 (lm/W)	显色指数	色温 (K)	平均寿命 (h)	应用现状
热辐射电光源	白炽灯	15	100	2800	1000	不推广
	卤钨灯	25	100	3000	2000～5000	不推广
气体放电光源	普通荧光灯	70	70	全系列	10 000	不推广
	三基色荧光灯	93	80～98	全系列	12 000	推广
	紧凑型荧光灯	60	85	全系列	8000	推广
	高频无极灯	50～70	85	3000～4000	40 000～80 000	特殊用途
	高压汞灯	50	45	3300～4300	6000	淘汰
	金属卤化物灯	75～95	65～92	3000/4500/5600	6000～20 000	推广
	高压钠灯	100～120	23/60/85	1950/2200/2500	24 000	推广
	低压钠灯	200	20	1750	24 000	推广
LED（半导体发光）电光源	LED白灯	15～60	80～95	5000～10 000	100 000	特殊用途

注　各类型光源的光电参数可查阅产品样本，随着生产工艺水平的改进，光电参数会大有改善。

三、照明的质量要求

照明质量是指视觉环境内的亮度分布，包括一切有利于视功能、易于观看、舒适、安全与美观的亮度。

1. 限制眩光

眩光是在视野内由于亮度的分布或亮度范围的不适宜，或存在极端亮度对比，以致引起眼睛不舒适或降低观察细部或目标能力的视觉现象。眩光是刺目的光线，它对视力的危害很大，严重的可使人晕眩，以致造成事故；长时间的微弱眩光，也会使视力逐渐降低。为此，在建筑工程布置照明灯具时，应注意限制眩光，通常采取下列措施：

（1）限制直接眩光。直接眩光是在视野内，特别是在靠近视线方向存在的发光体光源所形成的眩光。室内照明眩光的限制应从光源的亮度、光源和灯具的表观面积大小、背景亮度以及照明灯具安装的位置等因素来考虑。

1）通常控制 γ 角（最远灯具和视线的连线与该灯具下垂线间的角夹）在 $45°\sim85°$ 范围内的灯具亮度，如图 7-1 所示。

为了保护视力不受或少受眩光的影响，因为眩光的强弱与视角存在一定的关系，如图 7-2 所示。增大眩光源与视线间的夹角，随着这个角度的增加，眩光对视度的影响较小，也可通过限制不同光源的悬挂高度来达到。

直接型灯具是指光强分布为 $90\%\sim100\%$ 的

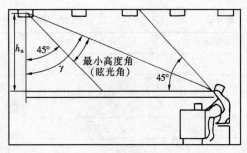

图 7-1　限制灯具亮度的范围

发射光通量直接向下达到无限大的假定工作面上的灯具。为了限制视野内过高亮度或对比引起的直接眩光，视线内光源平均亮度与最小遮光角之间的关系，见表 7-2。直接型灯具的遮光角 α 是指灯罩开口边缘至灯丝（发光体）最边缘的连线与水平线之间的夹角，如图 7-3 所示。

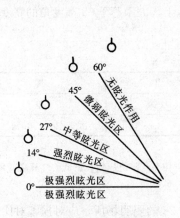

图 7-2　眩光与视角的关系

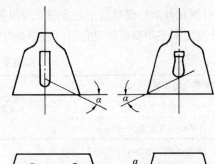
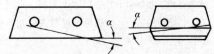

图 7-3　直接型灯具的遮光角 α

表 7-2　　　　　　　　　　　　　　直接型灯具的最小遮光角

光源平均亮度（kcd/m²）	遮光角（°）	光源平均亮度（kcd/m²）	遮光角（°）
1~20	10	50~500	20
20~50	15	≥500	30

2）减小光源或灯具的亮度，或同时减小二者的亮度，特别是 $45°\sim85°$ 区域内发出的光通量和亮度是处于人们视野内较敏感的部位。

3）适当增加眩光源的背景亮度，减少二者的亮度对比。

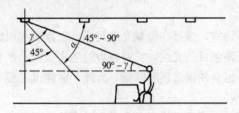

图 7-4　高度角的确定

4）大面积发光顶棚和间接照明时，高度角在 45°～90° 范围内的亮度应限制在 500cd/m² 以内，如图 7-4 所示。

5）一般照明房间作均匀布置的，照明光源不应超过其允许亮度。

根据视觉工作环境的特点和眩光程度，合理确定直接眩光限制的质量等级，采用统一眩光值（UGR）。眩光程度与统眩光值的对照见表 7-3。

表 7-3　　　　　　　　　　眩光程度与统一眩光值（UGR）对照

UGR 的数值	对应眩光程度的描述	视觉要求和场所
＜13	没有眩光	手术台、精细视觉作业
13～16	开始有感觉	使用视频终端、绘图室、精品展厅、珠宝柜台、控制室、颜色检验
17～19	引起注意	办公室、会议室、教室、一般展室、休息厅、阅览室、病房
20～22	引起轻度不适	门厅、营业厅、候车厅、观众厅、厨房、自选商场、餐厅、自动扶梯
23～25	不舒适	档案室、走廊、泵房、变电所、大件库房、交通建筑的入口大厅
26～28	很不舒适	售票厅、较短的通道、演播室、停车区

注　UGR 系指度量处于视觉环境中的照明装置发出的光使人眼产生不舒适感主观反应的心理参量。

6）有视觉显示终端的工作场所照明应限制灯具中垂线以上，大于等于 65° 高度角的亮度。灯具在该角度上的平均亮度限值宜符合表 7-4 的要求。

表 7-4　　　　　　　　　　灯具平均亮度限值

屏幕分类，见 ISO 9241-7	Ⅰ	Ⅱ	Ⅲ
屏幕质量	好	中等	差
灯具平均亮度限值（cd/m²）	≤1000		≤200

注　1. 本表适用于仰角小于等于 15° 的显示屏。

　　2. 对于特定使用场所，如敏感的屏幕或仰角可变的屏幕，表中平均亮度限值应用在更低的灯具高度角（如 55°）上。

（2）限制反射眩光，对于要求统一眩光值（UGR 不大于 22 的照明场所，应对损害对比降低可见度的反射眩光和光幕反射应加以限制。

反射眩光是由视野内光泽表面反射所产生的眩光，特别是靠近视线方向看见反射像所产生的眩光，这种反射既能引起不舒适，又能分散精力；光幕反射是视觉对象的镜面反射，它使视觉对象的对比降低，以致部分地或全部地难以看清细部。当反射影像出现在观察对象上时，物件的亮度对比下降，视度变坏，好似给物件罩上一层"光幕"一样，所以常采用以下限制措施：

1）使用发光表面积大、亮度低、光扩散性能好的灯具。

2）不得将灯具安装在干扰区内或可能使处于视觉工作的眼睛形成镜面反射的区域内。

3）视觉工作对象和工作房间内尽量采用低光泽表面的装饰材料。

4）采用在视线方向反射光通量小的特殊配光灯具或采用间接照明方式。

5）可照度顶棚和墙面以减小亮度比，并应避免出现光斑。

6）采用混合照明。

2. 照度均匀度

照度就是物体表面单位面积上的光通量照射的程度（单位，lx），而照度均匀是按在给定的工作面上的最小照度与其平均照度的比值来衡量的。

为了保证工作区照明所需要的照度，选择合适的照明灯具布置方案，使公共建筑工作房间和工业建筑作业区域内一般照明的照度均匀度不宜小于 0.7，作业面邻近周围的照度均匀度不小于 0.5。房间或场所内的通道和其他非作业区域的一般照明照度值不宜低于作业区域一般照明照度值的 1/3。

3. 阴影的限制和应用

由遮挡形成的阴影和为表现立体物体的立体感所需要的阴影。

（1）由遮挡形成的阴影，会减弱工作物件上的亮度和对比。在要求避免阴影的场合（如采用一般照明的绘图室）宜采用漫反射照明。

（2）为了表现物件的立体感和材质感，需要有适当的阴影。为此可分别设定局部定向照明和点光照明（或壁面照明）。

（3）当需要获得完善的造型立体感时，宜使垂直照度（E_v）与水平照度（E_h）之比保持下列条件：$0.25 \leq \dfrac{E_v}{E_h} \leq 0.5$。对于平面型作业，可采用方向性不强的漫射型照明形式。

4. 消除环境因素影响

当环境各表面的亮度比较均匀，眼睛功能达到最舒适和最佳效率，室内各表面亮度应保持一定比例。为了获得一定的亮度对比，必须使室内各表面具有适当的反射系数。长时间视觉工作的场所，亮度与照度分布宜按下列比值选定：

（1）工作区亮度与工作区相邻环境的亮度比值不宜低于 3，工作区亮度与视野周围的平均亮度比值不宜低于 10，灯的亮度与工作区亮度之比不应大于 40。

（2）当照明灯具采用暗装时，顶棚的照度不宜小于工作区照度的 1/10。

（3）在长时间连续工作的房间（如办公室、阅览室等），室内表面反射比宜按表 7-5 选取。

表 7-5 工作房间表面反射比

表面名称	反 射 比	表面名称	反 射 比
顶棚	0.6～0.9	地面	0.1～0.5
墙面	0.3～0.8	作业面	0.2～0.6

注 反射比系指在入射辐射的光谱组成、偏振状态和几何分布给定状态下，反射的辐射通量或光通量与入射的辐射通量或光通量之比。

5. 提高照度的稳定性

可通过照度补偿、控制电压波动和灯具摆动等来实现照度的稳定性。

6. 消除频闪效应

由于交流电源供电的电流周期性交变，因此电光源的光通量也随之周期性变化，特别是气体放电灯产生这种现象较显著，使人眼产生明显的闪烁感。当观察转动物体时，若物体转动的频率是灯光闪烁频率的整数倍，则转动的物体看上去好像没有转动一样，这种现象称为频闪效应，这样很容易造成错觉而发生事故。

交流电源供电的光源所发射的光通量是波动的，一般当光通量波动深度在25％以下时，频闪效应即可避免。因此，在频闪效应对视觉条件有影响的场所使用气体放电灯时，应将相邻的灯分别接入不同相序或采用高频电子镇流器。

7. 选用适宜的光源颜色、色温与显色性

选择照明光源要考虑使用条件、光效及光源颜色质量等因素。

(1) 光源颜色的选择宜与室内表面的配色互相协调，以形成相应于房间功能要求的色彩环境。室内的房间中，在天然光和人工光同时使用时，应使光源的颜色及其显色特性与天然光协调，并且还要适当考虑夜间照明的需要。这时中间色的灯（色温在4000～4500K之间的气体放电光源）常被认为是较合适的。

(2) 照明光源的颜色质量取决于光源本身的表面颜色及其显色性能。但外观颜色相同的光源，其光谱成分可能完全不同，因而显色性也有很大的差别。

(3) 光谱能量分布同完全辐射体相近的光源，其颜色可以用相关色温表示。室内一般照明光源的颜色，根据其相关色温可分为三组，见表7-6。

表7-6 光源的颜色分类

光源颜色分类	光源的颜色特征	光源相关色温的近似值	适用场所
I	暖	<3300K	居室、餐厅、宴会厅、多功能厅、酒吧、咖啡厅、重点陈列室
II	中间	3300K～5300K	教室、办公室、会议室、阅览室、营业厅、普通餐厅、一般休息厅、洗衣房
III	冷	>5300K	设计室、计算机房、高照度场所

(4) 光源颜色的外观效果还与照度有关。在不同照度下，光的不同颜色外观效果是不一样的。在低照度时，常用低色温光源（<3300K）。随着照度的增加，光源色温也相应提高。

四、照度

1. 照度标准

(1) 照度的一般要求：

1) 民用建筑照度标准所规定的照度系指工作面上的平均维护照度。若设计未加指明时，以距地0.75m的参考水平面作为工作面。

2) 在选择照度时，应符合下列分级：0.5、1、3、5、10、15、20、30、50、75、100、150、200、300、500、750、1000、1500、2000、3000、5000lx。

3) 各类视觉工作对应的照度范围值，见表7-7。

表7-7 各类视觉工作对应的照度范围值

视觉工作性质	照度范围(lx)	区域或活动类型	适用场所
简单视觉工作	≤20	室外交通区，判别方向和巡视	室外道路
	30～75	室外工作区、室内交通区，简单识别物体特征	客房、卧室、走廊、库房

视觉工作性质	照度范围（lx）	区域或活动类型	适用场所
一般视觉工作	100～200	非连续工作的场所（大对比大尺寸的视觉作业）	病房、起居室、候机厅
	200～500	连续视觉工作的场所（大对比小尺寸和小对比大尺寸的视觉作业）	办公室、教室、商场
	300～750	需集中注意力的视觉工作（小对比小尺寸的视觉作业）	营业厅、阅览室、绘图室
特殊视觉工作	750～1500	较困难的远距离视觉工作	一般体育场馆
	1000～2000	精细的视觉工作、快速移动的视觉对象	乒乓球、羽毛球
	≥2000	精密的视觉工作、快速移动的小尺寸视觉对象	手术台、拳击台、赛道终点区

4）应急照明的照度标准值应符合要求：用于备用照明，其工作面上的照度不应低于一般照明照度的10%；用于疏散照明，其照度不应低于0.5lx；工作场所内安全照明的照度不宜低于该场所一般照明照度的5%。

5）在民用建筑照明设计中，应根据建筑性质、建筑规模、等级标准、功能要求和使用条件等确定照度标准值。

6）对于建筑装饰照明，照度标准可有一个照度级差的上、下调整。

（2）照度标准。

1）办公楼建筑照明的照度标准值见表7-8。

表 7-8　　　　　　　　　　办公建筑照度标准值

房间或场所	参考平面及其高度	照度标准值（lx）	UGR	Ra
普通办公室		300	19	80
高档办公室		500	19	80
会议室	0.75m 水平面	300	19	80
接待室、前台		300	—	80
营业厅		300	22	80
设计室	实际工作面	500	19	80
文件整理、复印、发行室	0.75m 水平面	300		80
资料、档案室		200		80

2) 商业建筑照明的照度标准值见表7-9。

表 7-9 商业建筑照明的照度标准值

房间或场所	参考平面 及其高度	照度标准值 (lx)	UGR	Ra
一般商店营业厅	0.75m 水平面	300	22	80
高档商店营业厅		500	22	80
一般超市营业厅		300	22	80
高档超市营业厅		500	22	80
收款台	台面	500	—	80

3) 旅馆建筑照明的照度标准值见表7-10。

表 7-10 旅馆建筑照明的照度标准值

房间或场所		参考平面 及其高度	照度标准值 (lx)	UGR	Ra
客房	一般活动区	0.75m 水平面	75	—	80
	床头		150	—	80
	写字台	台面	300	—	80
	卫生间		150	—	80
中餐厅		0.75m 水平面	200	22	80
西餐厅、酒吧间、咖啡厅			100	—	80
多功能厅			300	22	80
门厅、总服务台			300	—	80
休息厅		地面	200	22	80
客房层走廊			50	—	80
厨房		台面	200	—	80
洗衣房		0.75m 水平面	200	—	80

4) 居住建筑照明的照度标准值见表7-11。

表 7-11 居住建筑照明的照度标准值

房间或场所		参考平面 及其高度	照度标准值 (lx)	Ra
起居室	一般活动	0.75m 水平面	100	80
	书写、阅读		300*	
卧室	一般活动		75	80
	床头、阅读		150*	
餐厅		0.75m 餐桌面	150	80
厨房	一般活动	0.75m 水平面	100	80
	操作台	台面	150*	
卫生间		0.75m 水平面	100	80

* 宜用混合照明（由一般照明与局部照明组成的照明）。

5）公用场所照明的照度标准值见表7-12。

表 7-12   **公用场所照明的照度标准值**

房间或场所		参考平面及其高度	照度标准值（lx）	UGR	Ra
门厅	普通	地面	100	—	60
	高档		200	—	80
走廊、流动区域	普通		50	—	60
	高档		100	—	80
楼梯、平台	普通		30	—	60
	高档		75	—	80
自动扶梯			150	—	60
厕所、盥洗室、浴室	普通		75	—	60
	高档		150	—	80
电梯前厅	普通		75	—	60
	高档		150	—	80
休息室			100	22	80
储藏室、仓库			100	—	60
车库	停车间		75	28	60
	检修间		200	25	60
动力站	风机房、空调机房		100	—	60
	泵 房		100	—	60
	冷冻站		150	—	60
	压缩空气站		150	—	60
	锅炉房、煤气站的操作层		100（锅炉水位表照度不小于50lx）	—	60
变、配电站	变压器室		100	—	20
	配电装置室	0.75m水平面	200	—	60

2. 照度计算

（1）照度计算一般规定。

1）当圆形发光体的直径小于其至受照面距离的1/5或线形发光体的长度小于照射距离（斜距）的1/4时，可视为点光源。

2）当发光体的宽度小于计算高度的1/4，长度大于计算高度的1/2，发光体间隔较小（发光体间隔小于$\frac{h}{4\cos\theta}$，其中h为灯具的计算点上的垂直高度；$\cos\theta$为受照面法线与入射光线夹角的余弦），且等距成行排列时，可视为连续线光源。因线光源系非对称光源，所以在进行线光源计算时至少要计及纵横两个侧光平面的光强分布。

3）面光源系指发光体的形状和尺寸在照明场所中占很大比例，并且已超出点线光源所具有的形状概念。

4）设计照度值与照度标准值时，两者的偏差不宜超过±10%。

（2）照度计算方法。

1）单位容量计算法等简化计算法只适用于均匀的一般照明计算，是方案或初步设计时的近似计算。单位容量有 W/m²、lm/m² 等多种计算表格。

2）点照度计算适用于室内外照明（如体育馆、场）的直射光对任意平面上一点照度的计算。

a. 点光源点照度可采用平方反比法进行计算。如图 7-5 所示为水平和垂直照度计算用关系

图，计算公式为

水平照度

$$E_\mathrm{h} = \frac{N\varphi_\mathrm{L} I_\theta D_\mathrm{F} \cos^3\theta}{1000h^2}$$

垂直照度

$$E_\mathrm{v} = \frac{N\varphi_\mathrm{L} I_\theta D_\mathrm{F} \cos^2\theta \sin\theta}{1000h^2}$$

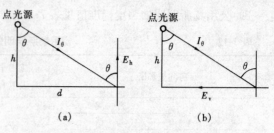

图 7-5　计算水平和垂直照度的基本关系图
(a) 水平照度；(b) 垂直照度

当使用空间等照度曲线时（假设光源光通量为 1000lm），则

$$E_\mathrm{h} = \frac{\varphi_\mathrm{L} \varepsilon D_\mathrm{F}}{1000}$$

式中　N——灯具数量；

　　　　h——灯具的计算点上的垂直高度，m；

　　　　φ_L——灯具内光源总光通量，lm；

　　　　ε——相对照度，可由等照度曲线中查得；

　　　　D_F——维护系数，由表 7-13 查得；

　　　　I_θ——灯具在 θ 方向上的光强值（可从该灯具的光源光通量为 1000lm 的光强分布曲线上查得），cd。

b. 线光源点照度可采用方位系数法进行计算，因线光源是非对称光源，故应计及纵、横向两个侧光平面的光强分布，其水平和垂直照度计算公式为

水平照度

$$E_\mathrm{h} = \frac{N\varphi_\mathrm{L} I'_\theta D_\mathrm{F} AF_\mathrm{h} \cos^2\theta}{h}$$

垂直照度

$$E_\mathrm{v} = \frac{N\varphi_\mathrm{L} I'_\theta D_\mathrm{F} AF_\mathrm{v} \cos\theta \sin\theta}{h}$$

式中　　　N——灯具数量；

　　　　I'_θ——在 θ 平面上垂直于线光源方向单位长度光源的光强，即灯具在横向平面内 θ 角方向的光强与灯具长度之比；

　　AF_h、AF_v——纵向平面的水平、垂直方位系数。

c. 面光源点照度可采用形状因数法或称立体角投影率法进行计算，其水平和垂直照度计算公式为

水平照度　　　　　　　　$E_\mathrm{h} = Lf_\mathrm{h}$

垂直照度　　　　　　　　$E_\mathrm{v} = Lf_\mathrm{v}$

式中　L——光源的亮度，cd/m²；

　　f_h、f_v——水平、垂直平面的形状因数。

d. 当室内反射特性较好时，还应计及相互反射光分量对照度计算结果产生的影响。

3) 平均照度计算适用于房间长度小于宽度的 4 倍、灯具为均匀布置以及使用对称或近似对称光强分布灯具时的照度计算，可采用利用系数法进行计算，其计算公式为

平均照度

$$E_\mathrm{av} = \frac{N\varphi_\mathrm{L} U_\mathrm{F} D_\mathrm{F}}{A}$$

式中　N——灯具数量；

U_F——利用系数；

　　A——计算平面的面积，m^2。

4）平均球面照度（标量照度）和平均柱面照度计算，适用于在有少量视觉作业的房间，如大门厅、大休息厅、候车室、营业厅等的照度计算，可采用利用流明法进行计算，其计算公式为

平均球面照度　　　　　　　$E_s=E_{av}$ $(K_s+0.5\rho_{fe})$

平均柱面照度　　　　　　　$E_c=E_{av}$ $(K_c+0.5\rho_{fe})$

式中　K_s——换算系数，$K_c=1.5K_s-0.25$；

　　　ρ_{fe}——地板空间有效反射率。

5）垂直照度（E_v）与水平照度（E_h）之比应满足：$0.25 \leqslant E_v/E_h \leqslant 0.5$。

6）在进行照明设计时，应根据光源的光通衰减、灯具积尘和房间表面污染引起照度值降低的程度，在计算照度时应计入表 7-13 所示的维护系数，即除以该表中的维护系数。

表 7-13　　　　　　　　　　　照度维护系数

环境维护特征	工作房间或场所	灯具最少擦洗次数（次/年）	维护系数	
			白炽灯、荧光灯、金属卤化物灯	卤钨灯
清洁	住宅卧室、客房、办公室、餐厅、阅览室、绘图室	2	0.80	0.80
一般	商业营业厅、候车室、影剧院观众厅	2	0.70	0.75
污染严重	厨房	3	0.60	0.65

注　维护系数系指照明装置在使用一定周期后，在规定表面上的平均照度或平均亮度与该装置在相同条件下新装时在同一表面上所得到的平均照度或平均亮度之比。

五、绿色照明工程与节电

1. 绿色照明工程

20 世纪 90 年代初，国际上以节约电能、保护环境为目的提出了"绿色照明"概念。1996 年国家经贸委根据中国的国情，会同国家计委、国家科委、中国轻工总会等制订了《"中国绿色照明工程"实施方案》，起动了中国绿色照明工程。

为了促进"中国绿色照明工程"的实施，联合国开发署（UNDP）向"中国绿色照明工程"提供了技术援助项目的支持。

"绿色照明"是指节约能源、保护环境，有益于提高人们生产、工作、学习效率和生活质量，保护身心健康的照明系统。绿色照明推广使用由效率高、寿命长、安全和性能稳定的电光源、照明电器附件以及调光控制器件组成的照明系统，节约照明用电"以节约能源，保护环境，提高照明质量"。同时，节省相应的电厂燃煤，减少二氧化硫、氮氧化物、粉尘、灰渣、二氧化碳的排放量，从而减少发电对环境的污染，提高人们的工作和生活质量。

"中国绿色照明工程"计划推广的高效照明器具，主要包括：

（1）光效高、光色好、寿命长、安全和性能稳定的电光源，包括紧凑型荧光灯、细管径直管荧光灯、高压钠灯、金属卤化物灯、高频无极放电灯、LED 灯等。

（2）自身功耗小、噪声低，对环境与人体无污染和影响的照明电器附件，包括电子镇流器、节能型电感镇流器、高效反射罩等。

（3）光能利用率高、耐久性好、安全、美观适用的照明灯饰。

(4) 传输效率高、使用寿命长、电能损耗低、安全的配线器材以及调光装置，红外、感应、触摸开关和遥控等控制器件。均匀发光与局部照明相结合，节省非照明区耗电；充分利用天然采光，减少人工照明用电等。

(5) 选用高反射材料和改进配光设计以提高灯具效率；发展节能光源灯具品种，如大功率高光效光源的室内照明灯具、配电子镇流器的一体化灯具、局部照明的不同光束角灯具等。

(6) 白炽灯的节能主要是提高光利用率。通过涂复介质层反射红外线加热灯丝，减少灯丝电耗，或充氪等惰性气体和蒸铝内表壳；光源外配反光碗，提高光的定向利用率。

绿色照明工程的核心是节电，因此采用国家推广的新型节能照明器具来替代老式器具，以达到节能和环保的双重目的。

实施绿色照明工程的一般做法如下：

(1) 各宾馆、饭店、商场、写字楼、机关、学校、新建住宅楼、营业网点等非工业用电单位，取消白炽灯和电感式镇流器，使用紧凑型荧光灯和配电子镇流器的细管径直管荧光灯等节能照明器具。

(2) 工厂企业的车间、体育场馆、车站码头、广场道路的照明，选用适宜的日光色镝灯，金属卤化物灯，高、低压钠灯等照明节电产品，取消高压汞灯和管形卤钨灯。

(3) 大力提倡和鼓励城乡居民住宅使用紧凑荧光灯和配电子镇流器的细管径直管荧光灯，取代白炽灯和电感式镇流器。电子镇流器无音频噪声、无闪烁、无光污染，起动快，系统光效高，比常规用的电感式镇流器的光效有很大提高。因此，这项产品被列为推广应用的优质节电产品。

(4) 从组织上协调落实绿色照明工程的有关政策和日常推广工作。凡新建、扩建的单位在设计、选用照明器具时，必须选择符合国家《节电产品推广应用许可证》的照明节电产品，其型号、规格、生产厂家应与许可证相符。当选用国家公布淘汰的照明器具时，不应审查扩初设计，也不得验收和接电等。

实施绿色照明工程后，将会带来以下效果：

(1) 节省照明用电，减少白炽灯用散发热量而消耗的制冷用电以及灯具维护费。

(2) 照明光线柔和，光色更好，不闪烁，无噪声。

(3) 减少因照明用电迅速增加而需增加的电力投资。

(4) 节约用电可减少发电量、降低能耗，以减少发电厂带来的大气污染。

(5) 推行终端节电技术节约电能，是改善电力负荷紧张状况和提高企业经济效益的主要途径。同时，照明用电大都属于峰时用电，因此具有节约电量和缓和高峰用电的双重作用。

2. 照明节能

(1) 合理选定照度。选择适当的照度，使被观察物体达到合适的亮度，有利于保护工作人员的视力，提高产品质量和劳动效率。因此，进行工业与民用电气照明设计时，应根据不同作业面的要求，严格按国标 GB 50034《建筑照明设计标准》进行，确定适当的照度值，选用合适的照明方式。在照度标准较高的场所可增设局部照明等；在房间布置已经确定的场所，应尽量采用局部一般照明。

(2) 合理选用光源。

1) 尽量采用高效光源、高效灯具和节能器材，同时应考虑高效光源的光色是否适宜以及最初投资和长期运行的综合经济效益。照明节能的关键是推广质量高、用户信赖的节能新光源以及各种照明控制设备。

2) 目前一般工作场所宜采用的主要节能电光源有细管径三基色荧光灯和紧凑型单端荧光灯

两大类，在条件允许情况下。一般房间应优先采用。在显色性要求较高的场所宜采用三基色荧光灯、稀土节能型（紧凑型）荧光灯、小功率金属卤化物等高效光源。

3）高大厂房和室外场所的一般照明宜采用金属卤化物灯、高压钠灯等高光强气体放电光源，亦可采用大功率细管径荧光灯。

4）室内外照明不宜采用普通白炽灯，当有特殊需要时，宜选用双螺旋（双绞丝）白炽灯或带有热反射罩的小功率高效卤钨灯。

5）在需要有高照度或有辨色要求的场所，应尽量采用两种以上光源组成的混光照明。

6）充分利用天然光，合理开窗。能利用天然光的区域，尽量将其利用起来，以缩短人工照明时间，在一些天然光不足的区域，才采用人工光补充（少开灯）。非经济上、工艺上或其他原因，尽量少建无窗房间，充分利用各种导光和反光装置将天然光引入室内进行照明。

7）有条件时，宜利用太阳能作为照明能源。

（3）合理选择照明灯具。灯具除能较好地起到支撑、防护和装饰等作用外，更重要的是提高光源所提供的光能利用率，把光通量分配到需要的地方。所以，照明设计应选用具有光效高的灯具，变质速度慢及不易污染的控光器，功率损耗低的灯用附件。

1）除有装饰需要外，应优先选用直射光通比例高、控光性能合理的高效灯具。

a. 室内用灯具效率不宜低于 70％（装有遮光格栅时不低于 60％）；室外用灯具效率不应低于 50％。

b. 根据使用场所的不同，采用控光合理的灯具，如平面反光镜定向射灯、蝙蝠翼式配光灯具、块板式高效灯具等。

c. 装有遮光格栅的荧光灯灯具，宜采用与灯管轴线垂直排列的单向格栅。

d. 在符合照明质量要求的原则下，选用光通利用系数高的灯具。

e. 选用控光器变质速度慢、配光特性稳定、反射或透射系数高的灯具，以减少光能衰减率。

2）灯具的结构和材质应易于维护清洁和更换光源。

3）采用功率损耗低、性能稳定的灯用附件。

a. 直管形荧光灯使用节能型电感式镇流器时能耗不应高于灯标称功率的 20％，应大力推广应用高效节能电子镇流器；高光强气体放电灯的电感式触发器能耗不应高于灯标称功率的 15％。

b. 高光强气体放电灯宜采用电子触发器。

（4）合理确定照明方案。

1）照明与室内装修设计应有机结合，避免片面追求形式和不适当选取照度标准以及照明方式，在不降低照明质量的前提下，应有效控制安装功率密度值。

2）室内表面宜采用高反射率的饰面材料，应尽量用浅色的墙面、顶棚和地面，以便能够更加有效地利用光能。还应注意在高照度情况下，对照明房间反射率的特殊要求。

3）当条件允许时，可采用照明灯具与家具组合的照明形式。

4）在有集中空调而且照明容量大的场所，宜采用照明灯具与空调回风口结合的形式。该形式的作用是带走照明装置产生的大部分热量，减少空调设备的负荷，以达节能目的。

5）正确选择照明方案，优先采用分区一般照明方式，这样可不必将整个房间的照度水平都提高。

6）对于采用节能型电感镇流器的气体放电光源，宜采取分散进行无功功率补偿。

（5）改善照明器的控制和管理。

1）合理选择照明控制方式，充分利用天然光并根据天然光的照度变化，控制电气照明的分区。

2) 根据照明使用特点，可采取分区控制灯光或适当增加照明开关点。每个照明开关控制灯具的数量不要过多，以便于管理和有利于节能为原则。

3) 采用各种类型的节电开关和管理措施，如定时开关、调光开关、光电自动控制器等开关和照明智能控制系统等管理措施。公共场所照明、室外照明，可采用集中遥控节能管理的方式或采用自动控光装置。

灯具配备自动开关器后，能随着室外天然光的高低自动开闭照明灯具，并实行分组控制，以便按不同需要分别开闭灯具。

4) 合理有效地配线，减少线路上的电能损失。

5) 低压照明配电系统设计，应便于按经济核算单位装表计量，避免浪费电能。

在进行照明设计时，照明方式的选择、光源和灯具的选择及安装，需考虑易于维护管理。

第二节 照明装置及其安装

一、照明电光源

(一) 概述

1. 常用照明电光源的分类

目前常用的照明光源按发光原理可分为三大类：

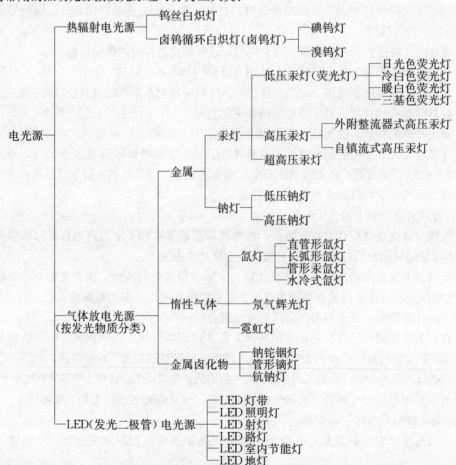

2. 常用电光源型号的含义

(1) 白炽光源。

产品代号：
PZ—普通照明灯泡；JZS—普通低压照明灯泡；
PZM—蘑菇形普通灯泡；JZ—局部照明灯泡；
PZS—普通照明灯泡（双螺旋）；CS—彩色照明灯泡（普通型）；CSQ—彩色照明灯泡（球形）；
CSZ—彩色照明灯泡（烛形）；CSM—彩色照明灯泡（蘑菇形）；JG—聚光灯泡；JGF—反射型聚光灯；ZS—装饰饰灯泡；LZG—管形照明卤钨灯；
LHW—红外线卤钨灯管

额定功率(W)
额定电压(V)

(2) 气体放电光源。

产品代号：
YZ—直管形荧光灯；YU—U 形荧光灯；
YH—环形荧光灯；YDN—H 形荧光灯；
无型号—ZD 形荧光灯；PL—分离式节能灯；FE—电子节能灯；YPZ—3U、4U 电子节能灯；YPZ—S 螺旋形电子节能灯；YZS—三基色荧光灯；GGY—荧光高压汞灯泡；GYZ—自镇流荧光高压汞灯泡；DDG—日光色管形镝灯；NTY—钠铊铟灯泡；KNG—钪钠灯；NG—高压钠灯泡；ND—低压钠灯泡；HXJ—金卤钠灯；HXG—中显钠汞灯；HJJ—双管芯金卤灯；NHO、WN、NDL、ND—氖气辉光灯泡；XG—管形氙灯；SZ—长弧氙灯；GXG—管形汞氙灯；WJ—高频无极放电灯

结构型式顺序号或
颜色特征代号：
RR— 日光色；RL— 冷白色；
RD— 三基色
RN— 暖白色；RC— 绿色；
RH— 红色；RP— 蓝色；
RS— 橙色；RW— 黄色
额定功率(W)或电流范围(mA)

3. 常用电光源的特点

常用照明电光源的特点见表 7-14。

表 7-14　　　　　　　　　　常用照明电光源的特点

种类	优　　　点	缺　　　点	适　用　场　合
白炽灯	结构简单，辐射光谱连续，显色性好，功率因数高，价格低廉，使用和维修方便	光效低，寿命短，不耐振	用于室内、外照度要求不高，而开、关频繁的场合
卤钨灯	光效较高，比白炽灯高30%左右，构造简单，使用和维修方便，显色性好，体积小	灯管必须水平装，倾斜角不大于±4°，灯管表面温度可达600℃左右，不耐振	广场、体育场、游泳池、工地、会场等照度要求高，照射距离远的场合

种类		优　点	缺　点	适　用　场　合
荧光灯		光效较高，比白炽灯高3倍，寿命长，光色好	功率因数低，需附件多，故障比白炽灯多，受环境温度影响大，且有频闪效应，不宜频繁起动，以免影响灯管使用寿命	广泛用于办公室、会议室和商店等场合
氙灯		光效极高，光色接近日光，功率大，体积小，功率因数高（直管形氙灯）	起动装置复杂，需用触发器起动。灯在点燃时有大量紫外线辐射	广泛用于广场、体育场、公园等大面积照明
荧光高压汞灯	外附镇流器式	光效高，寿命长，耐振	功率因数低，需附件，价格高，起动时间长，初起动4～8min，再起动5～10min	广场、大车间、车站、码头、街道、施工工地等分辨颜色要求不高的场所
	自镇流式	光效高，寿命长，省电，无镇流器附件，使用方便，光色较好，初起动无延时，且初始投资少	价格高，不耐振，再起动要延时3～6min	
钠灯	低压	光效很高，省电，寿命长，紫外线辐射少，透雾性好，视觉敏感度高	分辨颜色的性能差，功率因数低，起动时间约7～15min，再动需约5min	多用于城市道路等户外照明，室内不宜使用
	高压	光效高、寿命长、紫外线辐射少、透雾性好，可有限识别光色	起动时间约4～8min，再起动时间约10～15min，正常点燃情况下，若瞬时停电而熄灭，1min内可再起动	适用于道路、港口、广场、车站等照明，也可用于显色要求不高的室内的体育馆、工业照明
金属卤化物灯		光效高，光色好，控制方便，节电效果好，起动电流较低，耐振性好	寿命较短，起动设备较复杂，起动电压比较高	适用于道路、体育馆、剧场、高大厂房及要求照度高，显色性好的室内照明，如美术馆、饭店、展览馆等
LED灯		节能环保、可靠高效、寿命长、维护工作量小等	单片LED功率小，显色性与白炽灯相比有差距，价格较贵	适用于照明和显示领域，如照明灯及显示屏等

（二）照明电光源的结构及原理

1. 第一代电光源

照明工程中常用的白炽灯、卤钨灯（碘钨灯、溴钨灯），属于第一代电光源。

（1）白炽灯的构造、原理。白炽灯泡是利用钨丝通过电流时被加热而发光的一种热辐射光源。其结构简单、成本低、使用方便，其中双螺旋白炽灯泡的发光效率较普通白炽灯泡的发光效率高。

白炽灯的结构如图7-6所示，其由灯头（有螺口和插口两种，分别与相应灯座配套使用）、灯丝和玻璃外壳组成。灯丝是用钨丝制成的，他的两端通过支架连接到灯头，以便与零线和相线相连。带有螺纹外壳的灯头，可以拧进螺纹灯座内。

一般小功率（40W及以下）的白炽灯玻璃泡内被抽成真空，而60W及以上大功率的灯泡玻璃壳内抽成真空后，再充入惰性气体，以减少钨丝发热的蒸发损失，提高灯泡的使用寿命。白炽灯是由于电流通过钨丝时，灯丝热至白炽化而发光的，当温度达到500℃左右时，开始出现可见光谱并发出红光，随着温度增加由红色变为橙黄色，最后发出白色光。但在使用过程中，由于从灯丝蒸发出来的钨沉积在灯泡壁上而使玻璃壳黑化，透光性降低，从而造成灯泡的光效率降低。

白炽灯灯丝温度随着电压变化而变化，当外接电压高于额定值时，灯泡的寿命显著降低，而光通量、功率及发光效率均有所增加；当外接电压低于额定值时，则相反。为了使白炽灯泡正常使用，必须使灯泡的工作电压接近额定值。

由于细管径三基式荧光灯和紧凑型单端荧光灯的光电参数较白炽灯优越，因此在条件允许的情况下应优先采用，以逐步淘汰白炽灯。

（2）卤钨灯的结构、原理。卤钨灯是一种在石英玻璃泡内充卤元素（碘或溴）的白炽光源。灯管用石英玻璃或含硅量高的硬玻璃制成，充入压力较大的微量卤素（如碘、溴等）及氩气（以抑制钨丝蒸发），卤钨灯管外形如图7-7所示。

按充入卤钨灯内卤元素的不同，可分为碘钨灯和溴钨灯。溴钨灯的光效比碘钨灯约高4%～5%，色温也有所提高。在耐高温的石英玻璃或高硅酸玻璃制成的灯管内，充入氮、氩气和少量卤素（碘或溴），利用灯管中的高温分解，卤元素与从灯丝蒸发出来的钨化合生成卤化钨并在灯管内扩散，然后再回到钨丝附近，被那里的高温分解为钨原子和卤原子，从而形成卤钨循环。这样可有效地抑制钨的蒸发，且因灯管内被充入较高压力的惰性气体而进一步抑制钨蒸发，使灯的使用寿命有所提高，防止灯泡黑化，从而也提高了发光效率。

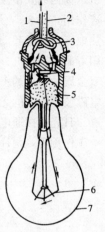

图7-6　白炽灯（螺口灯头）的结构图

1—零线；2—相线；3—线扣结法；4—灯头舌头；5—凝固胶；6—灯丝；7—玻璃外壳

2. 第二代电光源

为提高发光效率，出现了一种新型电光源——汞灯，它属于气体放电光源，代表光源史上的第二代。

（1）低压汞灯（俗称日光灯或荧光灯）的结构、原理。荧光灯是预热式热阴极低压汞弧光放电灯，与普通白炽灯泡相比，它具有发光效率高、寿命长、色温和显色性均好等优点。

日光灯是气体放电光源，它由灯管、镇流器、启辉器和灯座组成，而灯管由灯头、灯丝和玻璃管壳组成，如图7-8所示。灯管两端各有一条灯丝，灯丝分别与灯头的两颗插芯（灯脚）相连。灯管内抽成真空，再充以少量惰性气体氩和微量的汞，玻璃管内壁上涂有一层荧光粉，灯丝上涂有容易发射电子的电子粉。

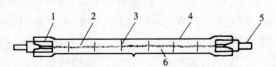

图 7-7　卤钨灯管的外形

1—封套；2—灯丝；3—支架；
4—石英管；5—电极；6—碘或溴蒸气

图 7-8　日光灯管结构

1—灯脚；2—灯头；3—灯丝；
4—荧光粉；5—玻璃管

日光灯不能像白炽灯和卤钨灯那样可以直接与电源相连，在它的电路中必须接上镇流器（是一种铁芯线圈，其自感系数比较大）和启辉器，才能正常工作。如图7-9所示是日光灯的电路及启辉器的结构，其中图7-9（a）为二线式镇流器的接线，镇流器 L 与灯管 EL 串接；图7-9（b）

所示为四线式镇流器 L 的接线，标号 1、2 是主线圈的两个接头，同二线式的接法，起正常的镇流作用，而 3、4 是副线圈接头，接在启辉继电器 K 回路中，匝数很少，可使灯丝通有较大的预热电流，易于起动，故它的起动性能和限流性能较好，受电压波动的影响较小，并能延长灯管使用寿命；图 7-9（c）为启辉器，是一个充有氖气的玻璃泡，玻璃泡内装有定触片（静触头）和用双金属片制成的 U 形动触片，在两触片间并联一个电容器，以防止启辉动器因辉光放电产生的电磁波对附近的无线电器的干扰。触片和电容器装在一个顶端开有圆孔的铝罩或塑料罩内。

日光灯接通电源后，电源电压加到启辉器的定触片和动触片之间。两触片间的距离很小，在电压作用下，两片之间的气体被电离，形成辉光放电，启辉器的动触片因而受热膨胀，动触片伸

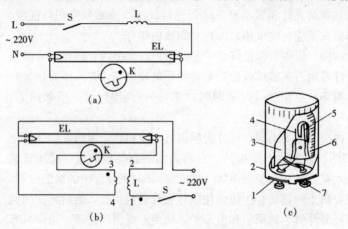

图 7-9　日光灯的电路及启辉器的结构图
(a) 二线式镇流器的接线；(b) 四线式镇流器的接线；(c) 启辉器
1—绝缘底座；2—外壳；3—电容器；4—静触头；5—双金属片；6—玻璃壳内充入惰性气体；7—电极；
S—开关；L—镇流器；EL—灯管；K—启辉器

张而与定触片接触形成通路 1～2s 后，于是电流通过灯丝预热，并使灯丝受热而发射出大量电子。启辉器动、静触片接通后，辉光放电即停止，触片温度下降，动触片因而恢复原来状态，使动、静两触片分开，电路被切断。这时，镇流器因电流突然消失而产生较高的自感电动势，此电动势与电源电压叠加，在灯管两端形成很高的脉冲电压。在高电压作用下，灯管内已存在的大量电子形成电子流，电子与汞蒸气分子碰撞，使汞蒸气电离而放电。在放电过程中，辐射出的紫外线激发灯管内壁的荧光物质而发出可见光，因这种光的光色接近日光，故称为日光灯。

日光灯管一类采用以宽频带卤磷酸盐为主要成分的荧光粉，显色指数一般在 64～77。我国规定荧光粉颜色有日光色、冷白色和暖白色数种，其色温分别在 6500、4300、2900K，发光效率在 60lm 左右。另一类是近几年试制成的稀土金属的三基色荧光粉（红、绿、蓝三种单色荧光粉，按不同的比例混合制成），它的显色指数在 85 以上，发光效率可达 75lm/W，虽然价格较高，但显示出了三基色荧光灯的优点：①三基色荧光粉低于卤磷酸盐的发光效率的衰退；②亮度比相同功率的直管形荧光灯高 20%；③显色性好，逼真、显示物体比本来物体的色力强；④短波紫外线输出少，对高级文物的展览与保存有利；⑤用电量为卤钨灯的 1/3～1/6。

新近出现的细管径单端式稀土节能荧光灯以其特殊的结构，使得荧光灯的发出光效比普通灯高，体积小，光色好，在取代低效的白炽灯方面呈现了很大的优越性。紧凑型节能荧光灯不断有新产品问世，目前在原 H、2H、2U 型基础上采用三基色稀土荧光粉又产生了 3U、4U、螺旋型

节能灯，其具有发光效率高，寿命长（一般可达 8000h），工作时无噪声、无频闪、功率因数高（大于 0.9）、三次谐波含量低等优点。PE 型电子节能灯是在 2U、3U 外露型系列的基础上形成的灯泡型、反射型、烛光型、球泡型等型节能灯，具有功效高、寿命长的优点，扩大了节能灯的应用场所。

日光灯使用中，常会发生由于当时室温过低或电源电压过低，日光灯多次起跳但仍难于启辉发亮的情况，有时甚至根本无法起动运行。此时可在启辉器两端加装一并接电路（一只二极管 VD 与开关 S2 串联），如图 7-10 所示。日光灯开灯（合开关 S1）后，若由于气温低或电压低而荧光灯不亮时，即可合上 S2，约 2～4s 即行断开，此时日光灯定可启辉发亮。这是因为合上开关 S2 即接入二极

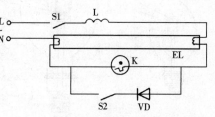

图 7-10 日光灯启辉器附加电路

管 VD（耐受 300V 反向电压，0.6A 工作电流的硅管，如 2CP3、2CP4、2CP6 等），交流电经整流后供给荧光灯灯丝，此时镇流器对整流电流的阻抗显著下降，电流增大，灯丝预热充分；再打开 S2，镇流器产生的瞬时自感电动势增大，使日光灯启辉发亮。若日光灯能正常起动，该并联电路可不使用，即 S2 始终处于断开状态。

电感式镇流器工作时，其绕组的温度会上升，镇流器内部绝缘材料的绝缘性能会逐步降低，镇流器的自耗功率占灯管功率的 10%～20%，而且还会产生频闪效应。采用高频电子镇流器不仅可以节省镇流器自身的耗电，也可使荧光灯的发光效率更高，还会带来快速预热起动，提高灯管使用寿命。采用电子镇流器的电路特别适合于附加的能量控制器，例如遥控、调光和光电控制等。

高频电子镇流器由低频滤波器、整流器、缓冲器、高频功率振荡器、高频稳压线圈组成，如图 7-11（a）所示，这是一种双管电子镇流器，在标签上印有接线图。图 7-11（b）所示为成品电子镇流器，一般有 6 根出线，其中两根接电源，另外四根分为两组，分别接单灯管两边灯丝。

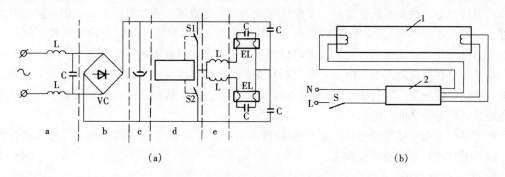

（a）　　　　　　　　　　　（b）

图 7-11 高频电子镇流器原理电路图
（a）原理图（双灯）；（b）接线图（单灯）
a—低频滤波器；b—整流器；c—缓冲器；d—高频功率振荡器；e—高频稳压线圈；S—开关
1—荧光灯管；2—电子镇流器

（2）高压汞灯（又称高压水银灯）的结构、原理。高压汞灯是一种气体放电光源，其原理电路如图 7-12 所示，其中图 7-12（a）为外镇流式高压汞灯；图 7-12（b）为自镇流式高压汞灯。其主要部分是放电管，其管壳由石英玻璃制成，两端各装有用钨丝制成的主电极 3、4，在主电极 4 旁装有辅助电极 5，管内充有汞和氩气。为了保温和避免外界因素影响，在放电管外面套装

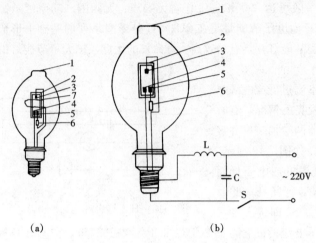

图 7-12　高压汞灯原理电路图

(a) 自镇流式；(b) 外镇流式

1—外泡壳；2—放电管；3、4—主电极；5—辅助电极；

6—自镇流灯丝；L—镇流器；C—补偿电容器；S—开关

一个玻璃泡壳，泡壳内装有与辅助电极串联的电阻及主电极 3 的引线，外壳与放电管之间被抽成真空并充少量惰性气体。

1) 自镇流式高压汞灯。如图 7-12 (b) 所示，它是利用水银放电管、白炽体及荧光材料三种发光要素同时发光的一种复合光源，在石英管外绕一根钨丝，这根钨丝与放电管串联，利用它的起镇流作用，即钨丝兼作镇流器，因此使用时不需在电路中安装镇流器，使用方便。

2) 外镇流式高压汞灯。外镇流式高压汞灯需要通过镇流器接入电源，其接线如图 7-12 (a) 所示。当接通电源后，因为主电极 4 与辅助电极之间距离很近，所以在电压作用下，主电极与辅助电极之间的气体首先被击穿放电，因而产生大量电子和离子，促使两个主电极 3、4 在电场作用下之间放电。为了限制主电极与辅助电极之间的放电电流，在辅助电极上串联一个阻值较大的电阻，当两主电极之间放电后，主电极 4 和辅助电极之间就停止放电。

主电极放电后，管内温度升高，汞迅速气化，汞蒸气压力可达 $40\sim50kPa$，因此把这种灯叫做高压汞灯，放电管内氩气的作用主要是帮助其起动。

在高压汞灯外玻璃泡的内壁涂以荧光粉便构成荧光高压汞灯。所用的荧光粉是氟锗酸、砷酸镁和磷酸锌锶等。涂荧光粉主要是为了改善光色，对发光效率一般并没有提高，但可降低灯泡的亮度（因发光表面增大）。荧光高压汞灯气体放电时，发出可见光，同时发出紫外线，紫外线激发泡壳内壁的荧光粉而发出白光。这时的灯泡发光主要是氩气放电的白色辉光。

高压汞灯在起动时需要高电压，放电后只需要较低的电压来维持电弧，镇流器接入电路，在通电起动时，镇流器产生自感电动势可以提高起动电压，起动放电后，由于镇流器本身阻抗引起电压降落，使电极之间的电压降低。

由于高压汞灯的功率因数低、显色指数低，电压波动后低于额定电压的 5% 时可能自行熄灭，故目前这种光源已逐步被淘汰。

3. 第三代电光源

在提高光效的基础上，还需要电光源提供较好的视觉条件，特别是光色。在高压汞灯之后，又出现了一种金属卤化物灯，它代表了电光源的第三代。

(1) 金属卤化物灯的结构、原理。金属卤化灯是为改善光色而发展起来的一种新型电光源。它的构造和发光原理与荧光高压汞灯相似，它的灯泡是由一个透明的玻璃外壳和一根耐高温的石英玻璃内管组成。壳管之间充氮气或惰性气体，内管充惰性气体、汞蒸气、卤化物。卤化物是碘或溴与锡、钠、铊、铟、钴、镝、钍、铥等金属的化合物。灯泡在正常状态下，被电子激发的是金属原子，而不是汞原子，发出的是与天然发光谱相近的可见光。在灯泡内部充以碘化钠、碘化铊、碘化铟的灯泡称"钠—铊—铟灯"；充以碘化镝、碘化铊的称"镝灯"；充以溴化锡、氯化锡的称"卤化锡灯"。其利用金属卤化物的不断循环，向电弧提供相应的金属蒸气，于是发出表征该金属特征的光谱线。常用的金属卤化物灯有钠铊铟灯和管形镝灯。

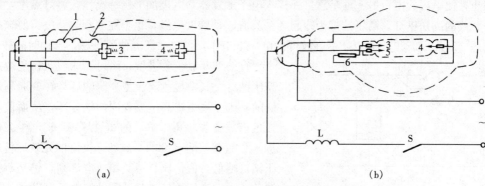

图 7-13　金属卤化物灯原理电路图
(a) 钠铊铟灯；(b) 管形镝灯
1—加热线圈；2—双金属双片；3、4—主电极；5、6—辅助电极；S—开关；L—镇流器

金属卤化物灯的起动电流较小，起动时间较长，起动过程中灯的各个参数均发生变化。金属卤化物灯在关闭或熄灭后，须等待约 10min 左右才能再次起动，这是由于灯工作温度很高，放电管气压很高，起动电压升高，只有待灯冷却到一定程度后才能再起动。

1) 钠铊铟灯的工作原理如图 7-13 (a) 所示（400W 钠铊铟灯）。电源接通后，电流流经加热线圈 1 和双金属片 2，双金属片 2 受热弯曲而断开，产生高压脉冲，使灯管放电点燃；点燃后，放电的热量使双金属片一直保持断开状态，钠灯进入稳定的工作状态。1000W 钠铊铟灯工作线路比较复杂，必须加专门的触发器。

2) 管形镝灯的工作原理如图 7-13 (b) 所示。因在管内加了碘化镝，所以起动电压和工作电压都升高了。这种镝灯接在交流线路中，而且要增加两个辅助电极（引燃极）5 和 6，使得接通电源后，首先在 5、3 与 6、4 之间放电，再过渡到主电极 3、4 之间放电。

(2) 高压钠灯的结构、原理。高压钠灯也是气体放电光源之一，其原理电路如图 7-14 所示，它由陶瓷放电管、玻璃灯泡、加热线圈、双金属片等组成。其中陶瓷放电管抽成真空后充以钠，玻璃灯泡抽成真空后充以氩气。放电管细长，管壁温度达 700℃ 以上，因钠对石英玻璃具有较强的腐蚀作用，所以放电管管体采用多晶氧化铝陶瓷制成。用化学性能稳定而膨胀系数与陶瓷相接近的铌做成端帽，使得电极与管体之间具有良好的密封。电极间连接着双金属片，用来产生起动脉冲电动势。灯泡外壳由硬玻璃制成，灯头与高压汞灯一样，制成螺口形。

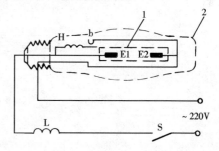

图 7-14　高压钠灯的原理电路图
S—开关；L—镇流器；H—加热线圈；b—双
金属片；E1、E2—电极；1—陶瓷放电管；
2—玻璃外壳

高压钠灯是利用高压钠蒸气放电的原理进行工作的。由于它的发光管（放电管）既细又长，不能采用类似高压汞灯通过辅助电极启辉发光的办法，而采用荧光灯的起动原理，其启辉器组合在灯泡内部（即双金属片）。接通电源后，电流通过双金属片 b 和加热线圈 H，使线圈 H 发热，双金属片 b 受热后发生变形，使其断开，这一瞬间，镇流器 L 产生高压脉冲电动势，使放电管击穿放电，灯管启辉发光。起初的光色为暗红色，稳定后发出金白色光，光色较好，透雾性强，光效高，使用寿命长。

高压钠灯有两种起动方式，一种是利用装在灯外玻璃壳内的双金属片受热后触点打开产生的脉冲高压，使电极放电；另一种是靠灯外接入电子触发器给电极加上脉冲高压，将灯点燃，这种称为外融式的高压钠灯。高压钠灯为冷起动，没有起动辅助电极，也不需要预热，故需要较高的起动电压（1000～2500V），点燃后在较低的电压下工作，可以在任意位置点燃，起动时间较短。

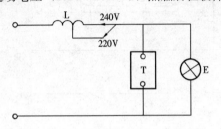

图 7-15 直筒型及显色改进型（或漫射椭球型及显色改进型）高压钠灯接线图

L—镇流器；T—触发器；E—灯泡

直筒型及显色改进型、漫射椭球型及显色改进型高压钠灯，其中显色改进型高压钠灯是在普通高压钠灯的基础上适当提高电弧管内的钠分压，从而使平均显色指数由普通高压钠灯的 25 提高到 60，相关色温从 2100K 提高到 2300K。虽然这类灯的光效比普通高压钠灯略低，但仍比其他类型放电灯高，仍是节能光源。该类型高压钠灯的起动需外接电子触发器给电极加上脉冲高压，将灯点燃，如图 7-15 所示。

高压钠灯受环境温度的影响小，环境温度在－40～100℃范围内时，灯的性能不会受到很大的影响而能正常工作。

（3）低压钠灯的结构、原理。低压钠灯是根据在低气压钠蒸气放电中钠原子被激发而辐射共振谱线这一原理制成的，其主要特征是辐射 589×10^{-9} m 和 589.6×10^{-9} m 相对波长的两条谐振谱线，即钠的黄双线。这两条线接近人眼视觉指数的最大值（视觉可见波长为 380×10^{-9} m～780×10^{-9} m），因而光效高。如图 7-16 所示是低压钠灯的结构原理示意图。低压钠灯由 U 形或直线形的放电管放在圆管形热绝缘外套内构成。放电管内表面覆盖一层抗钠腐蚀玻璃。为了保证放电管的温度在 270℃左右，外套涂有红外线反射膜，并抽成真空，以减少热损失。放电管的两端有两个自热式氧化物电极和一个帮助起动的辅助电极，放电管内充惰性气体和金属钠。

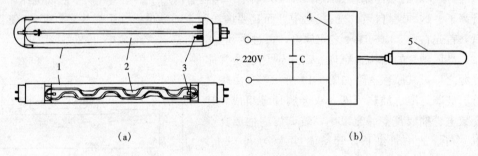

图 7-16 低压钠灯的结构原理示意图

(a) 结构示意图；(b) 接线图

1—外玻泡；2—放电管；3—电极系统；4—镇流器；5—钠灯灯泡；C—补偿电容器

钠在 98℃的温度下处于固体状态，此时放电管中钠蒸气压力很低，很低的钠气压力是很难实现放电的，所以在放电管中放入一定量的惰性气体（一般是氖）。为了降低起动电压，在氖气中还掺少量的氩气，形成一定比例的氖氩混合气体，其不受温度的影响，所以灯的起动电压与温度无关。

低压钠灯起动时，首先在主电极和辅助电极之间形成辉光放电，然后很快在两个主电极间形成弧光放电。当弧光放电使放电管加热到一定的温度时，管壁上的薄层固体钠开始蒸发。随着钠气压力的增大，放电的钠蒸气黄色电辉逐渐增强，当温度增高到正常运用温度 270℃时，钠蒸气达到额定压力，放电管的辐射主要是钠的共振辐射线。低压钠灯点燃后，其电气特性变化很小，但在运用中工作特性会受线路电压变化的影响。

低压钠灯为冷起动方式，具有较高的起动电压。对于较低电压的钠灯，可以直接经电阻或电感镇流器接入交流线路中，无需应用升压变压器。但较大功率的钠灯则做成不同的长度，即不同的电压。这些灯一般用高漏磁升压变压器（二次侧电压达 460～650V）接入 220V 交流电路中。

虽然低压钠灯具有极高的发光效率，但它实际上是近乎单色的黄光，显色性很差，各种有色物体进入低压钠灯照明的灯光下都会变色，几乎不能分辨颜色，所以只能用作偏振计、旋光计、折光仪等光学仪器中的单色光源，测量厚度、圆度、平行度、表面粗糙度等。由于几乎不能分辨颜色，所以不宜作为室内的一般照明。一般用在显色性要求不高的场合。钠辐射出黄色谱线，其波长接近于肉眼最敏感的波长，这种单色黄光能提高视觉的敏感度，也具有较好的穿透烟雾的能力，所以在一些特殊的场合（如运动场、多雾的户外地区）可以采用。

（4）氙灯的结构、原理。氙灯为惰性气体放电弧光灯，气体氙在放电中发出的光，其光色很好，所以用气体氙来制造光源。氙灯分为长弧氙灯和短弧氙灯，其功率都较大，光色接近日光。金属蒸气灯起动时间均较长，而氙灯点燃瞬间就有 80％ 的光输出。长弧氙灯适用大面积照明，光效高，被人们称做"人造小太阳"。短弧氙灯是超高压氙气放电灯，光谱比长弧氙灯更加连续，与太阳光谱很接近，称为标准白色高亮度光源，显色性好，其光谱能量分布不随电流的变化而改变，这也是氙灯非常重要的特点之一。

氙灯的结构与其他气体放电光源一样是一个密封的放电管。由于放电管工作时管壁温度很高（600～800℃），故用耐高温的石英玻璃制造，放电管内两端装有钍钨棒状电极，管内充有高纯度氙。长弧氙灯是圆柱形的石英放电管，而短弧氙灯则为椭圆形的石英灯泡，其两头有圆柱形的伸长部分。氙灯在工作时管内压力比较高，椭圆形短弧氙灯的工作压力达 800～3000kPa。照明用的为长弧氙灯，为了防止爆炸，常采用 100kPa 的工作压力。

由于氙灯的工作温度很高，灯座及灯头引入线应耐高温。氙灯在高频高电压下起动，因此高压端配线对地应有良好的绝缘性能，其耐压强度不能小于 30kV。氙灯在起动时需要比工作时高得多的电压，故需要辅助装置触发器帮助起动。触发器是一个产生高压脉冲的装置，在足够高的脉冲电压下使灯击穿放电，因触发功率足够大，使灯的电极局部发热形成热电子发射，从而过渡到主回路弧光放电，灯起动后触发器停止工作。

氙灯起动时，接入电路一般还包括镇流器，以稳定放电管的工作，如图 7-17 所示是交流电的氙灯接入电路，起动、工作过程如下：合上电源开关 S1 和 S2。当合上 S2 后，自耦变压器 T3 将线路电压升高到一定数值；合上 S1 后，变压器 T1 的次级线圈向电容器 C1 充电，当电压上升高到一定程度后，电容器上的电荷经过火花放电间隙 P 和高漏磁变压器 T2 迅速放电。变压器 T2 的次线线圈产生高频高压，此电压与由自耦变压器 T3 升高了的电压叠加，加于灯 E 的电极之间，因此氙灯应瞬时点燃。氙灯点燃后，打开 S1 和 S2，并合上 S3，于是灯管接于 220V 网络中。高漏磁变压器 T2 在电路中起镇流作用。

氙灯的光谱中红外线和紫外线部分比较强，而且石英玻璃对紫外线的吸收较少，故紫外线辐射比较大。因此，在使用时不要用眼睛直接注视灯管。同时，在维护

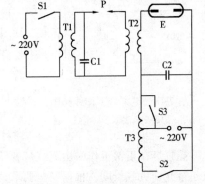

图 7-17 氙灯的接入电路
S1、S2、S3—电源开关；T1、T2—变压器；T3—自耦变压器；E—氙灯；
C1、C2—电容器

时要注意保持石英玻璃的清洁，如果用手摸过要用酒精或蒸馏水洗净，否则油迹在紫外线的作用下，能起物理化学反应，使玻泡损坏。氙灯用作一般照明时，要装设滤光玻璃，防止紫外线对人体视力的伤害。

(5) 霓虹灯。霓虹灯是一种辉光放电灯，其灯管细而长，可根据装饰的需要弯成各种图案或文字，用作广告或指示最为适宜。在霓虹灯电路中接入必要的控制装置，可获得循环变化的彩色图案和自动明暗的灯光闪烁。

1) 霓虹灯的结构、原理。霓虹灯由电极、引入线和灯管组成。灯管直径一般为 6～20mm，其发光效率与管径有关，见表 7-15。灯管抽成真空后再充入少量氖、氦、氩等惰性气体或少量汞。有时还在灯管内壁涂以各种颜色的荧光粉或各种透明颜色，在电极两端加上高电压后，电极发射电子激发管内惰性气体，管子导通，使霓虹灯能发出各种鲜艳的色彩。霓虹灯的色彩与灯管内所充气体、玻璃管颜色及荧光粉颜色有关，见表 7-16。

表 7-15 霓虹灯的灯管直径与发光率的关系

色 彩	灯管直径 (mm)	电 流 (mA)	灯管每米长		发光效率 (lm/W)
			光通量 (lm)	消耗功率 (W)	
红	11 15	25 25	70 36	5.7 4.0	12.2 9.0
蓝	11 15	25 25	36 18	4.6 3.8	7.8 4.7
绿	11 15	25 25	20 12	4.6 3.8	4.3 2.1

表 7-16 霓虹灯的色彩与气体、玻璃管颜色及荧光粉颜色的关系

灯光色彩	气体种类	玻璃管或 荧光粉颜色	灯光色彩	气体种类	玻璃管或 荧光粉颜色
红	氖	透明	纯蓝	氩	透明
橘黄	氖	黄色	紫	氖	蓝色
绿	少量汞	黄色	淡紫	氩	透明
淡蓝	少量汞和氖	透明	鲜蓝	氙	透明
黄	氦	黄色	日光、白光	氦或氩或汞	白色
粉红	氦和氖	透明	淡绿	氩、少量汞	绿、白混合粉

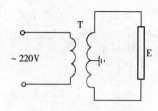

图 7-18 霓虹灯工作线路图
T—漏磁变压器；E—霓虹灯管

2) 霓虹灯的特点。霓虹灯的工作特点是高电压、小电流，一般通过特殊设计的漏磁式变压器给霓虹灯供电，其工作线路如图 7-18 所示。接通电源后，变压器 T 的二次侧产生高电压使灯管内气体电离，发出彩色的辉光。霓虹灯的起动电压与灯管长度成正比，与管径大小成反比，并与所充气体的种类和气压有关，通常用 DG 值来表征 [D（cm）代表灯管直径，G（V/cm）代表每厘米灯管所需的放电电压，DG 的乘积是因气体种类而异的值]。

霓虹灯在正常工作时由霓虹灯变压器来限制灯管中通过的最大电流，变压器所供灯管长度不应超过允许负载长度。根据安全要求，一般霓虹灯变压器次级空载电压不大于 15000V，二次侧短路电流比正常运行电流高 15%～25%。

3) 霓虹灯高压转机和霓虹灯低压滚筒。将霓虹灯高压转机和霓虹灯低压滚筒配合使用，可获得广告灯或指示的不同需要，构成引人注目的图案。

霓虹灯高压转机由线圈、感应板、主轴及接触片、固定触头等组成。线圈通电后产生磁感

应，带动感应板，从而使主轴带动接触片转动，依次与每个固定触头接触，以接通相应的灯管回路，从而使各灯管顺次明暗变化。霓虹灯高压转机一般接在霓虹灯变压器的高压回路中，以控制由一台变压器配电的灯管之间的换接。

霓虹灯低压滚筒是由交流电动机、圆筒、活动导电片、固定触头、支架等组成。交流电动机带动圆筒转动，安装在圆筒上的导电片依次与固定触头接触，以接通相应的霓虹灯变压器回路。通过设计不同式样的导电片来控制各变压器回路的接通顺序和接通时间，得到各种不同明暗变化的图案。霓虹灯低压滚筒一般接在变压器的低压回路中，以控制多台变压器配电的大幅面图案的交换。

(6) 单灯混光灯。单灯混光灯是近几年发展起来的一种高效节能型新光源，它有 HXJ、HXG、HJJ 三种系列。其中，HXJ 系列为金卤钠灯，HXG 系列为中显钠汞灯，HJJ 系列为双内管金卤灯。它们是在同一灯泡内装两种不同光源的内管芯在灯泡内混光，使之达到良好的光色和显色性。显色指数 R_a 在 50 以下一般视为低显，R_a 在 50~80 一般视为中显，R_a 在 80 以上一般视为高显。

1) HXJ 系列金卤钠灯是由一支金属卤化物管芯和一支中显钠管芯串联构成的，是一种光色好、光线柔和、寿命长、色温、显色指数等技术指标优于中显钠灯或金卤灯的新型混光光源。其吸收了中显钠灯和金卤灯光效高，寿命长等优点，克服了这两种光源光色差，尤其是金属卤化物灯在使用后期光衰和变色严重的缺点。

2) HXG 系列中显钠汞灯是由一支中显钠管芯和一支汞管芯串联构成的，是一种光效高、光色好、寿命长、显色性较高、部分技术指标优于汞灯、钠灯、金卤灯的混光电源。该灯克服了汞灯、钠灯、金卤灯光色不适于人类视觉的习惯，或光效偏低，或显色性差或寿命短的缺点。

3) HJJ 系列双管芯金卤灯由两支管芯组成，当其中一支管芯失效时，另一支管芯会自动起动。提高了可靠性和延长了使用寿命，并减少了维修工作量，因此该灯更适用于体育场馆、高大厂房等可靠性要求较高及难以维修的场所。

(7) 高频无极放电灯（又称电子灯泡），其由高频发生器、功率耦合器和涂有稀土三基色荧光粉灯泡三部分组成。工作原理是：高频电磁场能量以感应方式耦合进灯泡内，使灯泡内的气体雪崩电离形成等离子体，等离子体受激使原子返回基态时，自发辐射出 254nm 的紫外线，灯泡内壁荧光粉受到紫外线激发而发出可见光。其发光效率高，可达 60lm/W 以上，比白炽灯节电 70%，寿命长达数万小时，且显色性好，无闪烁，可瞬时起动。

高频无极放电灯必须与同功率的高频发生器配套使用，高频发生器工作时外壳温度不得超过 65℃，故需有良好通风或借助灯具散热。高频发生器输出端电压约 1kV，应按产品说明书正确安装和使用。

(8) LED 电光源。

1) LED 电光源的结构、原理。LED 电光源是利用固体半导体芯片作为发光材料的一种半导体固体发光器（发光二极管），其是由数层很薄的掺杂半导体材料制成的，一层带过量的电子，另一层因缺乏电子而形成带正电的空穴，当有电流通过时，其中的电子和空穴相互结合释放出能量，并辐射发光。当电压超过某一特定值之

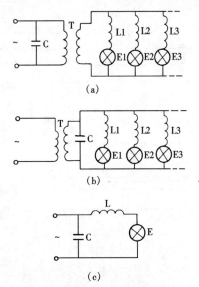

图 7-19　气体放电灯的电容补偿接线图
(a) 高压集中补偿；(b) 低压集中补偿；
(c) 单灯并联补偿
T—变压器；L、L1、L2、L3—镇流器；E、E1、E2、E3—气体放电灯；C—补偿电容器

后，正向电流随电压的增大而发光，反向电流是极其微弱的，因此发光二极管具有单向导电性能。LED光的强弱与电流有关，发光二极管通过化学修饰调整材料的能带结构和带隙，可制成红、蓝、黄、绿、橙多色发光二极管，其光色变化受电流控制，调整工作电流可得到多种色彩。

LED灯具已有许多品种，LED电光源一般是将交流电源经桥式整流电路后向串联发光二极管电路提供直流电源，使发光二极管发光。

2）LED电光源的特点。用LED做新一代照明光源通常被称为"绿色光源"，其具有高效节能、寿命长、多变幻、利环保、响应时间短、抗冲击及抗振性好、安全可靠等优点。

LED电光源与光纤照明结合，可实现光电分离，可使用在不能承重、空间高位、艺术要求高和需要光电分离的场所。

白色LED被认为是传统照明光源的替代光源，其具有传统电光源无法比拟的优点，被广泛应用于各个领域。

(三) 提高气体放电灯功率因数的方法

气体放电灯电路中，一般均接有电感性的镇流器，损耗无功电能，降低电路的功率因数和输电效率。为了提高电路的功率因数，一般采用电容补偿装置，要求电容补偿后功率因数不应低于0.9。如图7-19所示为气体放电灯的电容补偿接线图，其中图7-19（a）、（b）分别为高、低压集中补偿，常用在配电所内，图7-19（c）为单灯并联补偿。

气体放电灯补偿电容器宜采用金属化聚丙烯电容器，其电容量由各种不同气体放电灯的功率大小而定。高压汞灯单灯并联的参考补偿电容量，见表7-17。

表 7-17　　　　　　　高压汞灯单灯并联补偿电容量

单灯功率（W）	补偿电容（μF）	单灯功率（W）	补偿电容（μF）
50	7	250	20
80	8	400	25
125	12		
175	15	1000	60

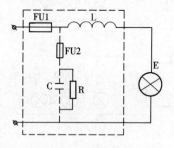

图 7-20　高压汞灯单灯
并联补偿电路
FU1、FU2—熔断器；
L—镇流器；C—补偿电容器；
R—泄放电阻；E—灯管

如图7-20所示为高压汞灯单灯并联补偿电路，图中FU2可防止因电容器C击穿造成短路而影响灯管E的运行，为避免电容器内储存的电压危及检修人员的安全，在电容器的两端并联泄放电阻R，其常用阻值为1MΩ的金属膜电阻。

日光灯及钠灯的并联电容器的单灯补偿容量，分别见表7-18、表7-19。在公共建筑内不宜使用不带无功功率补偿装置的日光灯。

表 7-18　　　　　　日光灯单灯并联补偿容量

单灯功率（W）	补偿电容（μF）	工作电压（V）
20	2.5	110/220
30	3.75	110/220
40	4.75	110/220

表 7-19　　　　　　　　钠灯单灯并联补偿电容量

高 压 钠 灯		低 压 钠 灯	
单灯功率（W）	补偿电容（μF）	单灯功率（W）	补偿电容（μF）
250	30	35	12
400	45	55	14

气体放电灯除采用补偿电容来提高功率因数外，还可以用电子式镇流器替代绕线铁芯式镇流器，使电路中没有电感性元件，可提高功率因数，节省电能，延长灯管寿命。

二、照明装置的安装

（一）灯具的作用及分类

一种电光源配上灯罩后，在各个方位和角度上，就有了确定的发光强度值，将这些发光强度值用一定的比例尺绘制，并连成曲线，称为配光曲线。对大部分灯具来说，这种曲线是三维空间的，又是轴对称的。为了表达上方便，可取其平面图形来代表，也有一些灯具的形状是不对称的，则应有通过灯具轴线的几个截面上的配光曲线。

为了比较各种灯具的配光效果，配光曲线应有统一的基准，即规定电光源的光通量为 1000lm，若实际的光通量为 F，则在某一角度 α 的发光强度 I_α 的计算公式为

$$I_\alpha = \frac{F}{1000} I_{\alpha(1000)}$$

式中　$I_{\alpha(1000)}$——1000lm 情况下，α 角度上的发光强度，cd。

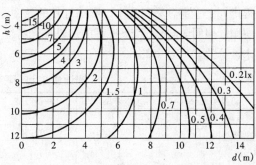

图 7-21　搪瓷深照型灯具的空间等照度曲线

灯具的配光也可用空间等照度曲线来表示，如图 7-21 所示为搪瓷深照型灯具的空间等照度曲线，根据灯具的计算高度 h 和计算点离灯具的水平距离 d，就可以从曲线上查出该计算点的照度 E。

灯具的主要用途是合理分配光源的光通量，满足环境作业区的配光要求，并且不产生眩光和严重的光幕反射。选择灯具时，除考虑环境条件、光分布和限制眩目等要求外，还应考虑灯具的效率，选择高光效灯具。

照明灯具分类方法较多，按灯具的光通量在上下空间的分配比例、结构特点或安装方式等来分类，而国际照明委员会（CIE）推荐以照明灯具光通量在上下空间的分配比例进行分类。

1. 直接型灯具

由反光性能良好的不透明材料制成，如搪瓷、铝抛光和镀银镜面等，将光线通过灯罩的内壁反射和折射，有 90% 以上的光通量向下直射，所以灯具的光通量利用率最高。如果灯具是敞口的，一般来说灯具的效率也相当高。工作环境照明应当优先采用这种灯具。但灯具的上半部几乎没有光线，顶栅很暗，容易与明亮的灯光形成对比眩光。又由于它的光线集中，方向性较强，产生的阴影也较浓。

直接型灯具的光强分布又可分为窄配光（灯具允许距高比不低于 0.5）、中配光（灯具允许距高比在 0.5～1.0）和宽配光（灯具允许距高比大于 1.0）。

2. 半直接型灯具

为了能将较多的光线照射到工作面上，空间也得到适当的照度，能发出少量的光线照度顶栅，减小灯具与顶栅间的强烈对比，使室内环境亮度更舒适，这种灯具常用半透明材料制成开口的样式。

3. 漫射型灯具

为减少眩光，灯具用漫射透光材料制成，这种漫射型灯具造型美观，空间各个方向的光强基本一致，光线柔和均匀，可达到无眩光，但光通量损失较多。

4. 间接形灯具

这类灯具将光线全部投向顶棚,使顶棚成为二次光源。因此,室内光线扩散性极好,光线均匀柔和,几乎没有阴影和光幕反射,也不会产生直接眩光。但光的利用率低,光通量损失较大,不经济。使用这种灯具时要注意经常保持房间表面和灯具的清洁,避免因积尘污染而降低照明效果。使用间接型灯具时,通常还应和其他类型的灯具配合使用。

5. 半间接型灯具

这类灯具上半部用透光材料制成,下半部用漫射透光材料制成。由于大部分光线投向顶棚和上部墙面,增加了室内的间接光,增加了反射光的作用,使光线比较均匀,更为柔和宜人。在使用过程中,上半部容易积灰尘,影响灯具的效率。半间接型灯具主要用于民用建筑的装饰照明。

按国际照明学会(CIE)推荐的灯具配光特征,是以灯具上半部和下半部反射的光通量分配比例来区分的,见表7-20。

表7-20　　　　　　　　　　　　光通量在上、下半部分配比例

灯具类型		直射型	半直射型	漫射型	半间接型	间接型
光通量分配比例(%)	上半部	0~10	10~40	40~60	60~90	90~100
	下半部	100~90	90~60	60~40	40~10	10~0
配光示意图						

(二)灯具的结构、原理

灯座和灯罩的联合构成灯具主体,灯具决定照明器的结构特征和光特性。由于灯具是为特定的光源设计制造的,所以在选择和使用上必须使灯座、灯罩与光源的种类和功率配合一致。

1. 灯座

(1)分类。灯座是用来固定光源并引入电流的。因各种电光源的结构特点不同,所以灯座有各种不同的结构型式。

1)灯座按外壳材料的不同分为金属灯座(如铸铝灯座、铜灯座)、胶木灯座、瓷灯座等。

2)按灯泡与灯座的连接方式分插口式和螺旋式灯座。

3)按灯座的安装方式一般分为平座式、吊式和管接式三种。

荧光灯座也有几种型式,如插入式、旋转式、弹簧式等,大多用胶木制成。弹簧式灯座与灯管接触比较可靠,因此应推荐使用。

(2)灯座(灯头)型号。

1)插口白炽灯座的一般代号为DC,螺口白炽灯座的一般代号为DE,荧光灯座的一般代号为JD。

2)螺口式灯头型号意义。

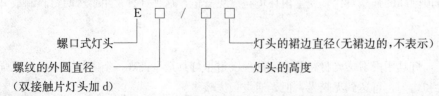

3) 插口式灯头型号意义。

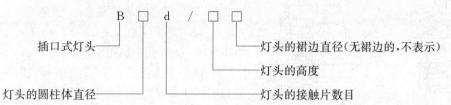

灯头型号命名方法是根据国标,但目前许多灯具厂仍使用旧的灯头型号,为了使用方便,现将部分新旧型号对照如下:

	新型号	旧型号
螺口式灯头	E27/27	E27/27-1
	E27/35×30	E27/35-2
	E40/45	E40/45A-1
插口式灯头:	B22d/25×26	2C22/25-2

有的设计图纸和手册中灯头型号仍沿用旧型号,如 2C22A 插口式灯头型号含义:

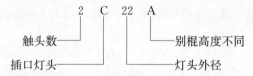

(3) 灯座结构。

1) 插口灯座分为悬吊式和平装式两种,插口灯座结构如图 7-22 所示。电源线是接在灯座接线的螺钉 2 上,当灯泡插入灯座铜圈后灯泡顶部的二个电极与触头相接触。为使触头与灯泡的二个电极接触良好,触头上带有压紧弹簧 3,灯座上的铜圈是嵌在胶木内的,不带电。

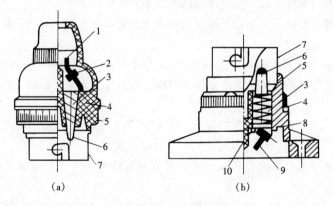

图 7-22 插口灯座结构
(a) 悬吊式;(b) 平装式
1—接线耳;2—螺钉;3—弹簧;4—灯罩圈;5—灯座体;
6—触头;7—插口铜圈;8—基座;9—接线耳与螺钉;10—紧固螺钉

2) 螺口灯座分吊装和平装两种,其结构如图 7-23 所示。其利用导电螺圈 6 和顶部的磷铜触片构成两个电极,当把灯泡旋进螺口后,灯泡的螺纹与灯座的螺圈接触,灯泡顶部的电极与磷铜片相碰,接通电路。

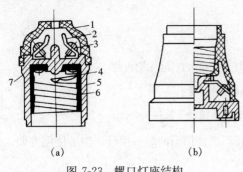

图 7-23　螺口灯座结构
(a) 吊装式；(b) 平装式
1—盖；2—接线耳；3—螺钉；4—触片；
5—灯座体；6—导电螺圈；7—压片

(4) 选择与使用。

1) 选用灯座的质量要求。

a. 灯座绝缘应能承受 2000V（50Hz），试验电压历时 1min 不发生闪络和击穿。

b. 螺口灯座在 E27/27-1 灯头旋入时，人手应触不到灯头和灯座的带电部分。

c. 插口灯座两弹性触头被压缩在使用位置时的总弹力为 15～25N。

d. 灯座通过 125% 的工作电流时，导电部分的温升不应超过 40℃；胶木件表面应无气泡、裂纹、缺粉、肿胀、明显的擦伤和毛刺，并具有

良好的光泽。

e. 平座式灯座的接线端子应能可靠连接一根与二根截面积为 0.5～2.5mm² 的导线，其他灯座应能连接一根截面积为 0.5～2.5mm² 的导线，悬吊式灯座的接线端子当连接截面为 0.5～2.5mm²（E40 用灯口为 1～4mm²）导线后，应能承受 40N 的拉力。

f. 金属之间连接螺纹的有效连接圈数不应少于 2 圈，胶木之间连接螺纹的有效连接圈数不应少于 1.5 圈等。

2) 灯座的使用。

a. 平座式和吊式灯座用于普通的平座灯和吊线灯，管接式灯座用于吸顶灯、吊链灯、吊杆灯和壁灯等成套灯具内，悬吊式铝壳灯头可用于室外吊灯。

b. "组合式"灯座（如附拉线开关式胶木螺口平灯座等）可用于使用要求不高的场所。

c. 金属灯座使用时危险性较大，成本较高，但机械强度较大，在工矿企业的照明装置中被广泛采用。但灯具安装高度较低，人员接触机会较多时则不宜采用。

金属灯座一般通过管接头或三通吊线器与安装支架或吊链连接，导线从管接头或吊线管引入灯座内。

d. 胶木灯座适合于较危险和特别危险的房屋内使用。胶木灯座耐潮和耐高温的性能较差，机械强度也较差，故不宜在工矿企业中采用。但由于胶木灯座安全、经济，故较适宜在民用建筑中使用。

e. 瓷灯座最适合于在潮湿的场所内使用，在潮湿和露天的场所最好采用瓷灯座或瓷绝缘的金属灯座。

f. 插口灯座的两个电触头设有弹簧装置，具有耐振性能，所以在振动和移动照明的场所应采用插口灯座。

g. 螺旋灯座的导电部分由一个有螺纹的导电套筒和一个接触柱构成。螺旋灯座没有特殊的防振结构，因此只能用于固定安装的灯具中。

h. 一般大功率的灯泡（如 300W 及以上），其灯头皆为螺旋式的，而小功率灯泡（200W 及以下）的灯头有插口式的和螺旋式的。在实际使用中，100W 以上的最好采用螺旋灯座，这是因为在插口灯座中灯泡与灯座触头的接触面较小，电流大时发热很厉害，所以除敞开式灯具外，其他各类灯具灯泡容量在 100W 及以上者采用瓷质灯座。在螺旋灯座中，电气接触的面积较大，可以装设大容量灯泡。灯座应根据灯头结构、灯泡容量、电压等级选用相应的型号，其功率使用范围不能大于表 7-21 的规定。

表 7-21　　　　　　　　　　　　白炽灯灯座基本参数

型　式	灯头型号	最高工作电压 (V)	最大工作电流 (A)	灯泡最大功率 (W)
螺旋灯座	E10	50	2.5	25
	E14	250	2.5	60
	E27		4	300
	E40		10	1000
			20	2000
插口灯座	1C9	50	2.5	25
	1C15	250	2.5	40
	1C15A			
	2C15			
	2C15A			
	2C22		4.0	300

2. 灯罩

(1) 灯罩作用。

1) 灯罩的主要功能是重新分配光源光通量，以便最有效地利用光源光通量，并使工作面得到符合要求的照度数值和光分布。

2) 灯罩可以用来保护眼睛不受灯泡极亮部分的影响，因高亮度光源将产生眩光，如果加了漫透射玻璃灯罩，灯罩上的亮度是较小的；如果是反射灯罩，灯罩将光源在一定范围内遮蔽，以其所谓保护角来减小光源的眩光作用。

3) 灯罩可以用来保护灯泡不受机械损伤与污染，或将灯泡与外界介质隔开。

(2) 灯罩分类。

1) 按制造材料可分为金属、玻璃和塑料灯罩。

2) 按灯罩结构可分为金属材料的反射灯罩(又可分为漫反射灯罩、方向反射灯罩以及介于它们之间的方向性漫反射灯罩)、玻璃或塑料材料的折射灯罩、漫透射灯罩、方向性漫透射灯罩、透明灯罩。

(3) 灯罩的结构性能。

1) 漫反射灯罩主要由涂瓷釉的(搪瓷)金属板制成，其最简单的形式是向下开口的盘形器皿。其特点是入射光在反射面上从各个方向均匀地反射出去，反射光形成的亮度对各个方向都是相同的。

2) 定向反射灯罩主要由镀银的玻璃或磨光的金属面制成，在下部有一个敞口的盘形器皿，使光源落到灯罩上的光通量在第一次反射后即能通过敞口，在灯罩内不存在多次反射。此时，灯罩的效率由镜面的反射系数决定，一般镜面反射体(如镀银的玻璃)的反射系数是很高的，一般能达到 0.8~0.85。由于定向反射灯罩构成的灯具效率很高，一般用来制造光线比较集中的灯具。定向反射灯罩有四种基本形式，如图 7-24 所示，其中图 7-24 (c)、(d) 适用于大尺寸的反

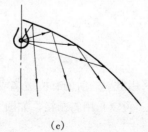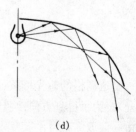

(a)　　　　　　　(b)　　　　　　　(c)　　　　　　　(d)

图 7-24　四种基本定向反射灯罩

(a)、(b) 较小尺寸灯罩；(c)、(d) 大尺寸灯罩

射罩；图 7-24 （b) 的尺寸较小，但缺点是有一部分光经反射罩反射后反射到灯泡和灯罩的一部分，光被阻挡；图 7-24 （a) 是较好的形式，这种灯罩尺寸较小，而且光未被灯泡阻挡。

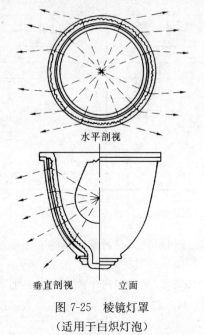

图 7-25 棱镜灯罩
（适用于白炽灯泡）

除了漫反射灯罩和定向反射灯罩外，还有介于这两种反射特性之间的定向散射反射灯罩，这种灯罩由经过酸蚀的金属板制成，也可由非磨光的或涂以银漆的金属板制成。

3）折射光灯罩是用具有棱镜结构的玻璃制成的，光线通过三棱镜时要发生折射，折射光所偏转的角度取决于光线对三棱镜侧边的入射角和玻璃的折射率。做成许多小棱镜状的玻璃灯罩，如图 7-25 所示，能够使光源上半部光通量的一部分经过棱镜折射后向下半部发射，也可以使光源的下半部光通量向水平方向扩散。通过棱镜折射光灯罩可以使与铅垂线成较大角度的方向上具有最大的光强，使水平面内产生不对称的光强分布，使灯罩具有较高的效率（可达 0.75～0.8）。

4）漫透射灯罩主要用乳白玻璃或塑料漫透射材料制成，乳白玻璃是在其沸腾时加入折射率与玻璃不同的小颗粒（冰晶石、莹石）而制成，用乳白玻璃制成的漫透射灯罩可以制成封闭的和有敞口的两种形式，其效率可达 0.67～0.91。

5）定向散射透射灯罩主要用毛玻璃（磨砂玻璃）、乳色玻璃制成，具有较大的方向性透射，通过灯罩可隐约或清晰地看见灯丝。由这类灯罩制成的灯具有较大的功率。还有用透明玻璃制成的方向透射灯罩，这种灯罩常与金属反射灯罩联合使用，能起到保护光源的作用，而不是重新分配光通量。

6）栅格结构，如图 7-26 所示，它是由一些薄板条交叉嵌装或用塑料冲压而形成的开敞网格。栅格孔可以有不同的形状和大小，主要根据机械加工条件和照明要求以及建筑设计方面的要求决定。最常用的形状是正方形，孔的高度与大小的比例关系由所要求的保护角决定，一般保护角取 30°或 45°。

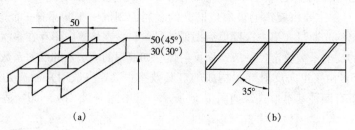

图 7-26 栅格结构
（a) 普通栅格；（b) 斜栅格

制造栅格的遮光板条可采用散射透射的有机玻璃或塑料，也可采用铝板或铁板（涂以白漆或搪瓷）。为了得到方向性照明，可以采用斜栅格，如图 7-26 （b) 所示，斜栅格结构中遮光板的倾斜角一般取 35°。

在保护角范围内，光源的直射光被遮光板条遮挡；在保护角范围外，光源直射光不受遮挡地透过栅格孔。栅格能使人们在保护角内看不到装在他上面的光源，但同时又不阻碍光通量透进室内。

栅格的等效透射系数和等效反射系数与栅格孔的尺寸有关（即与保护角有关），也与材料的反射系数（或吸收系数）有关。

3. 新型气体放电类灯具结构特点

随着新型电光源的出现，也促进了灯具的改进，如高压钠灯灯具、低压钠灯灯具、镝灯灯具、照明金属卤化物灯灯具、混光单灯灯具、应急灯具、信号标志灯灯具、闪光障碍灯灯具等，这些都是近几年来发展起来的新型灯具，并已得到广泛的应用。

由于灯具生产没有统一的归口单位管理，各地区生产的灯具型号规格有所不同，在选用时应注意。在这里仅简单介绍重庆金星灯具有限公司生产的两种气体放电类单灯混光灯具和单灯灯具。

（1）单灯混光灯具。单灯混光灯具是一种全新灯具，这种灯具与双灯混光灯具相比，具有体积小，混光、配光均匀，镇流器和灯头等附件少，结构简单，安装维修方便等优点，是一种具有发展前途的高效节能灯具。特别是克服了双灯混光灯具易出现一只灯亮，另一只灯灭的现象。同时还避免了普通灯具的光色差，显色指数差，光效低，光衰严重，变色严重等缺点。

1）HGC 系列板块式工矿灯具，广泛应用于工厂、仓库、车站、候车厅、港口等室内照明。

灯具型式有防振、防水、防尘、格栅、网罩、敞开、防腐等多种型式。

采用混光灯泡作光源取代双光源混光灯。镇流器、触发器、补偿电容器装于控制盒内与灯具一体化；灯罩可沿水平和垂直方向转动，便于调节、安装和维修。

采用铝板块面灯罩，使受光面照度均匀，避免眩光。

灯具安装方式分管吊式、吊链式、吸顶式、吸壁式、敞开嵌入式、格栅嵌入式等多种方式。

2）HGF 系列防水、防尘、防腐灯具，适用于发电厂、化工厂、钢铁厂、锅炉房等具有一级以下腐蚀的场所。其灯头罩采用纯铝板旋压成形。灯罩采用高纯铝板拉伸成形，其反射面经电化学抛光；灯具表面采用静电喷塑。透光罩为棱晶玻璃，可降低直射眩光。

灯具的灯体拆卸部位采用不锈钢扣件锁紧结构，更换光源方便。与光源配套的镇流器及电子触发器装设在密封的铝合金盒内，安装维修方便。更换灯泡时，打开扣件，灯具内吊链自动吊稳反射罩及玻璃罩，更换灯泡后即可复原。注意不要松开反光罩与玻璃罩间的连接箍以免影响灯具的密封性能。该灯具分吊管、吸顶、壁式及立管等多种安装方式。

（2）单灯板块面灯具。单灯板块面灯具适用于悬挂高度为 6m 以上的大型厂房、体育馆和仓库等的室内照明。其结构型式分为普通、封闭、嵌入、防振等型式。

1）结构特点。壳体和反射器采用高纯铝板拉伸成形，反射器经电解加工后再涂以二氧化硅（玻璃薄膜），具有较好的抗腐蚀功能。GC108-B 型灯具具有防振功能，可用于振动状态的场所，如行车、大型吊车、起重、装卸机械等。GC108-D 型灯具具有防水、防尘功能，可用于室外露天场所。GC108-C 型灯具为嵌入型安装，灯罩下装有格栅。

2）安装方式。单灯板块面灯具常有以下几种安装方式：吊杆式，吊链式，吸顶式，壁式，嵌入式。

（三）照明器的选择和布置

1. 照明器的选择

照明器包括灯泡（管）、灯座和灯罩等，其灯泡（管）提供光源；灯座为固定灯泡（管），并提供电源通道；灯罩对光源光通量作重新分配，使工作面得到符合要求的照度和光通量分布，避免刺目的眩光，还起着美化建筑空间（装饰），改善人们的视觉效果的作用。

照明器的选择应考虑环境条件和使用特点，合理选定灯具的光强分布、光效、遮光角、类型、造型尺寸、表观颜色以及经济性等。

(1) 照明光源的选择。室内照明光源的确定，应根据使用场所的不同，合理地选择光源的光效、显色性、寿命、起动点燃和再起燃时间等光电特性指标，以及环境条件对光源光电参数的影响。因此应在根据光源、灯具及镇流器等的效率、寿命和价格进行综合技术经济分析比较后确定光源，室内应优先选用高光效光源。

1) 高度较低房间，如办公室、教室、会议室及仪表、电子等生产车间宜采用细管径直管形荧光灯。住宅照明宜选用细管径直管荧光灯或紧凑型荧光灯。

2) 商店营业厅宜采用细管径直管荧光灯、紧凑型荧光灯或小功率的金属卤化物灯。

3) 高度较高的工业厂房，应按照生产使用要求，采用金属卤化物灯或高压钠灯，亦可采用大功率细管径荧光灯。

4) 有显色要求的室内场所不宜采用荧光高压汞灯、钠灯等主要照明光源；一般场所不宜采用荧光高压汞灯，也不可采用带自镇流式荧光高压汞灯，因其光效更低。

5) 在以下场所可采用白炽灯：①要求瞬时起动和连续调光的场所，使用其他光源技术经济不合理时；②为防止电磁干扰要求严格的场所；③开关灯频繁的场所；④照度要求不高的场所，且照明时间较短的场所；⑤对装饰有特殊要求的场所。

6) 一般情况下室内外照明不应采用普通照明白炽灯，特殊情况下需要采用白炽灯时，其额定功率不应超过100W。住宅因装饰需要白炽灯时，宜选用双螺旋白炽灯。

7) 应急照明灯应选用能快速点燃的光源，如白炽灯、卤钨灯、荧光灯；对于疏散标志灯还可采用发光二极管（LED灯）。

8) 在有光色要求的高大空间，当使用一种光源不能满足显色性要求时，可采用混光措施，并宜将两种光源组装在同一盏灯具内，其混光比应符合表7-22的要求。

表 7-22 电 光 源 的 混 光 比

光源混合类别	推荐的混光比（照度比）	混 光 效 果
高压钠灯＋荧光高压汞灯	60：40～40：60	改善光色和提高光效
高压钠灯＋高效金属卤化物灯	60：40～20：70	改善显色性和提高光效
高压钠灯＋高显色金属卤化物灯	30：70～20：80	提高显色性
高效金属卤化物灯＋高显色金属卤化物灯	60：40～30：70	提高显色性

9) 在选择光源色温时，应随照度的增加而提高。当照度低于100lx时，宜采用色温较低的光源；当照度在100～1000lx时，宜采用中色温光源。

10) 当电气照明需要同天然采光结合时，宜选用光源色温在4500～6000K的荧光灯或其他气体放电光源。

室内一般照明宜采用同一种类型的光源。当有装饰性或功能性要求时，亦可采用不同种类的光源。

11) 在某些特殊情况下，电光源可作如下选择：

a. 在需要正确辨色或需要用颜色来提高物体与背景颜色对比的场所，宜采用显色指数较高的光源。

b. 在黑暗背景上区别物体时，要选用与物体有相同颜色的光源，使物体显得突出。

c. 在视觉特别紧张或要求视觉速度快的场合，例如，观察激烈运动对象时，采用单色光如黄绿色光，将有较好的效果。

d. 在灭灯后需要较快地适应黑暗的场合，宜采用红光。

e. 在需要进行彩色新闻摄影和电视转播的场所，光源的色温宜为 2800～3500K（适于室内），色温偏差不应大于 150K；或 4500～6500K（适于室外或有天然采光的室内），色温偏差不应大于 500K。光源的一般显色指数应大于 65，要求较高场所应大于 80。

f. 为了得到舒适的光环境，根据照度选择光源的色温。

12）光源的种类应根据照明要求、使用场所的环境条件和光源的特点合理选用。一般可参照国际照明委员会（CIE）的建议选用灯种，见表 7-23。光源的功率由照度来确定，并应符合 JGJ 16《民用建筑电气设计规范》和 GB 50034《建筑照明设计标准》的规定。

表 7-23　　　　　**各类应用场合对灯性能的要求及推荐的灯种**（CIE. 1983）

使用场所		要求的灯性能①			推荐的灯⑤；优先选用☆；可用○										
		光输出②	显色性能③	色温④	白炽灯		荧 光 灯				汞灯	金属卤灯		高压钠灯		
					I	H	S	H·C	3	C	F	S	H·C	S	I·C	H·C
工业建筑	高顶棚	高	Ⅲ/Ⅳ	1/2		○	○				○	○		☆	○	
	低顶棚	中	Ⅲ/Ⅱ	1/2			☆				○	○		☆	☆	
办公室、学校		中	Ⅲ/Ⅱ/I_B	1/2			☆		☆	○				☆	☆	
商店	一般照明	高/中	Ⅱ/I_B	1/2	○	○	○	☆	☆	○			☆			☆
	陈列照明	中/小	I_B/I_A	1/2	☆	☆		☆	☆							☆
饭店与旅馆		中/小	I_B/I_A	1/2	☆	☆			☆	☆						☆
博 物 馆		中/小	I_B/I_A	1/2				☆	○							
医院	诊断	中/小	I_B/I_A	1/2	☆	○	○	○								
	一般	中/小	Ⅱ/I_B	1/2	○	○	○	○		☆						
住 宅		小	Ⅱ/I_B/I_A	1/2	☆			○		☆	☆					
体 育 馆		中	Ⅱ/Ⅲ	1/2		○	○					☆	☆	○		☆

①各种使用场合都需要高光效的灯，不但灯的光效要高，而且照明总效率要高，同时应满足显色性的要求，并适合特定应用场所的其他要求。

②光输出值高低按以下分类：高—>1000lm；中—3000～10000lm；小—<3000lm。

③显色指数的分级如下：I_A—R_a≥90、I_B—90>R_a≥80；Ⅱ—80>R_a≥60；Ⅲ—60>R_a≥60；Ⅳ—40>R_a。

④色温分类如下：1—<3300K；2—3300～5300K；3—>5300K。

⑤各种灯的符号：

白炽灯 { I：钨丝白炽灯　H：卤钨灯 }

高压钠灯 { S：标准型　I·C：改进显色型　H·C：高显色型 }

汞灯 F：荧光高压汞灯

荧光灯 { S：标准型荧光灯　H·C：高显色性荧光灯　3：三基色窄谱带荧光灯　C：小型荧光灯 }

金属卤化物灯 { S：标准型　H·C：高显色型 }

（2）按配光特性选择灯具。

1）一般生活用房和公共建筑物内多采用半直接型、均匀扩散型灯具或荧光灯，使顶棚和墙壁均有一定的亮度。

2）在选择灯具时，应考虑灯具的允许距高比。

3）生产厂房采用直接型灯具，若工作位置集中或灯具悬挂高度较高时，宜采用深照型灯具。一般生产场所采用配照型灯具。

4）大厅、门厅、会议室、礼堂、宾馆等处的照明，可采用较高亮度灯具以满足照明要求外，还应考虑照明灯具的装饰艺术效果。对于家庭的客厅、卧室等，根据使用条件可选用升降式灯具，高级公寓的起居厅照明采用可调光方式，也应考虑装饰效果。

5）当要求垂直照度时，可采用倾斜安装的灯具，或选用不对称配光的灯具，如教室照明宜采用蝙蝠翼式和非对称配光的灯具，并且布灯原则应采取与学生主视线相平行，安装在课桌间的通道上方。

6）为了满足照度的均匀度，要求实际布灯的距高比（灯具的间距与计算高度之比）应小于最大允许距高比值。

7）特殊用房，如舞厅、舞台、手术室等应根据需要选配专用灯具。

8）灯具的遮光格栅的反射表面应选用难燃材料，其反射系数不应低于 70%，遮光角宜为 $25°\sim 45°$。

（3）按环境条件选择灯具。

1）在潮湿的场所，应采用相应防护等级的防水灯具或带防水灯头的开敞式灯具。对于卫生间、浴室等潮湿且易污的场所，宜采用防潮易清洁的灯具；对于有水溅或水冲洗的场所，应采用防溅型或防水防尘型灯具。

2）在有腐蚀性气体或蒸汽的场所，宜采用防腐蚀密闭式灯具。若采用开敞式灯具，各部分应有防腐蚀或防水措施。

3）在高温场所，宜采用散热性好、耐高温的灯具。

4）在有尘埃的场所，应按防尘的相应防护等级选择适宜的灯具。

5）在装有锻锤、大型桥式吊车等振动、摆动较大的场所，应采用防振型软性连接的灯具或有防振措施，还应在灯具上加保护网，以防灯泡掉下。

6）在易受机械损伤、光源自行脱落可能造成人员伤害或财产损失的场所，应有防护措施。对食品加工场所，为防止灯泡破碎污染食品，应采用带有保护玻璃的灯具。

7）在有爆炸或火灾危险的场所，应采用符合国家现行相关标准和规范的灯具。

8）在有清洁要求的场所，应采用不易积尘、易于擦拭的洁净灯具。对于住宅房间应根据其功能来选择灯具，宜采用直接照明和开启式灯具，并应选用节能型灯具。

9）在防止紫外线照明的场所，应采用隔紫外线灯具或无紫外线光源。

10）直接安装在可燃材料表面的灯具，应采用标有 ▽ 标志的灯具以防一般灯具发热导致可燃材料燃烧。

11）安装在高空的灯具，因不便检修和维护，宜选用延长光源寿命的灯具。

2. 灯具的布置

灯具的布置是确定灯具在房间内的空间位置，通常要保证照度最低地方的照明，灯具的位置与光的投射方向、工作面的照度及其均匀性、眩光的限制，以及阴影等都有直接的关系。灯具的布置是否合理还关系到照明安装容量和投资费用，以及维护检修方便与安全。

（1）合理布灯。灯具的布置要根据现场情况而定。布灯时要求整个工作面的照度分布均匀，灯具间隔和行距都要保持一定的均匀性，保证局部有足够亮度的选择性布灯。

1）同一个场所内，各点照度差别不能过大，一般不低于或高于平均照度的 1/6。从节能方面考虑，工厂车间内工作面与通道的照度之比可以为 3∶1 或 4∶1，住宅为 10∶1 等。加强工作面照明减少辅助部分的照明从而节约能耗。

2）灯具离墙的距离不能太远，一般要求灯具到墙的距离为灯具间距 L 的 1/2～1/3。

3）灯具布置的合理性。灯具的距高比 L/h，主要取决于灯具的间距 L 和计算高度 h（即从距离地面的悬挂高度，减去工作面高度，如图 7-27（a）所示）的比值是否恰当。L/h 值小，照度均匀度好，但投资多、经济性差；L/h 值过大，布灯就稀少，照度均匀度就差。

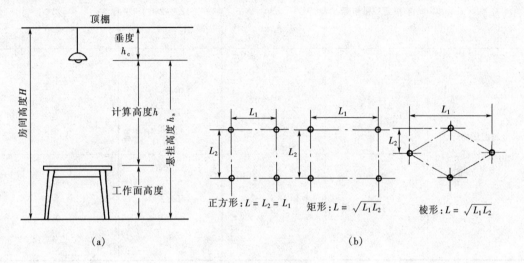

图 7-27 灯具的距高比
（a）h 值的确定；（b）L 值的确定

距高比中灯距 L 值，可根据几种布灯形式，按图 7-27（b）进行计算。灯具布置时，其间距小于该灯具的允许距高比时，照度均匀度就能满足要求。一般照明的布灯，当采用有规则的排列来确定灯具间距时，应根据该灯具的最大距高比选择，以保证有适宜的照度均匀度。

4）灯具悬挂高度。灯具悬挂高度（距地高度）以不发生眩光为目的，还应考虑防止碰撞和触电等安全要求。工业企业室内一般灯具的悬挂高度可参照表 7-24。

表 7-24 工业企业室内一般照明灯具的最低悬挂高度

光源种类	灯具型式	遮光角 α	灯泡功率（W）	最低悬挂高度（m）
白炽灯	有反射罩	10°～30°	≤100	2.5
			150～200	3.0
			300～500	3.5
白炽灯	有乳白玻璃漫反射罩	—	≤100	2.0
			150～200	2.5
			300～500	3.0
卤钨灯	有反射罩	30°～60°	≤500	6
			1000～2000	7
日光灯	无反射罩	—	≤40	2
			>40	3
	有反射罩	—	≤40	2.0
			>40	2.0

光源种类	灯具型式	遮光角 α	灯泡功率（W）	最低悬挂高度（m）
荧光高压汞灯	有反射罩	10°～30°	＜125	3.5
			125～250	5.0
			≥400	6.0
	有反射罩带格栅	＞30°	＜125	3.0
			125～250	4.0
			≥400	5.0
金属卤化物灯、高压钠灯、混光光源	有反射罩	10°～30°	＜150	4.5
			150～250	5.5
			250～400	6.5
			＞400	7.5
	有反射罩带格栅	＞30°	＜150	4.0
			150～250	4.5
			250～400	5.5
			＞400	6.5

（2）均匀布灯。不考虑室内设施的摆设位置，而将灯具均匀有规律地排列，以使工作面上获得均匀的照度。

均匀布灯时的注意事项：

1) 考虑顶棚的整体效果，且应与其他设备的安装，统一安排，统一布置，还要考虑与室内装饰密切配合。

2) 在商业、宾馆以及安装有玻璃幕墙的建筑中，还要特别注意开灯后的夜景效果。

3) 均匀布灯时应选择最佳方案。

（3）选择布灯。灯具的布置主要是根据工作场所设施布置情况，有选择地布灯。选择最有利的光照方向和尽可能避免工作面上的阴影，以减少灯具数量，节省投资和运行费用。

选择布灯时的注意事项：① 保证工作面上的照度标准；②与建筑、结构、装饰形式相配合，艺术格调和谐；③ 考虑维修方便与安全；④ 不产生眩光，避免阴影；⑤保证人员、车辆顺利通行；⑥ 顶灯与壁灯应合理配合。

（四）照明装置的安装

1. 照明装置安装的一般要求

（1）安装照明装置的通用要求。

1) 为保证电气照明装置施工质量，确保安全运行，在建筑物、构筑物中电气照明装置应按已批准的设计进行施工。修改设计时，应经原设计单位同意方可进行，以保证设计的连续性和完整性，且要有设计变更通知。

2) 加强管理，提高质量，避免损失，协调建筑与电气照明装置安装的关系，做到文明施工。在电气照明装置施工中，不可避免地会对已建好的建筑物、构筑物造成破损，主要是凿洞或盒

（箱）移位，墙面或装饰面污染等。为了确保整个建筑安装工程的质量，要对施工造成破损的部位进行修复，方可交工。

为了提高安装灯具的自身质量，且由于灯具一般由玻璃、塑料、搪瓷、铝合金等材料制成，零件较多，运输保管中易破损或丢失，安装前应认真检查，灯具及其配件应齐全，并应无机械损伤、变形、油漆剥落和灯罩破裂等缺陷。成套灯具的绝缘电阻不小于 $2M\Omega$，内部接线应为铜芯绝缘导线，线芯截面积不小于 $0.5mm^2$，橡胶或聚氯乙烯（PVC）绝缘导线的绝缘层厚度不小于 $0.6mm$。固定灯具带电部件的绝缘材料及提供防触电保护的绝缘材料，应有耐燃烧和防明火性能。防止安装损坏灯具，影响美观和质量，而且还要检查灯泡（管）标注的额定电压是否符合电源电压的要求。

3）为了确保电气照明设备固定牢固、可靠，和延长其使用寿命，在砖混结构中安装电气照明装置时，应采用预埋吊钩、螺栓、螺钉、膨胀螺栓、尼龙塞或塑料塞固定，但严禁使用木楔。当设计无规定时，上述固定件的承载能力应与电气照明装置的质量相匹配。

为防止灯具超重发生坠落，当软线吊灯灯具质量大于 0.5kg 时，应增设吊链，且应使导线不受力；吊灯质量在 0.5kg 及以下时，可采用软导线自身吊装；当吊顶灯具质量大于 3kg 时，应采用预埋吊钩或螺栓固定，如图 7-28 所示为在不同结构楼板上的预埋件。大（重）型灯具应预埋吊钩，固定灯具的吊钩，除吊扇吊钩顶埋方法外，还可将圆钢的上端弯成弯钩，挂在混凝土内的钢筋上。

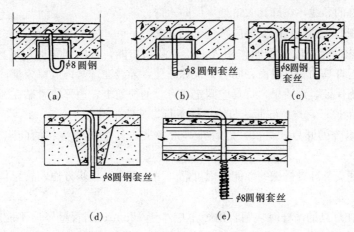

图 7-28　灯具在楼板内预埋吊钩、螺栓的做法
（a）现浇楼板预埋吊钩；（b）、（c）现浇楼板预埋螺栓；（d）沿预制板缝预埋螺栓；（e）空心楼板预埋螺栓

大型灯具安装，要先用 5 倍以上的灯具质量进行过载起吊试验，如需要人站在灯具上时，还要另外加上 200kg。

为确保花灯固定可靠，不发生坠落，固定花灯的吊钩，其圆钢直径不应小于灯具吊挂销、钩的直径，且不得小于 6mm。对于大型花灯的固定及悬吊，应按灯具质量的 2 倍进行过载试验。

4）安装在重要场所的大型灯具的玻璃罩在实际使用中，由于灯泡温度过高，玻璃罩常有破碎发生。为确保安全，避免发生事故，应按设计要求，切实做好防止玻璃罩破裂后向下溅落伤人的措施。

5）灯具不得直接安装在可燃构件上，当灯具表面高温部位靠近可燃物时，应采取隔热、散热措施，以防止火灾的发生。

6）为确保维修安全，同时也不致影响整个用电单位的用电，所以在变电所内，高压、低压配电设备及母线的正上方，不应安装灯具。当在配电室内裸导体上方布置灯具时，其与裸导体的水平净距不应小于 1m，灯具不得采用吊链和软线吊装。

7）一般敞开式灯具，灯头对地面距离不应小于以下数值（采用安全电压时除外）：①室外墙上安装为 2.5m；②厂房为 2.5m；③ 室内为 2m；④软吊线带升降器的灯具在吊线展开后为 0.8m，且应套塑料软管，采用安全灯头。危险性较大及特殊危险场所，当灯具距地高度小于 2.4m 时，应使用额定电压为 36V 及以下的照明灯具或有专用保护措施。当灯具距地面高度小于 2.4m 时，灯具的可接近裸露导体必须做可靠的安全接地或保护接零，并应有专用接地螺栓，且应有标识。在特别潮湿、有腐蚀性气体的场所，以及易燃、易爆的场所，应分别采用合适的防潮、防爆、防雨的灯具和开关。一般生产车间、办公室、商店、住房居民用电的灯头应不低于 2m。

8）为防止触电，特别是防止更换灯泡时触电，故螺口灯头的接线应符合下列要求。

a. 相线应接到中心触点的端子上，中性线应接在螺纹的端子上。

b. 灯头的绝缘外壳不应有破损和漏电。

c. 对带开关的灯头，开关手柄不应有裸露的金属部分。

9）为了不使一套灯具的电气故障影响整个照明系统，故每套路灯应在相线上装设熔断器。由架空线引入路灯的导线，在灯具入口处应做防水弯。

10）嵌入顶棚的装饰灯具的安装应符合下列要求。

a. 嵌入顶棚内的灯具除有照明作用外，还有装饰功能，考虑到顶棚内通风差，不易散热，故电源线不能贴近灯具的发热表面；同时为检修方便，导线在灯盒内应留余量，以便在拆卸时不必剪断电源线；为保证装饰效果，灯具应固定在专设的框架上，边框应紧贴在顶棚面上。

b. 矩形灯具的边框宜与顶棚面的装饰直线平行，其偏差不应大于 5mm。

c. 日光灯管组合的开启式灯具，灯管排列应整齐，其金属或塑料的间隔片不应有扭曲等缺陷。

11）为了保证安装灯具机械的性能牢固可靠，用电安全，检修方便，故灯具的安装应符合下列要求。

a. 采用钢管作灯具的吊杆时，钢管内径不应小于 10mm；钢管壁厚度不应小于 1.5mm。螺纹连接要求牢固可靠，至少旋入 5~7 牙，灯架和吊管内的导线不得有接头。

b. 吊链灯具的灯线不应受拉力，灯线应与吊链编叉在一起。

c. 软线吊灯的软线两端应做保护扣，两端线芯应搪锡。每盏灯应有一只吊线盒（多管日光灯和特殊灯具除外），吊灯线绝缘必须良好，不得有接头。

d. 同一室内或场所中成排安装的灯具，其中心线偏差不应大于 5mm。

e. 灯具及其附件应配套使用，安装位置应便于检查和维修。

f. 灯具固定应牢固可靠。每个灯具固定用的螺钉或螺栓不应少于 2 个；当绝缘台直径为 75mm 及以下时，可采用 1 个螺钉或螺栓固定。

12）为防止漏电，确保使用安全，并延长使用年限，安装在绝缘台上的电气照明装置，其导线的端头绝缘部分应伸出绝缘台的表面。

13）为了保证导线能承受一定的机械应力和可靠地安全运行，根据灯具的安装场所及用途，引向每个灯具的导线线芯最小截面积应符合表 7-25 的规定。

表 7-25　　　　　　　　　　　　　　导 线 线 芯 最 小 截 面

灯具的安装场所及用途		线芯最小截面（mm²）		
		铜芯软线	铜线	铝线
灯头线	民用建筑室内	0.5	0.5	2.5
	工业建筑室内	0.5	1.0	2.5
	室　外	1.0	1.0	2.5

14）在实际接线中，由于导线与设备接线端子接触不良，经常出现导线与接线端子之间产生火花，发生事故。为确保安全，电气照明装置的接线应牢固，电气接触应良好；需安全接地或保护接零的灯具、开关、插座等非带电金属部分，应有明显标志的专用接地螺钉。

15）灯头低于规定高度又无安全措施的车间照明、行灯和机床的局部照明以及用于锅炉、金属容器、构架等内部的行灯及危险场所中不便于工作的狭窄地点、潮湿场所（如井下作业），应采用由安全特低电压供电的安全灯。

（2）移动式和手提式照明灯具的安装要求。

1）移动式和手提式灯具应采用Ⅲ类灯具，用安全特低电压配电，其电压值：①在干燥场所不大于 50V；②在潮湿场所不大于 25V；③在特别潮湿、导电良好的地面及工作地点狭窄、行动不便的场所不大于 12V。

2）灯具配电电源使用行灯双圈变压器，不允许用自耦变压器或附加电阻上抽取的电压作为灯具的电源。双圈变压器的一、二次侧都应有熔断器保护，熔丝额定电流分别不应大于变压器一、二次的额定电流。变压器必须有防水措施，其金属外壳、铁芯和低压侧的任一端或中性点采用安全接地或保护接零。但安全特低电压供电应采用安全隔离变压器，其二次侧不应接地。

3）移动构架上的局部照明灯具需随着使用方向的变化而转动，使用时为确保导线不受机械应力和磨损，所以固定在移动结构上的灯具，其导线宜敷设在移动构架的内侧；在移动构架活动时，导线不应受拉力和磨损。

4）手提式灯具不论电压高低，均应符合下述要求：

a. 灯体及手柄应使用坚固、耐热性高及绝缘性能好的防潮材料。

b. 灯座应固定在灯体上，灯泡的金属部分不应外露，不许使用带开关的灯头，灯泡应有金属保护网、反射罩及悬吊挂钩，其均应固定在灯具的绝缘部位上。

c. 安装灯体在引入线时，不应拉得过紧，同时应避免导线在引出处被磨伤。

d. 电源线应采用有护套的铜芯橡套软线，并用插头控制。

2. 白炽灯的安装、使用及故障处理

白炽灯有安装在室外的，也有安装在室内的。室内白炽灯的安装通常有吸顶式、壁式和悬吊式三种，如图 7-29 所示。下面介绍白炽灯最常用的软线悬吊式安装方法。

（1）木（塑料）台的安装。木（塑料）台与照明装置的配备应适当，木台应完整无破裂及翘曲变形，油漆完美。用于室外或室内潮湿场所的木台与建筑物相接触的表面应刷防腐漆。塑料台应无老化、无脆裂，并应有足够的强度，受力后无弯翘、变形等现象。

安装木台前，应钻好出线孔，但塑料台不需钻孔可直接固定灯具。木（塑料）台的固定螺丝不能少于两根，但直径在 75mm 及以下的木（塑料）台，可用一个螺钉或螺栓固定。其安装应牢固，紧贴建筑物表面无缝隙，导线不能压在木（塑料）台的边缘上。

在混凝土屋面明配线路上安装木（塑料）台时，先在准备安装吊线盒的地方预埋木砖、螺栓

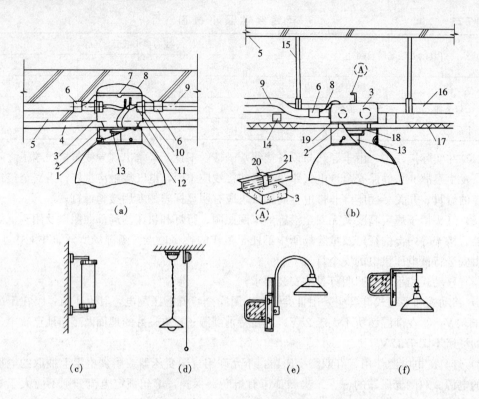

图 7-29 白炽灯的安装方式

(a) 混凝土楼板下吸顶式；(b) 吊顶下吸顶式；(c) 壁式；(d) 软线悬吊式；(e) 钢管悬吊式；(f) 链悬吊式
1—安装灯罩；2—灯具安装板；3—接线盒；4—抹面；5—混凝土楼板；6—地线夹；7—地线端子；8—接地线；
9—电线管；10—根母；11—护口；12—缩口盖；13—灯座；14—轻钢龙骨；15—吊顶吊杆；16—吊顶主龙骨；
17—吊顶饰面板；18—安装灯具；19—接线盒盖；20—安装金具；21—型钢；Ⓐ—接线盒安装金具

或膨胀螺栓。当灯具质量超过 3kg 时，通过木（塑料）台中间小孔，将其固定在预埋螺栓或吊钩上；质量在 3kg 及以下时可固定在木砖、膨胀螺栓或塑料胀管上，但尽量不使用木楔固定灯具。

在混凝土屋面暗配线路，灯具木（塑料）台应固定在灯位盒的缩口盖上。

空心楼板应尽量在两楼板间接缝处布置灯位预埋木砖或吊钩、T 型螺栓、塑料胀管或膨胀螺栓等，用以固定木（塑料）台。

在木梁或木结构的顶棚上，可用木螺丝直接把木（塑料）台拧在木头上。较重的灯具必须固定在楞方上，否则，必须在顶棚内加固。

潮湿场所要在木台与建筑物表面安装橡胶垫，橡胶垫的出线孔径与线径相吻合，应一线一孔，木台四周应刷一道防水漆，再刷两道白漆，保持木质干燥。

（2）白炽软线吊顶的安装。

1）一般白炽软线吊灯安装。根据所需软线的长度，截取相应的塑料软线或花线，剥出两端线芯并拧紧（或制成羊眼圈状）挂锡。如使用花线，则要把线端外层绝缘编织层做收口处理，防止端部编织层散开。

安装吊线盒，先将木（塑料）台上的电源线从吊线盒底座孔中穿出，用木螺钉将吊线盒（俗称先令）固定在木台上。将软线分别穿过灯头盖和吊线盒盖的孔洞，软线的一端与灯座的接线桩头连接（如果是螺口灯头，相线应接在与中心触点相连的接线柱上，否则易发生触电事故；插口灯头上两个接线柱，可任意接线）；另一端与吊线盒的两个接线桩头相连接。为了防止灯座和吊线盒接线螺丝承受灯具的质量（灯具的质量只限 0.5kg 以下），应打好保险扣，使结扣卡在灯头盖和吊线盒盖的孔洞处，打结的方法如图 7-30 所示。

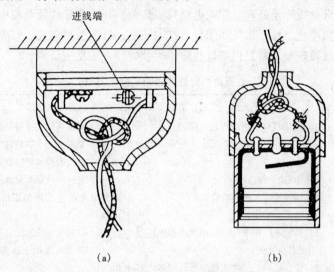

图 7-30　吊线盒及灯头中软导线的保险扣做法
(a) 吊线盒内；(b) 灯座内

2）防水软线白炽灯安装注意事项。防水软线白炽灯安装时，一是要选用防水灯具，二是要进行防水处理。

a. 应选用瓷质或胶木防水软线灯座。

b. 使用瓷质吊线盒时，把防水软灯线直接接在吊线盒接线桩头上。

c. 电源相线应接在与防水软线相连的螺口灯中心触点连接的桩头上，中性线接在与螺口相连接的接线桩头上。

d. 使用胶木吊线盒时，应把电源线通过木台与吊线盒穿线孔穿出吊线盒盖，把木台连同吊线盒固定到灯位盒上，应把电源线与防水灯软线直接连接，两个接头应错开 30～40mm。

e. 为达到防水要求，应将橡胶垫木台与灯具固定在灯位盒上。

（3）白炽灯安装、使用注意事项。

1）灯泡标注的额定电压应与电源电压相符。

2）加装灯罩，改善光线分布，避免滴水溅到灯泡上。

3）装卸或擦灯泡时应断开电源开关，禁用大灯泡烘干湿物或用湿布擦灯泡。并应注意手不要触及灯泡的金属部分。

4）发现灯头与玻璃壳松动时，应用耐高温的粘结剂加固再装用，以免灯头在扭转时造成引线短路。

5）软线吊灯质量大于 0.5kg 时应设吊链，软线不能绷紧，以免承受灯具重量。

6）对装有白炽灯泡的吸顶灯具，灯泡不应紧贴灯罩；当灯泡与绝缘台之间的距离小于 5mm 时，灯泡与绝缘台之间应采取隔热措施，设置阻燃制品，如石棉布等，以防止白炽灯泡离绝缘台过近，绝缘台因受热而烤焦、起火。

在灯位盒上安装吸顶灯具，其灯具或木台应完全遮盖住灯位盒。

7）如果平灯座安装在潮湿场所，应使用瓷质平灯座，且木（塑料）台与建筑物墙面或天棚之间，要垫橡胶垫防潮，胶垫应选择厚度为 2～3mm，且尺寸应比木（塑料）台大 5mm。

8）螺口灯座的零线应接在与螺纹触点相连接的接线桩头上，并应注意在接线时防止螺纹及中心触点固定螺钉松动，以免发生短路故障。

（4）白炽灯的常见故障及处理。照明电路只要负荷、开关、导线及电源中有一个环节发生故障，均会使照明电路停止工作。常见白炽灯有灯泡不亮、灯泡忽亮忽灭、灯光暗淡、灯丝瞬时烧断、灯光异常亮等故障现象。常见白炽灯故障原因及处理方法见表 7-26。

表 7-26　　　　　　　　　　　常见白炽灯故障原因及处理方法

故障现象	故 障 原 因	处 理 方 法
灯泡不亮	（1）灯丝烧断或灯泡引线焊点开焊； （2）灯座或开关接线松动，触点变形，接触不良； （3）线路中有断开点； （4）熔丝熔断或低压断路器跳闸； （5）前级电源无电压； （6）灯泡额定电压高于电源电压或电源电压过低，不足以使灯丝发光； （7）行灯变压器一、二次侧绕组断线或熔丝熔断，造成二次侧无电压	（1）更换新灯泡或重新焊牢接点； （2）紧固接线，调整灯座或开关的触点； （3）查找断路点进行修复； （4）查找熔丝熔断及低压断路器跳闸原因，判断是过负荷还是短路造成的，找出故障并加以排除； （5）等候来电或起用自备电源； （6）选用与电源电压相符的灯泡或调整电源电压； （7）查找断线处并修复，必要时将绕组重新绕制或更换熔丝
灯泡忽明忽暗或忽然熄灭	（1）灯座、开关接线松动或触点接触不良； （2）熔断器熔丝接触不良； （3）电源电压不稳或配电系统设计不合理，有大容量设备起动或超负荷运行； （4）灯泡灯丝烧断，但受振后灯丝忽接忽离	（1）紧固压线螺丝或调整触点； （2）检查并紧固熔丝压接螺丝； （3）调整负荷，调整不合规定的设备； （4）更换新灯泡
灯光暗淡	（1）灯泡陈旧，寿命将终，光通量减小； （2）电源电压过低； （3）灯泡额定电压高于电源电压	（1）更换新灯泡； （2）查找原因，进行排除； （3）更换与电源电压相符的灯泡
通电后灯泡立即冒白烟，灯丝烧断	灯泡漏气	更换灯泡
开关合上后熔断器熔体烧断	（1）灯座内两线头短路； （2）螺口灯座内中心铜片与螺旋铜圈相碰短路； （3）线路中发生短路； （4）用电器发生短路； （5）用电量超过熔丝容量	（1）检查灯座内两接线头并修复； （2）检查灯座并调正中心铜片； （3）检查导线绝缘是否老化或损坏并修复； （4）检查用电器并修复； （5）减小负载或更换熔丝

3. 卤钨灯的安装、使用及故障处理

(1) 卤钨灯的安装如图 7-31 所示。

1) 安装卤钨灯时，灯脚引入线应采用耐高温的导线，灯脚和灯座间的接触应良好，以免灯脚高温氧化而引起灯管封接处炸裂。

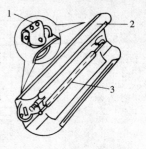

图 7-31　卤钨灯的安装
1—接线桩头；2—配套灯座；
3—灯管

2) 为使卤钨顺利循环，管形卤钨灯工作时需水平安装，倾角不得大于±4°，以延长灯管的使用寿命。

3) 卤钨灯应配备专用的灯罩，灯管必须装在专用的有隔热装置的金属灯架上，切不可安装在易燃的木质灯架上。卤钨灯不能与易燃物接近，安装点应与易燃物品保持 1m 以上安全距离，以免发生火灾。卤钨灯不适用于易燃易爆及灰尘较多的场所。一切与灯接触的电气材料都应注意隔热，以免烧毁。

4) 卤钨灯不可装贴在墙上，以免散热不好而影响灯管的使用寿命。卤钨灯装在室外，应有防雨措施。

5) 功率在 1000W 以上的卤钨灯，不应安装一般电灯开关，而应安装 HK 系列开启式负荷开关或 HY122 隔离开关。

6) 灯管在投入使用前应用纱布沾上酒精，擦去灯管外壁上的手印和油污等不洁物，否则会造成点燃后灯管透明度降低，进而影响发光效率和使用寿命。

7) 卤钨灯在点亮时管壁温度约在 $500\sim800℃$ 必须使用耐热导线，不得采用电扇吹或水淋等冷却措施，也不得在靠近灯位处放置易燃物品，以免发生火灾。

8) 由于卤钨灯耐振性差，不能作移动式局部照明使用。

(2) 卤钨灯的常见故障及其处理。卤钨灯除出现类似白炽灯的故障外，还有可能发生如下故障：

1) 灯脚密封处松动，其主要原因是工作时灯管过热，经反复热胀冷缩后，使灯脚松动，此时应用耐高温的粘结剂加固再装用。

2) 灯管使用寿命短，主要原因是灯管安装不正确，故应重新安装，使灯管水平度小于 4°。

4. 日光灯安装、使用及故障处理

(1) 日光灯的安装方式。日光灯一般采用吸顶式、链吊式、钢管式，嵌入式等安装方法，其中吸顶式、吊杆式和吊链式日光灯的安装方式如图 7-32 所示。紧贴于平顶（吸顶）安装的日光灯，架内镇流器应有适当的通风措施，也可将吸顶安装的镇流器放在日光灯架以外，便于散热。

普遍采用钢管或吊链安装的日光灯，可避免振动，有利于镇流器散热。日光灯具不得贴紧装在可燃性的建筑材料上，此时镇流器可放在灯架上，如为木制灯架，在镇流器下应放置耐火绝缘物。为防止灯管掉下，应选用带弹簧的灯座，或在灯管的两端加管卡或用尼龙绳扎牢。在装接镇流器时，要按其接线图施工。

(2) 日光灯的接线。日光灯有多种接线方法，在正常电压下，虽然都能使日光灯管发光，但其起动的性能是不一样的。将启辉器的双金属片动触头相连的接线柱接在与镇流器相连的一侧灯脚上，另一双金属片静触头接线柱接在与零线相连的一侧灯脚上，如图 7-9（a）所示。这种接线不但起动性能好，而且能迅速点燃并可延长灯管寿命，其他接线方法是不可行的。日光灯接线应将相线接入开关，否则不但接线不安全，而且在开断电源后易发生"余辉"现象。开关的控制线应与镇流器相连接。当安装电容器时，其应并联在镇流器前侧的电路中，不应串联在电路内。

日光灯使用双线圈镇流器接线如图 7-9（b）所示。由于一次、二次线圈的极性是反向连接，

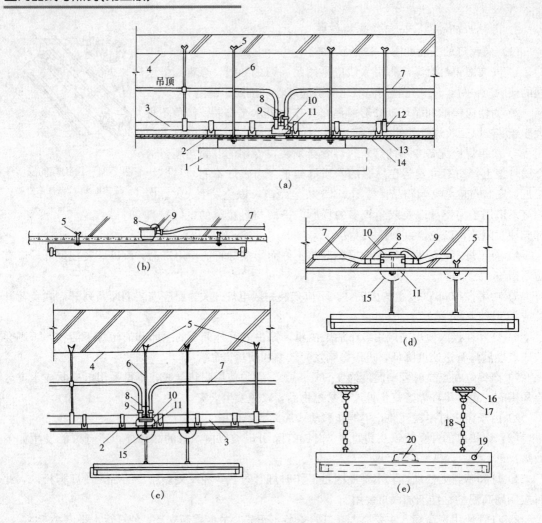

图 7-32　日光灯的安装方式

(a) 吊顶下吸顶式；(b) 混凝土楼板下吸顶式；(c) 吊顶下吊杆式；(d) 混凝土楼板下吊杆式；(e) 吊链式

1—组合灯具；2—轻钢龙骨；3—吊顶主龙骨；4—混凝土楼板；5—胀管螺栓或预埋件；6—吊杆；7—电线管；
8—接地线；9—地线夹；10—接线盒；11—缩口盒盖；12—龙骨吊卡；13—吊顶板；14—吊顶饰面板；
15—灯具法兰吊盒；16—圆木；17—吊线盒；18—吊链；19—启辉器；20—镇流器

因此接线时应注意线圈的标号和极性。由于一次、二次线圈匝数相差很多，故不能接错，否则要损坏灯管和镇流器。若将二次线圈两线头（3 与 4）接反，则起跳变慢，且发亮时较起跳时更亮，此时应将 3 与 4 端头对调。由于镇流器是一个电感元件，因此功率因数很低，为了改善功率因数，一般还需加装电容器。

（3）日光灯镇流器的配套。安装日光灯时，对自镇流日光灯应配电子镇流器，直管形日光灯应配电子镇流器或节能型电感镇流器。选用的镇流器、启辉器应与灯管功率相匹配，不同规格的镇流器与不同规格的日光灯不能混用。因为不同规格镇流器的电气参数是根据不同灯管要求设计的。在额定电压、额定功率的情况下，相同功率的灯管和镇流器配套使用，才能达到最理想的效果，否则会起动困难或影响使用寿命。表 7-27 是通过实测得到的镇流器与灯管功率的配套情况。

表 7-27 镇流器与灯管功率的配套情况

电流值(mA)　　灯管功率(W)　　镇流器功率(W)	15	20	30	40
15	320	280	240	200 以下（起动困难）
20	385	350	290	215
30	460	420	350	265
40	590	555	500	410

从表 7-26 中可以看出，灯管配以相同功率的镇流器，灯管的工作电流值是符合灯管要求的。当用 15W 镇流器与 40W 灯管配用时，就会出现起动困难，而且由于电流过小使灯丝得不到充分的预热，启辉器要反复跳动才能使灯管点燃，从而加速灯管的衰老。反之，如将 40W 镇流器用于 15W 灯管上，则通过灯管的电流增加到 590mA，远远超过了灯管原设计规定的 320mA，此时灯丝过热，加剧了阴极上电子发射物质的消耗，使灯管早期发黑。

（4）日光灯安装、使用注意事项。

1）安装日光灯时，应按图正确接线。

2）截取需要长度的塑料软线，各连接的线端均应挂锡，两根导线中间不应有接头，应用 4mm² 塑料线的绝缘管，把导线与灯脚连接起来。

3）日光灯应采用弹簧式或旋转式专用配套灯座，以保证灯脚与电源线接触良好，并可使灯管固定。

当采用弹簧式灯座时，灯座应有一定的压缩弹力，压缩行程不应小于 10mm，且左右应有 7°～15°的偏斜裕度，以保证灯管顺利安装；采用旋转式灯座时，灯座应具有一定的扭转力矩，一般为 5.9～19.6N·cm，以免接触不良或松脱。

4）为防止灯管脚松动跌落，应采用弹簧安全灯脚或用扎线将灯管固定在灯架上，不得用电线直接连接在灯脚上，否则会产生不良后果，如：①灯脚裸露，易酿成人身触电事故；②启辉器起动时，在灯管两端裸露的灯脚上有较高的脉冲电压，易造成短路；③灯脚承受重量后，易受弯变形，损坏灯管的密封。

5）日光灯配用电线不应受力，灯架应用吊杆或吊链悬挂。

6）镇流器、启辉器的功率必须与灯管功率配套使用。

7）镇流器应固定在灯架背部中央，启辉继电器应装在便于检修的位置。当日光灯吸顶安装时，镇流器应有通风措施。

8）当采用电感式镇流器时，电路的功因数较低（cosφ＝0.4～0.6），所以要在电源线路或灯具内设置电容补偿，使功率因数不低于 0.9。

9）当对有转动部分的物体照明时，如果转动物体的转速是日光灯发光明暗闪动频率的整数倍时，则转动物体看上去和静止一样，这样容易引发人身事故。因此，机械加工车间不宜采用单日光灯照明，而使用双日光灯照明，以消除频闪效应。消除气体放电灯频闪效应的有效措施，可采用高频电子镇流器或将相邻灯具分接在不同相序上。

10）使用日光灯时，尽量减少起动次数，以延长灯管的使用寿命，并要防止灯管破碎，对破碎的灯管要及时妥善处理，以防汞害。

11）环形日光灯的灯头松动后不能扭转，否则会引起导线短路。

(5) 日光灯常见故障及其处理。日光灯照明时发生故障,可能是电源、线路或日光灯本身部件等多方面的原因。只要分析出现的各种故障现象,就能找出故障原因并加以处理。

1) 日光灯管不能发光。日光灯接入电路后灯管不发光,可能有多种原因。

a. 电源无电或电压太低。

b. 电路中有断路点:①启辉器与启辉器座接触不良,或启辉器损坏;②灯脚与灯座接触不良,灯座内断线;③断灯丝,灯丝引线与管脚脱焊或灯管漏气;④镇流器线圈断路;⑤线路上断线。

c. 新装日光灯接线错误。

以上可能出现的故障原因,通常按电源、启辉器、启辉器座、吊线盒线路、灯丝、灯座、镇流器等顺序逐一进行检查,有明显故障点,则应直接处理。

a) 检查电源,确认有电后,闭合开关。这时可先转动启辉器,检查启辉器与启辉器座接触是否良好。如灯管不发光,此时应取下启辉器,检查启辉器座内弹簧片弹性是否良好,如失去弹性或损坏者应更换。

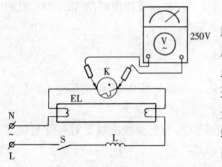

图 7-33 测量日光灯管工作电压图

b) 如果启辉器座完好,可用低压验电笔检测启辉器座上有无电压,也可用万用表交流电压挡检查,如图 7-33 所示。若启辉器座上有电压,启辉器损坏的可能性很大,此时试换一只启辉器。也可用尖嘴钳,手握绝缘柄将钳口适当张开,碰触启辉器座上的两金属片,若灯管两端发光,则迅速将尖嘴钳移开,灯管就会点亮。也可用一段两端剥掉绝缘皮的导线进行以上工作。上述过程说明启辉器已损坏,更换启辉器即可。

c) 如果测试启辉器座上无电压,应检查灯脚与灯座接触是否良好。可用两手分别按住两个灯脚向内挤压,或用手握住灯管转动一下,此时若灯管闪光,说明灯脚与灯座接触不良,可取下灯管,将灯座内弹簧片拨紧,再将灯管装上。如果灯管仍不发光,则应打开吊线盒,检查有无电压。如果吊盒上无电压,说明断路点在线路上;如果用验电笔测试吊盒两接线端,电笔均发光,说明吊盒之前中性线断路。

d) 如果吊盒内电压正常,则应检查灯管灯丝的通断情况,其检查方法如图 7-34 所示。用万用表 $R×1$ 挡测量灯管两端灯丝电阻,其冷态电阻应与表 7-28 所示的正常灯丝冷态电阻相当;用串灯、小灯泡检查,灯泡发光说明灯丝是好的。

e) 若灯丝与灯脚脱焊,可用烙铁在原焊点上焊牢,必要时将灯管的灯脚轻轻橇下,重新焊好后再用胶粘牢,再用万用表电阻挡测量,检查灯丝的通断。

f) 若灯管完好,则进一步检查灯座接线,最后检查镇流器。用万用表 $R×1$ 或 $×10$ 挡测量已断开电路的镇流器,其正常冷态电阻值见表 7-28。如果镇流器内部断线,则更换新品。

表 7-28   镇流器、日光灯灯丝冷态电阻值

日光灯管	功率(W)	6~8	15~40	镇流器	规格(W)	6~8	15~20	30~40
	冷态电阻(Ω)	约15~18	约3.5~5		冷态电阻(Ω)	约80~100	约28~32	约24~28

g) 如果电源电压太低,有条件时应调整电源电压,也可减负荷运行降低电压损失,以提高

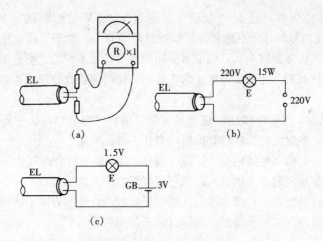

图 7-34 检查日光灯管灯丝方法图
(a) 用万用表；(b) 用串灯；(c) 用小灯泡、干电池

日光灯处端电压，或者躲过高峰负荷先行起动运行。

h）日光灯接线错误，应按接线原理图核对，并予以纠正。

2）灯管两端发黑或生黑斑。日光灯管通常有正常发黑、早期发黑及汞发黑三种故障现象。

a. 正常发黑。灯管点燃时间已接近或超过规定的使用寿命，一般在灯管两端部各 $50\sim60\text{mm}$ 范围内，产生正常的发黑，说明灯丝上的电子发射物质即将耗尽，此时应更换灯管。

b. 早期发黑。新灯管点燃不久，由于灯丝上电子发射物质飞溅得太快，使管壁两端发黑。这种灯管早期发黑的可能原因有：①灯管质量差；②附件质量差或配套规格不符合要求；③电压波动过大和开关的开闭次数频繁。

c. 汞发黑。日光灯在管内加入微量汞，使其在灯管放电后产生波长为 2537Å（$1\text{Å}=1\times10^{-10}\text{m}$）的紫外线，紫外线激发荧光粉发光。若汞量太少荧光就会不足，反之加入过量的汞，则会超过管内的水银饱和蒸气压，此时汞就会吸附在荧光层（管壁）上，出现黑斑，其发黑部位不一定在灯管两端，但不影响正常使用。

3）灯管两端亮或红光，中间不亮。日光灯灯管两端亮，中间不亮的这种故障现象，主要是因为灯管长期处于预热状态，启辉器断不开，镇流器未产生自感电动势，灯管不能正常点燃。此时应在灯管两端亮了以后，将启辉器拧下，若灯管能正常发光，说明启辉器损坏。启辉器损坏有以下两种情况：

a. 双金属片动触头与静触头焊死，不能断开。此时可将启辉器泡从壳内取出直接观察，正常时应为断路。

b. 启辉器内并联的电容器被击穿时可将电容取下，用 $0.005\mu\text{F}/400\text{V}$ 的纸介电容器替换。如暂时没有这样的电容器，启辉器仍能使用，但会干扰周围的无线电设备。

日光灯通电后，还会出现灯管两端发出像白炽灯似的红光而中间不亮的故障现象，任凭启辉器怎样跳动，灯丝部位没有闪烁现象而灯管却不起动。这说明灯管已慢性漏气，此时应更换灯管。

4）灯管闪烁不定或有螺旋形光带。

a. 当环境温度很低时，管内气体不易电离，日光灯起动是比较难的，往往启辉器要多次跳动，灯管才能点燃，有时启辉器跳动不止而灯管不能正常发光。灯管难于跳亮的原因还与天气潮湿、电源电压低于日光灯的最低起动电压（额定电压 220V 的灯管规定的最低起动电压为 180V）、灯管衰老、镇流器与灯管不配套、启辉器故障等有关。如果不属电压、温度、湿度的问题，此时可更换灯管或启辉器试一次；如果属于镇流器与灯管不配套，则应调换。

当启辉器长时间跳动而不能使日光灯正常工作时，应迅速检查处理，否则会影响日光灯的使用寿命。

b. 灯管正常起动后，灯管内即出现螺旋形光带（俗称"打滚"），其主要原因有：①灯管质量差；②镇流器工作电流过大；③新灯管出厂前老化不够。

新灯管接入电路后，刚点燃就出现"打滚"现象，这是由于灯管内气体不纯，以及出厂前老化不够所致。此时只要反复起动几次日光灯即可使灯管趋于正常运行。

新灯管点燃数小时后出现"打滚"现象，而用反复起动灯管的方法不能消除时，这是由于灯管的玻璃内壁受热后放出气体所形成的，属于灯管质量问题。

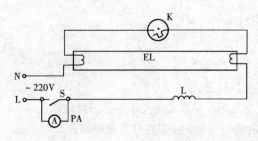

图 7-35　测量日光灯工作电流

镇流器工作电流过大也会出现新灯管的"打滚"现象。但并不是所有镇流器工作电流过大，都会引起"打滚"现象，工作电流过大会使灯丝过热，加剧阴极上电子发射物质的扩散，而使灯管早期发黑而报废。所以测得运行中镇流器工作电流应与日光灯管正常工作电流相当，见表 7-29。

测镇流器工作电流，可用交流电流表或万用表交流电流挡，量程选 1A 挡。测量时，将电路中的开关打开，电流表的两引线接在开关的两接线柱上，如图 7-35 所示。若测量电流值过大，说明镇流器质量有问题，应更换新品。

表 7-29　　　　　　　　　　　日光灯灯管电压、电流额定值（参考值）

灯管型号	功率(W)	工作电流(mA)	预热电流(mA)	工作电压(V)	灯头型号
YZ8	8	150	200	60±6	G5
YZ15	15	330	500	51±7	G13
YZ20	20	370	550	50±7	
YZ20（细管）	20	360	—	59	
YZ30	30	405	620	81±10	
YZ40	40	450	650	103±10	
YZ40（细管）	40	430	—	107	
YZK40（预热式快速起动）	40	430	—	103	

5）新灯管通电灯丝烧断或冒烟。

a. 新灯管接入电路后，灯丝立即烧断，可能故障有：①新装日光灯线路接错；②镇流器内有短路；③灯管质量太差。

如果是新装日光灯，应先检查电路，再检查镇流器。用万用表 $R×1$ 或 $×10$ 挡测量，测得的镇流器冷态电阻阻值，如果比参考值小得多，则其短路情况严重，应更换镇流器。若镇流器完好，则是灯管质量差。

312

b. 如果日光灯通电后，灯管立即冒白烟，则是灯管漏气所致。

6）镇流器过热及噪声。

a. 镇流器的允许温升一般不超过65℃，如果出现过热或绝缘胶外溢时，可能原因有：①镇流器质量差；②电源电压过高；③启辉器内元件故障。

镇流器出现过热现象时，可测量日光灯电路中的电流，也可按图7-36检查镇流器。首先将调压器电压调到起动电压值，测出起动电流值；将调压器电压调到工作电压值，测出工作电流值。将此值与表7-30对照，即可知镇流器是否正常。如镇流器匝间短路造成阻抗降低而使电流过高时，一般应更换镇流器。当启辉器中的电容器短路或跳泡中的动、静触点焊死跳不开时，电路中流过电流为预热电流（此时灯管两端亮中间不亮）。如果镇流器长时间处于这种状态，也会使其过热，此时只要排除启辉器故障即可。

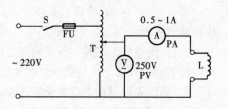

图7-36 测量镇流器的电压、电流
S—开关；FU—熔断器；T—调压器（0.5kVA）；
L—被测镇流器

b. 镇流器噪声又称蜂音，由于镇流器是电磁元件，通过交流电时出现噪声是正常现象，但镇流器噪声不能过大（出厂标准要求，距镇流器1m处应听不到蜂音为合格）。

表7-30　　　　　　　　　　　日光灯镇流器技术数据（参考值）

电参数 规格（W）	起动状态		工作状态		最大功率损耗 （W）
	电压（V）	电流（mA）	电压（V）	电流（mA）	
6	215	180±20	202	146—20	≤4.5
8	215	200±20	200	160—20	≤4.5
15	215	440±30	202	330—30	≤8
20	215	460±30	196	350—30	≤8
30（细管）	215	530±30	163	320—30	≤8
30	215	560±30	180	360—30	≤8
40	215	650±30	165	410—30	≤9

镇流器噪音过大的原因有：①电源电压过高，使镇流器过载而加剧电磁振动，此时有条件时应降压使用；②安装位置不当，引起周围物体的共振，此时应改变安装位置；③镇流器质量不好，内部铁芯松动，一般只能更换。

5. 高压汞灯的安装、使用及故障处理

（1）高压汞灯的安装、使用注意事项。

1）高压汞灯有自镇流式和外镇流式两种，自镇流式高压汞灯可直接接入220V交流电路中。带镇流器的高压汞灯，一定要使镇流器功率与灯泡的功率相匹配，否则会使灯泡损坏或者起动困难。

2）高压汞灯要配用瓷质螺口灯座和带有反射罩的灯具。灯功率在125W及以下的，应配用E27型瓷质灯座；功率在175W及以上的，应配用E40型瓷质灯座。相线应接在通入灯座内部弹簧片的接线柱上。

3）镇流器宜安装在灯具附近，且应装在人体不易触及的地方，并应有保护措施，在镇流器接线桩头上应覆盖保护物，如果装在室外还应有防雨装置。

4) 高压汞灯外壳玻璃破碎后虽能点亮，但大量的紫外线会烧伤人的眼睛，所以应立即停止使用。破碎灯管应及时妥善处理，以防汞害。

5) 供给高压汞灯的电压应尽可能稳定。因为当电压降低5%时，灯泡会自行熄灭，再要起动，需要5～10min，所以它不能作事故照明和要求迅速点亮的场所。由于高压汞灯不宜装在电压波动较大的线路上，如果线路电压变动较大，必要时可加装稳压器或自动调压器。

6) 高压汞灯工作时，外玻璃壳温度很高，安装时所配用的灯具需具有良好的散热条件，否则要加装通风设备，以免影响灯的性能和使用寿命。

7) 高压汞灯对点燃位置无特殊要求，一般要垂直安装。水平安装较垂直安装容易熄灭，且输出的光通量会减少7%，故安装时倾斜度不应超过15°。如果标明灯头在下，则只准灯头在下垂直安装。悬挂高度应根据需要确定，但不宜小于最低悬挂高度。

8) 当高压汞灯通电后不发光或发光微弱，则应更换灯管，但应先开断电源。

(2) 高压汞灯在投运中出现异常情况分析及相应处理。

1) 镇流器铁芯发出很大的电磁声，可能是铁芯松动、线圈短路等引起的。

2) 汞灯使用很短时间就烧坏。其原因一般是镇流器气隙太大或铁芯较小，或线圈匝数过少。

3) 汞灯起动困难或起动时间太长，可能是镇流器气隙太小。

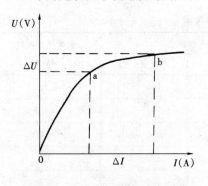

图 7-37　镇流器的伏安特性曲线

4) 电路电压略有升高，管子就会烧坏，可能是镇流器质量不好，线圈匝数少或铁芯截面积太小，使工作点在图 7-37 中伏安特性曲线的 ab 段饱和区内。电压变化 ΔU 虽较小，但引起的电流变化 ΔI 较大，使镇流器工作不稳定而烧坏管子。

5) 汞灯不能启辉。一般由电源电压过低，镇流器选配不当，开关桩头接线松动或灯泡内部构件损坏等原因引起。

6) 汞灯只亮灯芯。一般由灯泡玻璃破碎或漏气等原因引起。

7) 汞灯亮后突然熄灭。一般由电源电压下降，或线路断线和灯泡损坏等原因引起。

8) 汞灯忽亮忽熄。一般由电源电压波动，在启辉电压的临界值上，或灯座接触不良，接线松动等原因引起。

9) 闭合汞灯开关而不亮。一般由停电、熔丝烧断、连接导线脱落或镇流器、灯泡烧毁等原因引起。

6. 钠灯的安装与使用

(1) 高压钠灯的安装与使用。

高压钠灯的安装注意事项和接线与高压汞灯相同，此外还应注意以下几点：

1) 配套的灯具需特殊设计，不仅要考虑到玻璃外壳温度很高，必须具有良好的散热灯具外，还要考虑高压钠灯的放电管是半透明的，应配瓷螺口灯座和带有反射罩的灯具，其反射光不宜通过放电管。否则放电管因吸热而温度升高，影响寿命，且易自熄。因不合理的灯具（尤其在封闭式灯具中）可能会使放电管的温度过高，灯管电压降增加，灯管电压降过大时灯会猝然熄灭。

2) 安装在电源电压变化不宜大于±5%的电路内。高压钠灯的管压、功率及光通量随电源电压的变化而变化，比其他气体放电灯大。当电源电压上升时，由于管压降的增大，容易引起灯自熄。电源电压降低时，光通量将减少，光色变差。

3）高压钠灯可利用高压汞灯的灯具及镇流器，因此原来使用高压汞灯的地方，可以直接换上高压钠灯，但要配上触发器，且节能型电感镇流器功率必须与钠灯的功率匹配。在电压偏差较大的场所，宜配用恒功率镇流器，功率较小时可配用电子镇流器。

4）高压钠灯的镇流器可作成安装在灯具内的立式或卧式无外壳型或安装在地坑内全封闭的环氧灌封式。

5）对于灯的安装位置有一定要求，一般灯头在上。灯头在下时灯泡轴线与水平线夹角不宜超过20°。

6）灯具悬挂高度应根据需要确定，但不宜小于最低悬挂高度。由于无玻璃壳的钠灯也有很强的紫外线辐射，故灯具应加玻璃罩。若无玻璃罩，悬挂高度不应低于14m。

（2）低压钠灯的安装与使用。低压钠灯安装注意事项与高压钠灯相同，此外还应注意以下事项：

1）低压钠灯应水平安装，一般灯头向下偏离水平位置不超过5°，灯头向上允许偏离水平位置不超过20°。低压钠灯的灯头不应向上或向下安装，其原因是灯头向上或向下垂直燃点时，可能因钠移动而产生不良后果。

2）低压钠灯安装时，除靠灯头固定外，还需辅助支撑，使灯管安装牢固。

3）低压钠灯必须与相应的镇流器配套使用。

4）18、90、135、180W低压钠灯管配套用电容器的技术数据应由制造厂提供。

7. 氙灯的安装与使用

（1）氙灯的紫外线辐射比较大，投入试运行时不要用眼睛注视灯管。用作一般照明时，要装设滤光玻璃，以防止紫外线对人们视力的伤害。氙灯的悬挂高度，视功率大小而定，一般以得到均匀和大面积照明为目的。由于灯点燃时有紫外线辐射，不可长时间近距离照射，当氙灯功率为3000W时应不低于12m，10 000W时应不低于20m，20 000W灯管时应不低于25m，以免紫外线灼伤。

（2）安装后触发器与灯管的距离不宜超过3m，以减少高频能量在线路中的损耗；触发器接线应牢固，以防发热烧坏触发器；触发器高压出线端不应碰到金属外壳，固定位置时，因为灯需要高频高压起动，所以高压端配线对地应有良好的绝缘，故必用30kV耐压的绝缘子绝缘，以防高压对地击穿。

（3）起动灯管时应配用相应的触发器，用触发器引燃时，如发现灯管内有闪光，但没有形成一条充满管内的电弧导通时，首先检查电源电压是否太低（一般不宜低于210V），然后再适当调节触发器内放电火花间隙的距离，使其控制在0.5～2mm。

（4）灯管工作温度很高，所以灯座引出线均应用耐高温材料，也不宜靠近易燃物品安装。

（5）灯管安装完毕后，要用棉花蘸酒精擦拭灯管表面，去掉污垢，以免影响灯管的管光。

8. 霓虹灯的安装与使用

（1）霓虹灯管安装。安装霓虹灯管前，应先检查灯管是否完好，无破裂现象；安装时，一般用角铁做成美观、牢固的框架，安装在露天时还要经得起风吹雨淋。灯管应安装在人不易触及的地方，以防碰碎灯管和触及灯管端部的高电压。安装应牢固可靠，以防灯管破碎下落伤人，固定后的灯管离建筑物、构筑物的最小距离不宜小于20mm。

安装灯管时可采用各种玻璃或瓷制、塑料制的绝缘支持件固定。有的支持件可以将灯管直接卡入，也可用φ0.5mm裸铜线扎紧，如图7-38所示。室内或橱窗里的小型霓虹灯管安装时，在

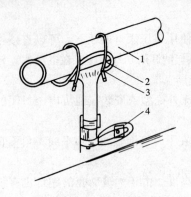

图 7-38　霓虹灯管支持件的固定
1—霓虹灯管；2—绝缘支持件；
3—φ0.5mm裸铜丝扎紧；
4—螺钉固定

框架上拉紧已套上透明玻璃管的镀锌铁丝，组成 200～300mm 间距的网格，然后将霓虹灯管用 φ0.5mm 的裸铜线或弦线与玻璃管绞紧即可。

（2）霓虹灯变压器安装。霓虹灯变压器是一种漏磁很大的单相干式变压器，其必须放在金属箱内，箱子应有通风散热措施。

霓虹灯变压器一般紧靠灯管或隐蔽在霓虹灯板后，以缩短高压引线，不可安装在易燃品周围或吊顶内，不宜被非检修人员触及，安装在室外的变压器要有防水措施，明装时离地不应小于 3m，当小于 3m 时应采取防护措施。离阳台、架空线路等的距离不能小于 1m。变压器的铁芯、金属外壳、输出端的一端、保护箱等均应可靠接地。

（3）高压线连接。霓虹灯专用变压器的二次导线和灯管间的高压连接线，应采用额定电压不低于 15kV 的高压尼龙绝缘线。变压器二次导线与建筑物、构筑物距离不应小于 20mm。高压导线应采用玻璃制品的绝缘支持物固定。支持点间的距离，在水平敷设时为 0.5m，垂直敷设时为 0.75m。高压导线穿越建筑物时，应穿双层玻璃管加强绝缘，玻璃管两端应露出建筑物两侧各为 50～80mm。

（4）低压电路安装。根据霓虹灯容量可采取单相或三相配电方式。容量不超过 4kW 的霓虹灯可采用单相配电；容量超过 4kW 的霓虹灯需用三相配电，霓虹灯变压器均匀分配在各相上。

霓虹灯控制箱一般安装在霓虹灯附近的房间内，在霓虹灯与控制箱之间装有电源控制开关和熔断器。控制箱内装有电源开关（采用塑壳式低压断路器）、定时开关（用电子式或钟表式）和控制接触器。如图 7-39 是霓虹灯控制箱接线系统图。定时开关有两个时间固定插销，一个作接通用，另一个作断开用。在同步电动机 MS 通电后，经过减速机构使转盘随时间而转动，当触碰到盘面微动开关 S 时，使接触器 KM 接通或断开，控制霓虹灯时通时断，闪烁发光。如图 7-40 是定时开关的外形图。

另外，为防止霓虹灯通电后，灯管内产生的高频噪声电波对外界干扰，往往在低压回路上装接一个电容器。

（5）霓虹灯的安装、使用注意事项。

1）霓虹灯变压器的二次电压较高，约为 6000～15000V，故二次回路与所有金属构架、建筑物等应加以绝缘。如高压线采用单股铜线芯，则应穿玻璃管绝缘，以保安全，防止漏电。

2）霓虹灯专用变压器（双圈式）所供灯管长度不应超过允许负载长度。

3）霓虹灯变压器应尽量靠近霓虹灯安装，一般安放在支撑霓虹灯的构架上，并用密封箱子作防水保护；变压器中性点及外壳必须可靠接地；霓虹灯管和高压线路不能直接敷设在建

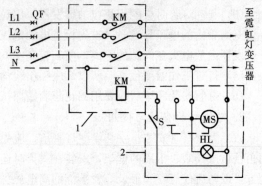

图 7-39　霓虹灯控制箱接线系统图
1—接触器；2—时间开关；HL—红色指示灯
QF—带隔离功能断路器

筑物或构架上，应与之至少保持 20mm 的距离，可用专用的玻璃支持头支撑。两根高压线之间间距也不宜小于 20mm。

4) 高压线路离地应有一定的高度，以防止人体触及。

5) 霓虹灯变压器电抗大，线路功率因数低，约为 0.2～0.5，所以需配相应的电容器进行补偿。

6) 霓虹灯灯管内充有少量汞，破碎的灯管应妥善处理，以防汞害。

7) 当橱窗内装有霓虹灯时，橱窗门与霓虹灯变压器一次侧开关应有连锁装置，确保开门不接通霓虹灯变压器电源。

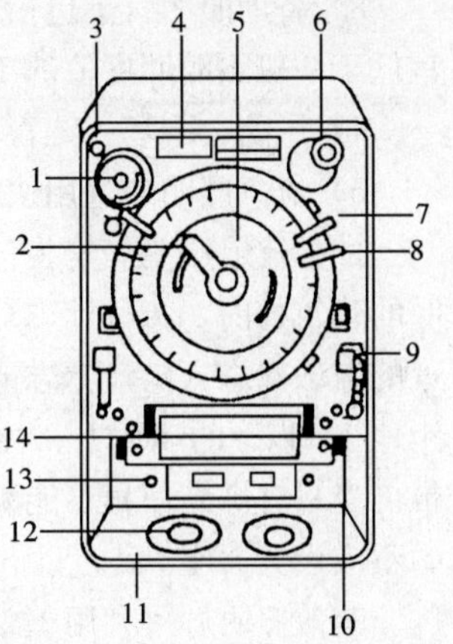

9. 金属卤化物灯的安装与使用

金属卤化物灯包括钠铊铟灯、镝灯等，金属卤化物点燃后，灯具表面温度高，光线较强，易刺伤人眼睛，同时产品有特殊要求，应结合产品说明书进行安装，才能确保安全使用。

图 7-40　霓虹灯定时开关外形
1—转动开关；2—现时时间指示器；3—开关指示器；4—手动开关；5—号盘；6—指示灯；7—时间固定销"开"（橙色）；8—时间固定销"关"（白色）；9—时间固定销架子；10—接地线柱；11—内壳；12—接线出口；13—安装洞口；14—接线柱盖子

(1) 要求安装在电源电压比较稳定的场所，电源电压的变化不宜大于±5%。电压的降低不仅影响发光效率及管压的变化，还会引起光色的变化，甚至熄灭。

(2) 金属卤化物灯是弧光放电灯，需要镇流器才能稳定工作，镇流器应配用节能型电感镇流器；在电压偏差较大的场所，宜配用恒功率镇流器；功率较小者可配用电镇流器。它的起动电压比较高，可由变压器或谐振电路取得，也可用能产生高频高压脉冲的电路取得，这样使灯的起动设备复杂化了。

(3) 金属卤化物灯点燃位置变化时，管内蒸气压和最冷点温度也不同，从而使光通和光色发生较大的变化。有些金属卤化物由于安装方式不同，其放电管的结构也不一样，如镝灯若不按要求使用，有烧坏灯泡的可能。

(4) 管形镝灯的结构有水平点燃、灯头在上的垂直点燃和灯头在下的垂直点燃三种。安装时，必须认清方向标记，正确使用。垂直点燃的灯安装成水平方向时，灯管有爆裂的危险；灯头上、下方向调错，光色会偏绿。

(5) 灯具安装高度不应低于最低悬挂高度的要求，但无外玻璃壳的金属卤化物灯紫外线辐射较强，灯具应加玻璃罩或提高悬挂高度，以保证人的眼睛和皮肤不受紫外线的伤害。

(6) 由于灯管温度较高，配用灯具必须考虑散热，而且镇流器必须与灯管匹配使用，才能使金属卤化物灯稳定地工作，否则会影响灯管的使用寿命或造成灯管起动困难。

(7) 电源线应经接线柱连接，不得使电源线靠近灯具表面。

(8) 灯管必须与专用限流器和触发器配套使用，起动点燃灯管。

(9) 落地安装的反光照明灯具，应采取保护措施。

10. 应急照明灯的安装与使用

应急照明包括备用照明（供继续和暂时继续工作的照明）、疏散照明和安全照明。它们是现代大型建筑物中保障人身安全和减少财产损失的安全设施。

(1) 应急照明的照度和设置规定。

1) 疏散通道的疏散照明照度值不宜低于 0.5lx。

2) 安全照明的照度不宜低于该场所一般照明照度值的 5%。

3）备用照明（不包括消防控制室、消防水泵房、配电室和自备发电机房等场所）的照度不宜低于一般照明照度值的10%。

4）影院、剧场、体育馆和多功能礼堂等场所的安全出口和疏散出口应装设指示灯。

5）应急照明应选用快速点燃的光源。

（2）疏散照明灯安装与使用。疏散照明由安全出口标志灯和疏散标志灯组成。在需要疏散照明的建筑物内，疏散标志灯的布置，应使疏散走道上或公共厅堂内的人员在任何位置都能看到最近的疏散标志（出口标志或指向标志），疏散照明宜设在疏散出口的顶部或疏散走道及其转角处距地1m以下的墙面上、柱上或地面上，以引导其安全、快捷地达到和通过出口，疏散到安全地带。当只有灯光信号不能满足上述要求时还应设置有音响信号的疏散标志灯，但疏散照明的回路中不应设置插座。

疏散照明灯可利用正常照明的一部分，当正常电源断电后，其电源转换时间应不大于15s，但通常宜选用专用照明灯具。

1）出口标志灯的安装。

a. 标志灯应安装在出口门的内侧，其标志面应朝向建筑物内的疏散走道，首层疏散楼梯的安全出口标志灯，应安装在楼梯口的内侧上方。

b. 标志灯应安装在安全出口的顶部，底边距地面高度不宜低于2m，若安装的过高，则在发生火灾时，易因烟雾影响而看不清。

c. 标志灯宜装在墙上或顶棚下，可以明装也可在厅室内采用嵌墙暗装。

d. 根据出口门和疏散走道的相对位置，可装设有双面图形、文字的出口标志。在无障碍设计要求时，宜同时设有音响指示信号。

安全出口标志颜色应为绿底白字或白底绿字（用中文或中英文标明"安全出口"，并宜有图形符号），且应装有玻璃或非燃材料的保护罩，其面板亮度均匀度宜为1∶10（最低∶最高）。

e. 可调光型安全出口标志灯宜用于影剧院的观众厅。在正常情况下减光使用，火灾事故时应自动接通至全亮状态。

2）疏散标志灯的安装。

a. 标志灯通常安装在疏散走道的侧面墙上，对高度较低的走道，也可悬挂在顶棚下。

b. 安装高度。装在墙上时，距地距离不宜大于1m；悬挂在顶棚下时，灯具应明装，且距地面距离不宜大于2.5m。当在墙上安装的高度低于2m时，应为嵌墙暗装，标志灯凸出墙面的尺寸不宜超过30mm，以免影响正常通过，且凸出墙面的各部分都应有平滑的表面和圆角，其材料应能承受机械损伤而不致碎裂。

c. 标志灯一般用"箭头"指示疏散方向，标志面宜与疏散走道平行，且在其周围不宜设置容易混同以及遮挡疏散指向标志灯的其他标志牌，能使疏散走道上的人员在规定的视距内能看清标志面。疏散走道上的标志灯间距不宜大于20m（人防工程不宜大于10m）。

楼梯间的疏散标志灯宜安装在休息平台上方的墙角处或壁ներ，照明灯应设置白色保护罩，并在保护罩两端用箭头及阿拉伯数字清楚标明上、下层层号。疏散标志灯的设置位置，如图7-41所示，但用于人防工作疏散标志灯的间距应不大于图中间距的1/2。

d. 装设在地面上的疏散标志灯应避免被重物或外力损伤。同时应不影响正常通行，并不应在其周围存放有容易混同以及遮挡疏散标志灯的其他标志牌等。

e. 疏散标志的颜色应为白底绿字或绿底白字（用箭头和图形指示疏散方向），并装有玻璃或非燃材料的保护罩，其面板亮度均匀度宜为1∶10（最低∶最高）。

(3) 备用照明灯的安装与使用。

1) 对于正常照明熄灭后，整个房间、场所都需要继续工作和活动，应利用正常照明灯具的一部分作为备用照明，其配电线路及控制开关应分开装设。当备用电源仅在正常照明因故断开时自动投入工作，所以备用电源应由两路电源或两回线路配电，且回路上不应设置插座。

2) 对要求备用照明保持与正常照明同照度的重要公共建筑，应利用正常照明的全部灯具作为备用照明，故障时进行电源转换，其电源转换时间不大于 15s（金融商业交易场所不大于 1.5s）。

3) 备用照明通常作为正常照明的一部分经常点燃，应选用高效节能光源，并应符合下列要求：

a. 通常情况下，宜采用荧光灯。

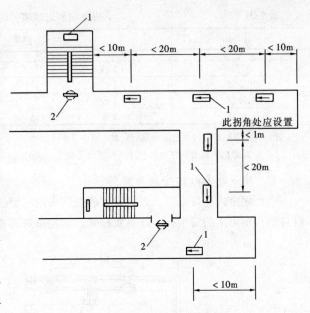

图 7-41　疏散标志灯设置位置
1—疏散标志灯；2—安全出口标志灯

b. 高大建筑物内，正常电源故障时，不需要转换电源而保持点亮，且电压稳定时，可选用高强度气体放电灯。

c. 对非持续运行的备用照明宜选用荧光灯，也可选用白炽灯或卤钨灯，但不应采用高强度气体放电灯。

4) 备用照明宜装设在墙面或顶棚部位。

(4) 安全照明灯的安装与使用。

1) 选用快速点燃、可靠的光源。对非持续运行的安全灯，可选用白炽灯、卤钨灯，但高强度气体放电灯不应作为安全照明电源。

2) 安全照明的照度一般不应低于该区域正常照明的 5%，但对医院手术台，宜保持与正常照明相同的照度值。

3) 尽量利用场所一般照明灯具的一部分或全部作为安全灯，也可选用专用照明灯具或利用局部照明灯。正常电源断电后，其电源转换时间不大于 0.5s。

(5) 应急照明灯具、运行中温度高于 60℃ 的灯具靠近可燃物时，应采取隔热、散热等防火措施。采用白炽灯、卤钨灯、高压汞灯（包括镇流器）等光源时，不应直接安装在可燃装修材料或可燃构件上。

(6) 应急照明线路在每个防火分区都有独立的应急照明回路，穿越不同防火区的线路有防火隔堵措施。

(7) 疏散照明线路采用耐火导线、电缆，穿导管明敷或在非燃烧体内穿钢性导管暗敷，暗敷保护层的厚度不小于 30mm。线路采用额定电压不低于 750V 的铜芯绝缘导线。

(8) 应急照明电源除正常供电电源外，还应有一路电源供电；或独立于正常电源的柴油发电机组供电；或由蓄电池柜供电或选用自带电源型应急灯具。

(9) 应急照明灯常用的规格标准。应急照明灯至今尚未建立统一的国家标准，在安装时，可根据不同的灯具进行安装、接线。应急照明灯规格的建议标准见表 7-31。

表 7-31		应急照明灯规格的建议标准	
类　别	标志灯规格		采用荧光灯时的光源功率（W）
	长边/短边	长边的长度（cm）	
Ⅰ 型	4∶1 或 5∶1	＞100	≥30
Ⅱ 型	3∶1 或 4∶1	50～100	≥20
Ⅲ 型	2∶1 或 3∶1	36～50	≥10
Ⅳ 型	2∶1 或 3∶1	25～35	≥6

注　1. Ⅰ 型标志灯内所装设光源的数量不宜少于两个。

2. 疏散标志灯安装在地面上时，长度比可取 1∶1 或 2∶1，长边最小尺寸不宜小于 40cm。

11. 建筑物彩灯的安装与使用

（1）固定式彩灯安装。固定安装的彩灯采用定型的有防雨性能的专用灯具，灯具的底座应有可自然排出雨水的溢水孔，灯罩要拧紧。固定彩灯装置如图 7-42 所示。

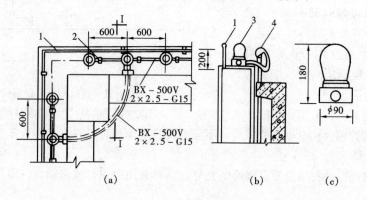

图 7-42　固定彩灯装置图

（a）彩灯布置图；（b）Ⅰ-Ⅰ剖面图；（c）彩灯灯罩外形图

1—避雷带；2—管卡；3—彩灯；4—防水弯头

彩灯采用橡胶铜芯导线穿防腐性能好的明敷金属导管配线，该配线方式应有防雨功能。管路间、管路与灯头盒间应采用螺纹连接，金属导管及彩灯的构架、钢索等可接近裸露导体应做可靠的保护接零或安全接地措施。裸灯泡外加透明彩灯罩，且彩灯罩完整无破裂，彩灯罩上 10～15cm 处加装避雷带。由于导线穿在钢导管内，在接闪时线路得到保护。金属导管应与避雷带（网）连接。灯具底座及连接钢导管在安装位置用膨胀螺丝固定。灯具间距一般为 600mm，灯泡功率不超过 15W，每个单相回路不超过 100 个灯泡。

彩灯线路敷设使用的橡胶绝缘铜线，干线和分支线的最小截面积除应满足安全电流要求外，不应小于 2.5mm²，灯头线不应小于 1.0mm²。每个支路工作电流不应超过 10A。

（2）悬挂式彩灯安装。悬挂式彩灯多用于建筑物的四角无法采用固定式安装的部位。一般采用防水吊线灯头连同线路一起悬挂在直径不小于 4.5mm 的钢丝绳上。悬挂彩灯的挑臂可采用不小于 10 号的槽钢，端部吊挂钢索用的吊钩螺栓直径不小于 10mm，螺栓在槽钢上固定，两侧应有螺帽，且加平垫及弹簧垫圈紧固。悬挂式彩灯的导线截面积不应小于 4mm²，并应采用绝缘强度不低于 450/750V 的橡胶铜芯导线。灯头线与干线必须连接牢固，绝缘包扎紧密。导线所载的灯具质量不应超过该导线的机械强度。灯的间距一般为 700mm。垂直彩灯安装方法如图 7-43 所示。

（3）彩灯的临时性安装。沿建筑物轮廓线明配彩灯线路，装设裸灯泡，而避雷带应高出彩灯线路支架 10～15cm。彩灯电源除统一控制外，每个支路应有单独控制开关和熔断器保护，导线不能直接承力，所有导线的支持物应安装牢固。彩灯的导线水平敷设在人能触及处时，应有提醒"电气危险"的警告牌，垂直敷设时，对地面距离不应小于 3m。

牌楼彩灯对地面距离小于 2.5m 时，应采用安全电压。

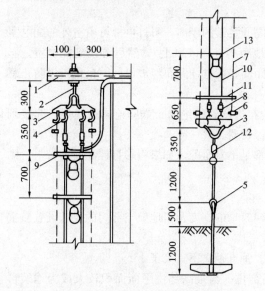

图 7-43　垂直彩灯安装做法
1—彩灯挑臂槽钢；2—拉索；3—拉板；4—拉钩；5—
地锚环；6—钢丝绳扎头；7—钢丝绳；8—绝缘子；
9—绑扎线；10—铜芯导线；11—硬塑管；12—花篮螺
丝；13—接头

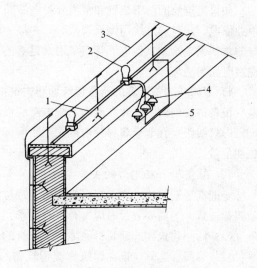

图 7-44　彩灯防雷做法
1—电线管；2—彩灯；3—避雷带；
4—避雷器；5—避雷器接地线

（4）建筑物屋顶彩灯的防雷。彩灯一般都安装在建筑物最上部的轮廓线上，如图 7-44 所示，其是一种固定式安装，如建筑物没有避雷带，它实际上起避雷带的接闪作用。

根据经验，尽管彩灯的安装方法不一样，当雷击避雷带时，雷击点附近 10m 左右的灯泡都有可能损坏，彩灯防雷电波侵入的措施如下：

1）无保护网罩或无金属外壳的彩灯宜处在接闪器的保护范围内，不宜布置在避雷网之外，也不宜高出避雷网。否则，其带电体遭雷击的可能性比处在保护范围内的大得多，而带电体遭直接雷击后可能会将高电位引入室内。当采用避雷网时，根据避雷网的保护原则，被保护物应处于该网之内并不高出避雷网。

2）彩灯的配电线路必须穿钢导管敷设，采用非金属导管是非常危险的。从配电盘引出的线路宜穿钢导管，钢导管的一端宜与配电盘外壳相连；另一端宜与用电设备（彩灯）外壳、保护罩相连，并宜就近与屋顶防雷装置相连。当钢导管因连接设备而中间断开时宜设跨接线；当钢导管穿过防雷分区界面时，应在分区界面做等电位联结。绝缘导线穿钢导管和两端连接的目的是使其起屏蔽、分流和集肤作用。由于配电盘外壳已按电气安全要求作了接地，不管该接地与防雷接地是否共用，保护管实际上与防雷装置的引下线并联，起分流作用。当防雷装置或设备金属外壳遭雷击时，均有一部分雷电流经钢导管、配电盘外壳入地。这部分雷电流将使钢导管内的线路感应出电压与其在钢导管上所感应的电压同值，因此，可降低线路与钢导管之间的电位差。当雷击中带电体并使带电体与钢导管短接时，由于钢导管的集肤作用（雷电流的频率达数千 Hz）和互感电压将使雷电流从钢导管流走，管内线路无电流。

3）在配电盘内，宜在开关的电源侧与外露可接近导体之间装设浪涌保护器。由于彩灯白天开关处于断开状态，对节日彩灯还有在其不使用的期间内，开关均处于断开状态，当防雷装置或设备金属外壳遭雷击时，开关电源侧的导线、设备与钢导管和配电盘外壳之间可能产生危险的电位差，故宜在开关的电源侧装设浪涌保护器。

如果建筑物的防雷装置和室内外配电线路可以隔开足够的距离，彩灯电源可由室外的配电室单独供电，此时彩灯用线用钢导管敷线，并经一段埋地距离（15m以上），然后再接到配电室。彩灯的敷线钢导管与其他电气管路要隔开足够的安全距离；配电线路要经放电间隙接地，以防止感应过电压的破坏。

4）对未装防雷装置的所有建筑物和构筑物，应在进户处将绝缘子铁脚连同铁横担一起接到电气设备的接地网上，并在室内总配电盘装设浪涌保护器。

彩灯线路穿在非金属导管内或采用明配线方法都是不安全的。如果将彩灯挂在避雷带上，则更加危险。

12. 航空障碍标志灯的安装与使用

一般高层建筑物，应根据建筑物的地理位置，建筑物的高度及当地航空部门的要求设置航空障碍标志灯。当需要装设时应符合下列要求：

（1）同一建筑物或建筑群间障碍标志灯的水平、垂直距离不宜大于45m。

（2）障碍标志灯应设在建筑物或构筑物的最高部位。当最高部位平面面积较大或为建筑群时，除在最高端装设障碍灯外，还应在外侧转角的顶端分别装设。

（3）在烟囱顶上设置障碍标志灯时，宜将其安装在低于烟囱口1.5～3m的部位并成正三角形水平排列。

（4）在距地面45m以下采用低光强障碍标志灯时，应采用恒定光强的红色灯；在距地面45m以上时，应采用中强光红色闪光灯；在距地面90m以上装设障碍标志灯时，应采用白色闪光的中光强标志灯；在距地面153m以上时，应采用白色闪光的高光强障碍标志灯，其有效光强随背景亮度而定。

（5）障碍标志灯电源应按主体建筑中最高负荷等级要求配电，航空障碍标志灯属于一级负荷，应接入应急电源回路。灯的通断有的采用露天安装的光电自动控制器进行控制，以室外自然环境照度为参量，来控制光电元件的导通与截止，进而控制障碍标志灯的通断；有的采用时间程序来通断障碍标志灯。为了提供可靠的配电电源，两路电源的切换最好在障碍标志灯控制盘处进行，宜采用动作准确的自动通断其电源的控制装置，并宜设有变化光强的措施。

如图7-45所示为航空障碍灯接线系统图，由双电源配电，自动切换，每处装设2个障碍灯，由光电控制器控制灯的通断。

（6）在设置高层建筑航空障碍灯的位置时，不但要考虑其不被其他物体遮挡，使在远处便能看到灯光，而且还要考虑维修方便。由于夜间电压偏高，灯泡损坏较快，维修及更换灯泡是值得注意的问题，所以应有更换光源的措施。

（7）安装障碍标志灯，应根据过电压保护的有关要求，考虑防雷问题。固定在建筑物上的航空障碍信号灯，也应采取防雷电波侵入措施。

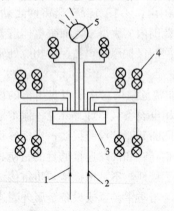

图7-45 航空障碍灯接线系统图
1—网供电源；2—应急电源；
3—电源切换箱；4—障碍灯；
5—光电控制器

13. 建筑景观照明

为表现建筑物造型特点、艺术特点、功能特征和周围环境布置的照明工程，称为建筑景观照明，这种照明通常在夜间使用。建筑景观照明应服从城市景观照明设计的总体要求，景观亮度、光色及光影效果应与所在区域的整体光环境相协调。

(1) 照明方式与亮度水平控制要求。

1) 建筑物立面投光（泛光）照明应考虑整体效果，使照明层次感强，不用把整个景物均匀照亮，特别是高大建筑物。光线的主投射方向宜与主视线方向构成30°~70°夹角，不应单独使用色温高于6000K的光源。

采用投射光照明的被照景物的平均亮度（ca/m²）范围应符合：①城市中心商业区、娱乐区、大型广场小于15；②一般城市街区、边缘商业区、城镇中心区小于10；③居住区、城市郊区、较大面积的园林景区小于5。

2) 根据受照面的材料表面反射比及颜色选配灯具及确定安装位置，应使建筑物上半部的平均亮度高于下半部。当建筑物表面反射比低于0.2时，不宜采用投射光照明方式。

3) 采用在建筑物上或在相邻建筑物上设置灯具的布灯方式或将两种方式结合，也可将灯具设置在地面绿化带中。在建筑物上设置照明灯具时，应使窗、墙形成均匀的光幕效果。

4) 体形较大且具有较丰富轮廓线的建筑，可采用轮廓装饰照明。其方法是用点光源每隔300~500mm连续安装形成光带或用串灯、霓虹灯、美耐灯、导光管、通体发光光纤等线性灯饰器材直接勾画景观轮廓。但单独使用这种照明方式时，由于夜间景物是暗的，近距离观感并不好。因此，一般做法是同时使用投光照明和轮廓照明。对于体形高大且有较大平整立面的建筑物，可在立面上设置由多组霓虹灯、彩色荧光灯或彩色LED灯构成大型灯组。

5) 采用玻璃幕墙或外墙开窗面积较大的办公、商业、文化娱乐建筑，宜采用以内透光照明为主的景观照明方式。内透光照明是利用室内光线向外透射形成夜景照明效果。其可在室内靠窗或需要重点表现其夜景的部位，专门设置内透光照明设施，也可在室内靠窗或玻璃幕墙处设置专用灯具和具备反射效果的窗帘，利用反射光线形成景观效果。

6) 喷水照明应使灯具的主要光束集中于水柱和喷水端部的水花。

(2) 景观照明的供电、控制与安装要求。

1) 景观照明应采取集中控制，并根据不同要求，设置一般、节日、重大庆典等不同的控制方案。

2) 室内分支线路的每一单相回路电流不宜超过16A，室外分支线路的每一单相回路电流不宜超过25A。室外单相220V支路线路长度不宜超过100m，220/280V三相四线制线路长度不宜超过300m，并应进行保护灵敏度的校验。在每一单相回路中建筑物轮廓灯不宜超过100个，但LED光源灯除外。

3) 安装于建筑物内的景观照明系统应与该建筑物的配电系统的接地形式一致。安装于室外的景观照明距建筑物外墙20m以内的设施，应与室内系统的接地形式一致，距建筑物外墙大于20m的设施宜采用TT接地形式。

金属构架和灯具的可接近裸露导体及金属软导管应做安全接地或保护接零，且应有标识。

4) 在人行道等人员来往密集场所安装的落地式灯具，无围栏防护时，安装高度距地面应在2.5m以上；灯具安装在行人水平视线以下位置时，应避免出现眩光，还应避免白天时对建筑物外观产生不利的影响。

5) 景观照明灯具、构架应固定牢靠，地脚螺栓应拧紧，备帽应齐全；灯具的螺栓紧固、无遗漏。灯具外露的导线或电缆应有柔性金属导管保护。

6) 每套灯具导电部分的对地绝缘电阻应大于2MΩ，且室外分支线路应装设剩余电流动作保护器。

7) 景观照明的节能措施：①采用长寿命、高光效光源和高效灯具，并宜采取点燃后适当降低电压的措施以延长光源寿命；②景观照明应设置深夜减光控制方案。

14. 临时和特殊场所照明装置的安装要点

(1) 危险性场所照明装置的安装与使用。

危险性场所分为危险性较大的场所和特殊危险性场所。

1) 危险性较大的场所是指有下列特征之一的场所：①特别潮湿，相对湿度经常在90％以上；②高温，环境温度经常在40℃以上；③导电地面，金属或特别潮湿的土、砖、混凝土面等；④有导电性尘埃。

特殊危险场所是指有下列特征之一的场所：①相对湿度，经常接近于100％；②同时具有二条及以上危险性较大场所特征；③在空气中，经常含有对电气装置起破坏作用的蒸汽或游离物。

2) 特别潮湿的屋内照明装置的安装。

a. 特别潮湿场所照明电源不得大于12V。

b. 采用绝缘子敷设导线时，应使用橡皮绝缘导线，导线互相间距离应在6cm以上，导线与建筑物间距离应在3cm以上。

c. 采用金属导管敷设时，应使用厚金属导管，管口及管子连接处应采取防潮措施。

d. 开关、插座及熔断器等电器，不应装设在室内。如其必须装在潮湿场所，应采取防潮措施；灯具应选用具有结晶水放出口的封闭式灯具或带有防水灯口的敞开式灯具。

3) 多尘屋内照明装置的安装。

a. 开关、熔断器等电器设备，应采取防尘措施，灯具应选用封闭式灯具，灯头应采用不带开关的灯头。

b. 采用绝缘子敷设导线时，应使用橡皮绝缘线或塑料线、塑料护套线，导线间距离应在6cm以上，导线和建筑物间距离应在3cm以上。

c. 金属导管敷设时，应在管口缠上胶布。

4) 火灾和爆炸危险环境内照明装置的安装。

a. 灯具防护结构选型。爆炸和火灾危险环境内灯具防护结构的选型，应满足所在危险性场所的要求。

a) 火灾危险环境内，灯具防护结构的选型，应根据区域等级和使用条件选用，见表7-32。

b) 爆炸性气体环境内灯具类防爆结构的选型，见表7-33。

表7-32　　灯具防护结构的选型

防护结构 / 电气设备 \ 火灾危险区域		21区	22区	23区
照明灯具	固定安装	IP2X	IP5X	IP2X
	移动式、携带式	IP5X		
	接线盒			

注　1. 移动式和携带式照明灯具的玻璃罩应有金属网保护。

　　2. 表中防护等级标志应符合现行国家标准《外壳防护等级的分类》的规定。

表7-33　　灯具类防爆结构的选型

防爆结构 / 电气设备 \ 爆炸危险区域	1区		2区	
	隔爆型 d	增安型 e	隔爆型 d	增安型 e
固定式灯	○	×	○	○
移动式灯	△	—	○	—
携带式电池灯	○	—	○	—
指示灯类	○	×	○	○
镇流器	○	△	○	○

注　表中符号含义："○"为适用；"△"为慎用；"×"为不适用。

爆炸性粉尘环境内，应少装插座和局部照明灯具。如必须装时，插座宜布置在爆炸性粉尘不易积聚的地点，局部照明灯宜布置在事故时气流不易冲击的位置，并应根据粉尘爆炸危险区域选用具有防尘、尘密结构的照明灯具。

b. 火灾危险场所照明装置的安装。

a）开关、插座和照明器靠近可燃物时，应采取隔热、散热等保护措施，如可将高温部位与可燃物之间垫设绝缘隔热物，隔绝高温；加强通风降温散热措施；与可燃物保持一定距离，使可燃物的温度不超过 60～70℃ 等。

b）卤钨灯和功率超过 100W 的白炽灯泡的吸顶灯、槽灯、嵌入式灯，其引入线应采取保护措施。卤钨灯灯管表面温度达 500～800℃ 时，必须使用耐热线。白炽灯泡的吸顶灯、嵌入式灯的灯罩内或灯泡附近的温度大大超过一般绝缘导线运行时周围环境的温度时，若灯头的引入电源线不采取措施，其导线绝缘极易损坏，引起短路，甚至酿成火灾。

c）白炽灯、卤钨灯、荧光高压汞灯、镇流器等不应直接设置在可燃装修材料或可燃构件上，以防火灾的发生。

卤钨灯管表面温度高达 500～800℃ 时，极易引起靠近它的可燃物起火，如在可燃物品库内设置这类高温照明器更是危险。

c. 有爆炸危险场所的照明装置的安装。

a）灯具种类、型号和功率，应符合设计和产品技术条件的要求，不得随意变更。

b）配线方式一般采用钢管明敷设或暗敷设。

c）靠近灯具的管口和吊管上都要作隔离密封，灯具接线盒接线后也应作密封处理。隔离密封的方法是采用细石棉绳在导线外面缠绕，要求绕至与管子内径接近为止，管口处要填充沥青混合密封填料。

d）为了防止产生静电火花，所有非导电的金属部分都要可靠接地，且应使用专用接地线。

e）在易燃易爆场所，禁止使用各种开启式开关和熔断器等容易产生电弧和火花的电器。

f）螺旋式灯泡应旋紧，接触应良好，不得松动。

g）灯具外罩应齐全，螺栓应紧固。

5）危险性场所的灯具安装注意事项。

a. 灯具安装前，检查和试验布线的连接和绝缘状况。当确认接线正确且绝缘良好时，方可安装灯具等设备，并做好书面记录，作为移交资料。

b. 管盒的缩口盖板，应只留通过绝缘导线孔和固定盖板的螺孔，其他无用孔均应用铁、铅或铅铆钉铆固严密。

c. 为保持管盒密封，缩口盖或接线盒与管盒间，应加石棉垫。

d. 绝缘导线穿过盖板时，应套软绝缘管保护，该绝缘管进入盒内 10～15mm，露出盒外至照明设备或灯具光源口内为止。

e. 直接安装于顶棚或墙、柱上的灯具设备，应在建筑物与照明设备之间，加垫厚度不小于 2mm 的石棉垫或橡皮板垫。

f. 灯具组装完成后应作通电亮灯试验。

g. 为了防止静电产生火花，在危险性场所安装照明设备等非导电的金属外壳时，必须有可靠的接地装置，除符合第五章第五节的相关中有关安装要求外，还应符合下列要求：

a）该接地可与电力设备共用专用接地装置。

b）采用电力设备接地装置时，严禁其与电力设备串联，应直接与专用接地干线连接。灯具安装于电气设备上，且同时使用同一电源的除外。

c) 不得将单相二线制中的中性线（工作零线）作为保护线使用。

d) 如达不到以上要求，应另设专用接地装置。

h. 在危险性较大及特殊危险场所，当灯具距地面高度小于2.4m时，应使用额定电压为36V及以下的照明灯具，或采取防止人手可能触及造成触电事故的措施。

i. 照明线路的导线敷设应满足所在危险场所的配线要求。

j. 照明设备布线中的钢铁件、支架、配件等材料均应镀锌或涂上一层防锈漆、两层颜色适应环境的油漆。涂防锈漆前应作防锈处理，在安装配件中应配合主件的要求，装卸灵活，安装牢固。

（2）施工现场临时照明装置的安装与使用。临时用电应是暂时、短期和非周期用电。施工现场照明则属于临时照明。

1）安装前应检查照明灯具和器材的绝缘性能是否良好，是否符合现行国家有关标准的规定，不得使用绝缘老化或破损的灯具和器材。

2）照明线路应布线整齐，相对固定。室内安装的固定式照明灯具的悬挂高度不得低于2.5m，室外安装的照明灯具不得低于3m，照明系统的每一单相回路上应装设熔断器作保护。安装在露天工作场所的照明灯具应选用防水型灯头，并应单独装设熔断器作保护。

3）现场办公室、宿舍、工作棚内的照明线，除橡套软电缆和塑料护套线外，均应固定在绝缘子上，并应分开敷设，导线穿过墙壁时应套绝缘管。

4）为了防止绝缘降低或绝缘破坏，照明电源线路不得接触潮湿地面，且不得接近热源和直接绑挂在金属构架上。在脚手架上安装临时照明时，在竹木脚手架上应加绝缘子，在金属脚手架上应设木横担和绝缘子。

5）施工现场接地形式应与配电系统接地形式一致，照明灯具的金属外壳必须做安全接地或保护接零；对于由专用变压器供电的TN-S系统，金属灯具外壳应做保护接零。灯头的绝缘外壳不得有损伤和漏电。单相回路的照明开关箱（板）内必须装设剩余电流动作保护器。

6）照明开关应控制相线，不得将相线直接引入灯具。当采用螺口灯头时，相线应接在中心触头上，防止产生触电危险。灯具内的接线必须牢固，灯具外的接线必须做可靠的绝缘包扎。

7）暂设工程照明灯具、开关的安装位置应符合要求：①拉线开关距地面高度为2～3m，临时照明灯具宜采用该型开关；②其他开关距地面高度为1.3m；③严禁将插座与搬把开关靠近装设，严禁在床上装设开关。

8）开关柜中隔离开关只可用于直接控制照明电路和容量不大于3.0kW的动力电路中。容量大于3.0kW的动力电路应采用断路器控制，操作频繁时还应附设接触器或其他起动控制装置。照明开关箱内除装设隔离开关外，还应装设过载、短路和接地故障保护电器。

9）临时移动照明应使用行灯变压器，其使用注意事项：①不可将普通220V电灯作手提式行灯使用，电压不得超过36V；②在金属容器和金属管道内使用的行灯，其电压不得超过12V，防止行灯变压器一次侧绝缘损坏后，造成金属容器或管道带电，故严禁将行灯变压器带进金属容器或金属管道内使用；③行灯应有保护罩；④行灯的金属网、反光罩、悬吊挂钩固定在灯具的绝缘部位上，行灯的手柄应绝缘良好，且耐热、防潮；⑤行灯的电源线应采用橡套软电缆，且应具有防止电缆损伤的措施；⑥行灯变压器必须采用双绕组，其一、二次侧均应装熔断器，金属外壳、铁芯和低压侧的任意一端或中性点，应做好安全接地或保护接零。

10）下列特殊场所应使用安全特低电压照明：①隧道、人防工程、高温、有导电灰尘、比较潮湿或灯具离地面高度低于 2.5m 等场所的照明，电源电压不应大于 36V；②潮湿和易触及带电体场所的照明，电源电压不得大于 24V；③特别潮湿、导电良好、锅炉或金属容器内等场所的照明，电源电压不得大于 12V。

11）配电盘、配电柜及母线检修时，为确保检修人员无触电危险，同时又不至影响送电、受电，所以变电所及配电所内的配电盘、配电柜及母线的正上方，不得安装灯具（封闭母线及封闭式配电盘、配电柜除外）。

12）现场照明应采用高光效、长寿命的照明光源。照明灯具与易燃物之间应保持一定的安全距离，普通灯具不宜小于 300mm；聚光灯、碘钨灯等高热灯具不宜小于 500mm，且不得直接照射易燃物。当间距不够时，应采取隔热措施，以防火灾发生。灯线也应固定在接线柱上，不得靠近灯具表面。

13）露天应使用防水灯头，灯具内接线必须牢固，灯线与干线连接时，其接头应错开 50mm 以上，接头处应做好可靠的防水绝缘包扎。

14）对于夜间影响飞机或车辆通行的在建工程或机械设备，必须安装设置醒目的红色信号灯，其电源应设在施工现场电源总开关的前侧。

15．开关、插座、电风扇的安装

（1）插座、开关的分类及型号。插座的作用是供移动式灯具或其他移动式电器设备接通电路的。按其结构可分为单相双孔插座、单相带接地的三孔插座、三相带接地线的四孔插座；按其安装方式可分为明装式和暗装式两大类；按额定电压等级可分为 50、250、380V 三种插座。生活中用电插座多是单相二孔及单相三孔，其基本尺寸（单位为 mm）如图 7-46 所示。

插座通过组合，使其型号增多，新系列插座除普通二孔、三孔插座外，还有二极与三极组合插座，一个面板上即可单独插入二极或三极插头，也可以同时插入一个二极插头，一个三极插头。此外，还有双联二极、双联三极插座等多种型式。面板为电玉粉压制的 86 系列插座型号繁

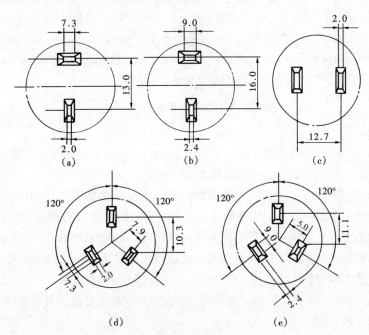

图 7-46　插座基本尺寸

(a) 50V，10A；(b) 50V，15A；(c) 250V，10A；(d) 250V，10A；(e) 250V，15A

多，已被广泛应用。

开关的作用是接通和断开电路。灯开关的型号很多，适用范围也很广。按其安装方式可分为明装开关和暗装开关两种；按其开关的操作方式可分为拉线开关、扳把开关、跷板开关、床头开关等；按其接通方式可分为单投式、双投式和双控式开关。

跷板开关的一块面板上，一般可装 1～4 个单极开关，称为单联、双联、三联、四联开关。四联跷板开关面板尺寸为 86mm×146mm；指甲式开关则可装成面板尺寸为 86mm×86mm 的四联开关。86 系列开关面板尺寸为 86mm×86mm，用磁白电玉粉制成，其弧型面板的开关被称为 A86 系列开关。

暗装插座、开关的面板型式及尺寸和型号含义如下：

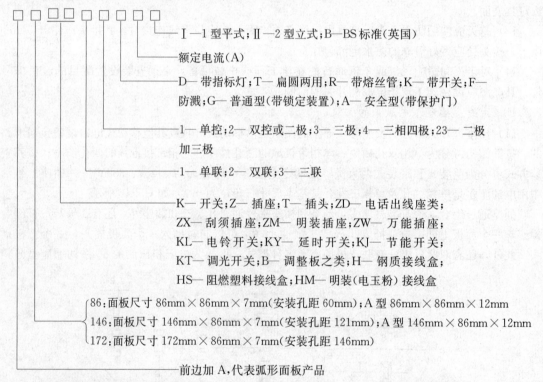

Ⅰ—1 型平式；Ⅱ—2 型立式；B—BS 标准(英国)

额定电流(A)

D— 带指标灯；T— 扁圆两用；R— 带熔丝管；K— 带开关；F— 防溅；G— 普通型(带锁定装置)；A— 安全型(带保护门)

1— 单控；2— 双控或二极；3— 三极；4— 三相四极；23— 二极加三极

1— 单联；2— 双联；3— 三联

K— 开关；Z— 插座；T— 插头；ZD— 电话出线座类；ZX— 刮须插座；ZM— 明装插座；ZW— 万能插座；KL— 电铃开关；KY— 延时开关；KJ— 节能开关；KT— 调光开关；B— 调整板之类；H— 钢质接线盒；HS— 阻燃塑料接线盒；HM— 明装(电玉粉)接线盒

86：面板尺寸 86mm×86mm×7mm(安装孔距 60mm)；A 型 86mm×86mm×12mm
146：面板尺寸 146mm×86mm×7mm(安装孔距 121mm)；A 型 146mm×86mm×12mm
172：面板尺寸 172mm×86mm×7mm(安装孔距 146mm)

前边加 A，代表弧形面板产品

(2) 灯开关。

1) 灯开关的选择。

a. 要结合室内配线的方式选用明装或暗装开关型式。

b. 按安装地点选择开关。安装在室外或室内潮湿场所的拉线开关，应使用瓷质防水拉线开关。安装在潮湿场所室内的开关，应使用面板上带有薄膜的防潮防溅开关，在跷板上设置防溅罩，正面为一透明有弹性的薄膜，可隔着薄膜按动跷板，密封性能好，不怕水淋、潮气。住宅(公寓)卫生间内的开关，应采用防潮防水型面板或使用绝缘绳操作的拉线开关，否则应装设于卫生间的门外。尘埃多的场所应选用密封性好的开关，切不可迁就代替。

住宅(公寓)的公共走道、走廊、楼梯间，均应选择节能型自熄开关或设带指示灯(或自发光装置)的双控延时开关。

高级住宅(公寓)的客厅、通道和卫生间等，宜采用带有指示灯的跷板开关。旅馆客房的进门处也宜采用面板上带有指示灯的开关，当开关断开时可显示方位，以方便操作；有的开关在接通位置时指示灯亮，能够辨别线路是否有电，便于维修。

书库通道照明，应独立在通道两端设置双控开关。书库照明的控制宜在配电箱分路集中控制。

医院护理单元的通道照明宜在深夜关掉其中一部分或采用可调光开关。饭店客房床头高级公寓等的夜间照明灯也宜采用可调光式开关。

在同一工程或同一建（构）筑物内，应尽量采用同一系列的产品，以便于维修和管理。无论选用哪种开关，都必须选择经过国家有关部门技术鉴定而生产的合格产品。

c. 按产品的技术要求选择开关。

a) 开关的额定电压应与受电电压相符。

b) 选用开关时必须满足所控制照明器的工作电流及功率因数，不能超出开关的额定电流值。

c) 开关在通过 1.25 倍的额定电流时，其导电部分的温升不超过 40℃。

d) 开关的绝缘应能承受电压为 2000V（50Hz）历时 1min 的耐压试验，不发生击穿和闪络现象。

e) 开关应选用在试验电压为 220V，试验电流为额定电流，功率因数为 0.8，操作10 000次（开关额定电流为 1~4A）或 15 000 次（开关额定电流为 6、10A）后，零件不应出现妨碍正常使用的损伤（紧固零件松动、弹性零件失效、绝缘零件破裂等）。以 1500V（50Hz）的电压试验 1min 不发生击穿或闪络，通以额定电流时其导电部分的温升不超过 50℃。

f) 开关的接线端子应能可靠地连接一根或两根 1~2.5mm² 截面积的导线。

2) 开关安装前的检查。

a. 检查开关本体的塑料零件表面应无气泡、缺粉、裂纹、形变、擦伤和毛刺等缺陷，并应有良好的光泽等。开关各部件紧固螺钉应无松动，触头的接通与断开动作应由瞬时转动机构来完成，触点接触应良好，操动机构应灵活轻巧以及开关的带电部件应用罩盖严密封装在开关内。

b. 灯开关安装前，暗敷设工程应检查土建装饰工程配合质量是否完善，是否影响开关本体的安装质量。要求开关盒周围抹灰处应阳角方正、边缘整齐、光滑；墙面裱糊工程开关盒处应交接紧密、无缝隙、不糊盖盒盖；饰面板（砖）镶贴工程，开关盒处应用整砖套割吻合。

c. 检查管、线、盒，暗装开关应配有专用盒，盒内管口应光滑，护口无遗漏，盒内应清洁无杂物。导线分色应正确，应使开关控制照明器电源相线以及开关断开后灯具上不带电，以防触电。

d. 检查盒位应符合下列要求。

a) 暗装的开关，使用专用盒的四周不应有空隙，且盖板应端正，并紧贴墙面。

b) 灯开关盒的敷设位置应便于安装后的开关操作，开关盒按要求一般距地面 1.3m；医院儿科门诊、病房灯开关盒不应低于 1.5m，距病床的水平距离不应小于 0.6m；拉线开关盒一般距地面 2~3m，或层高小于 3m 时距顶板不小于 0.1m。灯开关盒边缘安装在门旁时距门框边为 0.15~0.2m。

c) 并列安装相同型号的开关盒时，距地面高度应一致，高度差不应大于 1mm；同一室内安装开关盒的高度差不应大于 5mm。

3) 开关的安装与使用。由于开关的种类繁多，安装方法也不相同，但无论何种开关，安装时均要做到安装位置与高度应便于操作；开关与所控电器应在同一视线内或者能感受到电器的工作状态，故同一场所安装的同类开关，其安装高度、通断位置应一致。

a. 跷板开关。跷板或指甲式开关均为暗装开关，开关与盖板连成一体，安装较方便。

a）墙边跷板开关离地应符合设计要求，如无明确规定，则一般不低于 1.3m，开关边缘距门框 150~200mm，这在预埋开关盒时已定位。

b）跷板开关的每一联都是一个单独的开关，能分别控制一盏电灯，每一联内接线桩头数量不同，双线的为单控开关，三线的为双控开关，可根据需要进行组合。但民用住宅应无用软线引至床边的床头开关。跷板开关安装接线时，相线进开关，并应根据跷板或面板上的标志确定面板的装置方向。当跷板或面板上无任何标志时，跷板下部按下，则表示开关处在合闸位置，跷板上部按下，则表示开关处在断开位置，如图 7-47（a）所示。

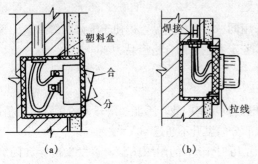

图 7-47　灯开关的安装

（a）跷板开关安装示意图；（b）拉线开关安装示意图

c）凡数盏灯集中由一个地点控制的，应选用双联及以上开关，可以节省配管和管内所穿导线。在安装接线时，应考虑开关控制灯具的顺序，其位置应与灯具相互对应，方便操作。

d）在塑料管暗敷工程中，不应使用带金属安装板的跷板开关。

e）同一场所开关切断位置应一致，便于判断是否带电，且应操作灵活，接触良好。

f）开关接线时，应将盒内导线理顺好，依次接线后，将盒内导线盘成圆圈，放置于开关盒内。当双联及以上开关的后罩为单元组合形式时，电源相线不应串接，应做好并接头；当开关的后罩为整体形式的，二联及三联开关的共用端内部为一整体时，电源相线只要接入开关共用接线端即可，这样既方便安装又省去了并接头。

安装固定面板时，找平找正后再用手将面板与墙面顶严，防止拧螺钉时损坏面板安装孔。开关安装应牢固，表面应光滑整洁、无破裂、划伤，安装后开关面板应紧贴建筑物装饰面，一并装好安装孔上的装饰帽。

b. 拉线开关。拉线开关通过拉线的牵动来操作开关的分合，拉线应用绝缘绳，长度不应小于 1.5m，以 98N 的力作用 1min 校核拉线机构及拉绳不应失灵。由于拉线开关不美观，在一般住宅工程中已不再提倡使用，其将被跷板开关取代。

a）拉线开关离地距离应符合设计要求，如无明确规定，一般为 2~3m，或层高小于 3m 时距顶板应不小于 0.1m，距门框为 0.15~0.2m，这在预埋开关盒时已定位。

b）安装的拉线开关的拉线出口应垂直向下，使拉线不与拉线出口发生摩擦，防止拉线磨损拉断。

c）暗装拉线开关应使用配套的开关盒，将电源的相线引进开关，再控制照明器，然后再将开关连同面板固定在预埋好的盒体上。

d）明装拉线开关，可装设在明配线路中或暗配管的八角盒上。装在暗配管的八角盒上的拉线开关，应先将拉线开关与木（塑料）台固定，接线后再与八角盒固定，其安装如图 7-47（b）所示。如在明配线路中安装拉线开关，应先固定好木（塑料）台，把两个线头分别穿入开关底座的两个穿线孔内，将开关底座固定在木（塑料）台上，木台应为长方空心木台，拉线开关相邻间距不应小于 20mm。接线盒若使用的是金属性盒应做可靠接地。

（3）插座。

1）插座的选择。0.25kW 及以下的电感性负荷或 1kW 及以下的电阻性负荷的日用电器，可采用插头和插座作为隔离电器，并兼作功能性开关。

插座应根据线路明敷和暗敷的需要，选择明装式或暗装式，并应符合安装环境条件的要求。

a. 根据不同电压等级，应采用与其相应电压等级的插座，该电压等级的插座不应被其他电压等级的插头插入。

b. 干燥场所采用普通型插座，当需要连接带接地线的日用电器时，必须带接地孔。二孔插座专为外壳不需要接地的移动电器供电；三孔插座专为金属外壳需接地的移动电器供电，它可以防止电器外壳带电，避免触电危险。带指示灯插座，指示灯能指示有无工作电压，使用比较方便。对于专门用来供电视机使用的插座，可选用带开关的扁圆两用插座，使用时通断开关，可延长电视机本身开关的使用寿命。带熔丝管插座，能保护用电设备和线路，更换不同熔丝，可作不同插座用，可用做电冰箱的供电电源。

c. 对插拔插头时触电危险性大的日用电器，宜采用带开关能切断电源的插座。

d. 在潮湿场所，应采用密封型并带保护地线触头的保护型插座。

e. 在儿童专用的活动场所，应采用安全型插座。

f. 住宅内插座，若安装高度能满足要求时，可采用一般型插座；当插座需要降低安装高度时，应选用安全型（带保护门）插座。洗衣机、空调及热水器插座宜选用带开关控制的插座；厨房、卫生间应选用防溅水型插座。

g. 按负荷选择插座。计算插座负荷，当已知使用设备时按其额定功率计算；不知使用设备时，每出线口按 100W 计算。计算插座的额定电流，已知使用设备时，应大于设备额定电流的 1.25 倍；不知使用设备时，不应小于 5A。

住宅内电热水器、柜式空调宜选用三孔 15A 插座；空调、排油烟机宜选用三孔 10A 插座；其他宜选用二、三孔 10A 插座。

插座容量应能满足用电负荷要求，不可以过载。当分路总熔丝额定电流小于 5A 时，插座的相线上可不装熔断器，否则应在相线上串接熔断器保护。

插座线路载流量，对已知使用设备的插座供电时，应大于插座的额定电流；对不知使用设备的插座供电时，应大于总计算负荷电流。

h. 按产品的技术要求选择插座。选用插座型式的基本参数与尺寸应符合国家有关标准的规定。

a) 要求插座在通过 1.25 倍额定电流时，其导电部分的温升不应超过 40℃。

b) 插座的绝缘应能承受电压为 2000V(50Hz)历时 1min 的耐压试验，不发生击穿或闪络现象。

c) 插头从插座中拔出时，6A 插座每极的拔力不应小于 3N（二、三极的总拔出力不大于 30N），10A 插座每极的拔出力不应小于 5N（二、三、四极的总拔出力分别不大于 40、50、70N），15A 插座每极的拔出力不应小于 6N（三、四极的总拔出力分别不大于 70、90N），25A 插座每极的拔出力不应小于 10N（四极总拔出力不大于 120N）。

d) 插座额定电流为 6、10A 时，接线端子上应能可靠的连接一根或两根 $1\sim2.5mm^2$ 导线；插座额定电流为 15A 时，接线端子上应能可靠的连接一根或两根 $1.5\sim4mm^2$ 导线；插座额定电流为 25A 时，接线端子应能可靠的连接一根或两根 $2.5\sim6mm^2$ 导线。

e) 插座型号要根据被控电路的防触电类别予以选用。

2) 插座安装前的检查。

a. 检查插座本体。插座的塑料零件表面应无气泡、裂纹、缺粉、形变擦伤和毛刺等缺陷，并应具有良好的光泽，插座芯的弹性应良好。

b. 检查管、线、盒。插座安装前对土建施工的配合以及对电气管、盒的检查清理工作应同开关安装前的检查。暗装插座应有专用盒，严禁无盒安装。

c. 插座的安装位置应符合设计要求，当设计无规定时，应符合下列要求。

a) 距地面高度一般不宜小于 1.3m，潮湿场所不低于 1.5m，托儿所、幼儿园及小学校不宜小于 1.8m，同一场所安装的插座高度应一致。

b) 车间及试验室的插座安装高度距地面不小于 0.3m；特殊场所暗装的插座不应小于 0.15m；同一室内安装的插座高度差不宜大于 5mm；并列安装的相同型号的插座高度差不宜大于 1mm。

如果插座安装位置不符合上述要求，应进行现场位置调整。

3) 插座的安装与使用。

a. 插座的接线要求。

a) 当交流、直流或不同电压等级的插座安装在同一场所时，应有明显的区别，且必须选择不同结构、不同规格和不能互换的插座，其配套的插头应按交流、直流或不同电压等级区别使用。按电压划分，应安装在不同的墙面上，避免不同电压、电路相互交叉，电压较高的插座应安装在上层，距地面不应小于 1.8m。采用安全型插座时，可装在距地面 0.3m 处。

b) 同一场所的三相插座，其接线的相序必须一致。

c) 插座的接地线应采用铜芯导线，其截面积不应小于相线的截面积。

插座的接地端子不应与零线端子直接连接，应与 PEN 干线、安全接地线（PEE 线）或专用保护零线（PE 线）相连，且在接线中应注意其连续性。

d) 插座的插孔接线与排列。插座的接线应按一定的位置排列，尤其是单相带接地插孔的三孔插座，接错后容易发生触电事故。插座接线时，应仔细地辨认盒内的分色导线，正确地与插座进行连接。单相两孔插座，当面对插座时，右孔或上孔与相线连接，左孔或下孔与零线连接 [见图 7-48 (a)、(b)]；单相三孔插座，当面对插座时，右孔与相线连接，左孔与零线连接 [见图 7-48 (c)]。单相三孔、三相四孔及三相五孔插座的安全接地线（PEE 线）或接零线 [保护中性线（PEN 线）或专用保护零线（PE 线）] 均接在上孔 [见图 7-48 (c)、(d)]。

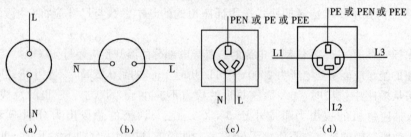

图 7-48　插座的接线要求

(a) 二孔插座垂直安装；(b) 二孔插座水平安装；

(c) 单相三孔插座接线；(d) 三相四孔插座接线

L—相线；N—工作中性线；PEN—保护中性线（零线）；PE—专用保护零线；

PEE—安全接地线；L1、L2、L3—三相线

b. 暗装插座的安装应设专用盒，其安装剖面，如图 7-49 所示。专用盒的四周不应有空隙，且盖板应端正，并紧贴墙面无缝隙、孔洞。安装后面板表面应清洁。

c. 明装插座安装需固牢在合适的圆木或方木等绝缘板上，而暗装的插座应装牢在插座盒上，金属壳的插座盒应接地，且应有完整的盖板。

d. 新系列插座与面板连成一体，在接线桩上接线后，将盒内导线顺直，盘成圆圈状塞入盒内，再将面板安装在插座盒上。

e. 固定插座面板应选用统一的螺钉，并应凹进面板表面的安装孔内，为增加美观，不应漏装插座面板安装孔上的装饰帽。

（4）电风扇的安装及其故障处理。

1）吊扇安装。

a. 从安全角度出发，吊扇挂钩要能承受吊扇的重量和运转时的扭力，故吊扇挂钩直径不得小于 8mm。吊钩应预埋在楼板内，如图 7-50 所示。

在楼（屋）面板上安装吊扇时，应在楼板层导管敷设时，一并预埋悬挂吊钩。吊钩应弯成 T 型或 ⌐ 型。

在预制空心板板缝处预埋吊钩，应将 ⌐ 型吊钩与短钢筋焊接，或者使用 T 型吊钩，吊扇吊钩在板面上与楼板垂直布置，使用 T 型吊钩时还可以与板缝内钢筋绑扎或焊接，固定在板缝细混凝土内，如图 7-50（a）所示；空心板板孔配管吊扇吊钩做法如图 7-50（b）所示。

在现浇混凝土楼板内预埋吊钩时，应将 ⌐ 型吊钩与混凝土中的钢筋相焊接，如果无条件焊接时，应与主筋绑扎固定，如图 7-50（c）所示。

图 7-49 暗装插座安装

h—插座距地面高度

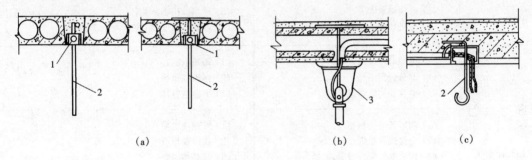

（a）　　　　　　　（b）　　　　　　（c）

图 7-50　吊扇吊钩在楼板内预埋做法

（a）预制板缝内吊钩（T 型）；（b）预制孔内吊钩（T 型）；（c）现浇楼板内吊钩

1—出线盒；2—镀锌圆钢（≥φ8 圆钢）；3—吊杆保护罩

暗配导管时，吊扇电源出线盒，应使用与灯位盒相同的八角盒，吊扇吊钩应由盒中心穿下。

吊扇吊钩应在建筑物室内装饰工程结束后，安装吊扇前，将预埋吊钩露出部位弯制成型。吊扇吊钩伸出建筑物的长度，应以安上吊扇吊杆保护罩后能将整个吊钩全部遮住为好。

b. 为防止运转中发生振动，造成紧固件松动，发生各类危及人身安全的事故，故吊扇悬挂销钉应设防振橡胶垫，销钉的防松装置应齐全、可靠。

c. 从安全角度考虑，在运转时，为避免人手碰到扇叶发生事故，故吊扇扇叶距地面高度不宜小于 2.5m。吊扇调速开关的安排高度宜为 1.3m，同一室内并列安装的吊扇开关高度应一致，且控制有序不错位。

d. 为了吊扇的使用安全，吊扇组装时，应符合下列要求：

a）严禁改变扇叶角度。

b）扇叶的固定螺钉应装设防松装置。

c）吊杆之间、吊杆与电机之间的螺纹连接，其啮合长度每端不得小于20mm，其防松零件齐全且紧固。

e. 吊杆上下扣碗安装牢固到位。

f. 吊扇应接线正确，运转时扇叶不应有明显颤动和异常声响。

2）壁扇安装。

a. 壁扇底座可采用尼龙塞或膨胀螺栓固定，尼龙塞或膨胀螺栓的数量不应少于两个，且直径不应小于8mm。壁扇底座应固定牢靠。

b. 壁扇的安装，为避免干扰人的活动，其下侧边缘距地面高度不宜小于1.8m，且底座平面的垂直偏差不宜大于2mm。

c. 壁扇防护罩无变形，且应扣紧，固定可靠，运转时扇叶和防护罩均不应有明显的颤动和异常声响。

3）电风扇的故障及其处理。电风扇的常见故障及其处理见表7-34。

表 7-34 电风扇的常见故障及其处理

故障现象	故 障 原 因	处 理 方 法
不能起动	(1) 电源没有接通； (2) 电容器损坏； (3) 罩极绕组接触不良； (4) 定子绕组断线； (5) 电扇轴承太紧； (6) 电机装配不良	(1) 检查并接通电源线路； (2) 更换同规格的电容器； (3) 查找故障点并修复； (4) 接通断点或重绕； (5) 适当绞松轴承孔； (6) 重装、保证同心度
转速变慢	(1) 电源电压过低； (2) 部分线圈短路； (3) 电容器的电容量下降	(1) 调整电压； (2) 修理或重绕； (3) 更换电容器
时转时不转	(1) 调速开关接触不良； (2) 连接线有脱焊点； (3) 摇头部件配合过紧； (4) 定时器失灵； (5) 一次、二次绕组断路或碰线	(1) 修理或更换开关； (2) 找出脱焊点重焊； (3) 针对性修理； (4) 更换定时器； (5) 修理或重绕绕组
拨动电扇才能起动	(1) 电机二次绕组断线； (2) 电容器开路或接触不良或容量严重下降	(1) 接通断路点绕组或更换绕组； (2) 检查电容器，如有损坏或容量严重下降，则更换同规格电容器
发热	(1) 电机定、转子摩擦； (2) 部分绕组短路； (3) 缺油或摇头不灵活	(1) 检查转轴、轴承，进行针对性修理或更换，装配时注意气隙的均匀性； (2) 重绕绕组； (3) 清洗换油或修理摇动机构
运转电扇有杂音	(1) 电机定、转子气隙内有杂物； (2) 定、转子平面不齐； (3) 转子轴向串动量过大； (4) 摇摆匙上下运动产生响声； (5) 轴承松动或损坏； (6) 调整绕组铁片松动	(1) 拆卸风扇，清除杂物； (2) 对齐定、转子平面； (3) 适当垫厚层压布板或玻璃布板垫片； (4) 加垫圈； (5) 更换轴承； (6) 紧固铁片夹紧螺钉

续表

故障现象	故 障 原 因	处 理 方 法
风叶抖动	(1) 叶片扭角变形; (2) 转轴弯曲	(1) 校正风叶和风叶根部; (2) 校正转轴或换轴
壁扇、台扇 不摇头	(1) 牙杆损坏; (2) 齿轮损坏; (3) 转子轴蜗轮杆磨损; (4) 拉线松脱	(1) 修理弹簧; (2) 更换齿轮; (3) 更换新转子; (4) 固定好拉线

16. 照明配电箱

(1) 照明配电箱的概况。低压配电箱根据用途不同可分为动力配电箱和照明配电箱两种;根据安装方式可分为明装(悬挂式)和暗装(嵌入式);根据制作材质可分铁制、木制及塑料制品配电箱;根据制造标准可分标准与非标准,标准箱是由工厂成套生产组装的,非标准箱是根据实际需要自行设计制作或定制加工而成。

近年来,照明配电箱发展很快,品种繁多,常用照明配电箱概况见表 7-35。这些照明配电箱外观新颖、体积小,箱内分别装有低压断路器、剩余电流动作保护器及电能表等,适用于民用住宅、机关、宾馆、医院、学校等场所的照明系统。

照明配电箱型号众多,其型号含义各有不同,现以 PZ20 系列和 PZ30 系列为例进行说明。

PZ20 系列和 PZ30 系列为模数化终端组合电器,适用于额定电压为 220V 或 380V、负载总电流不大于 100A 的单相三线或三相五线的末端电路,可作为对用电设备进行控制、配电,对线路过载、短路、漏电、过电压进行保护之用。

PZ20、PZ30 系列模数化终端组合电器的型号如下:

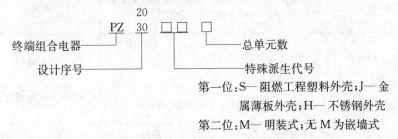

第一位:S— 阻燃工程塑料外壳;J— 金属薄板外壳;H— 不锈钢外壳

第二位:M— 明装式;无 M 为嵌墙式

表 7-35　　　　　　　　　　　　　　常用照明配电箱概况一览表

型 号	安装方式	箱内主要电器元件	用 途
PXT	封闭明装式、嵌入暗装式	单极、双极、三极 DZ12-60 或 C45N 微型断路器和 NC-100H 型断路器(额定电流为 100A 可作进线开关)	用于工业及民用建筑
X$\frac{X}{B}$M-1N	嵌入、悬挂式	DZ12、DZ15 或 DZ20 型断路器,塑壳型熔断器或插座	用于工业及民用建筑
X$\frac{X}{R}$M-□	明装式、暗装式	DZ13、DZ20 型断路器	用于工业及民用建筑

型　号	安装方式	箱内主要电器元件	用　途
X$\frac{X}{R}$M-3	嵌入、悬挂式	DZ12 型断路器,JC 型漏电开关	用于工业及民用建筑
PZ20、30 终端组合电器	嵌入、悬挂式	HL30 型隔离开关或 HG30 型熔断器隔离器,C45L/C45NL、DZL29 型剩余电流断路器或 FIN 型漏电开关、C45、C45N-2、PX-200C 型断路器,JZB30、JZ30 型插座	用于工业及民用建筑,广泛用于高层建筑、宾馆、商场、车站港口
MX(HR)-$\frac{04}{05}$	明装式、暗装式	单极、三极断路器	用于工业及民用建筑
XM(R)X	嵌入式、明装式	DD862-4 或 DT862-4 型电能表,DZ12 或 C45N 型断路器	用于工业及民用建筑的照明配电及电能计算
XG$\frac{M}{C}$1 型照明配电箱、计量箱	明装式、暗装式	DZ13、DZ20 型断路器,DZ13L 型剩余电流断路器,DD862-4(单相)或 DT862-4(三相四线)型电能表	用于工业及民用建筑的照明配电及电能计量
DCX(R)组合式	明装式、暗装式	DZ15 或 DZ12 型断路器,85C-V 型电压表,gF1、aM1 或 RL6 型熔断器以及插座、控制按钮、跷板式暗开关等	用于工厂企业、实验室、民用建筑的小型动力配电及照明配电
X$\frac{X}{R}$MF 系列密封防腐型	悬挂式、嵌入式	C45N 型断路器	用于化学腐蚀性环境,电压 250V 以下的户内照明配电
SC(包括 SCP、SCC、SCS)	明装式、暗装式	N 线及 PE 线端子,DIN 导轨可装北京 ABB 低压电器有限公司的各种终端电器元件	用于户内配电
QES(包括 QES4、6、10、20/3)	明装式、暗装式	内装 ABB 公司的终端元件	用于潮湿和轻微腐蚀环境中
SPE	明装式、暗装式	内装 ABB 公司 1~4 个模数的终端元件	用于住宅建筑及其他终端用户
SDB	明装式、暗装式	A 型箱设 DIN 导轨,安装一定数量的模数元件,B 型箱可安装不同类的专用附件,如 ABB 公司的模数元件和 200A 及以下塑壳式断路器	用于住宅户内配电
XRM98	嵌入式	采用 TSN-32 型双极断路器,TSML-32 型剩余电流断路器和 DD862-4(DDY10-2)磁卡表	用于住宅户内配电及电能计量
XX(R)P 配电箱	悬挂式、嵌入式	DZ12 或 DZ15 型断路器,DZ15L 型剩余电流断路器	用于工业及民用建筑,电压 380V 及以下三相四线(或五线)和单相二线(或三线)系统中,作动力、照明配电之用
LDBX(R)安全型电能表箱	明装式、暗装式	ZDL-18 或 LDB-1 型剩余电流保护器,DD862a 型电能表、RC1 型熔断器	用于民用和工业,作户内配电及电能计量之用

注　1. 箱内主要电器元件的配置,随着低压电器的发展,也在不断更新。

　　2. 漏电开关就是不带过电流保护的剩余电流动作断路器,在低压配电系统中已逐步被淘汰。

(2) 楼层低压配电箱的典型接线。

1) 楼层配电箱的接线。高层住宅，一般楼层都设配电箱（盘），负荷大的，每层设一个或若干个配电箱（盘）；负荷小的，可两层设一个。配电箱（盘）上装有进线总开关及出线分开关，对于住宅楼，还装有用户电能表等。配电箱（盘）可装于电气竖井内，一般情况下与电缆分装在电缆井内的不同侧面。如果线路太多或井道太小，也可把楼层配电盘与电缆排在同一面；如果楼层不多（仅为十多层），负荷又不太大，可采用导线穿钢导管在竖井内或墙体内敷设。住宅楼的楼层配电箱（盘）典型接线如图7-51所示。

2) 带有分线箱（亦称接线箱）的楼层配电箱接线系统。进线采用四芯电缆的楼层配电箱（盘），当一根电缆供应几个楼层配电箱（盘）时，有时为了分线方便，可采用加设分线箱的方法。分线箱主要由箱体、安装板、接线卡夹等组成。箱体用薄钢板焊接而成，安装板用螺钉固定于箱体上，板上装四组分

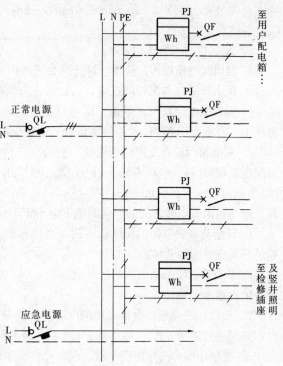

图 7-51　住宅楼的楼层配电箱（盘）典型接线

接线卡夹，可以夹住电缆，并从卡夹上引出分线。根据需要，分路上可装分路控制保护用的低压断路器，这时分线箱相当于一个动力配电箱。如图7-52所示为带有电缆分线箱的楼层配电箱（盘）接线系统。

3) 住户配电箱的接线。在高层住宅中，住户配电箱常采用由塑壳式小型低压断路器（如C45N型）组装的组合配电箱，以放射—树干混合方式供电。其优点是某一回路故障不致影响其他回路供电，可使事故范围尽量缩小。为了简化线路，对于一般照明及小容量插座采用树干式接线，即住户配电箱中每一分路开关可带几盏灯或几个小容量插座；而对于电热水器、窗式空调器等用电量大的家电设备，则采用放射式供电。如图7-53所示为住户配电箱典型接线。

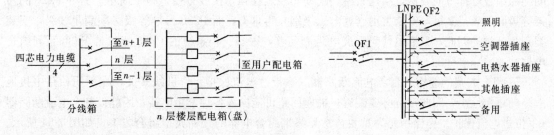

图 7-52　带有电缆分线箱的楼层配电箱（盘）接线系统　　图 7-53　住户配电箱典型接线

(3) 照明配电箱的选择。照明配电箱应根据使用要求、进户线制式、用电负荷大小、分支回路数以及设计要求，选用符合标准的配电箱。向照明器等照明设施供电的照明配电箱在结构上有别于一般的动力配电箱。其外壳结构通常分墙挂式（明装）和嵌入安装式（暗装）两种。电路结

构主要为出线（分支线）是单相多回路的，也有三相四线或二相三线出线的；进线一般为三相四线，有的设有电源进线开关。

1）配电箱的一般选用要求。

a. 照明配电箱箱体，应用经过防腐处理的钢板、塑料或不锈钢制成。

b. 配电箱箱体与配管的连接孔，应是进出线在箱体上、下部经压制的标准敲落孔。

c. 照明配电箱箱门（箱盖）应是可拆装的，电能表对面的箱门上应开有嵌玻璃的观察孔，箱体上应有不小于 M8 的专用接地螺栓，位置应设在明显处。

d. 配电箱内设有专用保护线端子板的应与箱体连通，工作零线端子板应与箱体绝缘（用做总配电箱的除外），耐压不低于 2kV。端子板应用大于箱内最大导线截面积 2 倍的矩形母线制作（最小截面积应不小于 $60mm^2$，厚度不小于 3mm），端子板所用材料应为铜、铝芯导线的相应制品。配电箱内带电体之间的电气间隙不应小于 10mm，漏电距离不应小于 15mm。

e. 计量与开关共用的配电箱应符合当地标准，具有过载和短路保护的低压断路器，电能表和总开关应设间隔并加锁。

f. 干燥无尘场所采用木制配电箱（板）时，应对其进行阻燃处理，防止电弧烧损，发生火灾，但已很少采用。

2）模数化终端组合电器（代配电箱）的选择要求。模数化电器组合方案种类很多，根据用户需要可进行选用。PZ20 系列和 PZ30 系列两种模数化终端组合电器应用较广泛。

a. 按使用场合选用组合电器。模数化终端组合电器主要用于电力线路末端，是由模数化卡装式电器以及它们之间的电气、机械连接和外壳等构成的组合体。根据用户的需要，选用合适的电器，通常构成具有配电、控制、保护和自动化等功能的组合电器。PZ20 和 PZ30 组合电器，分别按两种使用场合设计，即 PZ20 按非熟练人员使用场合设计，主要用于家庭和类似场所；PZ30 按熟练人员使用设计，主要用于工业场所。前者实为用户箱，后者实为配电箱。在非熟练人员用的终端组合电器标准中，强调在单相电路和结构上要设有各种保护与防护，如电路上应设置进线隔离开关（主开关），在维护、修理以及长时间停电时，由主开关负责切断电源。主开关应设有端子外罩，以便开关在断开位置时，安装载有电压的端子。电器间的连接线上设有障碍板，用来防止无意识的直接接触，同时外壳中还设有挡板，用以挡住接近时可能的直接接触和对电器元件的电弧起防护作用。在组合电器电路中，应设置与出线电路数相等、电流相当的接地端子和中性线接线端子等。工业用的 PZ30 组合电器，其结构相对简单。组合电器防护外壳中的连接线，已朝绝缘组合母排方向发展，结构紧凑，耐动热稳定性强，接线方便，施工简单。另外 PZ20 的污染等级必须满足 2 级，安装类别（过电压级别）为Ⅲ类，而 PZ30 污染等级必须满足 3 级，安装类别为Ⅱ类。因此，只要电气间隙爬电距离足够，很多三相系统的 PZ20 能代替 PZ30 系列组合电器。

b. 组合方案的选用。剩余电流断路器（不带过电流保护）作进线开关，在照明回路中接地故障的可能性小，因此没有必要配置；插座回路可能插入各种家用电器，因此设剩余电流断路器（不带过电流保护）作保护尤为重要。常见终端组合电器的几种典型组合方案，如图 7-54 所示。出线开关根据需要采用熔断器式刀开关或小型低压断路器。插座回路可用熔断器作为短路保护，并在前级设置剩余电流保护，部分出线回路具有接地故障可能的，可再经一剩余电流断路器（不带过电流保护）出线。用户可根据具体情况选用组合方案。

常用的户内终端组合电器中，进线开关可选择隔离开关或 100A 的小型断路器，但由于 100A 小型断路器是限流型，通常其下级分支开关也是限流式，在分断时的断开时间均小于 5ms，

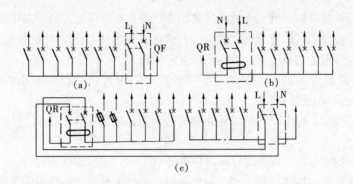

图 7-54 组合电器的几种典型组合方案
(a)断路器作进线开关;(b)剩余电流断路器(不带过电流保护)作进线开关;(c)刀开关作进线开关

要做到有选择性分断的可能性很小,另外在支路开关前主进线开关后短路的可能性很少,因此进线开关以选用动热稳定性高的 HL30 隔离开关较好。

c. 按额定电流和约定发热电流选用组合电器。

a) 组合电器的额定电流是指给定电路组合,在规定的正常条件下,能保证正常工作的电流,通常以进线电流表征。

b) 约定发热电流是指某一给定外壳,与预定的电路组合中可能产生最高温升的电路组合,在标准试验条件下,各部件温升不超过规定时可能承受的输出负载电流之和,对于三相电路,应折算为单相电流之和。

在组合电器中,各种电器均处于同一外壳内,其周围温度是相同的,但各种电器试验时的基准温度是不同的,如熔断器特性试验的基准温度为 20℃;小型断路器符合 IEC898 标准时为 30℃,符合 BS 标准时为 40℃;剩余电流动作保护器的基准温度为 40℃。为此,在已知防护外壳箱体内部温度时,电器额定值应予以修正。

d. 外壳尺寸通常以 18mm 的倍数表示,根据用户的使用要求,确定组合方案后,应可算出所用电器元件的总宽度,从而选择所需的外壳尺寸,再考虑安装场所需要的防护等级,即可选定型号。有的组合电器中选用有发热工作原理的电器,如熔断器、小型断路器和某些剩余电流保护开关(有热保护的),则还应验算最大功耗与所选外壳尺寸是否满足要求。

e. 为了保证产品的整洁、美观、开关元件不散落,嵌墙式终端组合电器应优先选用预埋箱(又称套箱),因为它在建筑施工时预先埋入墙内,待建筑物完工后,再装入终端组合电器。这样,既可为电气设计人员赢得时间,先粗略确定预埋箱规格,再进行具体电气设计,又可防止施工中污损或遗失电器元件或零部件,确保验收时电器的性能与完整,同时也使资金不致积压,组合电器箱可在最后阶段订货。

在大型建筑施工周期长、终端组合数量多、施工现场情况复杂的情况下,建议采用预埋箱;相反,在使用数量少、工程量不大,在加强管理情况下可不用预埋箱,可以节约造价。

(4) 配电箱位置的确定。配电箱的设置应根据设计图纸的要求确定,当设计图纸无明确要求时,一般应按以下原则确定:

1) 配电箱应安装在靠近电源的进出口处,使电源进户线尽量短些,并应在尽量接近负荷中心的位置上,配电箱的供电半径一般为 30m 左右。

配电箱应装在清洁、干燥、明亮、不易受损、不易受振、无腐蚀气体和便于抄表、维护和操作的地方。

配电箱一般设在过道内，但对于公共建筑场所，应设在管理区域内。多层建筑各层配电箱应尽量设在同一垂直位置上，以便干线立管敷设和供电。住宅楼总配电箱和单元及楼梯间配电箱，一般应安装在楼梯间过道的墙壁上，以便支线立管敷设。

2) 低压配电箱的安装高度，除施工图中有特殊要求外，一般配电箱的底边距地面宜为1.5m，配电板底边距地面为1.8m。

为了保证使用安全，配电箱与采暖管、煤气管的距离不应小于0.3m；与给排水管道的距离不应小于0.2m。

安装在墙角处的配电箱，应能保证箱内向外开启180°，方便维修和操作。

配电箱设在普通砖砌体墙的门、窗、洞口旁时，箱体边缘距它们的边缘不宜小于0.37m，当条件受限制时，过梁支座的长度不应小于墙体厚度。

配电箱不宜设在建筑物的纵横墙交接处、建筑物外墙内侧、楼梯踏步的侧墙上、散热器的上方、水池或水门的上、下侧。如果必须安装在水池、水门的两侧时，其垂直距离应保持在1m以上，水平距离不得小于0.7m。

(5) 照明配电箱的安装。现场安装的照明配电箱（板）不可采用可燃塑料制作，一般都是成套装置，主要是进行箱体预埋及安装、管路与配电箱的连接、导线与盘面器具的连接及调试等工作。

1) 箱体的预埋及安装。由于进行箱体预埋和箱内盘面安装接线的间隔周期较长，箱体和箱盖（门）和盘面在解体后，应做好标记，以防盘内电器元件及箱盖（门）损坏或油漆剥落，并按其安装位置和先后顺序分别存放好，待安装时对号入座。

在土建施工中，当达到配电箱或配电板安装高度（箱底边距地面高度宜为1.5m；照明配电板底边距地面高度不宜小于1.8m）时，将箱体埋入墙内，箱体放置要平正、垂直，垂直度允许偏差不应大于1.5‰，四周应无空隙，其面板四周边缘应紧贴墙面，不能缩进抹灰层内，也不得凸出抹灰层。配电箱外壁与墙、构筑物有接触的部分均需涂防腐漆。

配电箱的宽度超过0.5m时，应将其顶部安装混凝土过梁；箱宽度0.3m及其以上时，在顶部应设置钢筋砖过梁，使箱体本身不受压，箱体周围应用砂浆填实。

在厚度为240mm的墙上安装配电箱时，其箱体后背凹进墙内应不小于20mm，且后壁要用10mm厚的石棉板，或用网孔为10mm×10mm的钢丝（直径为2mm）网钉牢，再用1:2水泥砂浆抹好，以防墙面开裂。

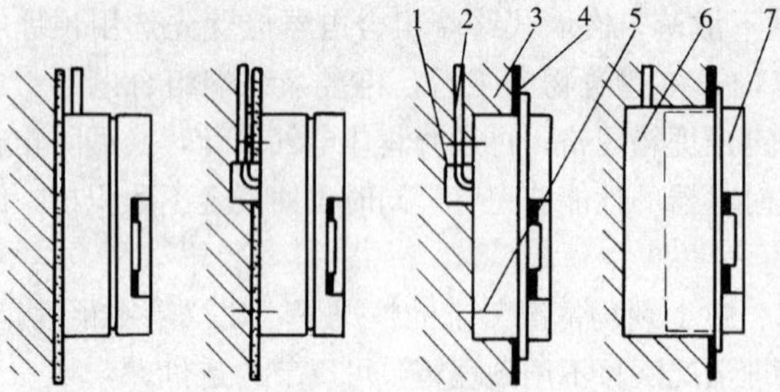

图7-55　组合电器箱安装示意图

(a) 明装式明出线；(b) 明装式暗出线；

(c) 嵌墙式无套箱；(d) 嵌墙式有套箱

1—接线盒；2—电线管；3—墙；4—粉刷层；

5—膨胀螺栓；6—预埋箱；7—终端组合电器

挂墙式（明装式）终端组合电器，按其安装尺寸钻出螺栓孔或预埋木砖，然后打开电器上盖，按实际需要将箱体上的敲落孔敲穿，不用预埋箱体，即可将其固定，如图7-55 (a)、(b)所示。嵌墙式终端组合电器，当不用预埋套箱时，应根据外形尺寸的大小在墙上设置预留孔，安装方法与挂墙式相同，见图7-55 (c)。当用预埋套箱时，应将套箱直接砌于墙内，并根据实际需要将套箱上的敲落孔敲穿，要求套箱与粉刷层平齐，不得歪斜，然后固定箱体，如图7-55 (d) 所示。但当采用套箱时，在安装初期，套箱内应撑以木条，以免墙砖荷重压坏套箱，影响终端电器箱的安装。采用预埋套箱后，可以保证产品的整洁、美观、开关元件不散落，故嵌入式终端组合电器，应优先选用预埋套箱。

2）管路与配电箱连接。配电箱箱体埋设后，进行管路与配电箱的连接。

a. 钢管与铁制配电箱进行连接时，应先将管口套丝，拧入锁紧螺母（根母），然后插入箱体内，再拧上锁紧螺母，露出 2~4 扣的长度，拧上护圈帽（护口），并焊好接地跨接线。

b. 暗配钢管与铁制配电箱连接时，可以用焊接固定，管口入箱体长度应小于 5mm，把管与接地跨接线先做横向焊接连接，再将跨接线与箱焊接牢固。

c. 塑料管进入配电箱时，应保持顺直，长短一致，一管一孔。管入箱长度应小于 5mm，也可以先将管口做成喇叭口，由箱体内插出。

d. 箱体不得开长孔和用电气焊开孔，做到开口合适，切口整齐。

3）配电箱内的设备检查及其与导线的连接。

a. 盘内设备的检查。

a）根据设计图纸要求，检查盘内的元器件规格选用是否正确，数量是否齐全，安装是否牢固。

b）检查盘内导线引出面板时，面板线孔应光滑无毛刺，金属面板应装设绝缘保护套以加强绝缘。

c）检查照明配电箱（板）内的中性线和保护零线（PE 线）汇流排是否分开设置，中性线和保护线应经汇流排配出，且中性线和保护线在汇流排上应采用螺栓连接，并应有编号。

d）检查盘内设备是否齐全，安装是否有歪斜，固定是否牢固，瓷插式熔断器底座和瓷插件有无裸露金属螺钉，螺旋式熔断器电源线是否接在底座中心触头的端子上、负荷线接在螺纹的端子上。开关的动、静触头接触是否良好，动作是否灵活可靠。带有剩余电流保护的回路，剩余电流保护器动作电流不大于 30mA，动作时间不大于 0.1s。

e）检查设有电流互感器（一般负荷电流在 50A 以上时，宜采用电流互感器）的二次线，应采用单股铜导线，电流回路的导线截面积应按电流互感器的额定二次负荷计算确定。柜、屏、台、箱、盘间配线：电流回路应采用额定电压不低于 750V、线芯截面积不小于 2.5mm² 的铜芯绝缘导线或电缆；除电子元件回路或类似回路外，其他回路应采用额定电压不低于 750V、线芯截面积不小于 1.5mm² 的铜芯绝缘导线或电缆。

电能计量用的二次回路的连接导线中间不应有接头，导线与电器元件的压接螺丝要牢固，压线方向要正确。单相电能表的电流线圈必须与相线连接，三相电能表的电压线圈不准装熔丝。二次线必须排列整齐，导线两端应有明显标识和编号。

b. 线缆与箱内设备的连接。

a）线缆与箱内设备连接之前，应对箱体的预埋质量和导管的配制情况进行检查，确定符合设计要求及施工验收规范的规定后，并清除箱内杂物，再行安装接线。

b）整理好导管内的电源和负荷线，引入引出线应有适当的余量，以便检修。导管内导线或电缆引入盘内时应理顺整齐，多回路之间的导线或电缆不应有交叉现象。盘内同一端子上的线芯不应超过两根，线芯压头应牢固，有防松垫圈。工作零线经过汇流排（或零线端子板）连接后，其分支回路排列位置应与开关或熔断器位置对应，面对配电箱从左到右编排为 1、2、3、…，零母线在配电箱内不得串联。

凡多股铝芯线和截面积超过 2.5mm² 的多股铜芯线，与电气器具的端子连接，应在焊或压接端子后再连接。

c）开关、互感器、熔断器等应上端进电源、下端接负荷或左侧接电源、右侧接负荷。相序排列，面对开关从左侧起为 L1、L2、L3 或 L1 (L2、L3) N，其导线的相 (L1、L2、L3) 色依次为黄、绿、红色，保护线 (PE 线) 为黄绿相间色，工作中性线 (N 线) 为淡蓝色绝缘导线。开关及其他元件的导线连接应牢固，线芯无损伤。

d) 剩余电流断路器 (不带过电流保护，只在接地故障时切断电源线路) 前端 N 线上不应装设熔断器，防止 N 线熔丝熔断后相线发生接地故障时开关不动作。

e) 三相五线制 TN 系统配电方式，当中性线系统中允许有重复接地时，N 线应在总配电箱内做好重复接地，PE 线 (专用保护线) 与 N 线应分别与接地体连接。N 线进入建筑物 (或总配电箱) 后严禁与大地连接。PE 线应与配电箱箱体及三孔插座的接地插孔相连接。建筑物内 PE 线最小截面积应符合有关规定。

单相回路中的中性线应与相线等截面积。在三相四线或二相三线的配电线路中，当用电负荷大部分为单相用电设备时，其 N 线或 PEN 线的截面不宜小于相线截面积。以气体放电灯为主要负荷的回路中，N 线截面积也不应小于相线截面积。

在 TN-C-S 系统中的 PEN 导体从某点分为中性导体 N 和保护导体 PE 后不得再将这些导体互相连接。

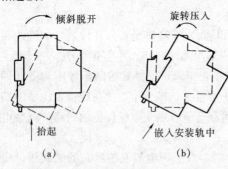

图 7-56　终端组合电器拆、装示意图
(a) 拆卸；(b) 组装

f) 当导线与配电箱内设备连接完成后，并在盘面上电器控制回路的下方，要设好标识牌，标明所控制的用电回路名称编号。住宅楼配电箱内安装的开关及电能表，应与用户位置对应，在无法对应的情况下也应标明编号。

g) 配电箱 (板) 内的交流、直流或不同电压等级的电源应具有明显的标识。

4) 终端组合电器箱安装。打开终端电器箱箱盖，就可将终端组合电器安装在套箱上。在安装过程中，若需改变其功能，或扩展控制单元，应需更换或增添电器元件，拆卸电器开关时，只需将其用力向前推，并向上转过一定角度，电器开关就倾斜脱开安装轨，如图 7-56 (a) 所示。安装电器开关时，只需将电器开关带弹簧的一端先嵌入安装轨的一边，然后再将电器另一端旋转压入安装轨中，即安装完毕，如图 7-56 (b) 所示。

(6) 施工现场的配电箱及其安装

1) 结构型式。施工现场的开关设备主要是由各种开关、电器组合而成的配电箱、开关箱等，并成为整个临时用电系统的枢纽。为了确保临时用电的安全，配电箱和开关箱必须在技术上采取合理的结构型式。

施工现场配电箱的结构型式应与临时用电工程配电线路的类型相适应。在保护方面，当采用 TN-S 系统时，其总配电箱、分配电箱应达到以下要求。

a. 施工现场低压总配电箱结构型式如图 7-57 所示，其特点如下：

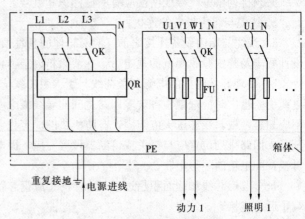

图 7-57　总配电箱结构型式

a) 总配电箱箱体由铁质材料做成。

b) 熔断器 FU 可用具有短路和过载保护的低压断路器代替。

c) PE 线应与铁质箱体作电气连接，且作重复接地。

d) 电源进线处装有剩余电流动作保护器，防止线路漏电、接地故障和人员触电事故。

b. 施工现场分配电箱结构型式如图 7-58 所示，其特点如下：

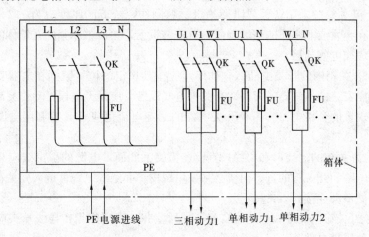

图 7-58　分配电箱结构型式

a) 分配电箱箱体由铁质材料做成。

b) 熔断器 FU 可用具有短路和过载保护功能的低压断路器代替。

c) PE 线应与铁质箱体作电气连接。

d) 将分路"1（三相动力）"改为单相分路后，并连同单相动力 1、2，可作照明分配电箱使用，应力求保持三个单相分路负载均匀分配。

如果总配电箱中不装设剩余电流动作保护器，则分配电箱中必须装设。此时，总配电箱中剩余电流动作保护器的位置可用熔断器或具有短路和过载保护功能的低压断路器代替，而分配电箱中的熔断器位置应用剩余电流动作保护器（具有短路和过载保护功能）取代。

施工现场配电箱，在保护方面，当处于 TT 系统中时，总配电箱和分配箱中开关、电器的配置与 TN-S 系统相同，不同的是不设 PE 线，而是将铁质配电箱箱体直接做安全接地。

动力配电箱和照明配电箱也可分箱设置。总配电箱内还应设置电能表作电能计量用。

2）安装。

a. 总配电箱应设在靠近电源的地区，分配电箱应装设在用电设备或负荷相对集中的地区。分配电箱与开关箱的距离不得超过 30m，开关箱与其控制的固定式用电设备的水平距离不宜超过 3m。

配电箱、开关箱应装设在干燥、通风及常温场所，不得装设在有严重损伤作用的瓦斯、烟气、蒸汽、液体及其他有害介质中，不得装设在易受外来固体物撞击、强烈振动、液体浸溅及热源烘烤的场所。否则，须作特殊防护处理。

落地安装的配电箱和开关箱，设置地点应平坦并高出地面，其附近不得堆放杂物。

b. 配电系统设置的总配电箱和分配电箱，实行分级配电，开关箱应由末级分配电箱配电。总开关电器的额定值、动作整定值应与分路开关电器的额定值、动作整定值相配合。

动力配电箱与照明配电箱宜分别设置，如果合置在同一配电箱内，动力和照明应分路配电，为了不因动力线路故障影响照明，确保照明用电的安全。

c. 配电箱和开关箱应安装牢固，便于操作和维修。

d. 配电箱、开关箱应装设端正、牢固，移动式配电箱、开关箱应装设在坚固的支架上。固定式配电箱、开关箱的中心点与地面的垂直距离应为 1.4～1.6m；移动式分配电箱、开关箱的中心点与地面的垂直距离宜为 0.8～1.6m。

e. 配电箱、开关箱应采用铁板或阻燃绝缘材料制作，铁板的厚度应为 1.2～2.0mm。箱内电器应首先安装在金属或非木质的阻燃绝缘电器安装板上，然后整体紧固在箱体内。金属电器安装板与金属箱体应作电气连接。

f. 配电箱、开关箱内的开关电器（含插座）应按其规定的位置紧固在电器安装板上，不得歪斜和松动。箱内安装的接触器、刀闸、开关等电气设备，应是无破损、动作灵活、接触良好可靠、触头无烧蚀现象的合格电器。各种开关电器的额定电流值应与其控制用电设备的额定值相配合。

g. 配电箱、开关箱的进线口和出线口宜设在箱的下底面，电源的引出线应穿导管并设防水弯头。移动式配电箱和开关箱的进、出线必须采用橡皮护套绝缘电缆。进入开关箱的电源线，不得用插头和插座做活动连接。

h. 配电箱、开关箱内的导线应绝缘良好、排列整齐、固定牢靠，导线端头应采用螺栓连接或压接，不得有外露带电部分。

i. 为了便于使用、维护和检修，每台用电设备须有各自专用的开关箱，不得用一个开关箱直接控制 2 台或 2 台以上用电设备（含插座），可在任何情况下对使用电设备进行电源隔离。

j. 配电箱、开关箱内的 N 线端子板和 PE 线端子板必须分设，工作零线 N 和保护线 PE 应分别与其相应端子板连接。

配电箱和开关箱的金属箱体、金属电器安装板以及箱内电器的安装板和电器正常时不应带电的金属底座、外壳等必须根据配电系统情况做保护接零或安全接地，其应通过接线端子板连接。

k. 施工现场所有用电设备，除做保护接零外，必须在设备负荷线的首端处设置剩余电流动作保护装置。开关箱中必须设置剩余电流保护器，其必须装在配电箱电源隔离开关的负荷侧和开关箱电源隔离开关的负荷侧。

剩余电流保护器的选择应符合行业标准 JGJ 46《施工现场临时用电安全技术规范》的要求，开关箱内的剩余电流保护器其额定剩余动作电流应不大于 30mA，额定剩余电流动作时间应不大于 0.1s。使用于潮湿和有腐蚀介质场所的剩余电流保护器应采用防溅型产品，其额定剩余动作电流应不大于 15mA，额定剩余电流动作时间应不大于 0.1s。

总配电箱和开关箱中剩余电流保护器的额定剩余动作电流不大于 30mA 和额定剩余电流动作时间应不大于 0.1s，但其额定剩余动作电流与额定剩余电流动作时间的乘积不应大于 30mA·s。

剩余电流保护器必须按产品说明书安装、使用。对搁置已久而重新使用和连续使用的剩余电流保护器，应每月检查其特性，发现问题及时修理或更换。

l. 配电箱、开关箱应采取防雨、防尘措施。

三、照明装置的保护

照明装置应设置过载、短路和接地故障保护，保护电器可采用熔断器、低压断路器或剩余电流保护器，用于切断供电电源或发出报警信号。为了保护人身和设备的安全，接地故障除装设剩余电流保护器外，还应将照明装置的非带电金属部分做安全接地或保护接零。

(一) 照明装置的剩余电流保护

1. 剩余电流保护器的分类、工作原理及功用

(1) 低压剩余电流保护器的种类。

1) 剩余电流保护器按电气工作原理可分为电压动作型和电流动作型两种，电压动作型的产品现已淘汰，而电流动作型剩余电流保护器是目前最常用的一种类型。

2) 剩余电流保护器按其脱扣器种类可分为电磁式和电子式两种。电磁式是由互感器检测到的信号直接推动高灵敏度的释放式剩余电流脱扣器，使剩余电流保护器动作。电子式则是将互感器检测到的信号通过电子放大电路放大后，触发晶闸管或导通晶体管开关电路，接通剩余电流脱扣器线圈而使剩余电流保护器动作。

3) 剩余电流保护器按动作时间可划分为一般型（无延时）和延时型。一般型（无延时）无人为故障延时，即瞬时动作的剩余电流保护器，主要作为分支线路和终端线路保护用。有延时功能的剩余电流保护器，具有选择性的 S 型或延时型的剩余电流保护器，设定某一动作剩余电流值，根据预定的极限不驱动时间延时动作的剩余电流保护器。延时型在发生接地故障时有人为故意延时，仅适用于 $I_{\Delta N} > 0.03A$（$I_{\Delta N}$ 为额定剩余动作电流）的剩余电流动作保护器，延时型主要做电源端或分支线路保护的剩余电流动作保护器，可以与末端剩余电流保护器相配合，达到选择性保护的目的。S 型是延时型的特殊形式，它的动作特性具有反时限特点，即剩余动作电流越大，脱扣跳闸时间越短。S 型在 $2I_{\Delta N}$ 时的极限不驱动时间为 0.06s。

4) 根据功能和结构特征的不同，剩余电流保护器又可分为整体式剩余电流断路器、组合式剩余电流保护装置、固定安装的剩电流保护插座、移动式剩余电流保护器和剩余电流火灾报警器等。

(2) 剩余电流保护器工作原理。剩余电流保护器是利用电气线路或电气设备发生接地故障时产生的剩余电流来切断故障线路或设备电源的保护电器，即通常所称的"剩余电流动作保护器"，简称"剩余电流保护器"，又称"剩余电流保护装置"。由于剩余电流保护器动作灵敏，切断电源时间短，因此只要合理选用、正确安装和使用，将对保护人身安全、防止设备损坏和预防火灾发生起明显的作用。

剩余电流保护器是在规定条件下，当剩余电流达到或超过规定值时能自动断开电路的机械开关电器或组合电器。现在生产的剩余电流保护器都属电流动作型，如图 7-59 所示为单相剩余电流保护器原理图。在电气设备正常运行时，线路各相电流矢量和为零，即 $\dot{I}_1 - \dot{I}_2 = 0$。当线路或电气设备绝缘损坏而发生漏电、接地故障或人触及外壳带电设备时，则有接地电流通过地线或人体、大地而流向电源。此时线路上的电流矢量和 $\dot{I}_1 - \dot{I}_2 = \dot{I}_0$，$\dot{I}_0$ 经高灵敏剩余电流互感器检出，并在其二次回路感应出电压信号，当剩余电流达到或超过给定值时，剩余电流脱扣器立即动作，带动开关切断电源，从而起到剩余电流保护的作用。

(3) 剩余电流保护器的功用。

1) 防直接接触电击事故。

a. 在直接接触电击事故的防护中，剩余电流保护器只作为直接接触电击事故基本防护措施的补充保护措施（不包括对相与相、相与 N 线间形成的直接接触电击事故的保护）。

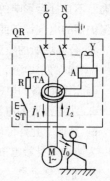

图 7-59 单相剩余电流保护器原理

QR—剩余电流保护器；Y—剩余电流脱扣器；A—电子放大器；TA—剩余电流互感器；ST—试验按钮；R—试验电阻；M—电动机

b. 用于直接接触电击事故防护时，应选用一般型（无延时）的剩余电流保护器，其额定剩余动作电流不超过 30mA。

2）防间接接触电击事故。

a. 间接接触电击事故防护的主要措施是采用自动切断电源的保护方式，防止由于电气设备绝缘损坏发生接地故障时，电气设备的外露可接近导体持续带有危险电压而产生电击事故或电气设备损坏事故。当电路发生绝缘损坏造成接地故障，其故障电流值小于过电流保护装置的动作电流值时，应安装剩余电流保护器。

b. 剩余电流保护器用于间接接触电击事故防护时，应正确地与电网的系统接地型式相配合。

（a）TN 系统。

a）采用剩余电流保护器的 TN-C 系统，应根据电击防护措施的具体情况，将电气设备外露可接近导体独立接地，形成局部 TT 系统。

b）在 TN 系统中，必须将 TN-C 系统改造为 TN-C-S、TN-S 系统或局部 TT 系统后，才可安装使用剩余电流保护器。在 TN-C-S 系统中，剩余电流保护器只允许使用在 N 线与 PE 线分开部分。

（b）TT 系统。TT 系统的电气线路或电气设备必须装设剩余电流保护器作为防电击事故的保护措施。

3）防电气火灾。

a. 为防止电气设备或线路因绝缘损坏形成接地故障引起的电气火灾，应装设当接地故障电流超过预定值时，能发出报警信号或自动切断电源的剩余电流保护器。

b. 为防止电气火灾发生而安装剩余电流动作电气火灾监控系统时，应对建筑物内防火区域作出合理的分布设计，确定适当的控制保护范围。

c. 为防止电气火灾发生而安装的剩余电流动作电气火灾监控系统，其剩余动作电流的预定值和预定动作时间，应满足分级保护的动作特性相配合的要求。

4）接地故障报警。对于一旦发生剩余电流超过额定值即切断电源时，因停电造成重大经济损失及不良社会影响的电气装置或场所，应安装报警式剩余电流保护器。一般装设报警式剩余电流保护器的电气设备或场所如下：

a. 公共场所的应急电源、通道照明。

b. 确保公共场所安全的设备。

c. 消防设备的电源，如消防电梯、消防水泵、消防通道照明等。

d. 防盗报警的电源。

e. 其他不允许停电的特殊设备和场所。

为防止人身触电事故的发生，上述场所的负荷末端保护不得采用报警式剩余电流保护器。

2. 常用剩余电流断路器

（1）剩余电流断路器。

1）剩余电流断路器的工作原理。

剩余电流断路器是指在正常条件下接通、承载和分断电流以及在规定条件下，当剩余电流达到一个规定值使触头断开的机械开关电器。剩余电流断路器由剩余电流保护和断路器组成，其可分为不带过电流保护的和带过流保护的剩余电流断路器。剩余电流断路器具有断路器对电气设备或线路进行通断控制作用下，同时又具有过载反时限保护和短路瞬时开断保护的功能，此外还具有剩余电流保护器对人身触电和设备绝缘损坏等事故的保护功能。某些产品就是在断路器的基础上，加装剩余电流保护部件而构成，如 DZ15L、DZ15LE、DZ13L、DZ47L、C45NLE 等系列产品。如图 7-60 所示是电磁式和电子式剩余电流断路器原理图。剩余电流断路器通常由四部分组成，即剩余电流互感器、脱扣装置、锁扣机构和触头系统。所有载流导体（三根相线、中性线）必须穿过电流互感器铁芯。

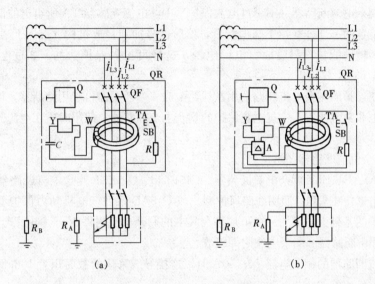

图 7-60　剩余电流断路器原理图

(a) 电磁式；(b) 电子式

QF—断路器；Q—断路器机械机构；Y—脱扣器；C—电容器；

SB—试验按钮；R—试验电阻；W—二次绕组；R_B—接地电阻（系统）；

R_A—接地电阻（负载）；A—电子放大器

正常情况下，当剩余电流断路器所控制的电路中未发生人身触电、设备漏电或接地故障时，通过 TA 一次回路的三相电流的相量和为零，即

$$\dot{I}_{L1}+\dot{I}_{L2}+\dot{I}_{L3}=0$$

环型剩余电流互感器中由电流流过所感应的磁通互相抵消，铁芯中没有磁通存在，铁芯中产生的磁通相量和为零，即

$$\dot{\Phi}_{L1}+\dot{\Phi}_{L2}+\dot{\Phi}_{L3}=0$$

因此，在 TA 二次回路中就没有感应电动势输出，剩余电流断路器不动作。

当电路中发生人员触电、设备漏电或接地故障时，回路中有接地电流流过，失去平衡，这时穿过 TA 的三相电流相量和不为零，其相量和为剩余电流 $\dot{I}_\Delta$，即

$$\dot{I}_{L1}+\dot{I}_{L2}+\dot{I}_{L3}=\dot{I}_\Delta$$

因而 TA 铁芯中磁通相量和也不为零，即

$$\dot{\Phi}_{L1}+\dot{\Phi}_{L2}+\dot{\Phi}_{L3}=\dot{\Phi}_\Delta$$

这样在 TA 铁芯中产生剩余磁场并在二次绕组中产生感应电压，此电压加于检测部分的脱扣器（电磁式）或电子放大电路（电子式）中，与保护装置的预定动作电流值相比较，如果大于动作电流，则经过脱扣器和断路机构使电路与绝缘故障部分断开。

在电磁式剩余电流断路器中，脱扣器释放机构 Y 可以是极化继电器或磁性锁闩继电器，前者性能更佳，这种产品在脱扣电路和电源之间没有电的连接。释放机构 Y 直接由平衡铁芯剩余电流互感器 TA 供给能量，因此不需要辅助电源。正由于这一级能量较小，通常对剩余电流互感器和极化继电器的动作灵敏度要求很高，导致成本增高。

在电子式剩余电流断路器（不带过电流保护）中，电流互感器 TA 所给出的信号由电子装置 A 放大，电子装置的一部分有赖于辅助能量，然后信号加到释放机构 Y 上，产生分断动作。电子放大器所需的辅助能量，一般取自电网电源，这样可扩大保护功能，如过电压与欠电压保护等。

将带过电流保护的剩余电流断路器用在线路上时，一般不需再配用熔断器，可以简化线路结构，安装使用也非常方便。不带过电流保护的剩余电流断路器，使用时应在电源侧配用相应的过电流保护装置。

2）常用剩余电流断路器。

a. C45ELM、C45ELE 剩余电流断路器。C45ELM、C45ELE 剩余电流断路器提供接地故障保护。它是在由 C45N 系列（照明线路保护型）或 C45AD 系列（电机动力保护型）断路器提供过载、短路保护的基础上，增加一个可加装在其上的剩余电流附件 Vigi（电磁式 ELM 型或电子式 ELE 型），即由断路器和剩余电流附件组成。

当剩余电流断路器的额定电流 $I_N \leqslant 40A$ 时，连接导线采用的截面积为 $10mm^2$；当 $40A < I_N \leqslant 60A$ 时，连接导线采用的截面积为 $25mm^2$。

如果在额定电流为 60A 的两极 C45N 断路器上加装一个两极电磁剩余电流附件，组成一个剩余电流断路器，其标注方式为：

订货时标注方式为　　C45N－60A2P＋VigiC63ELM－30mA2P

设计选型标注方式为　　C45N－60A2P＋VigiM－30mA

如果在额定电流为 15A 的三级 C45N 断路器上加装一个三极电磁式剩余电流附件，组成一个剩余电流断路器，其标注方式为：

订货时标注方式为　　C45N－15A3P＋VigiC45ELM－30mA3P

设计选型标注方式为　　C45N－15A3P＋VigiM－30mA

如果在额定电流为 32A 的四极 C45AD 断路器上加装一个四极电子式剩余电流附件，组成一个剩余电流断路器，其标注方式为：

订货时的标注方式为　　C45AD－32A4P＋VigiC45ELE－30mA4P

设计选型标注方式为　　C45AD－32A4P＋VigiE－30mA

b. DZ47L、DZ47LI 剩余电流断路器。DZ47L、DZ47LI 剩余电流断路器适用于交流 50Hz（或 60Hz），额定电压单相为 240V、三相为 240/415V 及以下，额定电流 100A 以下（DZ47L 为 0～40A，DZ47LI 为 0～60A；如果将剩余电流脱扣元件拼装在 NC100 上则成为 NC100L，额定电流为 100A）的线路中，作剩余电流保护用。当有人触电或回路接地故障电流超过规定值时，剩余电流断路器能在 0.1s 内自动切断电源，保障人身安全和防止设备因发生接地故障造成的事故。

剩余电流断路器具有过载和短路保护功能，根据用户需要还可增加过电压保护功能，用来保护线路和正常情况下线路的不频繁转换用。

DZ47L 的型号含义如下：

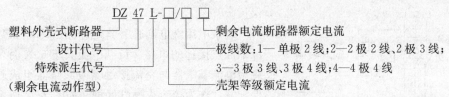

该产品为电子快速动作型，采用集成放大电路、备有试验按钮及剩余电流保护动作指示键，保护动作后指示机构能防止人为误合闸。产品采用体外直接穿芯式接线，剩余电流脱扣器同样按C45、NC100模数，单一规格可与单极、2极、3极、4极组装，其外形一致，组装方便，体积小，容量大，温升低。

DZ47L剩余电流断路器外形及安装尺寸如图7-61所示，采用TH35-7.5型安装轨进行安装。

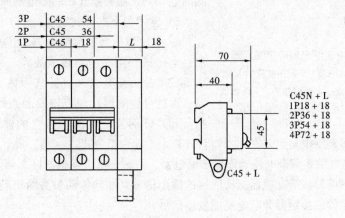

图 7-61　DZ47L 剩余电流断路器外形及安装尺寸

c.DZ15LE 系列剩余电流断路器。该系列剩余电流断路器适用于额定电压为 380V 的配电网络中，作为接地或触电保护用，并可用作为配电线路或电动机的过载、短路及缺相保护，也可作为线路的不频繁转换及电动机的不频繁起动用。

该剩余电流断路器主要由 DZ15 型断路器、剩余电流互感器、电子组件板、剩余电流脱扣器等部分组成，组装在塑料外壳内，该剩余电流断路器为电子式一般型动作剩余电流保护，带有缺相保护的剩余电流断路器，当电源一相发生断电事故时，能在 0.1s 内动作切断主电路。

d. DZL29-32 型为电子式剩余电流断路器，用晶体管电路作为放大元件，有带过电压保护及不带过电压保护两种，动作时间小于等于 0.1s，剩余动作电流在 10～100mA 范围内。DZL29-32/22 型具有接地、过载和短路保护功能。

此外，不带过电流保护的剩余电流断路器，也称漏电开关，其由剩余电流互感器、剩余电流脱扣器、主开关组成，并装在绝缘外壳中，具有接地故障保护以及手动通断电路的功能，它一般不具有过载和短路保护功能，这类产品主要应用于住宅，但由于产品性能低劣，在低压配电系统中已逐步被淘汰。

（2）剩余电流继电器。

1）作用原理。

剩余电流继电器是在规定条件下，当剩余电流达到规定值时，发出动作指令的电器，其由剩余电流互感器和继电器组成。对穿过剩余电流互感器主电路发生接地或触电事故时，其具备检测和判断功能，由继电器触点发出信号，控制断路器分闸或控制信号元件发出声光信号。剩余电流继电器通常与带有分励脱扣器的断路器配合使用，用作间接触电保护或接地故障引起的火灾

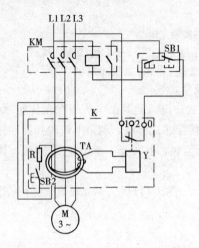

图 7-62　剩余电流继电器的接线原理

K—JD1 剩余电流继电器；KM—交流接触器；
SB1—控制按钮；SB2—试验按钮；Y—脱扣器；
TA—剩余电流互感器；R—试验电阻

保护。

剩余电流继电器适用于交流电压 380V 及以下、电源中性点接地的电路。负载电流大于 60A 时，可采用剩余电流继电器与交流接触器或断路器组成剩余电流保护器，作为接地或触电保护。如图 7-62 所示为与交流接触器组合时剩余电流继电器的接线原理。当负载侧出现接地故障时，且剩余电流达到一定值时，脱扣器 Y 即动作，使转换触头 0—1 断开（具有转换触头的 0—1 为动断触头，0—2 为动合触头），接触器 KM 线圈断电，其主触头断开，故障电路即被切除。

2）常用剩余电流继电器。

a. JD1 型剩余电流继电器。JD1 型剩余电流继电器（电磁式）用来检测接地故障，并发出信号。按结构型式可分为组装式和分装式两种。把剩余电流互感器（即信号检测器）和带转换触点的脱扣器（即信号执行器）分别装配成两个独立的器件，即为分装式；将剩余电流互感器和继电器组装在同一塑料外壳中，即为组装式。

JD1 系列为纯电磁式剩余电流动作保护继电器。由剩余电流互感器检测剩余电流信号，作为信号执行元件的继电器接受互感器二次回路的输出信号，驱动传动触头输出剩余电流保护信号，使配用的低压断路器或接触器分断电路或发出信号。

由于触电、接地故障或设备漏电电流的信号很微弱，因此要求剩余电流互感器和剩余电流脱扣器必须具有很高的灵敏度。剩余电流互感器的铁芯用厚为 0.1mm 的坡莫合金带卷绕而成，并经过精密的工艺处理，具有很高的导磁率，当一次侧流过微小的电流时，应能在二次侧产生较大的感应电压 E_2，足以直接推动剩余电流脱扣器。

剩余电流脱扣器的结构原理如图 7-63 所示。当电流互感器的次级没有信号输出时，消磁线圈中无电流流过，此时衔铁在永久磁铁的作用下被吸合在轭铁上。当所控制的线路中发生接地故障时，消磁线圈中就有电流流过，产生的交变磁通 Φ_3 有半个周期的方向和永久磁铁所产生的直流磁通 Φ_1 方向相反，永久磁铁的吸力被抵消，衔铁在反作用弹簧的作用下释放，推动剩余电流断路器（不带过电流保护）的锁扣，使之跳闸。配置短路磁铁是为了在衔铁释放后，给永久磁铁提供一个磁

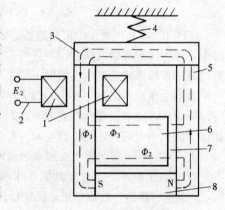

图 7-63　剩余电流脱扣器结构原理

1—消磁线圈；2—互感器二次侧；3—衔铁；
4—弹簧；5—轭铁；6—短路磁铁；7—间隙；
8—永久磁铁

阻较小的通路，可防止永久磁铁因开路而被退磁，同时可减小交流磁通 Φ_3 所通过磁路的磁阻，以提高剩余电流脱扣器的灵敏度。在短路磁铁和轭铁之间留有间隙是为了使剩余电流脱扣器在闭合位置时，永久磁铁的磁通 Φ_1 远大于 Φ_2，使衔铁能可靠地保持在吸合位置。这种剩余电流脱扣器的动作迅速，达到动作电流后，只需要一个周期（0.02s）就能可靠地释放。

b. JD3 型集成电路剩余电流继电器。JD3 系列为电子式剩余电流继电器，由剩余电流互感

器和继电器两部分组成。按动作时间分为一般型和延时型两类；按结构型式分为分装式和组装式两种，而 JD3-40 型仅有分装式。JD3 系列剩余电流继电器主要对穿越剩余电流互感器的主电路发生接地、触电事故时，带动保护或控制电器切断主电路或报警。JD3 系列继电器的分断时间分为一般型和延时型两种。一般型的分断时间不大于 0.2s；延时型的延时时间有 0.2、0.4、0.8 和 1s 等几种。JD3 主回路额定电流为 100~800A，其他型号主回路额定电流为 200~400A。

（3）剩余电流保护插座。剩余电流保护插座是一种在电源插座内装设剩余电流保护器的产品。它是由剩余电流断路器或不带过电流保护的剩余电流断路器与插座组装成的，使插座回路连接的设备具有剩余电流保护功能。主要作为家用电器，也可以作为移动设备等需要提供接地故障保护的电源。其一般均在单相电路中使用，电路一般额定电压为 220V，额定电流多在 10A 及以下。

剩余电流保护插座在室内主要安装在厨房、浴室、酒店客房等场所的电气插座回路中，作为接地故障保护用。

我国目前生产的剩余电流保护插座有 PXL-1、2 型（移动电源箱）、YLC-1、LDZ-10 系列及 DBK2 系列（剩余电流保护插座）、LDB-1（插座式剩余电流保护器）等。

（4）移动式剩余电流保护器。移动式剩余电流保护器由一个插头和一个剩余电流保护装置，一个或几个插座或接线装置组成，与电源连接时，易从一个地方移动到另一个地方的剩余电流动作保护装置，其包括剩余电流保护插头、移动式剩余电流保护插座、剩余电流保护插头插座转换器等，可为移动电气设备提供剩余电流和接地故障保护，一般作直接接触电击事故保护。

剩余电流保护插头、外壳由高强度工程塑料制成。有的剩余电流保护插头还可带有过热保护传感器，对电热器具进行过热保护，防止其过热或空烧而损坏。剩余电流保护插头主要用于电热水器、空调器、电吹风及电冰箱等家用电器，可与手持电动工具配套使用。

常用的剩余电流保护插头有 BLC、LBX、LBC、ATL 型等，其额定电压为 220V，额定电流为 10A 或 16A，额定剩余动作电流根据工作环境一般选用 10mA 或 15mA，分断时间为一般型（瞬时动作）、没有延时动作型，均在单相电路中使用。

3. 剩余电流保护器的选择与安装

（1）设置剩余电流保护器的设备和场所。

1）末端保护。

a. 属于Ⅰ类的移动式电气设备及手持式电动工具（电气产品按防电击保护绝缘等级可分为 0、Ⅰ、Ⅱ、Ⅲ四类。Ⅰ类产品的防电击保护不仅依靠设备的基本绝缘，而且还应包含一个附加的安全预防措施。其方法是将可能触及的可导电的零件与已安装在固定线路中的保护线或 TT 系统的独立接地装置连接起来，以使可触及的可导电零件在基本绝缘损坏的事故中不带有危险电压）。

b. 生产用的电气设备。

c. 施工工地用的电气机械设备。

d. 安装在户外的电气装置。

e. 临时用电的电气设备。

f. 机关、学校、宾馆、饭店、企事业单位和住宅等除壁挂式空调电源插座外的其他电源插座或插座回路。

g. 游泳池、喷水池、浴池的电气设备（规定应安装在保护装置区域内的电气设备）。

h. 安装在水中的供电线路和设备。

i. 医院中可能直接接触人体的电气医用设备（GB 9706.1 医用电气设备第一部分通用安全要求中 H 类医用设备）。

j. 其他需要安装剩余电流保护器的场所。

2）线路保护。低压配电线路根据具体情况采用二级或三级保护时，在总电源端、分支线首端或线路末端（农村集中安装电能表箱、农业生产设备的电源配电箱）安装剩余电流保护器。

（2）剩余电流保护器的选用。

1）剩余电流保护器的技术条件应符合有关标准的规定，并通过中国国家强制性产品认证。

2）剩余电流保护器的技术参数额定值，应与被保护线路或设备的技术参数和安装使用的具体条件相配合。

3）剩余电流保护器的额定动作电流要充分考虑电气线路和设备的对地泄漏电流值，必要时可通过实际测量取得被保护线路或设备的对地泄漏电流。因季节性变化引起对地泄漏电流值变化时，应考虑采用动作电流可调式剩余电流保护器。

4）按电气设备的供电方式选用剩余电流保护器。

a. 单相 220V 电源供电的电气设备，应优先选用二极二线式剩余电流保护器。

b. 三相三线式 380V 电源供电的电气设备，应选用三极三线式剩余电流保护器。

c. 三相四线式 380V 电源供电的电气设备，三相设备与单相设备共用的电路应选用三极四线或四极四线式剩余电流保护器。

5）按供电系统停电范围选用具有动作选择性的剩余电流分级保护。低压供电系统中为了缩小发生人身电击事故和接地故障切断电源时引起的停电范围，剩余电流保护器应采用分级保护，即分别装设在电源端、负荷群首端、负荷端，构成两级或两级以上串接保护系统。对较大低压电网实行三级保护方式配置，如图 7-64 所示。

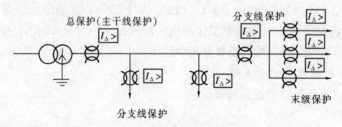

图 7-64　三级保护方式配置图

I_Δ—剩余电流

a. 分级保护方式的选择应根据用电负荷和线路具体情况的需要，一般可分为两级或三级保护。各级剩余电流保护器的动作电流值与动作时间应协调配合，实现具有动作选择性的分级保护。

b. 剩余电流保护器的分级保护应以末端保护为基础。住宅和末端用电设备必须安装剩余电流保护器。末端保护上一级保护的保护范围应根据负荷分布的具体情况确定其保护范围。

c. 为防止配电线路发生接地故障而导致人身电击事故，可根据线路的具体情况，采用分级保护。

d. 配电线路电源端的剩余电流保护器的动作特性应与线路末端保护协调配合。

e. 企事业单位的建筑物和住宅应采用分级保护，电源端的剩余电流保护器应满足防接地故障引起电气火灾的要求。

6）根据电气设备的工作环境条件选用剩余电流保护器。

a. 剩余电流保护器应与使用环境条件相适应。

b. 对电源电压偏差较大地区的电气设备应优先选用动作功能与电源电压无关的剩余电流保护器。

c. 在高温或特低温环境中的电气设备应选用非电子型剩余电流保护器。

d. 对于家用电器保护的剩余电流保护器必要时可选用满足过电压保护的剩余电流保护器。

e. 安装在易燃、易爆、潮湿或有腐蚀性气体等恶劣环境中的剩余电流保护器，应根据有关标准选用特殊防护条件的剩余电流保护器，或采取相应的防护措施。

7）剩余电流保护器动作参数和型式的选择。

a. 手持式电动工具、移动电器、家用电器等设备应优先选用额定剩余动作电流不大于30mA的一般型（无延时）剩余电流保护器。

b. 单台电气机械设备，可根据其容量大小选用额定剩余动作电流在30mA以上、100mA及以下的一般型（无延时）剩余电流保护器。

c. 电气线路或多台电气设备（或多住户）的电源端为防止接地故障电流引起电气火灾安装的剩余电流保护器，其动作电流和动作时间应按被保护线路和设备的具体情况及其泄漏电流值确定。必要时应选用动作电流可调和延时动作型的剩余电流保护器。

d. 在采用分极保护方式时，上下级剩余电流保护器的动作时间差不得小于0.2s。上一级剩余电流保护器的极限不驱动时间应大于下一级剩余电流保护器的动作时间，且时间差应尽量小。

e. 选用的剩余电流保护器的额定剩余不动作电流，应不小于被保护电气线路和设备的正常运行时泄漏电流最大值的2倍。

f. 除末端保护外，各级剩余电流保护装置应选用低灵敏度延时型的保护器，且各级保护装置的动作特性应协调配合，实现具有选择性的分级保护。

g. 特殊负荷和场所应按其特点选用剩余电流保护器的参数和型式。

a) 在GB 9706.1医用电气设备中H类医用设备安装剩余电流保护器时，应选用额定剩余动作电流为10mA的一般型（无延时）剩余电流保护器。

b) 安装在潮湿场所的电气设备应选用额定剩余动作电流为（16～30）mA的一般型（无延时）剩余电流保护器。

c) 安装在游泳池、水景喷水池、水上游乐园、浴室等特定区域的电气设备应选用额定剩余动作电流为10mA的一般型（无延时）剩余电流保护器。

d) 在金属物体上工作，操作手持式电动工具或使用非安全电压的行灯时，应选用额定剩余动作电流为10mA的一般型（无延时）剩余电流保护器。

e) 连接室外架空线路的电气设备，当可能发生冲击过电压时，可采取特殊的保护措施（例如：采用电涌保护器等过电压保护装置），并选用增强耐误脱扣能力的剩余电流保护器。

f) 对应用电子元器件较多的电气设备，电源装置故障含有脉动直流分量时，应选用A型剩余电流保护器。

对负荷带有变频器、三相交流整流器、逆变换器、UPS装置及特殊医疗设备（如X射线设备、CT）等产生平滑直流剩余电流的电气设备，应选用特殊的对脉动直流剩余电流和平滑直流剩余电流均能动作的剩余电流保护器。

g) 对弧焊变压器应采用专用的防电击保护器。

（3）剩余电流保护器的安装。

1）剩余电流保护器安装要求。

a. 剩余电流保护器安装应符合有关标准的要求。

b. 剩余电流保护器安装应充分考虑供电方式、供电电压、系统接地型式及保护方式。

c. 剩余电流保护器的型式、额定电压、额定电流、短路分断能力、额定剩余动作电流、分断时间应符合被保护线路和电气设备的要求。

d. 剩余电流保护器在不同的系统接地型式中应正确接线。单相、三相三线、三相四线供电系统中的正确接线方式见表 7-36。

表 7-36　　　　　　　　　　　　　　　剩余电流保护器接线方式

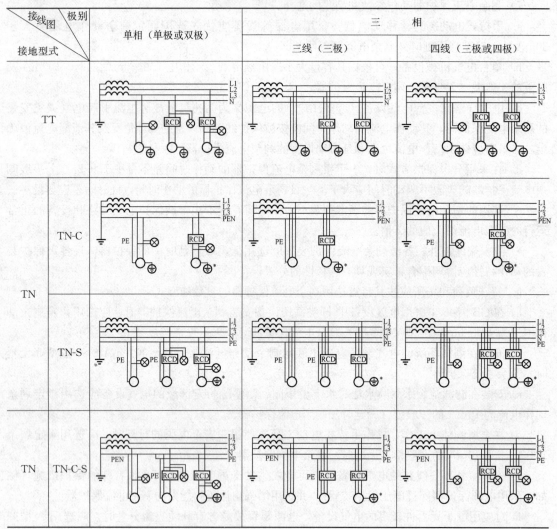

注　1. 单相负载或三相负载在不同的接地保护系统中的接线方式中，左侧设备为未装有剩余电流保护器的接线图，中间和右侧为装用剩余电流保护器的接线图。

　　2. 在 TN-C 系统中使用剩余电流保护器的电气设备，其外露可接近导体的保护线应接在单独接地装置上形成局部 TT 系统，如 TN-C 系统接线方式图中的右侧设备带 * 的接线方式。

　　3. 表中 TN-S 及 TN-C-S 接地型式，单相和三相负荷的接线图的中间和右侧接线图为根据现场情况，可任选其一的接地方式。在 TN-C-S 系统中，剩余电流保护器只允许使用在 N 线与 PE 线分开部分。

e. 采用不带过电流保护功能，且需辅助电源的剩余电流保护器时，与其配合的过电流保护元件（熔断器）应安装在剩余电流保护器的负荷侧。

2）剩余电流保护器对电网的要求。

a. 剩余电流保护器负荷侧的 N 线，只能作为中性线，不得与其他回路共用，且不能重复接地。

b. TN-C 系统的配电线路因运行需要，在 N 线必须有重复接地时，不应将剩余电流保护器作为线路电源端保护。

c. 当电气设备装有高灵敏度剩余电流保护器时，电气设备独立接地装置的接地电阻，可适当放宽，但应满足下式

$$R_A/I_{\Delta N}\leqslant 50\text{V}$$

式中　R_A——接地装置的接地电阻和外露可接近线的接地线的电阻总和，Ω；

　　　$I_{\Delta N}$——剩余电流保护器的额定剩余动作电流，A。

d. 安装剩余电流保护器的电气线路或设备，在正常运行时，其泄漏电流必须控制在允许范围内，满足额定剩余不动作电流的选择要求。当泄漏电流大于允许值时，必须对线路或设备进行检查或更换。

e. 安装剩余电流保护器的电动机及其他电气设备在正常运行时的绝缘电阻不应小于 $0.5\text{M}\Omega$。

3）剩余电流保护器的施工要求。

a. 剩余电流保护器标有电源侧和负荷侧时，应按规定安装接线，不得反接。

b. 安装剩余电流断路器时，应在电弧喷出方向留有足够的飞弧距离。

c. 组合式剩余电流保护器其控制回路的连接，应使用截面积不小于 1.5mm^2 的铜导线。

d. 剩余电流保护器安装时，必须严格区分 N 线和 PE 线，三极四线式或四极四线式剩余电流保护器的 N 线应接入保护器。通过剩余电流保护器的 N 线，不得作为 PE 线，不得重复接地或接设备外露可接近导体。PE 线不得接入剩余电流保护器。

e. 安装剩余电流保护器后，对原有的线路和设备的接地保护措施，应按不同接地型式的要求进行检查和调整。

f. 剩余电流保护器投入运行前，应操作试验按钮，检验剩余电流保护器的工作特性，确认能正常动作后，才允许投入正常运行。

g. 采用分级保护方式时，安装使用前应进行串接模拟分级动作试验，保证其动作特性协调配合。

h. 剩余电流保护器安装后的检验项目。

a）用试验按钮试验三次，应正确动作。

b）剩余电流保护器带额定负荷电流分合三次，均应可靠动作。

c）每相分别经试验电阻接地试跳三次，应可靠动作。

（二）照明装置回路的过载和短路保护

照明装置回路应设过载和短路保护，剩余电流保护器除具有剩余电流保护功能外，还具有过载和短路保护功能，具有这两种功能的剩余电流保护器，可不装设熔断器或低压断路器；当剩余电流保护器不具备过载和短路保护功能时，应装设熔断器或低压断路器作保护电器。熔断器熔体的额定电流或低压断路器的长延时和瞬时过电流脱扣器整定电流的选用，可参照本章第三节中的有关内容。

室内配线与照明(第二版) ------------------------------------

（三）照明装置接地要求

电气照明装置的灯具、开关、插座等非带电金属部分应做安全接地或保护接零，且应有明显标识的专用接地螺钉。如图 7-65 所示为照明装置保护接零（保护接中性线）接线图。

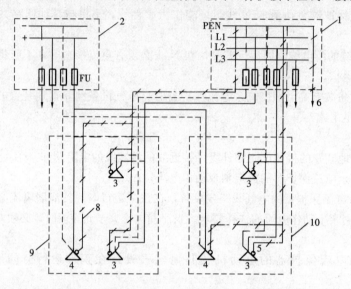

图 7-65　照明装置保护接零（保护接中性线）接线图

1—常用照明配电箱；2—应急照明配电箱；3—常用照明；4—应急照明
灯；5—接零端子；6—接至接地系统（重复接地）；7—N 线；8—PE
线；9—房间 1；10—房间 2

（1）各种照明电器需要做保护接零时，必须采用单独的 PE 线与 PEN 线连接，不允许将几台照明电器的 PE 线串联，因为串联接线中的任何一处接触不良时，其后面的设备便会失去保护。

（2）一般情况下，灯具外壳的保护接零应以第三根引出分支线（PE 线）与 PEN 线连接。当采用 TN-C-S 接地型式，在电源线进入配电箱之前，保护线 PE 与中性线是合一的（TN-C 系统），在进入配电箱后，建筑物内的 PE 线、中性线是分开的（TN-S 系统）。当照明线路采用金属接线盒、金属导管或金属灯具时，交流 220V 照明装置系统线路宜加 1 根 PE 保护绝缘线，从配电箱经导管引出专用 PE 线至灯位处，将灯具外壳与 PE 线相连。这样可防止照明灯 N 线的断线致使的灯具外壳带电。

（3）发电厂正常时以交流电源供电，而在事故时以直流操作电源供电的应急照明线路，不允许用中性线作接零线，而应设置单独的 PE 线。

（4）当中性线被用作保护接零（PEN 线）时，PEN 线的末端应重复接地。为此，PEN 线的末端可与不同配电箱或不同分支线的中性线相连或与其他接地体连接。在配电箱处，中性线应与配电箱一起与接地网连接。

（5）用作保护接零的中性线上不允许装设熔体和开关，但允许安装能同时将相线和中性线断开的开关。当中性线被别的回路和设备用作保护接零时（如应急照明器接零），仍不允许装设能断开中性线的开关设备。

（6）手持式用电设备应采用软电缆或橡套软线的特备线芯来接零，这条线芯不能用来传导电

356

流。在供手持式用电设备用的插座上，应备有专供接零用的插孔。

四、照明装置的交接验收

(1) 为了保证施工质量，工程交接验收时，应注意对下列项目进行检查：

1) 并列安装的相同型号的灯具、开关、插座及照明配电箱（板），其中心轴线、垂直偏差、距地面高度。

2) 暗装开关、插座的面板，盒（箱）周边的间隙，交流、直流及不同电压等级电源插座的安装。

3) 大型灯具的固定，吊扇、壁扇的防松、防振措施。

4) 回路绝缘电阻测试和灯具试亮及灯具控制性能。

5) 安全接地或保护接零。

(2) 工程交接验收时，应提交的重要技术资料和文件：

1) 竣工图。

2) 变更设计的证明文件。

3) 产品的说明书、合格证等技术文件。

4) 安装技术记录。

5) 试验记录。包括灯具程序控制记录和大型、重型灯具的固定及悬吊装置的过载试验记录。

第三节　照　明　电　路

一、照明配电

1. 电压选择

(1) 照明线路一般采用 380/220V 三相四线制中性点直接接地系统，一般场所选用的灯用电压为 220V，1500W 及以上的高强度气体放电灯的电源电压宜采用 380V。一般照明用的白炽灯电压等级主要有 220、110、36、24、12V 等；荧光灯的适用线络电压为 110、220V。光源的电压是指对光源配电的线路电压，不是指灯泡（灯管）两端电压降后的数值。配电电压必须符合标准的网络电压等级和光源的电压等级。当配电电压不符合光源电压等级要求时，可采取降压措施。

(2) 需要采用直流应急照明电源时，其电压可根据容量大小、使用要求确定。

(3) 对下列特殊场所应使用安全电压照明器：

1) 隧道、人防工程，有高温、导电灰尘或灯具离地面高度低于 2.4m 等场所的照明，电源电压应不大于 36V。

2) 移动式和手提式灯具应采用Ⅲ类灯具，用安全特低电压供电，其电压值应符合要求：①干燥场所不大于 50V；②潮湿场所不大于 25V。

3) 使用干式照明变压器降压的 380/220/36～12V 配电电源，必须使用双绕组变压器，严禁使用自耦变压器。

4) 为了保证工作照明亮度的稳定，以免伤害工作人员的视力，光源端电压偏移允许值一般不低于额定电压的 ±5%；在视觉要求较高的屋内场所的电压偏移允许值为额定电压的 +5%、−2.5%；对于远离变电所的小面积一般工作场所，难以满足上述要求时，电压偏移允许值为额定电压的 +5%、−10%；应急照明和安全特低电压配电的照明，电压偏移允许值为额定电压的 +5%、−10%。若不能满足要求，必要时可采取稳压措施。

此外，照明配电电压的选择还与动力线路的配电电压有关。

2. 照明电源

(1) 正常照明电源一般可与无大功率冲击性负荷的动力负载合用变压器，照明电源应接在动力总开关之前，保证动力总开关跳闸时，仍有照明电源。但照明不宜与较大冲击性动力负载合用变压器，如果必须合用时，应校核电压波动值。对于照明容量较大而又集中的场所，如果电压波动或偏移过大，将严重影响照明质量和灯泡寿命，但在技术经济合理时，可装设照明专用变压器或调压装置。

(2) 备用照明应由两路电源或两回线路配电：

1) 当采用两路高压电源配电时，备用照明的配电干线应接自不同的变压器。

2) 当设有自备发电机组时，备用照明的一路电源应接自发电机作为专用回路配电，另一路可接自正常照明电源（如为两台以上变压器配电时，应接自不同的母干线上）。在重要场所，还应设置带有蓄电池的应急照明灯或用蓄电池组配电的备用照明，供在发电机组投运前的过渡期间使用。

3) 当采用两路低压配电时，备用照明的配电应分别从两段低压配电干线接引。

4) 当配电条件不具备两个电源或两回线路时，备用电源宜采用蓄电池组。

(3) 备用照明作为正常照明的一部分同时使用时，其配电线路及控制开关应分开装设。备用照明仅在事故情况下使用时，则当正常照明因故断电，备用照明应自动投入工作，有专人值班时，可采用手动切换。

(4) 疏散照明采用带有蓄电池的应急照明灯时，正常配电电源可接自本层（或本区）的分配电盘的专用回路上，或接自本层（或本区）的防灾专用配电盘。

(5) 特别重要的照明负荷，宜在负荷末级配电盘采用自动切换电源的方式，也可采用由两个专用回路各带约 50% 的照明灯具的配电方式。

(6) 用电设备和固定工作台的局部照明一般由动力线路配电。

(7) 移动式照明可由动力线路或照明线路配电。

(8) 露天工作场地、露天堆场的照明可通过道路照明线路接电，也可通过附近有关建筑物接电。

(9) 道路照明，可以集中由一个变电所配电，亦可以分别由附近配电所配电，尽可能在一处集中控制，手动或自动控制，控制点应设在有人值班的地方。

3. 照明配电系统

照明配电系统应根据照明的类别结合用户配电方式统一考虑，常用照明配电系统有以下几种形式。

(1) 单台变压器配电，如图 7-66 (a) 所示。其特点是将照明与动力在母线上分开配电，疏散用应急照明线路与正常照明线路分开。

(2) 单台变压器的干线配电，如图 7-66 (b) 所示。其特点是在对外无低压联络线时，正常照明电源接自干线总断路器之前。

(3) 单台变压器并设一路备用电源的配电，如图 7-66 (c) 所示。其特点是将照明线与动力线在母线上分开配电，暂时继续工作用的应急照明由备用电源配电。

(4) 单台变压器及蓄电池组配电，如图 7-66 (d) 所示。其特点是将照明线与动力线在母线上分开配电，暂时继续工作用的应急照明由蓄电池组配电。

(5) 二台变压器配电，如图 7-67 (a) 所示。其特点是将照明线与动力线在母线上分开配电，

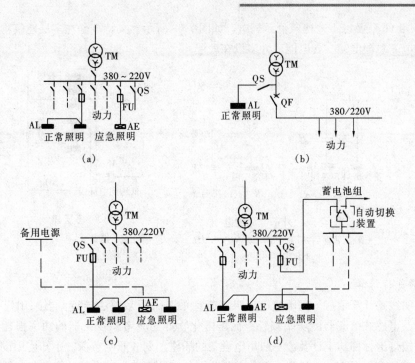

图 7-66 单台变压器配电

(a) 单台变压器配电；(b) 单台变压器的干线配电；(c) 单台变压器及备用电源

配电；(d) 单台变压器及蓄电池组配电

正常照明和应急照明由不同变压器配电。

(6) 两台变压器的干线配电，如图 7-67 (b) 所示。其特点是将两段干线间设联络开关，照明电源接自变压器低压总断路器的后侧，当一台变压器停电时，通过联络断路器接到另一段干线上，应急照明由两段干线交叉供电。

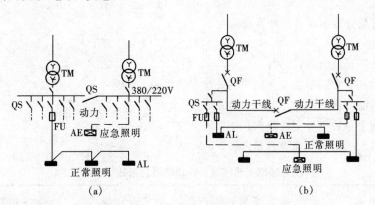

图 7-67 两台变压器配电

(a) 两台变压器配电；(b) 两台变压器的干线配电

(7) 由外部电源配电，如图 7-68 所示。图 7-68 (a) 适用于不设变电所的重要或较大的建筑物，几个建筑物的正常照明可共用一路电源线，但每个建筑物进线处应装设带保护的总断路器。图 7-68 (b) 适用于次要的或较小的建筑物，照明接于动力配电箱总断路器前。

（8）多层（6层及以下）建筑低压配电，如图7-69所示。其特点是在多层建筑物内，一般采用干线式供电，总配电箱（含电能表）多设在底层。

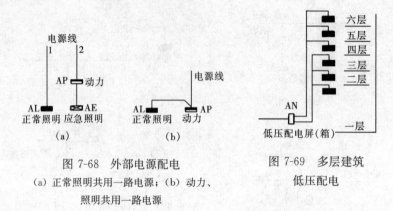

图 7-68　外部电源配电
（a）正常照明共用一路电源；（b）动力、
照明共用一路电源

图 7-69　多层建筑
低压配电

4. 照明负荷计算

（1）照明线路计算负荷。民用建筑照明负荷宜采用需要系数法计算。当采用气体放电光源时，还应计及电感式镇流器的功率损耗；低压卤化物灯还应考虑变压器的功率损耗；高压卤钨灯、白炽灯按灯泡标称功率计及。一般用电设备的插座，划入照明负荷。不知使用设备的，日用插座的设备容量按每个100W计算。每条支路的设备容量确定之后，其计算负荷即按照明用电设备容量选取。

白炽灯、卤钨灯单相照明分支线路计算负荷

$$P_c = \sum P_s$$

单相照明分支线路（含有镇流器的电光源）计算负荷

$$P_c = \sum P_s (1+\alpha)$$

单相照明主干线计算负荷

$$P_c = K_x \sum P_s (1+\alpha)$$

三相照明负荷分布不均匀时计算负荷

$$P_c = 3K_x \sum P_{s1,max} (1+\alpha)$$

式中　P_c——照明计算负荷，kW；

$\sum P_s$——单相正常照明或应急照明的光源容量之和，kW；

α——镇流器损耗系数，见表7-37；

K_x——需要系数（分支线路 K_x 取1），见表7-38；

$\sum P_{s1,max}$——最大一相照明光源容量之和，kW；

表 7-37　　　　　　　气体放电光源镇流元件功率损耗系数（概数）

光　源　种　类	损耗系数 α	光　源　种　类	损耗系数 α
荧光灯	0.2	涂荧光质的金属卤化物灯	0.14
荧光高压汞灯	0.07~0.3	低压钠灯	0.2~0.8
自镇流荧光高压汞灯		高压钠灯	0.12~0.2
金属卤化物灯	0.14~0.22		

表 7-38 民用建筑照明负荷需要系数 K_x

建筑类别	需要系数 K_x	备 注	建筑类别	需要系数 K_x	备 注
住宅楼	0.3～0.5	单元式住宅，每户两室 6～8 个插座，装表到户	商 店	0.85～0.95	有举办展销会可能时
单身宿舍	0.6～0.7	标准单间 1～2 灯、2～3 组插座	餐 厅	0.8～0.9	
旅游旅馆	0.35～0.45	标准客房，8～10 盏灯、5～6 组插座	社会旅馆	0.75～0.85	标准客房，1～2 盏灯、2～3 组插座
门诊楼	0.6～0.7		病房楼	0.5～0.6	
办公楼	0.7～0.8	标准开间，2～4 盏灯、2～3 组插座	影 院	0.7～0.8	
科研楼	0.8～0.9	标准开间，2～3 盏灯、2～3 组插座	剧 院	0.6～0.7	
教学楼	0.8～0.9	标准教室，6～10 盏灯、1～2 组插座	体育馆	0.65～0.70	
			博展馆	0.8～0.9	

注 1. 1 组插座（一个标准 75 或 86 系列面板上设有 2 孔及 3 孔插座各 1 个）。

2. 住宅楼的需要系数可根据接在同一相电源上的户数选定：25 户以下取 0.45～0.5；25～100 户取 0.40～0.45；超过 100 户取 0.30～0.35。

3. 在计算照明分支回路和应急照明的所有回路时，需要系数均应取 1。

计算照明负荷时，各计算公式中照明负荷的设备容量 P_N 应按下式计算，即

$$P_N = \sum P_s \, (1+\alpha)$$

（2）照明线路计算电流。

白炽灯、卤钨灯单相照明线路计算电流

$$I_c = \frac{P_c}{U_{\varphi N}}$$

单相照明线路（含有镇流器的电光源）计算电流

$$I_c = \frac{P_c}{U_{\varphi N} \cos\varphi}$$

三相四线制照明线路对称负荷计算电流

$$I_c = \frac{P_c}{\sqrt{3} U_N \cos\varphi}$$

白炽灯、高压卤钨灯与气体放电灯混合线路计算电流

$$I_c = \sqrt{(I_{c1} + I_{c2}\cos\varphi)^2 + (I_{c2}\sin\varphi)^2}$$

式中 P_c——线路计算负荷，kW；

$U_{\varphi N}$——线路额定相电压，kV；

U_N——线路额定线电压，kV；

$\cos\varphi$——光源功率因数；

I_{c1}——混合照明线路中的白炽灯、高压卤钨灯的计算电流，A；

I_{c2}——混合照明线路中气体放电灯、低压卤化物灯的计算电流，A。

当负荷不是均匀负荷时，则按最大一相的负荷计算电流。对于家庭照明，其功率一般按装接容量或按报装容量计算，电阻性负荷占主要部分的，功率因数可近似取 1。

二、照明配电线路

1. 照明配电网络的构成形式

照明配电线路由馈电线、干线和分支线组成。馈电线是将电能从配电盘送至一个照明配电盘

（箱）的线路，干线是将电能从照明配电盘送至各个照明配电箱的线路，分支线是由干线分出而将电能送至一个照明配电箱的线路，或从照明配电箱分出接至各个灯的线路。所有的馈电线、干线和接至配电箱的分支线通常称为配电线路，而从配电箱分出的接至照明器的分支线通常称为配电线路。

如图 7-70 所示为由进户线接入总配电盘，再从总配电盘出线（干线）接入分配电盘，最后从分配电盘出线（支线）或经支线引至照明器的照明电路。

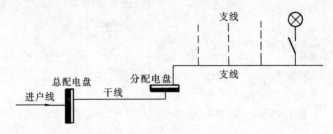

图 7-70　照明线路的基本配电形式

配电网络根据馈电线和干线的分布情况分为放射式、树干式、混合式三种配电形式。照明配电宜采用放射式和树干式结合的系统。

（1）放射式配电线路。凡馈电线占大多数的配电线路称为放射式，如图 7-71（a）所示。放射式配电线路，因每条馈电线输送的功率较小，故馈电线的截面积较小但总长度却较长，这在大多数情况下使有色金属总消耗量增加。放射式线路占用较多的低压配电盘回路会使配电盘的投资增加，但发生事故时互相影响较小。当配电箱分散在配电盘的四周时，采用树干式配电反而消耗较大量电缆，此时可采用放射式配电，常适用于一个电源对小区域建筑群的配电。

（2）树干式配电线路。凡干线占大多数的配电线路称为树干式，如图 7-71（b）所示。树干式配电方式的电缆消耗总量较少，系统灵活性好，但干线故障时影响范围大，一般用在用电设备布置比较均匀，容量不大的场合，常为狭长区域的建筑群配电。

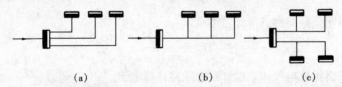

(a)　　　　　　　　(b)　　　　　　　　(c)

图 7-71　照明配电线路的配电方式
(a) 放射式；(b) 树干式；(c) 混合式

（3）混合式配电线路。树干式配电线路也不是经常都合理的，当有两路或两路以上树干式供电线时，为了减少线路的总长度可采用混合式，如图 7-71（c）所示。这种配电方式适用于大中型建筑群或两种建筑群的综合配电。

2. 典型的低压配电方式

如图 7-72（a）、(b)、(c) 所示为混合式配电，又称为分区树干式配电系统，每个回路干线对 1 个供电回路配电，可靠性比较高。图 7-72（a）和图 7-72（b）基本相同，只是图 7-72（b）中增加了一共用备用回路，备用回路也采用大树干式配电方式；图 7-72（c）与图 7-72（a）、(b)相比，增加了一个中间配电箱，各个分层配电箱的前端都有总的保护装置，从而提高配电的可靠性；图 7-72（d）适用于楼层数量多、负荷大的大型建筑物，采用大树干式配电方式，可以大大减少低压配电屏的数量，安装维修方便，易寻找故障。分层配电箱置于竖井内，通过专用插件与母线呈"T"形连接。预制分支电缆布线宜用于高层、多层及大型公共建筑物室内的低压树干式配电系统中使用。

采用分区树干式配电方式时，一般采取电缆配线。配电分区的楼层数量，根据用电负荷性质、负荷密度、防火要求和维护管理等条件确定。当负荷密度为 $50W/m^2$ 左右时，一般每个配电分区的楼层宜为 5～6 层，而对于一般高层住宅，可适当增加分区层数，但最多不超过 10 层。当负荷密度达 $70W/m^2$ 时，对于 20 层及以上的高层建筑物，宜采用"变压器—母干线"方式配电。

高层建筑低压干线配电方式一般都采用放射式系统，楼层配电则采用混合式系统，而且较普遍采用插接式绝缘母线槽沿竖井敷设。因水平干线走线困难，多采用全塑电缆与竖井的母线相接。如图 7-73 所示为集中变配电的高层供电系统。变配电室设在底层；高压母线分两段，2 台变压器分别接在各段母线上；低压侧干线沿专设的垂直井道向上敷设，分层支接供电。各层配电盘（箱）由两路来自不同变压器的干线支接。正常工作时，负荷由两路干线承担，或根据用电情况采用手动或自动切换，故障时两线路可互为备用。

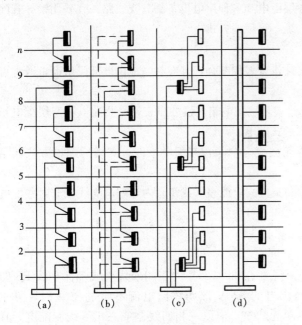

图 7-72 典型的低压配电方式
(a)、(b)、(c) 分区树干式（混合式）；(d) 大树干式

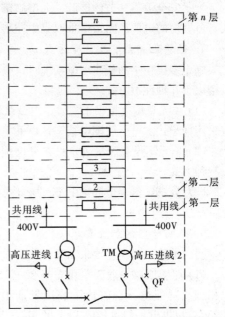

图 7-73 集中变配电的高层供电系统
1、2、3…n—各层配电盘（箱）

对于用电量不大的高层住宅，可采用两路 380V 低压电缆进线。低压电网根据需要，可采用树干式、放射式等形式。对于用电量大的高层建筑，应采用两路 10kV 高压进线的供电系统，并应设置自备应急电源。

3. 楼层的配电方式

(1) 照明与插座分开配电，将楼层各房间照明和插座分别成若干个支路，再接到配电箱内。这样照明和插座互不干扰，若照明回路发生故障，房间内还可以临时利用插座回路照明。

(2) 每套房间内设置一熔断器盒的配电方式，整套房间为一配电支路，各层配电箱以树干式方式向各个套房间配电。这种配电方式常用于旅馆客房，其优点是故障时客房之间互不影响。还有一种常用的配电方式，即节电钥匙开关，其效果与前一种方式相当。

(3) 对于大型的高层建筑物，多采用放射式与干线式相结合的混合式配电系统。

高层建筑上部各层的工作电源宜采用分区树干式配电，就是将整个楼层依次分成若干个供电区，分区层数一般为2~6层，每区可以是一个配电回路，也可分成照明、动力等几个回路。电源线路引至某层后，通过分线箱再分配至各层总配电箱，各层的总配电箱直接用"T"接线方式连接。工作电源也可采用由底层至顶层垂直的大树干式向所有各层供电。各层的总配电箱通过接触器、断路器接到母线上，以便在配电室或消防控制中心进行遥控，在发生事故时切断事故层的电源。为了可靠供电，通常设置一回路备用的母干线，各层总配电箱内装设双投开关并与安装在竖井内的两路母干线相连接。这样，可以实现常用电源与备用电源手动互投或装设自动互投装置。

各层应急照明也可用分区树干式或垂直大树干式供电。其电源直接引自低压配电屏事故照明回路。楼顶电梯回路不能与同楼层用电回路共用，应由变电所低压配电屏单独回路供电。消防用电设备，应由双回路（其中有一备用回路）供电，并在末级配电箱内实现自动切换。

为了安全可靠和节约能源，大型旅馆各层配电和各种用电设备的分支线路，宜采用钢导管配线，各客房的电源回路最好采取集中控制、统一管理的方式。

4. 住宅配电系统及计量方式

确定多层住宅的低压配电系统时，应与计量方式相配合，且应与当地供电部门协商，通常可采用以下几种配电方式。

(1) 单元总配电箱设于首层，内设总计量表，层配电箱内设分户表，由总配电箱至层配电箱宜采用树干式配电，层配电箱至各户采用放射式配电。

(2) 单元不设总计量表，只在分层配电箱内设分户表，其配电干线、支线的配电方式同第(1) 种方式。

(3) 分户计量表全部集中于首层（或中间某层）电能表（或箱）内，配电支线以放射式配电至各（层）户。

5. 照明电路的配置要求

照明电路一般配置要求如下：

(1) 照明线路一般为单相交流220V的两线制、380/220V的三相四线制或带保护线PE的三相五线制配电。当由地区公用低压电网供电的220V照明线路电流不超过30A时，可用220V单相供电；超过30A以上的多层、多单元建筑，应以三相四线制或三相五线制配电，宜使三相负荷均衡分配，但最大相负荷电流不宜大于三相负荷电流平均值的115%，最小相负荷电流不宜小于三相负荷电流平均值的85%。每一单相分支回路上的负荷不应过大，一般支路上的电流不宜超过16A，光源数量不超过25个；大型建筑组合灯具每一单相回路不宜超过25A，光源数不超过60个（当采用LED光源时除外）；连接高强度气体放电灯的单相分支回路电流不应超过30A。

(2) 舞台照明每一回路的可载容量不应小于20A，并应与所选用的调光设备型式相适应，使用容量一般可按2~4kW考虑。

(3) 若采用动力和照明合一的方式供电时，照明电源应接在动力总开关之前，保证一旦动力总开关跳闸仍有照明电源。

在照明分支回路中不得采用三相低压断路器为三个单相分支回路进行控制和保护，以避免单相故障时使三相跳闸，扩大停电范围。

（4）重要场所和负载为气体放电灯的照明线路时，应考虑照明负荷使用的不平衡性以及气体放电灯线路的非线性所产生的高次谐波，使三相平衡中性导体中也流过三的奇次倍谐波电流，有可能达到相电流的数值，因此中性线截面积应与相线规格相同。

由晶闸管调光装置配出的舞台照明线路宜采用单相配电。当采用三相配电时，可采用三相六线或三相四线配电，后者的中性线截面积不应小于相线截面积的 2 倍。

（5）采用带电感镇流器的气体放电光源时，为改善气体放电光源的频闪效应，可将其同一或不同灯具的相邻灯管分接在不同相序的线路上。

（6）不应将线路敷设在高温灯具的上部。接入高温灯具的线路应采用耐热导线配线或采取其他隔热措施。

（7）观众厅、比赛场地等的照明灯具，当顶棚内设有人行检修通道以及室外照明场所时，宜在每盏灯具处设置单独的保护。

（8）障碍标识灯电源应按主体建筑中最高负荷等级要求供电，并应采用自动通断其电源的控制装置。

（9）应急照明电路应有独立的供电电源，并与工作照明电源分开，或者应急照明电路接在工作照明电路上，一旦后者发生故障，借助自动换接开关，接入备用的应急照明电源。

备用照明、疏散照明的回路上不应设置插座。

（10）备用照明应用两路电源或两回线路供电，当备用照明作为正常照明的一部分使用时，其配电线路及控制开关应分开装设。

（11）插座宜由单独的回路配电，不宜和照明灯接在同一分支回路上。用于计算机电源的插座数量不宜超过 5 个（组），并应采用 A 型剩余电流动作保护器（对突然施加或缓慢上升的剩余正弦交流电流和剩余脉动直流电流能确保脱扣的剩余电流动作的保护器）；单独回路的插座不宜超过 10 个（组）。但住宅不受上述规定的限制，住宅内每户一般宜将照明和插座分开配线。

（12）对固定式日用电器的电源线，应装设隔离电器和短路、过载及接地故障保护电器；对移动式日用电器的电源线及插座线路，应增设剩余电流保护电器。当功率为 0.25kW 及以下的电感性负荷或 1kW 及以下的电阻性负荷的日用电器，可采用插头和插座作为隔离电器，并兼作功能性开关。

（13）当照明回路采用遥控方式控制时，应同时具有解除遥控和手动的控制功能。

（14）插座线路的载流量，若已知使用设备的插座供电时，应大于插座的额定电流；若未知使用设备的插座供电时，应大于总计算负荷电流。

6. 照明器的开关控制

（1）从配电箱引出的接照明器的线路，需要用开关对照明器进行控制，开关应接在相线上，以保证安全。常用照明器开关的控制方式见表 7-39。

表 7-39　　　　　　　　　　　　　照明器开关的控制方式

线路名称和用途	接 线 图	说 明
一只单联开关控制一盏灯	电源 N ○———————⊗ E ○——S—— L	开关应装在相线上，修理较安全

续表

线路名称和用途	接 线 图	说 明
一只单联开关控制一盏灯并与插座连接	L N S E XS	电线用量较少，但有中间接头，日久易松动，增加接触电阻而且还会产生高温，不太安全
	L N E XS	电路中无接头，较安全。照明电路大多采用此种方式
一只单联开关控制两盏灯或两盏以上	E S N L	在连接多盏灯时，开关的容量应满足要求
两只双联开关在两个地方控制一盏灯。另外，还可增加一只三联开关在三个地方控制一盏灯（此图未画出）	N E L S S	适用于楼上楼下同时控制一盏灯，或在走廊两端同时控制中间的一盏灯
两只110V相同功率灯泡串联	N E1 E2 L S	注意两灯泡的功率必须一样，否则小功率灯泡会烧坏

（2）公共建筑和工业建筑的走廊、楼梯间、门厅等公共场所的照明，宜采用集中控制，并按建筑使用条件和天然采光情况，采取分区、分组控制。

（3）居住建筑有天然采光的楼梯间、走道的照明，除应急照明外，宜采用节能自熄灯开关。

（4）每个照明开关所控制的光源数不宜太多。每个房间灯的开关数不宜少于2个（只设置1只光源的除外）；旅馆的每间（套）客房应设置节能控制型总开关；有条件的个人使用办公室，可采用人体感应或动静感应等方式的自动开关灯。

三、照明线路的保护

1. 照明线路的保护要求

导线流过很大电流时，会使导线温升过高，导线绝缘层将会迅速老化且使用寿命缩短，还可能引起火灾。引起线路过电流的主要原因是短路或过负荷，短路大多由线路的绝缘破坏引起，过负荷则主要是由照明负荷的增加而引起的。

照明线路的保护一般分为短路保护和过负荷保护。照明电路中需要电气保护的是灯泡、灯座、开关及其连接导线。这些元件是连接在照明支路上的，通常不对每个器件进行单独保护，而采用照明支路的保护装置兼作它们的短路保护。配电线路宜设置过电压、欠电压保护装置。

（1）民用建筑的许多小型用电设备（0.25kW及以下的电感性负载或1kW及以下的电阻性负载），一般都通过插头连接在照明电插座支路上。若小型用电设备自身具有保护装置，则照明电插座支路的保护作为小型用电设备的后备保护；若自身无保护装置，此时需要依靠照明电插座支路的保护装置作小型用电设备的保护，所以照明电插座支路的保护装置，必须考虑能够保护那些自身不具备电气保护的用电设备。因此，在住宅中照明与插座混合的支路或单独的插座回路，其保护装置的额定电流一般不宜大于5～6A，在其他民用建筑中的照明电插座支路不宜大于10A，为保护那些用电设备不致因短路而烧毁或引起火灾。当插座支路的额定电流较大时，也可采用在每个插座处设保护装置方法（如选用带熔丝管的暗插座，熔丝管的额定电流可根据可能接的用设备的容量选取，一般不宜大于5A）。

（2）照明支路（包括照明电插座支路）可采用熔断器或低压断路器作保护装置。低压断路器应选用塑壳或照明用开关，该种类型断路器保护较完善，但整定电流不可调，对于负荷无变化的重要场所，宜选用该种类型的开关。

1）当照明支路采用熔断器保护时，其熔体额定电流应满足下式要求，即

$$I_{RN} \geqslant K_m I_C$$

式中　I_{RN}——熔断器熔体额定电流，A；

　　　K_m——照明线路熔体选择系数：白炽灯、荧光灯、卤钨灯、金属卤化物灯取1.0；高压汞灯、钠灯取1.5；

　　　I_C——照明支路负载的总计算电流，A。

2）当照明支路采用低压断路器保护时，其长延时和瞬时过流脱扣器的整定电流应满足下式要求，即

$$I_{OP1} \geqslant K_{K1} I_C$$
$$I_{OP2} \geqslant K_{K2} I_C$$

式中　I_{OP1}——低压断路器长延时脱扣器整定电流，A；

　　　I_{OP2}——低压断路器瞬时脱扣器整定电流，A；

　　　K_{K1}——长延时脱扣器（热脱扣器）的可靠系数：白炽灯、荧光灯、卤钨灯、高压钠灯取1.0；高压汞灯取1.1；

　　　K_{K2}——瞬时脱扣器的可靠系数，取6.0。

2. 线缆允许载流量与保护装置整定电流的配合

为了使线缆在保护装置未切除过负荷电流或短路电流前不产生不容许的温升，线缆的截面积必须与保护装置整定电流值配合，其配合原则如下：

（1）具有短路保护装置的线路中，线缆的允许载流量与保护装置的整定电流应满足下列关系：

1）采用熔断器作短路保护时，熔体的额定电流应小于电缆或穿管绝缘导线允许载流量的2.5倍，绝缘导线明敷时应小于1.5倍。当线路末端发生单相接地短路时，预期最小短路电流不应小于熔断器额定电流的4倍。

2）采用低压断路器作短路保护时，长延时过流脱扣器的整定电流一般不大于绝缘导线或电缆允许载流量。当线路末端发生单相接地短路时，预期最小短路电流不应小于低压断路器瞬时或短延时过电流脱扣器整定电流的1.3倍。

（2）具有过负荷保护的线路中，线缆的允许载流量与保护装置的整定电流应满足下列关系：

1）采用熔断器作过负荷保护，绝缘导线或电缆的允许载流量不应小于熔断器熔体额定电流，且熔体在约定时间内的约定熔断电流值应小于导体载流量的1.45倍。

2）采用低压断路器作过负荷保护时，绝缘导线或电缆的允许载流量不应小于低压断路器长延时过流脱扣器的整定电流，且断路器在约定时间内的约定动作电流值应小于导体载流量的1.45倍。

低压断路器脱扣器整定电流和熔体额定电流的选择还应保证整个保护装置动作的选择性。从开始于电源的馈电线到接至照明器的分支线，当存在几段保护时，近负荷侧线段保护装置的动作电流应比近电源侧线段保护装置的动作电流小，应根据保护的段数，合理确定级差配合。

在屋内照明线路的分支线上,熔断器的熔体额定电流或低压断路器的整定电流一般应不大于 20A。

3. 防火剩余电流动作报警系统

民用建筑的配电线路宜设置防火剩余电流动作报警系统,防火剩余电流动作报警值宜为500mA。当回路的自然漏电流较大,500mA 不能满足测量要求时,宜采用门槛电平连续可调的剩余电流动作报警器或分段报警方式抵消自然漏电流的影响。剩余电流报警器宜设在建筑物的电源进线或配电干线分支处。

四、照明电路常见故障及处理

室内配线、照明装置的线路一般并不复杂,但线路分布面较大,影响电路、电器设备正常工作的因素很多,所以必须掌握有关照明单线系统图、安装接线图、工作原理图、设备的使用说明书及有关技术资料。并应了解现场的电源进线,配电盘(箱)位置,盘(箱)内设备装置情况,线路分支、走向及负荷情况等。

1. 照明电路故障的基本检查方法

(1) 在处理故障前应进行故障调查,向事故现场者或操作者了解故障前后的情况,以便初步判断故障种类及故障发生的部位。

(2) 经过故障调查后,进一步进行直观检查,即:①闻,有无因温度过高绝缘烧坏而发出的气味;②听,有无放电等异常声响;③看,首先沿线路巡视,查看线路上有无明显问题,如导线绝缘破损、相碰、断线、灯丝断、灯口有无进水、烧焦等。

1) 熔断器熔体直观检查:

a. 一般线路过载,会造成一小段熔体熔断。因熔体质地较软,在安装过程中容易碰伤,同时熔体自身也可能粗细不匀,较细处电阻较大,在过负荷时该处会首先熔断。熔体刚熔断时,用手触摸插保险盖,会感觉出插保险的温度比较高。

b. 线路上有短路故障时,整条熔体会烧熔,即发生熔体爆熔现象。

c. 熔体压接螺钉松动造成断路。

2) 刀开关、熔断器过热直观检查:

a. 电器过热会造成螺钉孔上封的火漆熔化,有流淌痕迹。

b. 电器导电部件过热,会造成紫铜部分表面生成黑色氧化铜并退火变软,甚至压接螺钉焊死无法松动。

c. 导线与刀开关、熔断器接线端压接不实时,会造成过热、导线表面氧化、接触不良现象。若铝导线直接压接在铜接线端上,由于"电化腐蚀"现象,会腐蚀铝导线,接触电阻增大,产生过热,严重的会导致断路。

3) 灯具、开关的短路、断路直观检查。

(3) 测试。除对线路、电气设备进行直观检查外,还应充分利用验电笔、万用表、试灯等仪表设备进行测试。其中应注意的缺相故障,当线路上接有线间负荷时,只用验电笔检查有电、无电是不够的,因验电笔会发光而误认为该相未断,此时应使用电压表或万用表交流电压挡测试,方能准确判断是否缺相。

(4) 按支路或分段检查。对电路可按支路或用对分法分段进行检查,以缩小故障范围,逐渐逼近故障点。

对分法就是在检查有断路故障的线路时,在其大约一半的部位找一测试点进行测试。若该测试点有电,则可确定断路点在测试点负荷一侧;若该测试点无电,则说明断路点在该测试点电源一侧。再在有问题半段的中部找一测试点，依次类推，可以很快找出断路点。

2. 照明电路常见故障及处理方法

(1) 短路故障。短路故障现象表现为熔断器熔体爆熔，短路处有明显烧痕、绝缘炭化，严重的会使导线绝缘层烧焦甚至引起火灾。

1) 常见短路故障的原因：

a. 安装不合规格，多股导线未捻紧或压接不牢而松散，导线有毛刺而破坏绝缘。

b. 相线、中性线压接松动，当距离过近时遇到某些外力，使其相互碰造成相线对中性线短路或相间短路。如螺口灯头的顶芯与螺纹部分松动、装灯泡时扭动，而使顶芯与螺纹部分相碰。

c. 恶劣天气，如大风使绝缘支持物损坏，导线相互碰撞、摩擦，致使导线绝缘损坏，出现短路；雨天，电气设备防水设施损坏，雨水进入电气设备造成短路。房屋漏水进入室内设备或导线绝缘破损造成短路。

d. 照明设备所处环境中有大量导电尘埃，如果防尘设施不当或损坏，导电尘埃落在电气设备中，会造成短路故障。

e. 施工时需要将导线、配电盘（箱）等临时移位时处理不当，或施工中误碰架空线，或挖土时挖伤土中电缆等人为因素造成短路。

f. 接线错误，使相线间或相线碰中性线造成短路。

g. 用电器具接线不好，接头相碰，或不用插头，直接把线头插入插座，造成混线短路。

h. 用电器具内部绝缘损坏，使导线与金属外壳相碰造成短路。

i. 导线绝缘受外伤，在破损处碰线或接地。

2) 用试灯检查短路故障。查找短路故障时一般应采用分支路、分段与重点部位检查相结合的方法，利用试灯进行检查。

a. 将故障支路上所有灯开关都置于断开位置，并取下熔断器的熔体（包括支路总熔体）。将试灯接在该支路总熔断器的两端，串接在被测电路中，如图 7-74 (a) 所示。然后合闸 QK，若试灯正常发光，说明短路故障在线路上；若试灯不发光，说明线路没有问题，再对每盏灯、每个插座进行检查。检查每盏灯时，可顺次将每盏灯的开关闭合，每合一个开关都要观察试灯是否正常发光。当合至某盏灯时，试灯正常发光，则说明故障在此盏灯，可断电后进一步检查。如试灯不能正常发光，说明故障不在此灯，可断开该灯开关，再检查下一盏，直至找出故障点为止。

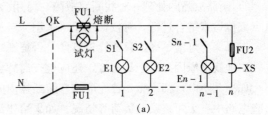

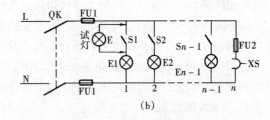

图 7-74　用试灯检查短路故障方法
(a)支路干线处试灯检查法；
(b)支路各灯回路试灯检查法

b. 断开所有灯开关后，按上述方法检查线路无短路故障后，换上熔体并合闸通电，再用试灯依次对每一盏灯进行检查。将试灯接于检查开关的两个接线端子上，如图 7-74 (b) 所示。若试灯正常发光则说明故障在该处；若试灯不能正常发光则说明该盏灯正常，再检查下一盏，直至查出故障点为止。

c. 试灯检查短路故障注意事项：

①用试灯检查短路故障时，应与被检测灯串联且试灯灯泡功率应与被检查灯泡功率相当，这样当该灯无短路故障时，试灯与被检测灯发光也相当，且都会变暗，否则可能会出现误判。

②如果试灯功率与被检测灯功率不一样，被检测灯不能发光时，可用万用表测一下被试灯两端的电压，如与电源电压一样，则说明这盏灯线路上有短路。

(2) 断路故障。相线、中性线均可能出现断路。断路故障发生后，负荷将不能正常工作。单相电路出现断路时，负荷不工作；三相用电器如电源出现缺相时，会造成不良后果；三相四线制供电线路负荷不平衡时，如中性线断线会造成三相电压不平衡，负荷大的一相相电压低，负荷小的一相相电压增高，如果负荷是白炽灯，则会出现一相灯光暗淡，而接在另一相上的灯又变得很亮，同时中性线断线处负荷侧将出现对地电压，产生中性点位移电压。

1) 断路故障的原因：

a. 因负荷过大而使熔体熔断。

b. 开关触头松动或接触不良。

c. 导线接头处腐蚀（如铜与铝导线连接时未用铜铝过渡接头），或导线处在具有腐蚀性气体的环境中，腐蚀严重。

d. 安装时，导线接头处压接不实或接线端子接触不良，使接触电阻过大，接触处长期过热，造成导线、接线端子接触处氧化。

e. 线路施工时，导线弧垂太小，环境温度太低时导线收缩。

f. 恶劣天气，如大风、地震、倒树等外力破坏。

g. 搬运物件、施工作业以及其他人为因素等碰断电线。

2) 断路故障的处理。查找断路故障，可用验电笔、试灯、万用表等进行测试，分段查找与重点部位检查结合进行。对较长线路可采用"对分法"查找断路点。

如果一个灯泡不亮，只要检查灯丝是否烧断，开关或灯头是否接触良好，有无断线等，就可以较快地找出原因。对于日光灯，还应检查启辉器是否损坏。

如果几个电灯都不亮，首先应检查熔断器内的熔体是否熔断。如果熔体已经烧断，应该接着检查电路中有无短路或过负荷等情况。如果熔体没有熔断，且电源侧相线也没有电，应该检查上一级的熔体是否已经熔断。如果上一级熔体也未熔断，应该进一步检查开关和线路。

(3) 漏电故障。照明电路漏电是一种常见的故障，人接触漏电的地方，会感到麻。所以电路中出现漏电以后，不但浪费电力，还会危及人身安全。

1) 漏电故障原因。电路漏电主要是由绝缘不良引起的，当导线和电气设备长期使用以后，绝缘会逐渐老化变质，因而产生漏电。电气设备的绝缘部分受潮或者受污染以后，也容易漏电。

2) 漏电故障的处理。检查漏电时，应先从灯头、开关、插座等处查起，然后进一步检查电线。检查时应注意电线穿墙、转弯、交叉、绞合、容易腐蚀和容易受潮的地方，发现绝缘不良时，应设法恢复绝缘性能。为防止线路绝缘损坏，要加强线路检查，定期测试绝缘状况。

复习思考题

7-1　照明方式和种类是如何划分的？

7-2　叙述照明光源的主要光电参数的含义。

7-3　如何限制光源的直接眩光和反射眩光？

7-4　什么是民用建筑照度标准所规定的照度？

第八章

建筑电气安装工程预算

第一节　电气工程预算基本概念

建筑电气工程（装置）是指为实现一个或几个具体目的且特性相配合的，由电气装置、布线系统和用电设备电气部分的组合。这种组合能满足建筑物预期的使用功能和安全要求，也能满足使用建筑物的人安全需要。其通常包括电气设备、建筑智能化、通信设备及线路、消防控制及设备安装等内容。电气工程预算是根据电气工程的设计图样（建筑图、施工图）、电气工程预算定额、费用定额、建筑材料预算价格及有关规定等，预先计算和确定每个项目所需的全部费用。

一、预算定额与单价

1. 预算定额的划分

预算定额是规定消耗在工程基础结构要素上的，即工程细目上的劳动力（工日）、材料、机械台班数量以及管理费和利润的标准。工程基础结构要素是设备安装工程中的最小工程单位。一个建设项目可以包括若干个单项工程，每个单项工程可以包括若干个单位工程；每个单位工程又可以划分为若干个分部工程；每个分部工程又可以划分成若干子项工程。子项工程即为最小工程单位，又称工程细目，即编制预算定额的最小项目单位。例如，一个建设项目中的职工住宅单项工程，按照它的构成，可将其分为土建工程、卫生工程和电气照明工程等单位工程。一个单位工程，如电气照明工程，根据其施工方法、使用材料以及用途的不同，可以划分为控制设备、配管配线、照明器具、防雷接地等分部工程。其中，照明器具按其使用材料的不同，又可划分为普通灯具安装，荧光灯具安装，装饰灯具安装，开关、按钮、插座安装等分项工程。一个分项工程的可变因素很多，要比较准确地算出它们的预算价格，有一定的难度。因此，还要根据分项工程中具体施工方法的不同（如荧光灯具安装是组装型或成套型，插座安装方式是明装或暗装等），所使用材料品种、规格、型号的不同，把一个分项工程再进一步划分为若干个子项工程。如组装型荧光灯具安装工程，按吊链式单管或双管、吸顶式单管或双管的不同，划分子项工程等。

子项工程所包含的主要工作内容基本相同，因此，国家或地区有关部门以此为依据，按一定计量单位分别制定出每个子项工程所需要的人工工日数、各种材料消耗数、施工机械台班数以及管理费和利润，这就是该子项工程（工程细目）的预算定额。把各个子项工程的定额汇总起来，形成表格，即为预算定额表。

2. 工程计价、计量依据

（1）GB 50500《建设工程工程量清单计价规范》是全国统一项目编码、统一项目名称、统一计量单位和统一工程量计算的规则,是编制工程量清单的依据。

1) 工程量清单是表现拟建工程的分部分项工程项目、措施项目、项目名称和相应数量的明细清单。由招标人按照规范中统一的项目编码、项目名称、计量单位和工程量计算规则编制,其包括分部分项工程量清单、措施项目清单和其他项目清单。

2) 工程量清单计价是指投标人完成由招标人提供的工程量清单所需的全部费用,其包括分部分项工程费、措施项目费、其他项目费和规费、税金。

工程量清单计价采用综合单价计价,其是指完成规定计量项目所需的人工费、材料费、机械使用费、管理费和利润,并考虑风险因素。

3) 工程数量计算主要通过工程量计算规则计算得到。工程量计算规则是指对清单项目工程量进行计算的规定。除另有说明外,所有清单项目的工程量应以实体工程量为准,并以完成后的净值计算;投标人投标报价时,应在单价中考虑施工中的各种损耗和需要增加的工程量。

(2) GB 50856《通用安装工程工程量计算规范》是规范通用安装工程造价计量行为,统一安装工程工程量计算规则、工程量清单的编制方法。

工程量计算是指建设工程项目以工程设计图纸、施工组织设计或施工方案及有关技术经济文件为依据,按照相关工程国家标准的计算规则、计量单位等规定,进行工程数量的计算活动,在工程建设中简称为工程计量。

工程数量应按以下规定进行计算。

1) 工程数量应按 GB 50500 中规定的工程量计算规则计算。

2) 工程数量的有效位数应符合下列规定。

a. 以"t"为单位,应保留小数点后三位数字,第四位小数四舍五入。

b. 以"m""m^2""m^3""kg"为单位,应保留小数点后两位数字,第三位小数四舍五入。

c. 以"台""个""件""套""根""组""系统"等为单位,应取整数。

(3) 工程计价、计量除执行 GB 50500 和 GB 50856 规范的规定以外,还应依据以下文件:

1) 工程量计算依据:①经审定通过的施工设计图纸及其说明;②经审定通过的施工组织设计或施工方案;③经审定通过的其他有关技术经济文件;④现行国家标准 GB 50500 中有关工程实施过程中计量的规定。

2) 工程计价依据:工程量清单是工程量清单计价的基础,工程量清单由分部分项工程量清单、措施项目清单、其他项目清单、规费项目清单和税金项目清单组成,工程量清单计价模式下费用也由以上各部项目构成。

工程量清单计价采用综合单价计价形式,综合单价是指完成工程量清单中一个规定计量单位项目所需的人工费、材料费、机具使用费、管理费和利润,并考虑风险因素。综合单价计价应包括完成规定计量单位、合格产品所需的全部费用。

编制工程量清单应依据以下文件:①国家现行标准 GB 50500 和各专业计算规范;②国家或省级、行业建设主管部门颁发的计价依据和办法;③建设工程设计文件及相关资料;④与建设工程项目有关的标准、规范、技术资料;⑤施工现场情况、工程特点及常规施工方案;⑥其他相关资料;⑦招标文件。

3. 预算单价

工程预算单价通常有两种计价方法:一种是工料单价法,其属于定额计价法,分部分项工程的单价仅包括人工费、材料费和机械费单价;另一种是综合单价法,其属于工程量清单计价法,分部分项工程的单价包括人工费、材料费、施工机具费、企业管理费和利润以及一定的风险费。

在清单计价模式中计价项目的划分，以工程实体为对象，项目综合度大，将形成某实体部位或构件所需的多项工序或内容并为一体，能直观地反映出该实体的基本价格；在定额计价模式中计价项目的划分以施工工序为主，内容单一（有一个工序则有一个计价项目）。预算定额的指标是某一地区的货币形态表现，各地区在执行预算定额时，应按本地区编制的安装工程计价定额，并将其作为编制与审核工程预算的依据。

4. 施工图预算

施工图预算是指在施工图设计和工程施工阶段，根据施工图设计文件、预算定额和费用计算的有关规定，预先测算和确定的工程造价。也指在施工图设计和工程施工阶段编制、测算和确定施工图预算文件的过程。

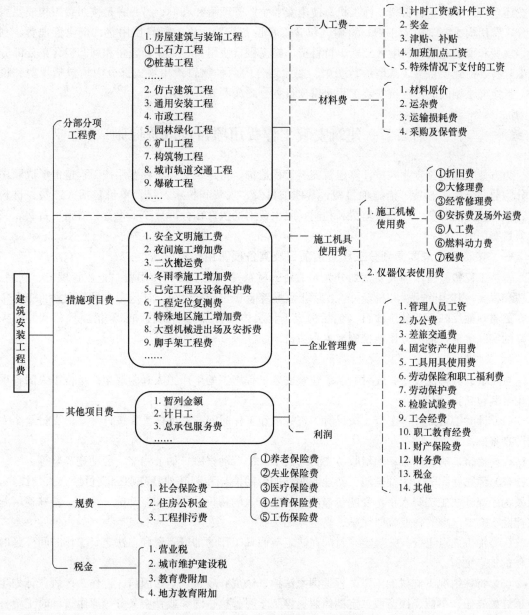

图 8-1　建筑安装工程费用项目划分图

施工图预算是建设单位委托施工单位施工时双方签订承发包经济合同的基础和主要内容，是建设单位实行投资控制管理、建设银行进行贷款的依据。实行招标的工程是确定标底价格的依据，是施工企业承包建筑安装工程施工任务的额定收入，是考核企业本身经营管理水平的重要依据，是考核工程建设成本的依据，是施工企业编制施工计划、进行施工准备、组织劳动力和材料供应的依据，是基本建设统计核算的依据。

二、建筑安装工程费用项目划分方法

根据《建筑安装工程费用项目组成》建标〔2013〕44 号、GB 50500 的要求，建筑安装工程费用项目组成通常有两种划分方法：一种是按照工程造价的形成划分，工程造价由分部分项工程费、措施项目费、其他项目费、规费、税金等组成，其中分部分项工程费、措施项目费、其他项目费还包含人工费、材料费、施工机具使用费、企业管理费和利润；另一种是按照费用构成要素划分，费用构成要素由人工费、材料（包含工程设备）费、施工机具使用费、企业管理费、利润、规费和税金组成，其中人工费、材料费、施工机具使用费、企业管理费和利润包含在分部分项工程费、措施项目费、其他项目费中。按此划分的两种项目费用组成部分中均包括规费和税金，且定义是相同的。建筑安装工程费用项目划分图如图 8-1 所示。

第二节　建筑安装工程费用项目及取费原则

为方便工程造价专业人员计算建筑安装工程造价，将建筑安装工程费用按工程造价形成顺序划分为分部分项工程费、措施项目费、其他项目费、规费和税金。综合单价包括人工费、材料费、施工机具使用费、企业管理费和利润，此项费用也包含在分部分项工程费、措施项目费、其他项目费用中。

一、按费用构成要素划分工程费用项目及其各项费用计算方法

安装工程费按费用构成要素划分为人工费、材料费、施工机具使用费、企业管理费、利润、规费和税金，其中除规费和税金外，实际上就是综合单价构成部分，还应考虑风险因素。综合单价，更直观地反映了各计价项目（包括构成工程实体的分部分项工程项目、措施项目和其他项目）的实际价格，能更方便地控制成本和造价。

1. 人工费

按工资总额构成规定，支付给从事建筑安装工程施工的生产工人和附属生产单位工人的各项费用，其包括：

（1）计时工资或计件工资。按计时工资标准和工作时间或对已做工作按计件单价支付给个人的劳动报酬。

（2）奖金。对超额劳动和增收节支支付给个人的劳动报酬。如节约奖、劳动竞赛奖等。

（3）津贴补贴。为了补偿职工特殊或额外的劳动消耗和因其他特殊原因支付给个人的津贴，以及为了保证职工工资水平不受物价影响支付给个人的物价补贴。如流动施工津贴、特殊地区施工津贴、高温（寒）作业临时津贴、高空津贴等。

（4）加班加点工资。按规定支付的在法定节假日工作的加班工资和在法定日工作时间外延时工作的加点工资。

（5）特殊情况下支付的工资。根据国家法律、法规和政策规定，因病、工作、产假、计划生育假、婚丧假、事假、探亲假、定期休假、停工学习、执行国家或社会义务等原因按计时工资标准或计时工资标准的一定比例支付的工资。

人工费计算公式为

$$人工费＝\sum(工程工日消耗量\times 日工资单价)$$

日工资单价是指施工企业平均技术熟练程度的生产工人在每工作日(国家法定工作时间内)按规定从事施工作业应得的日工资总额。日工资单价应通过市场调查,根据工程项目的技术要求,参考实物工程量人工单价综合分析确定,最低日工资单价不得低于工程所在地人力资源和社会保障部门所发布的最低工资标准:普工1.3倍、一般技工2倍、高级技工3倍。

工程计价定额应列多种综合工日单价,应根据工程项目技术要求和工种差别适当划分多种日人工单价,确保各分部工程人工费的合理构成。

2. 材料费

按国家有关部门《关于标准施工招标文件的规定》将工程设备费列入材料费。施工过程中耗费的原材料、辅助材料、构配件、零件、半成品或成品、工程设备的费用,其包括:

(1)材料原价。材料、工程设备的出厂价格或商家供应价格。

(2)运杂费。材料、工程设备自来源地运至工地仓库或指定堆放地点所产生的全部费用。

(3)运输损耗费。材料在运输装卸过程中不可避免的损耗。

(4)采购及保管费。在组织采购、供应和保管材料、工程设备的过程中所需要的各项费用。包括采购费、仓储费、工地保管费、仓储损耗。

工程设备是指构成或计划构成永久工程一部分的机电设备、金属结构设备、仪器装置及其他类似的设备和装置。

材料费的计算方法如下:

(1)材料费计算公式为

材料费＝$\sum$(材料消耗量×材料单价)

材料单价＝{(材料原价＋运杂费)×[1＋运输损耗率(%)]}×[1＋采购保管费率(%)]

(2)工程设备费计算公式为

工程设备费＝$\sum$(工程设备量×工程设备单价)

工程设备单价＝(设备原价＋运杂费)×[1＋采购保管费率(%)]

3. 施工机具使用费

施工机具使用费是指施工作业过程中所产生的施工机械、仪器仪表的使用费或租赁费。

(1)施工机械使用费。用施工机械台班耗用量乘以施工机械台班单价表示,施工机械台班单价应由以下各项费用组成:

1)折旧费。施工机械在规定的使用年限内,陆续收回其原值的费用。

2)大修理费。施工机械按规定的大修理间隔台班进行必要的大修理,以恢复其正常功能所需的费用。

3)经常修理费。施工机械除大修理以外的各级保养和临时故障排除所需的费用。包括为保障机械正常运转所需替换的设备与随机配备工具附具的摊销和维护费用,机械运转时日常保养所需润滑与擦拭的材料费用及机械停滞期间的维护和保养费用等。

4)安拆费及场外运费。安拆费指施工机械(大型机械除外)在现场进行安装与拆卸时所需的人工、材料、机械和试运转费用以及机械辅助设施的折旧、搭设、拆除等费用;场外运费指施工机械整体或分体自停放地点运至施工现场或由一施工地点运至另一施工地点的运输、装卸、辅助材料及架线等费用。

5)人工费。机上司机(司炉)和其他操作人员的人工费。

6) 燃料动力费。施工机械在运转作业中所消耗的各种燃料及水、电等。

7) 税费。施工机械按照国家规定应缴纳的车船使用税、保险费及年检费等。

施工机械的使用费计算方法如下:

施工机械使用费计算公式为

施工机械使用费＝Σ(施工机械台班消耗量×机械台班单价)

机械台班单价＝台班折旧费＋台班大修费＋台班经常修理费＋台班安拆费及场外运费＋台班人工费＋台班燃料动力费＋台班车船税费

确定计价定额中的施工机械使用费时,应根据有关建筑施工机械台班费用计算规则,结合市场调查编制施工机械台班单价。施工企业可以参考工程造价管理机构发布的台班单价,自主确定施工机械使用费的报价,如租赁施工机械,则计算公式为

施工机械使用费＝Σ(施工机械台班消耗量×机械台班租赁单价)

(2) 仪器仪表使用费。工程施工所需使用的仪器仪表的摊销及维修费用。

仪器仪表使用费计算方法如下:

仪器仪表使用费计算公式

仪器仪表使用费＝工程使用的仪器仪表摊销费＋维修费

4. 企业管理费

建筑安装企业管理费是组织施工生产和经营管理所需的费用,其包括:

(1) 管理人员工资。按规定支付给管理人员的计时工资、奖金、津贴补贴、加班加点工资及特殊情况下支付的工资等。

(2) 办公费。企业管理办公用的文具、纸张、账表、印刷、邮电、书报、办公软件、现场监控、会议、水电、烧水和集体取暖降温(包括现场临时宿舍取暖降温)等费用。

(3) 差旅交通费。职工因公出差、调动工作的差旅费、住勤补助费,市内交通费和午餐补助费,职工探亲路费,劳动力招募费,职工退休、退职一次性路费,工伤人员就医路费,工地转移费以及管理部门使用的交通工具的油料、燃料及牌照等费用。

(4) 固定资产使用费。管理和试验部门及附属生产单位使用的属于固定资产的房屋、设备、仪器等的折旧、大修、维修或租赁费。

(5) 工具用具使用费。企业施工生产和管理使用的不属于固定资产的工具、器具、家具、交通工具和检验、试验、测绘、消防用具等的购置、维修和摊销费。

(6) 劳动保险和职工福利费。由企业支付的职工退职金、按规定支付给离休干部的经费、集体福利费、夏季防暑降温、冬季取暖补贴、上下班交通补贴等。

(7) 劳动保护费。企业按规定发放的劳动保护用品的支出,如工作服、手套、防暑降温以及在有碍身体健康的环境中施工的保健费用等。

(8) 检验试验费。施工企业按照有关标准规定,对建筑以及材料、构件和建筑安装物进行一般鉴定、检查所产生的费用,其包括自设试验室进行试验所耗用的材料等费用,不包括新结构、新材料的试验费,对构件做破坏性试验及其他特殊要求检验试验的费用和建设单位委托检测机构进行检测的费用,对此类检测产生的费用,由建设单位在工程建设其他费用中列支。但对施工企业提供的具有合格证明的材料进行检测而不合格的,该检测费用由施工企业支付。

(9) 工会经费。企业按《中华人民共和国工会法》规定的全部职工工资总额比例计提的工会经费。

(10) 职工教育经费。按职工工资总额的规定比例计提,企业为职工进行专业技术和职业技

能培训，专业技术人员继续教育、职工职业技能鉴定、职业资格认定以及根据需要对职工进行各类文化教育所产生的费用。

（11）财产保险费。施工管理用财产、车辆等的保险费用。

（12）财务费。企业为施工生产筹集资金或提供预付款担保、履约担保、职工工资支付担保等所产生的各种费用。

（13）税金。企业按规定缴纳的房产税、车船使用税、土地使用税、印花税等。

（14）其他。包括技术转让费、技术开发费、投标费、业务招待费、绿化费、广告费、公证费、法律顾问费、审计费、咨询费、保险费等。

企业管理费的计算如下：

在确定计价定额中企业管理费时，应以定额人工费或（定额人工费＋定额机械费）作为计算基数，其费率根据历年工程造价积累的资料，辅以调查数据确定，列入分部分项工程和措施项目中，则计算公式为

$$企业管理费＝定额人工费×费率$$

或
$$企业管理费＝（定额人工费＋定额机械费）×费率$$

5. 利润

施工企业完成所承包工程获得的盈利。在确定计价定额中利润时，应以定额人工费或（定额人工费＋定额机械费）作为计算基数，其费率根据历年工程造价积累的资料，并结合建筑市场实际确定，以单位（单项）工程测算，利润在税前建筑安装工程费的比重可按不低于 5% 且不高于 7% 的费率计算。利润应列入分部分项工程和措施项目中，则计算公式为

$$利润＝定额人工费×费率$$

或
$$利润＝（定额人工费＋机械费）×费率$$

6. 规费和税金

规费和税金的取费项目及其计算方法，与按造价形成的工程费用项目中的规费和税金相同。

二、按造价形成划分的工程费用项目及其各项费用计算方法

按造价形成的工程费用项目由分部分项工程费、措施项目费、其他项目费、规费和税金组成，对其费用计算方法作简要介绍。

1. 分部分项工程费

各专业工程的分部分项工程应予列支的各项费用。

（1）专业工程。按现行国家计量规范划分的房屋建筑与装饰工程、仿古建筑工程、通用安装工程、市政工程、园林绿化工程、矿山工程、构筑物工程、城市轨道交通工程、爆破工程等各类工程。

（2）分部分项工程。按现行国家计量规范对各专业工程划分的项目。如房屋建筑与装饰工程划分的土石方工程、地基处理与桩基工程、砌筑工程、钢筋及钢筋混凝土工程等。

各类专业工程的分部分项工程划分见现行国家或行业计量规范。

分部分项工程费的计算公式为

$$分部分项工程费＝\Sigma（分部分项工程量×综合单价）$$

2. 措施项目费

为完成建设工程施工，发生于该工程施工前和施工过程中的技术、生活、安全、环境保护等方面的费用，其包括：

（1）安全文明施工费。

1)环境保护费。施工现场为达到环保部门要求所需要的各项费用。

2)文明施工费。施工现场文明施工所需要的各项费用。

3)安全施工费。施工现场安全施工所需要的各项费用。

4)临时设施费。施工企业为进行建设工程施工所必须搭设的生活和生产用的临时建筑物、构筑物和其他临时设施费用。包括临时设施的搭设、维修、拆除、清理费或摊销费等。

(2)夜间施工增加费。因夜间施工所发生的夜班补助费、夜间施工降效、夜间施工照明设备摊销及照明用电等费用。

(3)二次搬运费。因施工场地条件限制而发生的材料、构配件、半成品等一次运输不能到达堆放地点,必须进行二次或多次搬运所产生的费用。

(4)冬雨季施工增加费。在冬季或雨季施工需增加的临时设施、防滑、排除雨雪,人工及施工机械效率降低等费用。

(5)已完工程及设备保护费。竣工验收前,对已完工程及设备采取的必要保护措施所产生的费用。

(6)工程定位复测费。工程施工过程中进行全部施工测量放线和复测工作的费用。

(7)特殊地区施工增加费。工程在沙漠或其边缘地区、高海拔、高寒、原始森林等特殊地区施工增加的费用。

(8)大型机械设备进出场及安拆费。机械整体或分体自停放场地运至施工现场或由一个施工地点运至另一个施工地点,所产生的机械进出场运输、转移费用及机械在施工现场进行安装、拆卸所需的人工费、材料费、机械费、试运转费和安装所需的辅助设施的费用。

(9)脚手架工程费。施工需要的各种脚手架搭、拆、运输费用以及脚手架购置费的摊销(或租赁)费用。

措施项目及其包含的内容详见各类专业工程的现行国家或行业计量规范。

措施项目费的计算方法如下:

(1)国家计量规范规定应予计量的措施项目,其计算公式为

$$措施项目费 = \Sigma(措施项目工程量 \times 综合单价)$$

(2)国家计量规范规定不宜计量的措施项目计算方法。

1)安全文明施工费计算公式为

$$安全文明施工费 = 计算基数 \times 安全文明施工费费率(\%)$$

计算基数应为定额基价(定额分部分项工程费+定额中可以计量的措施项目费)、定额人工费或(定额人工费+定额机械费),其费率由工程造价管理机构确定。

2)夜间施工增加费计算公式为

$$夜间施工增加费 = 计算基数 \times 夜间施工增加费费率(\%)$$

3)二次搬运费计算公式为

$$二次搬运费 = 计算基数 \times 二次搬运费费率(\%)$$

4)冬雨季施工增加费计算公式为

$$冬雨季施工增加费 = 计算基数 \times 冬雨季施工增加费费率(\%)$$

5)已完工程及设备保护费计算公式为

$$已完工程及设备保护费 = 计算基数 \times 已完工程及设备保护费费率(\%)$$

上述2)~5)项措施项目的计费基数应为定额人工费或(定额人工费+定额机械费),其费率由工程造价管理机构确定。

3. 其他项目费

（1）暂列金额。建设单位在工程量清单中暂定并包括在工程合同价款中的一笔款项。用于施工合同签订时尚未确定或者不可预见的所需材料、工程设备、服务的采购，施工中可能发生的工程变更、合同约定调整因素出现时的工程价款调整以及发生的索赔、现场签证确认等的费用。

（2）计日工。在施工过程中，施工企业完成建设单位提出的施工图纸以外的零星项目或工作所需的费用。

（3）总承包服务费。总承包人为配合、协调建设单位进行的专业工程发包，对建设单位自行采购的材料、工程设备等进行保管以及施工现场管理、竣工资料汇总整理等服务所需的费用。

其他项目费用计算方法：

（1）暂列金额由建设单位根据工程特点，按有关计价规定估算，施工过程中由建设单位掌握使用、扣除合同价款调整后如有余额，归建设单位。

（2）计日工由建设单位和施工企业按施工过程中的签证计价。

（3）总承包服务费由建设单位在招标控制价中根据总包服务范围和有关计价规定编制，施工企业投标时自主报价，施工过程中按签约合同价执行。

4. 规费

按国家法律、法规规定，由省级政府和省级有关权力部门规定必须缴纳或计取的费用，其包括：

（1）社会保险费。

1）养老保险费。企业按照规定标准为职工缴纳的基本养老保险费。

2）失业保险费。企业按照规定标准为职工缴纳的失业保险费。

3）医疗保险费。企业按照规定标准为职工缴纳的基本医疗保险费。

4）生育保险费。企业按照规定标准为职工缴纳的生育保险费。

5）工伤保险费。企业按照规定标准为职工缴纳的工伤保险费。

（2）住房公积金：企业按规定标准为职工缴纳的住房公积金。

（3）工程排污费：按规定缴纳的施工现场工程排污费。

规费计算方法如下：

（1）社会保险费和住房公积金计算。

社会保险费和住房公积金应以定额人工费为计算基础，根据工程所在地省、自治区、直辖市或行业建设主管部门规定费率计算，计算公式为

社会保险费和住房公积金＝Σ（工程定额人工费×社会保险费和住房公积金的费率）

社会保险费和住房公积金的费率，可以根据每万元发承包价的生产工人人工费和管理人员工资含量与工程所在地规定的缴纳标准综合分析取定。

（2）工程排污费计算方法。工程排污费等其他应列而未列入的规费应按工程所在地环境保护等部门规定的标准缴纳，按实计取列入。

5. 税金

国家税法规定的应计入建筑安装工程造价内的营业税、城市维护建设税、教育费附加以及地方教育附加。

税金计算：

建设单位和施工企业均应按照省、自治区、直辖市或行业建设主管部门发布的标准税率计算税金，计算公式为

$$税金＝税前造价×综合税率$$

实行营业税改增值税的，按交纳税地点现行税率计算。

三、建筑安装工程造价计算程序

建筑安装工程造价计算程序见表 8-1。

表 8-1　　　　　　　　　　建筑安装工程造价计算程序

工程名称：　　　　　　　　　　标段：

序号	汇总内容	计算方法	金额（元）
1	分部分项工程费	按合同约定计算	
2	措施项目费	按合同约定计算	
2.1	其中：安全文明施工费	按规定标准计算	
3	其他项目费		
3.1	其中：专业工程结算价	按合同约定计算	
3.2	其中：计日工	按计日工签证计算	
3.3	其中：总承包服务费	按合同约定计算	
3.4	索赔与现场签证	按发承包双方确认数额计算	
4	规费	按规定标准计算	
5	税金（扣除不列入计税范围的工程设备金额）	（1＋2＋3＋4）×规定税率	
6	工程竣工结算总造价	合计＝1＋2＋3＋4＋5	

第三节　建筑电气安装工程量计算

一、建筑电气安装工程量计算的一般方法

1. 工程量

按定额单位的物理单位或自然单位表示的分项工程或电气设备构件的数量。

2. 电气工程量计算的一般方法

（1）基本顺序计算法。按照定额项目划分顺序逐项计算，计算完毕后进行汇总。

（2）通常计算方法。按照电气安装工程施工程序的先后，即先用电设备，后配管配线；先进线，后出线；先干线后支线进行计算。

（3）电气安装工程量计算具体方法。

1）电器设备工程量采用统计表形式计算。

2）管线计算则按照其独自的起止点和走向分段进行，可用的计算通式为

$$L = L_1 + L_2 + L_3$$

式中　L——某规格管线的长度，m；

L_1——该规格管线的立向管线长度，m；

L_2——该规格管线的水平方向管线的长度，m；

L_3——该规格管线的预留长度，m。

3）管线工程量计算注意事项：

a. 由于电气施工图中仅表示管件的直径和导线的型号，而不标注图示尺寸，计算工程量时管线的垂直可按轴侧图中的标高或按建筑立、剖面图对照计算；而水平长度计算是在电气施工平面图中用比例尺量取计算，不能利用建筑平面图中的尺寸计算。

b. 由于管线具有独自的起止点和流向，因此，计算工程量时必须注意区别管线的起止点以

及管线发生变化（管道的直径、导线或电缆的截面积和型号）的地方。在工程量单中应注意计算部位，以便核对与复核。

二、建筑电气安装工程材料损耗

（1）电气设备安装工程主要材料损耗率，见表8-2。

表 8-2　　　　　　　　　　　电气设备安装工程主要材料损耗率

序号	材 料 名 称	损耗率（%）	序号	材 料 名 称	损耗率（%）
1	裸软导线（包括铜、铝、钢线、钢芯铝线）	1.3	18	玻璃灯罩	5.0
			19	胶木开关、灯头、插销等	3.0
2	绝缘导线（包括橡皮铜线、塑料铅皮线、软花线）	1.8	20	低压电瓷制品（包括鼓绝缘子、瓷夹板、瓷管）	3.0
3	电力电缆	1.0	21	低压保险器、瓷闸盒、胶盖闸	1.0
4	控制电缆	1.5	22	塑料制品（包括塑料槽板、塑料板、塑料管）	5.0
5	硬母线（包括钢、铝、铜、带型、管型、棒型、槽型）	2.3	23	木槽板、木护圈、方圆木台	5.0
6	拉线材料（包括钢绞线、镀锌铁线）	1.5	24	木杆材料（包括木杆、横担、横木、桩木等）	1.0
7	管材、管件（包括无缝、焊接钢管及金属管）	3.0	25	混凝土制品（包括电杆、底盘、卡盘等）	0.5
8	板材（包括钢板、镀锌薄钢板）	5.0	26	石棉水泥板及制品	8.0
9	型钢	5.0	27	油类	1.8
10	管体（包括管箍、护口、锁紧螺母、管卡子等）	3.0	28	砖	4.0
			29	砂	8.0
11	金具（包括耐张、悬垂、并沟、吊接等线夹及连板）	1.0	30	石	8.0
			31	水泥	4.0
12	紧固件（包括螺栓、螺母、垫圈、弹簧垫圈）	2.0	32	铁壳开关	1.0
			33	砂浆	3.0
13	木螺栓、圆钉	4.0	34	木材	5.0
14	绝缘子类	2.0	35	橡皮垫	3.0
15	照明灯具及辅助器具（成套灯具、镇流器、电容器）	1.0	36	硫酸	4.0
16	荧光灯、高压水银灯、氙气灯等	1.5	37	蒸馏水	10.0
17	白炽灯泡	3.0			

注　1. 绝缘导线、电缆、硬母线和用于母线的裸软导线，其损耗率中不包括为连接电气设备、器具而预留的长度，也不包括因各种弯曲（包括弧度）而增加的长度。这些长度均应计算在工程量的基本长度中。

　　2. 用于10kV及以下架空线路中的裸软导线的损耗率中已包括因弧垂及因杆位高低差而增加的长度。

　　3. 拉线用的镀锌线损耗率中不包括为制作上、中、下把所需的预留长度。计算用线量的基本长度时，应以全根拉线的展开长度为准。

（2）自动化控制仪表安装工程主要材料损耗率，见表8-3。

表 8-3   仪表安装主要材料损耗表

序 号	材料名称	损耗率（%）	序 号	材料名称	损耗率（%）
1	钢管	3.5	6	电缆	2
2	不锈钢管	3	7	绝缘导线	3.5
3	铜管	3	8	补偿导线	4
4	铅管	3	9	尼龙管缆	3
5	型钢	4			

（3）通信设备安装工程主要材料损耗率，见表 8-4。

表 8-4   通信设备安装工程主要材料损耗率

序号	材 料 名 称	损耗率（%）	序号	材 料 名 称	损耗率（%）
1	铁丝	1.50	14	水泥（袋装）	5.00
2	钢绞线	1.50	15	水泥（散装）	5.00
3	铜包钢线	1.50	16	木材	5.00
4	铜线	0.50	17	局内配线电缆	2.00
5	铝线	2.50	18	各种绝缘导线	1.50
6	铜（铝）板、棒材	1.00	19	电力电缆	1.00
7	钢材（型钢、钢管）	2.00	20	开关、灯头、插座等	2.00
8	各种铁件	1.00	21	日光灯管	1.50
9	各种穿钉、螺丝	1.00	22	白炽灯泡	3.00
10	直螺脚	0.50	23	地漆布	6.00
11	各种绝缘子	1.50	24	橡皮垫	3.00
12	木杆材料（包括木杆、横木、木横担）	0.20	25	硫酸	4.00
			26	蒸馏水	10.00
13	水泥电杆及水泥制品	0.30			

三、电气安装工程量计算规则

根据国标 GB 50856、GB 50500 及省级有关权力部门发布的有关电气安装的工程量计算规则或方法，简要介绍有关建筑电气设备、消防及安全防范设备等安装工程量的计算规定，仅供安装人员参考。

1. 变压器

（1）变压器安装，按不同容量以"台"为计量单位。

（2）油浸电力变压器安装定额同样适用于自耦式变压器、带负荷调压变压器的安装。电炉变压器按同容量电力变压器定额乘以系数 2.0，整流变压器执行同容量电力变压器定额乘以系数 1.60，带有保护外罩的干式变压器执行定额人工和机械乘以系数 1.2。

（3）变压器的器身检查定额，4000kVA 及以下是按吊芯检查考虑的，4000kVA 以上是按吊罩考虑的，如果 4000kVA 以上的变压器需吊芯检查时，定额机械台班需乘以系数 2.0。

（4）整流变压器、消弧线圈、电炉变压器的干燥，执行同容量变压器干燥定额，但电炉变压器执行同容量变压器干燥定额乘以系数 2.0，以"台"为计量单位。

（5）变压器油不论过滤多少次，直至过滤合格为止，以"t"为计量单位，其具体计算方法如下：

1）变压器安装定额未包括绝缘油的过滤，需要过滤时，可按制造厂提供的油量计算。

2）油断路器及其他充油设备的绝缘油过滤，可按制造厂规定的充油量计算。

过滤油数量计算公式为

$$过滤油数量＝设备油重×（1＋损耗率）$$

（6）变压器油是按设备带来考虑的，但施工中变压器油的过滤损耗及操作损耗已包括在有关定额中。安装过程中放注油、油过滤所使用的油罐，已摊入油过滤定额中。

（7）变压器通过试验，判定绝缘受潮时才需进行干燥，所以只有需要干燥的变压器才能计取此项费用，以"台"为计量单位。

2. 配电装置

（1）断路器、电流互感器、电压互感器、油浸电抗器及电容柜的安装以"台"为计量单位；电力电容器的安装以"个"为计量单位。

配电设备所需的绝缘油、SF_6气体、液压油等均按设备自带考虑；互感器安装定额是按单相考虑的，不包括抽芯及绝缘油过滤，当其需要进行处理时，工程量应执行相应定额。

（2）隔离开关、负荷开关、熔断器、避雷器、干式电抗器的安装以"组"为计量单位，每组按三相计算。

电抗器安装定额是按三相叠放、三相平放和二叠一平的安装方式综合考虑的，不同安装方式，均不作定额换算。干式电抗器安装定额适用于混凝土电抗器、铁芯干式电抗器和空心电抗器等的安装。

（3）高压设备安装定额内均不包括绝缘台的安装，其工程量应按施工图设计执行相应定额。

（4）高压成套配电和箱式变电站的安装以"台"为计量单位，均未包括基础槽钢、母线及引下线的配置安装。高压成套配电柜安装定额是综合考虑的，不分容量大小，也不包括母线配制及设备干燥。

组合型成套箱式变电站主要是指10kV及以下的箱式变电站，一般布置形式为变压器在箱的中间，箱的一端为高压开关位置，另一端为低压开关位置。组合型低压成套配电装置及低压无功补偿电容器屏（柜）的安装已列入《电气设备安装工程》中"控制设备及低压电器安装"部分。

（5）配电设备安装的支架、抱箍及延长轴、轴套、间隔板等，按施工图设计的需要计量，执行《电气设备安装工程》中"控制设备及低压电器安装"部分的铁构件制作安装定额或成品价；电气设备以外的加压设备和附属管道的安装应按相应定额另行计算；配电设备的端子板外部接线，应按《电气设备安装工程》中"控制设备及低压电器安装"部分相应定额另行计算。

（6）设备安装所需的地脚螺栓按土建预埋考虑，不包括二次灌浆；设备安装需要二次灌浆时，执行《机械设备安装工程》相关定额。

3. 母线及绝缘子

（1）绝缘子安装。

1）支持绝缘子的安装分别按安装在户内、户外，单孔、双孔、四孔固定，以"个"为计量单位。

2）穿墙套管不分水平、垂直安装，均以"个"为计量单位。

（2）硬母线安装。

1）带型母线安装及带型母线引下线安装包括铜排、铝排，分别以不同截面积和片数，以"m/单相"为计量单位计算；钢带型母线安装，按同规格的铜母线定额执行；母线和固定母线的金具均按设计量加损耗率计算。

2）母线伸缩接头及铜过渡板安装均以"个"为计量单位。带型母线伸缩节头和铜过渡板均按成品考虑，定额只考虑安装。

3）槽型母线安装以"m/单相"为计量单位。槽型母线与设备连接分别以连接不同的设备，以"台"或"组"为计量单位。槽型母线及固定槽型母线的金具按设计用量加损耗率计算。

4）低压封闭式插接母线槽安装按导体的额定电流大小，以"m"为计量单位，长度按设计母线的轴线长度计算；分线箱以"台"为计量单位，分别以电流大小、设计数量计算。高压共箱母线和低压封闭式插接母线槽均按制造厂供应的成品考虑，定额只包含现场安装。封闭式插接线线槽在竖井内安装时，人工和机械乘以系数 2.0。母线槽每节之间接地连线设计规格不同时允许换算。

5）重型母线安装包括铜母线、铝母线，分别按截面积大小以母线的成品质量以"t"为计量单位。重型铝母线接触面加工，可以按其接触面大小，以"片/单相"为计量单位。

6）硬母线配套安装预留长度见表 8-5。

表 8-5   硬母线配置安装预留长度

序 号	项 目	预留长度（m/根）	说 明
1	带型、槽型母线终端	0.3	从最后一个支持点算起
2	带型、槽型母线与分支线连接	0.5	分支线预留
3	带型母线与设备连接	0.5	从设备端子接口算起
4	多片重型母线与设备连接	1.0	从设备端子接口算起
5	槽型母线与设备连接	0.5	从设备端子接口算起

7）带型母线、槽型母线安装均不包括支持瓷瓶和钢构件的制作与安装，其工程量应分别按设计成品数量执行《电气设备安装工程》相应定额。安装定额不包括母线、金具、绝缘子等主材，发生时可按设计数量加损耗计算。

4. 控制设备及低压电器

（1）控制设备及低压电器安装均以"台"或"个"为计量单位。其工作任务包括电气控制设备、低压电器的安装，盘、柜配线，焊（压）接线端子，穿通板制作与安装，基础槽钢、角钢及各种铁构件、支架的制作与安装。但以上设备安装均未包括基础槽钢、角钢的制作与安装；控制设备安装，除限位开关及水位电气信号装置外，其他均未包括支架的制作与安装，发生时工程量应按相应定额另行计算。

（2）屏上辅助设备安装，包括标签框、光字牌、信号灯、附加电阻、连接片等的安装，但不包括屏上的开孔作业。

（3）铁构件的制作与安装均按施工图设计尺寸，成品质量以"kg"为计量单位。轻型铁构件指结构厚度在 3mm 及以内的构件。各种铁构件制作，均不包括镀锌、镀锡、镀铬、喷塑等其他金属防护费用，发生时应另行计算。

（4）网门、保护网制作与安装，应按设计图示的框外围尺寸，以"m²"为计量单位；配电板的制作与安装以及包铁皮，均应按配电板图示外形尺寸，以"m²"为计量单位。

（5）盘、柜配线，区分不同导线的截面积，以"m"为计量单位。盘、柜配线定额只适用于盘上小设备元件的少量现场配线，不适用于工厂设备的修、配、改工程。

（6）盘、箱、柜的外部进出线预留长度见表 8-6。

表 8-6   盘、箱、柜的外部进出线预留长度

项 目	预留长度（m/根）	说 明
各种箱、柜、盘、板盒	高+宽	盘面尺寸
单独安装的铁壳开关、低压断路器、刀开关、起动器、箱式电阻器、变阻器	0.5	从安装对象中心算起

项　　目	预留长度（m/根）	说　　明
继电器、控制开关、信号灯、按钮、熔断器等小电器	0.3	从安装对象中心算起
分支接头	0.2	分支线预留

（7）焊（压）接线端子，应区分不同导线的截面积，以"10个"为计量单位，定额只适用于电线、电缆终端头的制作与安装。

（8）端子板外部接线按设备盘、箱、柜、台的外部接线图计算，应区分不同导线的截面积，以"10个"为计量单位。

5. 电机及滑触线安装

（1）电机安装。

定额中的电机是发电机和电动机的统称，如小型电机检查接线定额，适用于同功率的小型发电机和小型电动机的检查接线，定额中的电机功率指电机的额定功率。

1）电机的电气检查接线，应区分不同功率或质量（大中型电机），均以"台"为计量单位。直流发电机组和多台一串的机组，按单台电机分别执行定额。各类电机的检查接线定额均不包括控制装置的安装和接线。

2）各种电机的检查接线，规范要求均需配有相应的金属软管，如设计有规定的按设计规格和数量计算，如设计要求用包塑金属软管、阻燃金属软管或采用铝合金软管接头等，均按设计计算。当无设计规定时，平均每台电机配相应规格的金属软管1~1.5m（平均按1.25m计算）和与之配套的金属软管专用活接头，按规格和数量计算。电机的电源线与电机接线端子连接，当需要压（焊）时应执行《控制设备及低压电器》中的压（焊）接线端子定额。

3）电机检查接线项目中，除发电机和调相机外，均不包括电机干燥，发生时其工程量应按电机干燥定额另行计算。电机干燥定额是按一次干燥所需的人工、材料、机械消耗量考虑的，在特别潮湿的地方，电机需要进行多次干燥，应按实际干燥次数计算。在气候干燥、电机绝缘性良好、符合技术标准而不需要干燥时，则不计算干燥费用。实行包干的工程，可参照以下比例，由有关各方协商确定：①低压小型电机3kW及以下按25％的比例考虑干燥；②低压小型电机3kW以上至220kW按30％~50％考虑干燥；③大中型电机按100％考虑一次干燥。

4）电机解体检查定额，应根据需要选用。如不需要解体时，可只执行电机检查接线定额。

5）电机定额的界线划分：单台电机质量在3t以下的为小型电机；单台电机质量在3t至30t的为中型电机；单台电机质量在30t以上的为大型电机。大中型电机不分交、直流电机一律按电机质量执行相应定额，小型电机按电机类别和功率大小执行相应定额。微型电机分为三类：驱动微型电机（分马力电机）系指微型异步电动机、微型同步电动机、微型交流换向器电动机、微型直流电动机等；控制微型电机系指自整角机、旋转变压器、交直流测速发电机、交直流伺服电动机、步进电动机、力矩电动机等；电源微型电机系指微型电动发电机组和单枢变流机等。其他小型电机凡功率在0.75kW及以下的电机均执行微型电机定额，但一般民用小型交流电风扇安装时需执行《电气安装工程量》中"照明器具安装"的风扇安装定额。

6）与机械同底的电机和装在机械设备上的电机安装需执行《机械设备安装工程》中"其他机械安装"的电机安装定额；独立安装的电机需执行《电气安装工程量》中"电机检查接线及调试"定额。

7）电机的接地线材质至今尚无统一规定，定额仍采用镀锌扁钢（25mm×4mm）编制的，如采用铜接地线时，主材（导线和接头）应更换，但安装的人工和机械定额费不变。

（2）滑触线安装。

1）起重机的电气装置是按未经厂家成套安装和试运行考虑的，因此起重机的电机和各种开关、控制设备、照明装置和配线、配管等安装均应执行《电气设备安装工程》的相应定额。铁件制作执行《电气安装工程量》中"控制设备及低压电器安装"的相应定额。

2）滑触线安装以"m/单相"为计量单位，其附加和预留长度见表8-7。

表 8-7 　　　　　　　　　　　　　　滑触线安装附加和预留长度

序　号	项　　　　　目	预留长度（m/根）	说　　　　　明
1	圆钢、铜母线与设备连接	0.2	从设备接线端子接口算起
2	圆钢、铜滑触线终端	0.5	从最后一个固定点算起
3	角钢滑触线终端	1.0	从最后一个支持点算起
4	扁钢滑触线终端	1.3	从最后一个固定点算起
5	扁钢母线分支	0.5	分支线预留
6	扁钢母线与设备连接	0.5	从设备接线端子接口算起
7	轻轨滑触线终端	0.8	从最后一个支持点算起
8	安全节能及其他滑触线终端	0.5	从最后一个固定点算起

3）滑触线支架的基础铁件及螺栓，按土建预埋考虑，油漆均按涂一遍考虑。

4）移动软电缆敷设未包括轨道安装及滑轮制作。移动软电缆沿钢索敷设，应区分不同长度，以"套"为计量单位；沿轨道敷设，应区分不同截面积，以"m"为计量单位。

5）滑触线的辅助母线安装，执行带型母线安装定额。

6）滑触线伸缩器和坐式电车绝缘子支持器的安装，已分别包括在滑触线安装和滑触线支架安装定额内，不另行计算。

7）滑触线及支架安装是按10m及以下标高考虑的，如超过10m时应按《电气设备安装工程》中超高系数计算。

6. 电梯电气装置

定额是按室内地坪±0以下为地抗（下缓冲）考虑的，适用于国内生产的各种客、货、病床和杂物电梯的电气装置安装，但不适用于自动扶梯和观光电梯的电气装置安装，发生时按相应定额另行计算。

（1）两部或两部以上并行或群控电梯，按相应的定额分别乘以系数1.2。

（2）定额中遇有"区间电梯"（基站不在首层），下缓冲地坑设在中间层时，则基站以下部分楼层的垂直搬运应另行计算。

（3）交流手柄操纵或按钮控制（半自动）电梯和交流信号或集选控制（自动）电梯电气安装的工程量，应区分电梯层数、站数，以"部"为计量单位计算。

（4）直流快速、高速自动电梯电气安装的工程量，应区分电梯层数、站数，以"部"为计量单位计算。

（5）电厂专用电梯电气安装的工程量，应区分配合锅炉容量（t/h），以"部"为计量单位计算。

（6）小型杂物电梯（载重质量在200kg及以下，轿厢内不载人）电气安装的工程量，应区分电梯层数、站数，以"部"为计量单位计算。载重质量大于200kg的轿厢内有司机操作的杂物电梯，执行客货电梯的相应定额。

（7）电梯是按每层一门为准，增或减时，另按增（减）厅门相应定额计算。

电梯增加厅门、自动轿厢门及提升高度的工程量，应区分电梯形式、增加自动轿厢门数量、增加提升高度，分别以"个"、"延长米"为计量单位计算。电梯安装的楼层高度，如果平均层高超过 4m 时，其超过部分可另按提升高度定额计算。

（8）定额中已包括程控调试，但以下工作内容不包括在定额内：①电源线路及控制开关的安装；②基础型钢和钢支架制作；③接地极与接地干线敷设；④电气调试；⑤轿厢内的空调、冷热风机、闭路电视、步话机、音响设备；⑥群控集中监视系统以及模拟装置。当以上工作发生时，应另行计算。电梯带有安装材料［金属导管、槽盒、金属软导管、导管配件、紧固件、导线、电缆、接线箱（盒）、荧光灯及其他附件、备件等］者，不再另行计算。

7. 照明器具安装

（1）普通灯具安装的工程量，应区别灯具的种类、型号、规格，以"套"为计量单位计算。普通灯具安装定额适用范围见表 8-8。

表 8-8 普通灯具安装定额适用范围

定额名称	灯 具 种 类
圆球吸顶灯	材质为玻璃的螺口、卡口圆球独立吸顶灯
半圆球吸顶灯	材质为玻璃的独立的半圆球吸顶灯、扁圆罩吸顶灯、平圆形吸顶灯
方形吸顶灯	材质为玻璃的独立的矩形罩吸顶灯、方形罩吸顶灯、大口方罩吸顶灯
软线吊灯	利用软线为垂吊材料，材质为玻璃、塑料、搪瓷，形状如碗伞、平盘的灯罩的各式软线吊灯
吊链灯	利用吊链作辅助悬吊材料，材质为玻璃、塑料罩的各式吊链灯
防水吊灯	一般防水吊灯
一般弯脖灯	圆球弯脖灯、风雨壁灯
一般壁灯	各种材质的一般壁灯、镜前灯
防水灯头	一般防水灯头
节能座灯头	一般声控、光控、时控座灯头
座灯头	一般塑胶、瓷质座灯头

（2）各灯具的引线，均已综合考虑在定额内（除注明者外），执行时不得换算。利用绝缘电阻表测量绝缘及一般灯具的试亮工作，已包括在定额内，不另行计算，但不包括调试工作。

（3）路灯、投光灯、碘钨灯、氙气灯、烟囱或水塔标志灯，均已考虑了一般工程的高空作业因素，其他器具安装高度如超过 5m，则应按《电气设备安装工程》中规定的超高系数另行计算。

（4）吊式艺术装饰灯具的工程量，应根据装饰灯具的示意图集，区分不同装饰物以及灯体直径和灯体垂吊长度，以"套"为计量单位计算。灯体直径为装饰物的最大外缘直径，灯体垂吊长度为灯座底部到灯梢之间的总长度。

（5）吸顶式艺术装饰灯具安装的工程量，应根据装饰灯具的示意图集，区分不同装饰物、吸盘的几何形状、灯体直径、灯体半周长和灯体垂吊长度，以"套"为计量单位计算。灯体直径为吸盘最大外缘直径；灯体半周长为矩形吸盘半周长；灯体垂吊长度为吸盘到灯梢之间的总长度。

（6）荧光艺术装饰灯具安装的工程量，应根据装饰灯具的示意图集，区分不同安装形式和计量单位计算。

1）组合荧光灯带安装的工程量，应根据装饰灯具的示意图集，区分安装形式、灯管数量，以"延长米"为计量单位计算。灯具的设计数量与定额不符时可以按设计数量加损耗量调整主材。

2）内藏组合式灯安装的工程量，应根据装饰灯具的示意图集，区分灯具组合形式，以"延长米"为计量单位。灯具的设计数量与定额不符时,可根据设计数量加损耗量调整主材。

3)发光棚安装的工程量,应根据装饰灯具的示意图集,以"m²"为计量单位,发光棚灯具按设计用量加损耗量计算。

4)立体广告灯箱、荧光灯光沿的工程量,应根据装饰灯具的示意图集,以"延长米"为计量单位。灯具设计用量与定额不符时,可根据设计数量加损耗量调整主材。

(7)几何形状组合艺术灯具安装的工程量,应根据装饰灯具的示意图集,区分不同安装形式及灯具的不同形式,以"套"为计量单位计算。

(8)标志、诱导装饰灯具安装的工程量,应根据装饰灯具的示意图集,区分不同安装形式,以"套"为计量单位计算。

(9)水下艺术装饰灯具安装的工程量,应根据装饰灯具的示意图集,区分不同安装形式,以"套"为计量单位计算。

(10)点光源艺术装饰灯具安装的工程量,应根据装饰灯具的示意图集,区分不同安装形式、不同灯具直径,以"套"为计量单位计算。

(11)草坪灯具安装的工程量,应根据装饰灯具的示意图集,区分不同安装形式,以"套"为计量单位计算。

(12)歌舞厅灯具安装的工程量,应根据装饰灯具的示意图,区分不同灯具种类,以"套"为计量单位计算。

(13)装饰灯具安装定额适用范围见表 8-9。

装饰灯具定额项目应与示意图号配套使用。定额中均已考虑了一般工程的超高作业因素,并包括脚手架搭拆费用。

(14)荧光灯具安装的工程量,应区分灯具的安装形式、灯具种类、灯管数量,以"套"为计量单位计算。

表 8-9 装饰灯具安装定额适用范围

定额名称	灯具种类(形式)
吊式艺术装饰灯具	不同材质、不同灯体垂吊长度、不同灯体直径的蜡烛灯,挂片灯,串珠(穗)及串棒灯,吊杆式组合灯,玻璃罩(带装饰)灯
吸顶式艺术装饰灯具	不同材质、不同灯体垂吊长度、不同灯体几何形状的串珠(穗)、串棒灯(圆形或矩形),挂片、挂碗、挂吊蝶灯(圆形或矩形),玻璃罩(带装饰)灯
荧光艺术装饰灯具	不同安装形式、不同灯管数量的组合荧光灯光带,不同几何组合形式的内藏组合式灯,不同几何尺寸、不同灯具形式的发光棚,不同形式的立体广告灯箱、荧光灯光沿
几何形组合艺术灯具	不同固定形式、不同灯具形式的繁星灯、钻石星灯、星形双灯、礼花灯、玻璃罩钢架组合灯、凸片灯、反射柱灯、筒形钢架灯、U 形组合灯、弧形管组合灯
标志、诱导装饰灯具	不同安装形式(吸顶式、吊杆式、墙壁式、嵌入式)的标志灯、诱导灯
水下(上)艺术装饰灯具	简易型彩灯、密封型彩灯、喷水池灯、幻光型灯
点光源艺术装饰灯具	不同安装形式、不同灯体直径的筒灯、牛眼灯、射灯(吸顶式、滑轨式)
草坪灯具	各种立柱式、墙壁式的草坪灯
歌舞厅灯具	各种安装形式的变色转盘灯、雷达射灯、12 头幻影转彩灯、维纳斯旋转彩灯、卫星旋转效果灯、飞蝶旋转效果灯、多头转灯(8 头、18 头)、滚筒灯、频闪灯、太阳灯、雨灯、歌星灯、边界灯、射灯、泡泡发生灯、迷你满天星彩灯、迷你单立(盘彩灯)灯、多头宇宙灯(单排、双排 20 头)、镜面球灯、蛇光管、满天星彩灯

荧光灯具安装定额适用范围见表 8-10。

表 8-10 荧光灯具安装定额适用范围

定 额 名 称	灯 具 种 类
组装型荧光灯	单管、双管、三管吊链式、吸顶式、现场组装独立荧光灯及荧光灯电容器
成套型荧光灯	单管、双管、三管吊链式、吊管式、吸顶式、成套独立荧光灯

（15）工厂灯及防水防尘灯安装的工程量，应区分不同安装形式，以"套"为计量单位计算。

工厂灯及防水防尘灯安装定额适用范围：①吊管式、吊链式、吸顶式、弯杆式、悬挂式等工厂罩灯；②直杆式、弯杆式、吸顶式等防水防尘灯。

工厂灯及防水防尘灯的常用型号含义：GC—工厂；A—直杆吊灯；B—吊链灯；C—吸顶灯；D—90°弯杆灯；E—60°弯杆灯；F—30°弯杆灯；G—90°直杆灯。

（16）工厂其他灯具安装的工程量，应区分不同灯具类型、安装形式、安装高度，以"套"为计量单位计算，高压水银灯镇流器以"个"为计量单位计算。

工厂其他灯具安装定额适用范围：①碘钨灯、投光灯：防潮灯、腰形船顶灯、碘钨灯、管形氙气灯、投光灯、高压水银灯镇流器；②混光灯：吊杆式、吊链式、嵌入式混光灯；③烟囱、水塔、独立式塔架标志灯；④密闭灯具：直杆、弯杆式安全灯、防爆灯、高压水银防爆灯、防爆荧光灯。

（17）医院灯具安装的工程量，应区分灯具种类，以"套"为计量单位计算。

医院灯具安装定额适用范围：病房指示灯、病房暗脚灯、无影灯（吊管灯）和紫外线杀菌灯。

（18）路灯安装工程，应区分不同臂长，不同灯数，以"套"为计量单位计算。

工厂厂区内、住宅小区内路灯安装执行《电气设备安装工程》中相关定额，城市道路的路灯安装执行《全国统一市政工程预算定额》中相关定额。

路灯安装定额范围：大马路弯灯（臂长 1200mm 及以下，臂长 1200mm 以上）、庭院路灯（三火及以下柱灯，七火及以下柱灯）。

（19）开关、按钮安装的工程量，应区分开关、按钮安装形式，开关、按钮种类，开关极数以及单控与双控，以"套"为计量单位计算。

（20）插座安装的工程量，应区分电源相数、额定电流、插座安装形式、插座插孔个数，以"套"为计量单位计算。

（21）安全变压器安装的工程量，应区分安全变压器容量，以"台"为计量单位计算。

（22）电铃、电铃号码牌箱安装的工程量，应区分电铃直径、电铃号牌箱规格（号），以"套"为计量单位计算。

（23）门铃安装的工程量，应区分门铃安装形式（明装或暗装），以"个"为计量单位计算。

（24）风扇安装的工程量，应区分风扇种类（吊风扇、壁扇、轴流排气扇），以"台"为计量单位计算。

（25）盘管风机三速开关、请勿打扰灯、须刨插座、钥匙取电器、红外线浴霸（光源个数）安装的工程量，以"套"为计量单位计算。

8. 电缆

电缆敷设定额适用于 10kV 及以下的电力电缆和控制电缆的敷设，定额适用于平原地区和厂内电缆工程的施工条件。

（1）直埋电缆的挖、填土（石）方，包括一般土沟、含建筑垃圾土、泥水土冻土、石方，除特殊要求外，可按表 8-11 计算土方量，以"m³"为计量单位。电缆沟挖填方定额亦适用于电气管道沟等的挖填方工作。

表 8-11　　　　　　　　　　　直埋电缆的挖、填土（石）方量

项　　目	电 缆 根 数	
	1～2	每增一根
每米沟长挖方量（m³）	0.45	0.153

　　注 1. 两根及以内的电缆沟，是按上口宽度 600mm、下口宽度 400mm、深度 900mm 计算的常规土方量（深度按规范的最低标准）。

　　2. 每增加一根电缆，其宽度增加 170mm。

　　3. 以上土方量是按埋深从自然地坪起算，如设计埋深超过 900mm 时，多挖的土方量应另行计算。

　　（2）电缆沟盖板揭、盖定额，应区分盖板长度，按每揭或每盖一次以"延长米"计算，如又揭又盖，则按两次计算。

　　（3）电缆导管长度，除按设计规定长度计算外，遇有下列情况，应按以下规定增加导管长度：

　　1）横穿道路，按路基宽度两端各增加 2m。

　　2）垂直敷设时，管口距地面的距离增加 2m。

　　3）穿过建筑物外墙时，按基础外缘以外增加 1m。

　　4）穿过排水沟时，按沟壁外缘以外增加 1m。

　　直径 ϕ100 及以下的电缆导管敷设应执行附录 D 中"配管、配线"的有关定额。

　　（4）电缆导管埋地敷设，其土方量凡有施工图注明的按施工图计算；无施工图的一般按沟深 0.9m、沟宽按最外边的导管两侧边缘外各增加 0.3m 工作面计算。

　　（5）电缆敷设按单根以"延长米"计算，如一个沟内（或架上）敷设三根各长 100m 电缆，应按 300m 计算，以此类推。

　　电缆敷设是综合定额，已将裸包电缆、铠装电缆、屏蔽电缆等考虑在内，因此凡 10kV 及以下的电力电缆均不分结构形式和型号，一律按相应的电缆截面执行定额。控制电缆敷设应区分不同芯数，以"100m"为计量单位。

　　电力电缆敷设定额均按三芯［包括（3＋N 线）芯］考虑的，5 芯电力电缆敷设定额乘以系数 1.3，6 芯电力电缆乘以系数 1.6，每增加一芯定额增加 30%，以此类推。单芯电力电缆敷设按同截面积电缆定额乘以系数 0.67。截面积 400～800mm² 的单芯电力电缆敷设按 400mm² 电力电缆定额执行。截面积 800～1000mm² 的单芯电力电缆敷设按 400mm² 电力电缆定额乘以系数 1.25 执行。

　　（6）电缆敷设定额未考虑因波形敷设增加长度、弛度增加长度、电缆绕梁（柱）增加长度以及电缆与设备连接、电缆接头等必要的预留长度，该增加长度应计入工程量之内。

　　电缆敷设长度应根据敷设路径的水平和垂直敷设长度，按表 8-12 规定增加附加长度。

表 8-12　　　　　　　　　　　电缆敷设的附加长度

序　号	项　　目	附加预留长度	说　　明
1	电缆敷设弛度、波形弯度、交叉	2.5%	按电缆全长计算
2	电缆进入建筑物	2.0m	规范规定最小值
3	电缆进入沟内或吊架时引上（下）预留	1.5m	规范规定最小值

序 号	项 目	附加预留长度	说 明
4	变电所进线、出线	1.5m	规范规定最小值
5	电力电缆终端头	1.5m	检修余量最小值
6	电缆中间接头盒	两端各留2m	检修余量最小值
7	电缆进控制、保护屏及模拟盘等	高+宽	按盘面尺寸
8	高压开关柜及低压配电盘、箱	2.0m	盘下进出线
9	电缆至电动机	0.5m	从电机接线盒起算
10	厂用变压器	3.0m	从地坪起算
11	电缆绕过梁柱等增加长度	按实际计算	按被绕物的断面情况计算增加长度
12	电梯电缆与电缆架固定点	每处0.5m	规范规定最小值

注 电缆附加、预留的长度是电缆敷设长度的组成部分，应计入电缆长度工程量之内。

(7) 电力电缆的电缆终端头及中间头，应区分不同截面，均以"个"为计量单位。电力电缆和控制电缆均按一根电缆有两个终端头考虑。中间电缆头设计有图示的，按设计确定；设计没有规定的，按实际情况计算（或按平均 250m 一个中间头考虑）。控制电缆头，应区分不同芯数，以"个"为计量单位。

电力电缆头定额均按铝芯电缆考虑，铜芯电力电缆头按同截面积电缆头定额乘以系数 1.2，双屏蔽电缆制作安装人工乘以系数 1.05。240mm^2 以上的电缆头的接线端子为异型端子，当其需要单独加工时，应按实际加工价计算（或调整定额价格）。

(8) 桥架安装，以"m"为计量单位。

1) 适用于定额的桥架种类有钢制桥架、铝合金桥架、玻璃钢桥架（区分不同的宽+高，以"m"为计量单位）、组合桥架（以"100 片"为计量单位）及桥架支撑架（以"100kg"为计量单位）；电缆槽种类有塑料电缆槽（小型塑料槽、加强式塑料槽）、混凝土电缆槽，区分不同宽度，以"m"为计量单位。

2) 桥架支撑架定额适用于立柱、托臂及其他各种支撑架的安装，并已综合考虑采用螺栓、焊接和膨胀螺栓三种固定方式，不论采用何种固定方式，定额均不作调整。

3) 玻璃钢梯式桥架和铝合金梯式桥架定额均按不带盖考虑，如果桥架带盖，则分别执行玻璃钢槽式桥架定额和铝合金槽式桥架定额。

4) 钢制桥架主结构设计厚度大于 3mm 时，定额人工、机械乘以系数 1.2；不锈钢桥架按钢制桥架定额乘以系数 1.1 执行。

(9) 吊电缆的钢索及拉紧装置，应按《电气设备安装工程》中的相应定额另行计算。钢索的计算长度以两端固定点的距离为准，不扣除拉紧装置的长度。

(10) 电缆敷设及桥架安装，应按定额说明的综合内容范围计算。但定额不包括：①隔热层、保护层的制作安装；②电缆冬季施工的加温工作和其他特殊施工条件下的施工措施费和施工降效增加费，发生时另行计算。

9. 配管、配线

(1) 各种配管应区分不同敷设方式（明、暗配）、敷设位置（砖、混凝土、钢结构支架、钢索、钢模板）、管材材质、规格，以"延长米"为计量单位，不扣除管路中间的接线箱（盒）、灯头盒、开关盒所占长度。

（2）配管工程均未包括接线箱、盒及支架制作、安装。钢索架设及拉紧装置的制作、安装，插接式母线槽支架制作，槽架制作及配管支架应另行计算，并执行铁构件制作定额。

（3）管内穿线的工程量，应区分线路性质（动力、照明）、导线材质、导线截面积，以单根线"延长米"为计量单位。线路分支接头线的长度已综合考虑在定额中，不得另行计算。

当照明线路中的导线截面积大于或等于 6mm² 以上时，应执行动力线路穿线相应项目。

（4）线夹配线工程量，应区分线夹材质（塑料、瓷质）、线式（二线、三线）、敷设位置（在木、砖、混凝土）以及导线规格，以线路"延长米"为计量单位。

（5）绝缘子配线工程量，应区分绝缘子形式（针式、鼓形、蝶式）、绝缘子配线位置（沿屋架、梁、柱、墙，跨屋架、梁、柱，木结构、顶棚内及砖、混凝土结构，沿钢支架及钢索）、导线截面积，以线路"延长米"为计量单位。

绝缘子暗配，引下线按线路支持点至天棚下缘距离的长度计算。

（6）槽板配线工程量，应区分槽板材质（木质、塑料）、配线位置（木结构、砖、混凝土）、导线截面积、线式（二线、三线），以线路"延长米"为计量单位。

（7）塑料护套线明敷工程量，应区分导线截面积、导线数（二芯、三芯）、敷设位置（木结构、砖混凝土结构、沿钢索），以单根线路"延长米"为计量单位。

（8）线槽配线工程量，应区分导线截面积，以单根线路"延长米"为计量单位。

（9）钢索架设工程量，应区分圆钢、钢索直径（φ6mm、φ9mm），按图示墙（柱）内缘距离，以"延长米"为计量单位，不扣除拉紧装置所占长度。

（10）母线拉紧装置及钢索拉紧装置制作安装工程量，应区分母线截面积及花篮螺栓直径（12、16、20mm），以"套"为计量单位。

（11）车间带形母线安装工程量，应区分母线材质、母线截面积、安装位置（沿屋架、梁、柱、墙，跨屋架、梁、柱），以"延长米"为计量单位。

（12）动力配管混凝土地面刨沟工程量，应区分管子直径，以"延长米"为计量单位。

（13）接线箱安装工程量，应区分安装形式（明装、暗装）、接线箱半周长，以"个"为计量单位。配线进入开关箱、柜、板的预留长度见表 8-13，分别计入相应的工程量。

表 8-13　　　　　　　　　　　　配线进入箱、柜、板的预留长度

项　　　目	预留长度（m/根）	说　　　明
各种开关、柜、板	宽+高	盘面尺寸
单独安装（无箱、盘）的铁壳开关、闸刀开关、起动器、线槽进出线盒等	0.3m	从安装对象中心算起
由地平管子出口引至动力接线箱	1.0m	从管口计算
电源与管内导线连接（管内穿线与软、硬母线接头）	1.5m	从管口计算
出户线	1.5m	从管口计算

（14）接线盒、开关盒安装工程量，应区分安装形式（明装、暗装、钢索上）以及接线盒类型，以"个"为计量单位。

（15）灯具、开关（明、暗）、插座、按钮等的预留线，已分别综合在相应定额内，不另行计算。

10. 防雷及接地装置

定额适用于建筑物、构筑物的防雷接地、变配电系统接地、设备接地以及避雷针的接地装

置，但定额不适于采用爆破法施工敷设接地线、安装接地极，也不包括高土壤电阻率地区采用换土或化学处理的接地装置及接地电阻的测定工作，发生时另行计算。

（1）接地极制作安装，区别不同形状的钢质材料、土质，以"根"为计量单位，其长度按设计长度计算；设计无规定时，每根长度按2.5m计算。若设计有管帽时，管帽另按加工件计算。

（2）接地母线敷设，区别敷设地点、截面积、材质（钢带、铜带），按设计长度以"m"为计量单位计算工程量。接地引线、避雷线敷设，均按"延长米"计算，其长度按施工图设计水平和垂直规定长度另加3.9%的附加长度（包括转弯、上下波动、避绕障碍物、搭接头所占长度）计算。计算主材费时应另增加规定的损耗率。

户外接地母线敷设定额是按自然地坪和一般土质综合考虑的，包括地沟的挖填土和夯实工作，不再计及土方量，但遇有石方、矿渣、积水、障碍物等情况可另行计算。

（3）高层建筑物屋顶的防雷接地装置应执行"避雷网安装"定额，电缆支架的接地线安装应执行"户内接地母线敷设"定额。

（4）利用建筑物内主筋作接地引下线安装以"10m"为计量单位。每一柱子内按焊接两根主筋考虑，如果焊接主筋数超过两根时，可按比例调整。

利用铜绞线作接地引下线时，配管、穿铜绞线执行附录D中"配管、配线"的同规格的相应项目。

（5）接地跨接线以"处"为计量单位，按规程规定凡需作接地跨接线的工程内容，每跨接一次按一处计算；户外配电装置构架均需接地，每副构架按"一处"计算；需接地的钢、铝窗，按每窗"一处"计算（第二类民用防雷建筑物在45m及以上，第三类民用防雷建筑物在60m及以上，要求建筑物金属窗作防侧击雷接地）。

（6）断接卡子制作安装以"套"为计量单位，按设计规定装设的断接卡子数量计算，接地检查井内的断接卡子安装按每井"一套"计算。

（7）避雷针的加工制作、安装，以"根"为计量单位，独立避雷针的安装以"基"为计量单位。长度、高度、数量均按设计规定。独立避雷针的加工制作应执行"一般铁件"制作定额或按成品计算。

（8）半导体少长针消雷装置的安装以"套"为计量单位，按设计安装高度分别执行相应定额。装置本身由设备制造厂成套供货。避雷针、半导体少长针消雷装置安装，定额中均已考虑了高空作业的因素。

（9）均压环敷设以"m"为计量单位计算，主要考虑利用圈梁内主筋作均压环接地连线，焊接按两根主筋考虑，超过两根时，可按比例调整。按设计要求，需要做均压接地的圈梁中心线长度，以"延长米"计算。

如果采用单独扁钢或圆钢明敷作均压环时，可执行"户内接地母线敷设"定额。

（10）柱主筋与圈梁连接以"处"为计量单位，每处按两根主筋与两根圈梁钢筋分别焊接连接考虑。如果焊接主筋和圈梁钢筋超过两根时，可按比例调整，需要连接的柱子主筋和圈梁钢筋"处"数按规定设计计算。

11. 电气调整试验

（1）电气调整试验包括电气设备的本体试验和主要设备的分系统调试，电气调试系统的划分以电气原理系统图为依据。成套设备的整套起动调试按专业定额另行计算，主要设备的分系统内所含的电气设备元件的本体试验已包括在该分系统调试定额内。

在系统调试定额中，各工序的调试费用如需单独计算时，可按表8-14所示比例计算。

表 8-14 电气调试系统各工序的调试费用比例

工序 比率（%）项目	变压器系统	送配电设备系统	电动机系统
一次设备本体试验	30	40	30
附属高压二次设备试验	30	20	30
一次电流及二次回路检查	20	20	20
继电器及仪表试验	20	20	20

（2）起重机电气装置、空调电气装置、各种机械设备的电气装置，如堆取料机、装料车、推煤车等成套设备的电气调试应分别按相应的分项调试定额执行。

（3）定额的调试仪表使用费是按"台班"形式表示的，它与《全国统一安装工程施工仪器仪表台班费用定额》配套使用。

（4）送配电设备系统调试，应区分电压等级，系统按一侧配有一台断路器考虑；若两侧均有断路器时，则应按两个系统计算。供电桥回路的断路器、母线分段断路器，均按独立的送配电设备系统计算调试费。当断路器为 SF6 断路器时，定额乘系数 1.3。

（5）送配电设备系统调试是适用于各种供电回路（包括照明配电回路），并区分电源种类（交或直流）的系统调试。凡配电回路中带有仪表、继电器、电磁开关等调试元件的（不包括无调试元件的刀开关、熔断器），均按调试系统计算。移动式电器和以插座连接的家电设备已经厂家调试合格、不需要用户自调的设备均不应计算调试费用。

（6）送配电设备调试中的 1kV 及以下定额适用于所有低压配电回路，如从低压配电装置至分配电箱的配电回路，但从配电箱直接至电动机的配电回路已包括在电动机的系统调试定额内。送配电设备系统调试包括系统内的电缆试验、绝缘子耐压等全套调试工作。

（7）变压器系统调试包括该系统中的变压器、互感器、断路器、仪表和继电器等一、二次设备的本体调试和回路试验。变压器系统调试，应区分电压等级、容量，以每个电压侧有一台断路器为准，多于一台断路器的按相应电压等级送配电设备系统调试的相应定额另行计算。

电力变压器如有"带负荷调压装置"，调试定额乘以系数 1.12；三绕组变压器、整流变压器、电炉变压器调试按同容量的电力变压器调试定额乘以系数 1.2；干式变压器执行相应容量变压器调试定额乘以系数 0.8。

（8）电抗器调试，应区分不同型式（油浸式、干式），以"台"为计量单位。

（9）3～10kV 母线系统调试含一组电压互感器，1kV 及以下母线系统调试定额不含电压互感器，适用于低压配电装置各种母线的调试，应区分不同电压等级，以"段"为计量单位。

（10）特殊保护装置，均以构成一个保护回路为一套，应区分不同的保护方式（零序保护、小电流接地保护、失磁保护等），其工程量以"套"为计量单位。特殊保护装置未包括在各系统调试定额内的，应另行计算。

（11）自动投入装置调试，如备用电机自动投入装置、备用电源自动投入装置，按连锁机构的个数确定备用电源自动投入装置系统数。一个备用厂用变压器，作为三段厂用工作母线备用厂用电源，计算备用电源自动投入装置调试时，应为三个系统。装设自动投入装置的两条互为备用的线路或两台变压器，计算备用电源自动投入装置调试时，应为两个系统。

（12）应急照明切换装置调试，按设计能完成交直流切换的一套装置为一个调试系统计算；不间断电源，应区分不同容量，以"系统"为计量单位。

(13) 避雷器、电容器的调试，应区分电压等级，按每三相为一组计算；单个装设的亦按一组计算，上述设备如果设置在变压器、输配电线路的系统或回路内，仍应按相应定额另外计算调试费用。

(14) 电除尘系统调试，以"组"为计量单位，按除尘器"m²"范围执行定额。

(15) 硅整流设备、可控硅整流装置调试，区别不同容量，按一套硅整流装置为一个系统计算。

(16) 普通电动机的调试，分别按电机的控制方式、功率、电压等级，以"台"为计量单位。

(17) 可控硅调速直流电动机调试，区分不同功率，以"系统"为计量单位，其调试内容包括可控硅整流装置系统和直流电动机控制回路系统两个部分。

(18) 交流变频调速电动机调试，区分不同功率，以"系统"为计量单位，其调试内容包括变频装置系统和交流电动机控制回路系统两个部分。

(19) 微型电机是指功率在 0.75kW 及以下的电机，不分类别，一律执行微电机综合调试定额，以"台"为计量单位。电机功率在 0.75kW 以上的电机调试应按电机类别和功率分别执行相应的调试定额。

(20) 一般住宅、学校、办公楼、旅馆、商店等民用电气工程的供电调试应按下列规定：

1) 配电室内带有调试元件的盘、箱、柜和带有调试元件的照明主配电箱，应按供电方式执行相应的"配电设备系统调试"定额。

2) 每个用户房间的配电箱（板）上虽装有电磁开关等调试元件，但如果厂家已按固定的常规参数调整好，不需要安装单位进行调试就可直接投入使用的，不得计取调试费用。

3) 民用电能表的调整校验属于供电部门的专业管理，一般由用户向供电部门订购调试合格的电能表，不得另外计算调试费用。

(21) 高标准的高层建筑、高级宾馆、大会堂、体育馆等具有较高控制技术的电气工程（包括照明工程），应按控制方式执行相应的电气调试定额。

(22) 接地网的调试规定：

1) 接地网接地电阻的测定。一般的发电厂或变电站连为一体的接地网，按"一个系统"计算；自成接地网不与厂区接地网相连的独立接地网，另按一系统计算。大型建筑群各有自己的接地网（接地电阻值设计有要求），虽然在最后也将各接地网联在一起，但应按各自的接地网计算，不能作为一个网，具体应根据接地网的试验情况而定。

2) 避雷针接地电阻的测定，每一避雷针均有单独接地网（包括独立的避雷针、烟囱避雷针等）时，均按"一组"计算。独立的接地装置（一般 6 根及以下接地极），按"组"计算，如一台柱上的变压器有一个独立的接地装置，即按"一组"计算。

(23) 定额是按新的合格设备考虑的，如遇上设备的烘干处理和设备本身缺陷造成的元件需更换、修理或修改的情况时，应另行计算。经修配改或拆迁的旧设备调试，定额乘以系数 1.1。

(24) 定额只限电气设备自身系统的调整试验，未包括电气设备带动机械设备的试运工作，也不包括试验设备、仪器仪表的场外转移费用，发生时应按专业定额另行计算。

(25) 调试定额是按现行施工技术验收规范编制的，凡现行规范（指定额编制时的规范）未包括的新调试项目和调试内容均应另行计算。

12. 消防及安全防范设备安装

(1) 火灾自动报警系统安装：

1) 火灾自动报警系统。安装包括探测器、按钮、模块（接口）、报警控制器、联动控制器、报警联动一体机、重复显示器、警报装置、远程控制器、火灾应急广播、消防通信、报警备用电源安装等项目。其包括的工作内容：①施工技术准备、施工机械准备、标准仪器准备、施工安全防护措施、安装位置的清理；②设备和箱、机及元件的搬运、开箱检查，清点，杂物回收，安装就位，接地，密封，箱、机内的校线、接线，挂锡，编码，测试，清洗，记录整理等。

火灾自动报警系统安装不包括的工作内容：①设备支架、底座、基础的制作与安装；②构件加工制作；③电机检查、接线及调试；④应急照明控制装置安装；⑤CRT彩色显示装置安装。

2）定额中均包括校线、接线和本体调试。定额中箱、机是以成套装置编制的；柜式及琴台式安装均执行落地式安装相应项目。

3）点型探测器按线制的不同分为多线制与总线制，不分规格、型号、安装方式与位置，以"只"为计量单位。探测器安装包括探头和底座的安装及本体调试。

4）红外线探测器以"只"为计量单位。红外线探测器是成对使用的，在计算时一对为两只。定额中包括探头支架安装和探测器的调试、对中。

5）火焰探测器、可燃气体探测器按线制的不同分为多线制与总线制两种，计算时不分规格、型号，安装方式与位置，以"只"为计量单位。探测器安装包括探头和底座的安装及本体调试。

6）线型探测器的安装方式按环绕、正弦及直线综合考虑，不分线制及保护形式，以"m"为计量单位。定额中未包括探测器连接的一只模块和终端，其工程量应按相应定额另行计算。

7）按钮包括消火栓按钮、手动报警按钮、气体灭火起/停按钮，以"只"为计量单位，按照在轻质墙体和硬质墙体上安装这两种方式综合考虑，执行时不得因安装方式不同而调整。

8）控制模块（接口）是指仅能起控制作用的模块（接口），亦称为中继器，依据其给出控制信号的数量，分为单输出和多输出两种形式，执行时不分安装方式，按照输出数量以"只"为计量单位；报警模块（接口）不起控制作用，只能起监视、报警作用，执行时不分安装方式，以"只"为计量单位。

9）报警控制器按线制的不同分为多线制与总线制两种，其中又按其安装方式不同分为壁挂式和落地式。在不同线制、不同安装方式中按"点"数的不同划分定额项目，以"台"为计量单位。

多线制"点"是指报警控制器所带报警器件（探测器、报警按钮等）的数量；总线制"点"是指报警控制器所带地址编码的报警器件（探测器、报警按钮、模块等）的数量。如果一个模块带数个探测器，则只能计为一点。

10）联动控制器按线制的不同分为多线制与总线制两种，按其安装方式的不同又可分为壁挂式和落地式。在不同线制、不同安装方式中按"点"数的不同划分定额项目，以"台"为计量单位。

多线制"点"是指联动控制器所带联动设备的状态控制和状态显示的数量；总线制"点"是指联动控制器所带控制模块（接口）的数量。

11）报警联动一体机按线制的不同分为多线制与总线制两种，按其安装方式的不同又可分为壁挂式和落地式。在不同线制、不同安装方式中按"点"数的不同划分定额项目，以"台"为计量单位。

多线制"点"是指报警联动一体机所带报警器件与联动设备的状态控制和状态显示的数量；总线制"点"是指报警联动一体机所带地址编码的报警器件与控制模块（接口）的数量。

12）重复显示器（楼层显示器）不分规格、型号、安装方式，按总线制与多线制划分，以"台"为计量单位。

13）警报装置分为声光报警和警铃报警两种形式，均以"台"为计量单位。

14）远程控制器按其控制回路数以"台"为计量单位。

15）火灾应急广播中的功放机、录音机的安装按柜内及台上两种方式综合考虑，分别以"台"为计量单位；扬声器不分规格、型号，按吸顶式与壁挂式以"只"为计量单位。

16）消防广播控制柜是指安装成套消防广播设备的成品机柜，不分规格、型号以"台"为计量单位。

17）广播用分配器是指单独安装的消防广播用分配器（操作盘），以"台"为计量单位。

18）消防通信系统中的电话交换机按"门"数不同以"台"为计量单位；通信分机、插孔是指消防专用电话分机与电话插孔，不分安装方式，分别以"部"、"个"为计量单位。

19）报警备用电源需综合考虑规格、型号，以"台"为计量单位。

（2）水灭火系统的报警装置安装成套产品以"组"为计量单位。其他报警装置适用于雨淋、干湿两用及预作用报警装置，其安装执行湿式报警装置安装定额，其人工乘以系数 1.2，其余不变。成套产品包括的内容见表 8-15。

表 8-15 成套产品包括的内容

项目名称	型号	包 括 内 容
湿式报警装置	ZSS	湿式阀、蝶阀、装配管、供水压力表、装置压力表、试验阀、泄放试验阀、泄放试验管、试验管流量计、过滤器、延时器、水力警铃、报警截止阀、漏斗、压力开关等
干湿两用报警装置	ZSL	两用阀、蝶阀、装置截止阀、装配管、加速器、加速器压力表、供水压力表、试验阀、泄放试验阀（湿式、干式）、挠性接头、泄放试验管、试验管流量计、排气阀、截止阀、漏斗、过滤器、延时器、水力警铃、压力开关等
电动雨淋报警装置	ZSY1	雨淋阀、蝶阀（2个）、装配管、压力表、泄放试验阀、流量表、截止阀、注水阀、止回阀、电磁阀、排水阀、手动应急球阀、报警试验阀、漏斗、压力开关、过滤器、水力警铃等
预作用报警装置	ZSU	干式报警阀、控制蝶阀（2个）、压力表（2块）、流量表、截止阀、排放阀、注水阀、止回阀、泄放试验阀、报警试验阀、液压切断阀、装配管、供水检验管、气压开关（2个）、试压电磁阀、应急手动试压器、漏斗、过滤器、水力警铃等

水灭火系统的各种仪表的安装、带电信号的阀门、水流指示器、压力开关的接线、校线，执行《自动化控制装置及仪表安装工程》相应定额。

（3）气体灭火系统的电磁驱动器与泄漏报警开关的电气接线等执行《自动化控制装置及仪表安装工程》相应定额。

（4）消防系统调试。它是指消防报警和灭火系统安装完毕且联通，并达到国家有关消防施工、验收规范和标准所进行的全系统的检测、调整和试验。

1）消防系统调试包括自动报警系统、水灭火系统、火灾应急广播、消防通信系统、消防电梯系统、电动防火门、防火卷帘门、正压送风阀、排烟阀控制装置、气体灭火系统装置。

2）自动报警系统包括各种探测、手动报警按钮和报警控制器，分不同点数以"系数"为计量单位，其点数按多线制与总线制报警器的点数计算。

3）灭火系统控制装置包括消火栓、自动喷水、卤代烷、二氧化碳等固定灭火系统的控制装置。

4）水灭火系统控制装置按不同点数以"系统"为计量单位，其点数按多线制与总线制联动控制器的点数计算。

5）火灾应急广播、消防通信系统中的消防广播喇叭、音箱和消防通信的电话分机、电话插孔,按其数量以"个"为计量单位。

　6)消防用电梯与控制中心间的控制调试以"部"为计量单位。

　7)电动防火门、防火卷帘门指可由消防控制中心显示与控制的电动防火门、防火卷帘门,以"处"为计量单位,每樘为一处。

　8)正压送风阀、排烟阀、防火阀以"处"为计量单位,一个阀为一处。

　9)气体灭火系统装置调试包括模拟喷气试验、备用灭火器贮存容器切换操作试验,按试验容器的规格（L),分别以"个"为计量单位。试验容器的数量是系统调试、检测和验收所消耗的试验容器的总数,试验介质不同时可以换算。

　气体灭火系统调试试验时采取的安全措施,应按施工组织设计另行计算。

　(5)安全防范设备安装。安全防范设备安装包括入侵探测设备、出入口控制设备、安全检查设备、电视监控设备、终端显示设备的安装以及安全防范系统的调试等项目。

　1)设备、部件按设计成品以"台"或"套"为计量单位。其包括的工作内容:①设备开箱、清点、搬运、设备组装、检查基础、划线、定位、设备安装;②施工及验收规范内规定的调整和试运行、性能试验、功能试验;③各种机具及附件的领用、搬运、搭设、拆除、退库等。

　2)模拟盘安装以"m²"为计量单位。在执行电视监控设备安装定额时,其综合工日应根据系统中摄像机的台数和距离（摄像机与控制器之间电缆实际长度)来确定,其折算系数见表8-16。电视监控系统调试以"系统"为计量单位,其头尾数包括摄像机和监视器的数量。

　3)入侵报警系统调试以"系统"为计量单位,其点数按实际调试点数计算。系统调试是指入侵报警系统和电视监控系统安装完毕并联通,按国家有关规范进行的全系统的检测、调整和试验。

　系统调试中的系统装置包括前端各类入侵报警探测器、信号传输和终端控制设备、监视器及录像机、灯光、警铃等必须联通的设备。

表8-16　　　　　　　　　摄像机折算系数

折算系数　台数 距离（cm)		1~8	9~16	17~32	33~64	65~128
黑白摄像机	71~200	1.3	1.6	1.8	2.0	2.2
	200~400	1.6	1.9	2.1	2.3	2.5
彩色摄像机	71~200	1.6	1.9	2.1	2.3	2.5
	200~400	1.9	2.1	2.3	2.5	2.7

　4)其他联通设备的调试已考虑在单机调试中,其工程量不得另行计算。但安防检测部门的检测费由建设单位负担。

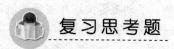 复习思考题

8-1　什么是预算定额与单价?

8-2　建筑安装工程费用项目如何划分?

8-3　综合单价由哪几部分组成的?各部分费用应如何确定?

8-4　综合单价中的企业管理费和利润,为何有两种计算基数?

8-5 什么是检验试验费？其如何列支？

8-6 硬母线、滑触线、电缆的预留长度是如何确定的？

8-7 盘、箱、柜外部进出线及配线进入箱、柜、板的预留长度是如何确定的？

8-8 普通灯具及装饰灯具安装定额适用什么范围？

8-9 什么是配管、配线的"延长米"？配管、配线工程量是如何计算的？

8-10 火灾自动报警系统包括哪些项目？其工程量是如何确定的？

8-11 如何计算建筑安装工程竣工结算总造价？

附录

附录A 导线、电缆的允许载流量

表 A-1 聚氯乙烯绝缘电力电缆在空气中敷设的载流量，$\theta_e = 65℃$ A

主线芯截面积（mm²）	中性线截面积（mm²）	1kV（四芯铝芯电缆）				1kV（四芯铜芯电缆）			
		25℃	30℃	35℃	40℃	25℃	30℃	35℃	40℃
4	2.5	23	21	19	18	30	28	25	23
6	4	30	28	25	23	39	36	33	30
10	6	40	37	34	31	52	48	44	41
16	6	54	50	46	42	70	67	60	55
25	10	73	68	63	57	94	87	81	74
35	10	92	86	79	72	119	111	102	94
50	16	115	107	99	90	149	139	128	117
70	25	141	131	121	111	184	172	159	145
95	35	174	162	150	137	226	211	195	178
120	35	201	187	173	158	260	243	224	205
150	50	231	215	199	182	301	281	260	238
185	50	266	248	230	210	345	322	298	272

表 A-2 聚氯乙烯绝缘电力电缆直埋地敷设的载流量，$\theta_e = 65℃$、$\rho_t = 0.8℃ \cdot m/W$ A

主线芯截面积（mm²）	中性线截面积（mm²）	1kV（四芯铝芯电缆）			1kV（四芯铜芯电缆）		
		20℃	25℃	30℃	20℃	25℃	30℃
4	2.5	31	29	27	39	37	35
6	4	39	37	35	51	48	45
10	6	53	50	47	68	64	60
16	6	69	65	61	90	85	79
25	10	90	85	79	118	111	104
35	10	116	110	103	152	143	134
50	16	143	135	126	185	175	164
70	25	172	162	152	224	211	198
95	35	207	196	184	270	254	238
120	35	236	223	208	308	290	272
150	50	266	252	236	346	327	306
185	50	300	284	265	390	369	346

表 A-3 　　　　　　　　500V 橡皮绝缘电力电缆载流量，$\theta_e = 65℃$、$\theta_a = 25℃$ 　　　　　　A

主线芯数×截面积 (mm²)	中性线芯截面积 (mm²)	空 气 中 敷 设				直埋地 $\rho_t = 0.8℃ \cdot m/W$	
		铝 芯		铜 芯		铝 芯	铜 芯
		XLV	XLF、XLHF、XLQ、XLQ₂₀	XV	XF、XHF、XO、XQ₂₀	XLV₂₉	XV₂₉
3×1.5	1.5			18	19		24
3×2.5	①	19	21	24	25		32
3×4	2.5	25	27	32	34	33	41
3×6	4	32	35	40	44	41	52
3×10	6	45	48	57	60	56	71
3×16	6	59	64	76	81	72	93
3×25	10	79	85	101	107	94	120
3×35	10	97	104	124	131	113	145
3×50	16	124	133	158	170	140	178
3×70	25	150	161	191	205	168	213
3×95	35	184	197	234	251	200	255
3×120	35	212	227	269	289	225	286
3×150	50	245	263	311	337	257	326
3×185	50	284	303	359	388	289	365

注　表中数据为三芯电缆的载流量值，四芯电缆载流量采用三芯电缆的载流量值。

① 主线芯为 2.5mm² 的铝芯电缆，其中性线截面积仍为 2.5mm²；主线芯为 2.5mm² 的铜芯电缆，其中性线截面为 1.5mm²。

表 A-4 　　　　　　　　500V 通用橡套软电缆的载流量，$\theta_e = 65℃$ 　　　　　　A

主线芯截面积 (mm²)	中性线截面积 (mm²)	YZ、YZW、YHZ 型								YQ、YQW、YHQ 型	
		二 芯				三芯、四芯				二芯	三 芯
		25℃	30℃	35℃	40℃	25℃	30℃	35℃	40℃	25℃	25℃
0.5	0.5	12	11	10	9	9	8	7	7	11	9
0.75	0.75	14	13	12	11	11	10	9	8	14	12
1.0	1.0	17	15	14	13	13	12	11	10		
1.5	1.0	21	19	18	16	18	16	15	14		
2.0	2.0	26	24	22	20	22	20	19	17		
2.5	2.5	30	28	25	23	25	23	21	19		
4	2.5	41	38	35	32	36	32	30	27		
6	4	53	49	45	41	45	42	38	35		

主线芯截面积 (mm²)	中性线截面积 (mm²)	YC、YCW、YHC 型							
		二 芯				三芯、四芯			
		25℃	30℃	35℃	40℃	25℃	30℃	35℃	40℃
2.5	1.5	30	28	25	23	26	24	22	20
4	2.5	39	36	33	30	34	31	29	26
6	4	51	47	44	40	43	40	37	34
10	6	74	69	64	58	63	58	54	49
16	6	98	91	84	77	84	78	72	66
25	10	135	126	116	106	115	107	99	90
35	10	167	156	144	132	142	132	122	112
50	16	208	194	179	164	176	164	152	139
70	25	259	242	224	204	224	209	193	177
95	35	318	297	275	251	273	255	236	215
120	35	371	346	320	293	316	295	273	249

注　三芯电缆中一根线芯不载流时，其载流量采用二芯电缆数据。

表 A-5   橡皮绝缘导线明敷的载流量，$\theta_e = 65℃$ A

截面积 (mm²)	BLX、BLXF 铝芯				BX、BXF 铜芯			
	25℃	30℃	35℃	40℃	25℃	30℃	35℃	40℃
1					21	19	18	16
1.5					27	25	23	21
2.5	27	25	23	21	35	32	30	27
4	35	32	30	27	45	42	38	35
6	45	42	38	35	58	54	50	45
10	65	60	56	51	85	79	73	67
16	85	79	73	67	110	102	95	87
25	110	102	95	87	145	135	125	114
35	138	129	119	109	180	168	155	142
50	175	163	151	138	230	215	198	181
70	220	206	190	174	285	266	246	225
95	265	247	229	209	345	322	298	272
120	310	289	268	245	400	374	346	316
150	360	336	311	284	470	439	406	371
185	420	392	363	332	540	504	467	427
240	510	476	441	403	660	617	570	522

注　目前 BLXF 铝芯只生产 2.5~185mm² 规格，BXF 铜芯只生产小于等于 95mm² 规格。

表 A-6   橡皮绝缘导线穿钢导管敷设的载流量，$\theta_e = 65℃$ A

截面积 (mm²)		二 根 单 芯				管径 (mm)		三 根 单 芯				管径 (mm)		四 根 单 芯				管径 (mm)	
		25℃	30℃	35℃	40℃	G	T	25℃	30℃	35℃	40℃	G	T	25℃	30℃	35℃	40℃	G	T
BLXF 铝芯	2.5	21	19	18	16	15	20	19	17	16	15	15	20	16	14	13	12	20	25
	4	28	26	24	22	20	25	25	23	21	19	20	25	23	21	19	18	20	25
	6	37	34	32	29	20	25	34	31	29	26	20	25	30	28	26	23	20	25
	10	52	48	44	41	25	32	46	43	39	36	25	32	40	37	34	31	25	32
	16	66	61	57	52	25	32	59	55	51	46	32	32	52	48	44	41	32	40
	25	86	80	74	68	32	40	76	71	65	60	32	40	68	63	58	53	40	(50)
	35	106	99	91	83	32	40	94	87	81	74	32	(50)	83	77	71	65	40	(50)
	50	133	124	115	105	40	(50)	118	110	102	93	50	(50)	105	98	90	83	50	
	70	165	154	142	130	50	(50)	150	140	129	118	50	(50)	133	124	115	105	70	
	95	200	187	173	158	70		180	168	155	142	70		160	149	138	126	70	
	120	230	215	198	181	70		210	196	181	166	70		190	177	164	150	70	
	150	260	243	224	205	70		240	224	207	189	70		220	205	190	174	80	
	185	295	275	255	233	80		270	252	233	213	80		250	233	216	197	80	

截面积 (mm²)		二 根 单 芯				管 径 (mm)		三 根 单 芯				管 径 (mm)		四 根 单 芯				管 径 (mm)	
		25℃	30℃	35℃	40℃	G	T	25℃	30℃	35℃	40℃	G	T	25℃	30℃	35℃	40℃	G	T
BXF 铜芯	1.0	15	14	12	11	15	20	14	13	12	11	15	20	12	11	10	9	15	20
	1.5	20	18	17	15	15	20	18	16	15	14	15	20	17	15	14	13	20	25
	2.5	28	26	24	22	15	20	25	23	21	19	15	20	23	21	19	18	20	25
	4	37	34	32	29	20	25	33	30	28	26	20	25	30	28	25	23	20	25
	6	49	45	42	38	20	25	43	40	37	34	20	25	39	36	33	30	20	25
	10	68	63	58	53	25	32	60	56	51	47	25	32	53	49	45	41	25	32
	16	86	80	74	68	25	32	77	71	66	60	32	32	69	64	59	54	32	40
	25	113	105	97	89	32	40	100	93	86	79	32	40	90	84	77	71	40	(50)
	35	140	130	121	110	32	40	122	114	105	96	32	(50)	110	102	95	87	40	(50)
	50	175	163	151	138	40	(50)	154	143	133	121	50	(50)	137	128	118	108	50	
	70	215	201	185	170	50	(50)	193	180	166	152	50	(50)	173	161	149	136	70	
	95	260	243	224	205	70		235	219	203	185	70		210	196	181	166	70	
	120	300	280	259	237	70		270	252	233	213	70		245	229	211	193	70	
	150	340	317	294	268	70		310	289	268	245	70		280	261	242	221	80	
	185	385	359	333	304	80		355	331	307	280	80		320	299	276	253	80	

注 1. 目前 BXF 铜芯只生产小于等于 95mm² 的规格。

2. 表中代号 G 为焊接钢导管（又称水煤气钢导管），管径指内径；T 为金属导管，管径指外径。根据 GB/T 50786—2012《建筑电气制图标准》规定敷设线缆用导管，已用新的文字符号取代该表中的 G、T 代号，详见本书表 1-13。为方便读者使用，表内文字符号不再替换，下同。

3. 括号中管径为 50mm 的金属导管一般不用，因为管壁太薄，弯管时容易破裂，下同。

表 A-7　　　　　　　橡皮绝缘导线穿硬塑料导管敷设的载流量，$\theta_e = 65℃$　　　　　　　A

截面积 (mm²)		二 根 单 芯				管径 (mm)	三 根 单 芯				管径 (mm)	四 根 单 芯				管径 (mm)
		25℃	30℃	35℃	40℃	(mm)	25℃	30℃	35℃	40℃	(mm)	25℃	30℃	35℃	40℃	(mm)
BLXF 铝芯	2.5	19	17	16	15	15	17	15	14	13	15	15	14	12	11	20
	4	25	23	21	19	20	23	21	19	18	20	20	18	17	15	20
	6	33	30	28	26	20	29	27	25	22	20	26	24	22	20	25
	10	44	41	38	34	25	40	37	34	31	25	35	32	30	27	32
	16	58	54	50	45	32	52	48	44	41	32	46	43	39	36	32
	25	77	71	66	60	32	68	63	58	53	32	60	56	51	47	40
	35	95	88	82	75	40	84	78	72	66	40	74	69	64	58	40
	50	120	112	103	94	40	108	100	93	85	50	95	88	82	75	50
	70	153	143	132	121	50	135	126	116	106	50	120	112	103	94	50
	95	184	172	159	145	50	165	154	142	130	65	150	140	129	118	65
	120	210	196	181	166	65	190	177	164	150	65	170	158	147	134	80
	150	250	233	216	197	65	227	212	196	179	65	205	191	177	162	80
	185	282	263	243	223	80	255	238	220	201	80	232	216	200	183	100
BX BXF 铜芯	1.0	13	12	11	10	15	12	11	10	9	15	11	10	9	8	15
	1.5	17	15	14	13	15	16	14	13	12	15	14	13	12	11	20
	2.5	25	23	21	19	15	22	20	19	17	15	20	18	17	15	20
	4	33	30	28	26	20	30	28	25	23	20	26	24	22	20	20
	6	43	40	37	34	20	38	35	32	29	20	34	31	29	26	25
	10	59	55	51	46	25	52	48	44	41	25	46	43	39	36	32
	16	76	71	65	60	32	68	63	58	53	32	60	56	51	47	32
	25	100	93	86	79	32	90	84	77	71	32	80	74	69	63	40
	35	125	116	108	98	40	110	102	95	87	40	98	91	84	77	40
	50	160	149	138	126	40	140	130	121	110	50	123	115	106	97	50
	70	195	182	168	154	50	175	163	151	138	50	155	144	134	122	50
	95	240	224	207	189	50	215	201	185	170	65	195	182	168	154	65
	120	278	259	240	219	65	250	233	216	197	65	227	212	196	179	80
	150	320	299	276	253	65	290	271	250	229	65	265	247	229	209	80
	185	360	336	311	284	80	330	308	285	261	80	300	280	259	237	100

注 1. 目前 BXF 铜芯只生产小于等于 95mm² 规格。

2. 硬塑料导管规格根据 HG2-63-65 选择，并采用轻型管，管径指内径。

表 A-8　　　　　　　　氯乙烯绝缘导线明敷的载流量，$\theta_e=65℃$　　　　　　　　A

截面积 （mm²）	BLV 铝 芯				BV、BVR 铜 芯			
	25℃	30℃	35℃	40℃	25℃	30℃	35℃	40℃
1.0					19	17	16	15
1.5	18	16	15	14	24	22	20	18
2.5	25	23	21	19	32	29	27	25
4	32	29	27	25	42	39	36	33
6	42	39	36	33	55	51	47	43
10	59	55	51	46	75	70	64	59
16	80	74	69	63	105	98	90	83
25	105	98	90	83	138	129	119	109
35	130	121	112	102	170	158	147	134
50	165	154	142	130	215	201	185	170
70	205	191	177	162	265	247	229	209
95	250	233	216	197	325	303	281	251
120	285	266	246	225	375	350	324	296
150	325	303	281	257	430	402	371	340
185	380	355	328	300	490	458	423	387

表 A-9　　　　　聚氯乙烯绝缘导线穿硬塑料导管敷设的载流量，$\theta_e=65℃$　　　　　A

	截面积 （mm²）	二 根 单 芯				管径 (mm)	三 根 单 芯				管径 (mm)	四 根 单 芯				管径 (mm)
		25℃	30℃	35℃	40℃		25℃	30℃	35℃	40℃		25℃	30℃	35℃	40℃	
BLV 铝芯	2.5	18	16	15	14	15	16	14	13	12	12	14	13	12	11	20
	4	24	22	20	18	20	22	20	19	17	20	19	17	16	15	20
	6	31	28	26	24	20	27	25	23	21	20	25	23	21	19	25
	10	42	39	36	33	25	38	35	32	30	25	33	30	28	26	32
	16	55	51	47	43	32	49	45	42	38	32	44	41	38	34	32
	25	73	68	63	57	32	65	60	56	51	40	57	53	49	45	40
	35	90	84	77	71	40	80	74	69	63	40	70	65	60	55	50
	50	114	106	98	90	50	102	95	88	80	50	90	84	77	71	63
	70	145	135	125	114	50	130	121	112	102	50	115	107	99	90	63
	95	175	163	151	138	63	158	147	136	124	63	140	130	121	110	75
	120	200	187	173	158	63	180	168	155	142	63	160	149	138	126	75
	150	230	215	198	181	75	207	193	179	163	75	185	172	160	146	75
	185	265	247	229	209	75	235	219	203	185	75	212	198	183	167	90
BV 铜芯	1.0	12	11	10	9	15	11	10	9	8	15	10	9	8	7	15
	1.5	16	14	13	12	15	15	14	12	11	15	13	12	11	10	15
	2.5	24	22	20	18	15	21	19	18	16	15	19	17	16	15	20
	4	31	28	26	24	20	28	26	24	22	20	25	23	21	18	20
	6	41	38	35	32	20	36	33	31	28	20	32	29	27	25	25
	10	56	52	48	44	25	49	45	42	38	25	44	41	38	34	32
	16	72	67	62	56	32	65	60	56	51	32	57	53	49	45	32
	25	95	88	82	75	32	85	79	73	67	40	75	70	64	59	40
	35	120	112	103	94	40	105	98	90	83	40	93	86	80	73	50
	50	150	140	129	118	50	132	123	114	104	50	117	109	101	92	63
	70	185	172	160	146	50	167	156	144	130	50	148	138	128	117	63
	95	230	215	198	181	63	205	191	177	162	63	185	172	160	146	75
	120	270	252	233	213	63	240	224	207	189	63	215	201	185	172	75
	150	305	285	263	241	75	275	257	237	217	75	250	233	216	197	75
	185	355	331	307	280	75	310	289	268	245	75	280	261	242	221	90

注　硬塑料导管规格根据 HG2-63-65 选择，并采用轻型管，管径指内径。

表 A-10 聚氯乙烯绝缘导线穿钢导管敷设的载流量，$\theta_e=65℃$ A

截面积 (mm²)	二根单芯				管径 (mm)		三根单芯				管径 (mm)		四根单芯				管径 (mm)	
	25℃	30℃	35℃	40℃	G	T	25℃	30℃	35℃	40℃	G	T	25℃	30℃	35℃	40℃	G	T
BLV 铝芯 2.5	20	18	17	15	15	15	18	16	15	14	15	15	15	14	12	11	15	15
4	27	25	23	21	15	15	24	22	20	18	15	15	22	20	19	17	15	20
6	35	32	30	27	15	20	32	29	27	25	15	20	28	26	24	22	20	25
10	49	45	42	38	20	25	44	41	38	34	20	25	38	35	32	30	25	25
16	63	58	54	49	25	25	56	52	48	44	25	32	50	46	43	39	25	32
25	80	74	69	63	25	32	70	65	60	55	32	32	65	60	50	51	32	40
35	100	93	86	79	32	40	90	84	77	71	40	40	80	74	69	63	32	(50)
50	125	116	108	98	32	50	110	102	95	87	50	(50)	100	93	86	79	50	(50)
70	155	144	134	122	50	50	143	133	123	113	50	(50)	127	118	109	100	50	
95	190	177	164	150	50	(50)	170	158	147	134	50		152	142	131	120	70	
120	220	205	190	174	50	(50)	195	182	168	154	70		172	160	148	136	70	
150	250	233	216	197	70	(50)	225	210	194	177	70		200	187	173	158	70	
185	285	266	246	225	70		255	238	220	201	70		230	215	198	181	80	
BV 铜芯 1.0	14	13	12	11	15	15	13	12	11	10	15	15	11	10	9	8	15	15
1.5	19	17	16	15	15	15	17	15	14	13	15	15	16	14	13	12	15	15
2.5	26	24	22	20	15	15	24	22	20	18	15	15	22	20	19	17	15	15
4	35	32	30	27	15	15	31	28	26	24	15	15	28	26	24	22	15	20
6	47	43	40	37	15	20	41	38	35	32	15	20	37	34	32	29	20	25
10	65	60	56	51	20	25	57	53	49	45	20	25	50	46	43	39	20	25
16	82	76	70	64	25	25	73	68	63	57	25	32	65	60	56	51	25	32
25	107	100	92	84	25	32	95	88	82	75	32	32	85	79	73	67	32	40
35	133	124	115	105	32	40	115	107	99	90	32	40	105	98	90	83	32	(50)
50	165	154	142	130	32	(50)	146	136	126	115	40	(50)	130	121	112	102	50	(50)
70	205	191	177	162	50	(50)	183	171	158	144	50	(50)	165	154	142	130	50	
95	250	233	216	197	50	(50)	225	210	194	177	50		200	187	173	158	70	
120	290	271	250	229	50	(50)	260	243	224	205	50		230	215	198	181	70	
150	330	308	285	261	70	(50)	300	280	259	237	70		265	247	229	209	70	
185	380	355	328	300	70		340	317	294	268	70		300	280	259	237	80	

注　同表 A-6 中注 2、3。

表 A-11 塑料绝缘软线、塑料护套线、明敷的载流量，$\theta_e=65℃$ A

截面积 (mm²)	单芯				二芯				三芯			
	25℃	30℃	35℃	40℃	25℃	30℃	35℃	40℃	25℃	30℃	35℃	40℃
BLVV 铝芯 2.5	25	23	21	19	20	18	17	15	16	14	13	12
4	34	31	29	26	26	24	22	20	22	20	19	17
6	43	40	37	34	33	30	28	26	25	23	21	19
10	59	55	51	46	51	47	44	40	40	37	34	31
RV 0.12	5	4.5	4	3.5	4	3.5	3	3	3	2.5	2.5	2
RVV 0.2	7	6.5	6	5.5	5.5	5	4.5	4	4	3.5	3	3
RVB 0.3	9	8	7.5	7	7	6.5	6	5.5	5	4.5	4	3.5
RVS 0.4	11	10	9.5	8.5	8.5	7.5	7	6.5	6	5.5	5	4.5
RFB 0.5	12.5	11.5	10.5	9.5	9.5	8.5	8	7.5	7	6.5	6	5.5
RFS 0.75	16	14.5	13.5	12.5	12.5	11.5	10.5	9.5	9	8	7.5	7
BVV 铜芯 1.0	19	17	16	15	15	14	12	11	11	10	9	8
1.5	24	22	21	18	19	17	16	15	14	13	12	11
2.0	28	26	24	22	22	20	19	17	17	15	14	13
2.5	32	29	27	25	26	24	22	20	20	18	17	15
4	42	39	36	33	36	33	31	28	26	24	22	20
6	55	51	47	43	47	43	40	37	32	29	27	25
10	75	70	64	59	65	60	56	51	52	48	44	41

表 A-12　　　　　BV-105 型耐热聚氯乙烯绝缘铜芯导线的载流量，$\theta_e=105℃$　　　　　A

截面积 (mm²)	明　敷				二 根 穿 管				管径 (mm)		三 根 穿 管				管径 (mm)		四 根 穿 管				管径 (mm)	
	50℃	55℃	60℃	65℃	50℃	55℃	60℃	65℃	G	T	50℃	55℃	60℃	65℃	G	T	50℃	55℃	60℃	65℃	G	T
1.5	25	23	22	21	19	18	17	16	15	15	17	16	15	14	15	15	16	15	14	13	15	15
2.5	34	32	30	28	27	25	24	23	15	15	25	23	22	21	15	15	23	21	20	19	15	15
4	47	44	42	40	39	37	35	33	15	15	34	32	30	28	15	15	31	29	28	26	15	20
6	60	57	54	51	51	48	46	43	15	20	44	41	39	37	15	20	40	38	36	34	20	25
10	89	84	80	75	76	72	68	64	20	25	67	63	60	57	20	25	59	56	53	50	25	25
16	123	117	111	104	95	90	85	81	25	25	85	81	76	72	25	32	75	71	67	63	25	32
25	165	157	149	140	127	121	114	108	25	32	113	107	102	96	32	32	101	96	91	86	32	40
35	205	191	185	174	160	152	144	136	32	40	138	131	124	117	32	40	126	120	113	107	32	(50)
50	264	251	238	225	202	192	182	172	32	(50)	179	170	161	152	40	(50)	159	151	143	135	50	(50)
70	310	295	280	264	240	228	217	204	50	(50)	213	203	192	181	50	(50)	193	184	174	164	50	
95	380	362	343	324	292	278	264	249	50		262	249	236	223	50		233	222	210	198	70	
120	448	427	405	382	347	331	314	296	50		311	296	281	265	50		275	261	248	234	70	
150	519	494	469	442	399	380	360	340	70		362	345	327	308	70		320	305	289	272	70	

注　1. 本导线的聚氯乙烯绝缘中添加了耐热增塑剂，线芯允许工作温度可达 105℃，适用于高温场所，但要求导线接头用焊接或绞接后表面锡镶处理。电线实际允许工作温度还取决于导线与导线及导线与电器接头的允许工作温度。当接头允许温度为 95℃ 时，表中数据应乘以 0.92，85℃ 时应乘以 0.84。

　　2. BLV-105 型铝芯耐热线的载流量可按表中数据乘以 0.78。

　　3. 表 A-1～表 A-12 中有关符号含义：θ_e—线芯允许长期工作温度；θ_a—导线敷设处的环境温度；ρ_t—土壤热阻系数。

　　4. 同表 A-6 中注 2、3。

附录 B　导线、电缆线路的电压损失

表 B-1　　　　　　　三相 380V 导线的电压损失，$\theta=60℃$　　　　　　%/ (A·km)

截面积 (mm²)		导线明敷（相间距离 150mm）						导线穿导管					
		cosφ						cosφ					
		0.5	0.6	0.7	0.8	0.9	1.0	0.5	0.6	0.7	0.8	0.9	1.0
铝	2.5	3.284	3.903	4.518	5.129	5.731	6.290	3.195	3.820	4.444	5.067	5.686	6.290
	4	2.082	2.461	2.838	3.210	3.574	3.897	1.995	2.381	2.766	3.150	3.531	3.897
	6	1.434	1.686	1.934	2.178	2.415	2.612	1.350	1.608	1.865	2.120	2.373	2.612
	10	0.906	1.054	1.199	1.340	1.474	1.570	0.828	0.982	1.134	1.286	1.435	1.570
	16	0.606	0.696	0.783	0.866	0.943	0.984	0.532	0.627	0.722	0.815	0.906	0.984
	25	0.419	0.472	0.523	0.571	0.612	0.619	0.348	0.407	0.465	0.522	0.576	0.619
	35	0.327	0.363	0.397	0.428	0.452	0.444	0.259	0.301	0.342	0.381	0.418	0.444
	50	0.252	0.275	0.296	0.313	0.325	0.306	0.189	0.217	0.244	0.270	0.293	0.306
	70	0.207	0.222	0.235	0.245	0.249	0.223	0.146	0.166	0.185	0.203	0.218	0.223
	95	0.173	0.183	0.190	0.194	0.194	0.164	0.117	0.131	0.144	0.156	0.165	0.164
	120	0.154	0.160	0.164	0.166	0.162	0.131	0.098	0.109	0.119	0.128	0.135	0.131
	150	0.138	0.142	0.144	0.144	0.138	0.106	0.085	0.093	0.101	0.107	0.111	0.106
	185	0.125	0.128	0.128	0.126	0.119	0.086	0.075	0.081	0.060	0.091	0.093	0.086
	240	0.112	0.112	0.111	0.107	0.099	0.066						

截面积 (mm²)		导线明敷（相间距离150mm）						导线穿导管					
		cosφ						cosφ					
		0.5	0.6	0.7	0.8	0.9	1.0	0.5	0.6	0.7	0.8	0.9	1.0
铜	1.5	3.450	4.100	4.746	5.388	6.021	6.609	3.359	4.016	4.671	5.325	5.976	6.609
	2.5	2.122	2.508	2.891	3.269	3.639	3.965	2.033	2.426	2.817	3.207	3.594	3.965
	4	1.360	1.595	1.827	2.055	2.275	2.453	1.274	1.515	1.756	1.995	2.231	2.453
	6	0.951	1.105	1.257	1.405	1.545	1.645	0.866	1.028	1.188	1.346	1.502	1.645
	10	0.605	0.692	0.777	0.858	0.932	0.968	0.527	0.620	0.713	0.804	0.892	0.968
	16	0.411	0.461	0.509	0.553	0.591	0.592	0.336	0.392	0.448	0.502	0.553	0.592
	25	0.300	0.330	0.358	0.381	0.399	0.382	0.230	0.265	0.300	0.333	0.363	0.382
	35	0.242	0.262	0.279	0.292	0.300	0.274	0.175	0.199	0.223	0.245	0.266	0.274
	50	0.193	0.205	0.214	0.220	0.220	0.189	0.130	0.146	0.162	0.176	0.188	0.189
	70	0.165	0.171	0.175	0.177	0.172	0.138	0.104	0.115	0.125	0.135	0.142	0.138
	95	0.143	0.146	0.147	0.146	0.139	0.103	0.087	0.094	0.101	0.107	0.110	0.103
	120	0.129	0.130	0.129	0.126	0.117	0.081	0.073	0.079	0.084	0.088	0.090	0.081
	150	0.118	0.118	0.116	0.111	0.102	0.065	0.065	0.069	0.072	0.075	0.075	0.065
	185	0.109	0.108	0.105	0.099	0.089	0.053	0.059	0.062	0.064	0.065	0.064	0.053
	240	0.099	0.097	0.093	0.087	0.076	0.041						

表 B-2 380V 三相平衡负荷架空线路的电压损失

截面积 (mm²)		环境温度35℃时的允许负荷 (kVA)	电压损失[%/(kW·km)]，D_j=0.8m，θ=60℃						电压损失[%/(A·km)]，D_j=0.8m，θ=60℃					
			cosφ						cosφ					
			0.5	0.6	0.7	0.8	0.9	1.0	0.5	0.6	0.7	0.8	0.9	1.0
铝	16	61	1.938	1.834	1.751	1.680	1.610	1.482	0.638	0.724	0.807	0.884	0.954	0.975
	25	78	1.395	1.294	1.215	1.146	1.079	0.956	0.459	0.511	0.560	0.604	0.639	0.629
	35	99	1.114	1.016	0.938	0.871	0.806	0.686	0.367	0.401	0.432	0.459	0.477	0.452
	50	124	0.890	0.795	0.720	0.656	0.592	0.476	0.293	0.314	0.332	0.345	0.351	0.314
	70	153	0.742	0.650	0.577	0.515	0.453	0.341	0.247	0.257	0.266	0.271	0.268	0.224
	95	188	0.641	0.552	0.482	0.422	0.362	0.255	0.211	0.218	0.222	0.222	0.215	0.168
	120	217	0.581	0.494	0.426	0.367	0.309	0.204	0.191	0.195	0.196	0.193	0.183	0.134
	150	255	0.529	0.445	0.378	0.321	0.264	0.161	0.174	0.176	0.174	0.169	0.157	0.106
	185	290	0.491	0.409	0.343	0.287	0.232	0.131	0.162	0.161	0.158	0.151	0.137	0.086
	240	371	0.453	0.372	0.309	0.254	0.200	0.102	0.149	0.147	0.142	0.134	0.119	0.067
铜	16	75	1.419	1.314	1.232	1.160	1.090	0.963	0.467	0.519	0.567	0.611	0.646	0.634
	25	104	1.034	0.933	0.853	0.785	0.717	0.594	0.340	0.368	0.393	0.413	0.425	0.391
	35	128	0.861	0.763	0.686	0.619	0.553	0.434	0.284	0.301	0.316	0.326	0.328	0.285
	50	157	0.728	0.632	0.557	0.493	0.429	0.313	0.240	0.250	0.257	0.259	0.254	0.206
	70	197	0.623	0.532	0.460	0.397	0.336	0.225	0.205	0.210	0.212	0.209	0.199	0.148
	95	240	0.546	0.458	0.388	0.328	0.269	0.161	0.180	0.181	0.179	0.173	0.159	0.106
	120	280	0.504	0.418	0.349	0.290	0.232	0.127	0.166	0.165	0.161	0.153	0.138	0.083
	150	330	0.468	0.383	0.317	0.259	0.203	0.100	0.154	0.151	0.146	0.136	0.120	0.066
	185	373	0.443	0.361	0.296	0.240	0.184	0.084	0.146	0.142	0.136	0.126	0.109	0.055
	240	446	0.412	0.332	0.269	0.214	0.160	0.062	0.136	0.131	0.124	0.113	0.095	0.041

注　D_j 为导线的几何均距，θ 为线芯工作温度。

表 B-3　　　1kV 聚氯乙烯绝缘电力电缆用于三相 380V 系统的电压损失，$\theta = 60\text{℃}$ ％/（A·km）

截面积(mm²) \ cosφ	0.5	0.6	0.7	0.8	0.9	1.0
铝 2.5	3.318	3.970	4.622	5.272	5.920	6.556
4	2.086	2.492	2.899	3.278	3.708	4.098
6	1.403	1.640	1.935	2.212	2.479	2.733
10	0.854	1.007	1.176	1.335	1.475	1.639
16	0.545	0.615	0.744	0.842	0.938	1.025
25	0.357	0.421	0.483	0.545	0.605	0.655
35	0.263	0.307	0.351	0.375	0.436	0.468
50	0.192	0.223	0.253	0.345	0.309	0.328
70	0.144	0.166	0.186	0.200	0.225	0.264
95	0.113	0.129	0.143	0.157	0.169	0.143
120	0.095	0.107	0.118	0.128	0.136	0.136
150	0.083	0.092	0.100	0.108	0.114	0.111
185	0.073	0.080	0.086	0.092	0.096	0.091
240	0.063	0.068	0.072	0.076	0.077	0.071
铜 2.5	1.985	2.371	2.757	3.140	3.522	3.890
4	1.258	1.493	1.733	1.971	2.207	2.432
6	0.848	1.008	1.166	1.298	1.479	1.623
10	0.521	0.615	0.709	0.802	0.893	0.973
16	0.336	0.395	0.452	0.486	0.547	0.608
25	0.195	0.261	0.297	0.311	0.350	0.389
35	0.167	0.193	0.218	0.222	0.250	0.278
50	0.126	0.143	0.136	0.156	0.175	0.195
70	0.097	0.109	0.120	0.111	0.125	0.139
95	0.079	0.087	0.094	0.101	0.106	0.103
120	0.068	0.074	0.079	0.083	0.087	0.081
150	0.060	0.065	0.069	0.072	0.073	0.066
185	0.055	0.058	0.060	0.062	0.062	0.054
240	0.049	0.051	0.052	0.053	0.052	0.042

注　橡皮绝缘电力电缆可参考本表数据。

附录 C　导线及电缆穿管管径的选择

表 C-1-1　　　　　　　绝缘导线允许穿管根数及相应的最小管径表

导线规格	500V 的 BV、BLV 聚氯乙烯绝缘导线																								
截面积（mm²）	二　根　单　芯					三　根　单　芯					四　根　单　芯					五　根　单　芯					六　根　单　芯				
	P1	P2	T	G	PR	P1	P2	T	G	PR	P1	P2	T	G	PR	P1	P2	T	G	PR	P1	P2	T	G	PR
	最小管径（mm）及槽盒号																								
1	15	12	15	15	1	15	12	15	15	1	15	12	15	15	1	15	12	15	15	1	15	15	15	15	1
1.5	15	12	15	15	1	15	15	15	15	1	15	15	15	15	1	20	20	20	15	1	20	20	20	15	1
2.5	15	12	15	15	1	15	15	15	15	1	15	20	20	15	1	20	20	20	15	1	20	20	25	20	1
4	15	15	15	15	1	15	15	15	15	1	20	20	20	15	1	20	25	20	1	25	25	25	20	1	
6	15	15	15	15	1	20	20	20	15	1	20	25	20	1	25	25	20	1	25	—	25	20	1		
10	20	25	25	20	1	25	—	25	25	1	32	—	32	25	1	40	—	32	32	1	40	—	40	32	2
16	25	—	25	20	1	32	—	32	25	1	40	—	40	32	1	40	—	40	32	2	40	—	50	40	2
25	32	—	32	25	1	40	—	40	32	2	40	—	50	40	2	50	—	50	40	2	50	—	50	50	2
35	40	—	40	32	1	40	—	50	40	2	50	—	50	50	3	70	—	50	50	3	70	—	—	50	3

续表

导线规格	500V 的 BV、BLV 聚氯乙烯绝缘导线																													
截面积 (mm²)	二 根 单 芯					三 根 单 芯					四 根 单 芯					五 根 单 芯					六 根 单 芯				
	P1	P2	T	G	PR	P1	P2	T	G	PR	P1	P2	T	G	PR	P1	P2	T	G	PR	P1	P2	T	G	PR
	最小管径（mm）及线槽号																								
50	40	—	50	32	2	50	—	50	50	3	70	—		50	3	80	—		70	3	80	—		70	4
70	50	—	50	50	3	70	—		70	3	80	—		70	3	80	—		80	4		—		80	5
95	70			50	3	80			70	4				80	5				100					100	
120	70			70	3				70	4				80	5				100					100	
150				70					80					100					100					100	

注 1. 表中代号：T 为金属导管；G 为水煤气钢管；P1 为硬聚氯乙烯导管；P2 为软聚氯乙烯导管；PR 为塑料槽盒。T、P1 及 P2 指外径；G 指内径。根据 GB/T 50786—2012《建筑电气制图标准》规定敷设线缆用导管，已用新的文字符号取代该表中 P1、P2、T、G 代号（PR 代号仍不变），详见本书表 1-13。为方便读者使用，表内文字符号不再替换，下同。

2. 管内穿线面积：1～6mm² 时，按不大于内孔总截面积 33％ 计算；10～50mm² 时，按 27.5％ 计算；70～150mm² 时，按 22％ 计算。

3. 槽内穿线面积：1～6mm² 时，按不大于槽内有效截面积的 40％ 计算；10～50mm² 时，按 35％ 计算；70～120mm² 时，按 30％ 计算。

4. 敷设在自然地面上素混凝土内的管路，均应采用水煤气钢管。

5. 当采用铜芯导线穿管时，25mm² 及以上的导线应按表中管径加大一级（线芯结构为"2型"的铜芯导线除外）。

6. 表中导管规格尺寸与国家现行标准不一致时，应按国标或行业标准选用相近但不小于表中规格尺寸的导管，以便穿管。

表 C-1-2　　　　绝缘导线允许穿管根数及相应的最小管径表

导线规格	500V 的 BXF、BLXF 氯丁橡皮绝缘导线																								
截面积 (mm²)	二 根 单 芯					三 根 单 芯					四 根 单 芯					五 根 单 芯					六 根 单 芯				
	P1	P2	T	G	PR	P1	P2	T	G	PR	P1	P2	T	G	PR	P1	P2	T	G	PR	P1	P2	T	G	PR
	最小管径（mm）及槽盒号																								
1	15	12	15	15	1	15	15	15	15	1	15	15	15	15	1	20	20	20	15	1	20	20	20	15	1
1.5	15	12	15	15	1	15	15	15	15	1	15	15	20	15	1	20	20	20	15	1	20	20	25	20	1
2.5	15	12	15	15	1	15	15	20	15	1	20	20	20	15	1	20	20	25	20	1	25	25	25	20	1
4	15	15	15	15	1	20	20	20	15	1	20	20	25	20	1	25	25	25	20	1	—	25	25	20	1
6	20	—	20	15	1	20	25	25	20	1	25	25	25	20	1	32	—	32	25	1	—	32	32	25	1
10	25	25	25	20	1	32	—	32	25	1	—	32	40	32	2	40	—	40	32	2	40	—	50	40	3
16	32	—	32	25	1	32	—	32	25	1	—	40	40	32	2	—	50	50	40	2	—	50	50	40	3
25	32	—	32	32	1	40	—	40	32	2	—	50	50	40	2	50	—	70	50	3	—	70	50	50	3
35	40	—	40	32	2	50	—	40	40	2	—	50	50	40	3	50	—	70	50	4	—	70	50	70	3
50	50	—	50	40	2	50	—	50	50	3	—	70	70	50	4	70	—	80	70	—	—		80	100	—
70	70	—	50	50	3	70	—		70	3	—	70	70	50	5	—		100	100	—	—		100	100	—
95		—	70	70	3	70	—		70	4	—		80	70	5			100					100		

注 同表 C-1-1。

表 C-1-3　　　　绝缘导线允许穿导管根数及相应的最小管径表

导线规格	500V 的 BX、BLX 橡皮绝缘导线																								
截面积 (mm²)	二 根 单 芯					三 根 单 芯					四 根 单 芯					五 根 单 芯					六 根 单 芯				
	P1	P2	T	G	PR	P1	P2	T	G	PR	P1	P2	T	G	PR	P1	P2	T	G	PR	P1	P2	T	G	PR
	最小管径（mm）及槽盒号																								
1	15	15	15	15	1	20	20	20	15	1	20	25	20	15	1	25	25	25	20	1	25	25	25	20	1
1.5	15	15	15	15	1	20	20	20	15	1	20	25	25	20	1	25	25	25	20	1	25	—	25	20	1
2.5	15	15	20	15	1	20	20	20	15	1	25	25	25	20	1	25	—	25	25	1	25	—	25	25	1
4	20	20	20	15	1	25	25	25	20	1	—	25	25	20	1	32	—	32	25	1	32	—	32	25	1

续表

截面积 (mm²)	二根单芯 P1	P2	T	G	PR	三根单芯 P1	P2	T	G	PR	四根单芯 P1	P2	T	G	PR	五根单芯 P1	P2	T	G	PR	六根单芯 P1	P2	T	G	PR
	500V 的 BX、BLX 橡皮绝缘导线																							
	最小管径(mm)及槽盒号																							
6	20	20	20	15	1	25	25	25	20	1	25	—	25	25	1	32	—	32	25	1	32	—	40	25	1
10	25	—	25	25	1	32	—	32	25	1	40	—	40	32	1	40	—	40	32	2	50	—	50	40	3
16	32	—	32	25	1	40	—	40	32	2	40	—	50	32	2	50	—	50	40	2	50	—	50	50	3
25	40	—	40	32	1	50	—	50	40	2	50	—	50	50	3	70	—		50	3				50	3
35	40	—	40	32	2	50	—	50	40		50	—	70	50		70	—		50				70		3
50	50	—	50	40	3	70	—		50			—	80	70			—		70	4	80	—		80	5
70	70	—		50	3	80	—		70			—	80	80			—		80	4		—		100	
95	80	—		70	3		—		80	5		—		100			—		100			—		100	
120	80	—		70	3		—		80	5		—		100			—		100			—		100	
150		—		70	3		—		100																

注 同表 C-1-1。

表 C-2　铝芯电力电缆穿导管的允许最小管径表

电缆规格 (mm²)	ZLQ2、ZLQ20 (1.0kV) 30及以下 直线	一个弯曲	二个弯曲	30以上 直线	ZLQ2、ZLQ20 (10kV) 30及以下 直线	一个弯曲	30以上 直线	VLV、VLV29 (1.0kV) 30及以下 直线	一个弯曲	二个弯曲	30以上 直线	YJLV、YJLVF、YJLV29、YJLV30 (10kV) 30及以下 直线	一个弯曲	30以上 直线	XLQ、XLQ1、XLQ2、XLQ20 (0.5kV) 30及以下 直线	一个弯曲	二个弯曲	30以上 直线	XLV、XLV2、XLV20 (0.5kV) 30及以下 直线	一个弯曲	二个弯曲	30以上 直线
	最小管径(mm)																					
3×4+1×2.5	32	40	50	50	—	—	—	25	32	40	40	—	—	—	32	40	50	50	32	50	70	70
3×4	32	40	50	50	—	—	—	25	32	40	40	—	—	—	32	40	50	50	32	50	50	50
3×6+1×4	32	50	70	70	—	—	—	25	32	50	50	—	—	—	32	50	70	70	32	50	70	70
3×6	32	40	50	50	—	—	—	25	32	50	50	—	—	—	32	40	50	50	32	50	70	70
3×10+1×6	40	50	70	70	—	—	—	32	40	50	50	—	—	—	50	70	80	80	50	70	80	80
3×10	32	50	50	70	—	—	—	32	40	50	50	—	—	—	40	50	70	70	50	70	80	100
3×16+1×6	40	50	70	70	—	—	—	32	50	70	70	—	—	—	50	70	80	80	50	70	100	100
3×16	40	50	70	70	70	80	100	32	50	70	70	—	—	—	50	70	80	80	50	70	80	80
3×25+1×10	50	70	80	80	—	—	—	50	70	80	80	—	—	100	70	—	—	100	70	80	—	100
3×25	40	50	70	70	70	80	100	40	70	80	80	—	—	125	50	70	—	100	70	80	—	100
3×35+1×10	50	70	80	80	—	—	—	50	70	80	80	—	—	100	70	—	—	100	70	80	—	125
3×35	50	70	80	80	70	80	100	40	50	70	70	—	—	125	70	—	—	100	70	100	—	100
3×50+1×16	50	70	100	100	—	—	—	50	70	80	80	—	—	100	70	—	—	125	70	100	—	125
3×50	50	70	80	—	70	100	100	50	70	100	100	—	—	125	70	—	—	100	70	100	—	125
3×70+1×25	70	80	—	100	—	—	—	70	80	—	100	—	—	125	80	—	—	125	80	—	—	125
3×70	50	70	—	100	70	125		50	70	—	100	—	—	150	80	—	—	125	80	—	—	125
3×95+1×35	70	100	—	100	—	—	—	70	100	—	100	—	—	150	100	—	—	150	100	—	—	175
3×95	70	80	—	100	70	125		70	100	—	125	—	—	175	100	—	—	150	100	—	—	150
3×120+1×35	70	100	—	125	—	—	—	70	100	—	125	—	—	150	100	—	—	150	100	—	—	175
3×120	70	100	—	100	70	125		50	80	—	105	—	—	175	100	—	—	150	100	—	—	175
3×150+1×50	80	—	—	125	—	—	—	80	—	—	120	—	—	175	100	—	—	175	100	—	—	200
3×150	70	—	—	125	100	150		70	125	—	125	—	—	200	100	—	—	150	100	—	—	175
3×185+1×50	80	—	—	125	—	—	—	80	—	—	125	—	—	175	100	—	—	175	125	—	—	200
3×185	80	—	—	125	100	150		70	125	—	125	—	—	200	100	—	—	175	100	—	—	200

注　1. 导管的弯曲半径应小于管径的 10 倍,其弯曲点至管口的长度应不大于 2m。

　　2. 同表 C-1-1 中注 6。

表 C-3　　　　　　　KXV 型 500V 橡皮绝缘聚氯乙烯护套控制电缆管径选择表

芯　数	截面积 1.5mm²		截面积 2.5mm²		截面积 4mm²		截面积 6mm²		截面积 10mm²	
	外径(mm)	管径(mm)	外径(mm)	管径(mm)	外径(mm)	管径(mm)	外径(mm)	管径(mm)	外径(mm)	管径(mm)
4	11.34	20	12.28	20	13.44	25	14.62	25	19.64	32
5	12.29	20	13.24	20	—	—	—	—	—	—
6	13.27	20	14.44	25	15.88	25	17.35	32	23.16	40
7	13.27	20	14.44	25	15.88	25	17.35	32	23.16	40
8	14.24	25	15.54	25	17.11	32	19.74	32	16.23	50
10	16.54	25	19.08	32	21.02	32	22.98	40	31.66	50
14	18.88	32	20.60	32	—	—	—	—	—	—
19	20.81	32	22.76	40	—	—	—	—	—	—
24	25.03	40	27.42	50	—	—	—	—	—	—
30	26.42	50	28.92	50	—	—	—	—	—	—
37	28.35	50	32.08	50	—	—	—	—	—	—

表 C-4　　　　　KVV 型 500V 聚氯乙烯绝缘聚氯乙烯护套控制电缆管径选择表

芯　数	截面积 1.5mm²		截面积 2.5mm²		截面积 4mm²		截面积 6mm²		截面积 10mm²	
	外径(mm)	管径(mm)	外径(mm)	管径(mm)	外径(mm)	管径(mm)	外径(mm)	管径(mm)	外径(mm)	管径(mm)
4	11.43	20	12.41	20	13.58	25	14.76	25	17.82	32
5	12.46	20	13.51	25	—	—	—	—	—	—
6	13.47	25	14.64	25	16.08	25	17.55	32	23.84	40
7	13.47	25	14.64	25	16.08	25	17.55	32	23.84	40
8	14.47	25	15.77	25	17.34	32	19.97	32	26.46	50
10	16.84	25	19.4	32	21.32	32	23.28	40	31.96	50
14	19.22	32	20.94	32	—	—	—	—	—	—
19	21.21	32	23.16	40	—	—	—	—	—	—
24	25.58	40	27.92	50	—	—	—	—	—	—
30	26.96	50	29.46	50	—	—	—	—	—	—
37	28.95	50	32.68	50	—	—	—	—	—	—

注　直接埋地时用 KVV2，防爆环境用 KVV20。

附录 D　电话电缆、导线暗配导管的选择

表 D-1-1　　　　　　　暗敷竖向电缆导管的选用

管　类	公称口径(mm)	内　径(mm)	单导管穿放电缆数量（条）	HYA 型电缆穿放容量（对）	
				0.4mm	0.5mm
厚壁钢导管 "SC"	25	27.00	1	10～100	10～50
			2	10	10
	32	35.75	1	10～200	10～100
			2	10～50	10～30
			3	10～50	10～20
			4～5	10	10

413

管　类	公称口径（mm）	内　径（mm）	单导管穿放电缆数量（条）	HYA型电缆穿放容量（对）	
				0.4mm	0.5mm
厚壁钢导管"SC"	40	41.00	1	10～300	10～200
			2	10～50	10～50
			3	10～50	10～30
			4	10～30	10～20
			5～6	10	10
	50	53.00	1	10～600	10～400
			2	10～100	10～100
			3	10～100	10～50
			4	10～50	10～50
			5	10～50	10～30
			6	10～30	10～30
			7	10～25	10～20
			8	10～20	10
	70	68.00	1	10～1000	10～700
			2～3	10～200	10～100
			4～5	10～100	10～50
			6～7	10～50	10～30
			8	10～50	10～20
			9～11	10～30	10
			12	10～25	10

注　HQ、HPVV（0.5）电缆等的穿放容量可参照 HYA 型电缆。

表 D-1-2　　　　　　　　　　　暗敷竖向电缆导管的选用

管　类	公称口径（mm）	内　径（mm）	单导管穿放电缆数量（条）	HYA型电缆穿放容量（对）	
				0.4mm	0.5mm
PVC 硬导管	25	25.00	1	10～50	10～50
			2	10	10
	32	32.00	1	10～200	10～100
			2	10～30	10～25
			3	10～20	10
			4	10	—
	40	40.00	1	10～300	10～200
			2	10～50	10～50
			3	10～50	10～30
			4	10～30	10～20
			5～6	10	10
	50	50.00	1	10～600	10～400
			2	10～100	10～100
			3	10～100	10～50
			4～5	10～50	10～30
			6	10～30	10～30
			7	10～25	10～25
			8	10～20	10
	70	70.00	1	10～1000	10～700
			2～3	10～200	10～100
			4～5	10～100	10～50
			6～7	10～50	10～30
			8	10～50	10～20
			9～11	10～30	10
			12	10～25	10

表 D-2 暗敷横向电缆导管的选用

管　类	公称口径 （mm）	内　径 （mm）	HYA 型电缆穿放容量（对）	
			0.4mm	0.5mm
厚壁钢导管"SC"	25	27.00	10～30	10～20
	32	35.75	10～100	10～50
	40	41.00	10～200	10～100
	50	53.00	10～400	10～200
	70	68.00	10～600	10～400
PVC 硬导管	25	25.00	10～30	10～20
	32	32.00	10～50	10～30
	40	40.00	10～100	10～50
	50	50.00	10～200	10～100
	70	70.00	10～700	10～400

表 D-3 暗敷用户导管的选用

管　类	公称口径 （mm）	内　径 （mm）	用户线穿放容量（对）	
			HPVV 型铜芯平行线 （2×1×0.5）	HBV 型铜芯对绞线 （2×1×0.6）
金属导管"MT"	15	12.67	1～3	1～3
	20	15.45	4～5	4
	25	21.80	6～8	5～6
无增塑刚性 阻燃 PVC 导管	15	12.0	1～3	1～3
	20	16.0	4～5	4
	25	20.0	6～8	5～6
硬质 PVC 波纹导管	15	12.0	1～3	1～3
	20	16.0	4～5	4
	25	21.2	6～8	5～6

附录 E　常用照明灯的型号及参数

表 E-1-1 普通照明灯泡型号及参数

灯泡型号	额　定　值			极　限　值		外形尺寸（mm）			平均 寿命 （h）	灯头型号
	电压 （V）	功率 （W）	光通量 （lm）	功率 （W）	光通量 （lm）	D	螺口式灯头 L 不大于	插口式灯头 L 不大于		
PZ220-15	220	15	110	16.1	95	61	110	108.5	1000	E27/27 或 B22d/25×26
PZ220-25	220	25	220	26.5	183	61	110	108.5	1000	E27/27 或 B22d/25×26
PZ220-40 *		40	350	42.1	301					
PZ220-60		60	630	62.9	523					
PZ220-100		100	1250	104.5	1075					
PZ220-150	220	150	2090	156.5	1797	81	175	—	1000	E27/35×30
PZ220-200		200	2920	208.5	2570					
PZ220-300		300	4610	312.5	4057	111.5	240	—		E40/45
PZ220-500		500	8300	520.0	7304					
PZ220-1000		1000	18600	1040.5	16368	131.5	281			

注　1. 当普通照明灯泡用于额定电压为 110V 时，灯泡型号相应为 PZ110-15～PZ110-1000。

　　2. 灯泡玻壳可按需要制成磨砂、乳白色及内涂白色的玻壳，但其光参数允许较表中降低值为：磨砂玻壳为 3%，内涂白色玻壳为 15%，乳白色玻壳为 25%。

　　3. 外形尺寸：D 为灯泡外径；L 为灯泡长度。

*　PZ220-40 型照明灯泡作充气灯泡时，光通量的极限值为 291lm。

表 E-1-2　　　　　　　　　　　　普通照明灯泡（双螺旋）型号及参数

灯泡型号	额定值			极限值		外形尺寸（mm）		平均寿命(h)	灯头型号
	电压(V)	功率(W)	光通量(lm)	功率(W)	光通量(lm)	D	L		
PZS□-36	110 115 120 125 130 220 225 230 235 240	36	350	37.9	301	60～61	110	1000	E27/27 或 B22d/25×26
PZS□-40		40	415	42.1	357				
PZS□-55		55	630	57.7	542				
PZS□-60		60	715	62.9	615				
PZS□-94		94	1250	98.3	1075				
PZS□-100		100	1350	104.5	1161				
JZS36-40	36	40	550			60	110	1000	E27/27
JZS36-60		60	880						

注　1. 当普通照明灯泡（双螺旋）用于额定电压为 110V 时，灯泡型号相应为 PZS110-40～PZS110-94，其余依此类推。表中所列光通量除 36V 的以外，均为额定电压 220V、透明灯泡的数据。

　　2. 灯泡玻壳可按需要制成透明、内磨砂及内涂白色的玻壳。

　　3. 外形尺寸：D、L 同附表 E-1-1 注。

表 E-1-3　　　　　　　　　　　　管形照明卤钨灯型号及参数

灯管型号	额定电压(V)	功率（W）		色温(K)	光通量（lm）		外形尺寸（mm）			平均寿命(h)	灯头型号
		额定值	极限值		额定值	极限值	D（直径）不大于	L₁（灯管长度）	L（灯管全长,含管脚）		
LZG220-500A	220	500	540	2800	8500	7480	12	149±3	151±3	1000	R7S
LZG220-500B								151±3	175±3		Fa4
LZG220-1000A		1000	1080		19000	16700		206±3	208±3	1500	R7S
LZG220-1000B								208±3	232±3		Fa4
LZG220-2000		2000	2160		4000	35200		273±3	297±3	1000	Fa4
LZG36-300	36	300	324		6000	4800	13	64±2	88±2	600	Fa4

表 E-2-1　　　　　　　　　　　　直管形荧光灯管型号及参数

灯管型号	功率(W)		光通量(lm)		工作电压(V)			电流(A)		外形尺寸(mm)				灯头型号	平均寿命(h)	光衰退(与燃点 100h 实测值之比,%)	
	额定值	最大值	额定值	最小值	额定值	最大值	最小值	工作	预热	L最大值	L₁最大值	L₁最小值	D最大值			燃点 200h	70% 寿命
YZ8RR			250	225													
YZ8RL	8	8.5	280	250	60	66	54	0.15	0.20	302.4	288.1	285.1	16.0	G5	1500	—	30
YZ8RN			285	255													

灯管型号	功率 (W)		光通量 (lm)		工作电压 (V)			电流 (A)		外 形 尺 寸 (mm)				灯头型号	平均寿命 (h)	光衰退（与燃点100h实测值之比，%)	
	额定值	最大值	额定值	最小值	额定值	最大值	最小值	工作	预热	L 最大值	L₁ 最大值	L₁ 最小值	D 最大值			燃点200h	70%寿命
YZ15RR			450	405													
YZ15RL	15	16.25	490	440	51	58	44	0.33	0.50	451.6	437.4	434.4	40.5	G13	3000	25	—
YZ15RN			510	460													
YZ20RR			775	700													
YZ20RL	20	21.5	835	750	57	64	50	0.37	0.55	604.0	589.8	586.8	40.5	G13	3000	25	—
YZ20RN			880	790													
YZ30RR			1295	1165													
YZ30RL	30	32	1415	1275	81	91	71	0.405	0.62	908.8	894.6	891.6	40.5	G13	5000	20	30
YZ30RN			1465	1320													
YZ40RR			2000	1800													
YZ40RL	40	42.5	2200	1980	103	113	93	0.45	0.65	1213.6	1199.4	1196.4	40.5	G13	5000	20	30
YZ40RN			2285	2055													
YZ20RR*	20		1000		59			0.36		604	589.8		32		3000		
YZ40RR*	40	—	2500	—	107	—		0.43	—	1213.6	1199.4	—	32		5000		
YZK40RR**	40		2200		103			0.43		1213.6	1199.4		38		5000		

注 1. 型号中RR发光颜色为日光色（色温为6500K）；RL发光颜色为冷白色（色温为4500K）；RN发光颜色为暖白色（色温为2900K）。
　　2. 灯管在使用时必须配备相应的启辉器和镇流器。
　　3. 表中所列功率的数值为灯管本身的耗电量，不包括镇流器的耗电量。
　　4. 预热式快速起动荧光灯管在使用时应配备相应的快速起动镇流器。
　　5. 配用镇流器的荧光灯照明线路中功率因数比较低。为提高功率因数，可在电路中并联一个电容器。
　　6. 外形尺寸：L、L₁、D的含义同表E-2-2注。
　*　细管颈荧光灯管。
　**　预热式快速起动荧光灯管。

表 E-2-2　　　　　　　　三基色荧光灯型号及参数

灯管型号	额定功率 (W)	额定参数				外形尺寸 (mm)			平均寿命 (h)	显色指数 Rₐ
		起动电流 (A)	工作电流 (A)	灯管电压 (V)	光通量 (lm)	L	L₁	D		
YZS15RN	15	—	0.33	51	720	451.6	437.4	40.5	5000	
YZS20RN	20	—	0.37	57	1240	604	589.8	40.5	5000	
YZS30RN	30	—	0.405	81	2070	908.8	894.6	40.5	5000	
YZS40RN	40	—	0.45	103	3200	1213.6	1199.4	40.5	5000	
YZS85RN	85	—	0.8	120	6800	1778	1763.8	40.5	3000	80
YZS125RN	125	—	0.94	149	10000	2389.1	2374.9	40.5	3000	
YZS40RN（色温3200K）	40	0.65	0.43	103	3000	1213.6	1199.4	38	5000	
YZS40RN（色温5000K）	40	0.65	0.43	103	2800	1213.6	1199.4	38	5000	

注 1. 灯管外形尺寸图及接线图与直管形荧光灯相同。
　　2. 亮度比相同功率的直管形荧光灯高20%。
　　3. 显色性好、逼真、显示物体比本来物体的色力强。
　　4. 用电量为卤钨灯的1/3～1/6。
　　5. 短波紫外线输出少，对高级文物的展览与保存有利。
　　6. 外形尺寸：L—灯管全长（包括管脚长度）；L₁—灯管长度；D—灯管直径。

表 E-2-3　　　　　　　　　　　紧凑型荧光灯管

灯管型号	额定功率(W)	工作电压(V) 额定值	最大值	最小值	电流(A) 工作	预热	光通量(lm) 额定值	极限值	平均寿命(h)	灯头型号	备注
YU15RR	15	50	56	44	0.3	0.44	405	365	1000	G13	U形荧光灯
YU30RR	30	108	118	98	0.36	0.56	1165	1049			
YU30RR	30	81	—	—	0.41	0.62	1400		2000	—	
YU40RR	40	103	—	—	0.43	0.65	2300	—			
YH20RR	20	78	—	—	0.3	0.5	698	628	1000	—	环形荧光灯
YH20RR	20	57	—	—	0.37	0.55	800	—			
YH30RR	30	81	—	—	0.41	0.62	1400	—	2000	—	
YH40RR	40	103	—	—	0.43	0.65	2300	—			
YDN5H	5	33	—	—	0.18	0.19	220				
YDN7H	7	45	—	—	0.18	0.19	400				
YDN9H	9	60	—	—	0.17	0.19	600				
YDN11H	11	90	—	—	0.185	0.19	900				
YDN13H	13	60	—	—	0.3	0.52	780		3000	G23	H形荧光灯
JYH15	15	63	—	—	0.310		1000				
JYH18	18	72	—	—	0.315		1200				
JYH24	24	85	—	—	0.330		1650				
JYH36	36	65	—	—	0.430		2610				
2D28	28	220（额定电压）					1650		3000	—	2D形荧光灯
2D16	16						1050				

表 E-3-1　　　　　　　　　日光色镝灯型号及参数

灯泡型号	额定电压(V)	起动电压(V)	工作电压(V)	起动电流(A)	工作电流(A)	功率(W) 额定值	极限值	初始光通量(lm) 额定值	极限值	平均寿命(h)	外形尺寸(mm) D	L	灯头型号
DDG125				1.8	1.15	125	135	6500	5500		81	184±7	E27
DDG250/V								16000	13500		91.5	230±7	E40/45
DDG250/H	200	125±15		3.5	2.3	250	275	13500	12000	1500	62	260±10	E40
DDG250/HB											64	310±10	E40/45
DDF250						—		—			182	250±7	E40/75×54
DDF400				5.5	3.65	400	440	—	—	2000			
DDG400	220	—	135	—	3.6	400	—	24000	—	1000	60	283	—
DDG400/V								28000	24000		122	290±10	E40/75×54
DDG400/H	200	125±15		5.5	3.65	400	440	24000	20000	2000	65	280±10	E40
DDG400/HB											69	350±10	E40/75×54
DDG1000			130	—	8.3	1000	—	70000	—	500	90	370	E40
DDG1000/HB	200	125±15		13	8.5	1000	1100	7000	59500	1000	91	370±10	E40/75×54

续表

灯泡型号	额定电压(V)	起动电压(V)	工作电压(V)	起动电流(A)	工作电流(A)	功率(W)额定值	功率(W)极限值	初始光通量(lm)额定值	初始光通量(lm)极限值	平均寿命(h)	外形尺寸(mm) D	外形尺寸(mm) L	灯头型号
DDG2000	380	—	220	—	10.3	2000		150000	—	500	110	450	E40
DDG2000/HB		340	220±25	16	10.3	2000	2200	150000	127500		111	450±10	E40/75×64
DDG3500		—	220	—	18	3500		280000	—	500	120	485	E40
DDG3500/HB		340	220±25	28	18	3500	3850	280000	238000		122	485±10	E40/75×64

注　1. 镝灯必须与相应的镇流器配套使用，并由生产厂成套供应。

2. 镝灯的触发器随灯配套供应。

3. 镝灯的稳定时间为5～10min，再起动时间为10～15min。

4. 外形尺寸：D为外径；L为全长。

表 E-3-2　　　　　BT 型金属卤化物灯型号及参数

灯泡型号	额定功率(W)	额定电压(V)	工作电压(V)	工作电流(A)	光通量(lm)	平均寿命(h)	色温(K)	灯头型号	外形尺寸(mm) D	外形尺寸(mm) L
ZJD100	100	220	110	1.30	7800	10000	6300	E27	80	190
ZJD150	150	220	115	1.50	11500	10000	4300	E27	80	190
ZJD175	175	220	130	1.50	14000	10000	4300	E40	90	222
ZJD250	250	220	135	2.15	20500	10000	4300	E40	90	222
ZJD400	400	220	135	3.25	36000	10000	4000	E40	120	290
ZJD1000	1000	220	265	4.10	110000	10000	3900	E40	180	396
ZJD1500	1500	220	270	6.20	155000	3000	3600	E40	180	396

表 E-3-3　　　　　T 型金属卤化物灯型号及参数

灯泡型号	额定功率(W)	额定电压(V)	工作电压(V)	工作电流(A)	光通量(lm)	平均寿命(h)	色温(K)	灯头型号	外形尺寸(mm) D	外形尺寸(mm) L
ZJD175	175	220	130	1.50	14000	8000	4300	E40	45	190
ZJD250	250	220	135	2.15	20500	8000	4300	E40	45	190
ZJD400	400	220	135	3.25	36000	8000	4000	E40	65	257
ZJD1000	1000	220	265	4.10	110000	8000	3900	E40	75	330

表 E-4-1　　　　　直筒型高压钠灯型号及参数

灯泡型号	额定电压(V)	额定功率(W)	工作电压(V)	工作电流(A)	光通量(lm)	平均寿命(h)	外形尺寸(mm) D	外形尺寸(mm) L	灯头型号
NG35	220	35	90	0.48	2250	16000	38	154	E27/27
NG50		50		0.75	4000				
NG70		70		0.98	6000	18000		160	
NG75		75	115	0.8	5500	12000	38	160	E27/27
NG100		100	100	1.2	9000	18000		170	
NG110		110	125	1.15	8500	12000			
NG150		150	100	1.8	16000	24000		210	
NG215	220	215	130	2.1	20000	16000	47	257	E40/45
NG250		250	100	3.0	28000	24000			
NG360		360	130	3.25	36000	16000		285	
NG400		400	100	4.6	48000	24000			
NG1000		1000	110	10.3	130000		67	380	

灯泡型号	额定电压 (V)	额定功率 (W)	工作电压 (V)	工作电流 (A)	光通量 (lm)	平均寿命 (h)	外形尺寸（mm）		灯头型号
							D	L	
NG70	220	70			4800	3000	32	170	E27/35 ×30
NG100		100			7500		50	185	
NG110		110	107		8300			200	
NG150	220	150			12000	3000	56	240	E40/45
NG215		215	117		19000	4000			
NG250		250	100		23750	6000	62	260	
NG250W									
NG360		360	125		34200	4000			
NG400		400	100		42000	6000	65	280	
NG400W									

注 1. 高压钠灯必须与相应的镇流器配套使用,并由生产厂成套供应。

　　2. 高压钠灯的起动器由生产厂成套供应。

表 E-4-2　　　　　　　　漫射椭球型高压钠灯型号及参数

灯泡型号	额定电压 (V)	额定功率 (W)	工作电压 (V)	工作电流 (A)	光通量 (lm)	平均寿命 (h)	外形尺寸（mm）		灯头型号
							D	L	
NG35/M	220	35	90	0.48	2150	16000	71	154	E27
NG50/M		50		0.75	3500				
NG70/M		70		0.98	5600	18000		160	
NG100/M		100		1.2	8500			170	
NG150/M		150	100	1.8	14500		91	227	E40
NG250/M		250		3.0	25000	24000			
NG400/M		400		4.6	46000		122	286	
NG1000/M		1000	110	10.3	120000		167	410	

注 1. 高压钠灯必须与相应的镇流器配套使用,并由生产厂成套供应。

　　2. 高压钠灯的起动器为 WQ-3 型,并由生产厂成套供应。

表 E-4-3　　　　　　　直筒型及椭球型显色改进高压钠灯型号及参数

灯泡型号	额定电压 (V)	额定功率 (W)	工作电压 (V)	工作电流 (A)	光通量 (lm)	平均寿命 (h)	外形尺寸（mm）		灯头型号	备注
							D	L		
NGX150	220	150	100	1.8	13000	12000	47	210	E40	直筒型
NGX250		250		3.0	22500			257		
NGX400		400		4.6	38000			285		
NGX150/M		150		1.8	12000		91	227		椭球型
NGX250/M		250		3.0	21500					
NGX400/M		400		4.6	36000		122	286		

注　同表 E-4-2。

表 E-5　　　　　　　　　　　　　　　低压钠灯型号及参数

灯泡型号	功率(W)	电压(V)	工作电流(A)	工作电压(V)	光通量(lm)	外形尺寸(mm)		灯头型号	镇流器参数		
						D(外径)	L(全长)		标准电流(A)	电压/电流比(Ω)	功率因数
ND18	18		0.60		1800	54	216	BY22d	0.6	77	0.06
ND35	35			70	4800		311				
ND55	55	220	0.59	109	8000		425				
ND90	90		0.94	112	12500		528		0.9	500	
ND135	135		0.95	164	21500	68	775		0.92	655	
ND180	180		0.91	240	31500		1120				

注　1. 灯泡点燃位置：水平方向±20°。

　　2. 灯起动后，7~15min 可稳定工作；灯熄灭后再起动时间大于 5min。

　　3. 低压钠灯管的国际系列为 SOX，我国系列为 ND。

　　4. 灯泡必须与相应的镇流器配套使用。

表 E-6　　　　　　　　　　　　　　　单灯混光灯型号及参数

灯泡型号		额定功率(W)	电源电压(V)	工作电流(A)	工作电压(V)	光通量(lm)	平均寿命(h)	外形尺寸（mm）		灯头型号	色温(K)	显色指数 R_a
								D	L			
中显钠汞灯	HXG100	100	220	1.1	110	5000	10000	80	190	E27	3100~3300	60~72
	HXG200	200		2.1	110	14000		80	190			
	HXG250	250		2.5	115	19500		90	220	E40		
	HXG300	300		3.0	115	23200		90	220			
	HXG400	400		3.9	115	31000		120	290			
	HXG650	650	380	3.0	240	51000		120	290			
	HXG800	800		3.5	240	62000		120	290			
金卤钠灯	HXJ200	200	220	1.3	170	15500	10000	80	190	E27	3400	70~80
	HXJ250	250		1.4	190	21000		90	220	E40		
	HXJ300	300		1.5	220	25000		90	220			
	HXJ400	400		2.15	200	37000		120	290			
	HXJ650	650		3.25	210	65000		120	290			
	HXJ800	800		3.25	250	81000		120	290			
双管芯金卤灯	HJJ150	150	220	1.5	115	11500	10000	90	220	E40		
	HJJ175	175		1.5	135	14000		90	220			
	HJJ250	250		2.15	135	20500		90	220			
	HJJ400	400		3.25	135	36000		120	290			

注　显色指数 R_a 为 50 以下一般视为低显；R_a 为 50~80 一般视为中显；R_a 为 80 以上一般视为高显。

参 考 文 献

[1] 华东六省一市电机工程(电力)学会联合编委会,江苏省南通市电机工程学会.电工进网作业考核培训教材(建筑电工部分).北京:中国电力出版社,2002.

[2] 戴瑜兴.高层建筑电气设计及电气设备选择.长沙:湖南科学技术出版社,1995.

[3] 吴开明,等.城乡建筑电气设计施工手册.成都:四川科学技术出版社,1987.

[4] 梁华.建筑弱电工程设计手册.北京:中国建筑工业出版社,1998.

[5] 《工厂常用电气设备手册》编写组.工厂常用电气设备手册(下册).2版.北京:中国电力出版社,1998.

[6] 余辉.城乡电气工程预算员必读.北京:中国计划出版社,1992.

[7] 郭汀.新旧电气简图用图形符号对照手册.北京:中国电力出版社,2001.

[8] 杨光臣.建筑电气工程识图与绘制.北京:中国建筑工业出版社,1995.

[9] 王晋生,杨元峰.新标准电气识图.北京:海洋出版社,1992.

[10] 全国电气图形符号标准化技术委员会.国家标准 电气制图 电气图形符号 应用示例图册(建筑电气分册).北京:中国标准出版社,1994.

[11] 韦课常.电气照明技术基础与设计.北京:水利电力出版社,1983.

[12] 朱庆元,商文怡.建筑电气设计基础知识.北京:中国建筑工业出版社,1990.

[13] 刘宝珊.建筑电气安装分项工程施工标准.北京:中国计划出版社,1996.

[14] 强十渤,程协瑞.安装工程分项施工工艺手册第二分册电气工程.北京:中国计划出版社,1993.

[15] 《简明电气安装工手册》编写组.简明电气安装工手册.北京:机械工业出版社,1992.

[16] 蔡玄章.建筑电气施工技术.上海:上海科学技术出版社,1998.

[17] 刘式雍.建筑电工技术.上海:上海科学技术文献出版社,1988.

[18] 龚顺益,施启达.安装与维修电工技术.北京:机械工业出版社,1985.

[19] 劳动部培训司组织编写.电工生产实习.北京:中国劳动出版社,1994.

[20] 杜广庆.农村及乡镇企业电工岗位培训教材.北京:北京科学技术出版社,1995.

[21] 王时煦,等.建筑物防雷设计.北京:中国建筑工业出版社,1985.

[22] 孙成宝.配电技术手册(低压部分).北京:中国电力出版社,2001.

[23] 北京市职业技术教材编审委员会.低压电气设备运行与维护.北京:高等教育出版社,1992.

[24] 吕光大.建筑电气安装工程图集.北京:中国电力出版社.

[25] 航空工业部第四规划设计研究院,等.工厂配电设计手册.北京:水利电力出版社,1983.

[26] 段建元.工厂配电线路及变电所设计计算.北京:机械工业出版社,1982.

[27] 蒋容兴,朱芝英.模数化终端电器选用指南.北京:机械工业出版社,1994.

[28] 国家电监会电力业务资质管理中心.电工进网作业许可证续期注册培训教材.北京:中国电力出版社,2008.

[29] 国家电力监管委员会电力业务资质管理中心编写组.电工进网作业许可考试参考教材(低压类理论部分).北京:中国财政经济出版社,2012.

[30] 华东六省一市电机工程(电力)学会编委会,江苏省南通市电机工程学会.电工进网作业考核培训教材(工业企业电工部分).2版.北京:中国电力出版社,2012.

[31] 黎连业,黎恒浩,王华.建筑弱电工程设计施工手册.北京:中国电力出版社,2010.

[32] 苏更林,苏璐晓,李锐.走进绿色照明.北京:中国电力出版社,2010.